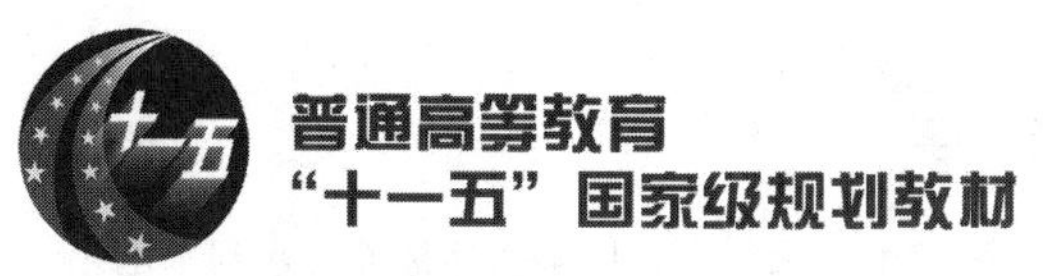

水利水电工程施工技术

（第四版）

主　编　钟汉华　刘能胜

·北京·

内 容 提 要

本书为高等职业教育水利类各专业的核心教材，按照中国水利工程协会团体标准《水利水电工程施工现场管理人员职业标准》（T00/CWEA 1）和《二级建造师执业资格考试大纲（水利水电工程）》，以国家现行建设工程标准、规范和规程为依据，以施工员、安全员、质检员和二级建造师等职业岗位能力的培养为导向，根据编者多年工作经验和教学实践编纂而成。全书共分十章，包括爆破工程、砌筑工程、模板工程、钢筋工程、混凝土工程、施工导流与水流控制、地基处理及基础工程、土石方工程、混凝土建筑物施工、地下工程施工等。

本书具有较强的针对性、实用性和通用性，既可供水利水电工程施工现场专业人员学习，也可作为高等职业教育水利类各专业的教学用书。

图书在版编目（CIP）数据

水利水电工程施工技术 / 钟汉华，刘能胜主编. -- 4版. -- 北京 : 中国水利水电出版社，2023.12

普通高等教育"十一五"国家级规划教材 高等职业教育水利类新形态一体化数字教材

ISBN 978-7-5226-1218-8

Ⅰ. ①水… Ⅱ. ①钟… ②刘… Ⅲ. ①水利水电工程－工程施工－高等职业教育－教材 Ⅳ. ①TV5

中国国家版本馆CIP数据核字(2023)第003280号

书　　名	普通高等教育"十一五"国家级规划教材 高等职业教育水利类新形态一体化数字教材 **水利水电工程施工技术（第四版）** SHUILI SHUIDIAN GONGCHENG SHIGONG JISHU
作　　者	主编　钟汉华　刘能胜
出版发行	中国水利水电出版社 （北京市海淀区玉渊潭南路 1 号 D 座　100038） 网址：www.waterpub.com.cn E-mail：sales@mwr.gov.cn 电话：(010) 68545888（营销中心）
经　　售	北京科水图书销售有限公司 电话：(010) 68545874、63202643 全国各地新华书店和相关出版物销售网点
排　　版	中国水利水电出版社微机排版中心
印　　刷	天津嘉恒印务有限公司
规　　格	184mm×260mm　16 开本　24.5 印张　596 千字
版　　次	2004 年 9 月第 1 版第 1 次印刷 2023 年 12 月第 4 版　2023 年 12 月第 1 次印刷
印　　数	0001—4000 册
定　　价	**75.00** 元

第四版前言

本书根据《国务院关于大力发展职业教育的决定》、《教育部关于加强高职高专教育人才培养工作的意见》和《面向21世纪教育振兴行动计划》等文件及党的二十大精神要求，根据高等职业教育水利类各专业人才培养目标，按照中国水利工程协会团体标准《水利水电工程施工现场管理人员职业标准》(T00/CWEA 1) 和《二级建造师执业资格考试大纲（水利水电工程)》，以国家现行建设工程标准、规范和规程为依据，以施工员、安全员、质检员和二级建造师等职业岗位能力的培养为导向，根据编者多年工作经验和教学实践编纂而成。本书对水利水电工程施工现场管理人员——施工员、安全员、质检员和二级建造师等要求知识与技能作了详细的阐述，坚持以水利水电工程施工现场管理人员——施工员、安全员、质检员和二级建造师等职业标准为导向，突出实用性和实践性；吸取了水利水电工程施工的新技术、新工艺、新方法，重点讲授理论知识在工程实践中的应用；内容通俗易懂，叙述规范简练，图文并茂。本书内容包括水利水电土建工程常见工种施工工艺及建筑物施工技术两大部分。在编写过程中，努力体现高等职业技术教育教学特点，并结合我国水利水电工程施工的实际精选内容，以贯彻理论联系实际，注重实践能力的整体要求，突出针对性和实用性，便于学生学习。同时，还适当照顾了不同地区的特点和要求，力求反映国内外水利水电工程施工的先进经验和技术成就。

本次再版，通过收集本书使用者的意见，在前三版的基础上依据最新施工及验收规范要求对全书进行了修订，淘汰了落后的施工技术。本书建议安排80～100学时进行教学。

参加本书编写的有湖北水利水电职业技术学院钟汉华（绪论、第一章)、刘能胜（第二章、第三章)，湖北志宏水利水电设计有限公司何佩诗、蒋碧媛(第四章)，黄冈市水利事业发展中心林浩、红安县金沙河水库管理处阮辉（第五章)，湖北省监利市洪湖围堤管理段唐三平、湖北省随州市随中灌区灌溉服务中心夏金林（第六章)，北京鸿运通生态科技有限公司陈芳、李宽（第七章)，新疆职业大学卡地尔江·米吉提（第八章），湖北水总水利水电建设股份有限公司王旭君、罗毅（第九章），湖北水总水利水电建设股份有限公司孙思施、饶艳（第十章）。全书由钟汉华、刘能胜主编，武汉大学佘成学主审。

本书在编写过程中引用了有关专业文献和资料，在此对有关文献的作者表示感谢。由于编者水平有限，加之时间仓促，难免存在错误和不足之处，诚恳地希望读者批评指正。

编　者

2023 年 12 月

第一版前言

本书作为21世纪高职高专教育统编教材，是根据教育部《关于加强高职高专人才培养工作意见》和《面向21世纪教育振兴行动计划》等文件精神，以及水利水电工程和农业水利技术两专业指导性教学计划及教学大纲组织编写的。

本书内容包括水利水电土建工程常见工种施工工艺及建筑物施工技术两大部分。在编写过程中，我们努力体现高等职业技术教育的教学特点，并结合我国水利水电工程及农业水利工程施工的实际，精选内容，以贯彻理论联系实际，注重实践能力的整体要求，突出针对性和实用性，便于学生学习。同时，我们还适当照顾了不同地区的特点和要求，力求反映国内外水利水电工程及农业水利工程施工的先进经验和技术成就。

参加本书编写的有湖北水利水电职业技术学院钟汉华（绪论、第三至第六章、第八章、第十章）、冷涛（第一至第二章、第七章、第九章、第十一章）。全书由钟汉华主编，武汉大学佘成学主审。

本书大量引用了有关专业文献和资料，未在书中一一注明出处，在此对有关文献的作者表示感谢。由于编者水平有限，加之时间仓促，存在的错误和不足，希望读者批评指正。

编　者

2004年8月

第二版前言

本书是根据教育部《关于加强高职高专人才培养工作意见》和《面向21世纪教育振兴行动计划》等文件精神，根据水利水电类专业指导性教学计划及教学大纲组织编写的。

本书内容包括水利水电土建工程常见工种施工工艺与建筑物施工技术两大部分。在编写过程中，我们努力体现高等职业技术教育教学特点，并结合我国水利水电工程施工的实际精选内容，以贯彻理论联系实际，注重实践能力的整体要求，突出针对性和实用性，便于学生学习。同时，我们还适当照顾了不同地区的特点和要求，力求反映国内外水利水电工程施工的先进经验和技术成就。

参加本书编写的有湖北水利水电职业技术学院钟汉华（绪论、第三章）、冷涛（第一章）、黄泽钧（第二章）、曲炳良（第六章）、孙荣鸿（第七章）、郑玲（第九章），湖北省郧县农村饮水安全工程建设管理办公室易军（第四章），水利部发展研究中心欧阳越（第五章），湖北水总水利水电建设股份有限公司聂红峡（第八章）、李海成（第十章），长江勘测规划设计研究院彭绍才（第十一章）。全书由钟汉华、冷涛担任主编，黄泽钧、欧阳越担任副主编，武汉大学佘成学、中水北方勘测设计研究有限责任公司王晓全主审。

本书大量引用了有关专业文献和资料，未在书中一一注明出处，在此对有关文献的作者表示感谢。由于编者水平有限，加之时间仓促，难免存在错误和不足之处，诚恳地希望读者批评指正。

编　者

2010年3月

第三版前言

本书根据高等职业教育水利类各专业人才培养目标，以水利施工员、水利二级建造师等职业岗位能力的培养为导向，同时遵循高等职业院校学生的认知规律，以专业知识和职业技能、自主学习能力及综合素质培养为课程目标，紧密结合职业资格证书中相关考核要求，确定教材内容。教材包括水利水电土建工程常见工种施工工艺及建筑物施工技术两大部分。在编写过程中，本书努力体现高等职业技术教育教学特点，并结合我国水利水电工程施工的实际精选内容，以贯彻理论联系实际，注重实践能力的整体要求，突出针对性和实用性，便于学生学习。同时，本书还适当照顾了不同地区的特点和要求，力求反映国内外水利水电工程施工的先进经验和技术成就。根据编者多年工作经验和教学实践，本书在前两版教材基础上修改、补充编纂而成。

本次再版，通过收集本书使用者的意见，在第二版的基础上依据最新施工及验收规范要求对全书进行了修订。本书建议安排 80～100 学时进行教学。

参加本书编写的有湖北水利水电职业技术学院钟汉华（绪论、第一章），冷涛（第二章），刘能胜、杨如华（第十章）；安徽水利水电职业技术学院刘军号（第三章）；北京市南水北调大宁管理处李云（第四章）；北京农业职业学院高秀清（第五章）；新疆新华布尔津河乔巴特水利水电开发有限公司付平（第六章）；湖北孝天水利水电建设有限公司周春新（第七章）；湖北江利水利建筑工程有限公司谢鹏、罗欣（第八章），张克新、陈秋梅（第九章）；中水北方勘测设计研究有限责任公司赵立民（第十一章）。全书由钟汉华、冷涛、刘军号任主编，李云、高秀清、付平任副主编，武汉市城建工程有限公司张亚庆、湖北卓越工程监理有限责任公司鲁立中任主审。

在本书编写过程中，湖北水利水电职业技术学院薛艳、余燕君、金芳、李翠华、张少坤、刘宏敏、欧阳钦等老师做了一些辅助性工作，在此对他们的辛勤工作表示感谢。

本书大量引用了有关专业文献和资料，未在书中一一注明出处，在此对有关文献的作者表示感谢。由于编者水平有限，加之时间仓促，难免存在错误和不足之处，诚恳地希望读者批评指正。

编　者

2015 年 5 月

“行水云课”数字教材使用说明

“行水云课”水利职业教育服务平台是中国水利水电出版社立足水电、整合行业优质资源全力打造的“内容”＋“平台”的一体化数字教学产品。平台包含高等教育、职业教育、职工教育、专题培训、行水讲堂五大版块，旨在提供一套与传统教学紧密衔接、可扩展、智能化的学习教育解决方案。

本套教材是整合传统纸质教材内容和富媒体数字资源的新型教材，将大量图片、音频、视频、3D动画等教学素材与纸质教材内容相结合，用以辅助教学。读者可通过扫描纸质教材二维码查看与纸质内容相对应的知识点多媒体资源，完整数字教材及其配套数字资源可通过移动终端APP、“行水云课”微信公众号或中国水利水电出版社“行水云课”平台查看。

扫描下列二维码可获取本书测试题答案和课件。

全书测试题答案

课件

多媒体知识点索引

续表

续表

序号	资 源 名 称	页码
59	4-8 电渣压力焊施工【视频】	92
60	4-9 镦粗直螺纹连接【图片】	93
61	4-10 钢筋冷挤压连接【视频】	93
62	4-11 第四章第三节测试题【测试题】	94
63	4-12 隧洞洞钢筋安装【图片】	95
64	4-13 钢筋绑扎【图片】	96
65	4-14 绑扎板筋施工现场【视频】	96
66	4-15 第四章第四节测试题【测试题】	96
67	4-16 预埋地脚螺栓【图片】	97
68	4-17 第四章第五节测试题【测试题】	98
69	4-18 第四章第六节测试题【测试题】	99
70	4-19 第四章测试题【测试题】	99
71	5-1 高压水冲毛【视频】	102
72	5-2 施工缝刷毛处理【图片】	102
73	5-3 风镐凿毛【视频】	102
74	5-4 手工凿毛【视频】	102
75	5-5 仓面冲洗【图片】	102
76	5-6 立式吊罐【视频】	115
77	5-7 卧罐受料【图片】	115
78	5-8 立罐受料【图片】	115
79	5-9 混凝土运输【视频】	115
80	5-10 混凝土台阶浇筑法【图片】	118
81	5-11 混凝土浇筑的基本要求【视频】	118
82	5-12 梁、板混凝土的浇筑【视频】	118
83	5-13 混凝土的振捣【视频】	119
84	5-14 混凝土插入式振捣器【视频】	119
85	5-15 混凝土外部振捣器【视频】	119
86	5-16 南水北调中线渠道边坡混凝土衬砌【图片】	124
87	5-17 碾压与插入式振捣相结合振捣混凝土坝基【图片】	126
88	5-18 混凝土振捣作业要点【视频】	126
89	5-19 混凝土蒸汽养护【图片】	128

续表

序号	资 源 名 称	页码
90	5-20　混凝土冬季养护【图片】	128
91	5-21　混凝土表面保护【图片】	129
92	5-22　第五章第一节测试题【测试题】	129
93	5-23　迪拜塔泵送混凝土【图片】	130
94	5-24　混凝土泵送【视频】	130
95	5-25　路面混凝土真空脱水作业【图片】	135
96	5-26　第五章第二节测试题【测试题】	142
97	5-27　双孔交叉循环智能压浆【图片】	149
98	5-28　第五章第三节测试题【测试题】	149
99	5-29　第五章第四节测试题【测试题】	154
100	5-30　第五章第五节测试题【测试题】	158
101	5-31　混凝土缺陷检查【视频】	159
102	5-32　柱混凝土的表面蜂窝【图片】	160
103	5-33　混凝土缺陷处理【视频】	162
104	5-34　第五章第六节测试题【测试题】	162
105	5-35　第五章第七节测试题【测试题】	165
106	5-36　第五章测试题【测试题】	165
107	6-1　三峡施工期（二期工程）【图片】	169
108	6-2　三峡施工期（三期工程）【图片】	169
109	6-3　隧洞导流【图片】	169
110	6-4　分段围堰法【视频】	170
111	6-5　分段围堰法围堰填筑【视频】	175
112	6-6　第六章第一节测试题【测试题】	176
113	6-7　第六章第二节测试题【测试题】	180
114	6-8　第六章第三节测试题【测试题】	182
115	6-9　第六章测试题【测试题】	182
116	7-1　强夯施工【图片】	185
117	7-2　施工完的灰土桩【图片】	186
118	7-3　CFG复合地基【图片】	186
119	7-4　振冲碎石桩施工【图片】	187
120	7-5　袋装砂井施工完成【图片】	190

续表

续表

续表

续表

序号	资 源 名 称	页码
214	9-23 履带吊吊运混凝土【图片】	287
215	9-24 自卸汽车入仓前冲洗【图片】	288
216	9-25 自卸汽车入仓卸料【图片】	288
217	9-26 门机 1【图片】	289
218	9-27 门机 2【图片】	289
219	9-28 门机 3【图片】	289
220	9-29 塔机【图片】	290
221	9-30 单线栈桥【图片】	291
222	9-31 双线栈桥【图片】	291
223	9-32 多线多高层栈桥【图片】	291
224	9-33 长臂反铲运输混凝土【图片】	293
225	9-34 带式输送机【图片】	293
226	9-35 三峡工程塔带机 1【图片】	295
227	9-36 三峡工程塔带机 2【图片】	295
228	9-37 三峡二期混凝土浇筑上集【视频】	295
229	9-38 三峡二期混凝土浇筑下集【视频】	295
230	9-39 平仓机平仓【图片】	297
231	9-40 第九章第三节测试题【测试题】	299
232	9-41 VC 值检测【图片】	300
233	9-42 砂浆铺设【图片】	303
234	9-43 卸料平仓碾压【图片】	303
235	9-44 振动碾碾压【图片】	304
236	9-45 碾压混凝土浇筑【图片】	304
237	9-46 切设诱导缝【图片】	304
238	9-47 变态混凝土注浆【图片】	304
239	9-48 变态混凝土振捣【图片】	304
240	9-49 碾压混凝土收仓【图片】	306
241	9-50 第九章第四节测试题【测试题】	307
242	9-51 趾板施工【图片】	308
243	9-52 钢筋混凝土面板施工【图片】	311
244	9-53 第九章第五节测试题【测试题】	311

续表

续表

目　录

绪　论

水利水电工程施工技术是一门理论与实践紧密结合的专业课，也是在总结国内外水利水电工程建设经验的基础上，从施工技术和施工机械等方面，研究水利水电建设基本规律的一门学科。

一、我国水利水电工程施工的成就与发展

我国是水利大国，与华夏文明一样，我国治水的历史源远流长，治水的成就灿烂辉煌。从举世闻名的都江堰，到气势磅礴的三峡工程；从大禹治水的“定九州”，到“98 洪水”百万军民的“三个确保”（确保长江干堤安全、确保重要城市安全、确保人民生命安全），中华民族在与水的抗争中得到凝聚和发展。特殊的自然地理条件，决定了除水害、兴水利历来是我国治国安邦的大事。水利兴则天下定，仓廪实，百业兴。历代善治国者均以治水为重。

几千年来，修建了都江堰工程、黄河大堤、南北大运河以及其他许多施工技术难度大的水利工程。在抗洪斗争中，创造了平堵与立堵相结合的堵口方法，取得了草土围堰等施工经验。这些伟大的水利工程和独特的施工技术，至今仍发挥作用，有力地促进了我国水利水电建设的发展。

中华人民共和国成立后，我国水利建设事业取得了辉煌的成就。在水利建设中，江河干支流上加高加固和修建了大量的堤防，整治江河，提高了防洪能力。修建了官厅、佛子岭、大伙房、密云、岳城、潘家口、南山、观音阁、桃林口、江垭等大型水库，为防洪、蓄水服务。修建了三门峡、青铜峡、丹江口、满拉、乌鲁瓦提等水利枢纽，是防洪、蓄水、发电等综合利用工程。这些工程中有各种形式的高坝，促进了我国坝工技术飞跃式发展。在灌溉工程方面，修建了人民胜利渠，是黄河下游第一个引黄灌溉渠；还修建了淠史杭灌区、内蒙古引黄灌区、林县红旗渠、陕甘宁盐环定扬黄灌区、宁夏扬黄灌区等。在跨流域引水工程方面修建了东港供水、引滦入津、南水北调东线一期、引黄济青、万家寨引黄入晋等。我国取水、输水、灌溉技术达到国际水平。

在防御工程体系方面，全国建成以长江三峡、黄河小浪底为代表的各类水库 9.8 万多座，修建各类河流堤防 43 万 km，开辟国家蓄滞洪区 98 处、容积达到 1080 亿 m^3，形成以水库、河道及堤防、蓄滞洪区为主要组成的流域防洪工程体系。

在农田水利方面，建成 7330 处大中型灌区，农田有效灌溉面积达到 10.37 亿亩，在占全国耕地面积 54%的灌溉面积上，生产了全国 75%的粮食和 90%以上的经济作物。我国以占世界近 10%的耕地面积，解决了占世界 22%人口的粮食问题。

在供水水源方面，兴建了大量蓄水、引水、扬水工程，抽用地下水，农业灌溉和

城市工业供水水源已经初具规模，乡镇供水发展迅速，水利工程年供水能力达 8900 亿 m^3。到 2021 年年底，全国共建成农村供水工程 827 万处，可服务人口达 9 亿人。

在水资源调配方面，加快构建国家水网体系，水资源优化配置能力整体提升。实施一批重大引调水工程和重点水源工程，初步形成“南北调配、东西互济”的水资源配置总体格局，加快构建“系统完备、安全可靠，集约高效、绿色智能，循环通畅、调控有序”的国家水网。全国水利工程供水能力达到 8998.4 亿 m^3（2022 年）。

在水电建设中，修建了狮子滩、新安江、刘家峡、新丰江、六郎洞、葛洲坝、白山、东江、龙羊峡、李家峡、鲁布革、小浪底、水口、天生桥二级、天生桥一级、漫湾、五强溪、隔河岩、岩滩、万家寨、二滩、三峡、溪落渡、向家坝、白鹤滩、乌东德等各种类型的大型水电站，还修建了数以万计的中小型水电站。截至 2022 年年底，全国水电装机容量突破 4 亿 kW，约 41350 万 kW（其中常规水电装机 3.68 亿 kW，抽水蓄能 4579 万 kW），同比增长 5.8%，连续 17 年稳居世界首位。我国水电工程施工技术达到国际先进水平，能修建各种类型、条件复杂的大型水电站。

施工技术也不断提高。采用了定向爆破、光面爆破、预裂爆破、岩塞爆破、喷锚支护、预应力锚索、滑模和碾压混凝土及混凝土防渗面板等新技术、新工艺。

施工机械装备能力迅速增长，使用了斗轮式挖掘机、大吨位的自卸汽车、全自动化混凝土搅拌楼、塔带机、隧洞掘进机和盾构机等。水利工程施工学科的发展，为水利水电建设事业展示了一片广阔的前景。

在取得巨大成就的同时，应认识到我国施工水平与先进国家相比，尚有较大差距。如新技术新工艺研究、推广、使用不够普遍，施工机械还比较落后、配套不齐、利用率不充分，施工组织管理水平不高。这些和我国水电建设事业的发展是不相适应的，这就要求我们必须认真总结过去的经验和教训，努力学习和引进国外先进的技术和科学的管理方法，走出一条适合我国国情的水利水电工程建设新路。

二、水利水电工程施工技术的特点

（1）水利水电工程施工多在河流上进行，因而需要采取导截流、基坑排水、施工度汛、施工期通航及下游供水等措施，以保证工程施工的顺利进行。

（2）水利水电工程施工经常遇到复杂的地质条件，如渗漏、软弱地基、断层、破碎带及滑坡等。因而要进行相应的地基处理，以保证施工质量。

（3）水利水电工程多为露天施工，需要采取适合的冬节、夏季、雨季等不同季节的施工措施，保证施工质量和进度。

（4）水利水电工程一般都是挡水或过水建筑物，这些建筑物的安全往往关系到国计民生和下游千百万人民生命财产的安危。因此必须确保施工质量。

三、课程内容和方法

本课程将系统地阐述水利水电土建工程中各主要工种的施工工工艺、主要水工建筑物的施工程序与方法等内容。通过学习，要求了解水利工程中施工常用的施工机械的主要组成部分、工作原理、主要性能及其选择；掌握主要工种的施工过程、施工方法、操作技术、质量控制检查、施工安全技术，以及主要水工建筑物的施工特点、施工程序和施工技术要求、施工方法以及质量控制检查。

根据教材内容和课程实践性很强的特点，学习中应掌握基本概念、基本原理、基本方法，结合所学过的课程，循序渐进地进行。必须密切联系生产实际，配合生产实习、生产劳动、生产现场教学、多媒体教学、课程作业、毕业设计等教学环节，运用所学的施工知识，才能有效地掌握本课程的内容。

第一章 爆 破 工 程

我国是黑火药的诞生地，也是世界上爆破工程应用最早的国家。火药的发明，为人类社会的发展起到了巨大的推动作用。工程爆破是随着火药而产生的一门新技术。随着社会发展和科技进步，爆破技术发展迅速并渐趋成熟，其应用领域也在不断扩大。水利水电工程施工时，通常都要进行大量的土石方开挖，爆破则是最常用的施工方法之一。爆破是利用工业炸药爆炸时释放的能量，使炸药周围一定范围内的土石破碎、抛掷或松动。因此，在施工中常用爆破的方式来开挖基坑和地下建筑物所需要的空间，如山体内设置的水电站厂房、水工隧洞等。也可以运用一些特殊的工程爆破技术来完成某些特定的施工任务，如边界控制爆破等。

第一节 爆 破 基 本 知 识

爆破是炸药爆炸作用于周围介质的结果。埋在介质内的炸药引爆后，在极短的时间内，由固态转变为气态，体积增加数百倍至几千倍，伴随产生极大的压力和冲击力，同时还产生很高的温度，使周围介质受到各种不同程度的破坏，称为爆破。

一、爆破的常用术语

1. 爆破作用圈

当具有一定质量的球形药包在无限均质介质内部爆炸时，在爆炸作用下，距离药包中心不同区域的介质，由于受到的作用力有所不同，因而产生不同程度的破坏或振动。整个被影响的范围就叫作爆破作用圈。这种现象随着与药包中心间的距离增大而逐渐消失，按对介质作用不同可分为四个作用圈。

(1) 压缩圈。图 1-1 中 R_1 表示压缩圈半径，在这个作用圈范围内，介质直接承受了药包爆炸而产生的极其巨大的作用力，因而如果介质是可塑性的土壤，便会遭到压缩形成孔腔；如果是坚硬的脆性岩石便会被粉碎。所以把 R_1 这个球形地带叫作压缩圈或破碎圈。

(2) 抛掷圈。围绕在压缩圈范围以外至 R_2 的地带，其受到的爆破作用力虽较压缩圈范围内小，但介质原有的结构受到破坏，分裂成为各种尺寸和形状的碎块，而且爆破作用力尚有余力足以使这些碎块获得能量。如果这个地带的某一部分处在临空的自由面条件下，破坏了的介质碎块便会产生抛掷现象，因而叫作抛掷圈。

(3) 松动圈。松动圈又称破坏圈。在抛掷圈以外至 R_3 的地带，爆破的作用力更弱，除了能使介质结构受到不同程度的破坏外，没有余力可以使破坏了的碎块产生抛掷运动，因而叫作破坏圈。工程上为了实用起见，一般还把这个地带被破碎成为独立碎块的一部分叫作松动圈，而把只是形成裂缝、互相间仍然连成整块的一部分叫作裂缝圈或破裂圈。

（4）震动圈。在破坏圈范围以外，微弱的爆破作用力甚至不能使介质产生破坏。这时介质只能在应力波的作用下，产生震动现象，这就是图 1-1 中 R_4 所包括的地带，通常叫作震动圈。震动圈以外爆破作用的能量就完全消失了。

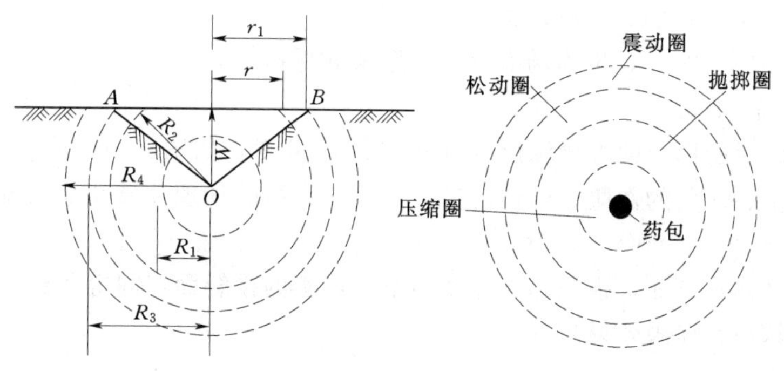

图 1-1　爆破作用圈示意图

2. 爆破漏斗

在有限介质中爆破，当药包埋设较浅，爆破后将形成以药包中心为顶点的倒圆锥形爆破坑，称之为爆破漏斗。爆破漏斗的形状多种多样，随着岩土性质、炸药的品种性能和药包大小及药包埋置深度等不同而变化。

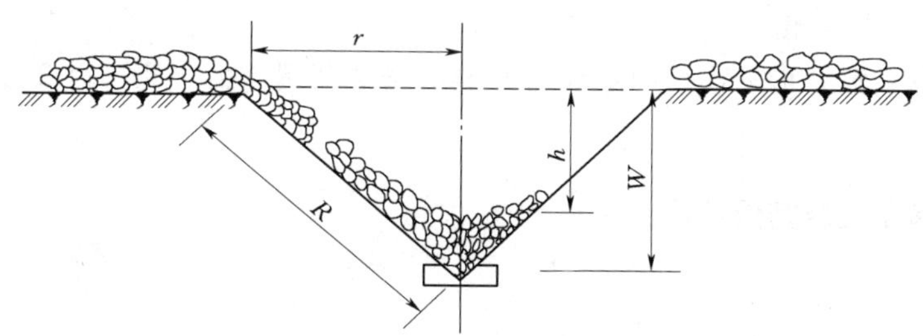

图 1-2　爆破漏斗

r—爆破漏斗半径；R—爆破作用半径；W—最小抵抗线；h—漏斗可见深度

3. 最小抵抗线

由药包中心至自由面的最短距离，如图 1-2 中的 W。

4. 爆破漏斗半径

爆破漏斗半径即在介质自由面上的爆破漏斗半径，如图 1-2 中的 r。

5. 爆破作用指数

爆破作用指数指爆破漏斗半径 r 与最小抵抗线 W 的比值。即

$$n=\frac{r}{W} \tag{1-1}$$

爆破作用指数的大小可判断爆破作用性质及岩石抛掷的远近程度，也是计算药包

量、决定漏斗大小和药包距离的重要参数。一般用 n 来区分不同爆破漏斗，划分不同爆破类型：

(1) 当 $n=1.0$ 时，称为标准抛掷爆破。

(2) 当 $n>1.0$ 时，称为加强抛掷爆破。

(3) 当 $0.75<n<1.0$ 时，称为减弱抛掷爆破。

(4) 当 $0.33<n\leqslant0.75$ 时，称为松动爆破。

(5) 当 $n\leqslant0.33$ 时，称为药壶爆破或隐藏式爆破。

6. 可见漏斗深度 h

经过爆破后所形成的沟槽深度叫作可见漏斗深度，如图 1-2 中的 h。它与爆破作用指数大小、炸药的性质、药包的排数、爆破介质的物理性质和地面坡度有关。

7. 自由面

自由面又称临空面，指被爆破介质与空气或水的接触面。同等条件下，临空面越多炸药用量越小，爆破效果越好。

8. 二次爆破

二次爆破指大块岩石的二次破碎爆破。

9. 破碎度

破碎度指爆破岩石的块度或块度分布。

10. 单位耗药量

单位耗药量指爆破单位体积岩石的炸药消耗量。

11. 炸药换算系数

炸药换算系数 e 指某炸药的爆炸力 F 与标准炸药爆炸力之比（以 2 号岩石硝铵炸药为基准）。

二、药包及其装药量计算

1. 药包

为了爆破某一物体而在其中放置一定数量的炸药，称为药包。药包的分类及使用可见表 1-1。

表 1-1　　药包的分类及使用

分类名称	药包形状	使用效果
集中药包	长边小于短边 4 倍	爆破效率高，省炸药和减少钻孔工作量，但破碎岩石块度不够均匀。多用于抛掷爆破
延长药包	长边超过短边 4 倍。延长药包又有连续药包和间隔药包两种形式	可均匀分布炸药，破碎岩石块度较均匀。一般用于松动爆破

2. 装药量计算

爆破工程中的炸药用量计算是一个十分复杂的问题，影响因素较多。实践证明，炸药的用量是与被破碎的介质体积成正比的。而被破碎的单位体积介质的炸药用量，其最基本的影响因素又与介质的硬度有关。目前，由于还不能较精确地计算出各种复杂情况下的相应用药量，所以一般都是根据现场试验方法，大致得出爆破单位体积介质所需的用药量，然后再按照爆破漏斗体积计算出每个药包的装药量。

药包药量的基本计算公式是

$$Q=kV \tag{1-2}$$

式中　k——爆破单位体积岩石的耗药量，简称单位耗药量，kg/m^3；

V——标准抛掷漏斗内的岩石体积，m^3。

需要注意的是，单位耗药量 k 值的确定，应考虑多方面的因素，经综合分析后定出。常见岩土的标准单位耗药量见表 1-2。

其中
$$V=\frac{\pi}{3}W^3$$

故标准抛掷爆破药包药量计算公式（1-2）可以写为

$$Q=kW^3 \tag{1-3}$$

对于加强抛掷爆破
$$Q=(0.4+0.6n^3)kW^3 \tag{1-4}$$

对于减弱抛掷爆破
$$Q=\left(\frac{4+3n}{7}\right)^3 kW^3 \tag{1-5}$$

对于松动爆破
$$Q=0.33kW^3 \tag{1-6}$$

式中　Q——药包重量，kg；

W——最小抵抗线，m；

n——爆破作用指数。

表 1-2　　常见岩土的标准单位耗药量 k 值　　单位：kg/cm^3

岩 土 种 类	k	岩 土 种 类	k
黏土	1.0～1.1	砾岩	1.4～1.8
坚实黏土、黄土	1.1～1.25	片麻岩	1.4～1.8
泥灰岩	1.2～1.4	花岗岩	1.4～2.0
页岩、板岩、凝灰岩	1.2～1.5	石英砂岩	1.5～1.8
石灰岩	1.2～1.7	闪长岩	1.5～2.1
石英斑岩	1.3～1.4	辉长岩	1.6～1.9
砂岩	1.3～1.6	安山岩、玄武岩	1.6～2.1
流纹岩	1.4～1.6	辉绿岩	1.7～1.9
白云岩	1.4～1.7	石英岩	1.7～2.0

注　1. 表中数据以 2 号岩石铵梯炸药作为标准计算，若采用其他炸药，应乘以炸药换算系数 e，见表 1-3。

2. 表中数据是在炮眼堵塞良好的情况下确定出来的，如果堵塞不良，则应乘以堵塞系数（1～2）。对于黄色炸药等烈性炸药，其堵塞系数不宜大于 1.7。

3. 表中 k 值是指一个自由面的情况。如果自由面超过 1 个，应按表 1-4 适当减少用药量。

表 1-3 炸药换算系数 e 值表

炸药名称	型号	换算系数 e	炸药名称	型号	换算系数 e
岩石硝铵	1号	0.91	煤矿硝铵	1号	1.10
岩石硝铵	2号	1.00	煤矿硝铵	2号	1.28
岩石硝铵	2号抗水	1.00	煤矿硝铵	3号	1.33
露天硝铵	1号	1.04	煤矿硝铵	1号抗水	1.10
露天硝铵	2号	1.28	梯恩梯	三硝基甲苯	0.86
露天硝铵	3号	1.39	62%硝化甘油	—	0.75
露天硝铵	1号抗水	1.04	黑火药	—	1.70

表 1-4 自由面与用药量的关系

自由面数	减少药量百分数/%	自由面数	减少药量百分数/%
2	20	4	40
3	30	5	50

注 表中自由面的数目是按方向（上、下、东、南、西、北）确定的，不是按被爆破体的几何形体确定的。

三、爆破的分类

爆破可按爆破规模、凿岩情况、爆破要求等不同进行分类。

1-1 第一章第一节测试题【测试题】

(1) 按爆破规模分，爆破可分为小爆破、中爆破、大爆破。

(2) 按凿岩情况分，爆破可分为浅孔爆破、深孔爆破、药壶爆破、洞室爆破、二次爆破。

(3) 按爆破要求分，爆破可分为松动爆破、减弱抛掷爆破、标准抛掷爆破、加强抛掷爆破及定向爆破、光面爆破、预裂爆破、特殊物爆破（冻土、冰块等）。

第二节 爆破材料

炸药与起爆材料均属爆破材料。炸药是破坏介质的能源，而起爆材料则使炸药能够安全、有效地释放能量。

一、炸药

(一) 炸药的基本性能

1. 威力

炸药的威力用炸药的爆力和猛度来表征。

(1) 爆力是指炸药在介质内爆炸做功的总能力。爆力的大小取决于炸药爆炸后产生的爆热、爆温及爆炸生成气体量的多少。爆热越大，爆温则越高，爆炸生成的气体量也就越多，形成的爆力也就越大。

(2) 猛度是指炸药爆炸时对介质破坏的猛烈程度，是衡量炸药对介质局部破坏的能力指标。

爆力和猛度都是炸药爆炸后做功的表现形式，所不同的是爆力是反映炸药在爆炸后做功的总量，对药包周围介质破坏的范围。而猛度则是反映炸药在爆炸时，生成的高压气体对药包周围介质粉碎破坏的程度以及局部破坏的能力。一般爆力大的炸药其猛度也大，但两者并不成线性比例关系。对一定量的炸药，爆力越高，炸除的体积越多；猛度越大，爆后的岩块越小。

2. 爆速

爆速是指爆炸时爆炸波沿炸药内部传播的速度。爆速测定方法有导爆索法、电测法和高速摄影法。

3. 殉爆

炸药爆炸时引起与它不相接触的邻近炸药爆炸的现象叫殉爆。殉爆反映了炸药对冲击波的感度。主发药包的爆炸引爆被发药包爆炸的最大距离称为殉爆距离。

4. 感度

感度又称敏感度，是炸药在外能作用下起爆的难易程度，它不仅是衡量炸药稳定性的重要标志，还是确定炸药的生产工艺条件、炸药的使用方法和选择起爆器材的重要依据。不同的炸药在同一外能作用下起爆的难易程度是不同的，起爆某炸药所需的外能小，则该炸药的感度高；起爆某炸药所需的外能高，则该炸药的感度低。炸药的感度对于炸药的制造加工、运输、储存、使用的安全十分重要。感度过高的炸药容易发生爆炸事故，而感度过低的炸药又给起爆带来困难。工业上大量使用的炸药一般对热能、撞击和摩擦作用的感度都较低，通常要靠起爆能来起爆。

5. 炸药的安定性

炸药的安定性指炸药在长期储存中，保持原有物理化学性质的能力。

(1) 物理安定性。物理安定性主要是指炸药的吸湿性、挥发性、可塑性、机械强度、结块、老化、冻结、收缩等一系列物理性质。物理安定性的大小，取决于炸药的物理性质。如在保管和使用硝化甘油类炸药时，由于炸药易挥发收缩、渗油、老化和冻结等导致炸药变质，严重影响保管和使用的安全性及爆炸性能。铵油炸药和矿岩石硝铵炸药易吸湿、结块，导致炸药变质严重，影响使用效果。

(2) 化学安定性。化学安定性取决于炸药的化学性质及常温下化学分解速度的大小，特别是储存温度的高低。有的炸药要求储存条件较高，如要求 5 号浆状炸药不导致硝酸铵重结晶的库房温度是 20～30℃，而且要求通风良好。

炸药有效期取决于安定性。储存环境温度、湿度及通风条件等对炸药实际有效期影响巨大。

6. 氧平衡

氧平衡是指炸药在爆炸分解时的氧化情况。根据炸药成分的配比不同，氧平衡具有以下三种情况。

(1) 零氧平衡。炸药中的氧元素含量与可燃物完全氧化的需氧量相等，此时可燃物完全氧化，生成的热量大，则爆能也大。零氧平衡是较为理想的氧平衡，炸药在爆炸反应后仅生成 CO_2、H_2O 和 N_2，并产生大量的热能。如单体炸药二硝化乙二醇的爆炸反应就是零氧平衡反应。

(2) 正氧平衡。炸药中的氧元素含量过多，在完全氧化可燃物后还有剩余的氧元素，这些剩余的氧元素与氮元素进行二次氧化，生成 NO_2 等有毒气体。这种二次氧化是一种吸收爆热的过程，它将降低炸药的爆力。如纯硝酸铵炸药的爆炸反应属正氧平衡反应。

(3) 负氧平衡。炸药中氧元素含量不足，可燃物因缺氧而不能完全氧化而产生有毒气体 CO，也正是由于氧元素含量不足而出现多余的碳元素，爆炸生成物中的 CO 因缺少氧元素而不能充分氧化成 CO_2。如三硝基甲苯（梯恩梯）的爆炸反应属负氧平衡反应。

由以上三种情况可知，零氧平衡的炸药其爆炸效果最好，所以一般要求厂家生产的工业炸药力求零氧平衡或微量正氧平衡，避免负氧平衡。

(二) 工程炸药的种类、品种及性能

1. 炸药的分类

炸药按组成可分为化合炸药和混合炸药；按爆炸特性分为起爆药、猛炸药和火药；按使用部门分为工业炸药和军用炸药。在工程爆破中，用来直接爆破介质的炸药（猛炸药）几乎都是混合炸药，因为混合炸药可按工程的不同需要而配制。它们具有一定的威力，较钝感，一般需用 8 号雷管起爆。

2. 常用炸药

我国水利水电工程中，常用的炸药为硝铵炸药和乳化炸药。

(1) 硝铵炸药。硝铵炸药主要成分为硝酸铵和少量的三硝基甲苯（梯恩梯）及少量的木粉。硝酸铵是铵锑炸药的主要成分，其性能对炸药影响较大；梯恩梯是单体烈性炸药，具有较高的敏感度，加入少量的梯恩梯成分，能使铵梯炸药具有一定程度的威力和敏感度。铵锑炸药的摩擦、撞击感度较低，故较安全。

在工程爆破中，以 2 号岩石铵梯炸药为标准炸药，其爆力为 320mL，猛度为 12mm，用工业雷管可以顺利起爆。在使用其他种类的炸药时，其爆破装药用量可用 2 号岩石铵梯炸药的爆力和猛度进行换算。

(2) 乳化炸药。乳化炸药以氧化剂（主要是硝酸铵）水溶液与油类经乳化而成的油包水型乳胶体作爆炸性基质，再加以敏化剂、稳定剂等添加剂而成为一种乳脂状炸药。

乳化炸药与铵锑炸药比较，其突出优点是抗水。两者成本接近，但乳化炸药猛度较高，临界直径较小，仅爆力略低。

二、起爆器材

起爆材料包括雷管、传爆线等。

炸药的爆炸是利用起爆器材提供的爆轰能并辅以一定的工艺方法来起爆的，这种起爆能量的大小将直接影响到炸药爆轰的传递效果。当起爆能量不足时，炸药的爆轰过程属不稳定的传爆，且传爆速度低，在传爆过程中因得不到足够的爆轰能的补充，

爆轰波将迅速衰减到爆轰终止，部分炸药拒爆。因此，用于雷管和传爆线中的起爆炸药敏感度高，极易被较小的外能引爆；引爆炸药的爆炸反应快，可在被引爆后的瞬间达到稳定的爆速，为炸药爆炸提供理想爆轰的外能。

1-2
起爆器材
【图片】

1. 雷管

雷管是用来起爆炸药或传爆线（导爆索）的。雷管按接受外能起爆的方式不同，分为火雷管和电雷管两种，火雷管目前已禁用。

电雷管按起爆时间不同可分为以下三种。

（1）瞬发电雷管。通电后瞬即爆炸的电雷管，它实际上由火雷管和1个发火元件组成，其结构如图1-3所示。当接通电源后，电流通过桥丝发热，使引火药头发火，导致整个雷管爆轰。

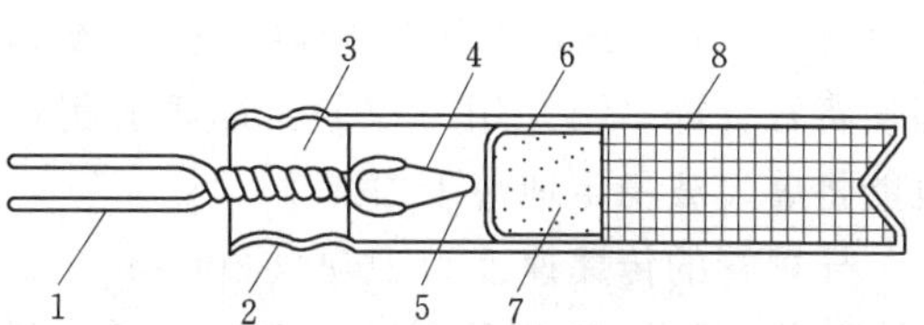

图1-3　瞬发电雷管示意图

1—脚线；2—管壳；3—密封塞；4—桥丝；5—引火头；6—加强帽；7—正起爆炸药；8—副起爆炸药

（2）秒延发电雷管。通电后能延迟一秒的时间才起爆的电雷管。秒延发电雷管和瞬发电雷管的区别，仅在于引火头与正起爆炸药之间安置了缓燃物质，如图1-4（a）所示，通常是用一小段精制导火索作为延发物。

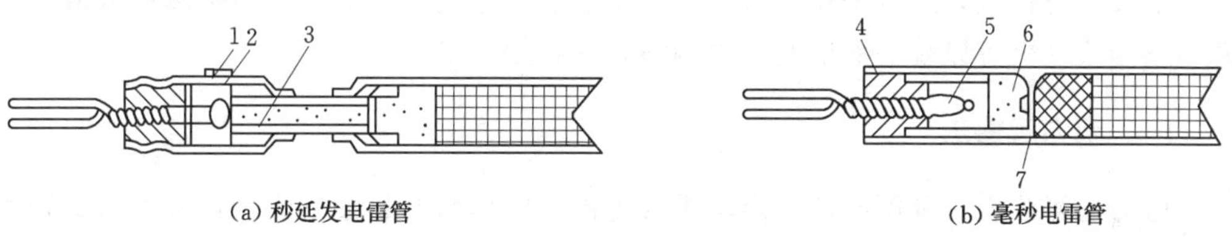

图1-4　秒延发电雷管和毫秒电雷管示意图

1—蜡纸；2—排气孔；3—精制导火索；4—塑料塞；5—延期内管；6—延期药；7—加强帽

（3）毫秒电雷管。它的构造与秒延发电雷管的差异仅在于延期药不同，如图1-4（b）所示。毫秒电雷管的延期药由极易燃的硅铁和铅丹混合而成，再加入适量的硫化锑以调整药剂的燃烧程度，使延发时间准确。它的段数很多，工程常用的多为20段系列的毫秒电雷管。

（4）数码雷管。数码雷管又称电子雷管、数码电子雷管，即采用电子控制模块对起爆过程进行控制的电雷管。其中电子控制模块是指置于数码电子雷管内部，具备雷管起爆延期时间控制、起爆能量控制功能，内置雷管身份信息码和起爆密码，能对自身功能、性能以及雷管点火元件的电性能进行测试，并能和起爆控制器及其他外部控制设备进行通信的专用电路模块。电子雷管起爆系统由雷管、编码器和起爆器三部分组成。

2. 导电线

导电线是起爆电雷管的配套材料。

3. 导爆索

导爆索又称传爆线，用强度大、爆速高的烈性黑索金作为药芯，以棉线、纸条为包缠物，并涂以防潮剂，表面涂以红色，索头涂以防潮剂，必须用雷管起爆。其品种有普通、抗水、高能和低能四种。普通导爆索有一定的抗水性能，可直接起爆常用的工业炸药。水利水电工程中多用此类导爆索。

4. 导爆管

导爆管是由透明塑料制成的一种非电起爆系统，并可用雷管、击发枪或导爆索起爆。管的外径为 3mm，内径为 1.5mm，管的内壁涂有一层薄薄的炸药，装药量为 (20±2)mg/m，引爆后能以 (1950±50)m/s 的稳定爆速传爆。传爆能力很强，即使将管打许多结并用力拉紧，爆轰波仍能正常传播；管内壁断药长度达 25cm 时，也能将爆轰波稳定地传下去。

1-3
第一章第二节
测试题
【测试题】

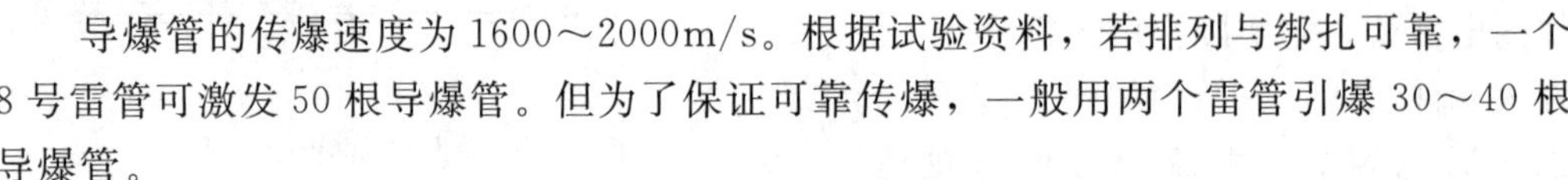

导爆管的传爆速度为 1600～2000m/s。根据试验资料，若排列与绑扎可靠，一个 8 号雷管可激发 50 根导爆管。但为了保证可靠传爆，一般用两个雷管引爆 30～40 根导爆管。

第三节 起 爆 方 法

炸药的基本起爆方法有 3 种：电力起爆法、导爆索起爆法和导爆管起爆法。不同的起爆方法，要求不同的起爆材料。为了达到最优的技术经济效果和爆破安全，对于一次爆破的群药包，通常采用一次赋能激发的起爆方式。这就要求用起爆材料将各个药包联结成一个可以统一赋能起爆的网络，即起爆网络。

一、电力起爆法

电力起爆法就是利用电能引爆电雷管进而起爆炸药的起爆方法，它所需的起爆器材有电雷管、导线和起爆源等。电力起爆法可以同时起爆多个药包，可间隔延期起爆，安全可靠。但是操作较复杂；准备工作量大；需较多电线，需一定检查仪表和电源设备。适用于重要的大中型爆破工程。

电力起爆网络主要由电源、电线、电雷管等组成。

1. 起爆电源

电力起爆的电源，可用普通照明电源或动力电源，最好是使用专线。当缺乏电源而爆破规模又较小和起爆的雷管数量不多时，也可用干电池或蓄电池组合使用。另外还可以使用电容式起爆电源，即发爆器起爆。国产的发爆器有 10 发、30 发、50 发和 100 发等几种型号，最大一次可起爆 100 个以内串联的电雷管，十分方便。但因其电流很小，故不能起爆并联雷管。常用的形式有 DF-100 型、FR81-25 型、FR81-50 型。

2. 导线

电爆网络中的导线一般采用绝缘良好的铜线和铝线。在大型电爆网络中的常用导线按其位置和作用划分为端线、连接线、区域线和主线。端线用来加长电雷管脚线，使之能引出孔口或洞室之外。端线通常采用断面 0.2～0.4mm^2 的铜芯塑料皮软线。连接线是用来连接相邻炮孔或药室的导线，通常采用断面为 1～4mm^2 的铜芯或铝芯线。主线是连接区域线与电源的导线，常用断面为 16～150mm^2 的铜芯或铝芯线。

3. 电雷管的主要参数

电雷管主要参数有最高安全电流、最低准爆电流、电雷管电阻。

(1) 最高安全电流。给电雷管通以恒定的直流电，在较长时间 (5min) 内不致使受发电雷管引火头发火的最大电流，称为电雷管最高安全电流。按规定，国产电雷管通 50mA 的电流，持续 5min 不爆的为合格产品。

按安全规程规定，测量电雷管电爆网络的爆破仪表，其输出工作电流不得大于 30mA。

(2) 最低准爆电流。给电雷管通一恒定的直流电，保证在 1min 内必定使任何一发电雷管都能起爆的最小电流，称为最低准爆电流。国产电雷管的准爆电流不大于 0.7A。

(3) 电雷管电阻。电雷管电阻是指桥丝电阻与脚线电阻之和，又称电雷管安全电阻。电雷管在使用前应测定每个电雷管的电阻值（只准使用规定的专用仪表），在同一爆破网络中使用的电雷管应为同厂同型号产品。康铜桥丝雷管的电阻值差不得超过 0.3Ω；镍铬桥丝雷管的电阻值差不得超过 0.8Ω。电雷管的电阻值是进行电爆网络计算不可缺少的参数。

4. 电爆网络的连接方式

当有多个药包联合起爆时，电爆网络的连接可以采用串联、并联、并串联、串并联等方式（图 1-5）。

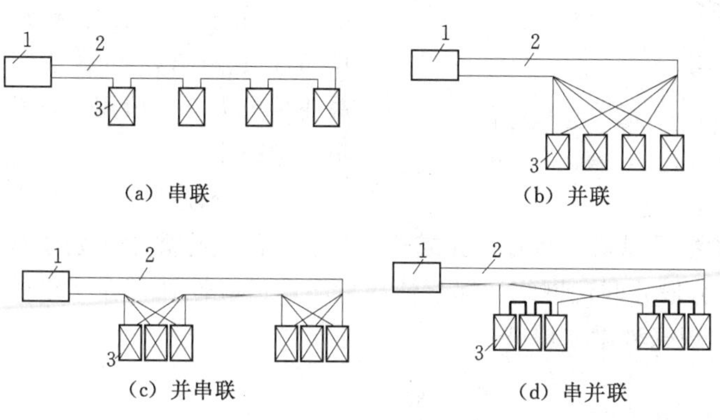

图 1-5 电爆网络连接方式

1—电源；2—输电线；3—药包

(1) 串联法。是将电雷管的脚线一个接一个的连在一起，并将两端的两根脚线接至主线，并通向电源。该法线路简单，计算和检查线路较易，导线消耗较小，需准爆电流小，可用放炮器、干电池、蓄电池作起爆电源。但整个起爆电路可靠性差，如一个雷管发生故障，或敏感度有差别时，易发生拒爆现象。适用于爆破数量不多、炮孔分散、电源电流不大的小规模爆破。

（2）并联法。是将所有电雷管的两根脚线分别接在两根主线上，或将所有雷管的其中一根脚线集合在一起，然后接在一根主线上，把另一根脚线也集合在一起，接在另一根主线上。其特点是：各个雷管的电流互不干扰，不易发生拒爆现象，当一个电雷管有故障时，不影响整个网络起爆。但导线电流消耗大、需较大截面主线；连接较复杂，检查不便；若分支电阻相差较大时，可能产生不同时爆炸或拒爆，故在工程爆破中很少采用单纯的并联网络。

（3）混合联。工程实践中多采用混合连接网络，它可通过对并/串支组数的调整，获取既满足准爆条件又不超过电源容量的网络。混合联网络的基本形式有并串联和串并联。

二、导爆索起爆法

导爆索起爆法指用导爆索爆炸产生的能量直接引爆药包的起爆方法，这种起爆方法所用的起爆器材有雷管、导爆索、继爆管等。

导爆索起爆法的优点是导爆速度高，可同时起爆多个药包，准爆性好；连接形式简单，无复杂的操作技术；在药包中不需要放雷管，故装药、堵塞时都比较安全。缺点是成本高，不能用仪表来检查爆破线路的好坏。适用于瞬时起爆多个药包的炮孔、深孔或洞室爆破。

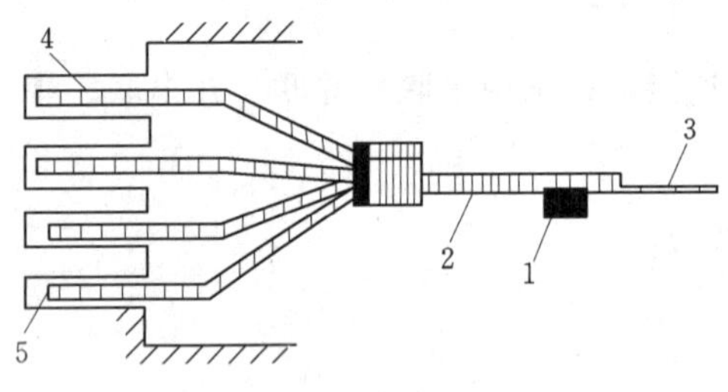

图 1-6 导爆索起爆并簇联

1—雷管；2—导爆索；3—主线；4—支线；5—药室

导爆索起爆网络的连接方式有并簇联和分段并联两种。

（1）并簇联。并簇联是将所有炮孔中引出的支导爆索的末端捆扎成一束或几束，然后再与一根主导爆索相连接（图 1-6）。这种方法同爆性好，但导爆索的消耗量较大，一般用于炮孔数不多又较集中的爆破中。

（2）分段并联。分段并联是在炮孔或药室外敷设一条主导爆索，将各炮孔或药室中引出的支导爆索分别依次与主导爆索相连（图 1-7）。分段并联法网络导爆索消耗量小，适应性强，在网络的适当位置装上继爆管，可以实现毫秒微差爆破。

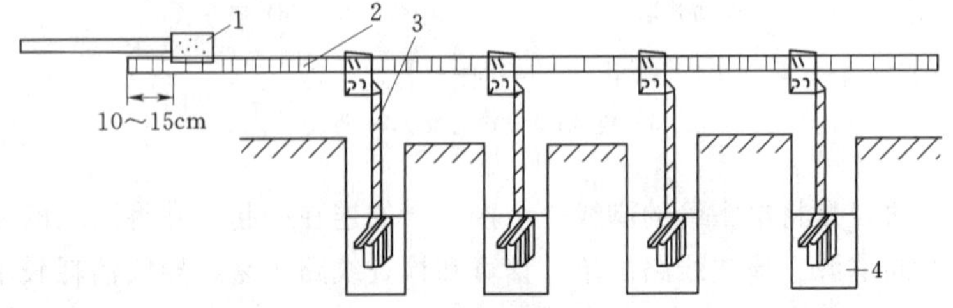

图 1-7 导爆索起爆分段并联

1—炮孔；2—导爆索；3—雷管；4—药包

三、导爆管起爆法

导爆管起爆法是利用塑料导爆管来传递冲击波引爆雷管，然后使药包爆炸的一种新式起爆方法。导爆管起爆法与电力起爆法的共同点是可以对群药包一次赋能起爆，并能基本满足准爆、齐爆的要求。两者不同点在于导爆管网络不受外电场干扰，比电爆网络安全；但导爆管网络无法进行准爆性检测，这一点是不及电力网络可靠的。适用于露天、井下、深水、杂散电流大和一次起爆多个药包的微差爆破作业中进行瞬发或秒延期爆破。

1-4
第一章第三节
测试题
【测试题】

第四节　爆　破　施　工

一、爆破的基本方法

1. 裸露爆破法

裸露爆破法又称表面爆破法，是将药包直接放置于岩石的表面进行爆破。

药包放在块石或孤石的中部凹槽或裂隙部位，体积大于 1m^3 的块石，药包可分数处放置，或在块石上打浅孔或浅穴破碎。为提高爆破效果，表面药包底部可做成集中爆力穴，药包上护以草皮或是泥土沙子，其厚度应大于药包高度或以粉状炸药敷 30cm 厚。用电雷管或导爆索起爆。不需钻孔设备，操作简单迅速，但炸药消耗量大（比炮孔法多 3～5 倍），破碎岩石飞散较远。适于地面上大块岩石、大孤石的二次破碎及树根、水下岩石与改建工程的爆破。

2. 浅孔爆破法

浅孔爆破法系在岩石上钻直径 25～50mm、深 0.5～5m 的圆柱形炮孔，装延长药包进行爆破。

炮孔直径通常有 35mm、42mm、45mm、50mm 几种。为使有较多临空面，常按阶梯形爆破使炮孔方向尽量与临空面平行成 30°～45°角。炮孔深度 L：对坚硬岩石，$L=(1.1\sim1.5)H$；对中硬岩石，$L=H$；对松软岩石，$L=(0.85\sim0.95)H$，（H 为爆破层厚度）。最小抵抗线 $W=(0.6\sim0.8)H$；炮孔间距 $a=(1.4\sim2.0)W$（火雷管起爆时）或 $a=(0.8\sim2.0)W$（电力起爆时）。如图 1-8 所示，炮孔布置一般为交错梅花形，依次逐排起爆，炮孔排距 $b=(0.8\sim1.2)W$；同时起爆多个炮孔应采用电力起爆或导爆索起爆。

浅孔爆破法不需复杂钻孔设备；施工操作简单，容易掌握；炸药消耗量少，飞石距离较近，岩石破碎均匀，便于控制开挖面的形状和尺寸，可在各种复杂条件下施工，在爆破作业中被广泛采用。但爆破量较小，效率低，钻孔工作量大。适于各种地形和施工现场比较狭窄的工作面上作业，如基坑、管沟、渠道、隧洞爆破或用于平整边坡、开采岩石、松动冻土以及改建工程拆除控制爆破。

3. 深孔爆破法

深孔爆破法系将药包放在直径 75～270mm、深 5～30m 的圆柱形深孔中爆破。爆破前宜先将地面爆成倾角大于55°的阶梯形，做垂直、水平或倾斜的炮孔。钻孔用轻、中型露天潜孔钻。爆破参数为 $h=(0.1\sim0.15)H$，$a=(0.8\sim1.2)W$，$b=(0.7\sim1.0)W$，如图1-9所示。

装药采用分段或连续。爆破时，边排先起爆，后排依次起爆。

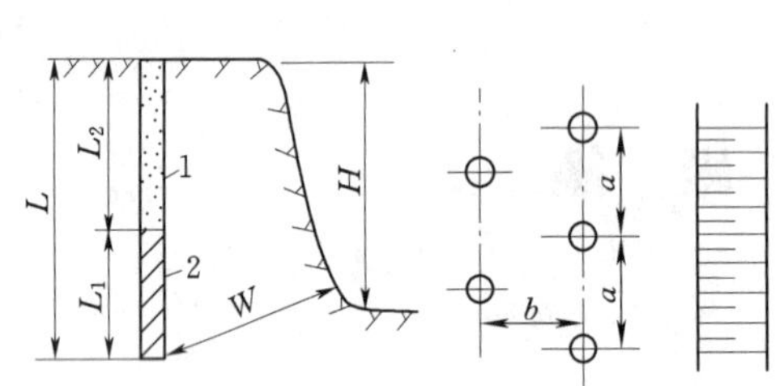

图1-8 浅孔爆破法阶梯开挖布置

1—堵塞物；2—药包；

L_1—装药深度；L_2—堵塞深度；L—炮孔深度

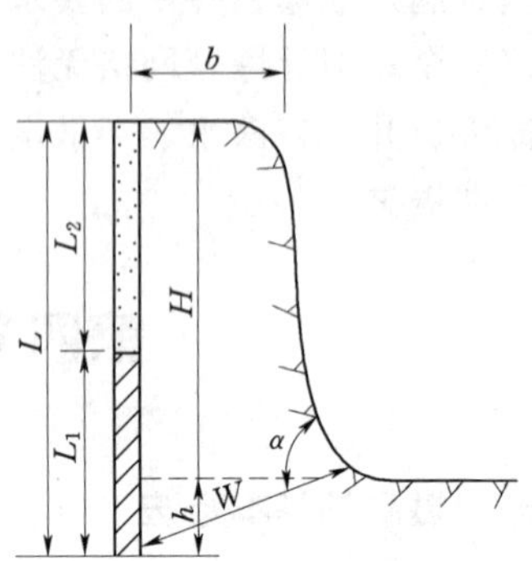

图1-9 深孔爆破法

α—边坡倾角

深孔爆破法单位岩石体积的钻孔量少，耗药量少，生产效率高。一次爆落石方量多，操作机械化，可减轻劳动强度。适用于料场、深基坑的松爆，场地整平以及高阶梯中型爆破各种岩石。

4. *药壶爆破法*

药壶爆破法又称葫芦炮、坛子炮，是在炮孔底先放入少量的炸药，经过一次至数次爆破，扩大成近似圆球形的药壶（图1-10），然后装入一定数量的炸药进行爆破。

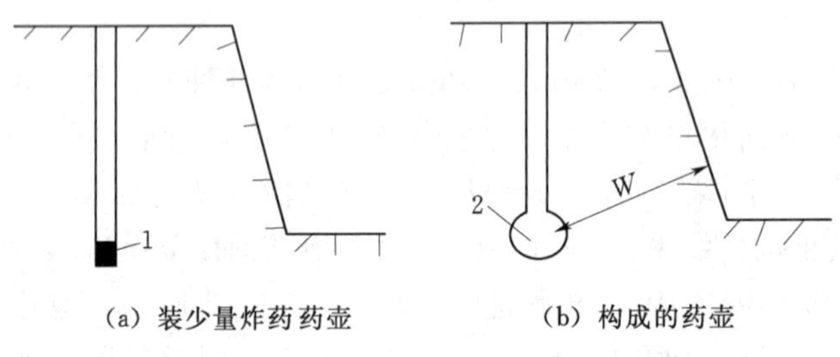

(a) 装少量炸药药壶　　(b) 构成的药壶

图1-10 药壶爆破法

1—药包；2—药壶

爆破前，地形宜先造成较多的临空面，最好是立崖和台阶。

一般取 $W=(0.5\sim0.8)H$，$a=(0.8\sim1.2)W$，$b=(0.8\sim2.0)W$，堵塞长度为炮孔深的0.5～0.9倍。

每次爆扩药壶后，须间隔20～30min。扩大药壶用小木柄铁勺掏渣或用风管通入压缩空气吹出。当土质为黏土时，可以压缩，不需出渣。药壶法一般宜与炮孔法配合使用，以提高爆破效果。

药壶爆破法一般宜用电力起爆，并应敷设两套爆破路线；如用火花起爆，当药壶深在3～6m，应设两个火雷管同时点爆。药壶爆破法可减少钻孔工作量，可多装药，炮孔较深时，将延长药包变为集中药包，大大提高爆破效果。但扩大药壶时间较长，操作较复杂，破碎的岩石块度不够均匀，对坚硬岩石扩大药壶较困难，不能使用。适用于露天爆破阶梯高度3～8m的软岩石和中等坚硬岩层；坚硬或节理发育的岩层不宜采用。

二、爆破作业

水利工程施工中一般多采用炮眼法爆破。其施工程序大体为炮孔位置选择、钻孔、制作起爆药包、装药与堵塞、起爆等。

（一）炮孔位置选择

选择炮孔位置时应注意以下几点：

（1）炮孔方向尽量不要与最小抵抗线方向重合，以免产生冲天炮。

（2）充分利用地形或利用其他方法增加爆破的临空面，提高爆破效果。

（3）炮孔应尽量垂直于岩石的层面、节理与裂隙，且不要穿过较宽的裂缝以免漏气。

（二）钻孔

1. 人工打眼

人工打眼仅适用于钻设浅孔。人工打眼有单人、双人打眼等方法。打眼的工具有钢钎、铁锤和掏勺等。

2. 风钻打眼

风钻是风动冲击式凿岩机的简称，在水利工程中使用最多。风钻按其应用条件及架持方法，可分为手持式、柱架式和伸缩式等。风钻用空心钻钎送入压缩空气将孔底凿碎的岩粉吹出，叫作干钻；用压力水将岩粉冲出叫作湿钻。国家规定地下作业必须使用湿钻以减少粉尘，保护工人身体健康。

1-5
钻孔
【视频】

3. 潜孔钻

潜孔钻是一种回转冲击式钻孔设备，其工作机构（冲击器）直接潜入炮孔内进行凿岩，故名潜孔钻。潜孔钻是先进的钻孔设备，它的工效高，构造简单，在大型水利工程中被广泛采用。

（三）制作起爆药包

1. 电雷管检查

对于电雷管应先作外观检查，把有擦痕、生锈、铜绿、裂隙或其他损坏的雷管剔除，再用爆破电桥或小型欧姆计进行电阻及稳定性检查。为了保证安全，测定电雷管的仪表输出电流不得超过50mA。如发现有不导电的情况，应作为不良的电雷管处理。然后把电阻相同或电阻差不超过0.25Ω的电雷管放置在一起，以备装药时串联在一条起爆网络上。

2. 制作起爆药包

起爆药包只许在爆破工点于装药前制作该次所需的数量。不得先做成成品备用。制作好的起爆药包应小心妥善保管，不得震动，也不得抽出雷管。

制作时分如下几个步骤（图1-11）：

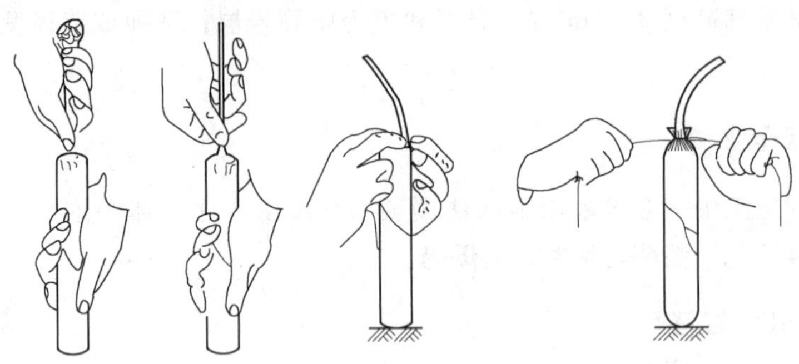

图1-11 起爆药包制作

（1）解开药筒一端。

（2）用木棍（直径5mm，长10～12cm）轻轻地插入药筒中央然后抽出，并将雷管插入孔内。

（3）雷管插入深度：易燃的硝化甘油炸药将雷管全部插入即可；其他不易燃炸药，雷管应埋在接近药筒的中部。

（4）收拢包皮纸用绳子扎起来，如用于潮湿处则加以防潮处置，防潮时防水剂的温度不超过60℃。

（四）装药、堵塞及起爆

1. 装药

在装药前首先了解炮孔的深度、间距、排距等，由此决定装药量。根据孔中是否有水决定药包的种类或炸药的种类。同时还要清除炮孔内的岩粉和水分。在干孔内可装散药或药卷。在装药前，先用硬纸或铁皮在炮孔底部架空，形成聚能药包。炸药要分层用木棍压实，雷管的聚能穴指向孔底，雷管装在炸药全长的中部偏上处。在有水炮孔中装吸湿炸药时，注意不要将防水包装捣破，以免炸药受潮而拒爆。当孔深较大时，药包要用绳子吊下，不允许直接向孔内抛投，以免发生爆炸危险。

1-6
第一章第四节
测试题
【测试题】

2. 堵塞

装药后即进行堵塞。对堵塞材料的要求是：与炮孔壁摩擦作用大，材料本身能结成一个整体，充填时易于密实，不漏气。可用1∶2的黏土粗砂堵塞，堵塞物要分层用木棍压实。在堵塞过程中，要注意不要将导火线折断或破坏导线的绝缘层。

上述工序完成后即可进行起爆。

第五节 控制爆破

控制爆破是为达到一定预期目的的爆破，如预裂爆破、光面爆破、定向爆破、岩塞爆破、微差控制爆破、拆除爆破、静态爆破、燃烧剂爆破等。下面仅介绍水利工程常用的几种。

1-7
预裂爆破
【视频】

一、预裂爆破

进行石方开挖时，在主爆区爆破之前沿设计轮廓线先爆出一条具有一定宽度的贯穿裂缝，以缓冲、反射开挖爆破的振动波，控制其对保留岩体的破坏影响，使之获得较平整的开挖轮廓，此种爆破技术为预裂爆破。在水利水电工程施工中，预裂爆破不仅在垂直、倾斜开挖壁面上得到广泛应用，在规则的曲面、扭曲面及水平建基面等也采用预裂爆破。

1-8
预裂爆破要求
【视频】

预裂爆破的要求如下：

(1) 预裂缝要贯通且在地表有一定开裂宽度。对于中等坚硬岩石，缝宽不宜小于1.0cm；坚硬岩石缝宽应达到0.5cm左右；但在松软岩石上缝宽达到1.0cm以上时，减振作用并未显著提高，应多做些现场试验，以利总结经验。预裂爆破布置如图1-12所示。

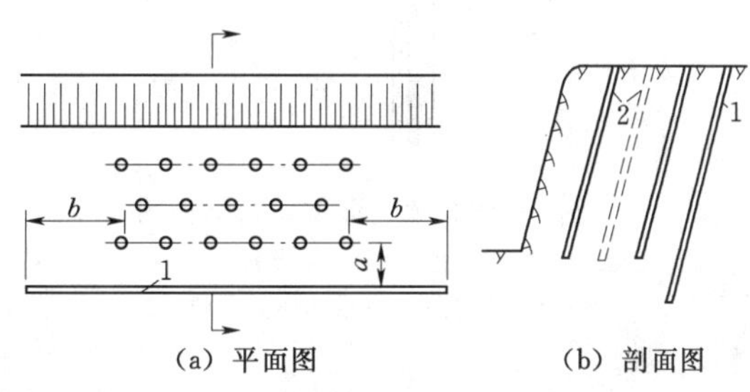

图1-12　预裂爆破布置图
1—预裂缝；2—爆破孔

1-9
三峡三期上游围堰爆破
【视频】

1-10
预裂爆破效果图
【图片】

(2) 预裂面开挖后的不平整度不宜大于15cm。预裂面不平整度通常是指预裂孔所形成之预裂面的凹凸程度，它是衡量钻孔和爆破参数合理性的重要指标，可依此验证、调整设计数据。

(3) 预裂面上的炮孔痕迹保留率应不低于80%，且炮孔附近岩石不出现严重的爆破裂隙。

预裂爆破主要技术措施如下：

1) 炮孔直径一般为50～200mm，对深孔宜采用较大的孔径。

2) 炮孔间距宜为孔径的8～12倍，坚硬岩石取小值。

3) 不耦合系数（炮孔直径d与药卷直径d_0的比值）建议取2～4，坚硬岩石取小值。

4) 线装药密度一般取250～400g/m。

5) 药包结构形式，目前较多的是将药卷分散绑扎在导爆索上（图1-13）。分散药卷的相邻间距不宜大于50cm和不大于药卷的殉爆距离。考虑到孔底的夹制作用较大，底部药包应加强，约为线装药密度的2～5倍。

(4) 装药时距孔口1m左右的深度内不要装药，可用粗砂填塞，不必捣实。填塞段过短容易形成漏斗，填塞段过长则不能出现裂缝。

二、光面爆破

光面爆破也是控制开挖轮廓的爆破方法之一，光面爆破洞挖布孔如图1-14所示。光面爆破与预裂爆破的不同之处在于光爆孔的爆破是在开挖主爆孔的药包爆破之

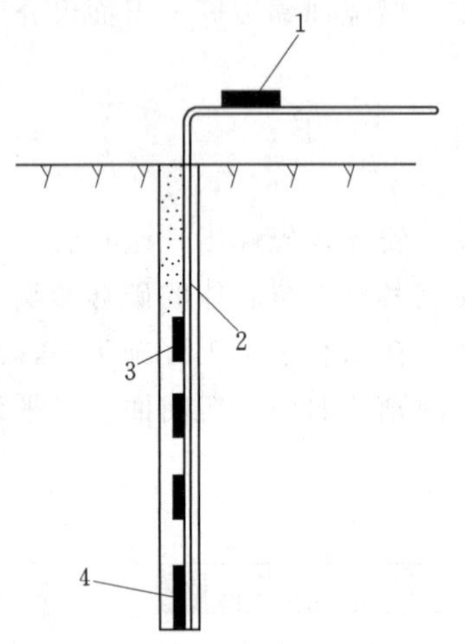

图 1-13 预裂爆破装药结构图
1—雷管；2—导爆索；
3—药包；4—底部加强药包

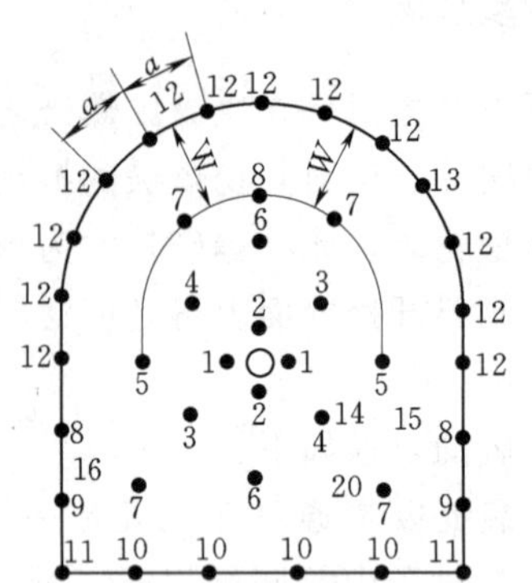

图 1-14 光面爆破洞挖布孔图
1～12—炮孔孔段编号；
a—炮孔间距；W—最小抵抗线

后进行。光面爆破可以使爆裂面光滑平顺，超欠挖均很少，能近似形成设计轮廓要求的爆破。光面爆破一般多用于地下工程的开挖，露天开挖工程中用得比较少，只是在一些有特殊要求或者条件有利的地方使用。

光面爆破的要点是孔径小、孔距密、装药少、同时爆。

光面爆破主要参数的确定：炮孔直径宜在 50mm 以下；最小抵抗线 W 通常采用 1～3m，或用 $W=(7\sim20)D$ 计算；炮孔间距 $a=(0.6\sim0.8)W$；单孔装药量用线装药密度 Q_x 表示，即

$$Q_x = kW$$

式中 k——单位耗药量。

三、水下爆破

在已成水库或天然湖泊内取水发电、灌溉、供水或泄洪时，为修建隧洞的取水工程，避免在深水中建造围堰，采用岩塞爆破是一种经济而有效的方法。它的施工特点是先从引水隧洞出口开挖，直到掌子面到达库底或湖底邻近，然后预留一定厚度的岩塞，待隧洞和进口控制闸门井全部建完后，一次将岩塞炸除，使隧洞和水库连通。

岩塞的布置应根据隧洞的使用要求、地形、地质因素来确定。岩塞宜选择在覆盖层薄、岩石坚硬完整且层面与进口中线交角大的部位，特别应避开节理、裂隙、构造发育的部位。岩塞的开口尺寸应满足进水流量的要求。岩塞厚度应为开口直径的 1～1.5 倍，太厚难于一次爆通，太薄则不安全。

水下岩塞爆破装药量计算，应考虑岩塞上静水压力的阻抗，用药量应比常规抛掷爆破药量增大 20%～30%。为了控制进口形状，岩塞周边采用预裂爆破以减震防裂。

四、洞室爆破

1-11
第一章第五节
测试题
【测试题】

洞室爆破又称大爆破，其炸药装入专门开挖的洞室内，洞室与地表则以导洞相连。一个洞室爆破往往有数个、数十个药包，装药总量可高达数百、数千乃至逾万吨。

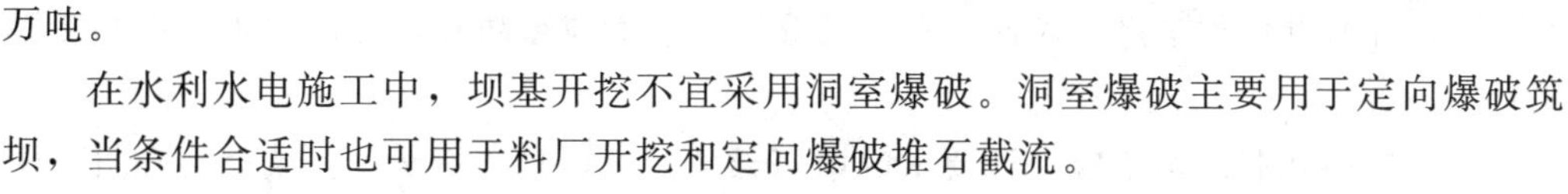

在水利水电施工中，坝基开挖不宜采用洞室爆破。洞室爆破主要用于定向爆破筑坝，当条件合适时也可用于料厂开挖和定向爆破堆石截流。

第六节　爆破施工安全知识

爆破工作的安全极为重要，从爆破材料的运输、储存、加工，到施工中的装填、起爆和销毁均应严格遵守各项爆破安全技术规程。

一、爆破、起爆材料的储存与保管

（1）爆破材料应储存在干燥、通风良好、相对湿度不大于65%的仓库内，库内温度应保持在18～30℃；周围5m内的范围，须清除一切树木和草皮。库房应有避雷装置，接地电阻不大于10Ω。库内应有消防设施。

（2）爆破材料仓库与民房、工厂、铁路、公路等应有一定的安全距离。炸药与雷管（导爆索）须分开储存，两库房的安全距离不应小于有关规定。同一库房内不同性质、批号的炸药应分开存放。严防虫鼠等啃咬。

（3）炸药与雷管成箱（盒）堆放要平稳、整齐。成箱炸药宜放在木板上，堆摆高度不得超过1.7m，宽不超过2m，堆与堆之间应留有不小于1.3m的通道，药堆与墙壁间的距离不应小于0.3m。

（4）施工现场临时仓库内爆破材料严格控制储存数量，炸药不得超过3t，雷管不得超过10000个和相应数量的导火索。雷管应放在专用的木箱内，离炸药不少于2m距离。

二、装卸、运输与管理

（1）爆破材料的装卸均应轻拿轻放，不得受到摩擦、震动、撞击、抛掷或转倒。堆放时要摆放平稳，不得散装、改装或倒放。

（2）爆破材料应使用专车运输，炸药与起爆材料、硝铵炸药与黑火药均不得在同一车辆、车厢装运。用汽车运输时，装载不得超过允许载重量的2/3，行驶速度不应超过20km/h。

三、爆破操作安全要求

（1）装填炸药应按照设计规定的炸药品种、数量、位置进行。装药要分次装入，用竹棍轻轻压实，不得用铁棒或用力压入炮孔内，不得用铁棒在药包上钻孔安设雷管或导爆索，必须用木或竹棒进行。当孔深较大时，药包要用绳子吊下，或用木制炮棍护送，不允许直接往孔内丢药包。

(2) 起爆药卷（雷管）应设置在装药全长的1/3～1/2位置上（从炮孔口算起），雷管应置于装药中心，聚能穴应指向孔底，导爆索只许用锋利刀一次切割好。

(3) 遇有暴风雨或闪电打雷时，应禁止装药、安设电雷管和联结电线等操作。

(4) 在潮湿条件下进行爆破，药包及导火索表面应涂防潮剂加以保护，以防受潮失效。

(5) 爆破孔洞的堵塞应保证要求的堵塞长度，充填密实不漏气。填充直孔可用干细砂土、砂子、黏土或水泥等惰性材料。最好用1∶2～1∶3（黏土∶粗砂）的泥砂混合物，含水量在20%，分层轻轻压实，不得用力挤压。水平炮孔和斜孔宜用2∶1土砂混合物，做成直径比炮孔小5～8mm、长100～150mm的圆柱形炮泥棒填塞密实。填塞长度应大于最小抵抗线长度的10%～15%，在堵塞时应注意勿捣坏导火索和雷管的线脚。

四、爆破安全距离

爆破时，应划出警戒范围，立好标志，现场人员应到安全区域，并有专人警戒，以防爆破飞石、爆破地震、冲击波以及爆破毒气对人身造成伤害。

爆破飞石、空气冲击波、爆破毒气对人身影响的安全距离以及爆破震动对建筑物影响的安全距离计算如下。

1. 爆破地震安全距离

目前国内外爆破工程多以建筑物所在地表的最大质点振动速度作为判别爆破振动对建筑物的破坏标准。通常采用的经验公式为

$$v=k\left(\frac{Q^{1/3}}{R}\right)^{\alpha}$$

式中 v——爆破地震对建筑物（或构筑物）及地基产生的质点垂直振动速度，cm/s；

k——与岩土性质、地形和爆破条件有关的系数，在土中爆破时$k=150\sim200$；在岩石中爆破时$k=100\sim150$；

Q——同时起爆的总装药量，kg；

R——药包中心到某一建筑物的距离，m；

α——爆破地震随距离衰减系数，可按1.5～2.0考虑。

观测成果表明：当$v=10\sim12$cm/s时，一般砖木结构的建筑物便可能破坏。

2. 爆破空气冲击波安全距离

$$R_k=k_k\sqrt{Q}$$

式中 R_k——爆破冲击波的危害半径，m；

k_k——系数，对于人$k_k=5\sim10$；对建筑物要求安全无损时，裸露药包$k_k=50\sim150$；埋入药包$k_k=10\sim50$；

Q——同时起爆的最大的一次总装药量，kg。

3. 个别飞石安全距离（R_f）

$$R_f=20n^2W$$

式中 n——最大药包的爆破作用指数；

W——最小抵抗线，m。

实际采用的飞石安全距离不得小于下列数值：裸露药包300m，浅孔或深孔爆破200m，洞室爆破400m。对于顺风向的安全距离应增大一倍。

4. 爆破毒气的危害范围

在工程实践中，常采用下述经验公式来估算有毒气体扩散安全距离（R_g）。

$$R_g=k_g\sqrt[3]{Q}$$

式中 R_g——有毒气体扩散安全距离，m；

k_g——系数，根据有关资料，k_g的平均值为160；

Q——爆破总装药量，kg。

五、爆破防护覆盖方法

（1）基础或地面以上构筑物爆破时，可在爆破部位上铺盖湿草垫或草袋（内装少量砂土）作头道防线，再在其上铺放胶管帘或胶垫，外面再以帆布棚覆盖，用绳索拉住捆紧，以阻挡爆破碎块，降低声响。

（2）对离建筑物较近或在附近有重要设备的地下设备基础爆破，应采用橡胶防护垫（用废汽车轮胎编织成排），环索联结在一起的粗圆木、铁丝网、脚手板等护盖其上防护。

（3）对一般破碎爆破，防飞石可用韧性好的铁丝爆破防护网、布垫、帆布、胶垫、旧布垫、荆笆、草垫、草袋或竹帘等作防护覆盖。

（4）对平面结构，如钢筋混凝土板或墙面的爆破，可在板（或墙面）上架设可拆卸的钢管架子（或作活动式），上盖铁丝网，再铺上内装少量砂土的草包形成一个防护罩防护。

（5）爆破时为保护周围建筑物及设备不被打坏，可在其周围用厚5cm的木板加以掩护，并用铁丝捆牢，距炮孔距离不得小于50cm。如爆破体靠近钢结构或需保留部分，必须用砂袋加以保护，其厚度不小于50cm。

六、瞎炮的处理方法

通过引爆而未能爆炸的药包叫瞎炮。处理之前，必须查明拒爆原因，然后根据具体情况慎重处理。

（1）重爆法。瞎炮系由于炮孔外的电线电阻、导火索或电爆网（线）路不合要求而造成的，经检查可燃性和导电性能完好，纠正后，可以重新接线起爆。

（2）诱爆法。当炮孔不深（在50cm以内）时，可用裸露爆破法炸毁；当炮孔较深时，距炮孔近旁60cm处（用人工打孔30cm以上），钻（打）一与原炮孔平行的新炮孔，再重新装药起爆，将原瞎炮销毁。钻平行炮孔时，应将瞎炮的堵塞物掏出，插入一木棍，作为钻孔的导向标志。

（3）掏炮法。可用木制或竹制工具，小心地将炮孔上部的堵塞物掏出；如系硝铵类炸药，可用低压水浸泡并冲洗出整个药包，或以压缩空气和水混合物把炸药冲出来，将拒爆的雷管销毁，或将上部炸药掏出部分后，再重新装入起爆药包起爆。

1-12
第一章第六节测试题
【测试题】

在处理瞎炮时，严禁把带有雷管的药包从炮孔内拉出来，或者拉动电雷管上的导火索或雷管脚线，把电雷管从药包内拨出来，或掏动药包内的雷管。

1-13
第一章测试题
【测试题】

拓 展 讨 论

党的二十大报告提出，坚持安全第一、预防为主，建立大安全大应急框架，完善公共安全体系，推动公共安全治理模式向事前预防转型。推进安全生产风险专项整治，加强重点行业、重点领域安全监管。

请思考：爆破工程施工属于危险作业，如何对爆破行业重点领域进行安全监管？

复 习 思 考 题

1. 什么叫爆破？
2. 什么叫爆破作用圈？
3. 爆破作用圈按对介质作用不同可分为几个作用圈？每个作用圈的含义如何？
4. 什么叫爆破漏斗？什么叫爆破作用指数？它有哪些作用？
5. 爆破炸药量的基本计算方法是什么？
6. 炸药的基本性能有哪些？
7. 常用的炸药有哪些？
8. 起爆器材一般包括哪几部分？
9. 爆破的基本方法有哪些？各适用哪些情况？
10. 爆破施工的基本程序有哪些内容？
11. 选择炮孔位置时应注意哪些内容？
12. 制作起爆药包有哪几个步骤？
13. 什么叫控制爆破？水利工程中常用的控制爆破有哪几种？
14. 爆破起爆材料的储存与保管应注意哪些内容？
15. 爆破起爆材料的装卸、运输与管理应注意哪些内容？
16. 爆破操作安全有哪些要求？
17. 爆破安全距离是如何确定的？
18. 爆破防护覆盖方法有哪些？
19. 什么叫瞎炮？瞎炮的处理方法有哪些？

第二章 砌 筑 工 程

第一节 砌筑材料与砌筑原则

一、砌筑材料

(一) 砖材

砖具有一定的强度、绝热、隔声和耐久性，在工程上应用很广。砖的种类很多，在水利工程中应用较多的为普通烧结实心黏土砖，是经取土、调制、制坯、干燥、焙烧而成。砖分红砖和青砖两种。质量好的砖棱角整齐、质地坚实、无裂缝翘曲、吸水率小、强度高、敲打声音发脆。色浅、声哑、强度低的砖为欠火砖；色较深、音甚响、有弯曲变形的砖为过火砖。砖的强度等级分为 MU30、MU25、MU20、MU15、MU10 等五级。普通砖、空心砖的吸水率宜在 10%～15%，灰砂砖、粉煤灰砖含水率宜在 5%～8%。吸水率越小，强度越高。

普通黏土砖的尺寸为 53mm×115mm×240mm，若加上砌筑灰缝的厚度（一般为 10mm），则 4 块砖长、8 块砖宽、16 块砖厚都为 1m。每 $1m^3$ 实心砖砌体需用砖 512 块。

砖的品种、强度等级必须符合设计要求，并应规格一致。用于清水墙、柱表面的砖，还应边角整齐、色泽均匀。无出厂证明的砖应做试验鉴定。

(二) 石材

天然石材具有很高的抗压强度、良好的耐久性和耐磨性，常用于砌筑基础、桥涵、挡土墙、护坡、沟渠、隧洞衬砌及闸坝工程中。石材应选用强度大、耐风化、吸水率小、表观密度大、组织细密、无明显层次，且具有较好抗蚀性的石材。常用的石材有石灰岩、砂岩、花岗岩、片麻岩等。风化的山皮石、冻裂分化的块石禁止使用。

在工地上可通过看、听、称来判定石材质量。看，即观察打裂开的破碎面，颜色均匀一致，组织紧密，层次不分明的岩石为好；听，就是用手锤敲击石块，听其声音是否清脆，声音清脆响亮的岩石为好；称，就是通过称量计算出其表观密度和吸水率，看它是否符合要求，一般要求表观密度大于 $2650kg/m^3$，吸水率小于 10%。

水利工程常用的石料有以下几种：

(1) 片石。片石是开采石料时的副产品，体积较小，形状不规则，用于砌体中的填缝或小型工程的护岸、护坡、护底工程，不得用于拱圈、拱座以及有磨损和冲刷的护面工程。

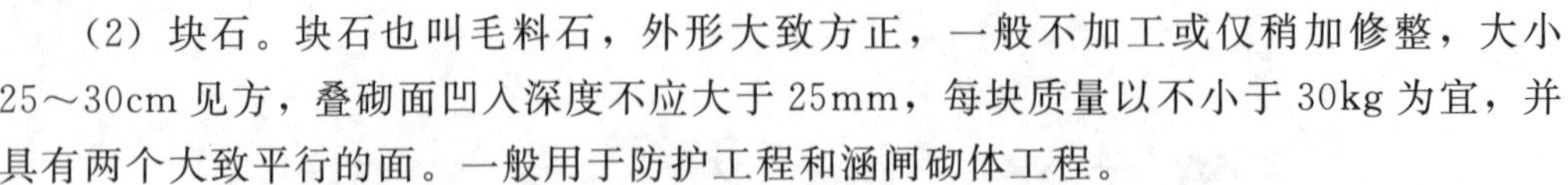

（2）块石。块石也叫毛料石，外形大致方正，一般不加工或仅稍加修整，大小25～30cm 见方，叠砌面凹入深度不应大于25mm，每块质量以不小于30kg为宜，并具有两个大致平行的面。一般用于防护工程和涵闸砌体工程。

（3）粗料石。粗料石外形较方正，截面的宽度、高度不应小于20cm，且不应小于长度的1/4，叠砌面凹入深度不应大于20mm，除背面外，其他五个平面应加工凿平。主要用于闸、桥、涵墩台和直墙的砌筑。

2-1
粗料石桥
【图片】

（4）细料石。细料石经过细加工，外形规则方正，宽、厚大于20cm，且不小于其长度的1/3，叠砌面凹入深度不大于10mm。多用于拱石外脸、闸墩圆头及墩墙等部位。

（5）卵石。卵石分河卵石和山卵石两种。河卵石比较坚硬，强度高。山卵石有的已风化、变质，使用前应进行检查。如颜色发黄，用手锤敲击声音不脆，表明已风化变质，不能使用。卵石常用于砌筑河渠的护坡、挡土墙等。

（三）胶结材料

1. 分类

砌筑施工常用的胶结材料，按使用特点分为砌筑砂浆、勾缝砂浆；按材料类型分为水泥砂浆、石灰砂浆、水泥石灰砂浆、石灰黏土砂浆、黏土砂浆等。处于潮湿环境或水下使用的砂浆应用纯水泥砂浆，如用含石灰的砂浆，虽砂浆的和易性能有所改善，但由于砌体中石灰没有充分时间硬化，在渗水作用下，将产生水溶性的氢氧化钙，容易被渗水带走；砂浆中的石灰在渗水作用下发生体积膨胀结晶，破坏砂浆组织，导致砌体破坏。因此石灰砂浆、水泥石灰砂浆只能用于较干燥的水上工程。石灰黏土砂浆和黏土砂浆只用于小型水上砌体。

（1）水泥砂浆。常用的水泥砂浆强度等级分为M5、M7.5、M10、M15、M20、M25、M30 7个强度等级。砂子要求清洁，级配良好，含泥量小于3%。砂浆配合比应通过试验确定。拌和可使用砂浆搅拌机，也可采用人工拌和。砂浆拌和量应配合砌石的速度和需要，一次拌和不能过多，拌和好的砂浆应在40min内用完。

（2）石灰砂浆。石灰膏的淋制应在暖和不结冰的条件下进行，淋好的石灰膏必须等表面浮水全部渗完，石灰膏表面呈现不规则的裂缝后方可使用，最好是淋后两星期再用，使石灰充分熟化。配制砂浆时按配合比（一般灰砂比为1∶3）取出石灰膏加水稀释成浆，再加入砂中拌和，直至颜色完全均匀一致为止。

（3）水泥石灰砂浆。水泥石灰砂浆是用水泥、石灰两种胶结材料配合与砂调制成的砂浆。拌和时先将水泥砂子干拌均匀，然后将石灰膏稀释成浆倒入拌和均匀。这种砂浆比水泥砂浆凝结慢，但自加水拌和到使用完不宜超过2h；同时由于它凝结速度较慢，不宜用于冬季施工。

（4）小石混凝土。一般砌筑砂浆干缩率高，密实性差，在大体积砌体中，常用小石混凝土代替一般砂浆，可节约水泥，提高砌体强度。小石混凝土分一级配和二级配两种，一级配采用20mm以下的小石，二级配中粒径5～20mm的占40%～50%、20～40mm的占50%～60%。小石混凝土坍落度以7～9cm为宜，小石混凝土砂浆质量是保证浆砌石施工质量的关键，配料时要求严格按设计配合比进行，要控制用水量；砂浆应拌和均匀，不得有砂团和离析；砂浆的运送工具使用前后均应清洗干净，不得有杂质和淤泥，运送时不要急剧下跌、颠簸，防止砂浆水砂分离。分离的砂浆应重新拌和后才能使用。

2. 作用

（1）将单个块体黏结成整体，促使构件应力分布均匀。

（2）填实块体间缝隙，提高砌体保温和防水性能，增加墙体抗冻性能。

二、砌筑的基本原则

砌体的抗压强度较大，但抗拉、抗剪强度低，仅为其抗压强度的1/10～1/8，因此砖石砌体常用于结构物受压部位。砖石砌筑时应遵守以下基本原则：

（1）砌体应分层砌筑，其砌筑面力求与作用力的方向垂直，或使砌筑面的垂线与作用力方向间的夹角小于13°～16°否则受力时易产生层间滑动。

2－2
第二章第一节测试题
【测试题】

（2）砌块间的纵缝应与作用力方向平行，否则受力时易产生楔块作用，对相邻块产生挤动。

（3）上下两层砌块间的纵缝必须互相错开，以保证砌体的整体性，以便传力。

第二节　砌　石　施　工

一、干砌石

干砌石是指不用任何胶凝材料把石块砌筑起来，包括干砌块（片）石、干砌卵石。一般用于土坝（堤）迎水面护坡、渠系建筑物进出口护坡及渠道衬砌、水闸上下游护坦、河道护岸等工程。

2－3
干砌石护坡
【图片】

（一）砌筑前的准备工作

1. 备料

在砌石施工中为缩短场内运距，避免停工待料，砌筑前应尽量按照工程部位及需要数量分片备料，并提前将石块的水锈、淤泥洗刷干净。

2. 基础清理

砌石前应将基础开挖至设计高程，淤泥、腐殖土以及混杂有建筑残渣应清除干净，必要时将坡面或底面夯实，然后才能进行铺砌。

3. 铺设反滤层

在干砌石砌筑前应铺设砂砾反滤层，其作用是将块石垫平，不致使砌体表面凹凸不平，减少其对水流的摩阻力；减少水流或降水对砌体基础土壤的冲刷；防止地下渗水逸出时带走基础土粒，避免砌筑面下陷变形。

反滤层的各层厚度、铺设位置、材料级配和粒径以及含泥量均应满足规范要求，铺设时应与砌石施工配合，自下而上，随铺随砌，接头处各层之间的连接要层次清楚，防止层间错动或混淆。

（二）干砌石施工

1. 施工方法

常采用的干砌块石的施工方法有两种，即花缝砌筑法和平缝砌筑法。

（1）花缝砌筑法。花缝砌筑法多用于干砌片（毛）石，砌筑时，依石块原有形状，使尖对拐、拐对尖，相互联系砌成，砌石不分层，一般多将大面向上，如图 2-1 所示。这种砌法的缺点是底部空虚，容易被水流淘刷变形，稳定性较差，且不能避免重缝、迭缝、翘口等毛病。但此法优点是表面比较平整，故可用于流速不大、不承受风浪淘刷的渠道护坡工程。

（2）平缝砌筑法。平缝砌筑法一般多适用于干砌块石的施工，如图 2-2 所示。砌筑时将石块宽面与坡面竖向垂直，与横向平行。砌筑前，安放一块石块必须先进行试放，不合适处应用小锤修整，使石缝紧密，最好不塞或少塞石子。这种砌法横向设有通缝，但竖向直缝必须错开。如砌缝底部或块石拐角处有空隙时，则应选用适当的片石塞满填紧，以防止底部砂砾垫层由缝隙淘出，造成坍塌。

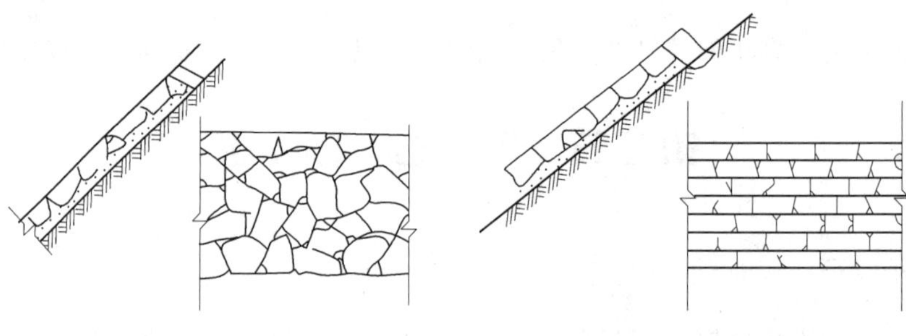

图 2-1 花缝砌筑法　　图 2-2 平缝砌筑法

干砌块石是依靠块石之间的摩擦力来维持其整体稳定的。若砌体发生局部移动或变形，将会导致整体破坏。边口部位是最易损坏的地方，所以，封边工作十分重要。对护坡水下部分的封边，常采用大块石单层或双层干砌封边，然后将边外部分用黏土回填夯实，有时也可采用浆砌石埂进行封边。对护坡水上部分的顶部封边，则常采用比较大的方正块石砌成 40cm 左右宽度的平台，平台后所留的空隙用黏土回填分层夯实（图 2-3）。对于挡土墙、闸翼墙等重力式墙身顶部，一般用混凝土封闭。

2. 干砌石的砌筑要点

造成干砌石施工缺陷的原因主要是砌筑技术不良、工作马虎、施工管理不善以及测量放样错漏等。缺陷主要有缝口不紧、底部空虚、鼓心凹肚、重缝、飞缝、飞口（即用很薄的边口未经砸掉便砌在坡上）、翘口（上下两块都是一边厚一边薄，石料的薄口部分互相搭接）、悬石（两石相接不是面的接触，而是点的接触）、浮塞叠砌、严重蜂窝以及轮廓尺寸走样等（图 2-4）。

干砌石施工必须注意以下几点：

（1）干砌石工程在施工前，应进行基础清理工作。

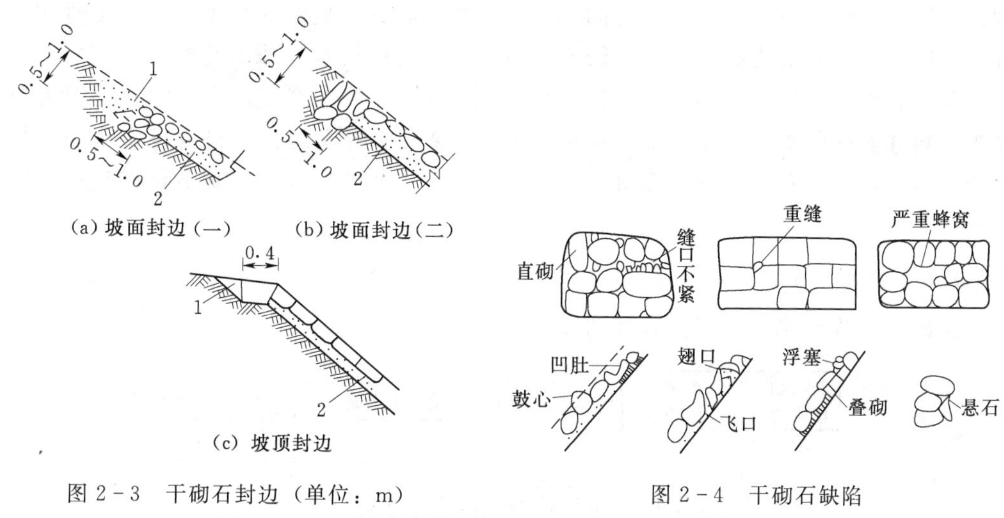

图 2-3　干砌石封边（单位：m）
1—黏土夯实；2—垫层

图 2-4　干砌石缺陷

(2) 凡受水流冲刷和浪击作用的干砌石工程中采用竖立砌法（即石块的长边与水平面或斜面呈垂直方向）砌筑，以期空隙为最小。

(3) 重力式挡土墙施工，严禁先砌好里外砌石面，中间用乱石充填并留下空隙和蜂窝。

(4) 干砌块石的墙体露出面必须设丁石（拉结石），丁石要均匀分布。同一层的丁石长度，如墙厚等于或小于 40cm 时，丁石长度应等于墙厚；如墙厚大于 40cm，则要求同一层内外的丁石相互交错搭接，搭接长度不小于 15cm，其中一块的长度不小于墙厚的 2/3。

(5) 如用料石砌墙，则两层顺砌后应有一层丁砌，同一层采用丁顺组砌时，丁石间距不宜大于 2m。

(6) 用干砌石作基础，一般下大上小，呈阶梯状，底层应选择比较方整的大块石，上层阶梯至少压住下层阶梯块石宽度的 1/3。

(7) 大体积的干砌块石挡土墙或其他建筑物，在砌体每层转角和分段部位，应先采用大而平整的块石砌筑。

(8) 护坡干砌石应自坡脚开始自下而上进行。

(9) 砌体缝口要砌紧，空隙应用小石填塞紧密，防止砌体在受到水流的冲刷或外力撞击时滑脱沉陷，以保持砌体的坚固性。一般规定干砌石砌体空隙率应不超过 30%～50%。

(10) 干砌石护坡的每一块石顶面一般不应低于设计位置 5cm，不高出设计位置 15cm。

二、浆砌石

浆砌石是用胶结材料把单个的石块联结在一起，使石块依靠胶结材料的黏结力、摩擦力和块石本身重量结合成为新的整体，以保持建筑物的稳固，同时，充填着石块间的空隙，堵塞了一切可能产生的漏水通道。浆砌石具有良好的整体性、密实性和较高的强度，使用寿命更长，还具有较好地防止渗水和抵抗水流冲刷的能力。

浆砌石施工的砌筑要领可概括为“平、稳、满、错”四个字。平，同一层面大致砌平，相邻石块的高差宜小于2～3cm；稳，单块石料的安砌务求自身稳定；满，灰缝饱满密实，严禁石块间直接接触；错，相邻石块应错缝砌筑，尤其不允许顺水流方向通缝。

2-4
引水明渠浆
砌石施工
【图片】

（一）砌筑工艺

浆砌石工程砌筑的工艺流程如图2-5所示。

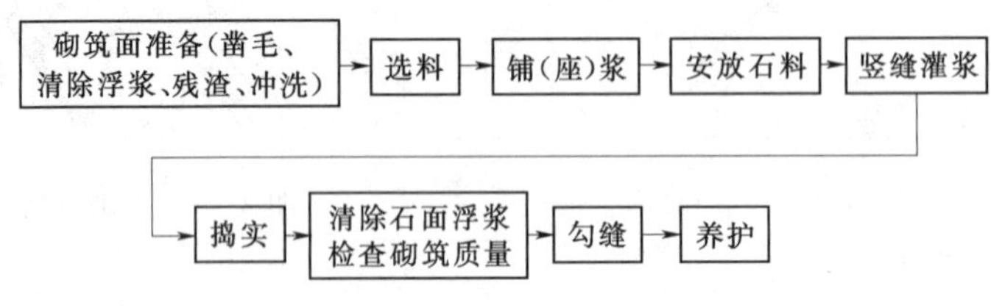

图2-5 浆砌石工程砌筑工艺流程

1. 铺筑面准备

对开挖成形的岩基面，在砌石开始之前应将表面已松散的岩块剔除，具有光滑表面的岩石须人工凿毛，并清除所有岩屑、碎片、泥沙等杂物。土壤地基按设计要求处理。

对于水平施工缝，一般要求在新一层块石砌筑前凿去已凝固的浮浆，并进行清扫、冲洗，使新旧砌体紧密结合。对于临时施工缝，在恢复砌筑时，必须进行凿毛、冲洗处理。

2. 选料

砌筑所用石料，应是质地均匀、没有裂缝、没有明显风化迹象、不含杂质的坚硬石料。严寒地区使用的石料，还要求具有一定的抗冻性。

3. 铺（坐）浆

对于块石砌体，由于砌筑面参差不齐，必须逐块坐浆、逐块安砌，在操作时还须认真调整，务使坐浆密实，以免形成空洞。

坐浆一般只宜比砌石超前0.5～1m左右，坐浆应与砌筑相配合。

4. 安放石料

把洗净的湿润石料安放在坐浆面上，用铁锤轻击石面，使坐浆开始溢出为度。

石料之间的砌缝宽度应严格控制，采用水泥砂浆砌筑时，块石的灰缝厚度一般为2～4cm，料石的灰缝厚度为0.5～2cm，采用小石混凝土砌筑时，一般为所用骨料最大粒径的2～2.5倍。

安放石料时应注意，不能产生细石架空现象。

5. 竖缝灌浆

安放石料后，应及时进行竖缝灌浆。一般灌浆与石面齐平，水泥砂浆用捣插棒捣实，待上层摊铺坐浆时一并填满。

6. 振捣

水泥砂浆常用捣棒人工插捣，小石混凝土一般采用插入式振动器振捣。应注意对角缝的振捣，防止重振或漏振。

每一层铺砌完 24～36h 后（视气温及水泥种类、胶结材料强度等级而定）即可冲洗，准备上一层的铺砌。

（二）浆砌石施工

1. 基础砌筑

基础施工应在地基验收合格后方可进行。基础砌筑前，应先检查基槽（或基坑）的尺寸和标高，清除杂物，接着放出基础轴线及边线。

砌第一层石块时，基底应坐浆。对于岩石基础，坐浆前还应洒水湿润。第一层使用的石块尽量挑大一些的，这样受力较好，并便于错缝。石块第一层都必须大面向下放稳，以脚踩不动即可。不要用小石块来支垫，要使石面平放在基底上，使地基受力均匀基础稳固。选择比较方正的石块，砌在各转角上，称为角石，角石两边应与准线相合。角石砌好后，再砌里、外面的石块，称为面石；最后砌填中间部分，称为腹石。砌填腹石时应根据石块自然形状交错放置，尽量使石块间缝隙最小，再将砂浆填入缝隙中，最后根据各缝隙形状和大小选择合适的小石块放入用小锤轻击，使石块全部挤入缝隙中。禁止采用先放小石块后灌浆的方法。

接砌第二层以上石块时，每砌一块石块，应先铺好砂浆，砂浆不必铺满、铺到边，尤其在角石及面石处，砂浆应离外边约 4.5cm，并铺得稍厚一些，当石块往上砌时，恰好压到要求厚度，并刚好铺满整个灰缝。灰缝厚度宜为 20～30mm，砂浆应饱满。阶梯形基础上的石块应至少压砌下级阶梯的 1/2，相邻阶梯的块石应相互错缝搭接。基础的最上一层宜选用较大的块石砌筑。基础的第一层及转角处和交接处，应选用较大的块石砌筑。块石基础的转角及交接处应同时砌起。如不能同时砌筑又必须留槎时，应砌成斜槎。

2－5
浆砌毛石基础
【图片】

块石基础每天可砌高度不应超过 4.2m。在砌基础时还必须注意不能在新砌好的砌体上抛掷块石，这会使已黏在一起的砂浆与块石受振动而分开，影响砌体强度。

2. 挡土墙

砌筑块石挡土墙时，块石的中部厚度不宜小于 20cm；每砌 3～4 皮为一分层高度，每个分层高度应找平一次；外露面的灰缝厚度，不得大于 4cm，两个分层高度间的错缝不得小于 8cm（图 2－6）。

2－6
浆砌毛石
挡土墙
【图片】

料石挡土墙宜采用同皮内丁顺相间的砌筑形式。当中间部分用块石填筑时，丁砌料石伸入块石部分的长度应小于 20cm。

3. 桥、涵拱圈

浆砌拱圈一般选用于小跨度的单孔桥拱、涵拱施工，施工方法及步骤如下：

（1）拱圈石料的选择。拱圈的石料一般为经过加工的料石，石块厚度不应小于 15cm。石块

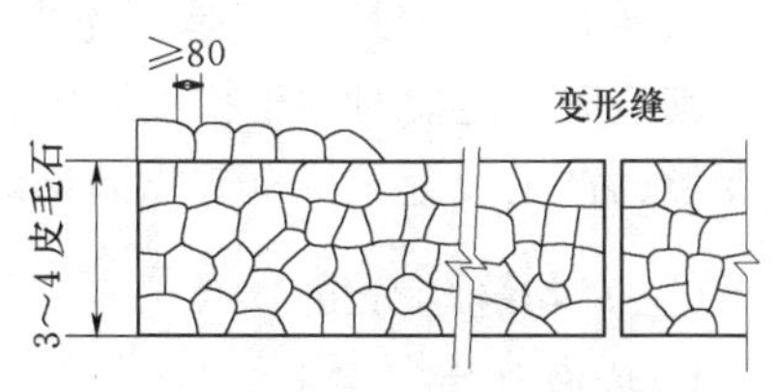

图 2－6　块石挡土墙立面（单位：mm）

2－7
粗料石桥梁
【图片】

的宽度为其厚度的1.5～2.5倍，长度为厚度的2～4倍，拱圈所用的石料应凿成楔形（上宽下窄），如不用楔形石块时，则应用砌缝宽度的变化来调整拱度，但砌缝厚薄相差最大不应超过1cm，每一石块面应与拱压力线垂直。因此拱圈砌体的方向应对准拱的中心。

（2）拱圈的砌缝。浆砌拱圈的砌缝应力求均匀，相邻两行拱石的平缝应相互错开，其相错的距离不得小于10cm。砌缝的厚度决定于所选用的石料，选用细料石，其砌缝厚度不应大于1cm；选用粗料石，砌缝不应大于2cm。

（3）拱圈的砌筑程序与方法。拱圈砌筑之前，必须先做好拱座。为了使拱座与拱圈结合好，须用起拱石。起拱石与拱圈相接的面，应与拱的压力线垂直。

当跨度在10m以下时，拱圈一般应沿拱的全长和全厚砌筑，同时由两边起拱石对称地向拱顶砌筑；当跨度大于10m以上时，则拱圈砌筑应采用分段法进行。分段法是把拱圈分为数段，每段长可根据全拱长来决定，一般每段长3～6m。各段依一定砌筑顺序进行（图2-7），以达到使拱架承重均匀和拱架变形最小的目的。

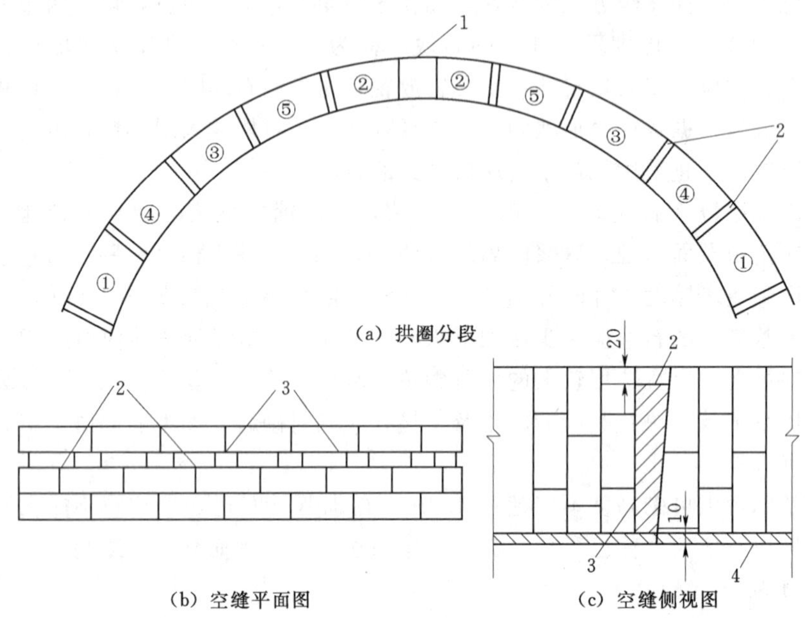

图2-7 拱圈分段及空缝结构图（单位：mm）

1—拱顶石；2—空缝；3—垫块；4—拱模板；

①②③④⑤—砌筑顺序

拱圈各段的砌筑顺序是：先砌拱脚，再砌拱顶，然后砌1/4处，最后砌其余各段。砌筑时一定要对称于拱圈跨中央。各段之间应预留一定的空缝，防止在砌筑中拱架变形而产生裂缝，待全部拱圈砌筑完毕后，再将预留空缝填实。

（三）勾缝与分缝

1. 墙面勾缝

石砌体表面进行勾缝的目的，主要是加强砌体整体性，同时还可增加砌体的抗渗能力，另外也美化外观。

勾缝按其形式可分为凹缝、平缝、凸缝等，如图 2－8 所示。凹缝又可分为半圆凹缝、平凹缝；凸缝可分为平凸缝、半圆凸缝、三角凸缝等。

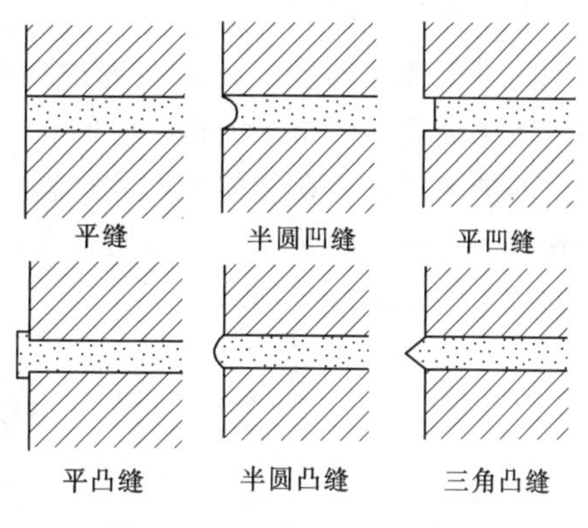

图 2－8　石墙面的勾缝形式

勾缝的程序是在砌体砂浆未凝固以前，先沿砌缝将灰缝剔深 20～30mm 形成缝槽，待砌体完成砂浆凝固以后再进行勾缝。勾缝前，应将缝槽冲洗干净，自上而下，不整齐处应修整。勾缝的砂浆宜用水泥砂浆，砂用细砂。砂浆稠度要掌握好，过稠勾出缝来表面粗糙不光滑，过稀容易坍落走样。最好不使用火山灰质水泥，因为这种水泥干缩性大，勾缝容易开裂。砂浆强度等级应符合设计规定，一般应高于原砌体的砂浆强度等级。

勾凹缝时，先用铁钎子将缝修凿整齐，再在墙面上浇水湿润，然后将浆勾入缝内，再用板条或绳子压成凹缝，用灰抿赶压光平。凹缝多用于石料方正、砌得整齐的墙面。勾平缝时，先在墙面洒水，使缝槽湿润后，将砂浆勾于缝中赶光压平，使砂浆压住石边，即成平缝。勾凸缝时，先浇水润湿缝槽，用砂浆打底与石面相平，而后用扫把扫出麻面，待砂浆初凝后抹第二层，其厚度约为 1cm，然后用灰抿拉出凸缝形状。凸缝多用于不平整石料。砌缝不平时，把凸缝移动一点，可使表面美观。

砌体的隐蔽回填部分，可不专门作勾缝处理，但有时为了加强防渗，应事前在砌筑过程中，用原浆将砌缝填实抹平。

2. 伸缩缝

浆砌体常因地基不均匀沉陷或砌体热胀冷缩可能导致产生裂缝。为避免砌体发生裂缝，一般在设计中均要在建筑物某些接头处设置伸缩缝（沉陷缝）。施工时，可按照设计规定的厚度、尺寸及不同材料作成缝板。缝板有油毛毡（一般常用三层油毛毡刷柏油制成）、柏油杉板（杉板两面刷柏油）等，其厚度为设计缝宽，一般均砌在缝中。如采用前者，则需先立样架，将伸缩缝一边的砌体砌筑平整，然后贴上油毡，再砌另一边；如采用柏油杉板做缝板，最好是架好缝板，两面同时等高砌筑，不需再立样架。

（四）砌体养护

为使水泥得到充分的水化反应，提高胶结材料的早期强度，防止胶结材料干裂，应在砌体胶结材料终凝后（一般砌完 6～8h）及时洒水养护，水泥砂浆砌体养护时间不宜小于 14d，混凝土砌体的养护时间不宜小于 21d。养护方法是配专人洒水，经常保持砌体湿润，也可在砌体上加盖湿草袋，以减少水分的蒸发。夏季的洒水养护还可起降温的作用。由于日照长、气温高、蒸发快，一般在砌体表面要覆盖草袋、草帘等，白天洒水 7～10 次，夜间蒸发少且有露水，只需洒水 2～3 次即可满足养护需要。

2-10
第二章第二节
测试题
【测试题】

冬季当气温降至0℃以下时，要增加覆盖草袋、麻袋的厚度，加强保温效果。冰冻期间不得洒水养护。砌体在养护期内应保持正温。砌筑面的积水、积雪应及时清除，防止结冰。冬季水泥初凝时间较长，砌体一般不宜采用洒水养护。

养护期间不能在砌体上堆放材料、修凿石料、碰动块石，否则会引起胶结面的松动脱离。砌体后隐蔽工程的回填，在常温下一般要在砌后28d方可进行，小型砌体可在砌后10～12d进行回填。

第三节 砌砖及砌块施工

一、砖砌体

(一) 施工准备工作

1. 砖的准备

在常温下施工时，砌砖前一天应将砖浇水湿润，以免砌筑时因干砖吸收砂浆中大量的水分，使砂浆的流动性降低，砌筑困难，并影响砂浆的黏结力和强度。但也要注意不能将砖浇得过湿而使砖不能吸收砂浆中的多余水分，影响砂浆的密实性、强度和黏结力，而且还会产生堕灰和砖块滑动现象，使墙面不洁净，灰缝不平整，墙面不平直。施工中可将砖砍断，检查吸水深度，如吸水深度达到10～20mm，即认为合格。

砖不应在脚手架上浇水，若砌筑时砖块干燥，可用喷壶适当补充浇水。

2. 砂浆的准备

砂浆的品种、强度等级必须符合设计要求，砂浆的稠度应符合规定。拌制中应保证砂浆的配合比和稠度，运输中不漏浆、不离析，以保证施工质量。

3. 施工工具准备

砌筑工工具主要有以下几种：

(1) 大铲。铲灰、铺灰与刮灰用。大铲分为桃形、长方形、长三角形三种。

(2) 瓦刀（泥刀）。打砖、打灰条（即披灰缝）、披满口灰及铺瓦用。

(3) 刨锛。打砖用。

(4) 靠尺板（托线板）和线锤。检查墙面垂直度用。常用托线板的长度为1.2～1.5m。

(5) 皮数杆。砌筑时用于标志砖层、门窗、过梁、开洞及埋件标志的工具，如图2-9所示。

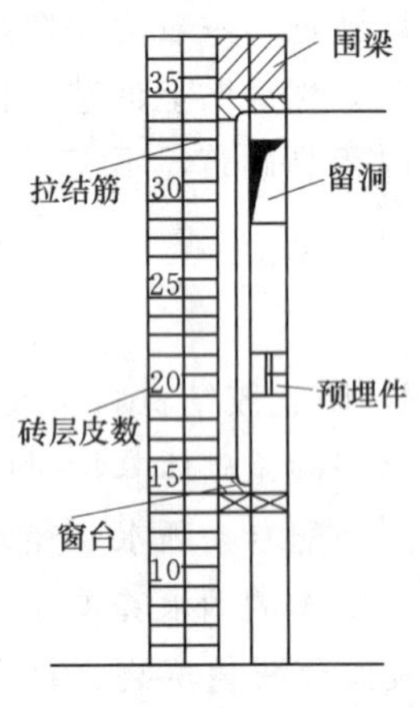

图2-9 皮数杆

此外还应准备麻线、米尺、水平尺和小喷壶。

(二) 砖砌体施工

1. 砖基础施工

(1) 砖基础的构造形式。砖基础一般做成阶梯形的大放脚。砖基础的大放脚通常采用等高式或间隔式两种（图 2－10）。

等高式是每二皮一收，每次收进 1/4 砖长，即高为 120mm，宽为 60mm，如图 2－10（a）所示。间隔式是二皮一收与一皮一收相间隔，每次收进 1/4 砖长，即高为 120mm 与 60mm，宽为 60mm，如图 2－10（b）所示。

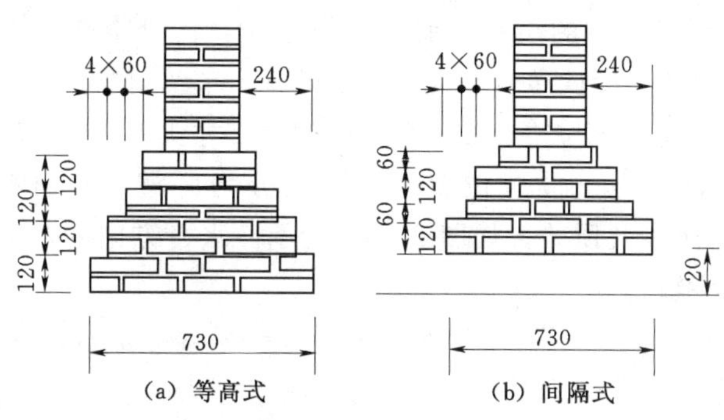

图 2－10　砖基础（单位：mm）

2－11
砖基础
【图片】

（2）砖基础的砌筑。

1）找平弹线。弹线前，应首先检查基础垫层的施工质量及标高，当垫层低于设计标高 20mm 以上时，应用 C15 小石混凝土找平。当垫层高于设计标高，但在规范许可范围内时，对于灰土垫层可将高出部分铲平，对于三合土垫层，则在砌砖时逐皮压小灰缝予以调整。

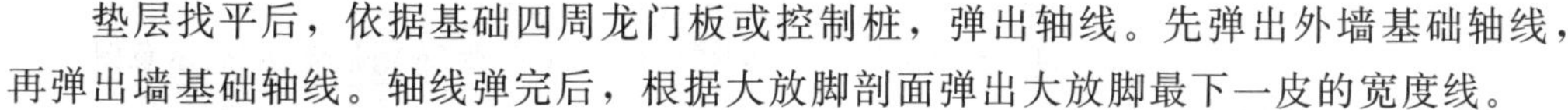

垫层找平后，依据基础四周龙门板或控制桩，弹出轴线。先弹出外墙基础轴线，再弹出墙基础轴线。轴线弹完后，根据大放脚剖面弹出大放脚最下一皮的宽度线。

2）砖基础砌筑要点。

a. 砖基础砌筑前，应先检查垫层施工是否符合质量要求，然后清扫垫层表面，将浮土及垃圾清除干净。

b. 从两端龙门板轴线处拉上麻线，从麻线上挂下线锤，在垫层上锤尖处打上小钉，引出墙身轴线，而后向两边放出大放脚的底边线。

c. 在垫层转角，内外墙交接及高低踏步处预先立好基础皮数杆。基础皮数杆上应标明皮数、退台情况及防潮层位置等。

d. 砌基础时可依皮数杆先砌几层转角及交接处部分的砖，然后在其间拉准线砌中间部分。内、外墙砖基础应同时砌起，如因其他情况不能同时砌起时，应留置斜槎，斜槎的长度不得小于高度的 2/3。

e. 大放脚一般采用一顺一丁砌法。竖缝要错开，要注意十字及丁字接头处砖块的搭接，在这些交接处，纵横墙要隔皮砌通。大放脚的最下一皮及每层的上面一皮应以丁砌为主。

f. 若砖基础不在同一深度，则应先由下往上砌筑。在砖基础高低台阶接头处，下面台阶要砌一定长度（一般不小于 50cm）实砌体，砌到上面后和上面的砖一起退台。

g. 大放脚砌到最后一层时，应从龙门扳上拉麻线将墙身轴线引下，以保证最后一层位置正确。

h. 砖基础中的洞口、管道、沟槽和预埋件等，应于砌筑时正确留出或预埋，宽度超过 50cm 的洞口，其上方应砌筑平拱或设过梁。

i. 砌完砖基础后，应立即回填土，回填土要在基础两侧同时进行，并分层夯实。

2. *砖墙砌筑*

(1) 砌筑方法。砖砌体的组砌，要求上下错缝，内外搭接，以保证砌体的整体性，同时组砌要有规律，少砍砖，以提高砌筑效率，节约材料。在砌筑时根据需要打砍的砖，按其尺寸不同可分为“七分头”“半砖”“二寸头”“二寸条”等，如图 2-11 所示。砌入墙内的砖，由于放置位置不同，又分为卧砖（也称顺砖或眠砖）、陡砖（也称侧砖）、立砖以及顶砖，如图 2-12 所示。水平方向的灰缝叫卧缝，垂直方向的灰缝叫立缝（头缝）。

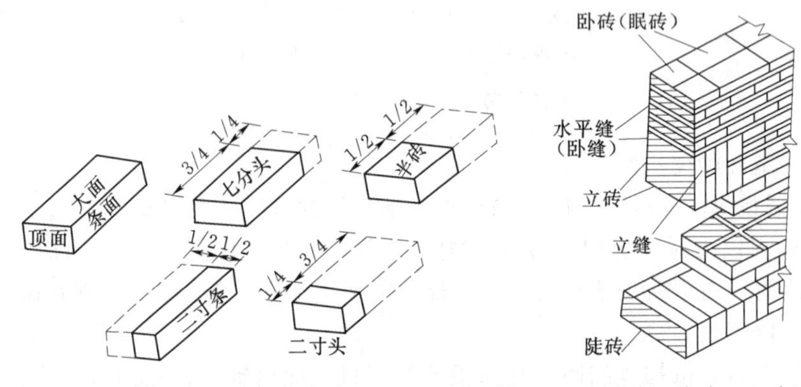

图 2-11 打砍砖　　图 2-12 卧砖、陡砖、立砖示意图

在实际操作中，运用砖在墙体上的位置变换排列，有各种叠砌方法。

1）一顺一丁法。一顺一丁法又称满丁满条法，这种砌法第一皮排顺砖，第二皮排丁砖，操作方便，施工效率高，又能保证搭接错缝，是一种常见的排砖形式。一顺一丁法根据墙面形式不同又分为“十字缝”和“骑马缝”两种。两者的区别仅在于顺砌时条砖是否对齐。

十字缝的构造特点是上下层条砖对齐。它的排列方式如图 2-13 所示。

骑马缝的构造特点是上下层条砖相错半砖，此法也称为五层重排砌筑法。它的排列方式如图 2-14 所示。

2）三顺一丁法。三顺一丁法的组砌方式是先砌一皮丁砖，再砌三皮条砖，如图 2-15 所示。此法操作方便，容易使墙面达到平整美观的要求。在转角处可以减少打制七分头的操作时间，砌筑速度快，只是拉结及整体性不如一顺一丁法。此法常用在砖块规格不太一致时。

3）条砌法。条砌法也称为全顺法，仅用于砌筑半砖隔墙，砖块全部顺砌。

4）顶砌法。顶砌法也称为全丁法，主要用于砌筑圆形建筑物（如水池）。顶砌法全部采用丁砖，便于砌筑成所需的弧度。

5）梅花丁法。梅花丁法俗称沙包式，梅花丁法在同一皮砖内丁顺相间排列，因此美观而富于变化，常见于清水墙面。此法也常用于外皮砌整砖，里皮砌土坯或碎砖的单层砖房，以利节约整砖。

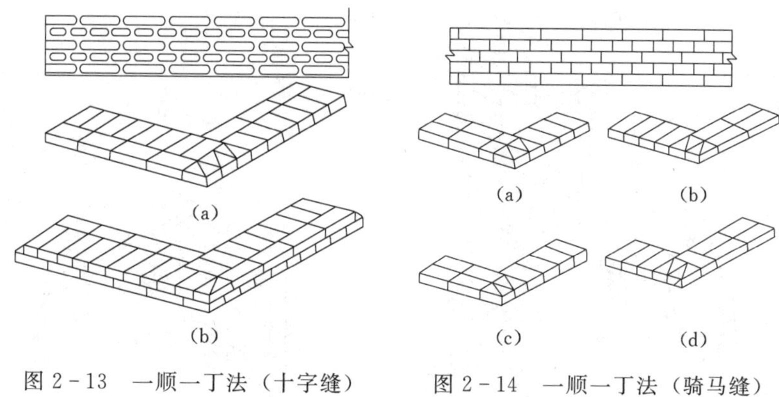

图 2－13　一顺一丁法（十字缝）　　图 2－14　一顺一丁法（骑马缝）

6）两平一侧法。两平一侧砌法是两皮平砌砖与一皮侧砌的顺砖相隔砌成，当墙厚为 3/4 砖时，平砌砖均为顺砖，上下皮竖缝相互错开 1/2 砖长；当墙厚为 5/4 砖长时，平砌砖用一顺一丁砌法，顺砖层与侧砖层之间竖缝相互错开 1/2 砖长，丁砖层与侧砌层之间竖缝相互错开 1/4 砖长。此砌法较费工，但可节约用砖。

图 2－15　三顺一丁法

（2）砖墙砌筑要领。

1）砌筑前，先根据砖墙位置弹出墙身轴线及边线。开始砌筑时先要进行摆砖，排出灰缝宽度。摆砖时应注意门窗位置、砖垛等灰缝的影响，同时要考虑窗间墙的组砌方法，以及七分头砖、半砖砌在何处为好，务使各皮砖的竖缝相互错开。在同一墙面上各部位的组砌方法应统一，并使上下一致。

2）在砌墙前，先要立皮数杆，皮数杆上划有砖的厚度、灰缝厚度、门窗、楼板、过梁、圈梁、屋架等构件位置。皮数杆竖立于墙角及某些交接处，其间距以不超过 15m 为宜。立皮数杆时要用水准仪来进行抄平，使皮数杆上的楼地面标高线位于设计标高位置上。

3）准备好所用材料及工具，施工中所需门窗框、预制过梁、插筋、预埋铁件等必须事先做好安排，配合砌筑进度及时送到现场。

4）砌砖时，必须先拉准线。一砖半厚以上的墙要双面拉线，砌块依准线砌筑。

5）砌筑实心砖墙宜采用三一砌砖法，即“一铲灰、一块砖、一挤揉”的操作方法。竖缝宜采用挤浆或加浆方法，使其砂浆饱满，严禁用水冲浆灌缝。

2－12
“三一”
砌砖法
【视频】

6）砖墙的水平灰缝厚度和竖向灰缝宽度一般为 10mm，不得小于 8mm，也不大于 12mm。水平灰缝的砂浆饱满度应不低于 80％。

2－13
砖墙的连接
【视频】

7）砖墙的转角处和交接处应同时砌起，对不能同时砌直而必须留槎时，应砌成斜槎，斜槎长度不应小于高度的 2/3（图 2－16）。如留置斜槎确有困难时，除转角外，也可留直槎（图 2－17），但必须砌成阳槎，并加设拉结钢筋。拉结钢筋的数量为每半砖墙厚放置 1 根，每层至少 2 根，直径 6mm；间距沿墙高不超过 500mm，埋入长度从墙的留槎处算起，每边均不小于500mm，其末端应有90°弯钩。

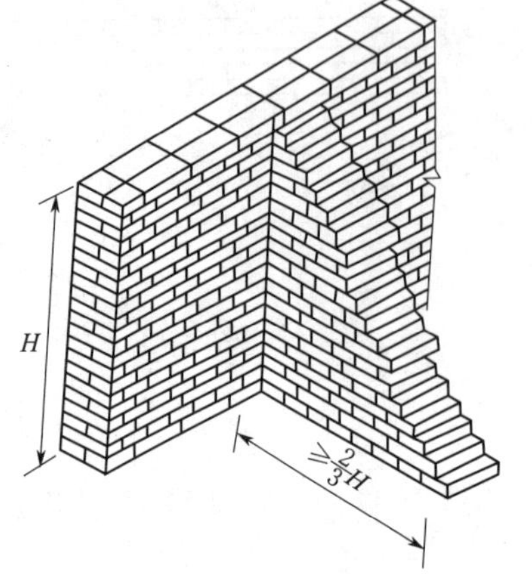

图2-16 斜槎

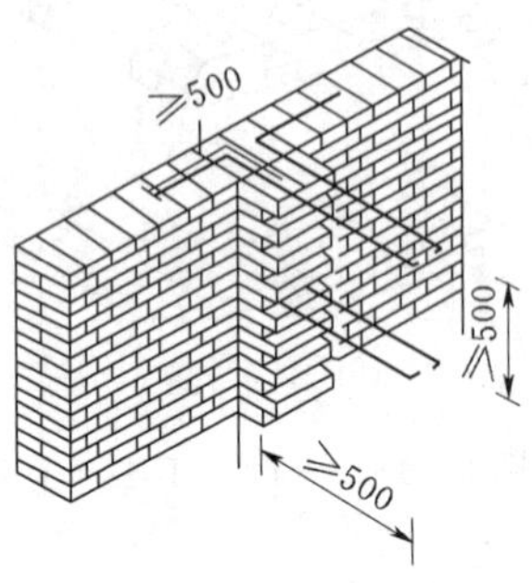

图2-17 直槎（单位：mm）

2-14
斜槎的留设
【图片】

8）隔墙（仅起隔离作用而不承重的墙）与其他墙如不同时砌筑，可于墙中引出阳槎，并于墙的灰缝中预埋拉结钢筋，其构造与上述相同，但每道不少于2根（图2-18）。

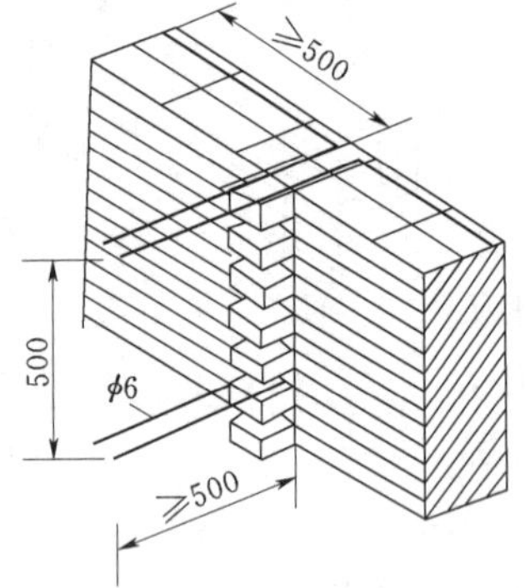

图2-18 隔墙与墙接槎
（单位：mm）

9）如纵横墙均为承重墙，在丁字交接处留槎，可在接槎处下部（约1/3接槎高）留成斜槎，上部留成直槎，并加设拉结钢筋。

10）墙与构造柱应沿墙壁每50cm设置2根6mm水平拉结钢筋，每边伸入墙内不少于100cm。

11）隔墙与填充墙的顶面与上层结构的接触处，宜用侧砖或立砖斜砌挤紧。

12）每层承重墙的最上一皮砖、梁或梁垫的下面、砖墙的台阶水平面上以及挑檐、腰线等，应用丁砖砌筑。

13）宽度小于100cm的窗间墙，应选用整砖砌筑。

14）以下情况不得留置脚手眼：①半砖墙；②砖过梁上与过梁成60°角的三角形范围内；③宽度小于1m的窗间墙；④梁或梁垫下及其左右各50cm的范围内；⑤门窗洞口两侧18cm的转角处43cm的范围内。

15）砖墙预留的过人洞，其侧边离交接处的墙面应不小于50cm，洞口顶部宜设置过梁。

16）砖墙相邻工作段的高度差，不得超过一个楼层的高度，也不宜大于4m。工作段的分段位置宜设在变形缝或门窗洞口处。

17）砖墙每天砌筑高度以不超过1.8m为宜。

18）房屋相邻部分高差较大时，应先建较高部分，以防止由于沉降不均匀引起相邻墙体的变形。

19）墙中的洞口、管道、沟槽和预埋件等，应于砌筑时正确留出或预埋，宽度超过 30cm 的洞口，其上面应设置过梁。

3. 砖过梁砌筑

(1) 钢筋砖过梁。钢筋砖过梁称为平砌配筋砖过梁。它适用于跨度不大于 2m 的门窗洞口。窗间墙砌至洞口顶标高时，支搭过梁胎模。支模时，应让模板中间起拱 0.5%～1.0%，将支好的模板润湿，并抹上厚 20mm 的 M10 砂浆，同时把加工好的钢筋埋入砂浆中，钢筋 90°弯钩向上，并将砖块卡砌在 90°弯钩内。钢筋伸入墙内 240mm 以上，从而将钢筋锚固于窗间墙内，最后与墙体同时砌筑。

(2) 平拱砖过梁。平拱砖过梁又称为平拱、平碹。它用整砖侧砌而成，拱的厚度与墙厚一致，拱高为一砖或一砖半。外规看来呈梯形，上大下小，拱脚部分伸入墙内 2～3cm，多用于跨度为 1.2m 以下、最大跨度不超过 1.8m 的门窗洞口，如图 2-19 所示。

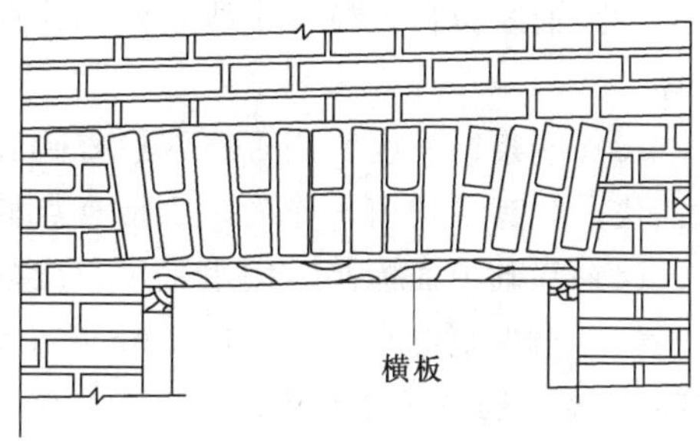

图 2-19　平拱式过梁

平拱砖过梁的砌筑方法是：当砌砖砌至门窗洞口时，即开始砌拱脚。拱脚用砖事先砍好，砌第一皮拱脚时后退 2～3cm，以后各皮按砍好砖的斜面向上砌筑。砖拱厚为一砖时倾斜 4～5cm，一砖半为 6～7cm，斜度为 1/4～1/6。

拱脚砌好后，即可支碹胎板，上铺湿砂，中部厚约 2cm，两端约 0.5cm，使平拱中部有 1%的起拱。砌砖前要先行试摆，以确定砖数和灰缝大小。砖数必须是单数，灰缝底宽 0.5cm，顶宽 1.5cm，以保证平拱砖过梁上大下小呈梯形，受力好。

砌筑应自两边拱脚处同时向中间砌筑，正中一块砖可起楔子作用。

砌好后应进行灰缝灌浆以使灰浆饱满。待砂浆强度达到设计强度等级的 50%以上时，方可拆除下部碹胎板。

(三) 砖墙面勾缝

砖墙面勾缝前，应做下列准备工作：

(1) 清除墙面上黏结的砂浆、泥浆和杂物等，并洒水润湿。

(2) 开凿瞎缝，并对缺棱掉角的部位用与墙面相同颜色的砂浆修补平整。

(3) 将脚手眼内清理干净并洒水润湿，用与原墙相同的砖补砌严密。

砖墙面勾缝一般采用 1∶1.5 水泥砂浆（水泥∶细砂），也可用砌筑砂浆，随砌随勾。

勾缝形式有平缝、斜缝、凹缝等，凹缝深度一般为 4～5mm；空斗墙勾缝应采用平缝。

墙面勾缝应横平竖直、深浅一致、搭接平整并压实抹光，不得有丢缝、开裂和黏结不牢等现象。勾缝完毕后，应清扫墙面。

(四) 砌砖体的质量检查

1. 砌体的检查工具

质量检查工具主要有以下几种：

(1) 靠尺(托线板)。用以检查墙面垂直度和平整度。

(2) 塞尺。用以检查墙面及地面平整度。

(3) 米尺。用以检查灰缝大小及墙身厚度。

(4) 百格网。用以检查灰缝砂浆饱满度。

(5) 经纬仪。检查房屋大角垂直度及墙体轴线位移。

2. 基础检查项目和方法

(1) 砌体厚度。按规定的检查点数任选一点,用米尺测量墙身的厚度。

(2) 轴线位移。拉紧小线,两端拴在龙门板的轴线小钉上,用米尺检查轴线是否偏移。

(3) 砂浆饱满度。用百格网检查砖底面与砂浆的接触面积,以百分数表示。每次掀三块,取其平均值,作为一个检查点的数值。

(4) 基础顶面标高。用水平尺与皮数杆或龙门板校对。

(5) 水平灰缝平直度。用10m长小线,拉线检查,不足10m时则全长拉线检查。

3. 墙身检查项目和方法

墙身检查项目除与上述基础检查项目相同的以外,还要检查以下几项:

(1) 墙面垂直度。每层可用2m长托线板检查,全高用吊线坠或经纬仪检查。

(2) 表面平整。用2m靠尺板任选一点,用塞尺测出最凹处的读数,即为该点墙面偏差值。砖砌体的偏差应不超过规定值。

(3) 门窗洞口宽度。用米尺或钢卷尺检查。

(4) 游丁走缝。吊线和尺量检查2m高度偏差值。

4. 砌体的外观检查

(1) 灰缝厚度应在勾缝前检查,连续量取10皮砖与皮数杆比较,并量取其中个别灰缝的最大、最小值。

(2) 清水墙面整洁美观,未勾缝前的灰缝深度是否合乎要求。

(3) 混水墙面舌头灰是否刮净,有无瞎缝,有无透亮情况。

(4) 砌体组砌是否合理,留质量、预留孔洞及预埋件是否合乎要求。

二、砌块墙砌筑

(一) 砌块墙的组砌形式

砌块墙(混凝土空心砌块墙体和粉煤灰实心砌块墙体)的立面组砌形式仅有全顺一种,上下竖向相互错开190mm;双排小砌块墙横向竖缝也应相互错开190mm,如图2-20和图2-21所示。下文以混凝土空心砌块墙体为例讲述砌块墙体的砌筑。

(二) 组砌方法

混凝土空心小砌块墙宜采用铺灰反砌法进行砌筑。先用大铲或瓦刀在墙顶上摊铺砂浆,铺灰长度不宜超过800mm,再在已砌砌块的端面上刮砂浆,双手端起小砌块,使其底面向上,摆放在砂浆层上,并与前一块挤紧,使上下砌块的孔洞对准,挤出的砂浆随手刮去。若使用一端有凹槽的砌块,应将有凹槽的一端接着平头的一端砌筑。

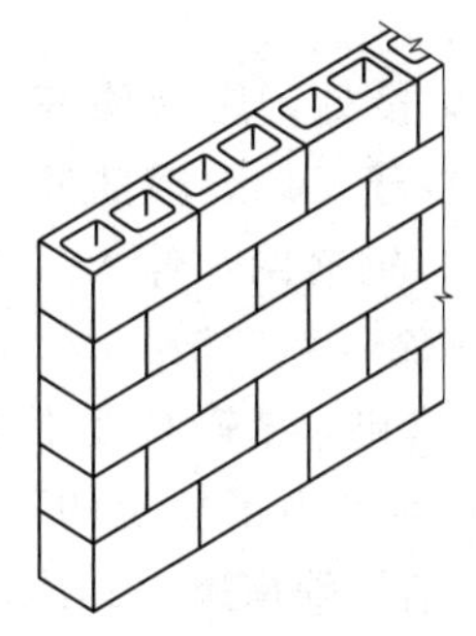

图 2-20 混凝土空心小砌块墙体的立面组砌形式

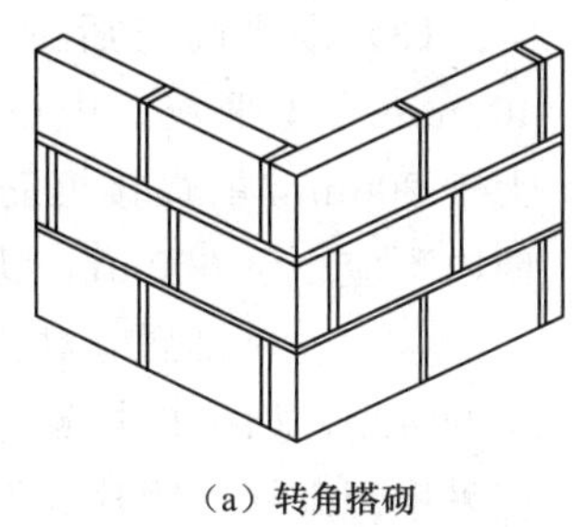

(a) 转角搭砌

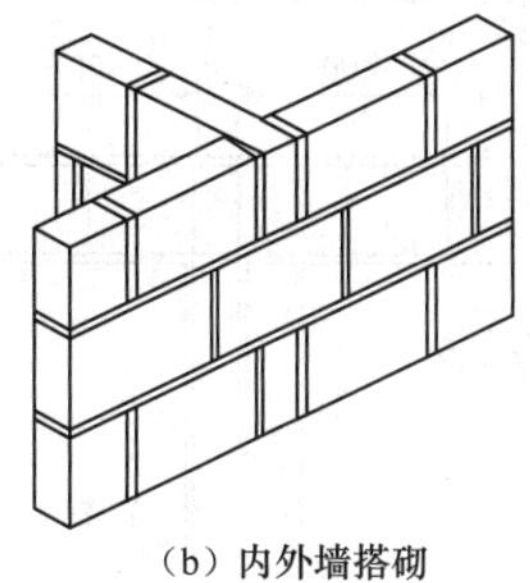

(b) 内外墙搭砌

图 2-21 粉煤灰实心小砌块墙体的立面组砌形式

(三) 混凝土空心砌块墙体的砌筑

混凝土空心砌块只能用于地面以上墙体的砌筑，而不能用于墙体基础的砌筑。

在砌筑工艺上，混凝土小型空心砌块砌筑与传统的砖混建筑没有大的差别，都是手工砌筑，对建筑设计的适应能力也很强，砌块砌体可以取代砖石结构中的砖砌体。砌块是用混凝土制作的一种空心、薄壁的硅酸盐制品，它作为墙体材料，不但具有混凝土材料的特性，而且其形状、构造等与黏土砖也有较大的差别，砌筑时要按其特点给予重视和注意。

1. 施工准备

(1) 运到现场的小砌块，应分规格、分等级堆放，堆放场地必须平整，并做好排水。小砌块的堆放高度不宜超过 1.6m。

(2) 对于砌筑承重墙的小砌块应进行挑选，剔出断裂小砌块或壁肋中有竖向凹形裂缝的小砌块。

(3) 龄期不足 28d 及潮湿的小砌块不得进行砌筑。

(4) 普通混凝土小砌块不宜浇水；当天气干燥炎热时，可在砌块上稍加喷水润湿；轻骨料混凝土小砌块可洒水，但不宜过多。

(5) 清除小砌块表面污物和芯柱用小砌块孔洞底部的毛边。

(6) 砌筑底层墙体前，应对基础进行检查。清除防潮层顶面上的污物。

(7) 根据砌块尺寸和灰缝厚度计算皮数，制作皮数杆。皮数杆立在建筑物四角或楼梯间转角处，皮数杆间距不宜超过 15m。

(8) 准备好所需的拉结钢筋或钢筋网片。

(9) 根据小砌块搭接需要，准备一定数量的辅助规格的小砌块。

(10) 砌筑砂浆必须搅拌均匀，随拌随用。

2. 砌块排列

(1) 砌块排列时，必须根据砌块尺寸、垂直灰缝的宽度和水平灰缝的厚度计算砌块砌筑皮数和排数，以保证砌体的尺寸；砌块排列应按设计要求，从基础面开始排列，尽可能采用主规格和大规格砌块，以提高台班产量。

(2) 外墙转角处和纵横墙交接处，砌块应分皮咬槎，交错搭砌，以增加房屋的刚度和增强整体性。

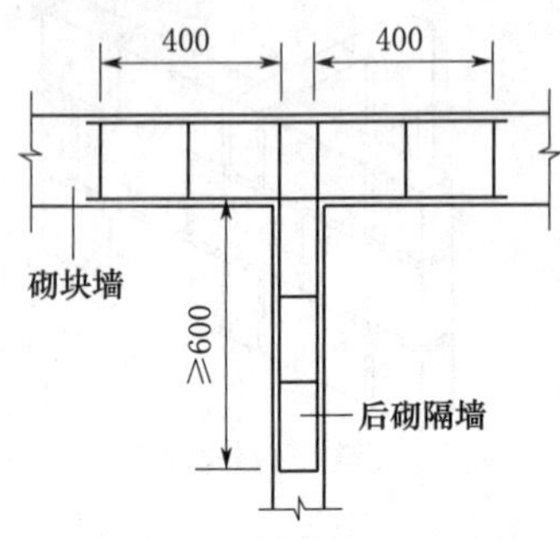

图 2－22　砌块墙与后砌隔墙交接处钢筋网片

（3）砌块墙与后砌隔墙交接处，应沿墙高每隔400mm 在水平灰缝内设置不少于 2Φ4、横筋间距不大于 200mm 的焊接钢筋网片，钢筋网片伸入后砌隔墙内不应小于 600mm（图 2－22）。

（4）砌块排列应对孔错缝搭砌，搭砌长度不应小于 90mm，如果搭接错缝长度满足不了规定的要求，应采取压砌钢筋网片或设置拉结筋等措施，具体构造按设计规定。

（5）对设计规定或施工所需要的孔洞口、管道、沟槽和预埋件等，应在砌筑时预留或预埋，不得在砌筑好的墙体上打洞、凿槽。

（6）砌体的垂直缝应与门窗洞口的侧边线相互错开，不得同缝，错开间距应大于150mm，且不得采用砖镶砌。

（7）砌体水平灰缝厚度和垂直灰缝宽度一般为 10mm，但不应大于 12mm，也不应小于 8mm。

（8）在楼地面砌筑一皮砌块时，应在芯柱位置侧面预留孔洞。为便于施工操作，预留孔洞的开口一般应朝向室内，以便清理杂物、绑扎和固定钢筋。

（9）设有芯柱的 T 形接头砌块第一皮至第六皮排列平面如图 2－23 所示。第七皮开始又重复第一皮至第六皮的排列，但不用开口砌块，其排列立面如图 2－24 所示。设有芯柱的 L 形接头第一皮砌块排列平面如图 2－25 所示。

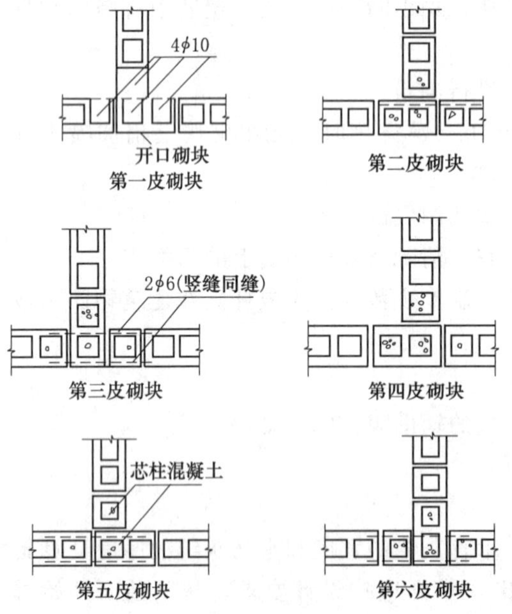

图 2－23　T 形芯柱接头砌块排列平面

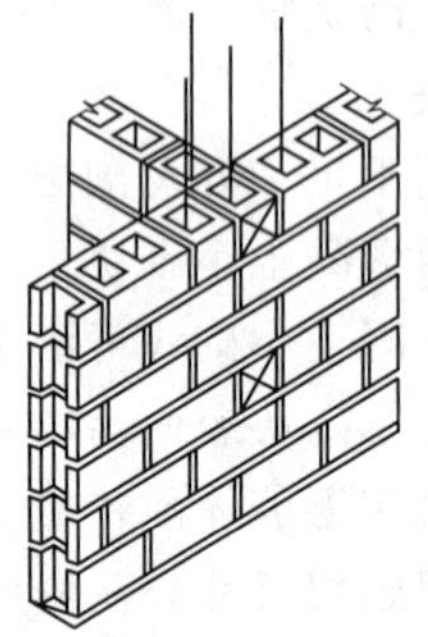
图 2－24　T 形芯柱接头砌块排列立面

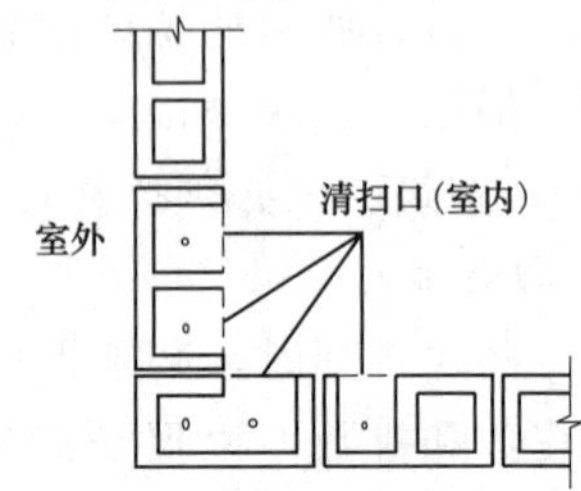

图 2－25　L 形芯柱接头第一皮砌块排列平面

3. 砌筑

(1) 砌块砌筑应从转角或定位处开始，内外墙同时砌筑，纵横墙交错搭接。外墙转角处应使小砌块隔皮露端面；T 形交接处应使横墙小砌块隔皮露端面，纵墙在交接处改砌两块辅助规格小砌块（尺寸为 290mm×190mm×190mm，一头开口），所有露端面用水泥砂浆抹平。小砌块墙转角处及 T 形交接处砌法如图 2-26 所示。

(2) 砌块应对孔错缝搭砌。上下皮小砌块竖向灰缝相互错开 190mm。个别情况无法对孔砌筑时，普通混凝土小砌块错缝长度不应小于 90mm，轻骨料混凝土小砌块错缝长度不应小于 120mm；当不能保证此规定时，应在水平灰缝中设置 2ϕ4 钢筋网片，钢筋网片每端均应超过该垂直灰缝，其长度不得小于 300mm。水平灰缝中的拉结筋如图 2-27 所示。

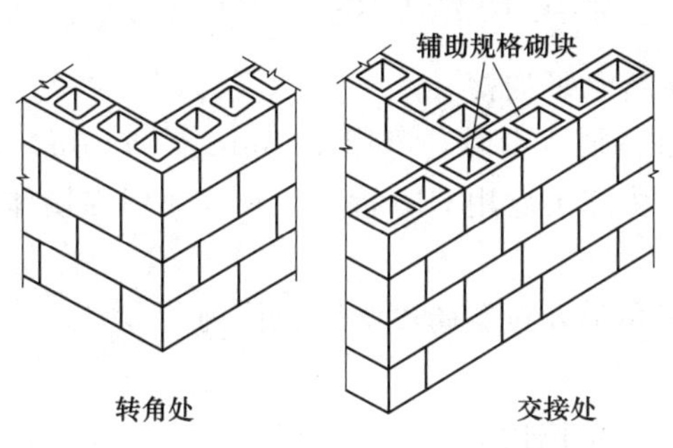

图 2-26　小砌块墙转角处及 T 形交接处砌法

≥90
≥300
钢筋网片
≥300

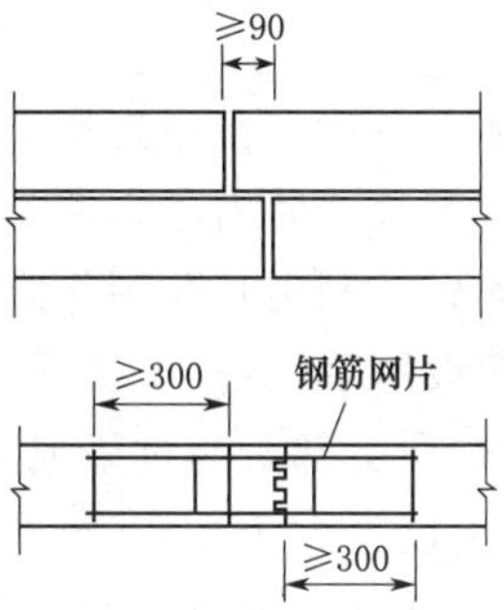

图 2-27　水平灰缝中的拉结筋

(3) 砌块应逐块铺砌，采用满铺、满挤法。灰缝中的拉结筋应做到横平竖直，全部灰缝均应填满砂浆。水平灰缝宜用坐浆满铺法。垂直缝可先在砌块端头铺满砂浆（即将砌块铺浆的端面朝上，依次紧密排列），然后将砌块上墙挤压至要求的尺寸；也可在砌好的砌块端头刮满砂浆，然后将砌块上墙进行挤压，直至所需尺寸。

(4) 砌块砌筑一定要跟线，“上跟线，下跟棱，左右相邻要对平”。同时应随时进行检查，做到随砌随查随纠正，以免返工。

(5) 每当砌完一块，应随后进行灰缝的勾缝（原浆勾缝），勾缝深度一般为 3～5mm。

(6) 外墙转角处严禁留直槎，宜从两个方向同时砌筑。墙体临时间断处应砌成斜槎，斜槎长度不应小于高度的 2/3。如留斜槎有困难，除外墙转角处及抗震设防地区，墙体临时间断处不应留直槎外，可从墙面伸出 200mm 砌成阴阳槎，并沿墙高每三皮砌块（600mm）设拉结钢筋或钢筋网片，拉结钢筋用两根直径 6mm 的钢筋；钢筋网片用 ϕ4 的冷拔钢丝。埋入长度从留槎处算起，每边均不小于 600mm。小砌块砌体斜槎和阴阳槎如图 2-28 所示。

(7) 小砌块用于框架填充墙时，应与框架中预埋的拉结钢筋连接。当填充墙砌至顶面最后一皮时，与上部结构相接处宜用实心小砌块（或在砌块孔洞中填 C15 混凝土）斜砌挤紧。

对设计规定的洞口、管道、沟槽和预埋件等，应在砌筑时预留或预埋，严禁在砌

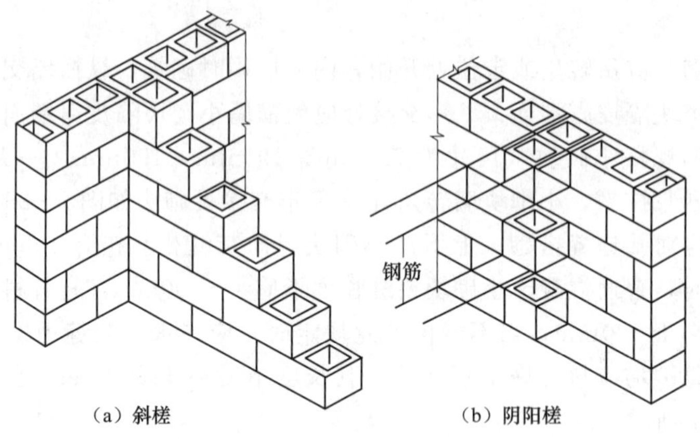

图 2-28 小砌块砌体斜槎和阴阳槎

好的墙体上打凿。在小砌块墙体中不得留水平沟槽。

(8) 砌块墙体内不宜留脚手眼，如必须留设时，可用 190mm×190mm×190mm 小砌块侧砌，利用其孔洞作脚手眼，墙体完工后用 C15 混凝土填实。但在墙体下列部位不得留设脚手眼：

1) 过梁上部，与过梁成 60°角的三角形及过梁跨度 1/2 范围内。

2) 宽度不大于 800mm 的窗间墙。

3) 梁和梁垫下及其左右各 500mm 的范围内。

4) 门窗洞口两侧 200mm 内，墙体交接处 400mm 范围内。

5) 设计规定不允许设脚手眼的部位。

(9) 安装预制梁、板时，必须坐浆垫平，不得干铺。当设置滑动层时，应按设计要求处理。板缝应按设计要求填实。

砌体中设置的圈梁应符合设计要求，圈梁应连续地设置在同一水平上，并形成闭合状，且应与楼板（屋面板）在同一水平面上，或紧靠楼板底（屋面板底）设置；当不能在同一水平面上闭合时，应增设附加圈梁，其搭接长度应不小于圈梁距离的两倍，同时也不得小于 1m；当采用槽形砌块制作组合圈梁时，槽形砌块应采用强度等级不低于 M10 的砂浆砌筑。

2-15
第二章第三节
测试题
【测试题】

(10) 对于墙体表面的平整度和垂直度、灰缝的均匀程度及砂浆饱满程度等，应随时检查并校正所发现的偏差。在砌完每一楼层以后，应校核墙体的轴线尺寸和标高，在允许范围内的轴线和标高的偏差，可在楼板面上予以校正。

第四节 混凝土预制块护坡及钢丝笼填石护坡施工

2-16
混凝土预制
块护坡
【图片】

一、混凝土预制块护坡

(一) 预制块制作

混凝土预制块护坡一般采用套塑模进行预制块的生产；预制块外观应尺寸准确、

整齐统一、棱角分明、表面清洁平整；预制块为正六边形，边长为300mm，厚80～120mm；混凝土预制场管理人员要定期检测预制块的形状、尺寸，经检测不合格的塑模禁止使用；监督作业队伍按混凝土施工配料单进行配料，预制块表面应整齐美观。混凝土预制块外观要平整、光滑，外露面不允许有蜂窝等不良现象。外形尺寸应符合设计要求，尺寸偏差在容许偏差范围之内。不允许用砂浆刮抹混凝土预制块表面。

混凝土预制块生产过程中，一般情况下采用自然养护。当夏季气温高、湿度低，混凝土预制块浇筑初凝后立即养护。养护时间为14d，以草包覆盖，在开始养护的一周内，昼夜专人负责洒水并时刻保持草包湿润，以后养护时间里每天洒水约4次左右，并保持草包湿润。

（二）混凝土预制块储存、搬运

（1）混凝土预制块浇筑成型达48h后，应及时堆放，以免占用场地，但堆放时应轻拿轻放，堆放整齐有序。

（2）混凝土预制块在搬运过程中要切实做到人工装车、卸车。装车时混凝土预制块应相互挤紧，以免在运输过程中撞坏；卸车时做到轻拿轻放，禁止野蛮装卸，不允许自卸车直接翻倒卸混凝土预制块。

（3）混凝土预制块在运输过程中，司机应做到匀速行驶，避免大的颠簸。确保混凝土预制块不受损坏。

（三）坡面修整及砂垫层铺筑

修坡时应严格控制坡比，坡面平整度应达到规范要求，为使混凝土预制块砌筑的坡面平整度达到规定要求，坡面修整采用人工拉线修整，坡面土料不足部分人工填筑并洒水夯实，使之达到验收条件，随后进行砂垫层铺筑，砂垫层厚10cm，人工挑运至坡面，自下而上铺平并压实。

（四）土工布的铺设

土工布进场后，对其各项指标分析，分析结果符合设计要求方准使用，否则清退出场。

土工布的铺设搭接宽度必须大于40cm，铺设长度要有一定富余量，保证土工布铺设后不影响护坡的断面尺寸，最后将铺设后的土工布用U形钉固定，防止预制块砌筑过程中土工布滑动变形。

（五）预制混凝土砌筑

混凝土预制块铺设重点是控制好两条线和一个面，两条线是坡顶线和底脚线，一个面是铺砌面。保证上述两条线的顺畅和护砌面的平整，对整个护坡外观质量的评价至关重要。

预制混凝土块砌筑必须从下往上的顺序砌筑，砌筑应平整、咬合紧密。砌筑时依放样桩纵向拉线控制坡比，横向拉线控制平整度，使平整度达到设计要求。混凝土预制块铺筑应平整、稳定、缝线规则；坡面平整度用2m靠尺检测凹凸不超过1cm；预制块砌筑完后，应经一场降雨或使混凝土块落实再调整其平整度后用M10砂浆缝，勾缝前先洒水，将预制块湿润，用钢丝勾将缝隙掏干净，确保水泥砂浆把缝塞满，勾缝要求表面抹平，整齐美观，勾缝后应及时洒水养护，养护期不少于一周，缝线整齐、统一。

（六）排水及伸缩缝施工

为避免因地基不均匀沉陷而引起墙身开裂，根据地基地质条件的变化和护坡或墙高、墙身断面的变化情况需设置沉降缝。一般将沉降缝和伸缩缝合并设置，每隔10～25m设置一道，如图2-29所示。缝宽为2～3cm，自墙顶做到基底。缝内沿墙的内、外、顶三边填塞沥青麻筋或沥青木板，塞入深度不小于0.2m。

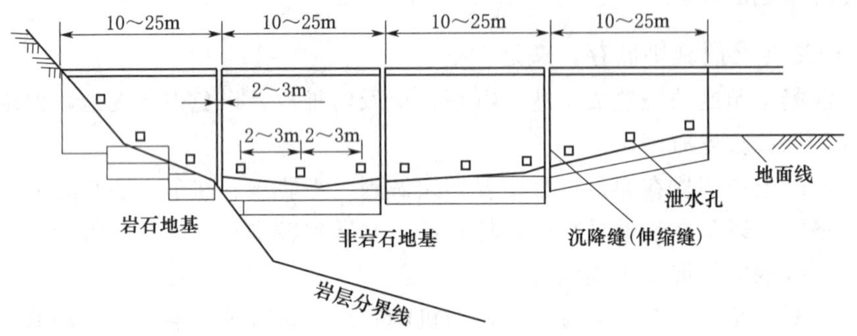

图2-29 沉降缝与伸缩缝

护坡（挡土墙）应做好排水。挡土墙排水设施的作用在于疏干墙后土体中的水和防止地表水下渗后积水，以免墙后积水致使墙身承受额外的静水压力；减少季节性冰冻地区填料的冻胀压力；消除黏性土填料浸水后的膨胀压力。

护坡（挡土墙）的排水措施通常由地面排水和墙身排水两部分组成。地面排水主要是防止地表水渗入墙后土体或地基，地面排水措施如下：

（1）设置地面排水沟，截引地表水。

（2）夯实回填土顶面和地表松土，防止雨水和地面水下渗，必要时可设铺砌层。

（3）路堑挡土墙趾前的边沟应予以铺砌加固，以防止边沟水渗入基础。

护坡（挡土墙）排水主要是为了排除墙后积水，通常在墙身的适当高度处布置一排或数排泄水孔，如图2-30所示。泄水孔的尺寸可视泄水量的大小分别采用0.05m×0.1m、0.1m×0.1m、0.15m×0.2m的方孔或直径为0.05～0.1m的圆孔。孔眼间距一般为2～3m，干旱地区可予增大，多雨地区则可减小。浸水挡土墙则为1.0～1.5m，孔眼应上下左右交错设置。最下一排泄水孔的出水口应高出地面0.3m；如为路堑挡土墙，应高出边沟水位0.3m；浸水挡土墙则应高出常水位0.3m。泄水孔的进水口部分应设置粗粒料反滤层，以防孔道淤塞。泄水孔应有向外倾斜的坡度。在特殊情况下，墙后填土采用全封闭防水，一般不设泄水孔。干砌挡土墙可不设泄水孔。

2-17
钢丝笼填石护坡
【图片】

二、钢丝笼填石护坡（雷诺护垫）施工

雷诺护垫也叫石笼护垫或格宾护垫，是指由机编双绞合六边形金属网面构成的厚

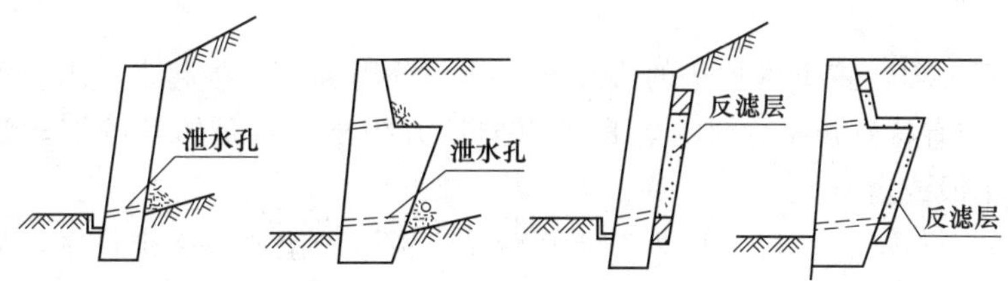

图 2-30 挡土墙泄水孔及反滤层

度远小于长度和宽度的垫形工程构件。雷诺护垫中装入块石等填充料后连接成一体，成为主要用于水利堤防、岸坡、海漫等的防冲刷结构，具有柔性、对地基适应性的优点。

雷诺护垫是厚度在 0.17～0.3m 的网箱结构，在现场用于装填石头。主要用作河道、岸坡、路基边坡护坡结构。既可防止河岸遭水流、风浪侵袭而破坏，又实现了水体与坡下土体间的自然对流交换功能，达到生态平衡。坡上植绿可增添景观、绿化效果。

雷诺护垫与格宾网箱、石笼网箱的区别在于，护垫的高度较低，结构形式扁平而大；镀层钢丝直径较格宾细，一般有双隔板（钢丝直径 2.0mm）、单隔板（2.2mm）两种。常用的为双隔板雷诺护垫，其优点为施工方便、做护坡可有效防止石头垮塌、增加结构的抗冲刷能力等。

（一）雷诺护垫材质

（1）镀锌钢丝。优质低碳钢丝，钢丝的直径 2.0～4.0mm，钢丝的抗拉强度不少于 380MPa，钢丝的表面采用热镀锌保护，镀锌的保护层的厚度根据客户要求制作，镀锌量最大可达到 300g/m^2。

（2）锌-5%铝-混合稀土合金钢丝（也叫高尔凡钢丝）。这是近年来国际新兴的一种新材料，耐腐蚀性是传统纯镀锌的 3 倍以上，钢丝的直径可达 1.0～3.0mm，钢丝的抗拉强度不少于 1380MPa。

（3）镀锌钢丝。在优质低碳钢丝的表面包一层 PVC 保护层，再编织成各种规格的六角网。这层 PVC 保护层将会大大增加在高污染环境中的保护，并且通过不同颜色的选择，使其能和周围环境融合。

（二）雷诺护垫施工步骤

（1）材料运输：雷诺护垫为机械生产，出厂时已组装、压塑、和网盖一起打包。所有雷诺护垫不论是折叠绑扎还是卷的，都是一个独立体。网垫在工厂折叠压塑打包后便于装船处理，网垫的主体部分和网盖可以分别绑扎。绑丝以卷的形式提供。环形纽扣装入盒中一起运走，为了保证质量请将其放在干燥的环境中。

（2）安装要求：将折叠好的格宾护垫置于平实的地面展开，压平多余的折痕，将前后面板、底板、隔板立起到一定位置，呈箱体形状。相邻网箱的上下四角以双股组合丝连接，上下框线或折线绑扎并使用螺旋固定丝绞合收紧连接。边缘突出部分需折叠压平。将每个网箱六个面及隔断组装完整，确保各个网面平整，然后放在正确的位置上。

(3) 紧固过程：将雷诺护垫的边缘与其他部分用绑丝连接起来，绑扎的最大间距为300mm。如有特殊规格要求，客户可以向厂方提出。将足够长的绑丝沿着边丝缠绕，可选择单股或者双股。

2-18
第二章第四节
测试题
【测试题】

(4) 安装及材料：在每个护垫安装好后，将雷诺护垫放在指定位置，再将各个网垫连接起来。为了保持整体架构便于连接，可以空箱连接后在装石料。连接时提供绑丝或者环形紧固丝。护坡时需用与坡体垂直宽的雷诺护垫。除了用于河渠缓坡外，雷诺护垫还可以用于陡坡中。用于陡坡防护时，要在上层底板上每2m或按工程需求楔入硬木楔。空雷诺护垫需小心安置组装。

第五节　季节性施工及施工安全技术

一、砌体工程季节性施工

1. 夏季砌筑

夏季天气炎热，进行砌砖时，砖块与砂浆中的水分急剧蒸发，容易造成砂浆脱水，使水泥的水化反应不能正常进行进行，严重影响砂浆强度的正常增长。因此，砌筑用砖要充分浇水润湿，严禁干砖上墙。气温高于30℃时，一般不宜砌筑。最简易的温控办法是避开高温时段砌筑；另外也可采用搭设凉棚、洒水喷雾等办法。对已完砌体加强养护，昼夜保持外露面湿润。

2. 雨天施工

石料堆场应有排水设施。无防雨设施的砌石面在小雨中施工时，应适当减小水灰比，并及时排除仓面积水，做好表面保护工作，在施工过程中如遇暴雨或大雨，应立即停止施工，覆盖表面。雨后及时排除积水，清除表面软弱层。雨季往往在一个月中有较多的下雨天气，遇到下大雨时会严重冲刷灰浆，影响砌浆质量，所以施工遇大雨必须停工。雨期施工砌体淋雨后吸水过多，在砌体表面形成水膜，用这样的砖上墙，会产生坠灰和砖块滑移现象，不易保证墙面的平整，甚至会造成质量事故。

抗冲耐磨或需要抹面等部位的砌体，不得在雨天施工。

3. 冬季施工

当最低气温在0℃以下时，应停止石料砌筑。当最低气温在0～5℃必须进行砌筑时，要注意表面保护，胶结材料的强度等级应适当提高并保持胶结材料温度不低于5℃。

冬季砌筑的主要问题是砂浆容易遭到冻结。砂浆中所含水受冻结冰后，一方面影响水泥的硬化（水泥的水化作用不能正常进行），另一方面砂浆冻结会使其体积膨胀8%左右。体积膨胀会破坏砂浆内部结构，使其松散而降低黏结力。所以冬季砌砖要严格控制砂浆用水量，采取延缓和避免砂浆中水受冻结的措施，以保证砂浆的正常硬化，使砌体达到设计强度。砌体工程冬季施工措施可采用掺盐砂浆法，也可用冻结法或其他施工方法。

二、施工安全技术

砌筑操作之前须检查周围环境是否符合安全要求，道路是否畅通，机具是否良好，安全设施及防护用品是否齐全，经检查确认符合要求后，方可施工。

在施工现场或楼层上的坑、洞口等处，应设置防护盖板或护身拦网，沟槽、洞口等处夜间应设红灯示警。

施工操作时要思想集中，不准嬉笑打闹，不准上下投掷物体，不得乘吊车上下。

1. 砌筑安全

砌基础时，应检查和经常注意基坑土质变化情况，有无崩裂现象，发现槽边土壁裂缝、化冻、水浸或变形并有坍塌危险时，应及时加固，对槽边有可能坠落的危险物，要进行清理后再操作。

槽宽小于1m时，在砌筑站人的一侧应留40cm操作宽度；深基槽砌筑时，上下基槽必须设置阶梯或坡道，不得踏踩砌体或从加固土壁的支撑面上下。

墙身砌体高度超过地坪1.2m以上时，应搭设脚手架。在一层以上或高度超过4m时，采用里脚手架必须支搭安全网；采用外脚手架应设护身栏杆和挡脚板后方可砌筑。如利用原架子做外檐抹灰或勾缝时，应对架子进行重新检查和加固。脚手架上堆料量不得超过规定荷载。

在架子上不准向外打砖，打砖时应面向墙面一侧；护身栏上不得坐人，不得在砌砖的墙顶上行走。不准站在墙顶上刮缝、清扫墙面和检查大角垂直，也不准掏井砌砖（即脚手板高度不得超过砌体高度）。

挂线用的垂砖必须用小线绑牢固，防止坠落伤人。

砌出檐砖时，应先砌丁砖，锁住后边再砌第二支出檐砖。上下架子要走扶梯或马道，不要攀登架子。

2. 堆料安全

距基槽边1m范围内禁止堆料，架子上堆料重量不得超过370kg/m^2；堆砖不得超过三码，顶面朝外堆放。在楼层上施工时，先在每个房间预制板下支好保安支柱，方可堆料及施工。

3. 运输安全

垂直运输中使用的吊笼、绳索、刹车及滚杠等，必须满足负荷要求，牢固可靠，在吊运时不得超载，发现问题及时检修。

用塔吊吊砖要用吊笼，吊砂浆的料斗不宜装得过满，吊件转动范围内不得有人停留，吊件吊到架子上下落时，施工人员应暂时闪到一边。吊运中禁止料斗碰撞架子或下落时压住架子。用以运送人员及材料、设备的施工电梯，为了安全运行防止意外，均须设置限速制动装置，超过限速即自动切断电源而平稳制动，并宜专线供电，以防万一。

2－19
第二章第五节
测试题
【测试题】

运输中跨越沟槽，应铺宽度1.5m以上的马道。运输中，平道两车相距不应小于2m，坡道应不小于10m，以免发生碰撞。

装砖时（砖垛上取砖）要先高后低，防止倒垛伤人。应经常清理道路上的零星材料、杂物，使运输道路畅通。

拓展讨论

2-20
第二章
测试题
【测试题】

党的二十大报告提出，我国发展进入战略机遇和风险挑战并存、不确定难预料因素增多的时期，各种“黑天鹅”“灰犀牛”事件随时可能发生。我们必须增强忧患意识，坚持底线思维，做到居安思危、未雨绸缪，准备经受风高浪急甚至惊涛骇浪的重大考验。

请思考：砌筑工程施工过程中如何保证安全施工？

复习思考题

1. 水利工程中常用的砌筑材料有哪些？
2. 水利工程中常用的石料有哪几种？
3. 水利工程中常用的胶结材料有哪些？
4. 水泥砂浆的强度等级分为几级？其技术上有哪些要求？
5. 砖石砌筑的基本原则有哪些？
6. 什么叫干砌石？它一般适用于什么情况？
7. 砌筑前的准备工作一般有哪些内容？
8. 干砌石常用的施工方法有哪些？应注意哪些内容？
9. 干砌石施工必须注意哪些因素？
10. 什么叫浆砌石？它有哪些砌筑要领？
11. 简述浆砌石砌筑工艺流程。
12. 勾缝的主要目的是什么？缝的形式有哪些？勾缝的程序是怎样的？
13. 砌体养护的主要措施有哪些？
14. 砌砖施工包括哪些准备工作？
15. 砖基础砌筑的要点有哪些？
16. 砖墙砌筑有哪些要求？
17. 砖墙体有哪几种砌筑方法？
18. 砖墙砌筑时有哪些要领？
19. 砖墙面勾缝前，应做哪些准备工作？
20. 砖砌体的质量检查工具有几种？
21. 简述基础检查项目和方法。
22. 简述墙身检查项目和方法。
23. 砌体的外观检查包括哪些内容？
24. 地面石材铺贴的准备工作包括哪些内容？
25. 地面石材铺贴前板块为什么要浸水？
26. 砌体工程季节性施工应采取哪些措施？
27. 砌筑工程施工安全措施有哪些？

第三章　模　板　工　程

混凝土在没有凝固硬化以前，是处于一种半流体状态的物质。能够把混凝土做成符合设计图纸要求的各种规定的形状和尺寸模子，称为模板。

在混凝土工程中，模板对于混凝土工程的费用、施工的速度、混凝土的质量均有较大影响。据国内外的统计资料分析表明，模板工程费用一般约占混凝土总费用的25%～35%，即使是大体积混凝土也在15%～20%左右。因此，对模板结构形式、使用材料、装拆方法以及拆模时间和周转次数，均应仔细研究。以便节约木材，降低工程造价，加快工程建设速度，提高工程质量。

模板与其支撑体系组成模板系统。模板系统是一个临时架设的结构体系，其中模板是新浇混凝土成型的模具，它与混凝土直接接触使混凝土构件具有所要求的形状、尺寸和表面质量；支撑体系是指支撑模板，承受模板、构件及施工中各种荷载的作用，并使模板保持所要求的空间位置的临时结构。

对模板的基本要求如下：

(1) 应保证混凝土结构和构件浇筑后的各部分形状和尺寸以及相互位置的准确性。

(2) 具有足够的稳定性、刚度及强度。

(3) 装拆方便，能够多次周转使用、形式要尽量做到标准化、系列化。

(4) 接缝应不易漏浆、表面要光洁平整。

(5) 所用材料受潮后不易变形。

第一节　模板分类和构造

一、模板的分类

(1) 按模板形状分有平面模板和曲面模板。平面模板又称为侧面模板，主要用于结构物垂直面。曲面模板用于廊道、隧洞、溢流面和某些形状特殊的部位，如进水口扭曲面、蜗壳、尾水管等。

(2) 按模板材料分有木模板、竹模板、钢模板、混凝土预制模板、塑料模板、橡胶模板等。

(3) 按模板受力条件分有承重模板和侧面模板。承重模板主要承受混凝土重量和施工中的垂直荷载；侧面模板主要承受新浇混凝土的侧压力。侧面模板按其支承受力方式，又分为简支模板、悬臂模板和半悬臂模板。

(4) 按模板使用特点分有固定式、拆移式、移动式和滑动式。固定式用于形状特殊的部位，不能重复使用。后三种模板都能重复使用，或连续使用在形状一致的部位。但其使用方式有所不同：拆移式模板需要拆散移动；移动式模板的车架装有行走轮，可沿专用轨道使模板整体移动（如隧洞施工中的钢模台车）；滑动式模板是以千斤顶或卷扬机为动力，可在混凝土连续浇筑的过程中，使模板面紧贴混凝土面滑动（如闸墩施工中的滑模）。

3-1 拆移式模板【图片】

3-2 移动式模板【图片】

二、定型组合钢模板

定型组合钢模板系列包括钢模板、连接件、支承件三部分。其中，钢模板包括平面钢模板和拐角模板；连接件有U形卡、L形插销、钩头螺栓、紧固螺栓、蝶形扣件等；支承件有圆钢管、薄壁矩形钢管、内卷边槽钢、单管伸缩支撑等。

1. 钢模板的规格和型号

钢模板包括平面模板、阳角模板、阴角模板和连接角模，钢模板类型如图3-1所示。单块钢模板由面板、边框和加劲肋焊接而成。面板厚2.3mm或2.5mm，边框和加劲肋上面按一定距离（如150mm）钻孔，可利用U形卡和L形插销等拼装成大块模板。

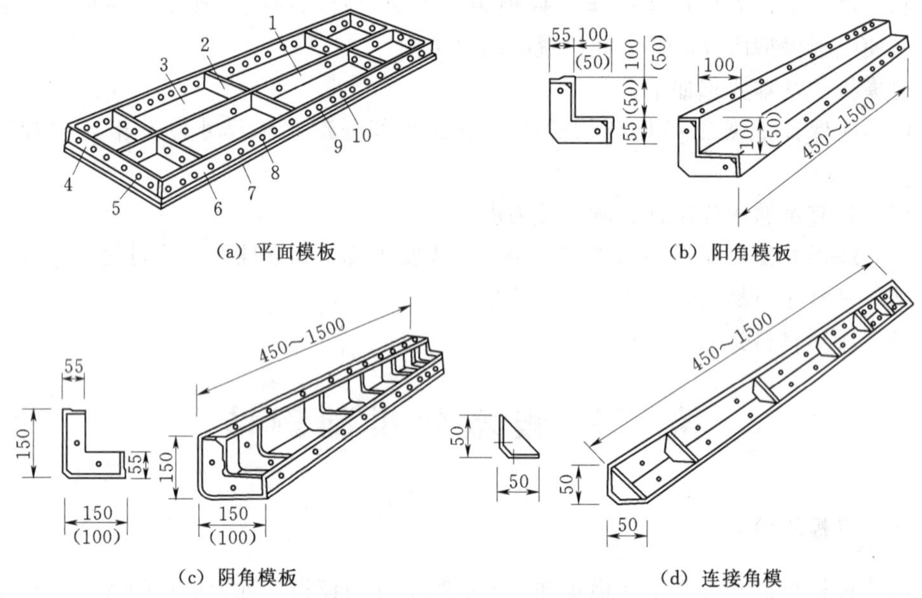

图3-1 钢模板类型图

1—中纵肋；2—中横肋；3—面板；4—横肋；5—插销孔；6—纵肋；7—凸棱；8—凸鼓；9—U形卡孔；10—钉子孔

钢模板的宽度以100mm为基础，50mm进级，宽度300mm和250mm的模板有纵肋；长度以450mm为基础，150mm进级；高度皆为55mm。其规格和型号已做到标准化、系列化。用P代表平面模板，Y代表阳角模板，E代表阴角模板，J代表连接角模。如型号为P3015的钢模板，P表示平面模板，30150表示宽×长为300mm×500mm，见表3-1。又如型号为Y1015的钢模板，Y表示阳角模板，1015表示宽×

长为 100mm×1500mm。如拼装时出现不足模数的空隙时，用镶嵌木条补缺，用钉子或螺栓将木条与板块边框上的孔洞连接。

表 3-1　　平面钢模板规格表

宽度/mm	代号	尺寸/mm×mm×mm	每块面积/m^2	每块重量/kg	宽度/mm	代号	尺寸/mm×mm×mm	每块面积/m^2	每块重量/kg
300	P3015	300×1500×55	0.45	14.90	200	P2007	200×750×55	0.15	5.25
	P3012	300×1200×55	0.36	12.06		P2006	200×600×55	0.12	4.17
	P3009	300×900×55	0.27	9.21		P2004	200×450×55	0.09	3.34
	P3007	300×750×55	0.225	7.93	150	P1515	150×1500×55	0.225	9.01
	P3006	300×600×55	0.18	6.36		P1512	150×1200×55	0.18	6.47
	P3004	300×450×55	0.135	5.08		P1509	150×900×55	0.135	4.93
250	P2515	250×1500×55	0.375	13.19		P1507	150×750×55	0.113	4.23
	P2512	250×1200×55	0.30	10.66		P1506	150×600×55	0.09	3.40
	P2509	250×900×55	0.225	8.13		P1504	150×450×55	0.068	2.69
	P2507	250×750×55	0.188	6.98	100	P1015	100×1500×55	0.15	6.36
	P2506	250×600×55	0.15	5.60		P1012	100×1200×55	0.12	5.13
	P2504	250×450×55	0.133	4.45		P1009	100×900×55	0.09	3.90
200	P2015	200×1500×55	0.03	9.76		P1007	100×750×55	0.075	3.33
	P2012	200×1200×55	0.24	7.91		P1006	100×600×55	0.06	2.67
	P2009	200×900×55	0.18	6.03		P1004	100×450×55	0.045	2.11

2. 连接件

(1) U形卡。它用于钢模板之间的连接与锁定，使钢模板拼装密合。U形卡安装间距一般不大于 300mm，即每隔一孔卡插一个，安装方向一顺一倒相互交错。定型组合钢模板系列如图 3-2 所示。

(2) L形插销。它插入模板两端边框的插销孔内，用于增强钢模板纵向拼接的刚度和保证接头处板面平整。

(3) 钩头螺栓。用于钢模板与内、外钢楞之间的连接固定，使之成为整体，安装间距一般不大于 600mm，长度应与采用的钢楞尺寸相适应。

(4) 对拉螺栓。用来保持模板与模板之间的设计厚度并承受混凝土侧压力及水平荷载，使模板不致变形。

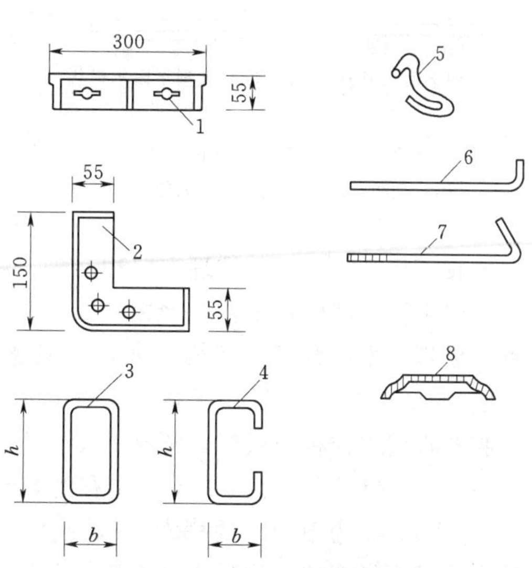

图 3-2　定型组合钢模板系列（单位：mm）
1—平面钢模板；2—拐角钢模板；3—薄壁矩形钢管；
4—内卷边槽钢；5—U形卡；6—L形插销；
7—钩头螺栓；8—蝶形扣件

（5）紧固螺栓。用于紧固钢模板内外钢楞，增强组合模板的整体刚度，长度与采用的钢楞尺寸相适应。

（6）扣件。用于将钢模板与钢楞紧固，与其他的配件一起将钢模板拼装成整体。按钢楞的不同形状尺寸，分别采用碟型扣件和“3”形扣件，其规格分为大小两种。

3. 支承件

配件的支承件包括钢楞、柱箍、梁卡具、圈梁卡、钢管架、斜撑、组合支柱、钢管脚手支架、平面可调桁架和曲面可变桁架等。

三、木模板

木材是最早被人们用来制作模板的工程材料，其主要优点是：制作方便、拼装随意，尤其适用于外形复杂或异形的混凝土构件。此外，因其导热系数小，对混凝土冬期施工有一定的保温作用。

木模板的木材主要采用松木和杉木，其含水率不宜过高，以免干裂，材质不宜低于三等材。木模板的基本元件是拼板，它由板条和拼条（木档）组成，如图 3-3 所示。板条厚 25～50mm，宽度不宜超过 200mm，以保证在干缩时，缝隙均匀，浇水后缝隙要严密且板条不翘曲，但梁底板的板条宽度不受限制，以免漏浆。拼条截面尺寸为 25mm×35mm～50mm×50mm，拼条间距根据施工荷载大小及板条的厚度而定，一般取 400～500mm。

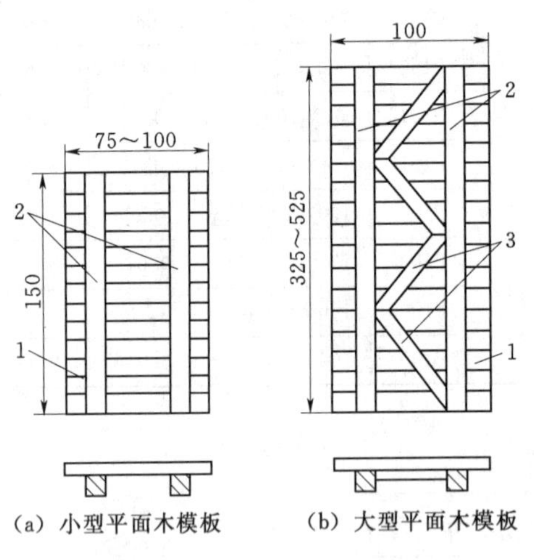

图 3-3 标准平面木模板

1—面板；2—加劲肋；3—斜撑

四、胶合板模板

模板用的胶合板通常由 5、7、9、11 等奇数层单板经热压固化而胶合成形，一般采用竹胶模板。相邻层的纹理方向相互垂直，通常最外层表板的纹理方向和胶合板板面的长向平行，因此，整张胶合板的长向为强方向，短向为弱方向，使用时必须加以注意。模板用木胶合板的幅面尺寸，一般宽度为 1200mm 左右，长度为 2400mm 左右，厚约 12～18mm。适用于高层建筑中的水平模板、剪力墙、垂直墙板。

胶合板用作楼板模板时，常规的支模方法是用 ϕ48.3mm×3.6mm 脚手钢管搭设排架，排架上铺放间距为 400mm 左右的 50mm×100mm 或 60mm×80mm 木方（俗称 68 方木），作为面板下的楞木。木胶合板常用厚度为 12mm、18mm，木方的间距随胶合板厚度做调整。这种支模方法简单易行，现已在施工现场大面积采用。

胶合板用作墙模板时，常规的支模方法是胶合板面板外侧的内楞用 50mm×100mm 或 60mm×80mm 木方，外楞用 ϕ48.3mm×3.6mm 脚手钢管，内外模用“3”形卡及穿墙螺栓拉结。

竹胶模板加工时，首先制定合理的方案，锯片要求是合金锯片，直径 400mm，120 齿左右，转速 4000rad/min，要在板下垫实后再锯切，以防出现毛边。竹胶模板前 5 次使用不必涂脱模剂，以后每次应及时清洁板面，保持表面平整、光滑，以增加使用效果和次数。竹胶模板的存储时，板面堆放应下垫方木条，不得与地面接触，保持通风良好，防止日晒雨淋，定期检查。

五、滑动模板

滑动模板（简称滑模）是在混凝土连续浇筑过程中，可使模板面紧贴混凝土面滑动的模板。

1. 滑动模板系统装置的组成部分

（1）模板系统。包括提升架、围圈、模板及加固、连接配件。

（2）施工平台系统。包括工作平台、外圈走道、内外吊脚手架。

（3）提升系统。包括千斤顶、油管、分油器、针形阀、控制台、支承杆及测量控制装置。滑模构造如图 3-4 所示。

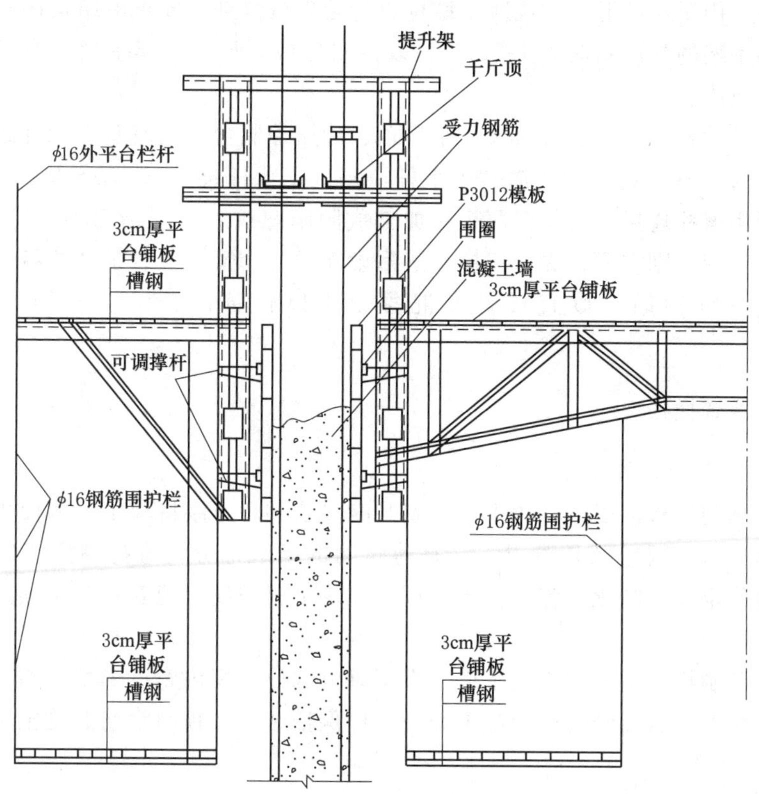

图 3-4　滑模构造示意图（单位：mm）

2. 主要部件构造及作用

（1）提升架。提升架是整个滑模系统的主要受力部分。各项荷载集中传至提升架，最后通过装设在提升架上的千斤顶传至支承杆上。提升架由横梁、立柱、牛腿及外挑架组成。各部分尺寸及杆件断面应通盘考虑经计算确定。

(2) 围圈。围圈是模板系统的横向连接部分，将模板按工程平面形状组合为整体。围圈也是受力部件，它既承受混凝土侧压力产生的水平推力，又承受模板的重量、滑动时产生的摩阻力等竖向力。在有些滑模系统的设计中，也将施工平台支撑在围圈上。围圈架设在提升架的牛腿上，各种荷载将最终传至提升架上。围圈一般用型钢制作。

(3) 模板。模板是混凝土成型的模具，要求板面平整、尺寸准确、刚度适中。模板高度一般为90～120cm，宽度为50cm，但根据需要也可加工成小于50cm的异形模板。模板通常用钢材制作，也有用其他材料制作的，如钢木组合模板，是用硬质塑料板或玻璃钢等材料作为面板的有机材料复合模板。

(4) 施工平台与吊脚手架。施工平台是滑模施工中各工种的作业面及材料、工具的存放场所。施工平台应视建筑物的平面形状、开门大小、操作要求及荷载情况设计。施工平台必须有可靠的强度及必要的刚度，确保施工安全，防止平台变形导致模板倾斜。如果跨度较大时，在平台下应设置承托桁架。

3-3
混凝土面板堆石坝滑模施工【图片】

吊脚手架用于对已滑出的混凝土结构进行处理或修补，要求沿结构内外两侧周围布置。吊脚手架的高度一般为1.8m，可以设双层或3层。吊脚手架要有可靠的安全设备及防护设施。

(5) 提升设备。提升设备由液压千斤顶、液压控制台、油路及支承杆组成。支承杆可用直径为25mm的光圆钢筋做支承杆，每根支承杆长度以3.5～5m为宜。支承杆的接头可用螺栓连接（支承杆两头工加工成阴阳螺纹）或现场用小坡口焊接连接。若回收重复使用，则需要在提升架横梁下附设支承杆套管。如有条件并经设计部门同意，则该支承杆钢筋可以直接打在混凝土中以代替部分结构配筋，约可利用50%～60%。

3-4
大坝翻转模板吊装【图片】

六、固定式模板

3-5
灌浆廊道混凝土模板吊装【图片】

1. 混凝土预制模板

混凝土预制模板可以工厂化生产，安装时多依靠自重维持稳定，因而可以节约大量的木材和钢材；因它既是模板，又是建筑物的组成部分，可提高建筑物表面的抗渗、抗冻和稳定性；简化了施工程序，可以加快工程进度。但安装时必须配合吊装设备进行。

3-6
灌浆廊道混凝土模板【图片】

混凝土预制模板主要用于挡土墙、大坝垂直部位、坝内廊道等处。施工中应注意模板与新浇混凝土表面结合处的凿毛处理，以保证结合。预制钢筋混凝土整体式廊道模板如图3-5所示。

2. 压型钢板模板

钢筋混凝土结构中，楼层多采用组合楼盖，其中组合楼板结构就是压型钢板与混凝土通过各种不同的剪力连接形式组合在一起形成的。压形钢板作为组合楼盖施工中的混凝土模板，其主要优点包括：薄钢板经压折后，具有良好的结构受力性能，既可部分地或全部地起组合楼板中受拉钢筋作用，又可仅作为浇筑混凝土的永久性模板；

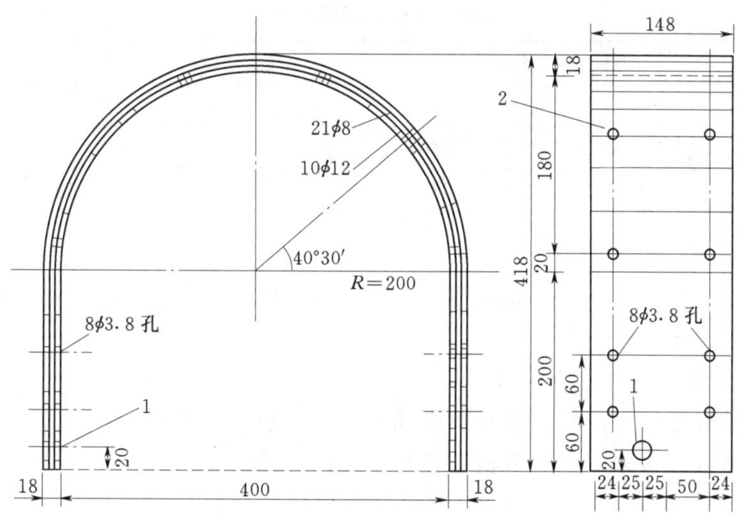

图 3-5　预制钢筋混凝土整体式廊道模板（单位：cm）

1—坝内排水孔（ϕ20）；2—起吊孔（<ϕ8）

特别是楼层较高，又有钢梁时，采用压型钢板模板，楼板浇筑混凝土独立地进行，不影响钢结构施工，上下楼层间无制约关系；不需满堂支撑，无支模和拆模的烦琐作业，施工进度显著加快。

3-7
第三章第一节
测试题
【测试题】

第二节　模　板　设　计

模板设计应满足结构物的体型、构造、尺寸以及混凝土浇筑分层分块等要求。

模板设计应提出对材料、制作、安装、使用及拆除工艺的具体要求。模板设计图纸应标明设计荷载及控制条件，如混凝土的浇筑顺序、浇筑速度、浇筑方式、施工荷载等。

钢模板设计应符合《钢结构设计标准》（GB 50017—2017）的规定，其截面塑性发展系数为1.0；其荷载设计值可按0.90的折减系数进行折减。采用冷弯薄壁型钢应符合《冷弯薄壁型钢结构技术规范》（GB 50018—2002）的规定，其荷载设计值不应折减。木模板设计应符合《木结构设计标准》（GB 50005—2017）的规定；当木材含水率小于25%时，其荷载设计值可按0.90的折减系数进行折减。其他材料的模板设计应符合有关的专门规定。

一、计算模板时的荷载标准值

模板设计时应考虑下列荷载的组合：

1. 模板自身重力

模板自重标准值，应根据模板设计图纸确定。肋形楼板及无梁楼板模板的自重标准值，可按表3-2采用。

表 3-2 楼板模板自重标准值 单位：kN/m³

项次	模板及构件的种类	定型组合钢模板	木模板
1	平板的模板及楞木	0.5	0.3
2	楼板模板（其中包括梁的模板）	0.75	0.5
3	楼板模板（楼层高度4m以下）	1.1	0.75

2. 新浇混凝土的重力

新浇混凝土自重标准值，对普通混凝土可采用 $24kN/m^3$，对其他混凝土可根据实际表观密度确定。

3. 钢筋和预埋件的重力

钢筋自重标准值，应根据设计图纸确定。对一般梁板结构，每立方米钢筋混凝土的钢筋自重标准值可采用下列数值：楼板1.1kN；梁1.5kN。

4. 工作人员及仓面机具的重力

施工人员和设备荷载标准值应按下列规定取值：

（1）计算模板及直接支承模板的小楞时，对均布荷载取 $2.5kN/m^2$，另应以集中荷载2.5kN进行验算，比较两者所取得的弯矩值，按其中较大者采用。

（2）计算直接支承小楞结构构件时，均布荷载取 $1.5kN/m^2$。

（3）计算支架立柱及其他支承结构构件时，均布荷载取 $1.0kN/m^2$。

对大型浇筑设备上料平台、混凝土输送泵等按实际情况计算。混凝土集料高度超过100mm以上者按实际高度计算。模板单块宽度小于150mm时，集中荷载可分布在相邻的两块板上。

5. 振捣混凝土时产生的荷载

振捣混凝土时产生的荷载标准值，对水平面模板可采用 $2.0kN/m^2$；对垂直面模板可采用 $4.0kN/m^2$（作用范围在新浇筑混凝土侧压力的有效压头高度之内）。

6. 新浇混凝土的侧压力

影响新浇混凝土对模板侧压力的因素主要有混凝土材料种类、温度、浇筑速度、振捣方式、凝结速度等。此外还与混凝土坍落度大小、构件厚度等有关。

（1）新浇混凝土对模板侧面的压力标准值应按下列规定取值：当采用内部振捣器振捣时，新浇筑的普通混凝土作用于模板的最大侧压力，可按式（3-1）和式（3-2）计算，并取较小值。

$$F=0.22\gamma_c t_0 \beta_1 \beta_2 V^{\frac{1}{2}} \tag{3-1}$$

$$F=\gamma_c H \tag{3-2}$$

式中 F——新浇混凝土的最大侧压力，kN/m^2；

γ_c——混凝土的重力密度，kN/m^3；

t_0——新浇混凝土的初凝时间，h，可按实测确定，当缺乏资料时，可采用 $t_0=200/(T+15)$ 计算（T 为混凝土的温度）；

V——混凝土的浇筑速度，m/h；

H——混凝土侧压力计算位置处至新浇混凝土顶面的总高度，m；

β_1——外加剂影响修正系数，不掺外加剂时取 1.0，掺具有缓凝作用的外加剂时取 1.2；

β_2——混凝土坍落度影响修正系数，坍落度小于 3cm 时取 0.85，坍落度为 5～9cm 时取 1.0，坍落度为 11～15cm 时取 1.15。

(2) 混凝土侧压力的计算分布图，薄壁混凝土如图 3-6 所示；大体积混凝土如图 3-7 所示。图中 h 为有效压头高度，$h=F/\gamma_c$(m)。

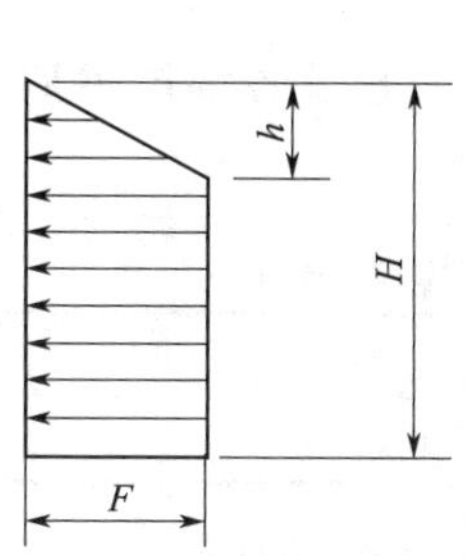

图 3-6　薄壁混凝土侧压力分布图

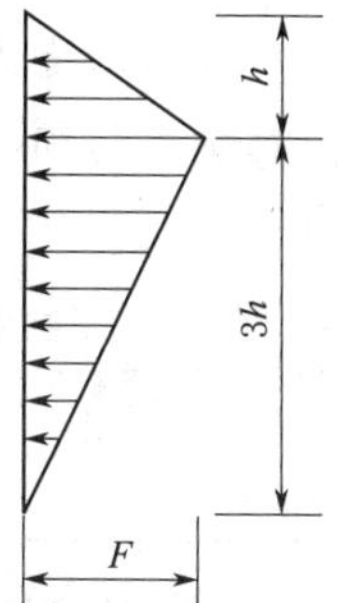

图 3-7　大体积混凝土侧压力分布图

(3) 重要部位的模板承受新浇混凝土的侧压力，应通过实测确定。

7. 新浇混凝土的浮托力

新浇筑混凝土的浮托力应由试验确定。当没有试验资料时，可采用模板受浮面水平投影面积每平方米承受浮托力 15kN 进行估算。

8. 混凝土卸料时产生的荷载

混凝土卸料时对模板产生的冲击荷载，应通过实测确定。当没有实测资料时，对垂直面模板产生的水平荷载标准值可按表 3-3 采用。

表 3-3　　混凝土卸料时产生的水平荷载标准值　　单位：kN/m^2

向模板中供料的方法	水平荷载	向模板中供料的方法	水平荷载
溜槽、串筒或导管	2	用容量为 $1\sim3m^3$ 的运输器具	8
用容量小于 $1m^3$ 的运输器具	6	用容量大于 $3m^3$ 的运输器具	10

注　作用范围在有效压头高度以内。

9. 风荷载

垂直于建筑物表面上的风荷载标准值按下述规定计算，其基本风压与相关系数取值见《建筑结构荷载规范》(GB 50009—2012)。

(1) 当计算主要承重结构时：

$$W_k=\beta_z\mu_s\mu_z\omega_0 \tag{3-3}$$

式中　W_k——风荷载标准值，kN/m^2；

β_z——高度 Z 处的风振系数；

μ_s——风荷载体型系数；

μ_z——风压高度变化系数；

ω_0——基本风压，kN/m²。

（2）当计算围护结构时：

$$W_k = \beta_{gz}\mu_s\mu_z\omega_0 \tag{3-4}$$

式中 β_{gz}——高度 Z 处的阵风系数。

10. 其他荷载

其他荷载标准值按下列规定取值：

（1）混凝土与模板的黏结力。使用竖向预制混凝土模板时，如浇筑速度较低，可考虑预制混凝土模板与新浇混凝土之间的黏结力，其值可按表 3-4 采用。黏结力的计算，应按新浇混凝土与预制混凝土模板的接触面积及预计各铺层龄期，沿高度分层计算。

表 3-4 预制混凝土模板与新浇混凝土之间的黏结力

混凝土龄期/h	4	8	16	32
黏结力/(kN/m²)	2.5	5.4	7.8	27.4

（2）混凝土与模板的摩阻力。设计滑动模板时需考虑，钢模板取 1.5～3.0kN/m²，调坡时取 2.0～4.0kN/m²。

（3）雪荷载。结构物水平投影面上的雪荷载标准值，按式（3-5）计算。其基本雪压与相关系数取值见《建筑结构荷载规范》（GB 50009—2012）。

$$S_k = \mu_r S_0 \tag{3-5}$$

式中 S_k——雪荷载标准值，kN/m²；

μ_r——建筑物面积雪分布系数；

S_0——基本雪压，kN/m²。

二、计算模板时的荷载分项系数

计算模板时的荷载设计值，应采用荷载标准值乘以相应的荷载分项系数求得。荷载分项系数应按表 3-5 采用。

表 3-5 荷载分项系数

项次	荷载类别	荷载分项系数
1	模板自重	1.2
2	新浇混凝土自重	
3	钢筋自重	
4	施工人员及施工设备荷载	1.4
5	振捣混凝土时产生的荷载	
6	新浇混凝土对模板侧面的压力	1.2
7	倾倒混凝土时产生的荷载	1.4

三、模板的荷载组合

计算模板的刚度和强度时，应根据模板种类及施工具体情况，按表 3-6 的荷载组合进行计算（特殊荷载按可能发生的情况计算）。

表 3-6　　常用模板的荷载组合

项次	模　板　种　类	基本荷载组合（数字为计算模板时的荷载标准值中的序号）	
1	薄板、薄壳的底模板	1+2+3+4	1+2+3+4
2	厚板、梁和拱的底模板	1+2+3+4+5	1+2+3+4+5
3	梁、拱、柱（边长≤300mm）、墙（厚≤400mm）的侧面垂直模板	5+6	6
4	大体积结构、柱（边长＞300mm）、墙（厚＞400mm）的侧面垂直模板	6+8	6+8
5	悬臂模板	1+2+3+4+5+8	1+2+3+4+5+8
6	隧洞衬砌模板台车	1+2+3+4+5+6+7	1+2+3+4+6+7

注　1. 当模板承受倾倒混凝土时产生的荷载对模板的承载能力和变形有较大影响时，考虑荷载 8。
2. 根据工程实践情况，合理考虑荷载 9 和荷载 10。

四、模板刚度验算

验算模板刚度时，其最大变形不应超过下列允许值：

（1）结构外露面模板为模板构件计算跨度的 1/400。

（2）结构隐蔽面模板为模板构件计算跨度的 1/250。

（3）支架的压缩变形值或弹性挠度值为相应的结构计算跨度的 1/1000。

五、承重模板结构的抗倾稳定性核算

承重模板结构的抗倾稳定性，应按下列要求核算：

（1）倾覆力矩，应采用下列三项中的最大值：

1）风荷载，按《建筑结构荷载规范》（GB 50009—2012）确定。

2）实际可能发生的最大水平作用力。

3）作用于承重模板边缘 1500N/m 的水平力。

（2）稳定力矩：模板自重折减系数为 0.8；如同时安装钢筋，应包括钢筋的重量。活荷载按其对抗倾覆稳定最不利的分布计算。

（3）抗倾稳定系数：应大于 1.4。

六、其他设计要求

（1）除悬臂模板外，竖向模板与内倾模板应设置撑杆或拉杆，以保证模板的稳定性。

（2）梁跨大于 4m 时，设计应规定承重模板的预拱值。

（3）多层结构物上层结构的模板支承在下层结构上时，应验算下层结构的实际强度和承载能力。

（4）模板锚固件应避开结构受力钢筋，模板附件的安全系数，应按表 3-7 采用。

表 3-7　　模板附件的最小安全系数

3-8
第三章第二节
测试题
【测试题】

附件名称	结构形式	安全系数
模板拉杆及锚固头	所有使用的模板	2.0
模板锚固件	仅支承模板重量和混凝土压力的模板	2.0
	支承模板和混凝土重量、施工活荷载和冲击荷载的模板	3.0
模板吊耳	所有使用的模板	4.0

第三节　模　板　施　工

一、模板安装

3-9
铺设板模板
【视频】

安装模板之前，应事先熟悉设计图纸，掌握建筑物结构的形状尺寸，并根据现场条件，初步考虑好立模及支撑的程序，以及与钢筋绑扎、混凝土浇捣等工序的配合，尽量避免工种之间的相互干扰。

模板的安装包括放样、立模、支撑加固、吊正找平、尺寸校核、堵设缝隙及清仓去污等工序。在安装过程中，应注意下述事项：

(1) 模板竖立后，须切实校正位置和尺寸，垂直方向用垂球校对，水平长度用钢尺丈量两次以上，务使模板的尺寸符合设计标准。

(2) 模板各结合点与支撑必须坚固紧密，牢固可靠，尤其是采用振捣器捣固的结构部位，更应注意，以免在浇捣过程中发生裂缝、鼓肚等不良情况。但为了增加模板的周转次数，减少模板拆模损耗，模板结构的安装应力求简便，尽量少用圆钉，多用螺栓、木楔、拉条等进行加固联结。

(3) 凡属承重的梁板结构，跨度大于 4m 以上时，由于地基的沉陷和支撑结构的压缩变形，跨中应预留起拱高度，每米增高 3mm，两边逐渐减少，至两端同原设计高程等高。

(4) 为避免拆模时建筑物受到冲击或震动，安装模板时，撑柱下端应设置硬木楔形垫块，所用支撑不得直接支承于地面，应安装在坚实的桩基或垫板上，使撑木有足够的支承面积，以免沉陷变形。

(5) 模板安装完毕，最好立即浇筑混凝土，以防日晒雨淋导致模板变形。为保证混凝土表面光滑和便于拆卸，宜在模板表面涂抹肥皂水或润滑油。夏季或在气候干燥情况下，为防止模板干缩裂缝漏浆，在浇筑混凝土之前，需洒水养护。如发现模板因干燥产生裂缝，应事先用木条或油灰填塞衬补。

(6) 安装边墙、柱、闸墩等模板时，在浇筑混凝土以前，应将模板内的木屑、刨片、泥块等杂物清除干净，并仔细检查各联结点及接头处的螺栓、拉条、楔木等有无松动滑脱现象。在浇筑混凝土过程中，木工、钢筋、混凝土、架子等工种均应有专人“看仓”，以便发现问题随时加固修理。

(7) 模板安装的偏差，应符合设计要求的规定，特别是对于通过高速水流，有金属结构及机电安装等部位，更不应超出规范的允许值。施工中安装模板的允许偏差，可参考表 3－8 中规定的数值。

表 3－8　　大体积混凝土木模板安装的允许偏差　　单位：mm

项次	偏 差 项 目	混凝土结构部位	
		外露表面	隐藏内面
1	模板平整度： 相邻两面板高差 局部不平（用 2m 直尺检查）	 3 5	 5 10
2	结构物边线与设计边线	10	15
3	结构物水平截面内部尺寸	±20	
4	承重模板标高	±5	
5	预留孔、洞尺寸及位置	±10	

3－10
基础模板安装
【图片】

3－11
平板式拆移式
模板安装
【图片】

二、模板拆除

模板的拆除顺序一般是先非承重模板，后承重模板；先侧板，后底板。

1. 拆模期限

（1）不承重的侧模板在混凝土强度能保证混凝土表面和棱角不因拆模而受损害时方可拆模。一般此时混凝土的强度应达到 2.5MPa 以上。

（2）承重模板应在混凝土达到下列强度以后方能拆除（按设计强度的百分率计）。

1）当梁、板、拱的跨度小于 2m 时，要求达到设计强度的 50％。

2）跨度为 2～5m 时，要求达到设计强度的 70％。

3）跨度为 5m 以上，要求达到设计强度的 100％。

4）悬臂板、梁跨度小于 2m 为 70％；跨度大于 2m 为 100％。

2. 拆模注意事项

模板拆除工作应注意以下事项：

（1）模板拆除工作应遵守一定的方法与步骤。拆模时要按照模板各结合点构造情况逐块松卸。首先去掉扒钉、螺栓等连接铁件，然后用撬杠将模板松动或用木楔插入模板与混凝土接触面的缝隙中，以锤击木楔，使模板与混凝土面逐渐分离。拆模时，禁止用重锤直接敲击模板，以免使建筑物受到强烈震动或将模板毁坏。

（2）拆卸拱形模板时，应先将支柱下的木楔缓慢放松，使拱架徐徐下降，避免新拱因模板突然大幅度下沉而担负全部自重，并应从跨中点向两端同时对称拆卸。拆卸跨度较大的拱模时，则需从拱顶中部分段分期向两端对称拆卸。

（3）高空拆卸模板时，不得将模板自高处摔下，而应用绳索吊卸，以防砸坏模板或发生事故。

（4）当模板拆卸完毕后，应将附着在板面上的混凝土砂浆洗凿干净，损坏部分需加修整，板上的圆钉应及时拔除（部分可以回收使用），以免刺脚伤人。卸下的螺栓应与螺帽、垫圈等拧在一起，并加黄油防锈。扒钉、铁丝等物均应收捡归仓，不得丢失。所有模板应按规格分放，妥加保管，以备下次立模周转使用。

(5) 对于大体积混凝土，为了防止拆模后混凝土表面温度骤然下降而产生表面裂缝，应考虑外界温度的变化而确定拆模时间，并应避免早、晚或夜间拆模。

3-12
第三章第三节
测试题
【测试题】

第四节 脚　手　架

一、承插型盘扣式钢管脚手架

承插型盘扣式钢管脚手架立杆顶部插入可调托撑构件，底部插入可调底座构件，立杆之间采用套管或插管连接，水平杆和斜杆采用杆端扣接头卡入连接盘，用楔形插销连接，形成结构几何不变体系的钢管支架。承插型盘扣式钢管脚手架是由立杆、水平杆、斜杆等构件构成。如图 3-8 所示为承插型盘扣式钢管脚手架，如图 3-9 所示为其节点构造图，如图 3-10 所示为其构件。

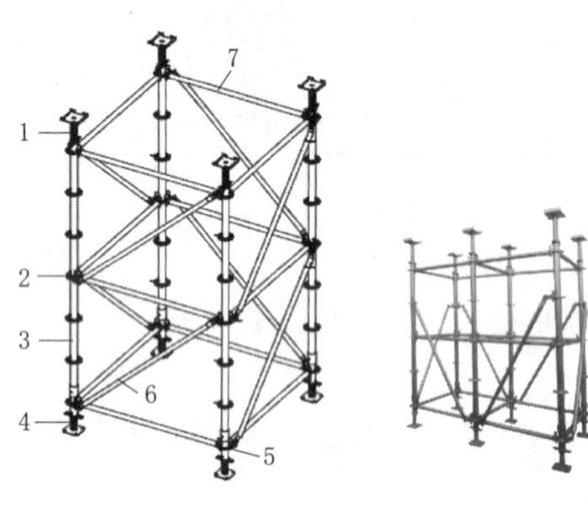

图 3-8　承插型盘扣式钢管脚手架
1—可调托撑；2—盘扣节点；3—立杆；4—可调底座；5—基座；6—竖向斜杆；7—水平杆

二、扣件式钢管脚手架

扣件式钢管脚手架是由钢管和扣件组成，它搭拆方便、灵活，能适应建筑物中平立面的变化，强度高，坚固耐用。扣件式钢管脚手架还可以格成井字架、栈桥和上料台架等，应用较多。

3-13
扣件式钢管
脚手架
【图片】

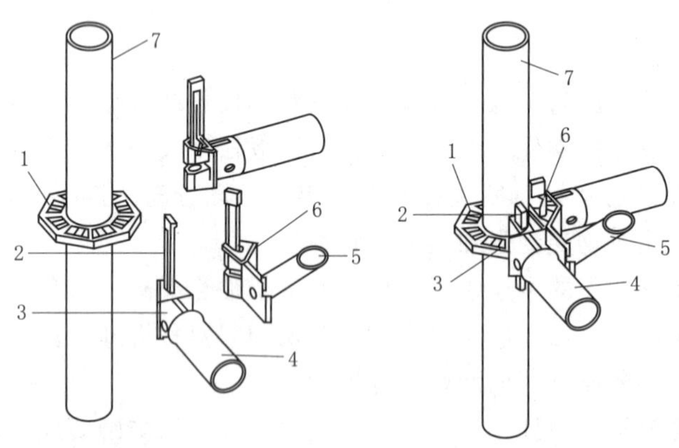

图 3-9　承插型盘扣式钢管脚手架节点构造图
1—连接盘；2—扣接头插销；3—水平杆杆端扣接头；4—水平杆；5—斜杆；6—斜杆杆端扣接头；7—立杆

图 3-10　承插型盘扣式钢管脚手架构件

(一)材料要求

1. 杆件用料要求

扣件式钢管脚手架的主要杆件有立杆、顺水杆(大横杆)、排杆(小横杆)、十字盖(剪刀撑)、压柱子(抛撑、斜撑)、底座、扣件等。

钢管:采用 ϕ48.3mm×3.6mm 的钢管,长度以 4~6.5m 和 2.1~2.3m 为宜。

2. 底座

扣件式钢管脚手架的底座,是由套管和底板焊成。套管一般用外径 57mm、壁厚 3.5mm 的钢管(或用外径 60mm、壁厚 3~4mm 的钢管),长为 150mm。底板一般用边长(或直径)150mm、厚 5mm 的钢板,如图 3-11 所示。

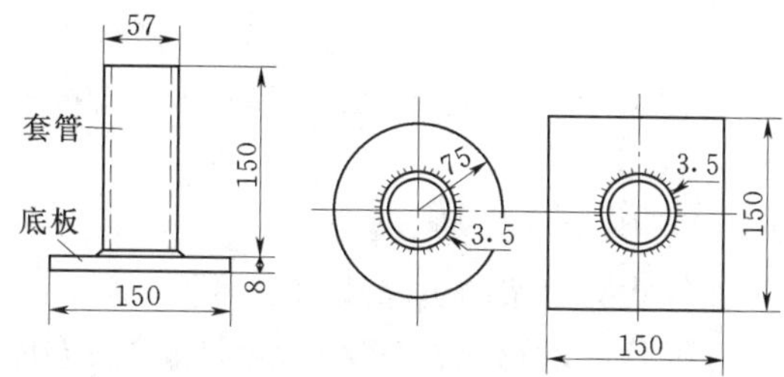

图 3-11 底座(单位:mm)

3. 扣件

扣件用铸铁锻制而成,螺栓用 Q235 钢制成,其形式有三种,如图 3-12 所示。

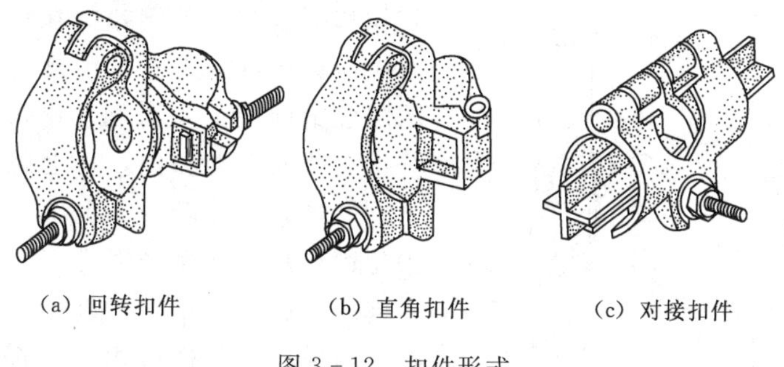

(a)回转扣件 (b)直角扣件 (c)对接扣件

图 3-12 扣件形式

(1)回转扣件:回转扣件用于连接扣紧呈任意角度相交的杆件,如立杆与十字盖的连接。

(2)直角扣件:直角扣件又称十字扣件,用于连接扣紧两根垂直相交的杆件,如立杆与顺水杆、排木的连接。

(3)对接扣件:对接扣件又称一字扣件,用于两根杆件的对接接长,如立杆、顺水杆的接长。

(二)扣件式钢管脚手架的搭设与拆除

1. 扣件式钢管脚手架的搭设

架的搭设要求钢管的规格相同,地基平整夯实;对高层建筑物脚手架的基础要进行验算,脚手架地基的四周排水畅通,立杆底端要设底座或垫木。通常脚手架搭设顺序为:放置纵向扫地杆→横向扫地杆→立杆→第一步纵向水平杆(大横杆)→第一步横向水平杆(小横杆)→连墙件(或加抛撑)→第二步纵向水平杆(大横杆)→第二步横向水平杆（小横杆）……

开始搭设第一节立杆时，每6跨应暂设一根抛撑，当搭设至设有连墙件的构造层时，应立即设置连墙件与墙体连接，当装设两道墙件后，抛撑便可拆除。双排脚手架的小横杆靠墙一端应离开墙体装饰面至少100mm，杆件相交的伸出端长度不小于100mm，以防止杆件滑脱；扣件规格必须与钢管外径相一致，扣件螺栓拧紧。除操作层的脚手板外，宜每隔1.2m高满铺一层脚手板，在脚手架全高或高层脚手架的每个高度区段内，铺板不多于6层，作业不超过3层，或者根据设计搭设。

2. 扣件式脚手架的拆除

扣件式脚手架的拆除按由上而下、后搭者先拆、先搭者后拆的顺序进行，严禁上下同时拆除，以及先将整层连墙件或数层连墙件拆除后再拆其余杆件。如果采用分段拆除，其高差不应大于2步架，当拆除至最后一节立杆时，应先加临时抛撑，后拆除连墙件，拆下的材料应及时分类集中运至地面，严禁抛扔。

三、钢管碗扣式脚手架

钢管碗扣式脚手架立杆与水平杆靠特制的碗扣接头（图3－13）连接。碗扣分上碗扣和下碗扣，下碗扣焊在钢管上，上碗扣对应地套在钢管上，其销槽对准焊在钢管上的限位销即能上下滑动。连接时，只需将横杆接头插入下碗扣内，将上碗扣沿限位销扣下，并顺时针旋转，靠上碗扣螺旋面使之与限位销顶紧，从而将横杆与立杆牢固地连在一起，形成框架结构。碗扣式接头可同时连接4根横杆，横杆可相互垂直也可组成其他角度，因而可以搭设各种形式的脚手架，特别适合于搭设扇形表面及高层建筑施工和装修施工两用外脚手架，还可作为模板的支撑。脚手架立杆碗扣节点应按6m模数设置。立杆上应设有接长用套管及连接销孔。

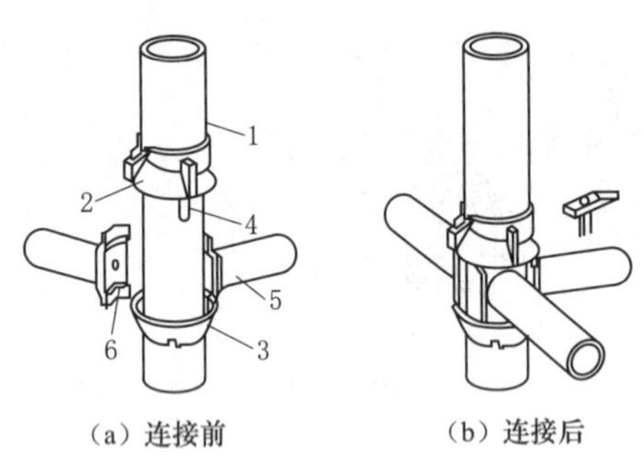

（a）连接前　　（b）连接后

图3－13　碗扣接头

1—立杆；2—上碗扣；3—下碗扣；4—限位销；5—横杆；6—横杆接头

3－14
碗扣式钢管脚手架
【图片】

3－15
门型钢管脚手架
【图片】

四、门型脚手架

门型脚手架又称多功能门型脚手架，是目前国际上应用最普遍的脚手架之一。作为高层建筑施工的脚手架及各种支撑物件，它具有安全、经济、架设拆除效率高等特点。

门型脚手架由门式框架、剪刀撑和水平梁架或脚手板构成基本单元，如图3－14（a）所示。将基本单元连接起来即构成整片脚手架，如图3－14（b）所示。门型脚手架的主要部件如图3－15所示。

3－16
第三章第四节测试题
【测试题】

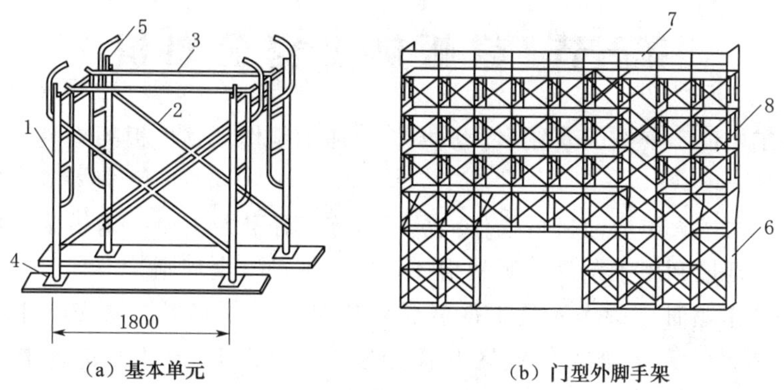

图 3－14　门型钢管脚手架

1—门式框架；2—剪刀撑；3—水平梁架；4—螺旋基脚；5—连接器；6—梯子；7—栏杆；8—脚手板

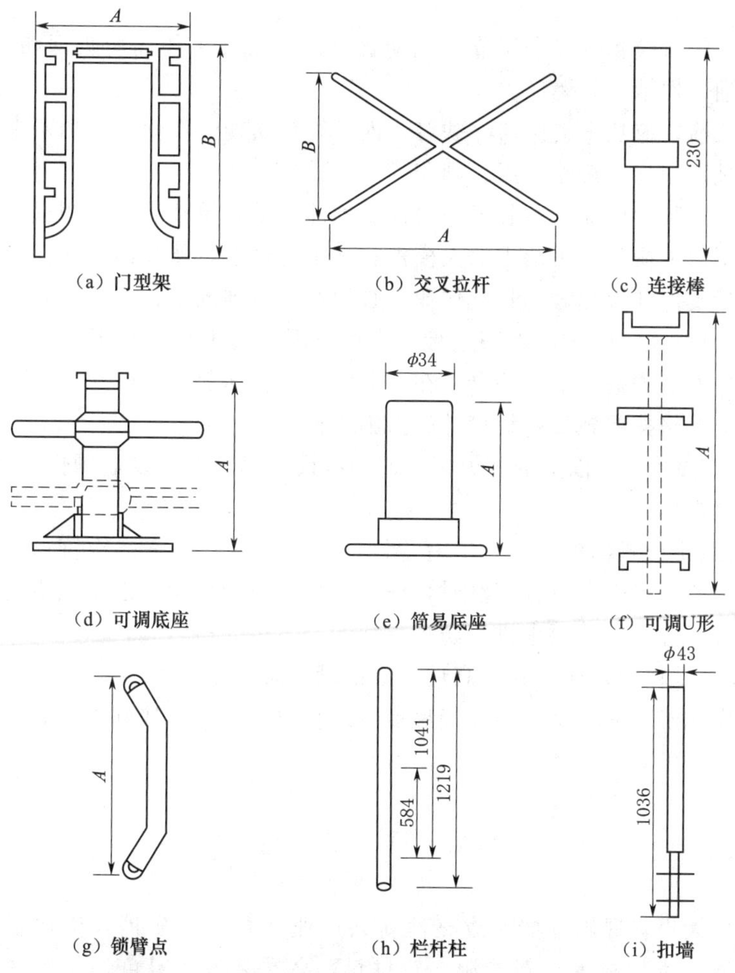

图 3－15　门型脚手架的主要部件（单位：mm）

第五节 模板施工安全知识

模板施工中的不安全因素较多，从模板的加工制作，到模板的支模拆除，都必须认真加以防范。

（1）施工技术人员应向机械操作人员进行施工任务及安全技术措施交底。操作人员应熟悉作业环境和施工条件，听从指挥，遵守现场安全规则。

（2）机械作业时，操作人员不得擅自离开工作岗位或将机械交给非本机操作人员操作。严禁无关人员进入作业区和操作室内。工作时，思想要集中，严禁酒后操作。

（3）机械操作人员和配合作业人员，都必须按规定穿戴劳动保护用品，长发不得外露。高空作业必须戴安全带，不得穿硬底鞋和拖鞋。严禁从高处往下投掷物件。

（4）工作场所应备有齐全可靠的消防器材。严禁在工作场所吸烟和有其他明火，并不得存放油、棉纱等易燃品。

（5）加工前，应从木料中清除铁钉、铁丝等金属物。作业后，切断电源，锁好闸箱，进行擦拭、润滑、清除木屑、刨花。

（6）悬空安装大模板、吊装第一块预制构件、吊装单独的大中型预制构件时，必须站在操作平台上操作。吊装中的大模板和预制构件上，严禁站人和行走。

（7）模板支撑和拆卸时的悬空作业，必须遵守下列规定：

1）支模应按规定的作业程序进行，模板未固定前不得进行下一道工序。严禁在连接件和支撑件上攀登上下，并严禁在上下同一垂直面上装、拆模板。结构复杂的模板，装、拆应严格按照施工组织设计的措施进行。

2）支设高度在3m以上的柱模板，四周应设斜撑，并应设立操作平台。低于3m的可使用马凳操作。

3）支设悬挑形式的模板时，应有稳固的立足点。支设临空构筑物模板时，应搭设支架或脚手架。模板上有预留洞时，应在安装后将洞盖没。混凝土板上拆模后形成的临边或洞口，应按有关要求进行防护。

3-17 第三章第五节测试题【测试题】

4）拆模高处作业，应配置登高用具或搭设支架。

（8）滑模施工中应经常与当地气象台（站）取得联系，遇到雷雨、六级和六级以上大风时，必须停止施工。

拓 展 讨 论

3-18 第三章测试题【测试题】

党的二十大报告提出，推动战略性新兴产业融合集群发展，构建新一代信息技术、人工智能、生物技术、新能源、新材料、高端装备、绿色环保等一批新的增长引擎。

请思考：模板工程有哪些绿色环保材料？

复 习 思 考 题

1. 什么叫模板？模板的作用有哪些？
2. 对模板的基本要求有哪些？
3. 模板设计的内容有哪些？
4. 根据工程实践经验，模板设计大致可分为几个环节？
5. 模板的受力形式及荷载有哪些？
6. 模板稳定校核包括哪些内容？
7. 模板分为哪几类？
8. 定型组合钢模板由哪几部分组成？
9. 定型组合钢模板连接件有哪几种形式？
10. 木模板由哪几部分组成？有哪些特点？
11. 什么叫滑动模板？
12. 滑模施工有哪些特点？
13. 滑模系统由哪几部分组成？
14. 滑模系统主要部件构造有哪些？
15. 滑模液压提升系统由哪几部分组成？
16. 滑模施工操作工艺有哪些？
17. 滑模滑升主要包括哪几个阶段？每个阶段有哪些基本要求？
18. 其他形式模板有哪些？各适用哪些条件？
19. 模板安装的程序是怎样的？包括哪些内容？
20. 模板在安装过程中，应注意哪些事项？
21. 模板拆除时要注意哪些内容？
22. 拆模应注意哪些内容？
23. 什么叫脚手架？脚手架的作用有哪些？
24. 脚手架一般分为哪几类？
25. 什么叫扣件式钢管脚手架？它有哪些特点？
26. 钢管脚手架各杆件对材料有哪些要求？
27. 扣件式钢管脚手架的搭设与拆除的基本程序是怎样的？
28. 模板施工时要注意哪些安全事项？

第四章 钢 筋 工 程

第一节 钢筋的验收与配料

一、钢筋的验收与储存

（一）钢筋的验收

钢筋进场应具有出厂证明书或试验报告单，每捆（盘）钢筋应有标牌，同时应按有关标准和规定进行外观检查和分批作力学性能试验。钢筋在使用时，如发现脆断、焊接性能不良或机械性能显著不正常等，则应进行钢筋化学成分检验。

1. 外观检查

外观检查应满足表 4-1 要求。

表 4-1 钢筋外观检查要求

钢筋种类	外 观 要 求
热轧钢筋	表面不得有裂纹、结疤和折叠，如有凸块不得超过横肋的高度，其他缺陷的高度和深度不得大于所在部位尺寸的允许偏差，钢筋外形尺寸等应符合国家标准
热处理钢筋	表面不得有裂纹、结疤和折叠，如有局部凸块不得超过横肋的高度。钢筋外形尺寸应符合国家标准
冷拉钢筋	表面不得有裂纹和局部缩颈
冷拔低碳钢丝	表面不得有裂纹和机械损伤
碳素钢丝	表面不得有裂纹、小刺、机械损伤、锈皮和油漆
刻痕钢丝	表面不得有裂纹、分层、锈皮、结疤
钢绞线	不得有折断、横裂和相互交叉的钢丝，表面不得有润滑剂、油渍

2. 验收要求

钢筋、钢丝、钢绞线应做成批验收，做力学性能试验时，其抽样方法应按相应标准所规定的规则抽取，见表 4-2。

表 4-2 钢筋、钢丝、钢绞线验收要求和方法

钢筋种类	验收批钢筋组成	每批数量	取 样 方 法
热轧钢筋	1. 同一牌号、规格和同一炉罐号； 2. 同钢号的混合批，不超过 6 个炉罐号	≤60t	在每批钢筋中任取 2 根钢筋，每根钢筋取 1 个拉力试样和 1 个冷弯试样

续表

钢筋种类	验收批钢筋组成	每批数量	取样方法
热处理钢筋	1. 同一处截面尺寸，同一热处理制度和炉罐号； 2. 同钢号的混合批，不超过 10 个炉罐号	≤60t	取 10%盘数（不少于 25 盘），每盘 1 个拉力试样
冷拉钢筋	同级别、同直径	≤20t	任取 2 根钢筋，每根钢筋取 1 个拉力试样和 1 个冷弯试样
冷拔低碳钢丝 甲级		逐盘检查	每盘取 1 个拉力试样和 1 个弯曲试样
冷拔低碳钢丝 乙级	用相同材料的钢筋冷拔成同直径的钢丝	5t	任取 3 盘，每盘取 1 个拉力试样和 1 个弯曲试样
碳素钢丝 刻痕钢丝	同一钢号、同一形状尺寸、同一交货状态		取 5%盘数（不少于 3 盘），优质钢丝取 10%盘数（不少于 3 盘），每盘取 1 个拉力试样和 1 个冷弯试样
钢绞线	同一钢号、同一形状尺寸、同一生产工艺	≤60t	任取 3 盘，每盘取 1 个拉力试样

注　拉力试验包括屈服点、抗拉强度和伸长率三个指标。

验收要求：如有一个试样一项试验指标不合格，则另取双倍数量的试样进行复检，如仍有一个试样不合格，则该批钢筋不予验收。

（二）钢筋的储存

钢筋进场后，必须严格按批分等级、牌号、直径、长度挂牌存放，不得混淆。钢筋应尽量堆入仓库或料棚内。条件不具备时，应选择地势较高、土质坚硬的场地存放。堆放时，钢筋下部应垫高，离地至少 20cm 高，以防钢筋锈蚀。在堆场周围应挖排水沟，以利泄水。

4－1
钢筋的出厂标牌【图片】

二、钢筋的配料

钢筋的配料是指识读工程图纸、计算钢筋下料长度和编制配筋表。

（一）钢筋下料长度

1. 钢筋长度

施工图（钢筋图）中所指的钢筋长度是钢筋外缘至外缘之间的长度，即外包尺寸。

2. 混凝土保护层厚度

混凝土保护层厚度是指受力钢筋外缘至混凝土表面的距离，其作用是保护钢筋在混凝土中不被锈蚀。

3. 钢筋接头增加值

由于钢筋直条的供货长度一般为 6～10m，而有的钢筋混凝土结构的尺寸很大，需要对钢筋进行接长。钢筋接头增加值见表 4－3～表 4－5。

表 4-3　　绑扎接头最小搭接长度

项次	钢筋类型	混凝土设计龄期抗压强度标准值/MPa									
		15		20		25		30、35		≥40	
		受拉	受压	受拉	受压	受拉	受压	受拉	受压	受拉	受压
1	HPB300 光圆钢筋	50*d*	35*d*	40*d*	25*d*	30*d*	20*d*	25*d*	20*d*	25*d*	20*d*
2	HRB400 月牙纹钢筋	—	—	55*d*	40*d*	50*d*	35*d*	40*d*	30*d*	35*d*	25*d*
3	冷轧带肋钢筋	—	—	50*d*	35*d*	40*d*	30*d*	35*d*	25*d*	30*d*	20*d*

注　1. 月牙纹钢筋直径 $d>25$mm 时，最小搭接长度按表 4-3 中数值增加 5*d*。

2. 表中 HPB300 光圆钢筋的最小锚固长度值不包括端部弯钩长度，当受压钢筋为 HPB300 光圆钢筋，末端又无弯钩时，其搭接长度不小于 30*d*。

3. 如在施工中分不清受压区或受拉区时，搭接长度按受拉区处理。

表 4-4　　钢筋对焊长度损失值　　单位：mm

钢筋直径	<16	16～25	>25
损失值	20	25	30

表 4-5　　钢筋搭接焊最小搭接长度

焊接类型	HPB300 级钢筋	HRB400 级钢筋
双面焊	4*d*	5*d*
单面焊	8*d*	10*d*

4. 钢筋弯曲调整长度

钢筋有弯曲时，在弯曲处的内侧发生收缩，而外皮却出现延伸，而中心线则保持原有尺寸。一般量取钢筋尺寸时，对于架立筋和受力筋量外皮，箍筋量内皮，下料则量中心线。这样，对于弯曲钢筋计算长度和下料长度均存在差异。

(1) 弯钩增加长度。根据规定，HPB300 级钢筋两端做 180°弯钩，其弯曲直径 *D* 为 2.5*d*，平直部分为 3*d*（手工弯钩为 1.75*d*），如图 4-1 所示。量度方法以外包尺寸度量，其每个弯钩的增加长度为

$$
\begin{aligned}
E'F=ABC+EC-AF &= 1/2\pi(D+d)+3d-(1/2D+d)\\
&=0.5\pi(2.5d+d)+3d-(0.5\times 2.5d+d)\\
&=6.25d
\end{aligned}
$$

同理可得 135°斜弯钩每个弯钩的增加长度为 5*d*。

(2) 弯折减少长度。90°弯折时按施工规范有两种情况：HPB300 级钢筋弯曲直径 $D=2.5d$，HRB335 级钢筋弯曲直径 $D=4d$，如图 4-2 所示。其每个弯曲的减少长度为

$$
\begin{aligned}
ABC-A'C'-C'B' &= 1/4\pi(D+d)-2(0.5D+d)\\
&=-(0.215D+1.215d)
\end{aligned}
$$

当弯曲直径 $D=2.5d$ 时，其值为 $-1.75d$；当弯曲直径 $D=4d$ 时，其值为 $-2.07d$。为计算方便，两者都取其近似值 $-2d$。

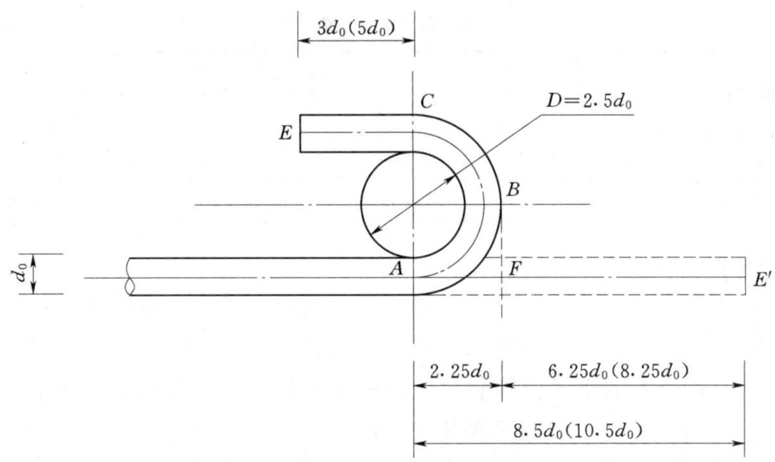

图 4-1　钢筋弯曲 180°尺寸图

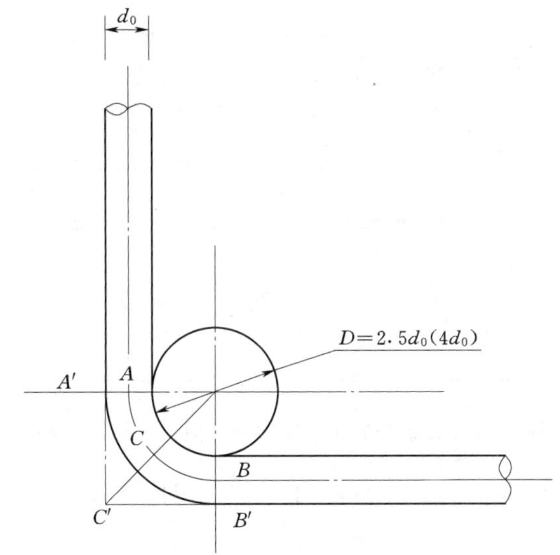

图 4-2　钢筋弯曲 90°尺寸图

同理可得 45°、60°、135°弯折的减少长度分别为$-0.5d$、$-0.85d$、$-2.5d$。将上述结果整理后见表 4-6。

表 4-6　　钢筋弯曲调整长度

弯曲类型	弯钩			弯折				
	180°	135°	90°	30°	45°	60°	90°	135°
调整长度	$6.25d$	$5d$	$3.2d$	$-0.35d$	$-0.5d$	$-0.85d$	$-2d$	$-2.5d$

为了计算方便，一般将箍筋的弯钩增加长度、弯折减少长度两项合并成一箍筋调整值，见表 4-7。计算时将箍筋外包尺寸或内皮尺寸加上箍筋调整值即为箍筋下料长度。

表 4-7　　箍筋调整值　　单位：mm

箍筋量度方法	箍筋直径			
	4～5	6	8	10～12
量外包尺寸	40	50	60	70
量内皮尺寸	80	100	120	150～170

5. 钢筋下料长度计算

直筋下料长度＝构件长度＋搭接长度－保护层厚度＋弯钩增加长度

弯起筋下料长度＝直段长度＋斜段长度＋搭接长度－弯折减少长度＋弯钩增加长度

箍筋下料长度＝直段长度＋弯钩增加长度－弯折减少长度

＝箍筋周长＋箍筋调整值

例题：在某钢筋混凝土结构中，现在取一跨钢筋混凝土梁 L-1，其配筋均按 HPB300 级钢筋考虑，如图 4-3 所示。试计算该梁钢筋的下料长度，给出钢筋配料单。

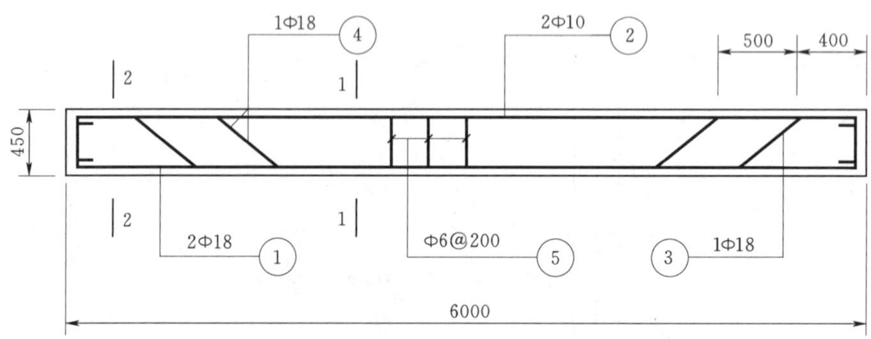

图 4-3　某钢筋混凝土结构钢筋图（单位：mm）

解：梁两端的保护层厚度取 10mm，上下保护层厚度取 25mm。

（1）①号钢筋为 2Φ18，下料长度为

直钢筋下料长度＝构件长－保护层厚度＋末端弯钩增加长度

＝6000－10×2＋(6.25×18)×2＝6205(mm)

（2）②号钢筋为 2Φ10，下料长度为

直钢筋下料长度＝构件长－保护层厚度＋末端弯钩增加长度

＝6000－10×2＋(6.25×10)×2＝6105(mm)

（3）③号钢筋为 1Φ18，下料长度为

端部平直段长＝400－10＝390(mm)

斜段长＝(450－25×2)÷sin45°＝564(mm)

中间直段长＝6000－10×2－390×2－400×2＝4400(mm)

钢筋下料长度＝外包尺寸＋端部弯钩－量度差值(45°)

＝[2×(390＋564)＋4400]＋(6.25×18)×2－(0.5×18)×4

＝(1908＋4400)＋225－36＝6497(mm)

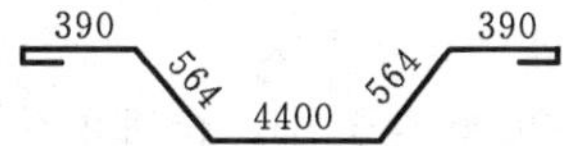

(4) ④号钢筋为1Φ18，下料长度为

端部平直段长＝(400＋500)－10＝890(mm)

斜段长＝(450－25×2)÷sin45°＝564(mm)

中间直段长＝6000－10×2－890×2－400×2＝3400(mm)

钢筋下料长度＝外包尺寸＋端部弯钩－量度差值(45°)

＝[2×(890＋564)＋3400]＋(6.25×18)×2－(0.5×18)×4

＝6308＋225－36＝6497(mm)

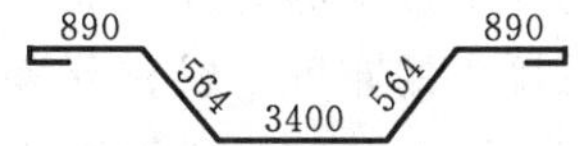

(5) ⑤号钢筋为Φ6，下料长度为

宽度外包尺寸＝(200－2×25)＋2×6＝162(mm)

长度外包尺寸＝(450－2×25)＋2×6＝412(mm)

箍筋下料长度＝2×(162＋412)＋14×6－3×(2×6)

＝1148＋84－36＝1196(mm)

箍筋数量＝(6000－10×2)÷200＋1≈31(个)

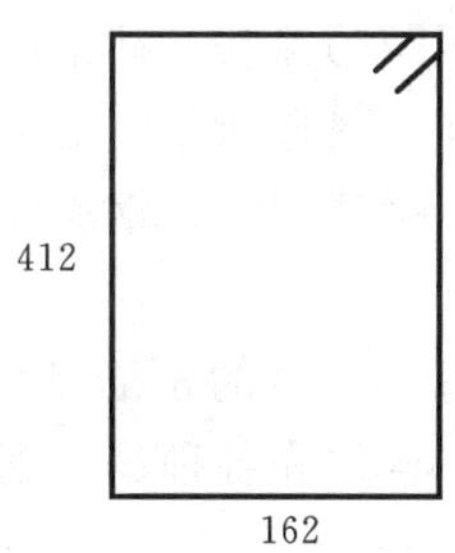

(6) 钢筋加工配料单见表4－8。

表4－8　　　钢筋加工配料单

构件名称	钢筋编号	计算简图	直径/mm	级别	下料长度/mm	单位根数	合计根数	重量/kg
构件：L－1 位置：②-③ 数量：5	①		18	HPB300	6205	2	10	123
	②		10	HPB300	6105	2	10	37.5
	③		18	HPB300	6497	1	5	64.7
	④		18	HPB300	6497	1	5	64.7
	⑤		6	HPB300	1196	31	165	44.0
备注	合计：6＝44.0kg；10＝37.5kg；18＝252.4kg							

（二）钢筋配料

钢筋配料是钢筋加工中的一项重要工作，合理的配料能使钢筋得到最大限度的利用，并使钢筋的安装和绑扎工作简单化。钢筋配料是依据钢筋表合理安排同规格、同品种的下料，使钢筋的出厂规格长度得以充分利用，或库存各种规格和长度的钢筋得以充分利用。

1. 归整相同规格和材质的钢筋

下料长度计算完毕后，把相同规格和材质的钢筋进行归整和组合，同时根据现有钢筋的长度和能够及时采购到的钢筋的长度进行合理组合加工。

2. 合理利用钢筋的接头位置

对有接头的配料，在满足构件中接头的对焊或搭接长度且接头错开的前提下，必须根据钢筋原材料的长度来考虑接头的布置。要充分考虑原材料被截下来的一段长度的合理使用，如果能够使一根钢筋正好分成几段钢筋的下料长度，则是最佳方案。但往往难以做到，所以在配料时，要尽量地使被截下的一段能够长一些，这样才不致使余料成为废料，使钢筋能得到充分利用。

3. 钢筋配料应注意的事项

（1）配料计算时，要考虑钢筋的形状和尺寸在满足设计要求的前提下，有利于加工安装。

（2）配料时，要考虑施工需要的附加钢筋。如板双层钢筋中保证上层钢筋位置的撑脚、墩墙双层钢筋中固定钢筋间距的撑铁、柱钢筋骨架增加四面斜撑等。

根据钢筋下料长度计算结果和配料选择后，汇总编制钢筋配单。在钢筋配料单中必须反映出工程部位、构件名称、钢筋编号、钢筋简图及尺寸、钢筋直径、钢号、数量、下料长度、钢筋重量等。

列入加工计划的配料单，为每一编号的钢筋制作一块料牌作为钢筋加工的依据，并在安装中作为区别各工程部位、构件和各种编号钢筋的标志，如图 4-4 所示。

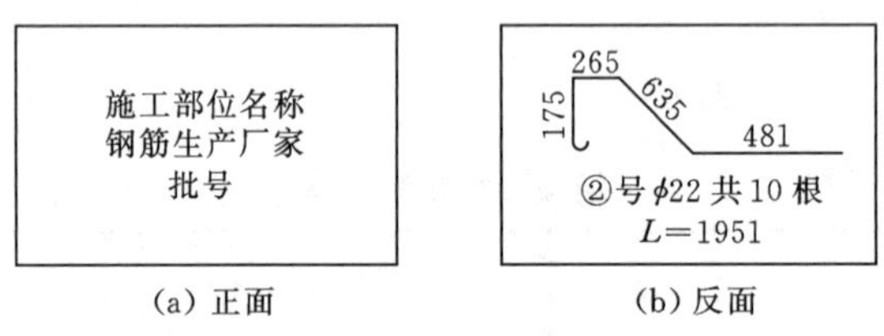

图 4-4 钢筋料牌

钢筋配料单和料牌，应严格校核，必须准确无误，以免返工浪费。

三、钢筋代换

钢筋加工时，若工地现有钢筋的种类、钢号和直径与设计不符，应在不影响使用条件下进行代换。但代换必须征得工程监理人员的同意。

1. 钢筋代换的基本原则

（1）等强度代换。不同种类的钢筋代换，按抗拉设计值相等的原则进行代换。

（2）等截面代换。相同种类和级别的钢筋代换，按截面相等的原则进行代换。

2. 钢筋代换方法

（1）等强度代换。如施工图中所用的钢筋设计强度为 f_{y1}，钢筋总面积为 A_{s1}，代换后的钢筋设计强度为 f_{y2}，钢筋总面积为 A_{s2}，则应使

$$A_{s1}f_{y1}\leqslant A_{s2}f_{y2}$$

即
$$\frac{n_1\pi d_1^2 f_{y1}}{4}\leqslant\frac{n_2\pi d_2^2 f_{y2}}{4}$$

$$n_2\geqslant\frac{n_1 d_1^2 f_{y1}}{d_2^2 f_{f2}}$$

式中　n_1——施工图钢筋根数；

n_2——代换钢筋根数；

d_1——施工图钢筋直径；

d_2——代换钢筋直径。

（2）等截面代换。如代换后的钢筋与设计钢筋级别相同，则应使

$$A_{s1}\leqslant A_{s2}$$

则
$$n_2\geqslant\frac{n_1 d_1^2}{d_2^2}$$

式中符号同上。

3. 钢筋代换注意事项

在水利水电工程施工中进行钢筋代换时，应注意以下事项：

（1）以一种钢号钢筋代替施工图中规定钢号的钢筋时，应按设计所用钢筋计算强度和实际使用的钢筋计算强度经计算后，对截面面积做相应的改变。

（2）某种直径的钢筋以钢号相同的另一种钢筋代替时，其直径变更范围不宜超过4mm，变更后的钢筋总截面积较设计规定的总截面积不得小于2%或超过3%。

（3）如用冷处理钢筋代替设计中的热轧钢筋时，宜采用改变钢筋直径的方法而不宜采用改变钢筋根数的方法来减少钢筋截面积。

（4）以较粗钢筋代替较细钢筋时，部分构件（如预制构件、受挠构件等）应校核钢筋握裹力。

（5）要遵守钢筋代换的基本原则：①当构件受强度控制时，钢筋可按等强度代换；②当构件按最小配筋率配筋时，钢筋可按等截面代换；③当构件受裂缝宽度或挠度控制时，代换后应进行裂缝宽度或挠度验算。

（6）对一些重要构件，凡不宜用HPB300级光面钢筋代替其他钢筋的，不得轻易代用，以免受拉部位的裂缝开展过大。

（7）在钢筋代换中不允许改变构件的有效高度，否则就会降低构件的承载能力。

（8）对于在施工图中明确不能以其他钢筋进行代换的构件和结构的某些部位，均不得擅自进行代换。

（9）钢筋代换后，应满足钢筋构造要求，如钢筋的根数、间距、直径、锚固长度。

4-2
第四章第一节
测试题
【测试题】

第二节 钢 筋 加 工

一、钢筋的除锈

钢筋由于保管不善或存放时间过久，就会受潮生锈。在生锈初期，钢筋表面呈黄褐色，称为水锈或色锈，这种水锈除在焊点附近必须清除外，一般可不处理。但是当钢筋锈蚀进一步发展，钢筋表面已形成一层锈皮，受锤击或碰撞可见其剥落，这种铁锈不能很好地和混凝土黏结，影响钢筋和混凝土的握裹力，并且在混凝土中继续发展，需要清除。

钢筋除锈方式有三种：一是手工除锈，如钢丝刷、砂堆、麻袋砂包、砂盘等擦锈；二是除锈机械除锈；三是在钢筋的其他加工工序的同时除锈，如在冷拉、调直过程中除锈。

除锈机由小功率电动机作为动力，带动圆盘钢丝刷的转动来清除钢筋上的铁锈。钢丝刷可单向或双向旋转。除锈机有固定式和移动式两种形式。

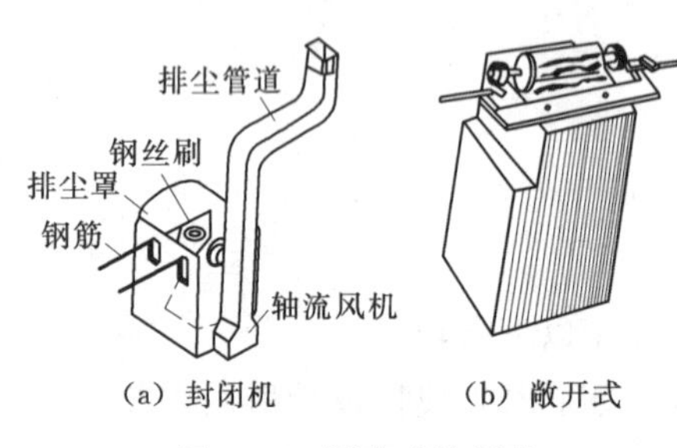

图 4－5 固定式除锈机

如图 4－5 所示为固定式除锈机，又分为封闭式和敞开式两种类型。它主要由小功率电动机和圆盘钢丝刷组成。圆盘钢丝刷有厂家供应成品，也可自行用钢丝绳废头拆开取丝编制，直径为 25～35cm，厚度为 5～15cm。所用转速一般为 1000r/min。封闭式除锈机另加装一个封闭式的排尘罩和排尘管道。

操作除锈机时应注意以下几点：

(1) 操作人员启动除锈机，将钢筋放平握紧，侧身送料，禁止在除锈机的正前方站人。钢筋与钢丝刷的松紧度要适当，过紧会使钢丝刷损坏，过松则影响除锈效果。

(2) 钢丝刷转动时不可在附近清扫锈屑。

(3) 严禁将已弯曲成型的钢筋在除锈机上除锈，弯度大的钢筋宜在基本调直后再进行除锈。在整根长的钢筋除锈时，一般要由两人进行操作。两人要紧密配合，互相呼应。

(4) 对于有起层锈片的钢筋，应先用小锤敲击，使锈片剥落干净，再除锈。如钢筋表面的麻坑、斑点以及锈皮已损伤钢筋的截面，则在使用前应鉴定是否降级使用或另做其他处理。

(5) 使用前应特别注意检查电气设备的绝缘及接地是否良好，确保操作安全。

(6) 应经常检查钢丝刷的固定螺丝有无松动，转动部分的润滑情况是否良好。

(7) 检查封闭式防尘罩装置及排尘设备是否处于良好和有效状态，并按规定清扫防护罩中的锈尘。

二、钢筋调直

钢筋在使用前必须经过调直，否则会影响钢筋受力，甚至会使混凝土提前产生裂缝，如未调直直接下料，会影响钢筋的下料长度，并影响后续工序的质量。

钢筋调直应符合下列要求：

(1) 钢筋的表面应洁净，使用前应无表面油渍、漆皮、锈皮等。

(2) 钢筋应平直，无局部弯曲，钢筋中心线同直线的偏差不超过其全长的1%。成盘的钢筋或弯曲的钢筋均应调直后才允许使用。

(3) 钢筋调直后其表面伤痕不得使钢筋截面积减少5%以上。

钢筋的机械调直可用钢筋调直机、弯筋机等调直。钢筋调直机用于圆钢筋的调直和切断，并可清除其表面的氧化皮和污迹。目前常用的钢筋调直机型号有GT16/4、GT3/8、GT6/12、GT10/16。此外还有一种数控钢筋调直切断机，利用光电管进行调直、输送、切断、除锈等功能的自动控制。

GT16/4型钢筋调直切断机主要由放盘架、调直筒、传动箱、牵引机构、切断机构、承料架、机架及电控箱等组成，其基本构造如图4-6所示。它由电动机通过三角皮带传动，而带动调直筒高速旋转。调直筒内有五块可以调节的调直模，被调直钢筋在牵引辊强迫作用下通过调直筒，利用调直模的偏心，使钢筋得到多次连续的反复塑性变形，从而将钢筋调直。牵引与切断机构是由一台电动机，通过三角皮带传动、齿轮传动、杠杆、离合器及制动器等实现。牵引辊根据钢筋直径不同，更换相应的辊槽。当调直好的钢筋达到预设的长度，而触及电磁铁，通过杠杆控制离合器，使之与齿轮为一体，带动凸轮轴旋转，并通过凸轮和杠杆使装有切刀的刀架摆动，切断钢筋的同时强迫承料架挡板打开，成品落到集材槽内，从而完成一个工作循环。

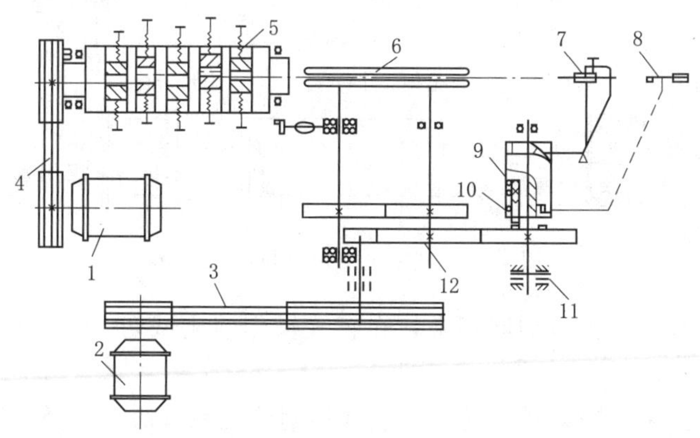

图4-6　GT16/4型钢筋调直切断机

1、2—电动机；3、4—三角皮带；5—调直机构；6—牵引辊；7—切断机构；8—操纵机构；9—凸轮系统；10—离合器；11—制动装置；12—变速箱

操作钢筋调直切断机应注意以下事项：

(1) 按所需调直钢筋的直径选用适当的调直模、送料、牵引轮槽及速度，调直模的孔径应比钢筋直径大2～5mm，调直模的大口应面向钢筋进入的方向。

(2) 必须注意调整调直模。调直筒内一般设有5个调直模，第1、5两个调直模须放在中心线上，中间3个可偏离中心线。先使钢筋偏移3mm左右的偏移量，经过试调直，如钢筋仍有宏观弯曲，可逐渐加大偏移量；如钢筋存在微观弯曲，应逐渐减少偏移量，直到调直为止。

（3）切断3～4根钢筋后，停机检查其长度是否合适。如有偏差，可调整限位开关或定尺板。

（4）导向套前部，应安装一根长度为1m左右的钢管。需调直的钢筋应先穿过该钢管，然后穿入导向套和调直筒，以防止每盘钢筋接近调直完毕时其端头弹出伤人。

（5）在调直过程中不应任意调整传送压辊的水平装置，如调整不当，阻力增大，会造成机内断筋，损坏设备。

（6）盘条放在放盘架上要平稳。放盘架与调直机之间应架设环形导向装置，避免断筋、乱筋时出现意外。

三、钢筋切断

钢筋切断前应做好以下准备工作：

（1）汇总当班所要切断的钢筋料牌，将同规格（同级别、同直径）的钢筋分别统计，按不同长度进行长短搭配，一般情况下先断长料，后断短料，以尽量减少短头，减少损耗。

（2）检查测量长度所用工具或标志的准确性，在工作台上有量尺刻度线的，应事先检查定尺卡板（图4-7）的牢固和可靠性。在断料时应避免用短尺量长料，防止在量料中产生累计误差。

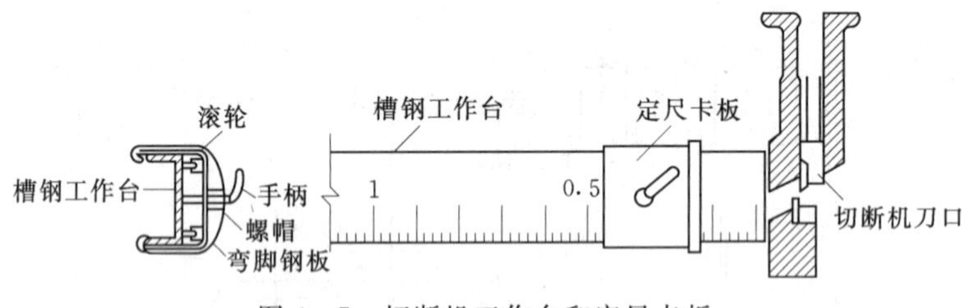

图4-7 切断机工作台和定尺卡板

（3）对根数较多的批量切断任务，在正式操作前应试切2～3根，以检验长度的准确性。

钢筋切断有人工剪断、机械切断、氧气切割等三种方法。直径大于40mm的钢筋一般用氧气切割。

1. 手工切断

手工切断有以下几种工具。

（1）断线钳。断线钳是定型产品，如图4-8所示，按其外形长度可分为450mm、600mm、750mm、900mm、1050mm五种，最常用的是600mm。断线钳用于切断5mm以下的钢丝。

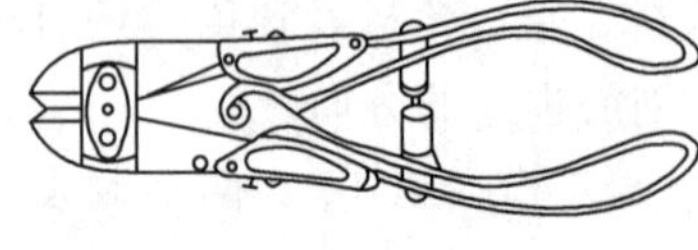
图4-8 断线钳

（2）手动液压钢筋切断机。手动液压钢筋切断机构造如图4-9所示。它由滑轨、刀片、压杆、柱塞、活塞、储油筒、吸油阀、回位弹簧及缸体等组成，能切断直径为16mm以下的钢筋、直径25mm以下的钢绞线。这种机具具有体积小、重量轻、操作简单、便于携带的特点。

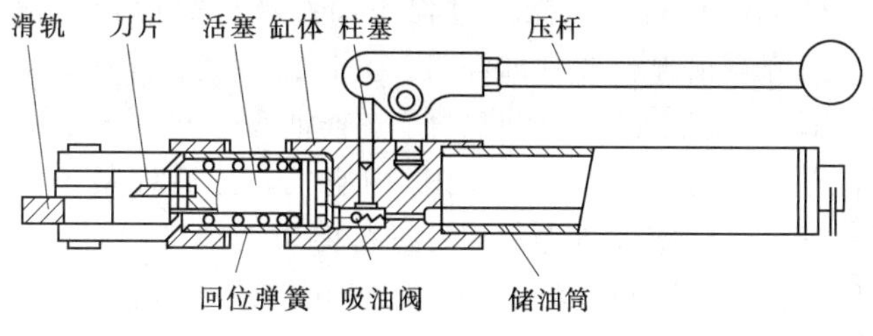

图4-9　手动液压钢筋切断机

手动液压钢筋切断机操作时把放油阀按顺时针方向旋紧，揿动压杆使柱塞提升，吸油阀被打开，工作油进入油室；提升压杆，工作油便被压缩进入缸体内腔，压力油推动活塞前进，安装在活塞前部的刀片即可断料。切断完毕后立即按逆时针方向旋开放油阀，在回位弹簧的作用下，压力油又流回油室，刀头自动缩回缸内。如此重复动作，进行切断钢筋操作。

2. 机械切断

钢筋切断机是用来把钢筋原材料或已调直的钢筋切断，其主要类型有机械式、液压式和手持式钢筋切断机。机械式钢筋切断机有偏心轴立式、凸轮式和曲柄连杆式等形式，GQ40型钢筋切断机如图4-10所示，DYQ32B电动液压切断机如图4-11所示。

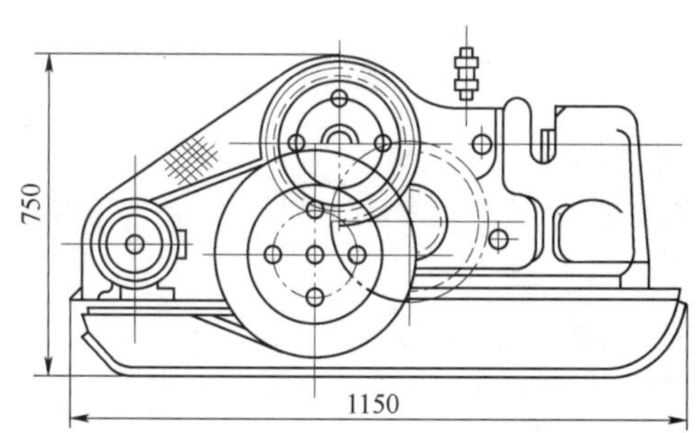

图4-10　GQ40型钢筋切断机

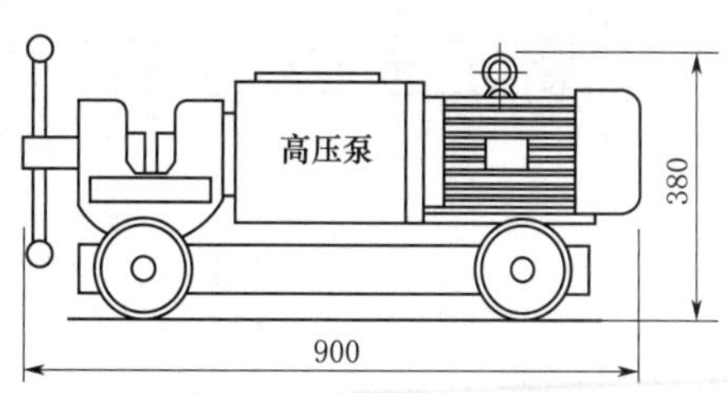

图4-11　DYQ32B电动液压切断机

4-3
钢筋曲柄连杆式切断机
【图片】

操作钢筋切断机应注意以下几点：

（1）被切钢筋应先调直后才能切断。

（2）在断短料时，不用手扶的一端应用1m以上长度的钢管套压。

（3）切断钢筋时，操作者的手只准握在靠边一端的钢筋上，禁止使用两手分别握在钢筋的两端剪切。

（4）向切断机送料时，要注意：①钢筋要摆直，不要将钢筋弯成弧形；②操作者要将钢筋握紧；③应在冲切刀片向后退时送进钢筋，如来不及送料，宁可等下一次退刀时再送料。否则，可能发生人身安全或设备事故；④切断30cm以下的短钢筋时，不能用手直接送料，可用钳子将钢筋夹住送料；⑤机器运转时，不得进行任何修理、校正或取下防护罩，不得触及运转部位，严禁将手放在刀片切断位置，铁屑、铁末不得用手抹或嘴吹，一切清洁扫除应停机后进行；⑥禁止切断规定范围外的材料、烧红的钢筋及超过刀刃硬度的材料；⑦操作过程中如发现机械运转不正常，或有异常响声，或者刀片离合不好等情况，要立即停机，并进行检查、修理。

（5）电动液压式钢筋切断机需注意：①检查油位及电动机旋转方向是否正确；②先松开放油阀，空载运转 2min，排掉缸体内空气，然后拧紧。手握钢筋稍微用力将活塞刀片拨动一下，给活塞以压力，即可进行剪切工作。

（6）手动液压式钢筋切断机还须注意：①使用前应将放油阀按顺时针方向旋紧；切断完毕后，立即按逆时针方向旋开；②在准备工作完毕后，拔出柱销，拉开滑轨，将钢筋放在滑轨圆槽中，合上滑轨，即可剪切。

3. 数控钢筋调直切断机

数控钢筋调直切断机是在原有调直机的基础上应用电子控制仪，准确控制钢丝断料长度，并自动计数。该机的工作原理如图 4－12 所示。在该机摩擦轮（周长 100mm）的同轴上装有一个穿孔光电盘（分为 100 等分），光电盘的一侧装有一只小灯泡，另一侧装有一只光电管。当钢筋通过摩擦轮带动光电盘时，灯泡光线通过每个小孔照射光电管，就被光电管接收而产生脉冲信号（每次信号为钢筋长 1mm），控制仪长度部位数字上立即示出相应读数。当信号积累到给定数字（钢丝调直到所指定长度）时，控制仪立即发出指令，使切断装置切断钢丝。与此同时长度部位数字回到零，根数部位数字示出根数，这样连续作业，当根数信号积累至给定数字时，即自动切断电源，停止运转。

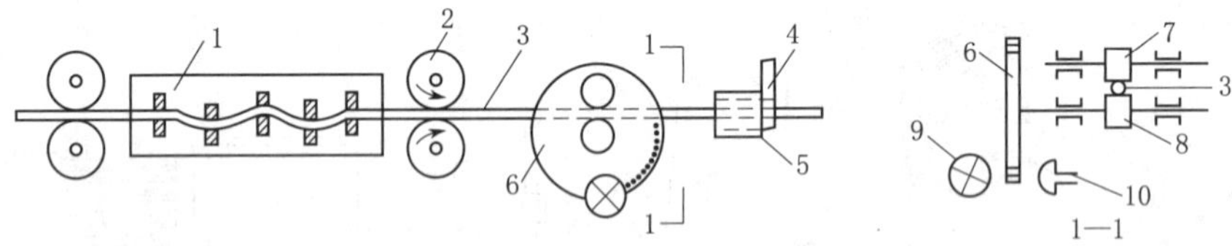

图 4－12 数控钢筋调直切断机工作简图

1—调直装置；2—牵引轮；3—钢筋；4—上刀口；5—下刀口；
6—光电盘；7—压轮；8—摩擦轮；9—灯泡；10—光电管

钢筋数控调直切断机已在有些构件厂采用，断料精度高（偏差仅约 1～2mm），并实现了钢丝调直切断自动化。采用此机时，要求钢丝表面光洁，截面均匀，以免钢丝移动时速度不匀，影响切断长度的精确性。

四、钢筋弯曲成型

（一）划线

钢筋弯曲前，对形状复杂的钢筋（如弯起钢筋），根据钢筋料牌上标明的尺寸，用石笔将各弯曲点位置划出。划线时应注意：

（1）根据不同的弯曲角度扣除弯曲调整值，其扣法是从相邻两段长度中各扣一半。

(2) 钢筋端部带半圆弯钩时，该段长度划线时增加 0.5d（d 为钢筋直径）。

(3) 划线工作宜从钢筋中线开始向两边进行；两边不对称的钢筋，也可从钢筋一端开始划线，如划到另一端有出入时，则应重新调整。

如某工程有一根直径 20mm 的弯起钢筋，其所需的形状和尺寸如图 4-13 所示。划线方法如下：

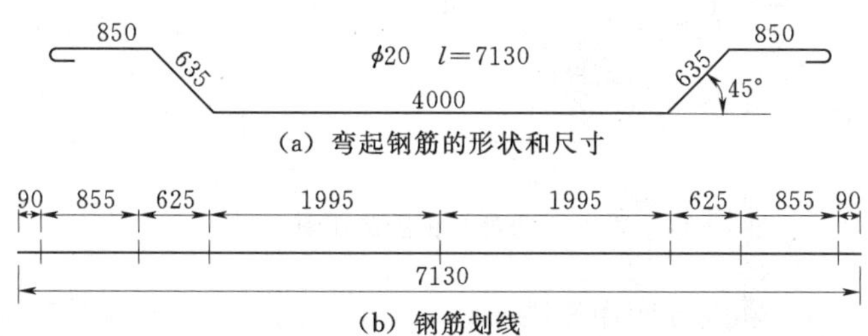

图 4-13 弯起钢筋的划线

第一步：在钢筋中心线上划第一道线。

第二步：取中段 $4000/2-0.5d/2=1995$mm，划第二道线。

第三步：取斜段 $635-2\times0.5d/2=625$mm，划第三道线。

第四步：取直段 $850-0.5d/2+0.5d=855$mm，划第四道线。

上述划线方法仅供参考。第一根钢筋成型后应与设计尺寸校对一遍，完全符合后再成批生产。

（二）钢筋弯曲成型工艺

钢筋弯曲成型要求加工的钢筋形状正确，平面上没有翘曲不平的现象，便于绑扎安装。

钢筋弯曲成型有手工和机械弯曲成型两种方法。

1. 手工弯曲成型

(1) 加工工具及装置。

1) 工作台。弯曲钢筋的工作台，台面尺寸一般为 600cm×80cm（长×宽），高度一般为 80～90cm。工作台要求稳固牢靠，避免在工作时发生晃动。

2) 手摇板。手摇板是弯曲盘圆钢筋的主要工具，如图 4-14 所示。手摇板 A 是用来弯制 12mm 以下的单根钢筋；手摇板 B 可弯制 8mm 以下的多根钢筋，一次可弯制 4～8 根，主要适宜弯制箍筋。

手摇板为自制，它由一块钢板底盘和扳柱、扳手组成。扳手长度 30～50cm，可根据弯制钢筋直径适当调节，扳手用 14～18mm 钢筋制成；扳柱直径为 16～18mm；钢板底盘厚 4～6mm。操作时将底盘固定在工作台上，底盘面与台面相平。

如果使用钢制工作台，挡板、扳柱可直接固定在台面上。

3) 卡盘。卡盘是弯粗钢筋的主要工具之一，它由一块钢板底盘和扳柱组成。底盘约厚 12mm，固定在工作台上；扳柱直径应根据所弯制钢筋来选择，一般为 20～25mm。

卡盘有两种形式：一种是在一块钢板上焊四个扳柱（图 4-14 中卡盘 C），水平

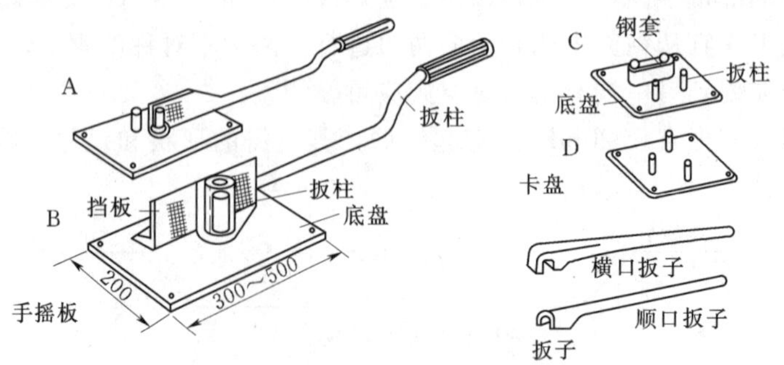

图 4-14 手工弯曲盘圆钢筋的工具（单位：mm）

方向净距为 100mm，垂直方向净距为 34mm，可弯制 32mm 以下的钢筋，但在弯制 28mm 以下的钢筋时，在后面两个扳柱上要加不同厚度的钢套；另一种是在一块钢板上焊三个扳柱（图 4-14 中卡盘 D），扳柱的两条斜边净距为 100mm，底边净距为 80mm，这种卡盘不需配备不同厚度的钢套。

4）钢筋扳子。钢筋扳子有横口扳子和顺口扳子两种，它主要和卡盘配合使用。横口扳子又有平头和弯头两种，弯头横口扳子仅在绑扎钢筋时纠正某些钢筋形状或位置时使用，常用的是平头横口扳子。当弯制直径较粗钢筋时，可在扳子柄上接上钢管，加长力臂省力。

钢筋扳子的扳口尺寸比弯制钢筋大 2mm 较为合适，过大会影响弯制形状的正确。

（2）手工弯制作业。

1）准备工作。熟悉要进行弯曲加工钢筋的规格、形状和各部分尺寸，确定弯曲操作的步骤和工具。确定弯曲顺序，避免在弯曲时将钢筋反复调转，影响工效。

2）划线。一般划线方法是在划弯曲钢筋分段尺寸时，将不同角度的长度调整值在弯曲操作方向相反的一侧长度内扣除，划上分段尺寸线，这条线称为弯曲点线，根据这条线并按规定方法弯曲后，钢筋的形状和尺寸与图纸要求的基本相符。当形状比较简单或同一形状根数较多的钢筋进行弯曲时，可以不划线，而在工作台上按各段尺寸要求固定若干标志，按标志操作。

3）试弯。在成批钢筋弯曲操作之前，各种类型的弯曲钢筋都要试弯一根，然后检查其弯曲形状、尺寸是否和设计要求相符；并校对钢筋的弯曲顺序、划线、所定的弯曲标志、扳距等是否合适。经过调整后，再进行批量生产。

4）弯曲成型。在钢筋开始弯曲前，应注意扳距和弯曲点线、扳柱之间的关系。为了保证钢筋弯曲形状正确，使钢筋弯曲圆弧有一定曲率，且在操作时扳子端部不碰到扳柱，扳子和扳柱间必须有一定的距离，这段距离称为扳距，如图 4-15 所示。扳距的大小是根据钢筋的弯制角度和直径来变化的，扳距可参见表 4-9。

表 4-9　　弯曲角度与扳距关系表

弯曲角度	45°	90°	135°	180°
扳距	(1.5～2) d	(2.5～3) d	(3～3.5) d	(3.5～4) d

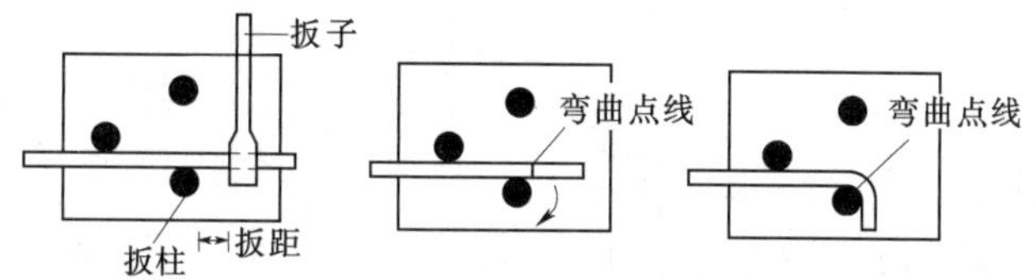

图 4-15　扳距、弯曲点线和扳柱之间的关系

进行弯曲钢筋操作时，钢筋弯曲点线在扳柱钢板上的位置，要配合划线的操作方向，使弯曲点线与扳柱外边缘相平。

2. 机械弯曲成型

钢筋弯曲机有机械钢筋弯曲机、液压钢筋弯曲机和钢筋弯箍机等几种形式。

机械钢筋弯曲机有蜗轮蜗杆式钢筋弯曲机和齿轮式钢筋弯曲机两类。施工现场使用较多的是四头弯筋机。四头弯筋机（图 4-16）是由一台电动机通过三级变速带动圆盘，再通过圆盘上的偏心铰带动连杆与齿条，使 4 个工作盘转动。每个工作盘上装有心轴与成型轴，但与钢筋弯曲机不同的有：工作盘不停地往复运动，且转动角度一定（事先可调整）。四头弯筋机主要技术参数有：电机功率为 3kW，转速为 960rad/min，工作盘反复动作次数为 31rad/min。该机可弯曲 $\phi4\sim\phi12$ 钢筋，弯曲角度在 0°～180°范围内变动。该机主要用来弯制钢箍，其工效比手工操作提高约 7 倍，加工质量稳定，弯折角度偏差小。

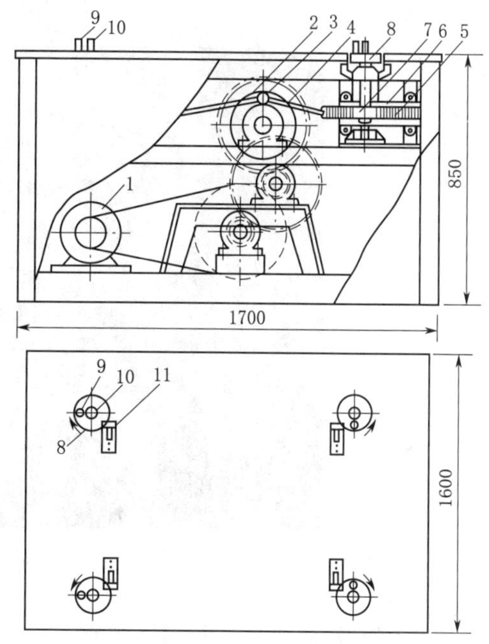

图 4-16　四头弯筋机

1—电动机；2—偏心圆盘；3—偏心铰；4—连杆；5—齿条；6—滑道；7—正齿轮；8—工作盘；9—成型轴；10—心轴；11—挡铁

钢筋在弯曲机上成型时如图 4-17 所示，心轴直径应是钢筋直径的 2.5～5.0 倍，成型轴宜加偏心轴套，以便适应不同直径的钢筋弯曲需要。弯曲细钢筋时，为了使弯弧一侧的钢筋保持平直，挡铁轴宜做成可变挡架或固定挡架（加铁板调整）。

钢筋弯曲点线和心轴的关系如图 4-18 所示。由于成型轴和心轴在同时转动，就会带动钢筋向前滑移。因此，钢筋弯 90°时，弯曲点线约与心轴内边缘齐；弯 180°时，弯曲点线距心轴内边缘为（1.0～1.5）d（钢筋硬时取大值）。

目前正推广使用数控钢筋弯曲机（图 4-19），它由计算机精确控制弯曲以替代手动机械弯曲，能加工最大直径 ϕ32mm 的高强度螺纹钢。数控钢筋弯曲机采用专用控制系统，数据库可储存钢筋加工图形，通过触摸屏控制界面操作方便，弯曲精度较高，一次性可弯曲多根钢筋，是传统加工设备生产能力的 10 倍以上。

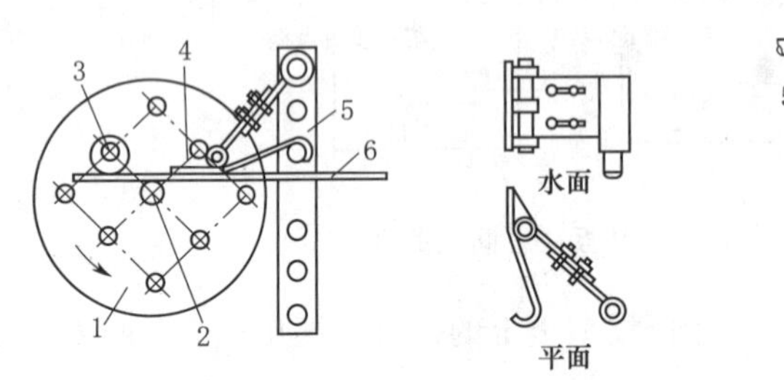

（a）工作简图　（b）可变挡架构造

图 4－17　钢筋弯曲成型

1—工作盘；2—心轴；3—成型轴；4—可变挡架；5—插座；6—钢筋

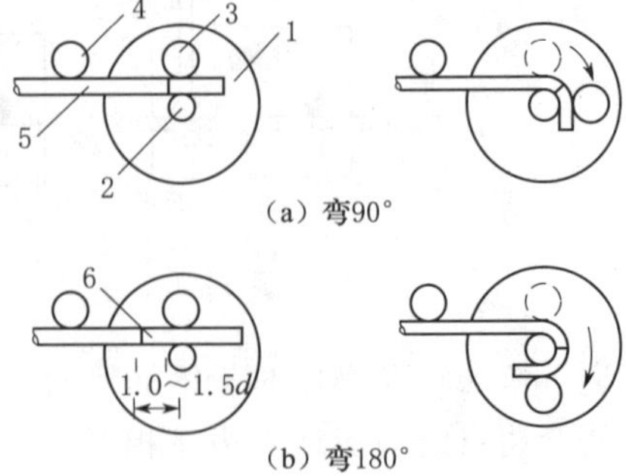

（a）弯90°

（b）弯180°

图 4－18　弯曲点线与心轴关系

1—工作盘；2—心轴；3—成型轴；4—固定挡铁；5—钢筋；6—弯曲点线

图 4－19　数控钢筋弯曲机

操作钢筋弯曲机应注意以下几点：

（1）钢筋弯曲机要安装在坚实的地面上，放置要平稳，铁轮前后要用三角对称楔紧，设备周围要有足够的场地。非操作者不要进入工作区域，以免扳动钢筋时被碰伤。

（2）操作前要对机械各部件进行全面检查以及试运转，并检查齿轮、轴套等备件是否齐全。

（3）要熟悉倒顺开关的使用方法以及所控制的工作盘的旋转方向，钢筋放置要和成型轴、工作盘旋转方向相配合，不要放反。

变换工作盘旋转方向时，要按“正转—停—倒转”操作，不要直接按“正转—倒转”或“倒转—正转”操作。

（4）钢筋弯曲时，其圆弧直径是由中心轴直径决定的，因此要根据钢筋粗细和所要求的圆弧弯曲直径大小随时更换中心轴或轴套。

（5）严禁在机械运转过程中更换中心轴、成型轴、挡铁轴，或进行清扫、加油。如果需要更换，必须切断电源，当机器停止转动后才能更换。

（6）弯曲钢筋时，应使钢筋挡架上的挡板贴紧钢筋，以保证弯曲质量。

（7）弯曲较长的钢筋时，要有专人扶持钢筋。扶持人员应按操作人员的指挥进行工作，不能任意推拉。

（8）在运转过程中如发现卡盘、颤动、电动机温升超过规定值，均应停机检修。

（9）不直的钢筋，禁止在弯曲机上弯曲。

4-6
第四章第二节
测试题
【测试题】

第三节　钢筋接头的连接

一、钢筋焊接

采用焊接代替绑扎，可改善结构受力性能，提高工效，节约钢材，降低成本。结构的某些部位，如轴心受拉和小偏心受拉构件中的钢筋接头应焊接。普通混凝土中直径大于 22mm 的钢筋、直径大于 25mm 的 HRB400 级钢筋，均宜采用焊接接头。

钢筋的焊接，应采用电阻点焊、电弧焊和电渣压力焊。钢筋与钢板的 T 形连接，宜采用埋弧压力焊或电弧焊。钢筋焊接的接头形式、焊接工艺和质量验收，应符合《钢筋焊接及验收规程》（JGJ 18—2012）的规定。焊接方法及适用范围见表 4-10。

表 4-10　焊接方法及适用范围

项次	焊接方法			接头形式	适用范围	
					钢筋级别	直径/mm
1	电阻点焊			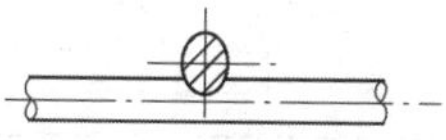	HPB300 级 冷拔低碳钢丝	6～14 3～5
2	电弧焊	帮条焊	双面焊	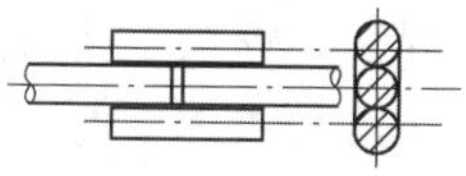	HPB300 级 HRB400 级	10～40
			单面焊	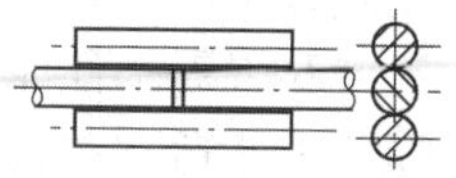	HPB300 级 HRB400 级	10～40
		搭接焊	双面焊	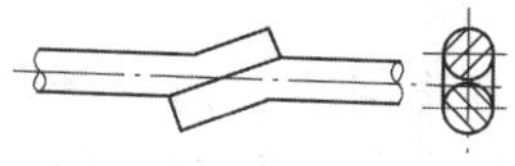	HPB300 级	10～40
			单面焊	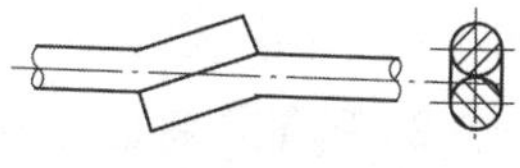	HPB300 级	10～40
		熔槽帮条焊		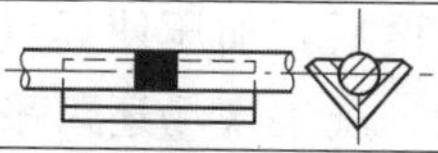	HPB300 级 HRB400 级	25～40
		坡口焊	平焊	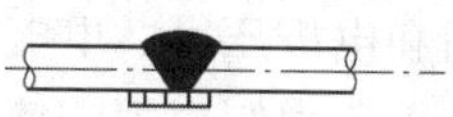	HPB300 级 HRB400 级	18～40

续表

项次	焊接方法			接头形式	适用范围	
					钢筋级别	直径/mm
2	电弧焊	坡口焊	立焊		HPB300级 HRB400级	18～40
		钢筋与钢板搭接接焊			HPB300级	8～40
		预埋件T形接头电弧焊	贴角焊		HPB300级	6～16
			穿孔塞焊		HPB300级	≥18
3	电渣压力焊				HPB300级	14～40
4	预埋T形接头埋弧压力焊				HPB300级	6～20

钢筋的焊接质量与钢材的可焊性、焊接工艺有关。在相同的焊接工艺条件下，能获得良好焊接质量的钢材，称其在这种条件下的可焊性好，相反则称其在这种工艺条件下的可焊性差。钢筋的可焊性与其含碳及含合金元素的数量有关。含碳、锰数量增加，则可焊性差；加入适量的钛，可改善焊接性能。焊接参数和操作水平亦影响焊接质量，即使可焊性差的钢材，若焊接工艺适宜，也可获得良好的焊接质量。

1. 钢筋点焊

电阻点焊主要用于焊接钢筋网片、钢筋骨架等（适用于直径6～14mm的HPB300级钢筋和直径3～5mm的冷拔低碳钢丝），它生产效率高，节约材料，应用广泛。

电阻点焊的工作原理如图4-20所示，将已除锈的钢筋交叉点放在点焊机的两电极间，使钢筋通电发热至一定温度后，加压使焊点金属焊合。常用点焊机有单点点焊机、多点点焊机和悬挂式点焊机，施工现场还可采用手提式点焊机。电阻点焊的主要工艺参数有电流强度、通电时间和电极压力。电流强度和通电时间一般均宜采用电流强度大，通电时间短的参数，电极压力则根据钢筋级别和直径选择。

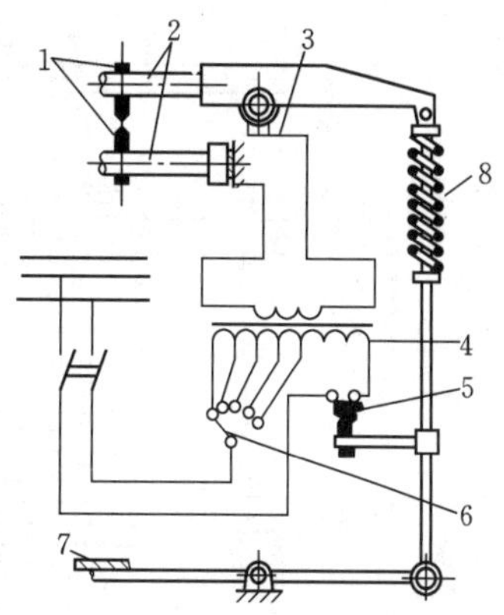

图 4-20　点焊机工作原理
1—电极；2—电极臂；3—变压器的次级线圈；4—变压器的初级线圈；5—断路器；6—变压器的调节开关；7—踏板；8—压紧机构

电阻点焊的焊点应进行外观检查和强度试验，热轧钢筋的焊点应进行抗剪试验。冷处理钢筋除进行抗剪试验外，还应进行抗拉试验。

点焊时，将表面清理好的钢筋叠合在一起，放在两个电极之间预压夹紧，使两根钢筋交接点紧密接触。当踏下脚踏板时，带动压紧机构使上电极压紧钢筋，同时断路器也接通电路，电流经变压器次级线圈引到电极，接触点处在极短的时间内产生大量的电阻热，使钢筋加热到熔化状态，在压力作用下两根钢筋交叉焊接在一起。当放松脚踏板时，电极松开，断路器随着杠杆下降，断开电路，点焊结束。

2. 电弧焊接

钢筋电弧焊是以焊条作为一极，钢筋为另一极，利用焊接电流通过产生的电弧热进行焊接的一种熔焊方法。电弧焊具有设备简单、操作灵活、成本低等特点，且焊接性能好，但工作条件差、效率低。它适用于构件厂内和施工现场焊接碳素钢、低合金结构钢、不锈钢、耐热钢和对铸铁的补焊，可在各种条件下进行各种位置的焊接。电弧焊又分手弧焊、埋弧压力焊等。

(1) 手弧焊。手弧焊是利用手工操纵焊条进行焊接的一种电弧焊。手弧焊用的焊机有交流弧焊机（焊接变压器）、直流弧焊机（焊接发电机）等。手弧焊用的焊机是一台额定电流 500A 以下的弧焊电源：交流变压器或直流发电机；辅助设备有焊钳、焊接电缆、面罩、敲渣锤、钢丝刷和焊条保温筒等。

电弧焊是利用弧焊机使焊条与焊件之间产生高温电弧，使焊条和电弧燃烧范围内的焊件熔化，待其凝固，便形成焊缝或接头。钢筋电弧焊可分搭接焊、帮条焊、坡口焊和熔槽帮条焊 4 种接头形式。下面介绍帮条焊、搭接焊和坡口焊，熔槽帮条焊及其他电弧焊接方法详见《钢筋焊接及验收规程》(JGJ 18—2012)。

1) 帮条焊接头。适用于焊接直径 10～40mm 的各级热轧钢筋。帮条宜采用与主筋同级别、同直径的钢筋制作，帮条长度见表 4-11。如帮条级别与主筋相同时，帮条的直径可比主筋直径小一个规格，如帮条直径与主筋相同时，帮条钢筋的级别可比主筋低一个级别。

4-7
廊道顶拱部位帮条焊接头
【图片】

表 4-11　　**钢筋帮条长度**

项次	钢筋级别	焊接形式	帮条长度
1	HPB300	单面焊	$>8d$
		双面焊	$>4d$

2) 搭接焊接头。只适用于焊接直径 10～40mm 的 HPB300 级钢筋。焊接时，宜采用双面焊，如图 4-21 所示。不能进行双面焊时，也可采用单面焊。搭接长度应与帮条长度相同。

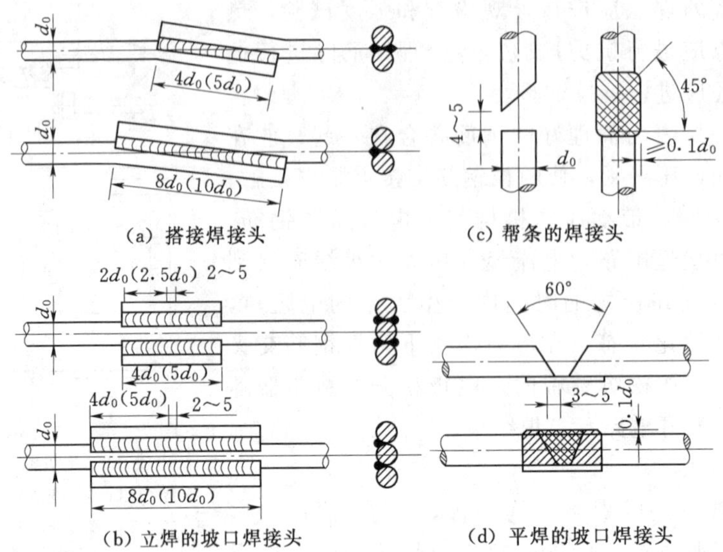

图 4-21 钢筋电弧焊的接头形式

钢筋帮条接头或搭接接头的焊缝厚度 h 应不小于 0.3 倍钢筋直径；焊缝宽度 b 不小于 0.7 倍钢筋直径，焊缝尺寸如图 4-22 所示。

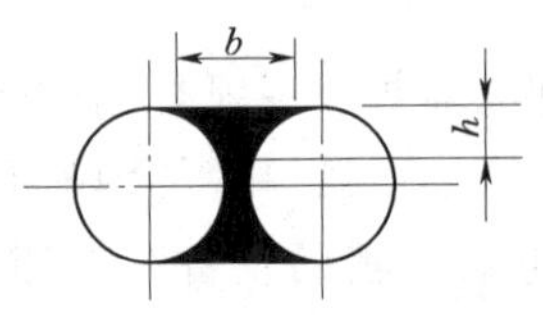

图 4-22 焊接尺寸示意图

b—焊接宽度；h—焊缝厚度

3）坡口焊接头。有平焊和立焊两种。这种接头帮条焊和搭接焊接头节约钢材，适用于在现场焊接装配整体式构件接头中直径 18～400mm 的各级热轧钢筋。

焊接电流的大小应根据钢筋直径和焊条的直径进行选择。

帮条焊、搭接焊和坡口焊的焊接接头，除应进行外观质量检查外，还需抽样作拉力试验。如对焊接质量有怀疑或发现异常情况，还应进行非破损方式（X 射线、γ 射线、超声波探伤等）检验。

（2）埋弧压力焊。埋弧压力焊是将钢筋与钢板安放成 T 形形状，利用焊接电流通过时在焊剂层下产生电弧，形成熔池，加压完成的一种压焊方法。它具有生产效率高、质量好等优点，适用于各种预埋件、T 形接头、钢筋与钢板的焊接。预埋件钢筋压力焊适用于热轧直径 6～25mm HPB300 级钢筋的焊接，钢板为普通碳素钢，厚度 6～20mm。

埋弧压力焊机主要由焊接电源（BX2-500、AX1-500）、焊接机构和控制系统（控制箱）3 部分组成。图 4-23 是由 BX2-500 型交流弧焊机作为电源的埋弧压力焊机的基本构造。其工作线圈（副线圈）分别接入活动电极（钢筋夹头）及固定电极（电磁吸铁盘）。焊机结构采用摇臂式，摇臂固定在立柱上，可左右回转活动；摇臂本身可前后移动，以使焊接时能取得所需要的工作位置。摇臂末端装有可上下移动的工作头，其下端是用导电材料制成的偏心夹头，夹头接工作线圈，成活动电极。工作平台上装有平面型电磁吸铁盘，拟焊钢板放置其上，接通电源，能被吸住而固定不动。

在埋弧压力焊时，钢筋与钢板之间引燃电弧之后，由于电弧作用使局部用材及部分焊剂熔化和蒸发，蒸发气体形成了一个空腔，空腔被熔化的焊剂所形成的熔渣包围，焊接电弧就在这个空腔内燃烧，在焊接电弧热的作用下，熔化的钢筋端部和钢板金属形成焊接熔池。待钢筋整个截面均匀加热到一定温度，将钢筋向下顶压，随即切断焊接电源，冷却凝固后形成焊接接头。

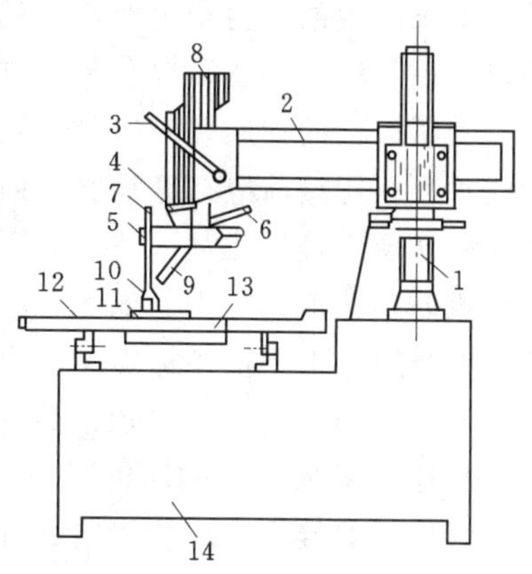

图 4－23　埋弧压力焊机

1—立柱；2—摇臂；3—压柄；4—工作头；5—钢筋夹头；6—手柄；7—钢筋；8—焊剂料箱；9—焊剂漏口；10—铁圈；11—预埋钢板；12—工作平台；13—焊剂储斗；14—机座

3. 气压焊接

气压焊接是利用氧气和乙炔，按一定比例混合燃烧的火焰，将被焊钢筋两端加热，使其达到热塑状态，经施加适当压力，使其接合的固相焊接法。钢筋气压焊适用于 14～40mm 热轧钢筋，也能进行不同直径钢筋间的焊接，还可用于钢轨焊接。被焊材料有碳素钢、低合金钢、不锈钢和耐热合金等。钢筋气压焊设备轻便，可进行水平、垂直、倾斜等全方位焊接，具有节省钢材、施工费用低廉等优点。

钢筋气压焊接机由供气装置（氧气瓶、溶解乙炔瓶等）、多嘴环管加热器、加压器（油泵、顶压油缸等）、焊接夹具及压接器等组成，如图 4－24 所示。

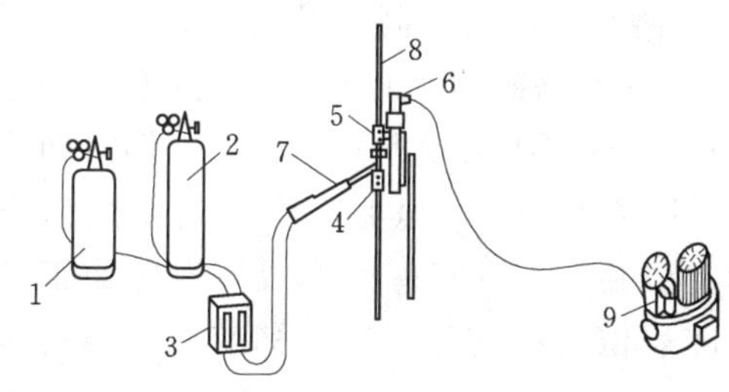

图 4－24　气压焊接设备示意图

1—乙炔；2—氧气；3—流量计；4—固定卡具；5—活动卡具；6—压节器；7—加热器与焊炬；8—被焊接的钢筋；9—电动油泵

气压焊接钢筋是利用乙炔和氧气的混合气体燃烧的高温火焰对已有初始压力的两根钢筋端面接合处加热，使钢筋端部产生塑性变形，并促使钢筋端面的金属原子互相扩散，当钢筋加热到约 1250～1350℃（相当于钢材熔点的 0.8～0.9 倍，此时钢筋加热部位呈橘黄色，有白亮闪光出现）时进行加压顶锻，使钢筋内的原子得以再结晶而焊接在一起。

钢筋气压焊接属于热压焊。在焊接加热过程中，加热温度为钢材熔点的 0.8～0.9 倍，钢材未呈熔化液态，且加热时间较短，钢筋的热输入量较少，所以不会出现钢筋材质劣化倾向。

加热系统中的加热能源是氧气和乙炔。系统中的流量计用来控制氧气和乙炔的输入量，焊接不同直径的钢筋要求不同的流量。加热器用来将氧气和乙炔混合后，从喷火嘴喷出火焰加热钢筋，要求火焰能均匀加热钢筋，有足够的温度和功率并且安全可靠。

加压系统中的压力源为电动油泵（或手动油泵），使加压顶锻时压力平稳。压接器是气压焊的主要设备之一，要求它能准确、方便地将两根钢筋固定在同一轴线上，并将油泵产生的压力均匀地传递给钢筋达到焊接的目的。施工时压接器需反复装拆，要求它重量轻、构造简单和装拆方便。

气压焊接的钢筋要用砂轮切割机断料，不能用钢筋切断机切断，要求端面与钢筋轴线垂直。焊接前应打磨钢筋端面，清除氧化层和污物，使之现出金属光泽，并立即喷涂一薄层焊接活化剂保护端面不再被氧化。

钢筋加热前先对钢筋施加 30～40MPa 的初始压力，使钢筋端面贴合。当加热到缝隙密合后，上下摆动加热器适当增大钢筋加热范围，促使钢筋端面金属原子互相渗透也便于加压顶锻。加压顶锻的压应力一般为 34～40MPa，使焊接部位产生塑性变形。直径小于 22mm 的筋可以一次顶锻成型，大直径钢筋可以进行二次顶锻。

气压焊的接头，应按规定的方法检查外观质量和进行拉力试验。

4. 电渣压力焊

现浇钢筋混凝土框架结构中竖向钢筋的连接，宜采用自动或手工电渣压力焊进行焊接（直径 14～40mm 的 HPB300 级钢筋）。与电弧焊比较，它工效高、节约钢材、成本低，在高层建筑施工中得到广泛应用。

钢筋电渣压力焊是将两根钢筋安放成竖向对接形式，利用焊接电流通过两钢筋端面间隙，在焊剂层下形成电弧过程和电渣过程，产生电弧热和电阻热，熔化钢筋，加压完成的一种焊接方法。钢筋电渣压力焊机操作方便，效率高，适用于竖向或斜向受力钢筋的连接，钢筋级别为 HPB300 级，直径为 14～40mm。电渣压力焊设备包括电源、控制箱、焊接夹具、焊剂盒。自动电渣压力焊的设备还包括控制系统及操作箱。焊接夹具如图 4－25 所示，焊接夹具应具有一定刚度，要求坚固、灵巧、上下钳口同心，上下钢筋的轴线应尽量一致。焊接时，先将钢筋端部约 120mm 范围内的钢筋除尽，将夹具夹牢在下部钢筋上，并将上部钢筋扶直夹牢于活动电极中，上下钢筋间放一小块导电剂（或钢丝小球），装上药盒，装满焊药，接通电路，用手炳使电弧引燃（引弧）。然后稳弧一定时间使之形成渣池并使钢筋熔化（稳弧），随着钢筋的熔化，用手柄使上部钢筋缓缓下送。稳弧时间的长短视电流、电压和钢筋直径而定。当稳弧达到规定时间后，在断电的同时用手柄进行加压顶锻以排除夹渣气泡，形成接头。待冷却一定时间后拆除药盒，回收焊药，拆除夹具和清除焊渣。引弧、稳弧、顶锻 3 个过程连续进行。

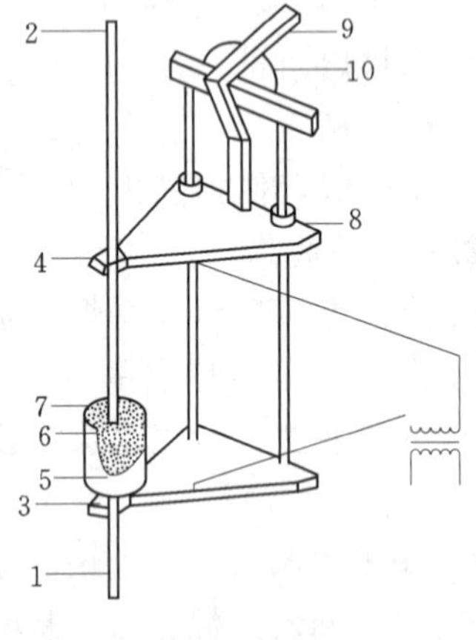

图 4－25　焊接夹具构造示意图
1—钢筋；2—活动电极；3—焊剂；4—导电焊剂；5—焊剂盒；6—固定电极；7—钢筋；8—标尺；9—操纵杆；10—变压器

4－8
电渣压力焊施工【视频】

电渣压力焊的接头，应按规范规定的方法检查外观质量和进行拉力试验。

二、钢筋机械连接

钢筋机械连接常用挤压连接和螺纹套管连接两种形式，是近年来大直径钢筋现场连接的主要方法。钢筋挤压连接也称为钢筋套筒冷压连接。它是将需连接的变形钢筋插入特制钢套筒内，利用液压驱动的挤压机进行径向或轴向挤压，使钢套筒产生塑性变形，使它紧紧咬住变形钢筋实现连接。钢筋套管螺纹连接有锥套管和直套管螺纹两种形式，目前常用直套管螺纹。

直螺纹钢筋连接是通过滚轮将钢筋端头部分压圆并一次性滚出螺纹和套筒通过螺纹连接形成的钢筋机械接头。

直螺纹钢筋连接工艺流程为：确定滚丝机位置→钢筋调直、切割机下料→丝头加工→丝头质量检查（套丝帽保护）→用机械扳手进行套筒与丝头连接→接头连接后质量检查→钢筋直螺纹接头送检。

4-9
镦粗直螺纹连接【图片】

4-10
钢筋冷挤压连接【视频】

钢筋丝头加工步骤如下：

（1）按钢筋规格所需的调整试棒调整好滚丝头内孔最小尺寸。

（2）按钢筋规格更换涨刀环，并按规定的丝头加工尺寸调整好剥肋直径尺寸。

（3）调整剥肋挡块及滚压行程开关位置，保证剥肋及滚压螺纹的长度符合丝头加工尺寸的规定。

三、绑扎接头

钢筋的接长、钢筋骨架或钢筋网的成型应优先采用焊接或机械连接，如果不能采用焊接（如缺乏电焊机或焊机功率不够）或骨架过大过重不便于运输安装时，可采用绑扎的方法。钢筋绑扎一般采用 20～22 号铁丝，铁丝过硬时，可经退火处理。绑扎时应注意钢筋位置是否准确，绑扎是否牢固，搭接长度及绑扎点位置是否符合规范要求。板和墙的钢筋网，除靠近外围两行钢筋的相交点全部扎牢外，中间部分的相交点可相隔交错扎牢，但必须保证受力钢筋不位移。双向受力的钢筋，须全部扎牢；梁和柱的箍筋，除设计有特殊要求时，应与受力钢筋垂直设置。箍筋弯钩叠合处，应沿受力钢筋方向错开设置；柱中的竖向钢筋搭接时，角部钢筋的弯钩应与模板成 45°（多边形柱为模板内角的平分角，圆形柱应与模板切线垂直）；弯钩与模扳的角度最小不得小于 15°。

当受力钢筋采用机械连接接头或焊接接头时，设置在同一构件内的接头宜相互错开。同一构件中相邻纵向受力钢筋的绑扎搭接接头宜相互错开。钢筋搭接处，应在中心和两端用铁丝扎牢。在受拉区域内，HPB300 级钢筋绑扎接头的末端应做弯钩。绑扎搭接接头中钢筋的横向净距不应小于钢筋直径，且不应小于 25mm；钢筋绑扎搭接接头连接区段的长度为 $1.3L_i$（L_i 为搭接长度），凡搭接接头中点位于该连接区段长度内的搭接接头均属于同一连接区段。同一连接区段内，纵向钢筋搭接接头面积百分率为该区段内有搭接接头的纵向受力钢筋截面面积与全部纵向受力钢筋截面面积的比值；同一连接区段内，纵向受拉钢筋搭接接头面积百分率应符合规范要求。

钢筋绑扎搭接长度按下列规定确定：

（1）纵向受力钢筋绑扎搭接接头面积百分率不大于 25%时，其最小搭接长度应符合的规定见表 4-12。

（2）当纵向受拉钢筋搭接接头面积百分率大于 25%，但不大于 50%时，其最小搭接长度应按表 4-12 中的数值乘以系数 1.2 取用；当接头面积百分率大于 50%时，应按表 4-12 中的数值乘以系数 1.35 取用。

表 4-12 纵向受拉钢筋的最小搭接长度

钢筋类型		混凝土强度等级			
		C15	C20～C25	C30～C35	≥C40
光圆钢筋	HPB300	45d	35d	30d	25d
带肋钢筋	HRB400	—	55d	40d	35d

注 两根直径不同钢筋的搭接长度，以较细钢筋的直径计算。

(3) 纵向受拉钢筋的最小搭接长度根据前述要求确定后，在下列情况时还应进行修正：①带肋钢筋的直径大于25mm时，其最小搭接长度应按相应数值乘以系数1.1取用；②对环氧树脂涂层的带肋钢筋，其最小搭接长度应按相应数值乘以系数1.25取用；③当在混凝土凝固过程中受力钢筋易受扰动时（如滑模施工），其最小搭接长度应按相应数值乘以系数1.1取用；④对末端采用机械锚固措施的带肋钢筋，其最小搭接长度可按相应数值乘以系数0.7取用；⑤当带肋钢筋的混凝土保护层厚度大于搭接钢筋直径的3倍且配有箍筋时，其最小搭接长度可按相应数值乘以系数0.8取用；⑥对有抗震设防要求的结构构件，其受力钢筋的最小搭接长度对一、二级抗震等级应按相应数值乘以系数1.15采用；⑦对三级抗震等级应按相应数值乘以系数1.05采用。

(4) 纵向受压钢筋搭接时，其最小搭接长度应根据上面的规定确定相应数值后，乘以系数0.7取用。

(5) 在任何情况下，受拉钢筋的搭接长度不应小于300mm，受压钢筋的搭接长度不应小于200mm。在梁、柱类构件的纵向受力钢筋搭接长度范围内，应按设计要求配置箍筋。

钢筋安装或现场绑扎应与模板安装相配合。柱钢筋现场绑扎时，一般在模板安装前进行；柱钢筋采用预制安装时，可先安装钢筋骨架，然后安装柱模板，或先安装三面模板，待钢筋骨架安装后，再钉第四面模板。梁的钢筋一般在梁横板安装后，再安装或绑扎；断面高度较大（大于600mm），或跨度较大、钢筋较密的大梁，可留一面侧模，待钢筋安装或绑扎完后再钉。楼板钢筋绑扎应在楼板模板安装后进行，并应按设计先画线，然后摆料、绑扎。

4-11
第四章第三节
测试题
【测试题】

钢筋保护层应按设计或规范的要求正确确定。控制保护层厚度要采用专业化压制设备和标准模具生产出的垫块，垫块应布置成梅花形，其相互间距不大于1m。上下双层钢筋之间的尺寸，可绑扎短钢筋或设置撑脚来控制。

第四节 钢筋的绑扎与安装

在建基面终验清理完毕或施工缝处理完毕后养护一定时间，待混凝土强度达到2.5MPa，即进行钢筋的绑扎与安装作业。

钢筋的安设方法有两种：一种是将钢筋骨架在加工厂制好，再运到现场安装，叫整装法；另一种是将加工好的散钢筋运到现场，再逐根安装，叫散装法。

一、准备工作

1. 熟悉施工图纸

通过熟悉图纸，一方面校核钢筋加工中是否有遗漏或误差；另一方面也可以检查图纸中是否存在与实际情况不符的地方，以便及时改正。

2. 核对钢筋加工配料单和料牌

在熟悉施工图纸的过程中，应核对钢筋加工配料单和料牌，并检查已加工成型的成品的规格、形状、数量、间距是否和图纸一致。

3. 确定安装顺序

钢筋绑扎与安装的主要工作内容包括：放样划线、排筋绑扎、垫撑铁和保护层垫块、检查校正及固定预埋件等。为保证工程顺利进行，在熟悉图纸的基础上，要考虑钢筋绑扎安装顺序。板类构件排筋顺序一般先排受力钢筋后排分布钢筋；梁类构件一般先摆纵筋（摆放有焊接接头和绑扎接头的钢筋应符合规定），再排箍筋，最后固定。

4. 作好材料、机具的准备

钢筋绑扎与安装的主要材料、机具包括：钢筋钩、吊线垂球、木水平尺、麻线、长钢尺、钢卷尺、扎丝、垫保护层用的砂浆垫块或塑料卡、撬杆、绑扎架等。对于结构较大或形状较复杂的构件，为了固定钢筋还需一些钢筋支架、钢筋支撑。

扎丝一般采用18～22号铁丝或镀锌铁丝，见表4-13。扎丝长度一般以钢筋钩拧2～3圈后，铁丝出头长度为20cm左右。

表4-13　绑扎用扎丝

钢筋直径/cm	<12	12～25	>25
铁丝型号	22号	20号	18号

混凝土保护层厚度，必须严格按设计要求控制。控制其厚度可用专业化压制设备和标准模具生产垫块工艺生产的水泥砂浆垫块或塑料卡。水泥砂浆垫块的厚度应等于保护层厚度；平面尺寸当保护层厚度等于或小于20mm时为30mm×30mm，大于20mm时为50mm×50mm。在垂直方向使用垫块，应在垫块中埋入两根20号或22号铁丝，用铁丝将垫块绑在钢筋上。

5. 放线

放线要从中心点开始向两边量距放点，定出纵向钢筋的位置。水平筋的放线可放在纵向钢筋或模板上。

4-12 隧洞洞钢筋安装【图片】

二、钢筋的绑扎

钢筋的绑扎应顺直均匀、位置正确。钢筋绑扎的操作方法有一面顺扣法、十字花扣法、反十字扣法、兜扣法、缠扣法、兜扣加缠法、套扣法等，较常用的是一面顺扣法，如图4-26所示。

一面顺扣法的操作步骤是：首先将已切断的扎丝在中间折合成180°弯，然后将扎丝清理整齐。绑扎时，执在左手的扎丝应靠近钢筋绑扎点的底部，右手拿住钢筋钩，

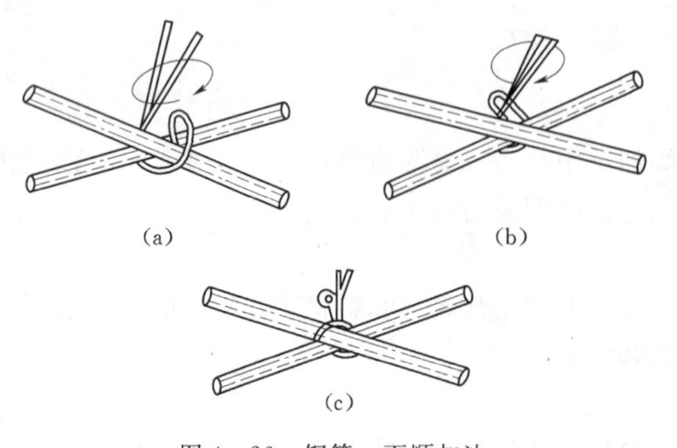

图 4-26 钢筋一面顺扣法

4-13
钢筋绑扎
【图片】

4-14
绑扎板筋施工
现场【视频】

食指压在钩前部，用钩尖端钩住扎丝底扣处，并紧靠扎丝开口端，绕扎丝拧转两圈套半，在绑扎时扎丝扣伸出钢筋底部要短，并用钩尖将铁丝扣紧。为使绑扎后的钢筋骨架不变形，每个绑扎点进扎丝扣的方向要求交替变换 90°。

为防止钢筋网（骨架）发生歪斜变形，相邻绑扎点的绑扣应采用八字形扎法，如图 4-27 所示。

目前有的工地采用了钢筋绑扎机，它是一种手持式电池类钢筋快速绑扎工具（图 4-28）。它是一种智能化工具，内置微控制器，能自动完成钢筋绑扎所有步骤，可广泛应用于建筑工程领域，代替人工绑扎钢筋。钢筋绑扎机主要由机体、专用线盘、电池盒和充电器四部分组成。目前按可以适应的范围分，主要有 24mm、40mm、65mm 等几个主要型号，可以绑扎的最大范围分别达到 24mm、40mm、65mm。该产品中的中小型号需要消耗 0.8mm 的镀锌铁丝，铁丝被绕在一个特制的线盘里面，线盘在装入机器里面就可以操作使用了。每卷铁丝大概长 95～100m。而机器根据型号或者设定的不同，可以绑扎 2 圈或者 3 圈，这样每卷线盘可以绑扎 150～270 个钢筋点数。

4-15
第四章第四节
测试题
【测试题】

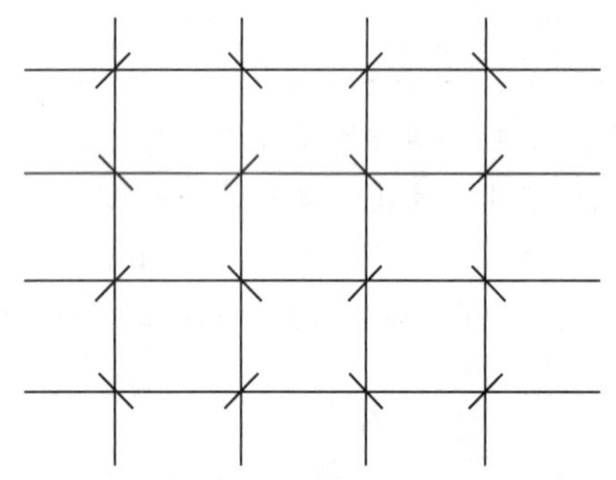
图 4-27 钢筋网绑扣扎法

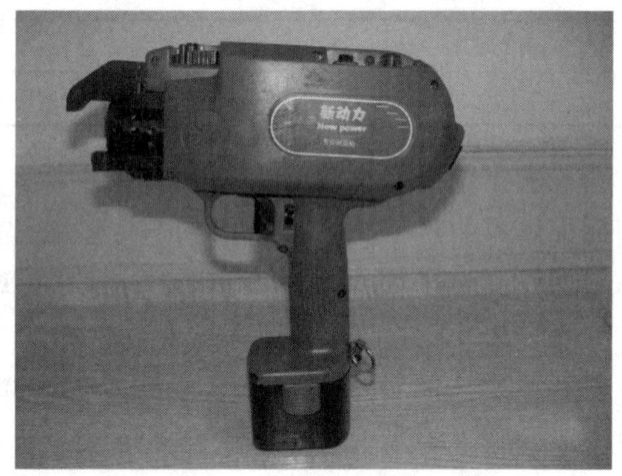

图 4-28 钢筋绑扎机

第五节 预 埋 铁 件

水工混凝土的预埋铁件主要有：锚固或支承的插筋、地脚螺栓、锚筋，为结构安装支撑用的支座，吊环、锚环等。

水工混凝土的预埋铁件主要有：锚固或支承的插筋、地脚螺栓、锚筋，为结构安装支撑用的支座，吊环、锚环等。

一、预埋插筋、地脚螺栓

预埋插筋、地脚螺栓均按设计要求埋设。常用的插筋埋设方法有三种，如图 4－29 所示。

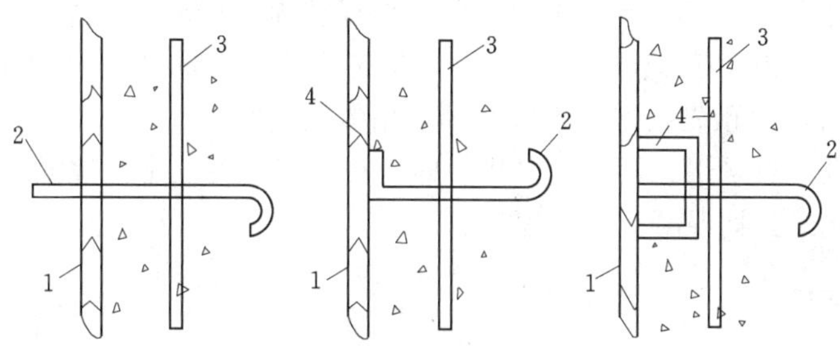

图 4－29　插筋埋设方法

1—模板；2—插筋；3—预埋木盒；4—固定钉

对于精度要求较高的地脚螺栓的埋设，常用的方法如图 4－30 所示。预埋螺栓时，可采用样板固定，并用黄油涂满螺牙，用薄膜或纸包裹。

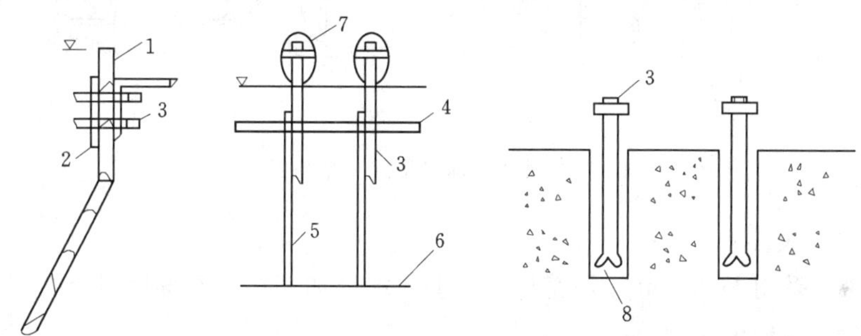

图 4－30　地脚螺栓的埋设方法

1—模板；2—垫板；3—地脚螺栓；4—结构钢筋；5—支撑钢筋；6—建筑缝；7—保护套；8—钻孔

4－16
预埋地脚螺栓
【图片】

二、预埋锚筋

1. 锚筋一般要求

基础锚筋通常采用 HPB300 级钢筋加工成锚筋，为提高锚固力，其端部均开叉加钢锲，钢筋直径一般不小于 25mm，不大于 32mm，多选用 28mm。锚筋锚固长度应满足设计要求。

2. 锚筋埋设要求和方法

(1) 锚筋的埋设要求钢筋与砂浆、砂浆与孔壁结合紧密，孔内砂浆应有足够的强度，以适应锚筋和孔壁岩石的强度。

(2) 锚筋埋设方法分先插筋后填砂浆和先灌满砂浆而后插筋两种。采用先插筋后填砂浆方法时，孔位与锚筋直径之差应大于 25mm；采用先灌满砂浆而后插筋法时，孔位与锚筋直径之差应大于15mm。

三、预埋梁支座

梁支座的埋设误差一般控制标准：支座面的平整度允许误差为±0.2mm，两端支座面高差允许误差为±5mm，平面位置允许误差为±10mm。

若支座面板面积大于25cm×25cm，应在支座上均匀布置2～6个排气（水）孔，孔径20mm左右，并预先钻好，不应在现场用氧气烧割。

支座的埋设一般采用二期施工方法，即先在一期混凝土中预埋插筋进行支座安装和固定，然后浇筑二期混凝土完成埋设。

四、预埋吊环

1. 吊环埋设形式

吊环的埋设形式根据构件的结构尺寸、重量等因素确定，如图4-31所示。

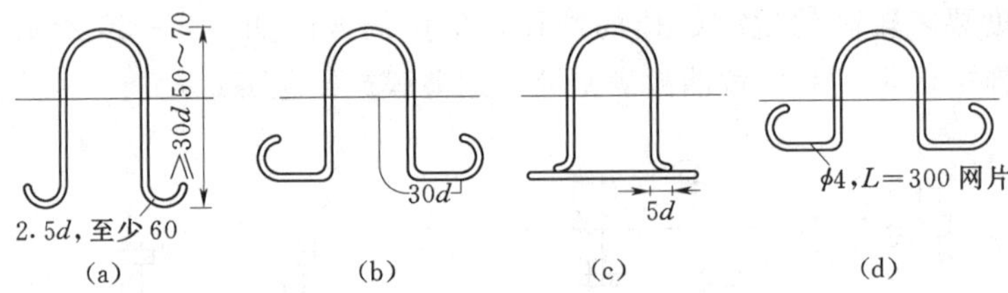

图4-31 吊环的埋设形式（单位：mm）

2. 吊环埋设要求

(1) 吊环采用HPB300级钢筋加工成型，端部加弯钩，不得使用冷处理钢筋，且尽量不用含碳量较多的钢筋。

(2) 吊环埋入部分表面不得有油漆、污物和浮锈。

(3) 吊环应居构件中间埋入，且不得歪斜。

(4) 露出的环圈不宜太高太矮，以保证卡环装拆方便为度，一般高度为15cm左右或按设计要求预留。

(5) 构件起吊强度应满足规范要求，否则不得使用吊环，在混凝土浇筑中和浇筑后凝固过程中，不得晃动或使吊环受力。

4-17
第四章第五节
测试题
【测试题】

第六节 钢筋施工安全技术

(1) 在高空绑扎和安装钢筋，须注意不要将钢筋集中堆放在模板或脚手架的某一部位，以保安全，特别是悬臂构件，更要检查支撑是否牢固。

(2) 在脚手架上不要随便放置工具、箍筋或短钢筋，避免这些物件放置不稳或其他原因滑落伤人。

(3) 在高空安装整装钢筋骨架或绑扎钢筋时，不允许站在模板或墙上操作，操作部位应搭设牢固的脚手架。

4－18
第四章第六节
测试题
【测试题】

(4) 应尽量避免在高空修整、扳弯钢筋。在不得已必须操作时，一定要带好安全带，选好位置，防止脱板造成人员摔倒。

(5) 绑扎筒式结构，不准踩在钢筋骨架上操作或上下踩动。

(6) 要注意在安装钢筋时不要碰撞电线，以免触电。

拓 展 讨 论

4－19
第四章测试题
【测试题】

党的二十大报告提出，坚持把发展经济的着力点放在实体经济上，推进新型工业化，加快建设制造强国、质量强国、航天强国、交通强国、网络强国、数字中国。实施产业基础再造工程和重大技术装备攻关工程，支持专精特新企业发展，推动制造业高端化、智能化、绿色化发展。

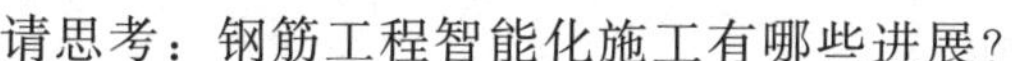

请思考：钢筋工程智能化施工有哪些进展？

复 习 思 考 题

1. 钢筋的验收包括哪些内容？
2. 钢筋下料长度应考虑哪几部分内容？
3. 钢筋配料包含哪几部分内容？
4. 钢筋配料应注意哪些内容？
5. 钢筋代换的基本原则有哪些？
6. 钢筋代换方法有几种？
7. 钢筋代换有哪些注意事项？
8. 钢筋为什么要除锈？
9. 钢筋除锈方式有几种？
10. 手工除锈有哪几种方式？
11. 操作除锈机时应注意哪些内容？
12. 钢筋为什么要调直？
13. 钢筋调直应符合哪些要求？
14. 如何对粗钢筋进行人工调直？
15. 机械调直可采用哪些机械？
16. 操作钢筋调直切断机应注意哪些内容？
17. 钢筋切断前应做好哪些准备工作？
18. 钢筋切断有哪几种方法？
19. 操作钢筋切断机应注意哪些内容？
20. 钢筋弯曲成型有几种方法？
21. 手工弯曲成型加工工具及装置主要有哪些？
22. 手工弯制作业的基本程序是怎样的？

23. 操作钢筋弯曲机应注意哪些内容?

24. 钢筋的接头连接分为几类?

25. 钢筋焊接有几种形式?

26. 什么叫钢筋点焊?点焊机由哪几部分组成?

27. 点焊时有哪些基本要求?

28. 什么叫钢筋电弧焊?它有哪些特点?

29. 电弧焊的工作原理是怎样的?

30. 手弧焊接作业应注意哪些内容?

31. 什么叫埋弧压力焊?它有哪些特点?

32. 什么叫气压焊接?它有哪些特点?

33. 气压焊接作业应注意哪些内容?

34. 什么叫电渣压力焊?它有哪些特点?

35. 电渣压力焊接作业应注意哪些内容?

36. 钢筋机械连接种类有哪些?每种连接有哪些基本要求?

37. 锥螺纹套筒连接钢筋作业的基本步骤是怎样的?

38. 钢筋的冷加工有哪几种形式?

39. 钢筋机械冷拉的方式有哪几种?

40. 冷拉钢筋作业应注意哪些内容?

41. 钢筋的安设方法有哪几种?

42. 钢筋的搭接有哪些要求?

43. 钢筋的现场绑扎的基本程序有哪些?

44. 钢筋绑扎的操作方法有哪些?其中最常用的方法是哪个?其操作步骤是怎样的?

45. 水工混凝土的预埋铁件主要有哪几种?

46. 预埋锚筋一般都有哪些技术要求?

47. 锚筋埋设有哪些要求?

48. 吊环埋设要求都有哪些要求?

49. 钢筋安装质量控制的基本内容有哪些?

50. 钢筋施工安全技术措施有哪些?

第五章　混 凝 土 工 程

第一节　普通混凝土的施工工艺

普通混凝土施工过程为：施工准备→混凝土的拌制→混凝土运输→混凝土浇筑→混凝土养护。

一、施工准备

混凝土施工准备工作的主要项目有：基础处理、施工缝处理、设置卸料入仓的辅助设备、模板和钢筋的架设、预埋件及观测设备的埋设、施工人员的组织、浇筑设备及其辅助设施的布置、浇筑前的检查验收等。

1. 基础处理

土基应先将开挖基础时预留下来的保护层挖除，并清除杂物，然后用碎石垫底，盖上湿砂，再进行压实，浇 8～12cm 厚素混凝土垫层。砂砾地基应清除杂物，整平基础面，并浇筑 10～20cm 厚素混凝土垫层。

对于岩基，一般要求清除到质地坚硬的新鲜岩面，然后进行整修。整修是用铁橇等工具去掉表面松软岩石、棱角和反坡，并用高压水冲洗，压缩空气吹扫。若岩面上有油污、灰浆及其黏结的杂物，还应采用钢丝刷反复刷洗，直至岩面清洁为止。清洗后的岩基在混凝土浇筑前应保持洁净和湿润。

当有地下水时，要认真处理，否则会影响混凝土的质量。处理方法是：做截水墙，拦截渗水，引入集水井排出；对基岩进行必要的固结灌浆，以封堵裂缝，阻止渗水；沿周边打排水孔，导出地下水，在浇筑混凝土时埋管，用水泵抽出孔内积水，直至混凝土初凝，7d 后灌浆封孔；将底层砂浆和混凝土的水灰比适当降低。

2. 施工缝处理

施工缝是指浇筑块之间新老混凝土之间的结合面。为了保证建筑物的整体性，在新混凝土浇筑前，必须将老混凝土表面的水泥膜（又称乳皮）清除干净，并使其表面新鲜整洁、有石子半露的麻面，以利于新老混凝土的紧密结合。但对于要进行接缝灌浆处理的纵缝面，可不凿毛，只需冲洗干净即可。

施工缝的处理方法有以下几种：

（1）风砂枪喷毛。将经过筛选的粗砂和水装入密封的砂箱，并通入压缩空气。高压空气混合水砂，经喷砂喷出，把混凝土表面喷毛。一般在混凝土浇后 24～48h 开始喷毛，视气温和混凝土强度增长情况而定。如能在混凝土表层喷洒缓凝剂，则可减少喷毛的难度。

(2) 高压水冲毛。在混凝土凝结后但尚未完全硬化以前，用高压水（压力0.1～0.25MPa）冲刷混凝土表面，形成毛面，对龄期稍长的可用压力更高的水（压力0.4～0.6MPa），有时配以钢丝刷刷毛。高压水冲毛关键是掌握冲毛时机，过早会使混凝土表面松散和冲去表面混凝土；过迟则混凝土变硬，不仅增加工作困难，而且不能保证质量。一般春秋季节，在浇筑完毕后10～16h开始，夏季掌握在6～10h，冬季则在18～24h后进行。如在新浇混凝土表面洒刷缓凝剂，则延长冲毛时间。

5-1 高压水冲毛【视频】

(3) 刷毛机刷毛。在大而平坦的仓面上，可用刷毛机刷毛，它装有旋转的粗钢丝刷和吸收浮渣的装置，利用粗钢丝刷的旋转刷毛并利用吸渣装置吸收浮渣。

5-2 施工缝刷毛处理【图片】

喷毛、冲毛和刷毛适用于尚未完全凝固混凝土水平缝面的处理。全部处理完后，需用高压水清洗干净，要求缝面无尘无渣，然后再盖上麻袋或草袋进行养护。

(4) 风镐凿毛或人工凿毛。已经凝固的混凝土利用风镐凿毛或石工工具凿毛，凿深一般为1～2cm，然后用压力水冲净。凿毛多用于垂直缝。

5-3 风镐凿毛【视频】

仓面清扫应在即将浇筑前进行，以清除施工缝上的垃圾、浮渣和灰尘，并用压力水冲洗干净。

3. 仓面准备

浇筑仓面的准备工作，包括机具设备、劳动组合、照明、风水电供应、所需混凝土原材料的准备等，应事先安排就绪，仓面施工的脚手架、工作平台、安全网、安全标识等应检查是否牢固，电源开关、动力线路是否符合安全规定。

5-4 手工凿毛【视频】

仓位的浇筑高程、上升速度、特殊部位的浇筑方法和质量要求等技术问题，须事先进行技术交底。

地基或施工缝处理完毕并养护一定时间，已浇好的混凝土强度达到2.5MPa后，即可在仓面进行放线，安装模板、钢筋和预埋件，架设脚手等作业。

5-5 仓面冲洗【图片】

4. 模板、钢筋及预埋件检查

开仓浇筑前，必须按照设计图纸和施工规范的要求，对仓面安设的模板、钢筋及预埋件进行全面检查验收，签发合格证。

(1) 模板检查。主要检查模板的架立位置与尺寸是否准确，模板及其支架是否牢固稳定，固定模板用的拉条是否弯曲等。模板板面要求洁净、密缝并涂刷脱模剂。

(2) 钢筋检查。主要检查钢筋的数量、规格、间距、保护层、接头位置与搭接长度是否符合设计要求。要求焊接或绑扎接头必须牢固，安装后的钢筋网应有足够的刚度和稳定性，钢筋表面应清洁。

(3) 预埋件检查。对预埋管道、止水片、止浆片、预埋铁件、冷却水管和预埋观测仪器等，主要检查其数量、安装位置和牢固程度。

二、混凝土的拌制

混凝土拌制是指按照混凝土配合比设计要求，将其各组成材料（砂、石、水泥、水、外加剂及掺合料等）拌和成均匀的混凝土料，以满足浇筑的需要。

混凝土制备的过程包括储料、供料、配料和拌和。其中配料和拌和是主要生产环节，也是质量控制的关键，要求品种无误、配料准确、拌和充分。

(一) 混凝土配料

配料是按设计要求，称量每次拌和混凝土的材料用量。配料的精度直接影响混凝土质量。混凝土配料要求采用重量配料法，即将砂、石、水泥、掺合料按重量计量，水和外加剂溶液按重量折算成体积计量。施工规范对配料精度（按重量百分比计）的要求是：水泥、掺合料、水、外加剂溶液为±1%，砂石料为±2%。

设计配合比中的加水量根据水灰比计算确定，并以饱和面干状态的砂子为标准。由于水灰比对混凝土强度和耐久性影响极为重大，绝不能任意变更；施工采用的砂子，其含水量又往往较高，在配料时采用的加水量，应扣除砂子表面含水量及外加剂中的水量。

1. 给料设备

给料是将混凝土各组分从料仓按要求供到称料料斗。给料设备的工作机构常与称量设备相连，当需要给料时，控制电路开通，进行给料。当计量达到要求时，即断电停止给料。常用的给料设备见表5-1。

表5-1　常用给料设备

序号	名称	特点	适宜给料对象
1	皮带给料机	运行稳定、无噪声、磨损小、使用寿命长、精度较高	砂
2	给料闸门	结构简单、操作方便、误差较大，可手控、气控、电磁控制	砂、石
3	电磁振动给料机	给料均匀，可调整给料量，误差较大、噪声较大	砂、石
4	叶轮给料机	运行稳定、无噪声、称料准确，可调给料量，满足粗、精称量要求	水泥、混合材料
5	螺旋给料机	运行稳定、给料距离灵活、工艺布置方便，但精度不高	水泥、混合材料

2. 混凝土称量

混凝土配料称量的设备，有简易称量（地磅）、电动磅秤、自动配料杠杆秤、电子秤、配水箱及定量水表。

(1) 简易称量。当混凝土拌制量不大时，可采用简易称量方式，如图5-1所示。地磅称量，是将地磅安装在地槽内，用手推车装运材料推到地磅上进行称量。这种方法最简便，但称量速度较慢。台秤称量需配置称料斗、储料斗等辅助设备。称料斗安装在台秤上，骨料能由储料斗迅速落入，故称量时间较快，但储料斗承受骨料的重量大，结构较复杂。储料斗的进料可采用皮带机、卷扬机等提升设备。

(2) 电动磅秤。电动磅秤是简单的自控计量装置，每种材料用一台装置，如图5-2所示。给料设备下料至主称料斗，达到要求重量后即断电停止供料，称料斗内材料卸至皮带机送至集料斗。

(3) 自动配料杠杆秤。自动配料杠杆秤带有配料装置和自动控制装置，如图5-3所示。自动化水平高，可作砂、石的称量，精度较高。

(4) 电子秤。电子秤是通过传感器承受材料重力拉伸，输出电信号在标尺上指出荷重的大小，当指针与预先给定数据的电接触点接通时，即断电停止给料，同时继电器动作，称料斗斗门打开向集料斗供料，电子秤传感装置如图5-4所示，电子秤测

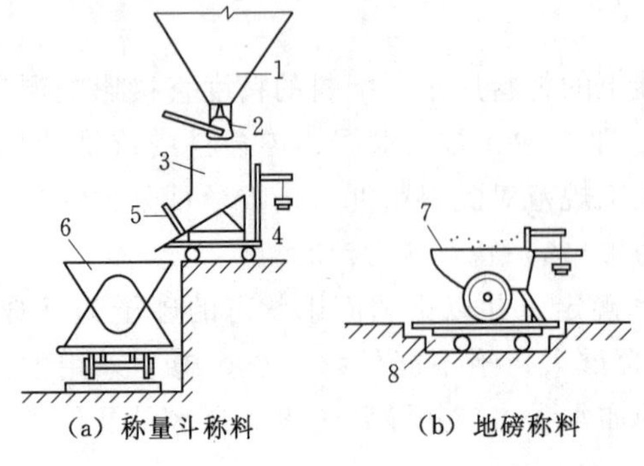

(a) 称量斗称料　　(b) 地磅称料

图 5-1　简易称料装置

1—储料斗；2—弧形门；3—称料斗；4—台秤；5—卸料门；6—斗车；7—手推车；8—地槽

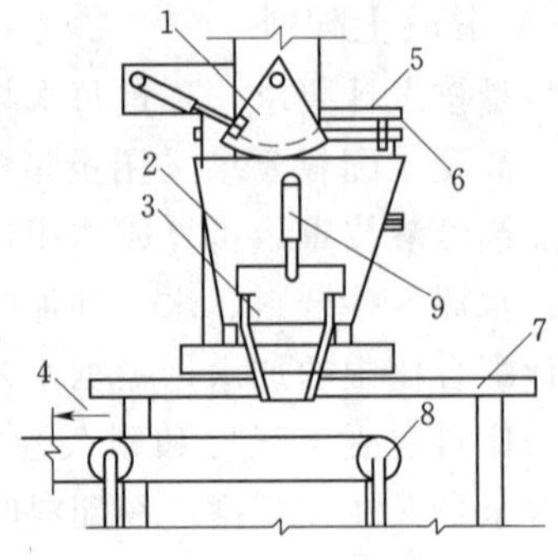

图 5-2　电动磅秤

1—扇形给料器；2—称料斗；3—出料口；4—送至骨料斗；5—磅秤；6—电源闭路按钮；7—支架；8—水平胶带；9—液压或气动开关

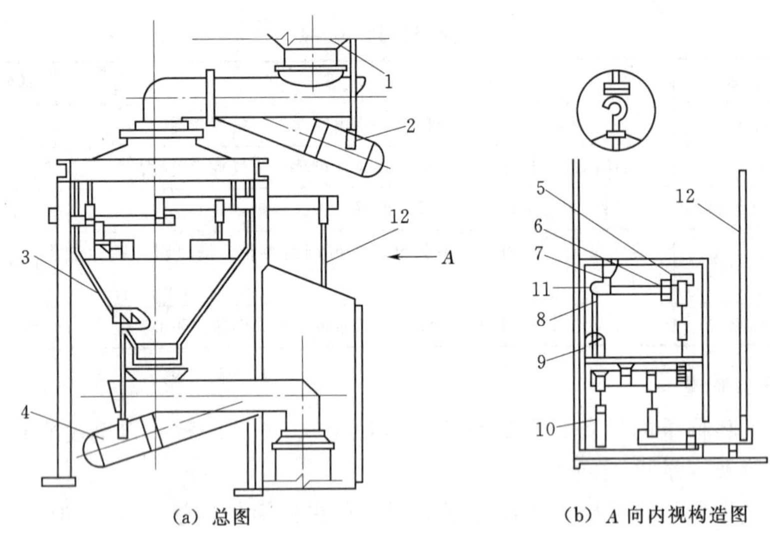

(a) 总图　　(b) A 向内视构造图

图 5-3　自动配料杠杆秤

1—储料斗；2、4—电磁振动给料器；3—称料斗；5—调整游锤；6—游锤；7—接触棒；8—重锤托盘；9—附加重锤（构造如小圆圈）；10—配重；11—标尺；12—传重拉杆

量原理如图 5-5 所示。

(5) 配水箱及定量水表。水和外加剂溶液可用配水箱和定量水表计量。配水箱是搅拌机的附属设备，可利用配水箱的浮球刻度尺控制水或外加剂溶液的投放量。定量水表常用于大型搅拌楼，使用时将指针拨至每盘搅拌用水量刻度上，按电钮即可送水，指针也随进水量回移，至零位时电磁阀即断开停水。此后，指针能自动复位至设定的位置。

称量设备一般要求精度较高，而其所处的环境粉尘较大，因此应经常检查调整，及时清除粉尘。一般要求每班检查一次称量精度。

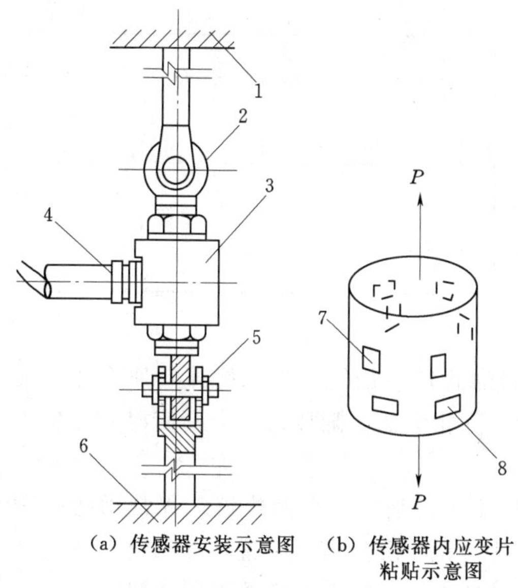

(a) 传感器安装示意图　(b) 传感器内应变片粘贴示意图

图 5-4　电子秤传感装置

1—储料仓支架；2—球铰；3—传感器；4—电缆；5—连接装置；6—称量斗；7—竖贴应变片；8—横贴应变片

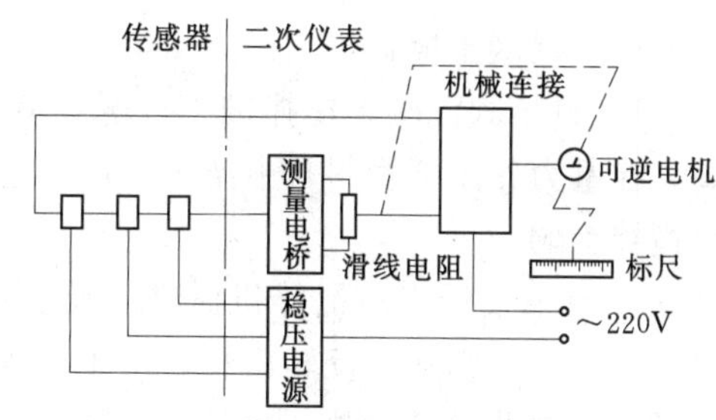

图 5-5　电子秤测量原理图

以上给料设备、称量设备、卸料装置一般通过继电器联锁动作，实行自动控制。

(二) 混凝土拌和

混凝土拌和的方法有人工拌和与机械拌和两种。

1. 人工拌和

人工拌和是在一块钢板上进行，先倒入砂子，后倒入水泥，用铁锹反复干拌至少 3 遍，直到颜色均匀为止。然后在中间扒一个坑，倒入石子和 2/3 的定量水，翻拌 1 遍。再进行翻拌（至少 2 遍），其余 1/3 的定量水随拌随洒，拌至颜色一致，石子全部被砂浆包裹，石子与砂浆没有分离、泌水与不均匀现象为止。人工拌和劳动强度大、混凝土质量不容易保证，拌和时不得任意加水。人工拌和只适宜于施工条件困难、工作量小且强度不高的混凝土。

2. 机械拌和

用拌和机拌和混凝土较广泛，能提高拌和质量和生产率。拌和机械有自落式和强制式两种。其类型见表 5-2。

表 5-2　　混凝土搅拌机的型号

形　式		代号：组	代号：型
自落式	锥形反转出料	J	Z
	锥形倾翻出料	J	F

续表

形式		代号	
		组	型
强制式	涡桨	J	W
	行星	J	X
	单卧轴	J	D
	双卧轴	J	S

(1) 混凝土搅拌机。

1) 自落式混凝土搅拌机。自落式搅拌机通过筒身旋转，带动搅拌叶片将物料提高，在重力作用下物料自由坠下，反复进行，互相穿插、翻拌、混合，使混凝土各组分搅拌均匀。

a. 锥形反转出料搅拌机。锥形反转出料搅拌机是中、小型建筑工程常用的一种搅拌机，正转搅拌，反转出料。由于搅拌叶片呈正、反向交叉布置，拌和料一方面被提升后靠自落进行搅拌，另一方面又被迫沿轴向作左右窜动，搅拌作用强烈。

图 5-6 为锥形反转出料搅拌机外形。它主要由上料装置、搅拌筒、传动机构、配水系统和电气控制系统等组成。图 5-7 为搅拌筒示意图，当混合料拌好以后，可通过按钮直接改变搅拌筒的旋转方向，拌和料即可经出料叶片排出。

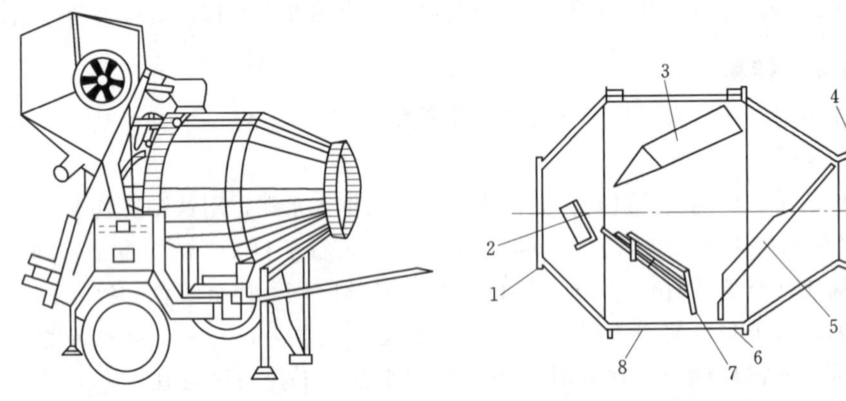

图 5-6 锥形反转出料搅拌机外形图

图 5-7 锥形反转出料搅拌机的搅拌筒

1—进料口；2—挡料叶片；3—主搅拌叶片；4—出料口；5—出料叶片；6—滚道；7—副叶片；8—搅拌筒身

b. 双锥形倾翻出料搅拌机。双锥形倾翻出料搅拌机进出料在同一口，出料时由气动倾翻装置使搅拌筒下旋 50°～60°，即可将物料卸出，如图 5-8 所示。双锥形倾翻出料搅拌机卸料迅速，拌筒容积利用系数高，拌和物的提升速度低，物料在拌筒内靠滚动自落而搅拌均匀，能耗低，磨损小，能搅拌大粒径骨料混凝土。它主要用于大体积混凝土工程。

2) 强制式混凝土搅拌机。强制式混凝土搅拌机一般筒身固定，搅拌机片旋转，对物料施加剪切、挤压、翻滚、滑动、混合，使混凝土各组分搅拌均匀。

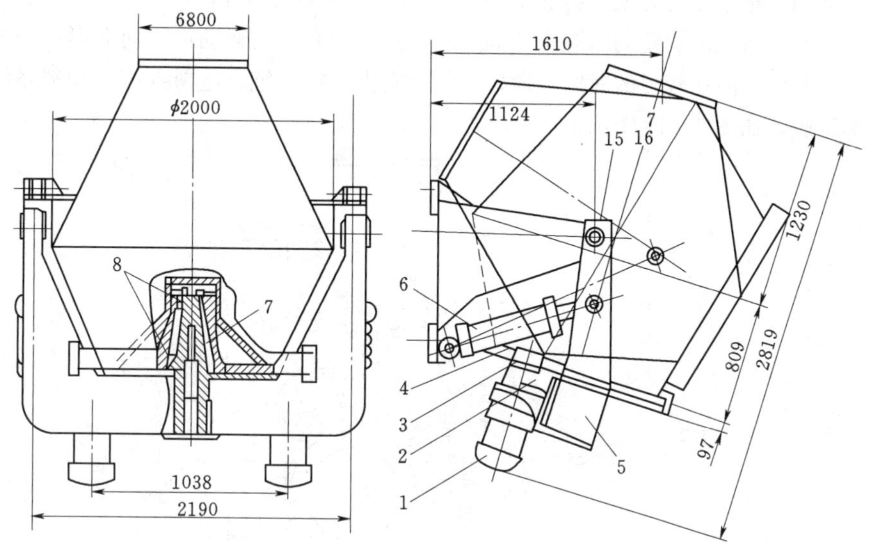

图 5-8　双锥形搅拌机结构示意图（单位：mm）

1—电机；2—行星摆线减速器；3—小齿轮；4—倾翻机架；5—机架；6—倾翻气缸；7—锥行轴；8—单列圆锥滚柱轴承

a. 涡浆强制式搅拌机。涡浆强制式搅拌机是在圆盘搅拌筒中装一根回转轴，轴上装有拌和铲和刮板，随轴一同旋转，如图 5-9 所示。它用旋转着的叶片，将装在搅拌筒内的物料强行搅拌使之均匀。涡浆强制式搅拌机由动力传动系统、上料和卸料装置、搅拌系统、操纵机构和机架等组成。

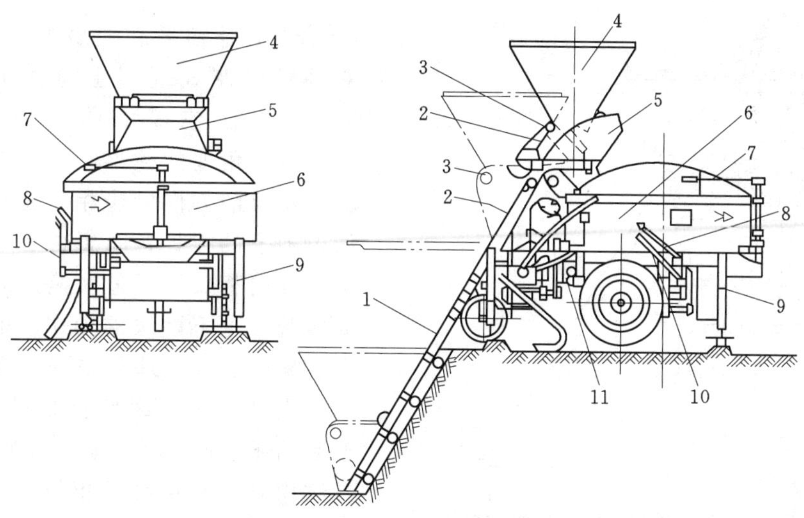

图 5-9　涡浆强制式搅拌机

1—上料轨道；2—上料斗底坐；3—铰链轴；4—上料斗；5—进料口；6—搅拌筒；7—卸料手柄；8—料斗下降手柄；9—撑脚；10—上料手柄；11—给水手柄

b. 单卧轴强制式混凝土搅拌机。单卧轴强制式混凝土搅拌机的搅拌轴上装有两组叶片，两组推料方向相反，使物料既有圆周方向运动，也有轴向运动，因而能形成强烈的物料对流，使混合料能在较短的时间内搅拌均匀。它由搅拌系统、进料系统、卸料系统和供水系统等组成，如图 5－10 所示。

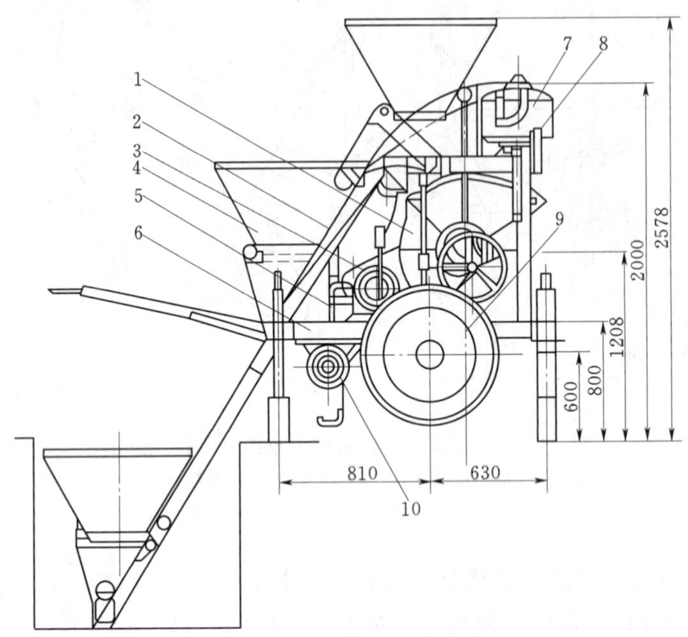

图 5－10　单卧轴强制式搅拌机（单位：mm）

1—搅拌装置；2—上料架；3—料斗操纵手柄；4—料斗；5—水泵；6—底盘；7—水箱；8—供水装置操作手柄；9—车轮；10—传动装置

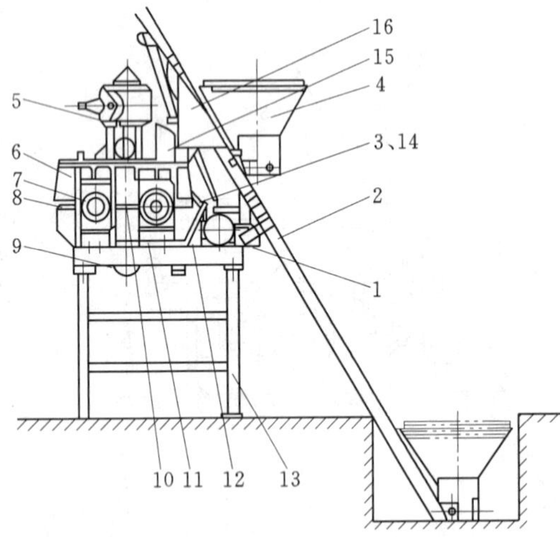

图 5－11　双卧轴强制式混凝土搅拌机

1—上料传动装置；2—上料架；3—搅拌驱动装置；4—料斗；5—水箱；6—搅拌筒；7—搅拌装置；8—供油器；9—卸料装置；10—三通阀；11—操纵杆；12—水泵；13—支承架；14—罩盖；15—受料斗；16—电气箱

c. 双卧轴强制式混凝土搅拌机。双卧轴强制式混凝土搅拌机，如图 5－11 所示。它有两根搅拌轴，轴上布置有不同角度的搅拌叶片，工作时两轴按相反的方向同步相对旋转。由于两根轴上的搅拌铲布置位置不同，螺旋线方向相反，于是被搅拌的物料在筒内既有上下翻滚的动作，也有沿轴向的来回运动，从而增强了混合料运动的剧烈程度，因此搅拌效果更好。双卧轴强制式混凝土搅拌机为固定式，其结构基本与单卧式相似。它由搅拌系统、进料系统、卸料系统和供水系统等组成。

（2）混凝土搅拌机的使用。

1）混凝土搅拌机的运输与安装。

a. 搅拌机的运输。搅拌机运输时，应将进料斗提升到上止点，并用保险铁链锁住。轮胎式搅拌机的搬运可用机动车拖行，但其拖行速度不得超过15km/h。如在不平的道路上行驶，速度还应降低。

b. 搅拌机的安装。按施工组织设计确定的搅拌机安放位置，根据施工季节情况搭设搅拌机工作棚，棚外应挖有排除清洗搅拌机废水的排水沟，能保持操作场地的整洁。

固定式搅拌机应安装在牢固的台座上。当长期使用时，应埋置地脚螺栓；如短期使用，可在机座下铺设木枕并找平放稳。

轮胎式搅拌机应安装在坚实平整的地面上，全机重量应由四个撑脚负担而使轮胎不受力，否则机架在长期荷载作用下会发生变形，造成联结件扭曲或传动件接触不良而缩短搅拌机使用寿命。当搅拌机长期使用时，为防止轮胎老化和腐蚀，应将轮胎卸下另行保管。机架应以枕木垫起支牢，进料口一端抬高3～5cm，以适应上料时短时间内所造成的偏重。轮轴端部用油布包好，以防止灰土泥水侵蚀。

某些类型的搅拌机须在上料斗的最低点挖上料地坑，上料轨道应伸入坑内，斗口与地面齐平，斗底与地面之间加一层缓冲垫木，料斗上升时靠滚轮在轨道中运行，并由斗底向搅拌筒中卸料。

按搅拌机产品说明书的要求进行安装调试，检查机械部分、电气部分、气动控制部分等是否能正常工作。

2）搅拌机的使用。

a. 搅拌机使用前的检查。搅拌机使用前应按照“十字作业法”（清洁、润滑、调整、紧固、防腐）的要求检查离合器、制动器、钢丝绳等各个系统和部位是否机件齐全、机构灵活、运转正常，搅拌机正常运转的技术条件见表5-3，混凝土搅拌前对设备的检查见表5-4，并按规定位置加注润滑油脂。检查电源电压，电压升降幅度不得超过搅拌电气设备规定的5%。随后进行空转检查，检查搅拌机旋转方向是否与机身箭头一致，空车运转是否达到要求值。供水系统的水压、水量满足要求。在确认以上情况正常后，搅拌筒内加清水搅拌3min然后将水放出，再可投料搅拌。

表5-3　　搅拌机正常运转的技术条件

序号	项目	技术条件
1	安装	撑脚应均匀受力，轮胎应架空。如预计使用时间较长时，可改用枕木或砌体支承。固定式的搅拌机，应安装在固定基础上，安装时按规定找平
2	供水	放水时间应小于搅拌时间全程的50%
3	上料系统	1. 料斗载重时，卷扬机能在任何位置上可靠地制动； 2. 料斗及溜槽无材料滞留； 3. 料斗滚轮与上料轨道密合，行走顺畅； 4. 上止点有限位开关及挡车； 5. 钢丝绳无破损，表面有润滑脂
4	搅拌系统	1. 传动系统运转灵活，无异常音响，轴承不发热； 2. 液压部件及减速箱不漏油； 3. 鼓筒、出浆门、搅拌轴轴端，不得有明显的漏浆； 4. 搅拌筒内、搅拌叶无浆渣堆积； 5. 经常检查配水系统

续表

序号	项目	技术条件
5	出浆系统	每拌出浆的残留量不大于出料容量的5%
6	紧固件	完整、齐全、不松动
7	电路	线头搭接紧密，有接地装置、漏电开关

表5-4　　混凝土搅拌前对设备的检查

序号	设备名称	检查项目
1	送料装置	1. 散装水泥管道及气动吹送装置； 2. 送料拉铲、皮带、链斗、抓斗及其配件； 3. 上述设备间的相互配合
2	计量装置	1. 水泥、砂、石子、水、外加剂等计量装置的灵活性和准确性； 2. 称量设备有无阻塞； 3. 盛料容器是否黏附残渣，卸料后有无滞留； 4. 下料时冲量的调整
3	搅拌机	1. 进料系统和卸料系统的顺畅性； 2. 传动系统是否紧凑； 3. 筒体内有无积浆残渣，衬板是否完整； 4. 搅拌叶片的完整和牢靠程度

b. 开盘操作。在完成上述检查工作后，即可进行开盘搅拌，为不改变混凝土设计配合比，补偿黏附在筒壁、叶片上的砂浆，第一盘应减少石子约30%，或多加水泥、砂各15%。

c. 正常运转。

(a) 投料顺序。普通混凝土一般采用一次投料法或两次投料法。一次投料法是按砂（石子）、水泥、石子（砂）的次序投料，并在搅拌的同时加入全部拌和水进行搅拌；二次投料法是先将石子投入拌和筒并加入部分拌和用水进行搅拌，清除前一盘拌和料黏附在筒壁上的残余，然后再将砂、水泥及剩余的拌和用水投入搅拌筒内继续拌和。

(b) 搅拌时间。混凝土搅拌质量直接和搅拌时间有关，搅拌时间应满足表5-5的要求。

表5-5　　混凝土搅拌的最短时间

拌和机容量 Q/m^3	最大骨料粒径 /mm	最少拌和时间/s	
		自落式拌和机	强制式拌和机
$0.75 \leqslant Q \leqslant 1$	80	90	60
$1 < Q \leqslant 3$	150	120	75
$Q > 3$	150	150	90

注　1. 入机拌和量在拌和机额定容量的110%以内。

2. 掺加掺合料、外加剂和加冰时建议延长拌和时间，出机口的混凝土拌和物中不要有冰块。

3. 掺纤维、硅粉的混凝土其拌和时间根据试验确定。

(c) 操作要点。搅拌机操作要点见表 5-6。

表 5-6 搅拌机操作要点

序号	项目	操作要点
1	进料	1. 应防止砂、石落入运转机构； 2. 进料容量不得超载； 3. 进料时避免水泥先进，避免水泥黏结机体
2	运行	1. 注意声响，如有异常，应立即检查； 2. 运行中经常检查紧固件及搅拌叶，防止松动或变形
3	安全	1. 上料斗升降区严禁任何人通过或停留。检修或清理该场地时，用链条或锁闩将上料斗扣牢； 2. 进料手柄在非工作时或工作人员暂时离开时，必须用保险环扣紧； 3. 出浆时操作人员应手不离开操作手柄，防止手柄自动回弹伤人（强制式机更要重视）； 4. 出浆后，上料前，应将出浆手柄用安全钩扣牢，方可上料搅拌； 5. 停机下班，应将电源拉断，关好开关箱； 6. 冬季施工下班，应将水箱、管道内的存水排清
4	停电或机械故障	1. 快硬、早强、高强混凝土，及时将机内拌和物掏清； 2. 普通混凝土，在停拌 45min 内将拌和物掏清； 3. 缓凝混凝土，根据缓凝时间，在初凝前将拌和物掏清； 4. 掏料时，应将电源拉断，防止突然来电

(d) 搅拌质量检查。混凝土拌和物的搅拌质量应经常检查，混凝土拌和物颜色均匀一致，无明显的砂粒、砂团及水泥团，石子完全被砂浆所包裹，说明其搅拌质量较好。

d. 停机。每班作业后应对搅拌机进行全面清洗，并在搅拌筒内放入清水及石子运转 10～15min 后放出，再用竹扫帚洗刷外壁。搅拌筒内不得有积水，以免筒壁及叶片生锈，如遇冰冻季节应放尽水箱及水泵中的存水，以防冻裂。

每天工作完毕后，搅拌机料斗应放至最低位置，不准悬于半空。电源必须切断，锁好电闸箱，保证各机构处于空位。

3. 混凝土拌和站（楼）

在混凝土施工工地，通常把骨料堆场、水泥仓库、配料装置、拌和机及运输设备等比较集中地布置，组成混凝土拌和站，或采用成套的混凝土工厂（拌和楼）来制备混凝土。

三、混凝土运输

混凝土运输是整个混凝土施工中的一个重要环节，对工程质量和施工进度影响较大。由于混凝土料拌和后不能久存，而且在运输过程中对外界的影响敏感，运输方法不当或疏忽大意，都会降低混凝土质量，甚至造成废品。如供料不及时或混凝土品种错误，正在浇筑的施工部位将不能顺利进行。因此要解决好混凝土拌和、浇筑、水平运输和垂直运输之间的协调配合问题，还必须采取适当的措施，保证运输混凝土的质量。

混凝土料在运输过程中应满足下列基本要求：

（1）运输设备应不吸水、不漏浆，运输过程中不发生混凝土拌和物分离、严重泌水及过多降低坍落度。

（2）同时运输两种以上强度等级的混凝土时，应在运输设备上设置标志，以免混淆。

（3）混凝土浇筑应保持连续性，尽量缩短运输时间、减少转运次数。混凝土浇筑允许间歇时间应通过试验确定，无试验资料时可按表 5－7 控制。因故中断且超过允许间歇时间，但混凝土尚能重塑者，可继续浇筑，否则应按施工缝处理。

表 5－7　　混凝土浇筑允许间歇时间

混凝土浇筑时的气温/℃	允许间歇时间/min	
	普通硅酸盐水泥、中热硅酸盐水泥、硅酸盐水泥	低热矿渣硅酸盐水泥、矿渣硅酸盐水泥、火山灰质硅酸盐水泥
20～30	90	120
10～20	135	180
5～10	195	—

（4）运输道路基本平坦，避免拌和物振动、离析、分层。

（5）混凝土运输工具及浇筑地点，必要时应有遮盖或保温设施，以避免因日晒、雨淋、受冻而影响混凝土的质量。

（6）混凝土拌和物自由下落高度以不大于 2m 为宜，超过此界限时应采用缓降措施。

（一）混凝土运输方式

混凝土运输包括两个运输过程：一是从拌和机前到浇筑仓前，主要是水平运输；二是从浇筑仓前到仓内，主要是垂直运输。

混凝土的水平运输又称为供料运输。常用的运输方式有人工、机动翻斗车、混凝土搅拌运输车、自卸汽车、混凝土泵、皮带机、机车等几种，应根据工程规模、施工场地宽窄和设备供应情况选用。混凝土的垂直运输又称为入仓运输，主要由起重机械来完成，常见的起重机有履带式、门机、塔机等几种。

这里主要介绍人工、机动翻斗车、混凝土搅拌运输车等几种运输方式，其他方式将在有关章节介绍。

1. 人工运输

人工运输混凝土常用手推车、架子车和斗车等。用手推车和架子车时，要求运输道路路面平整，随时清扫干净，防止混凝土在运输过程中受到强烈振动。道路的纵坡，一般要求水平，局部不宜大于 15%，一次爬高不宜超过 2～3m，运输距离不宜超过 200m。

用窄轨斗车运输混凝土时，窄轨（轨距 610mm）车道的转弯半径以不小于 10m 为宜。轨道尽量为水平，局部纵坡不宜超过 4%，尽可能铺设双线，以便轻、重车道分开。如为单线要设避车岔道。容量为 0.60m^3 的斗车一般用人力推运，局部地段可用卷扬机牵引。

2. 机动翻斗车运输

机动翻斗车是混凝土工程中使用较多的水平运输机械。它轻便灵活、转弯半径小、速度快且能自动卸料。车前装有容量为476L的翻斗，载重量约1t，最高时速20km/h。它适用于短途运输混凝土或砂石料。

3. 混凝土搅拌运输车运输

混凝土搅拌运输车（图5-12）是运送混凝土的专用设备。它的特点是在运量大、运距远的情况下，能保证混凝土的质量均匀，一般在混凝土制备点（商品混凝土站）与浇筑点距离较远时使用。它的运送方式有两种：一是在10km范围内作短距离运送时，只作运输工具使用，即将拌和好的混凝土接送至浇筑点，在运输途中为防止混凝土分离，让搅拌筒只做低速搅动，使混凝土拌和物不致分离、凝结；二是在运距较长时，搅拌运输两者兼用，即先在混凝土拌和站将干料——砂、石、水泥按配比装入搅拌鼓筒内，并将水注入配水箱，开始只作干料运送，然后在到达距使用点10～15min路程时，启动搅拌筒回转，并向搅拌筒注入定量的水，这样在运输途中边运输边搅拌成混凝土拌和物，送至浇筑点卸出。

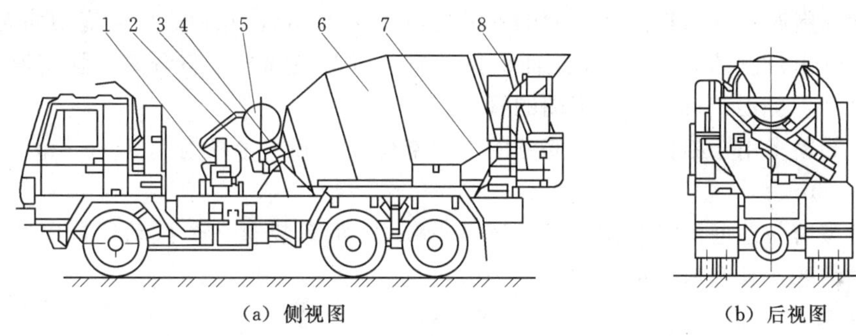

(a) 侧视图　　(b) 后视图

图5-12 混凝土搅拌运输车

1—泵连接组件；2—减速机总成；3—液压系统；4—机架；5—供水系统；6—搅拌筒；7—操纵系统；8—进出料装置

（二）混凝土辅助运输设备

运输混凝土的辅助设备有吊罐、集料斗、溜槽、溜管等。用于混凝土装料、卸料和转运入仓，对于保证混凝土质量和运输工作顺利进行起着相当大的作用。

1. 溜槽与振动溜槽

溜槽为钢制槽子（钢模），可从皮带机、自卸汽车、斗车等受料，将混凝土转送入仓。其坡度可由试验确定，常采用45°左右。当卸料高度过大时，可采用振动溜楷槽。振动溜槽装有振动器，单节长4～6m，拼装总长可达30m，其输送坡度由于振动器的作用可放缓至15°～20°。采用溜槽时，应在溜槽末端加设1～2节溜管或挡板（图5-13），以防止混凝土料在下滑过程中分离。利用溜槽转运入仓，是大型机械设备难以控制部位的有效入仓手段。

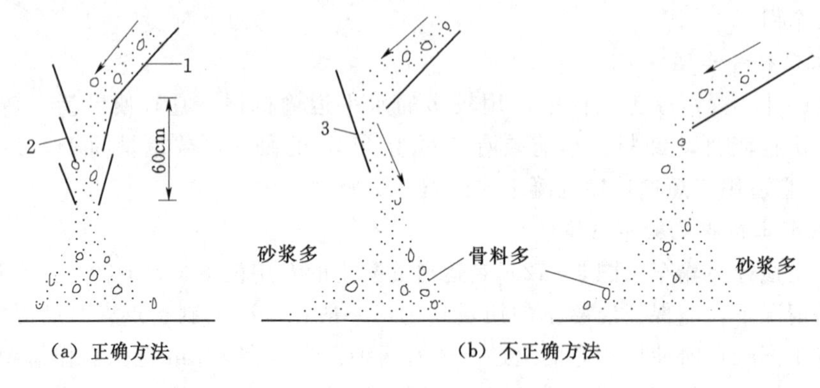

图 5-13 溜槽卸料

1—溜槽；2—溜筒；3—挡板

2. 溜管与振动溜管

溜管（溜筒）由多节铁皮管串挂而成。每节长 0.8～1.0m，上大下小，相邻管节铰挂在一起，可以拖动，如图 5-14 所示。采用溜管卸料可起到缓冲消能作用，以防止混凝土料分离和破碎。

溜管卸料时，其出口离浇筑面的高差应不大于 1.5m，并利用拉索拖动均匀卸料，但应使溜管出口段约 2m 长与浇筑面保持垂直，以避免混凝土料分离。随着混凝土浇筑面的上升，可逐节拆卸溜管下端的管节。

溜管卸料多用于断面小、钢筋密的浇筑部位，其卸料半径为 1.0～1.5m，卸料高度不大于 10m。

振动溜管与普通溜管相似，但每隔 4～8m 的距离装有一个振动器，以防止混凝土料中途堵塞，其卸料高度可达 10～20m。

3. 吊罐

吊罐有卧罐和立罐之分。卧罐通过自卸汽车受料，立罐置于平台列车，直接在搅拌楼出料口受料（图 5-15 和图 5-16）。

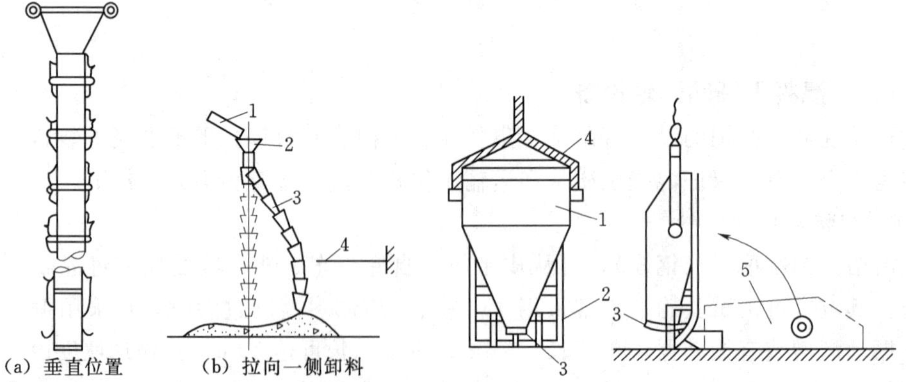

图 5-14 溜筒

1—运料工具；2—受料斗；3—溜管；4—拉索

图 5-15 混凝土卧罐

1—装料斗；2—滑架；3—斗门；4—吊梁；5—平卧状态

4. 负压溜槽

负压溜槽是一种结构简单的混凝土输送设备，它能够在斜坡上快速、安全地向下输送混凝土，如图 5-17 所示。混凝土拌和物经汽车或皮带机输送至溜槽骨料斗，然后由溜槽输送至仓面接料汽车，这样就能完成整个大坝的混凝土运输任务。这种设备结构简单，不需要外加动力，输送能力很强，是一种适应于深山峡谷地形筑坝的经济高效的混凝土输送方式。负压溜槽的适用坡度为 1∶1～1∶0.75，适用 100m 以内高差。

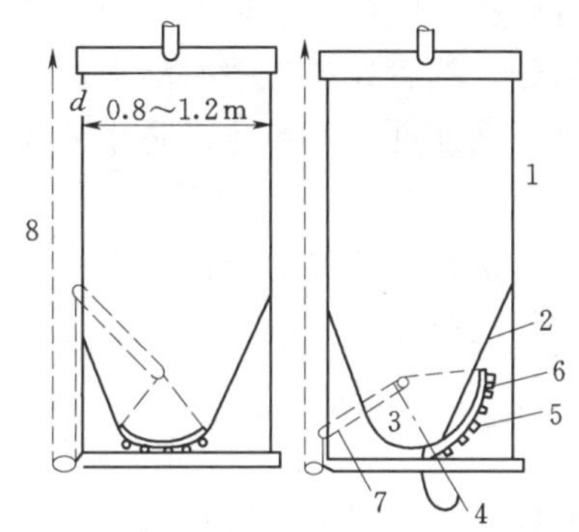

图 5-16　混凝土立罐

1—金属桶；2—料斗；3—出料口；4—橡皮垫；5—辊轴；6—扇形活门；7—手柄；8—拉索

图 5-17　负压溜槽

5-6
立式吊罐
【视频】

5-7
卧罐受料
【图片】

5-8
立罐受料
【图片】

负压溜槽由受料料斗、垂直加速段、溜槽体和出料口（弯头）等部分组成。

混凝土在负压溜槽内流动时，由于重力作用，流速逐渐增大，导致密封的溜槽内压力减小，与外界大气压力形成一定压差。由于压差作用，使混凝土速度减小时，密封溜槽内压力增加，与外界大气压的压差减小，混凝土加速。当不存在负压作用时，混凝土下行，只有与刚性槽体的摩擦力阻止混凝土下行，呈等截面下行。产生负压后，混凝土就非等截面下行，而是呈周期性波浪形下行。在黏滞力的作用下，混凝土呈波浪形下行，有力地保证了混凝土的运输质量。

5-9
混凝土运输
【视频】

四、混凝土浇筑

（一）铺料

开始浇筑前，要在岩面或老混凝土面上，先铺一层 2～3cm 厚的水泥砂浆（接缝砂浆），以保证新混凝土与基岩或老混凝土结合良好。砂浆的水灰比应较混凝土水灰比减少0.03～0.05。混凝土的浇筑，应按一定厚度、顺序、方向分层推进。

铺料厚度应根据拌和能力、运输距离、浇筑速度、气温及振捣器的性能等因素确定。一般情况下，浇筑层的允许最大厚度不应超过表5-8规定的数值，如采用低流态混凝土及大型强力振捣设备时，其浇筑层厚度应根据试验确定。

表5-8　混凝土浇筑层的允许最大铺料厚度

项次	振捣器类别或结构类型		浇筑层的允许最大铺料厚度
1	插入式	电动硬轴振捣器	振捣器工作长度的0.8倍
		软轴振捣器	振捣器工作长度的1.25倍
2	表面式	在无筋或单层钢筋结构中	250mm
		在双层钢筋结构中	120mm

混凝土入仓时，应尽量使混凝土按先低后高进行，并注意分料，不要过分集中。具体要求如下：

(1) 仓内有低塘或料面，应按先低后高进行卸料，以免泌水集中带走灰浆。

(2) 由迎水面至背水面把泌水赶至背水面部分，然后处理集中的泌水。

(3) 根据混凝土强度等级分区，先高强度后低强度进行下料，以防止减少高强度区的断面。

(4) 要适应结构物待点。如浇筑块内有廊道、钢管或埋件的仓位，卸料必须两侧平起，廊道、钢管两侧的混凝土高差不得超过铺料的层厚（一般30～50cm）。

常用的铺料方法有以下三种：

1. *平层浇筑法*

平层浇筑法是混凝土按水平层连续地逐层铺填，第一层浇完后再浇第二层，依次类推直至达到设计高度，如图5-18(a)所示。

平层浇筑法因浇筑层之间的接触面积大（等于整个仓面面积），应注意防止出现冷缝（即铺填上层混凝土时，下层混凝土已经初凝）。为了避免产生冷缝，仓面面积A和浇筑层厚度h必须满足

$$Ah \leqslant kQ(t_2 - t_1)$$

式中　A——浇筑仓面最大水平面积，m^2；

h——浇筑厚度，取决于振捣器的工作深度，一般为0.3～0.5m；

k——时间延误系数，可取0.8～0.85；

Q——混凝土浇筑的实际生产能力，m^3/h；

t_2——混凝土初凝时间，h；

t_1——混凝土运输、浇筑所占时间，h。

平层浇筑法实际应用较多，有以下特点：

(1) 铺料的接头明显，混凝土便于振捣，不易漏振。

(2) 平层铺料法能较好地保持老混凝土面的清洁，保证新老混凝土之间的结合质量。

(3) 适用于不同坍落度的混凝土。

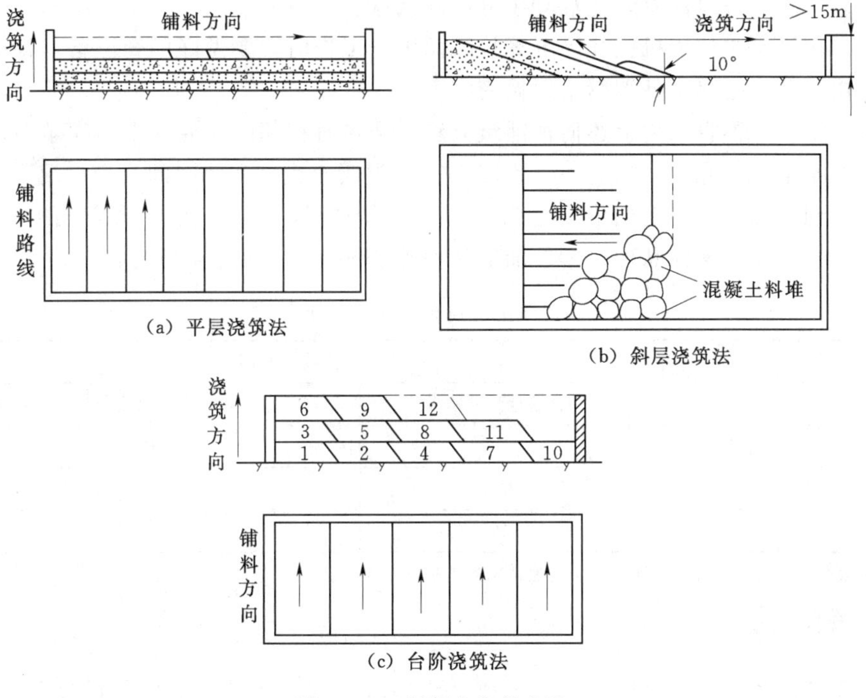

图 5－18　混凝土浇筑方法

(4) 适用于有廊道、竖井、钢管等结构的混凝土。

2. 斜层浇筑法

当浇筑仓面面积较大，而混凝土拌和、运输能力有限时，采用平层浇筑法容易产生冷缝时，可用斜层浇筑法和台阶浇筑法。

斜层浇筑法是在浇筑仓面，从一端向另一端推进，推进中及时覆盖，以免发生冷缝。斜层坡度不超过 10°，否则在平仓振捣时易使砂浆流动，骨料分离，下层已捣实的混凝土也可能产生错动，如图 5－18 (b) 所示。浇筑块高度一般限制在 1.5m 左右。当浇筑块较薄，且对混凝土采取预冷措施时，斜层浇筑法是较常见的方法，因浇筑过程中混凝土冷量损失较小。

3. 台阶浇筑法

台阶浇筑法是从块体短边一端向另一端铺料，边前进、边加高，逐步向前推进并形成明显的台阶，直至把整个仓位浇到收仓高程。浇筑坝体迎水面仓位时，应顺坝轴线方向铺料，如图 5－18 (c) 所示。

施工要求如下：

(1) 浇筑块的台阶层数以 3～5 层为宜，层数过多，易使下层混凝土错动，并使浇筑仓内平仓振捣机械上下频率调动，容易造成漏振。

(2) 浇筑过程中，要求台阶层次分明。铺料厚度一般为 0.3～0.5m，台阶宽度应大于 1.0m，长度应大于 2～3m，坡度不大于 1∶2。

(3) 水平施工缝只能逐步覆盖，必须注意保持老混凝土面的湿润和清洁。接缝砂浆在老混凝土面上边摊铺边浇混凝土。

(4) 平仓振捣时注意防止混凝土分离和漏振。

(5) 在浇筑中如因机械和停电等故障而中止工作时，要做好停仓准备，即必须在混凝土初凝前，把接头处混凝土振捣密实。

应该指出，不管采用上述何种铺筑方法，浇筑时相邻两层混凝土的间歇时间不允许超过混凝土铺料允许间隔时间，见表5-7。混凝土允许间隔时间是指自混凝土拌和机出料口到初凝前覆盖上层混凝土为止的这一段时间，它与气温、太阳辐射、风速、混凝土入仓温度、水泥品种、掺外加剂品种等条件有关，见表5-9。

5-10 混凝土台阶浇筑法【图片】

5-11 混凝土浇筑的基本要求【视频】

5-12 梁、板混凝土的浇筑【视频】

表5-9　　混凝土浇筑允许间隔时间

混凝土浇筑时的气温/℃	允许间隔时间/min	
	普通硅酸盐水泥	矿渣硅酸盐水泥及火山灰质硅酸盐水泥
20～30	90	120
10～20	135	180
5～10	195	

注　本表数值未考虑外加剂、混合料及其他特殊施工措施的影响。

(二) 平仓

平仓是把卸入仓内成堆的混凝土摊平到要求的均匀厚度。平仓不好会造成离析，使骨料架空，严重影响混凝土质量。

1. 人工平仓

人工平仓用铁锹，平仓距离不超过3m。只适用以下场合：

(1) 在靠近模板和钢筋较密的地方，用人工平仓，使石子分布均匀。

(2) 水平止水、止浆片底部要用人工送料填满，严禁料罐直接下料，以免止水、止浆片卷曲和底部混凝土架空。

(3) 门槽、机组预埋件等空间狭小的二期混凝土。

(4) 各种预埋件、观测设备周围用人工平仓，防止位移和损坏。

2. 振捣器平仓

振捣器平仓时应将振捣器斜插入混凝土料堆下部，使混凝土向操作者位置移动，然后一次一次地插向料堆上部，直至混凝土摊平到规定的厚度为止。如将振捣器垂直插入料堆顶部，平仓工效固然较高，但易造成粗骨料沿锥体四周下滑，砂浆则集中在中间形成砂浆窝，影响混凝土匀质性。经过振动摊平的混凝土表面可能已经泛出砂浆，但内部并未完全捣实，切不可将平仓和振捣合二为一，影响浇筑质量。

(三) 振捣

振捣是振动捣实的简称，它是保证混凝土浇筑质量的关键工序。振捣的目的是尽可能减少混凝土中的空隙，以清除混凝土内部的孔洞，并使混凝土与模板、钢筋及埋件紧密结合，从而保证混凝土的最大密实度，提高混凝土质量。

当结构钢筋较密，振捣器难于施工，或混凝土内有预埋件、观测设备，周围混凝土振捣力不宜过大时采用人工振捣。人工振捣要求混凝土拌和物坍落度大于5cm，铺料层厚度小于20cm。人工振捣工具有捣固锤、捣固杆和捣固铲。捣固锤主要用来捣固混凝土的表面；捣固铲用于插边，使砂浆与模板靠紧，防止表面出现麻面；捣固杆用于钢筋稠密的混凝土中，以使钢筋被水泥砂浆包裹，增加混凝土与钢筋之间的握裹力。人工振捣工效低，混凝土质量不易保证。

5-13
混凝土的振捣
【视频】

混凝土振捣主要采用振捣器进行，振捣器产生小振幅、高频率的振动，使混凝土在其振动的作用下，内摩擦力和黏结力大大降低，使干稠的混凝土获得了流动性，在重力的作用下骨料互相滑动而紧密排列，空隙由砂浆所填满，空气被排出，从而使混凝土密实，并填满模板内部空间，且与钢筋紧密结合。

5-14
混凝土插入式振捣器
【视频】

1. 混凝土振捣器

混凝土振捣器的类如图5-19所示。

5-15
混凝土外部振捣器
【视频】

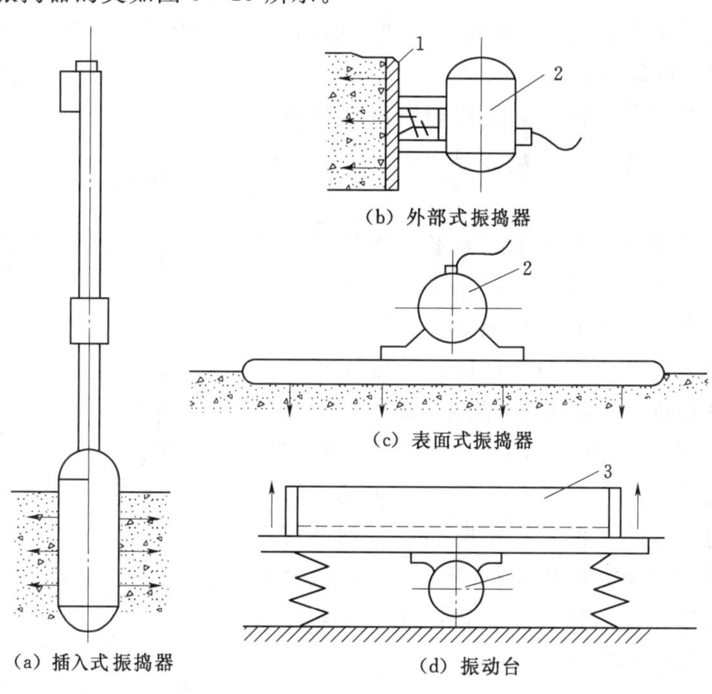

图5-19　混凝土振捣器
1—模板；2—振捣器；3—振动台

(1) 插入式振捣器。根据使用的动力不同，插入式振捣器有电动式、风动式和内燃机式三类。内燃机式仅用于无电源的场合。风动式因其能耗较大、不经济，同时风压和负载变化时会使振动频率显著改变，因而影响混凝土振捣密实质量，逐渐被淘汰。因此一般工程均采用电动式振捣器。电动插入式振捣器又分为两种，见表5-10。

表5-10　电动插入式振捣器

序号	名称	构　造	适用范围
1	软轴振捣器	有偏心式、外滚道行星式、内滚道行星式，振捣棒直径25～100mm	除薄板以外各种混凝土工程
2	硬轴振捣器	直联式，振捣棒直径80～133mm	大体积混凝土

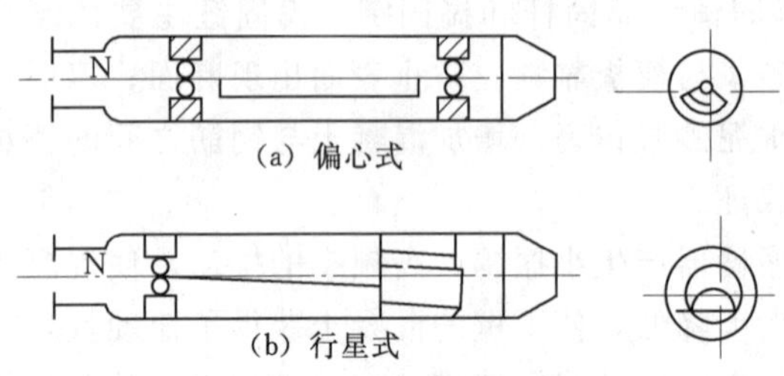

(a) 偏心式

(b) 行星式

图 5-20 振捣棒振动原理图

1）插入式振捣器的工作原理。按振捣器的激振原理，插入式振捣器可分为偏心式和行星式两种。

偏心式的激振原理如图 5-20（a）所示。利用装有偏心块的转轴（也有将偏心块与转轴做成一体的）作高速旋转时所产生的离心力迫使振捣棒产生剧烈振动。偏心块每转动一周，振捣棒随之振动一次。一般单相或三相异步电动机的转速受电源频率限制只能达到3000r/min，如插入式振捣器的振动频率要求达到5000r/min以上时，则当电机功率小于500W尚可采用串激式单相高速电机，而当功率为1kW甚至更大时，应由变频机组供电，即提供频率较大的电源。

行星式振捣器是一种高频振动器，振动频率在10000r/min以上，振捣棒振动原理如图 5-20（b）所示。

行星振动机构又分为外滚道式和内滚道式，如图 5-21 所示。它的壳体内，装入由传动轴带动旋转的滚锥，滚锥沿固定的滚道滚动而产生振动。当电机通过传动轴带动滚锥轴转动时，滚锥除了本身自转外，还绕着轨道“公转”。滚道与滚锥的直径越接近，“公转”的次数也就越高，即振动频率越高，如图 5-22 所示。由于公转是靠摩擦产生的，而滚锥与滚道之间会发生打滑，操作时启动振动器可能由于滚锥未接触滚道，所以不能产生公转，这时只需轻轻将振捣棒向坚硬物体上敲击一下，使两者接触，便可产生高速的公转。

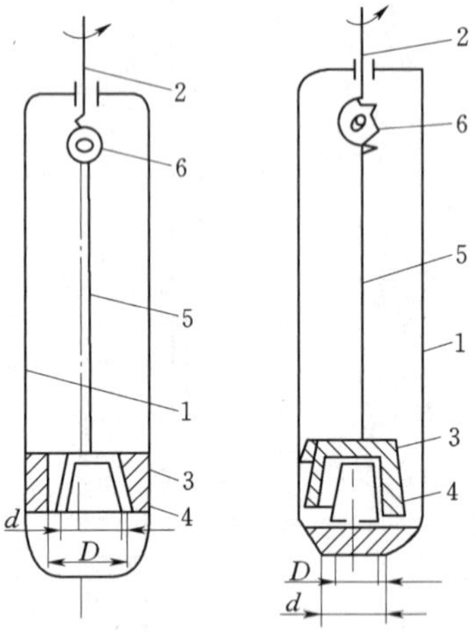

(a) 外滚道式 (b) 内滚道式

图 5-21 行星振动机构

1—壳体；2—传动轴；3—滚锥；4—滚道；5—滚锥轴；6—柔性铰接
D—滚道直径；d—滚锥直径

2）软轴插入式振捣器。

a. 软轴行星式振捣器。图 5-23 为软轴行星式振捣器结构图，由可更换的振动棒头、软轴、防逆装置（单向离合器）及电机等组成。电机安装在可360°回转的回转支座上，机壳上部装有电机开关和把手，在浇筑现场可单人携带，并可搁置在浇筑部位附近，手持软轴进行振捣操作。

振捣棒是振捣器的工作装置，其外壳由棒头和棒壳体通过螺纹联成一体。壳体上部有内螺纹，与软轴的套管接头密闭衔接。带有滚轴的转轴的上端支承在专用的轴向大游隙球轴承或球面调心轴承中，端头以螺纹与软轴连接，另一端悬空。圆锥形滚道与棒壳紧配，压装在与转轴滚锥相对的部位。

b. 软轴偏心式振捣器。图 5-24 为软轴偏心式振捣器，由电机、增速器、软管、软轴和振捣棒等部件组成。软轴偏心式振捣器的电机定子、转子和增速器安装在铝合

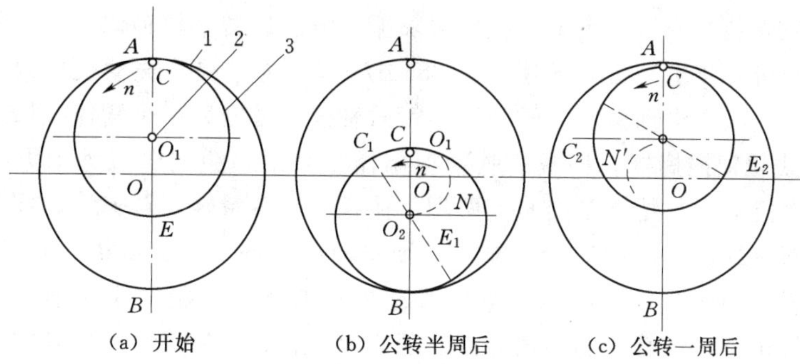

图 5-22　外滚道式行星振捣器振动原理图

1—外滚道；2—滚锥轴；3—滚锥

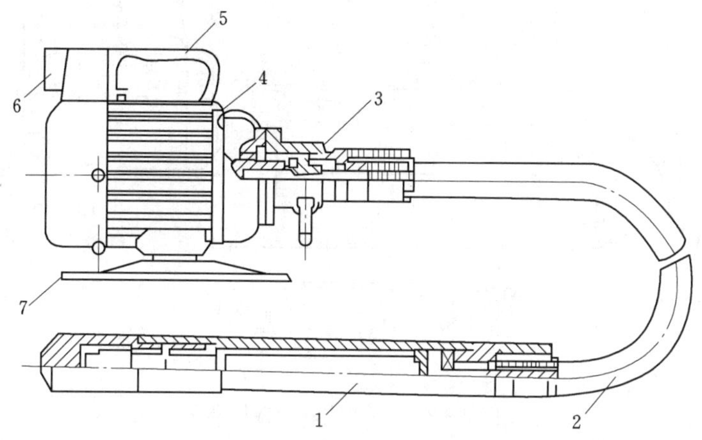

图 5-23　软轴行星式振捣器

1—振捣棒；2—软轴；3—防逆装置；4—电机；5—把手；6—电机开关；7—电机回转支座

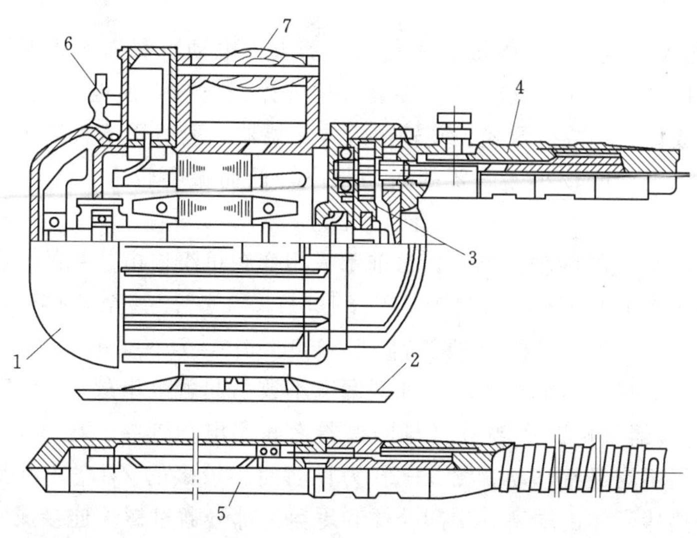

图 5-24　软轴偏心式振捣器

1—电机；2—底盘；3—增速器；4—软轴；5—振捣棒；6—电路开关；7—手柄

金机壳内，机壳装在回转底盘上，机体可随振动方向旋转。软轴偏心式振捣器一般配装一台两极交流异步电动机，转速只有2860r/min。为了提高振动机构内偏心振动子的振动频率，一般在电动机转子轴端至弹簧软轴连接处安装一个增速机构。

c. 串激式软轴振捣器。串激式软轴振捣器是采用串激式电机为动力的高频偏心软轴插入式振捣器，其特点是交直流两用，体积小，重量轻，转速高，同时电机外形小巧并采用双重绝缘，使用安全可靠，无须单向离合器。它由电机、软轴软管组件、振捣棒等组成，如图5-25所示。电机通过短软轴直接与振捣棒的偏心式振动子相连。当电机旋转时，经软轴驱动偏心振动子高速旋转，使振捣棒产生高频振动。

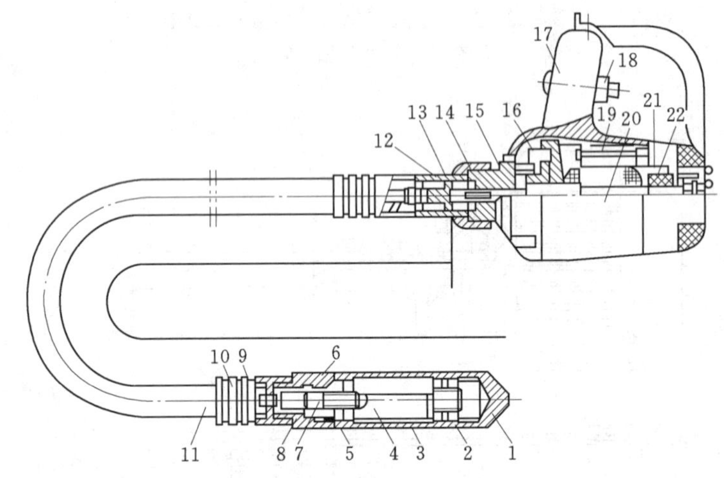

图5-25 串激式软轴振捣器

1—尖头；2—轴承；3—套管；4—偏心轴；5—鸭舌销；6—半月键；7—紧套；8—接头；9—软轴；10、13—软管接头；11—软管；12—软轴接头；14—软管紧定套；15—电机端盖；16—风扇；17—把手；18—开关；19—定子；20—转子；21—碳刷；22—电枢

3）硬轴插入式振捣器。硬轴插入式振捣器也称电动直联插入式振捣器，它将驱动电机与振捣棒联成一体，或将其直接装入振捣棒壳体内，使电机直接驱动振动子，振动子可以做成偏心式或行星式。硬轴插入式振捣器一般适用于大体积混凝土，因其骨料粒径较大，坍落度较小，需要的振动频率较低而振幅较大，所以一般多采用偏心式。

棒径80mm以上的硬轴振捣器，目前都采用变频机组供电，目的是把浇筑现场三相交流电源的频率由50Hz提高到100Hz、125Hz、150Hz甚至200Hz，使振捣器内的三相异步电动机的转速相应地提高到6000r/min、7500r/min、9000r/min甚至12000r/min；同时将电压降至48V，如遇漏电不致引起触电事故。1台变频机组可同时给2～3台振捣器供电。变频机组与振捣器之间用电缆连接。电缆长度可达25m，浇筑时变频机组不需经常移动。图5-26为目前使用较多的Z_2D-130型硬轴振捣器的结构图。振捣棒壳体由端塞、中间壳体和尾盖三部分通过螺纹连接成一体，棒壳上部内壁嵌装电动机定子，电动机转子轴的下端固定套装着偏心轴，偏心轴的两端用轴承支承在棒壳内壁上，棒壳尾盖上端接有连接管，管上部设有减振器，用来减弱手柄的振动。电机定子线圈的引出线通过接线盖与引出电缆连接，引出电缆则穿过连接管引出，并与变频机组相接。

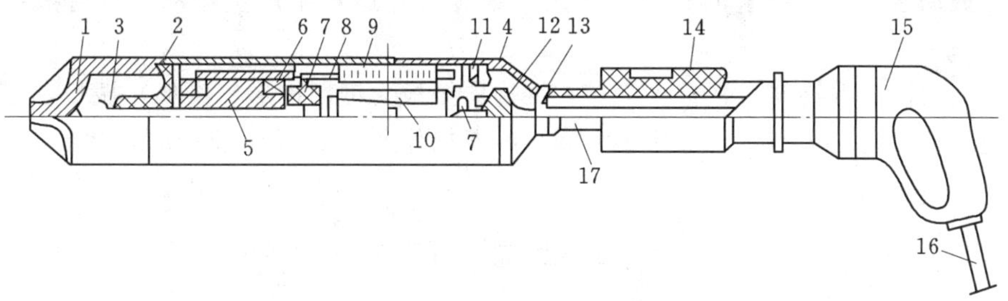

图 5-26　插入式电动硬轴振捣器

1—端塞；2—吸油嘴；3—油盘；4—轴承；5—偏心轴；6—油封座；7—油封；8—中间壳体；9—定子；10—转子；11—轴承座；12—接线盖；13—尾盖；14—减振器；15—手柄；16—引出电缆；17—连接管

变频机组是硬轴插入式振捣器的电源设备。由安装在同一轴上的电动机和低压异步发电机组成。变频电源一方面驱动电动机旋转，另一方面通过保险丝、电源线、碳刷及滑环接入发电机转子激磁，使发电机输出高频率的低压电源，供振捣器使用。

偏心式振捣器的偏心轴所产生的离心力，通过轴承传递给壳体。轴承所受荷载大，且转速高，在振捣大粒径骨料混凝土时，还要承受大石子给予很大的反向冲击力，因此轴承的使用寿命很短（以净运转时间计算，一般只有 50～100h），并成为振捣器的薄弱环节。而轴承一旦损坏，如未能及时发现并更换，还会引起电动机转子与定子内孔碰擦，线圈短路烧毁。因此硬轴振捣器应注意日常维护。

（2）外部式振捣器。外部式振捣器也称附着式振捣器，由电机、偏心块式振动子组合而成，外形如同一台电动机，如图 5-27 所示。机壳一般采用铸铝或铸铁制成，有的为便于散热，在机壳上铸有环状或条状凸肋形散热翼。附着式振捣器是在一个三相二极电动机转子轴的两个伸出端上各装有一个圆盘形偏心块，振捣器的两端用端盖封闭。端盖与轴承座机壳用三只长螺栓紧固，以便维修。外壳上有四个地脚螺钉孔，

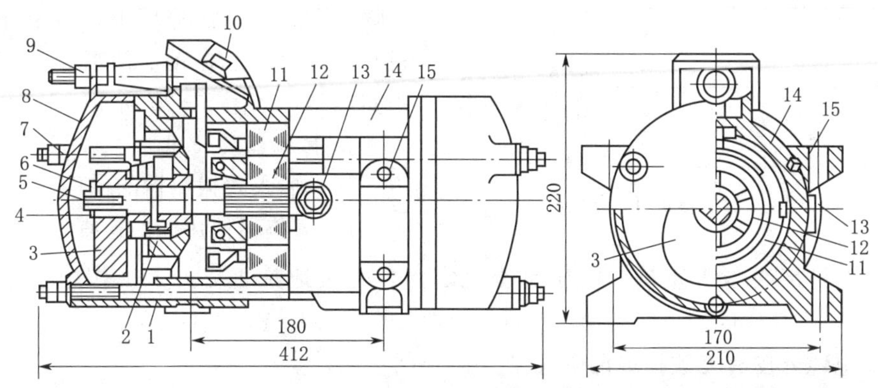

图 5-27　附着式振捣器

1—轴承座；2—轴承；3—偏心轮；4—键；5—螺丝钉；6—转子轴；7—长螺栓；8—端盖；9—电源线；10—接线盒；11—定子；12—转子；13—定子紧固螺丝；14—外壳；15—地脚螺丝孔

使用时用地脚螺栓将振捣器固定在模板或平板上进行作业。

附着式振捣器的偏心振动子安装在电机转子轴的两端，由轴承支承。电机转动带动偏心振动子运动，由于偏心力矩作用，振捣器在运转中产生振动力进行振捣密实作业。

(3) 表面式振捣器。平板（梁）式振捣器振板为钢制槽形（梁形）振板，上有把手，便于边振捣、边拖行，适用于大面积的振捣作业，如图 5-28 所示。

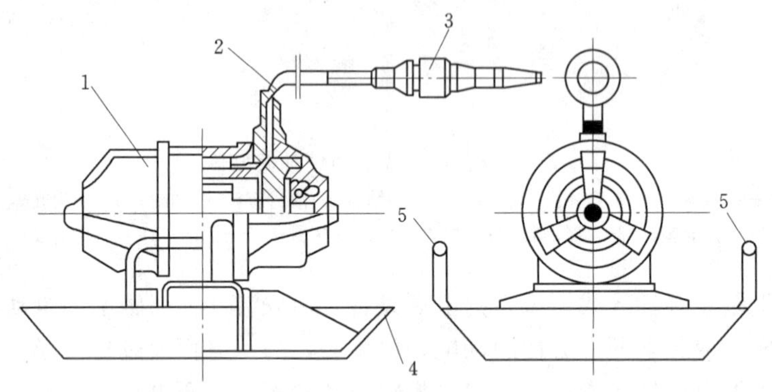

图 5-28 槽形平板式振捣器

1—振动电机；2—电缆；3—电缆接头；4—钢制槽形振板；5—手柄

5-16
南水北调中线渠道边坡混凝土衬砌【图片】

上述外部式振捣器空载振动频率为 2800～2850r/min，由于振捣频率低，混凝土拌和物中的气泡和水分不易逸出，振捣效果不佳。近年来已开始采用变频机组供电的附着式和平板式振捣器，振捣频率可达 9000～12000r/min，振捣效果较好。

(4) 振动台。混凝土振动台又称台式振捣器。它是一种使混凝土拌和物振动成型的机械。其机架一般支承在弹簧上，机架下装有激振器，机架上安置成型制品的钢模板，模板内装有混凝土拌和物。在激振器的作用下，机架连同模板及混合料一起振动，使混凝土拌和物密实成型，如图 5-29 所示。

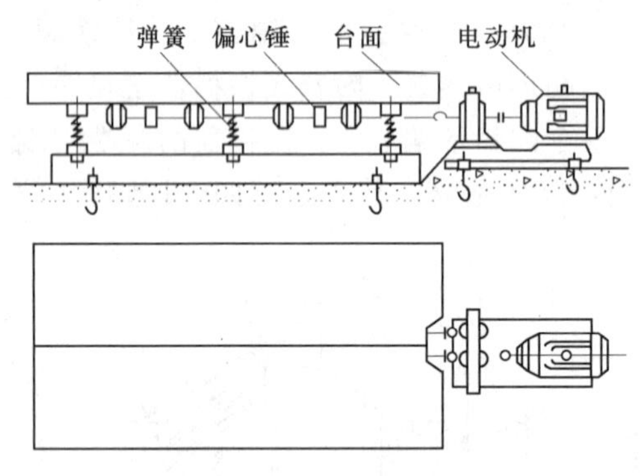

图 5-29 混凝土振动台

2. 振捣器的使用

(1) 插入式振捣器的使用。

1) 振捣器使用前的检查。

a. 电机接线是否正确，电压是否稳定，外壳接地是否完好，工作中也应随时检查。

b. 电缆外皮有无破损或漏电现象。

c. 振捣棒连接是否牢固和有无破损，传动部分两端及电机壳上的螺栓是否拧紧，软轴接头是否接好。

d. 检查电机的绝缘是否良好，电机定子绕组绝缘不小于 0.5mΩ。如绝缘电阻低于0.5mΩ，应进行干燥处理。有条件时，可采用红外线干燥炉、喷灯等进行烘烤，但烘烤温度不宜高于100℃；也可采用短路电流法，即将转子制动，在定子线圈内通入电压为额定值10%～15%的电源，使其线圈发热，慢慢干燥。

2）接通电源，进行试运转。

a. 电机的旋转方向应为顺时针方向（从风罩端看），并与机壳上的红色箭头标示方向一致。

b. 当软轴传动与电机结合紧固后，电机启动时如发现软轴不转动或转动速度不稳定，单向离合器中发出“嗒嗒”响的声音，则说明电机旋转方向反了，应立即切断电源，将三相进线中的任意两线交换位置。

c. 电机运转正确时振捣棒应发出“呜、呜……”的叫声，表明振动稳定而有力。如果振捣棒有“哗、哗……”声而不振动，这是由于启动振捣棒后滚锥未接触滚道，滚锥不能产生公转而振动，这时只需轻轻将振捣棒向坚硬物体上敲动一下，使两者接触，即可正常振动。

3）振捣器的操作。振捣在平仓之后立即进行，此时混凝土流动性好，振捣容易，捣实质量好。对于素混凝土或钢筋稀疏的部位，宜选用大直径的振捣棒；坍落度小的干硬性混凝土，宜选用高频和振幅较大的振捣器。振捣作业路线保持一致，并顺序依次进行，以防漏振。振捣棒尽可能垂直地插入混凝土中。如振捣棒较长或把手位置较高，垂直插入感到操作不便时，也可略带倾斜，但与水平面夹角不宜小于45°，且每次倾斜方向应保持一致，否则下部混凝土将会发生漏振。这时作用轴线应平行，如不平行也会出现漏振点（图5-30）。

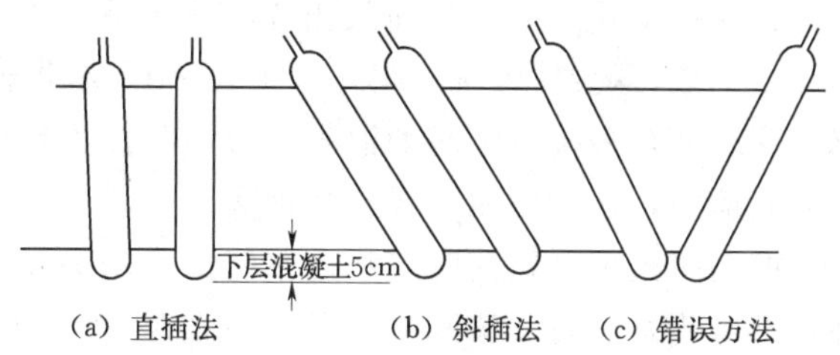

图5-30　插入式振捣器操作示意图

振捣棒应快插、慢拔。插入过慢，上部混凝土先捣实，就会阻止下部混凝土中的空气和多余的水分向上逸出；拔得过快，周围混凝土来不及填铺振捣棒留下的孔洞，将在每一层混凝土的上半部留下只有砂浆而无骨料的砂浆柱，影响混凝土的强度。为使上下层混凝土振捣密实均匀，可将振捣棒上下抽动，抽动幅度为5～10cm。振捣棒的插入深度，在振捣第一层混凝土时，以振捣器头部不碰到基岩或老混凝土面，但相距不超过5cm为宜；振捣上层混凝土时，则应插入下层混凝土5cm左右，使上下两层结合良好。在斜坡上浇筑混凝土时，振捣棒仍应垂直插入，并且应先振低处，再振高处，否则在振捣低处的混凝土时，已捣实的高处混凝土会自行向下流动，致使密实性受到破坏。软轴振捣棒插入深度为棒长的3/4，过深软轴和振捣棒结合处容易损坏。

振捣棒在每一孔位的振捣时间，以混凝土不再显著下沉，水分和气泡不再逸出并开始泛浆为准。振捣时间和混凝土坍落度、石子类型及最大粒径、振捣器的性能等因素有关，一般为20～30s。振捣时间过长，不但降低工效，且使砂浆上浮过多，石子集中下部，混凝土产生离析，严重时整个浇筑层呈“千层饼”状态。

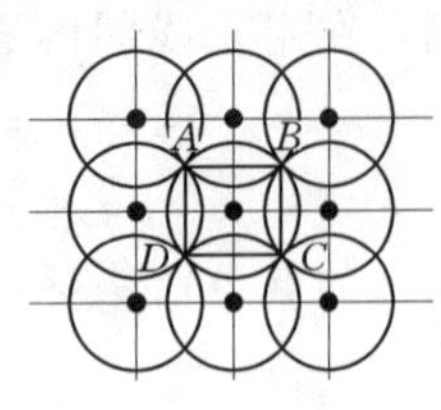

(a) 正方形分布

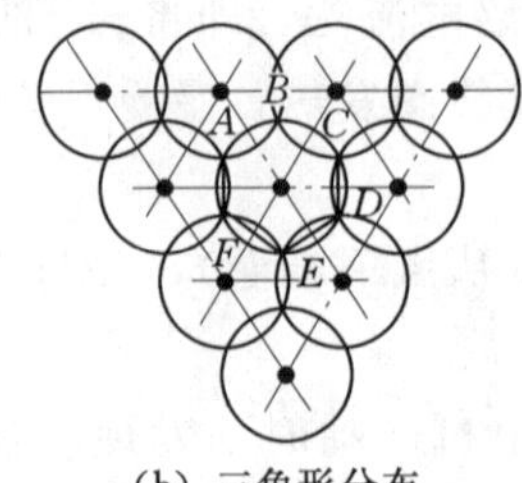

(b) 三角形分布

图 5-31 振捣孔布置

振捣器的插入间距控制在振捣器有效作用半径的 1.5 倍以内，实际操作时也可根据振捣后在混凝土表面留下的圆形泛浆区域能否在正方形排列（直线行列移动）的 4 个振捣孔径的中点［图 5-31（a）中的 A、B、C、D 点］，或三角形排列（交错行列移动）的 3 个振捣孔位的中点［图 5-31（b）中的 A、B、C、D、E、F 点］相互衔接来判断。在模板边、预埋件周围、布置有钢筋的部位以及两罐（或两车）混凝土卸料的交界处，宜适当减少插入间距，以加强振捣，但不宜小于振捣棒有效作用半径的 1/2，并注意不能触及钢筋、模板及预埋件。

为提高工效，振捣棒插入孔位尽可能呈三角形分布。据计算，三角形分布较正方形分布工效可提高 30%，此外，将几个振捣器排成一排，同时插入混凝土中进行振捣。这时两台振捣器之间的混凝土可同时接收到这两台振捣器传来的振动，振捣时间可因此缩短，振动作用半径也即加大。

振捣时出现砂浆窝时应将砂浆铲出，用脚或振捣棒从旁边将混凝土压送至该处填补，不可将别处石子移来（重新出现砂浆窝）。如出现石子窝，按同样方法将松散石子铲出同样填补。振捣中发现泌水现象时，应经常保持仓面平整，使泌水自动流向集水地点，并用人工掏除。泌水未引走或掏除前，不得继续铺料、振捣。集水地点不能固定在一处，应逐层变换掏水位置，以防弱点集中在一处。也不得在模板上开洞引水自流或将泌水表层砂浆排出仓外。

振捣器的电缆线应注意保护，不要被混凝土压住。万一压住时，不要硬拉，可用振捣棒振动其附近的混凝土，使其液化，然后将电缆线慢慢拔出。

5-17
碾压与插入式振捣相结合振捣混凝土坝基
【图片】

5-18
混凝土振捣作业要点
【视频】

软轴式振捣器的软轴不应弯曲过大，弯曲半径一般不宜小于 50cm，也不能多于两弯，电动直联偏心式振捣器因内装电动机，较易发热，主要依靠棒壳周围混凝土进行冷却，不要让它在空气中连续空载运转。

工作时，一旦发现有软轴保护套管橡胶开裂、电缆线表皮损伤、振捣棒声响不正常或频率下降等现象时，应立即停机处理或送修拆检。

(2) 外部式振捣器的使用。

1) 外部式振捣器使用前的准备工作。

a. 振捣器安装时，底板的安装螺孔位置应正确，否则底脚螺栓将扭斜，并使机壳受到不正常的应力，影响使用寿命。底脚螺栓的螺帽必须紧固，防止松动，且要求四只螺栓的紧固程度保持一致。

b. 如插入式振捣器一样检查电机、电源等内容。

c. 在松软的平地上进行试运转，进一步检查电气部分和机械部分运转情况。

2) 外部式振捣器的操作。

a. 操作人员应穿绝缘胶鞋、戴绝缘手套，以防触电。

b. 平板式振捣器要保持拉绳干燥和绝缘，移动和转向时，应蹬踏平板两端，不得蹬踏电机。操作时可通过倒顺开关控制电机的旋转方向，使振捣器的电机旋转方向正转或反转，从而使振捣器自动地向前或向后移动。沿铺料路线逐行进行振捣，两行之间要搭接 5cm 左右，以防漏振。

当混凝土拌和物停止下沉、表面平整，往上返浆且已达到均匀状态并充满模壳时，表明已振实，可转移作业面。振捣时间一般为 30s 左右。在转移作业面时，要注意电缆线勿被模板、钢筋露头等挂住，防止拉断或造成触电事故。

振捣混凝土时，一般横向和竖向各振捣一遍即可，第一遍主要是密实，第二遍是使表面平整，其中第二遍是在已振捣密实的混凝土面上快速拖行。

c. 附着式振捣器安装时应保证转轴水平或垂直，如图 5－32 所示。在一个模板上安装多台附着式振捣器同时进行作业时，各振捣器频率必须保持一致，相对安装的振捣器的位置应错开。振捣器所装置的构件模板，要坚固牢靠，构件的面积应与振捣器的额定振动板面积相适应。

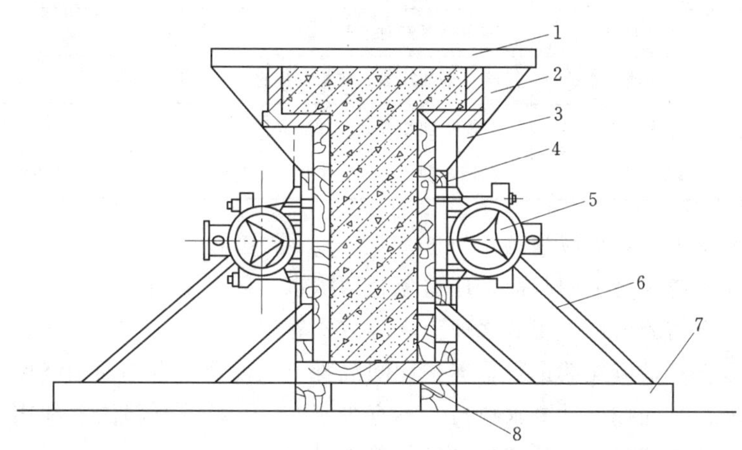

图 5－32　附着式振捣器的安装

1—模板面卡；2—模板；3—角撑；4—夹木枋；5—附着式振捣器；6—斜撑；7—底模枋；8—纵向底枋

3）混凝土振动台是一种强力振动成型机械装置，必须安装在牢固的基础上，地脚螺栓应有足够的强度并拧紧。在振捣作业中，必须安置牢固可靠的模板锁紧夹具，以保证模板和混凝土与台面一起振动。

五、混凝土养护与保护

（一）混凝土养护

混凝土浇筑完毕后，在一个相当长的时间内，应保持其适当的温度和足够的湿度，以形成混凝土良好的硬化条件，这就是混凝土的养护工作。混凝土表面水分不断蒸发，如不设法防止水分损失，水化作用未能充分进行，混凝土的强度将受到影响，还可能产生干缩裂缝。因此混凝土养护的目的，一是创造有利条件，使水泥充分水化，加速混凝土的硬化；二是防止混凝土成型后因曝晒、风吹、干燥等自然因素影响，出现不正常的收缩、裂缝等现象。

混凝土的养护方法分为自然养护和热养护两类，见表5-11。养护时间取决于当地气温、水泥品种和结构物的重要性。

表5-11 混凝土的养护

类别	名称	说明
自然养护	洒水（喷雾）养护	在混凝土面不断洒水（喷雾），保持其表面湿润
	覆盖浇水养护	在混凝土面覆盖湿麻袋、草袋、湿砂、锯末等，不断洒水保持其表面湿润
	围水养护	四周围成土埂，将水蓄在混凝土表面
	铺膜养护	在混凝土表面铺上薄膜，阻止水分蒸发
	喷膜养护	在混凝土表面喷上薄膜，阻止水分蒸发
热养护	蒸汽养护	利用热蒸汽对混凝土进行湿热养护
	热水（热油）养护	将水或油加热，将构件搁置在其上养护
	电热养护	对模板加热或微波加热养护
	太阳能养护	利用各种罩、窑、集热箱等封闭装置对构件进行养护

5-19 混凝土蒸汽养护【图片】

5-20 混凝土冬季养护【图片】

水工混凝土表面养护应注意：

（1）混凝土浇筑完毕初凝前，应避免仓面积水、阳光曝晒。

（2）混凝土初凝后可采用洒水或流水等方式养护。

（3）混凝土养护应连续进行，养护期间混凝土表面及所有侧面始终保持湿润。

混凝土养护时间按设计要求执行，不宜少于28d，对重要部位和利用后期强度的混凝土以及其他有特殊要求的部位应延长养护时间。

（二）混凝土保护

1. 混凝土表面保护的目的和作用

（1）在低温季节，混凝土表面保护可减小混凝土表层温度梯度及内外温差，保持混凝土表面温度，防止产生裂缝。

（2）在高温季节，对混凝土表面进行保护，可防止外界高温热量向混凝土倒灌。如某工程用4cm厚棉被套及一层塑料布覆盖新浇混凝土顶面，它较不设覆盖的混凝土表层气温低7～8℃。

（3）减小混凝土表层温度年变化幅度，可防止因年变幅过大产生混凝土开裂。

（4）防止混凝土产生超冷，避免产生贯穿裂缝。

（5）延缓混凝土的降温速度，以减小新老混凝土上、下层的约束温差。

2. 表面保护的分类

混凝土表面保护方式按持续时间分类见表5-12，按材料性状分类见表5-13。

表 5-12　按持续时间分类混凝土表面保护方式

分类	保护目的	保护持续时间	保温部位
短期保护	防止混凝土早期由于寒潮或拆模等引起温度骤降而发生表面裂缝	根据当地气温情况，经论证确定。一般为 3～15d	浇筑块侧面、顶面
长期保护	减小气温年变化的影响	数月至数年	坝体上、下游面或长期外露面
冬季保护	防裂及防冻	根据不同需要，延至整个冬季	浇筑块侧面、顶面

表 5-13　按材料性状分类混凝土表面保护方式

分类	保护材料	保护部位
层状保护	稻草帘、稻草袋、玻璃棉毡、油毛毡、泡沫塑料毡和岩棉板	侧面、顶面
粒状保护	锯末、砂、炉渣、各种砂质土壤	顶面
板式保护	混凝土板、木丝板、刨花板、泡沫苯乙烯板、锯末板、厚纸板、泡沫混凝土板、稻草板	侧面
组合式保护	板材做成箱、内装粒状材料，气垫	寒冷地区使用于侧面
喷涂式保护	珍珠岩、高分子塑料	侧面，高空部位

3. 表面保护材料选择

混凝土表面保护材料应根据混凝土表面保护的目的不同（防冻和防裂或兼而有之），应选择不同的保护措施。一般情况，防冻是短期的，而防裂是长期的。所以，在选用保护材料和其结构形式时，要注意长短期结合。

尽量选用不易燃、吸湿性小、耐久和便于施工的材料。优先选用混凝土板、木丝板、岩棉板、泡沫混凝土、珍珠岩、泡沫塑料板等材料。

5-21 混凝土表面保护【图片】
5-22 第五章第一节测试题【测试题】

4. 保护层结构形式选用

（1）需长期保护的侧面，保护层应放在模板的内侧，或者用保护层代替模板的面板。岩棉板、泡沫混凝土板、泡沫塑料板、珍珠岩板等可以用于前者；木丝板、大颗粒珍珠岩板可用于后者。在保护材料内侧应放一层油毡纸或塑料布，防止保护材料吸收混凝土中的水分。这种保护的优点是，拆模时只把模板或模板的承重架拆除，保护层仍留在混凝土表面，这样，既能保证模板的周转使用，又避免了二次保护的工作。

（2）短期保护的侧面，依照保护要求和保护材料的放热系数确定保护层的结构形式，在寒冷地区最好采用组合式保护。

第二节　特殊混凝土的施工工艺

一、泵送混凝土

泵送混凝土是将混凝土拌和物从搅拌机出口通过管道连续不断地泵送到浇筑仓面的一种施工方法。工程上使用较多的是液压活塞式混凝土泵，它通过液压缸的压力油推动活塞，再通过活塞杆推动混凝土缸中的工作活塞压送混凝土。

5-23 迪拜塔泵送混凝土【图片】

(一) 混凝土泵

混凝土泵分拖式(地泵)和泵车两种形式。图 5-33 为 HBT60 拖式混凝土泵示意图。它主要由混凝土泵送系统、液压操作系统、混凝土搅拌系统、油脂润滑系统、冷却和水泵清洗系统以及用来安装和支承上述系统的金属结构车架、车桥、支脚和导向轮等组成。

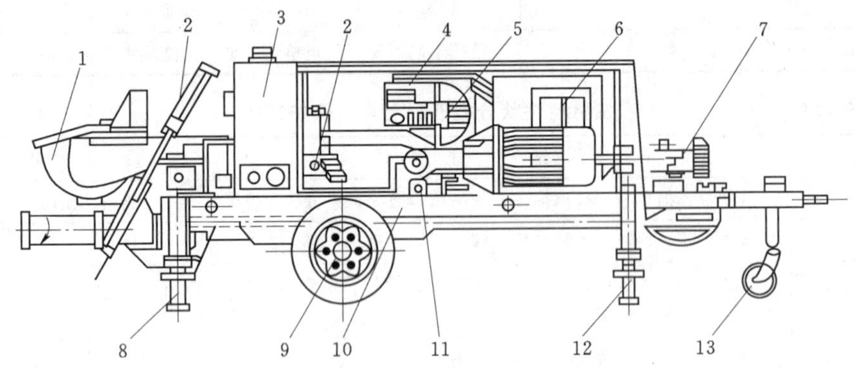

图 5-33 拖式混凝土泵

1—料斗;2—集流阀组;3—油箱;4—操作盘;5—冷却器;6—电器柜;7—水泵;8—后支脚;9—车桥;10—车架;11—排出量手轮;12—前支脚;13—导向轮

混凝土泵送系统由左、右主油缸、先导阀、洗涤室、止动销、混凝土活塞、输送缸、滑阀及滑阀缸、Y 形管、料斗架组成。当压力油进入右主油缸无杆腔时,有杆腔的液压油通过闭合油路进入左主油缸,同时带动混凝土活塞缩回并产生自吸作用,这时在料斗搅拌叶片的助推作用下,料斗的混凝土通过滑阀吸入口,被吸入输送缸,直到右主轴油缸活塞行程到达终点,撞击先导阀实现自动换向后,左缸吸入的混凝土再通过滑阀输出口进入 Y 形管,完成一个吸、送行程。由于左、右主油缸是不断地交叉完成各自的吸、送行程,这样,料斗里的混凝土就源源不断地被输送到达作业点,完成泵送作业。混凝土泵泵送循环见表 5-14。

表 5-14 混凝土泵泵送循环

项目	活塞	滑阀	
吸入混凝土	缩回	吸入口放开	输出口关闭
输出混凝土	推进	吸入口关闭	输出口开放

将混凝土泵安装在汽车上称为臂架式混凝土泵车,它是将混凝土泵安装在汽车底盘上,并用液压折叠式臂架管道来运输混凝土,不需要在现场临时铺设管道,如图 5-34 所示。

5-24 混凝土泵送【视频】

(二) 泵送混凝土的要求

泵送混凝土除满足普通混凝土有关要求外,还应具备可泵性。可泵性与胶凝材料类型、砂级配及砂率、石颗粒大小及级配、水灰比及外加剂品种与掺量等因素有关。

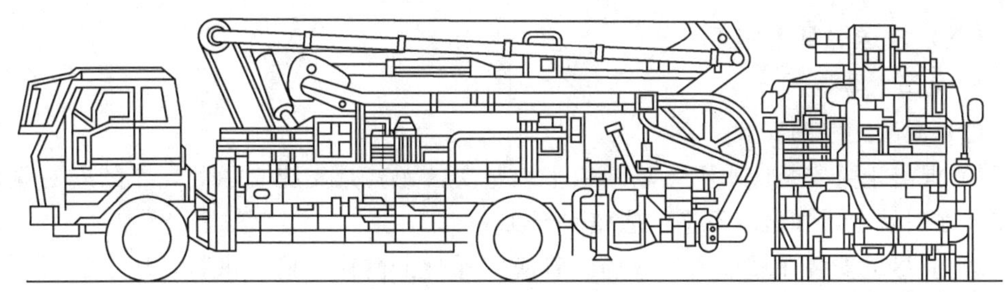

图 5-34 混凝土泵车

1. 原材料要求

(1) 胶凝材料。

1) 水泥。水泥品质应符合国家标准。泵送混凝土可选用硅酸盐水泥、普通水泥、矿渣水泥、粉煤灰水泥，不宜采用火山灰水泥，一般采用保水性好的硅酸盐水泥或普通硅酸盐水泥。泵送大体积混凝土时，应选用水化热低的水泥。

2) 粉煤灰。为节约水泥，保证混凝土拌和物具有必要的可泵性，在配制泵送混凝土时可掺入一定数量粉煤灰。粉煤灰质量应符合标准。

泵送混凝土的用水量与水泥及矿物掺合料的总量之比不宜大于 0.60，水泥和矿物掺合料的总量不宜小于 300kg/m³，砂率宜为 35%～45%，掺用引气型外加剂时，其混凝土含气量不宜大于 4%。胶凝材料用量建议采用表 5-15 中的数据。

表 5-15 泵送混凝土胶凝材料用量最小值

泵送条件	输送管直径/mm			输送管水平折算距离/m		
	100	125	150	<60	60～150	>150
胶凝材料用量/(kg/m³)	300	290	280	280	290	300

(2) 骨料。粗骨料的最大粒径与输送管径之比：当泵送高度在 50m 以下时，对碎石不宜大于 1∶3，对卵石不宜大于 1∶2.5；泵送高度为 50～100m 时，对碎石不宜大于 1∶4，对卵石不宜大于 1∶3；泵送高度在 100m 以上时，对碎石不宜大于 1∶5，对卵石不宜大于 1∶4。粗骨料应采用连续级配，且针片状颗粒含量不宜大于 10%。宜采用中砂，其通过 0.315mm 筛孔的颗粒含量不应小于 15%。

(3) 外加剂。为节约水泥及改善可泵性，常采用减水剂及泵送剂。泵送混凝土适用于需要采用泵送工艺混凝土的高层建筑，超缓凝泵送剂用于大体积混凝土，含防冻组分的泵送剂适用于冬季施工混凝土。

2. 坍落度

规范要求进泵混凝土拌和物坍落度一般宜为 8～14cm。但如果石子粒径适宜、级配良好、配合比适当，坍落度为 5～20cm 的混凝土也可泵送。当管道转弯较多时，由于弯管、接头多，压力损失大，应适当加大坍落度。向下泵送时，为防止混凝土因自重下滑而引起堵管，坍落度应适当减小。向上泵送时，为避免过大的倒流压力，坍落度也不能过大。

(三) 泵送混凝土施工

1. 施工准备

(1) 混凝土泵的安装。

1) 混凝土泵安装应水平，场地应平坦坚实，尤其是支腿支承处。严禁左右倾斜和安装在斜坡上，如地基不平，应整平夯实。

2) 应尽量安装在靠近施工现场。若使用混凝土搅拌运输车供料，还应注意车道和进出方便。

3) 长期使用时需在混凝土泵上方搭设工棚。

4) 混凝土泵安装应牢固：①支腿升起后，插销必须插准并锁紧并防止振动松脱；②布管后应在混凝土泵出口转弯的弯管和锥形管处，用钢钎固定，必要时还可用钢丝绳固定在地面上。

(2) 管道安装。泵送混凝土布管，应根据工程施工场地特点、最大骨料粒径、混凝土泵型号、输送距离及输送难易程度等进行选择与配置。布管时，应尽量缩短管线长度，少用弯管和软管；在同一条管线中，应采用相同管径的混凝土管；同时采用新、旧配管时，应将新管布置在泵送压力较大处，管线应固定牢靠，管接头应严密，不得漏浆；应使用无龟裂、无凸凹损伤和无弯折的配管。

1) 混凝土输送管的使用要求。①管径，输送管的管径取决于泵送混凝土粗骨料的最大粒径，见表 5-16；②管壁厚度，管壁厚度应与泵送压力相适应。使用管壁太薄的配管，作业中会产生爆管，使用前应清理检查。太薄的管应装在前端出口处。

表 5-16　泵送管道及配件

类别		规格
直管	管径/mm	100、125、150、175、200
	长度/m	4、3、2、1
弯管	水平角/(°)	15、30、45、60、90
	曲率半径/m	0.5、1.0
锥形管/mm		200→175、175→150、150→125、125→100
布料管	管径/mm	与主管相同
	长度/mm	约 6000

2) 布管。混凝土输送管线宜直，转弯宜缓，以减少压力损失；接头应严密，防止漏水漏浆；浇筑点应先远后近（管道只拆不接，方便工作）；前端软管应垂直放置，不宜水平布置使用。如需水平放置，切忌弯曲角过大，以防爆管。管道应合理固定，不影响交通运输，不搞乱已绑扎好的钢筋，不使模板振动；管道、弯头、零配件应有备品，可随时更换。垂直向上布管时，为减轻混凝土泵出口处压力，宜使地面水平管长度不小于垂直管长度的 1/4，一般不宜少于 15m。如条件限制可增加弯管或环形管满足要求。当垂直输送距离较大时，应在混凝土泵机 Y 形管出料口 3～6m 处的输送管根部设置销阀管（也称插管），以防混凝土拌和物反流，如图 5-35 所示。

斜向下布管时，当高差大于 20m 时，应在斜管下端设置 5 倍高差长度的水平管；如条件限制，可增加弯管或环形管满足以上要求，如图 5-36 所示。

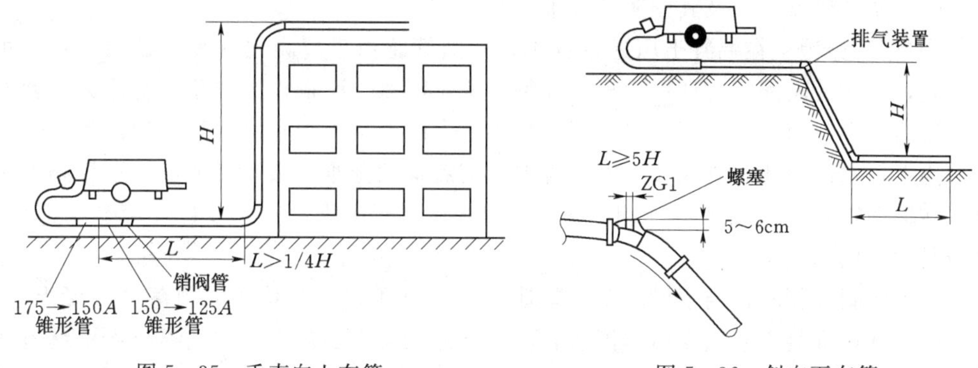

图 5-35 垂直向上布管

图 5-36 斜向下布管

当坡度大于 20°时，应在斜管上端设排气装置。泵送混凝土时，应先把排气阀打开，待输送管下段混凝土有了一定压力时，方可关闭排气阀。

(3) 混凝土泵空转。混凝土泵压送作业前应空转，方法是将排出量手轮旋至最大排量，给料斗加足水空转 10min 以上。

(4) 管道润滑剂的压送。混凝土泵开始连续泵送前要对配管泵送润滑剂。润滑剂有砂浆和水泥浆两种，一般常采用砂浆。砂浆的压送方法如下：

1) 配好砂浆。按设计配合比配制好砂浆。

2) 将砂浆倒入料斗，并调整排出量手轮至 20～30m^3/h 处，然后进行压送。当砂浆即将压送完毕时，即可倒入混凝土，直接转入正常压送。

3) 砂浆压送时出现堵塞时，可拆下最前面的一节配管，将其内部脱水块取出，接好配管，即可正常运转。

2. 混凝土的压送

(1) 混凝土压送。开始压送混凝土时，应使混凝土泵低速运转，注意观察混凝土泵的输送压力和各部位的工作情况，在确认混凝土泵各部位工作正常后，才提高混凝土泵的运转速度，加大行程，转入正常压送。

如管路有向下倾斜下降段时，要将排气阀门打开，在倾斜段起点塞一个用湿麻袋或泡沫塑料球做成的软塞，以防止混凝土拌和物自由下降或分离。塞子被压送的混凝土推送，直到输送管全部充满混凝土后，关闭排气阀门。

正常压送时，要保持连续压送，尽量避免压送中断。静停时间越长，混凝土分离现象就会越严重。当中断后再继续压送时，输送管上部泌水就会被排走，最后剩下的下沉粗骨料就易造成输送管的堵塞。

泵送时，受料斗内应经常有足够的混凝土，防止吸入空气造成阻塞。

(2) 压送中断措施。浇灌中断是允许的，但不得随意留施工缝。浇灌停歇压送中断期内，应采取一定的技术措施，防止输送管内混凝土离析或凝结而引起管路的堵塞。压送中断的时间，一般应限制在 1h 之内，夏季还应缩短。压送中断期内混凝土泵必须进行间隔推动，每隔 4～5min 一次，每次进行不少于 4 个行程的正、反转推动，以防止输送管的混凝土离析或凝结。如泵机停机时间超过45min，应将存留在导管内的混凝土排出，并加以清洗。

（3）压送管路堵塞及其预防、处理。

1）堵管原因。在混凝土压送过程中，输送管路由于混凝土拌和物品质不良、可泵性差，输送管路配管设计不合理，异物堵塞，混凝土泵操作方法不当等原因，常常造成管路堵塞。坍落度大，黏滞性不足，泌水多的混凝土拌和物容易产生离析，在泵压作用下，水泥浆体容易流失，而粗骨料下沉后推动困难，很容易造成输送管路的堵塞。在输送管路中混凝土流动阻力增大的部位（如Y型管、锥形管及弯管等部位）也极易发生堵塞。

向下倾斜配管时，当下倾配管下端阻压管长度不足，在使用大坍落度混凝土时，在下倾管处，混凝土会呈自由下流状态，在自流状态下混凝土易发生离析而引起输送管路的堵塞。由于对进料斗、输送管检查不严及压送过程中对骨料的管理不良，使混凝土拌和物中混入了大粒径的石块、砖块及短钢筋等而引起管路的堵塞。

混凝土泵操作不当，也易造成管路堵塞。操作时要注意观察混凝土泵在压送过程中的工作状态。压送困难、泵的输送压力异常及管路振动增大等现象都是堵塞的先兆，若在这种异常情况下，仍然强制高速压送，就易造成堵管。堵管原因见表5-17。

表5-17　　输送管堵塞原因

项目	堵塞原因	项目	堵塞原因
混凝土拌和物质量	1. 坍落度不稳定； 2. 砂子用量较少； 3. 石料粒径、级配超过规定； 4. 搅拌后停留时间超过规定； 5. 砂子、石子分布不匀	操纵方法	1. 混凝土排量过大； 2. 待料或停机时间过长
泵送管道	1. 使用了弯曲半径太小的弯管； 2. 使用了锥度太大的锥形管； 3. 配管凹陷或接口未对齐； 4. 管子和管接头漏水	混凝土泵	1. 滑阀磨损过大； 2. 活塞密封和输送缸磨损过大； 3. 液压系统调整不当，动作不协调

2）堵管的预防。防止输送管路堵塞，除混凝土配合比设计要满足可泵性的要求，配管设计要合理，加强混凝土拌制、运输、供应过程的管路确保混凝土的质量外，在混凝土压送时，还应采取以下预防措施：①严格控制混凝土的质量，对和易性和匀质性不符合要求的混凝土不得入泵，禁止使用已经离析或拌制后超过90min而未经任何处理的混凝土；②严格按操作规程的规定操作，在混凝土输送过程中，当出现压送困难、泵的输送压力升高、输送管路振动增大等现象时，混凝土泵的操作人员首先应放慢压送速度，进行正、反转往复推动，辅助人员用木槌敲击弯管、锥形管等易发生堵塞的部位，切不可强制高速压送。

3）堵管的排除。堵管后，应迅速找出堵管部位，及时排除。首先用木槌敲击管路，敲击时声音闷响说明已堵管。待混凝土泵卸压后，即可拆卸堵塞管段，取出管内堵塞混凝土。拆管时操作者勿站在管口的正前方，避免混凝土突然喷射。然后对剩余管段进行试压送，确认再无堵管后，才可以重新接管。

重新接入管路的各管段接头扣件的螺栓先不要拧紧（安装时应加防漏垫片），应待重新开始压送混凝土，把新接管段内的空气从管段的接头处排尽后，方可把各管段接头扣件的螺丝拧紧。

二、真空作业混凝土

为提高混凝土的密实性、抗冲耐磨性、抗冻性，以及增大强度，减少表面缩裂，可采用混凝土真空作业法。真空作业法借助于真空负压，将水从刚成型的混凝土拌和物中排出，减少水灰比，提高混凝土强度，同时使混凝土密实。

（一）真空作业系统

真空作业系统包括真空泵机组、真空罐、集水罐、连接器、气垫薄膜吸水装置等，如图 5-37 所示。

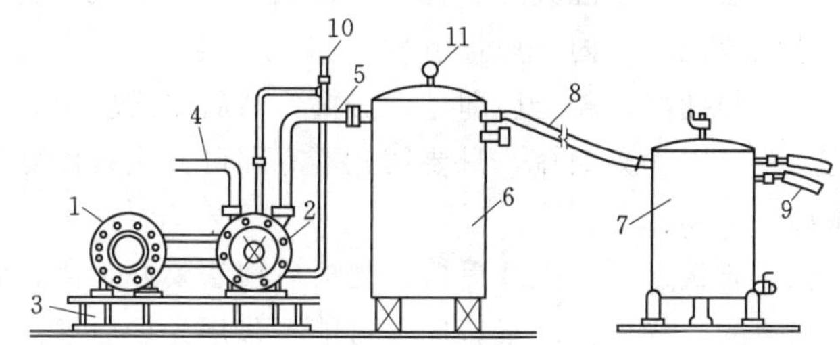

图 5-37 真空作业系统

1—电机；2—真空泵；3—基础支架；4—排水管；5—吸水管；6—真空罐；7—集水罐；8—橡皮吸入总管；9—橡皮吸入管；10—给水管；11—真空计

（二）真空吸水施工

1. 混凝土拌和物

采用真空吸水的混凝土拌和物，按设计配合比适当增大用水量，水灰比可为 0.48～0.55，其他材料维持原设计不变。

2. 作业面准备

按常规方法将混凝土振捣密实，抹平。因真空作业后混凝土面有沉降，此时混凝土应比设计高度略高 5～10mm，具体数据由试验确定。然后在过滤布上涂上一层石灰浆或其他防止黏结的材料，以防过滤布与混凝土黏结。

3. 真空作业

混凝土振捣抹平后 15min，应开始真空作业。开机后真空度应逐渐增加，当达到要求的真空度（500～600kPa），开始正常出水后，真空度保持均匀。结束吸水工作前，真空度应逐渐减弱，防止在混凝土内部留下出水通路，影响混凝土的密实度。

5-25 路面混凝土真空脱水作业【图片】

真空吸水作业完成后要进一步对混凝土表面研压抹光，保证表面的平整。

在气温低于 8℃的条件下进行真空作业时，应注意防止真空系统内水分冻结。真空系统各部位应采取防冻措施。

每次真空作业完毕，模板、吸盘、真空系统和管道应清洗干净。

三、埋石混凝土施工

混凝土施工中，为节约水泥，降低混凝土的水化热，常埋设大量块石。埋设块石的混凝土即称为埋石混凝土。

埋石混凝土对埋放块石的质量要求是：石料无风化现象和裂隙，完整，形状方正，并经冲洗干净风干。块石大小不宜小于 300～400mm。

埋石混凝土的埋石方法采用单个埋设法，即先铺一层混凝土，然后将块石均匀地摆上，块石与块石之间必须有一定距离。

(1) 先埋后振法。即铺填混凝土后，先将块石摆好，然后将振捣器插入混凝土内振捣。先埋后振法的块石间距不得小于混凝土粗骨料最大粒径的两倍。由于施工中有时块石供应赶不上混凝土的浇筑，特别是人工抬石入仓更难与混凝土铺设取得有节奏的配合，因此先埋后振法容易使混凝土放置时间过长，失去塑性，造成混凝土振动不良，块石未能很好地沉放混凝土内等质量事故。

(2) 先振后埋法。即铺好混凝土后即进行振捣，然后再摆块石。这样人工抬石比较省力，块石间的间距可以大大缩短，只要彼此不靠即可。块石摆好后再进行第二次混凝土的铺填和振捣。

从埋石混凝土施工质量来看，先埋后振比先振后埋法要好，因为，块石是借振动作用挤压到混凝土内去的。为保证质量，应尽可能不采用先振后埋法。

埋石混凝土块石表面凸凹不平，振捣时低凹处水分难于排出，形成块石表面水分过多；水泥砂浆泌出的水分往往集中于块石底部；混凝土本身的分离，粗骨料下降，水分上升，形成上部松散层；埋石延长了混凝土的停置时间，使它失去塑性，以致难于捣实。这些原因会造成块石与混凝土的胶结强度难以完全得到保证，容易造成渗漏事故。因此迎水面附近 1.5m 内，应用普通防渗混凝土，不埋块石；基础附近 1.0m 内，廊道、大孔洞周围 1.0m 内，模板附近 0.3m 内，钢筋和止水片附近 0.15m 内，都要采用普通混凝土，不埋块石。

四、堆石混凝土施工

堆石混凝土（Rock Filled Concrete，RFC），是利用自密实混凝土（SCC）的高流动、抗分离性能好以及自流动的特点，在粒径较大的块石（在实际工程中可采用块石粒径在 300mm 以上）内随机充填自密实混凝土而形成的混凝土堆石体。它具有水泥用量少、水化温升小、综合成本低、施工速度快、良好的体积稳定性、层间抗剪能力强等优点，在迄今进行的筑坝试验中已取得了初步的成果。

堆石混凝土在大体积混凝土工程中具有广阔的应用前景，目前主要用于堆石混凝土大坝施工。

1. 堆石混凝土浇筑仓面处理

基岩面要求：清除松动块石，杂物、泥土等，冲洗干净且无积水。对于从建基面开始浇筑的堆石混凝土，宜采用抛石型堆石混凝土施工方法。

仓面控制标准：自密实混凝土浇筑宜以大量块石高出浇筑面 50～150mm 为限，

加强层面结合。

无防渗要求部位：清洗干净无杂物，可简单拉毛处理。

有防渗要求部位：需凿毛处理。无杂物，无乳皮成毛面，表面清洗干净无积水。

2. 入仓堆石要求

(1) 堆石混凝土所用的堆石材料应是新鲜、完整、质地坚硬、不得有剥落层和裂纹。堆石料粒径不宜小于300mm，不宜超过1.0m，当采用150～300mm粒径的堆石料时应进行论证；堆石料最大粒径不应超过结构断面最小边长的1/4、厚度的1/2。

(2) 堆石的饱和抗压强度不宜低于表5-18的要求。

表5-18　　堆石的饱和抗压强度要求

堆石混凝土设计标号	$C_{90}10$	$C_{90}15$	$C_{90}20$	$C_{90}25$	$C_{90}30$	$C_{90}35$
堆石的饱和抗压强度/MPa	≥30			≥40		≥50

注　有抗冻要求的表层混凝土和上游防渗区的堆石混凝土应提高要求。

(3) 堆石料含泥量、泥块含量应符合表5-19的指标要求。

表5-19　　堆石料指标要求

项　目	含泥量	泥块含量
指标	≤0.5%	不允许

(4) 码砌块石时，对入仓块石进行选择性摆放，并保证外侧块石与外侧模板之间空隙在5～8cm为宜。

3. 混凝土拌制

自密实混凝土(SCC)一般采用硅酸盐水泥、普通硅酸盐水泥配制，其混凝土和易性、匀质性好，混凝土硬化时间短。水泥用量一般为350～450kg/m^3。一般掺用粉煤灰。选用高效减水剂或高性能减水剂，可使商品混凝土获得适宜的黏度及良好的黏聚性、流动性、保塑性。

自密实混凝土宜使用强制式拌和机，当采用其他类型的搅拌设备时，应根据需要适当延长搅拌时间。

4. 混凝土浇筑

混凝土采用混凝土输送泵输送至仓面，对仓面较长的情况，按照3～4m方块内至少设置一个下料点。为防止浇筑高度不一致对模板产生影响，必须保证平衡浇筑上升，并保证供料强度，以免下一铺料层在未初凝的情况下及时覆盖。

自密实混凝土平衡浇筑至表面出现外溢，块石满足80%左右尖角出露5cm以上为宜，以便下一仓面与之结合良好。

5. 混凝土养护

堆石混凝土浇筑完成72h后，模板方可拆除。采用清水进行喷雾养护，对低温天气，采用保温被覆盖养护，其养护时间不得低于28d。

五、高性能混凝土施工

高性能混凝土是指具有好的工作性、早期强度高而后期强度不倒缩、韧性好、体积稳定性好、在恶劣的使用环境条件下寿命长和匀质性好的混凝土。

高性能混凝土一般既是高强混凝土（C60～C100），也是流态混凝土（坍落度大于200mm）。因为高强混凝土强度高、耐久性好、变形小，流态混凝土具有大的流动性、混凝土拌和物不离析、施工方便。高性能混凝土也可以是满足某些特殊性能要求的匀质性混凝土。

要求混凝土高强，就必须胶凝材料本身高强；胶凝材料结石与骨料结合力强；骨料本身强度高、级配好、最大粒径适当。因此，配制高性能混凝土的水泥一般选用R型硅酸盐水泥或普通硅酸盐水泥，强度等级不低于42.5MPa。混凝土中掺入超细矿物质材料（如硅粉、超细矿渣或优质粉煤灰等）以增强水泥石与骨料界面的结合力。配制高性能混凝土的细骨料宜采用颗粒级配良好、细度模数大于2.6的中砂。砂中含泥量不应大于1.0%，且不含泥块。粗骨料应为清洁、质地坚硬、强度高，最大粒径不大于31.5mm的碎石或卵石。其颗粒形状应尽量接近立方体形或圆形。使用前应进行仔细清洗以排除泥土及有害杂质。

为达到混凝土拌和物流动性要求，必须在混凝土拌和物中掺高效减水剂（或称超塑化剂、硫化剂）。常用的高效减水剂有三聚氰胺硫酸盐甲醛缩合物、萘磺酸盐甲醛缩合物和改性木质素磺酸盐等。高效减水剂的品种及掺量的选择，除与要求的减水率大小有关外，还与减水剂和胶凝材料的适应性有关。高效减水剂的选择及掺入技术是决定高性能混凝土各项性能的关键之一，需经试验研究确定。

高性能混凝土中也可以掺入某些纤维材料以提高其韧性。

高性能混凝土是水泥混凝土的发展方向之一。它将广泛地被用于桥梁工程、高层建筑、工业厂房结构、港口及海洋工程、水工结构等工程中。

（一）高性能混凝土原材料

（1）细骨料。细骨料宜选用质地坚硬、洁净、级配良好的天然中、粗河砂，其质量要求应符合普通混凝土用砂石标准中的规定。砂的粗细程度对混凝土强度有明显的影响，一般情况下，砂子越粗，混凝土的强度越高。配制C50～C80的混凝土用砂宜选用细度模数大于2.3的中砂，对于C80～C100的混凝土用砂宜选用细度模数大于2.6的中砂或粗砂。

（2）粗骨料。高性能混凝土必须选用强度高、吸水率低、级配良好的粗骨料。宜选择表面粗糙、外形有棱角、针片状含量低的硬质砂岩、石灰岩、花岗岩、玄武岩碎石，级配符合规范要求。由于高性能混凝土要求强度较高，就必须使粗骨料具有足够高的强度，一般粗骨料强度应为混凝土强度的115～210倍或控制压碎指标值>10%。最大粒径不应大于25mm，以10～20mm为佳，这是因为较小粒径的粗骨料内部产生缺陷的概率减小，与砂浆的黏结面积增大，且界面受力较均匀。另外，粗骨料还应注意骨料的粒型、级配和岩石种类，一般采取连续级配，其中尤以级配良好、表面粗糙的石灰岩碎石为最好。粗骨料的线膨胀系数要尽可能小，这样能大大减小温度应力，从而提高混凝土的体积稳定性。

（3）细掺合料。配制高性能混凝土时，掺入活性细掺合料可以使水泥浆的流动性大为改善，空隙得到充分填充，使硬化后的水泥石强度有所提高。更重要的是，加入活性细掺合料改善了混凝土中水泥石与骨料的界面结构，使混凝土的强度、抗渗性与耐久性均得到提高。活性细掺合料是高性能混凝土必用的组成材料。在高性能混凝土中常用的活性细掺合料有硅粉（SF）、磨细矿渣粉（BFS）、粉煤灰（FA）、天然沸石粉（NZ）等。粉煤灰能有效提高混凝土的抗渗性，显著改善混凝土拌和物的工作性。配制高性能混凝土的粉煤灰宜用含碳量低、细度低、需水量低的优质粉煤灰。

（4）减水剂及缓凝剂。由于高性能混凝土具有较高的强度，且一般混凝土拌和物的坍落度较大（15～20cm 左右），在低水胶比（一般小于 0.35）一般的情况下，要使混凝土具有较大的坍落度，就必须使用高效减水剂，且其减水率宜在 20%以上。有时为减少混凝土坍落度的损失，在减水剂内还宜掺有缓凝的成分。此外，由于高性能混凝土水胶比低，水泥颗粒间距小，能进入溶液的离子数量也少，因此减水剂对水泥的适应性表现更为敏感。

（二）高性能混凝土的施工控制

1. 搅拌

混凝土原材料应严格按照施工配合比要求进行准确称量，采用卧轴式、行星式或逆流式强制搅拌机搅拌混凝土，采用电子计量系统计量原材料。搅拌时间不宜少于 2min，也不宜超过 3min。炎热季节或寒冷季节搅拌混凝土时，必须采取有效措施控制原材料温度，以保证混凝土的入模温度满足规定。

2. 运输

应采取有效措施，保证混凝土在运输过程中保持均匀性及各项工作性能指标不发生明显波动。应对运输设备采取保温隔热措施，防止局部混凝土温度升高（夏季）或受冻（冬季）。应采取适当措施防止水分进入运输容器或蒸发。

3. 浇筑

（1）混凝土入模前，应采用专用设备测定混凝土的温度、坍落度、含气量、水胶比及泌水率等工作性能，只有拌和物性能符合设计或配合比要求的混凝土方可入模浇筑。混凝土的入模温度一般宜控制在 5～30℃。

（2）混凝土浇筑时的自由倾落高度不得大于 2m。当大于 2m 时，应采用滑槽、串筒、漏斗等器具辅助输送混凝土，保证混凝土不出现分层离析现象。

（3）混凝土的浇筑应采用分层连续推移的方式进行，间隙时间不得超过 90min，不得随意留置施工缝。

（4）新浇混凝土与邻接的已硬化混凝土或岩土介质间浇筑时的温差不得大于 15℃。

4. 振捣

可采用插入式振动棒、附着式平板振捣器、表面平板振捣器等振捣设备振捣混凝土。振捣时应避免碰撞模板、钢筋及预埋件。采用插入式振捣器振捣混凝土时，宜采用垂直点振方式振捣。每点的振捣时间以表面泛浆或不冒大气泡为准，一般不宜超过 30s，避免过振。若需变换振捣棒在混凝土拌和物中的水平位置，应首先竖向缓慢将振捣棒拔出，然后再将振捣棒移至新的位置，不得将振捣棒放在拌和物内平拖。

5. 养护

高性能混凝土早期强度增长较快，一般 3d 达到设计强度的 60%，7d 达到设计强度的 80%，因而，混凝土早期养护特别重要。通常在混凝土浇筑完毕后以带模养护为主，浇水养护为辅，使混凝土表面保持湿润。养护时间不少于 14d。

6. 质量检验控制

除施工前严格进行原材料质量检查外，在混凝土施工过程中，应对混凝土的以下指标进行检查和控制：混凝土拌和物的水胶比、坍落度、含气量、入模温度、泌水率、匀质性；硬化混凝土的标准养护试件抗压强度、同条件养护试件抗压强度、抗渗性等。

六、纤维混凝土施工

纤维混凝土是以混凝土为基材，外掺各种纤维材料而成的水泥基复合材料。纤维一般可分为两类：一类为高弹性模量的纤维，包括玻璃纤维、钢纤维和碳纤维等；另一类为低弹性模量的纤维，如尼龙、聚丙烯、人造丝以及植物纤维等。目前，实际工程中使用的纤维混凝土有钢纤维混凝土、聚丙烯纤维混凝土、玻璃纤维混凝土及石棉水泥制品等。

1. 钢纤维混凝土

普通钢纤维混凝土主要用纸碳钢钢纤维，耐热钢纤维混凝土等则用不锈钢钢纤维。

钢纤维的外形有长直圆截面、扁平截面两端带弯钩、两端断面较大的哑铃形及方截面螺旋形等多种。长直形圆截面钢纤维的直径一般为 0.25～0.75mm，长度为 20～60mm。扁平截面两端有钩的钢纤维，厚为 0.15～0.40mm，宽 0.5～0.9mm，长度也是 20～60mm。钢纤维掺量以体积率表示，一般为 0.5%～2.0%。

钢纤维混凝土物理力学性能显著优于素混凝土。如适当纤维掺量的钢纤维混凝土抗压强度可提高 15%～25%，抗拉强度可提高 30%～50%，抗弯强度可提高 50%～100%，韧性可提高 10～50 倍，抗冲击强度可提高 2～9 倍。耐磨性、耐疲劳性等也有明显增加。

钢纤维混凝土广泛应用于道路工程、机场地平及跑道、防爆及防振结构，以及要求抗裂、抗冲刷和抗气蚀的水利工程、地下洞室的衬砌、建筑物的维修等。施工方法除普通的浇筑法外，还可用泵送灌注法、喷射法及作预制构件。

2. 聚丙烯纤维混凝土及碳纤维增强混凝土

聚丙烯纤维（也称丙纶纤维）可单丝或以捻丝形状掺于水泥混凝土中，纤维长度为 10～100mm 者较好，通常掺入量为 0.40%～0.45%（体积比）。聚丙烯纤维的价格便宜，但其弹性模量仅为普通混凝土的 1/4，对混凝土增强效果并不显著，但可显著提高混凝土的抗冲击能力和疲劳强度。

碳纤维是由石油沥青或合成高分子材料经氧化、碳化等工艺生产出的。碳纤维属高强度、高弹性模量的纤维，作为一种新材料广泛应用于国防、航天、造船、机械工业等尖端工程。碳纤维增强水泥混凝土具有高强、高抗裂、高抗冲击韧性、高耐磨等多种优越性能。

3. 玻璃纤维混凝土

普通玻璃纤维易受水泥中碱性物质的腐蚀，不能用于配制玻璃纤维混凝土。因此，玻璃纤维混凝土是采用抗碱玻璃纤维和低碱水泥配制而成的。

抗碱玻璃纤维是由含一定量氧化铝的玻璃制成的。国产抗碱玻璃纤维有无捻粗纱和网格布两种形式。无捻粗纱可切割成任意长度的短纤维单丝，其直径为 0.012～0.014mm，掺入纤维体积率为 2%～5%。把它与水泥浆等拌和后可浇筑成混凝土构件，也可用喷射法成型；网格布可用铺网喷浆法施工，纤维体积率为 2%～3%。

水泥应采用碱度低、水泥石结构致密的硫铝酸盐水泥。

玻璃纤维混凝土的抗冲击性、耐热性、抗裂性等都十分优越。但长期耐久性有待进一步考查。故现阶段主要用于非承重结构或次要承重结构，如屋面瓦、天花板、下水道管、渡槽、粮仓等。

4. 石棉水泥制品

石棉水泥材料是以温石棉加入水泥浆中，经辊碾加压成型、蒸汽养护硬化后制成的人造石材。

石棉具有纤维结构，耐碱性强，耐酸性弱，抗拉强度高。石棉在制品中起类似钢筋的加固作用，提高了制品的抗拉和抗弯强度。硬化后的水泥制品具有较高的弹性、较小的透水性，以及耐热性好、抗腐蚀性好、导热系数小及导电性小等优点。主要制品有屋面制品（各种石棉瓦）、墙壁制品（加压平板、大型波板）、管材（压力管、通风管等）及电气绝缘板等。

七、清水混凝土施工

清水混凝土按其表面的装饰效果分为三类：普通清水混凝土、饰面清水混凝土、装饰清水混凝土。普通清水混凝土系指混凝土表面颜色基本一致，对饰面效果无特殊要求的混凝土工程；饰面清水混凝土系指以混凝土本身的自然质感和有规律的对拉螺栓孔眼、明缝、蝉缝组合形成的自然状态作为饰面效果的混凝土工程；装饰清水混凝土系指混凝土表面形成装饰图案、镶嵌装饰物或彩色的清水混凝土工程。

1. 混凝土要求

清水混凝土原材料除符合现行国家标准规定外，还应符合以下规定：

（1）混凝土的原材料应有足够的存储量，同一视觉范围的混凝土原材料的颜色和技术参数宜一致。

（2）宜选用强度高于 42.5 等级的硅酸盐水泥、普通硅酸盐水泥。同一工程的水泥宜为同一厂家、同一品种、同一强度等级。

（3）粗骨料应连续级配良好，颜色均匀、洁净，含泥量小于 1%，泥块含量小于 0.5%，针片状颗粒不大于 15%。

（4）细骨料应选择连续级配良好的河砂或人工砂，细度模数应大于 2.6（中砂），含泥量不应大于 1.5%，泥块含量不大于 1.0%。

(5) 掺合料应对混凝土及钢材无害，拌和物的和易性好，同一工程所用的掺合料应来自同一厂家、同一品种。粉煤灰宜选用Ⅰ级。

(6) 对室外部位或室内易受潮部位的混凝土，骨料宜选用非碱活性骨料。

2. 清水混凝土拌和物的制备

清水混凝土应强制搅拌，每次搅拌时间宜比普通混凝土延长 20～30s。同一视觉范围内所用混凝土拌和物的制备环境、参数应一致。制备成的混凝土拌和物应工作性能稳定，无离析泌水现象，90min 的坍落度经时损失应小于 30%。混凝土拌和物入泵坍落度值：柱混凝土宜为（150±10)mm，墙、梁、板的混凝土宜为（170±10)mm。

3. 混凝土运输

混凝土拌和物的运输宜采用专用运输车，装料前容器内应清洁、无积水。

混凝土拌和物从搅拌结束到混凝土入模前不宜超过 120min，严禁添加配合比以外用水或外加剂。

到场混凝土应逐车检查坍落度，不得有分层、离析等现象。

4. 混凝土浇筑

混凝土拌和物的运输宜采用专用运输车，装料前容器内应清洁、无积水。

浇筑前应先清理模板内垃圾和模板内侧的灰浆，保持模板内清洁、无积水。

竖向构件浇筑时，应严格控制分层浇筑的间隔时间和浇筑方法。分层厚度不宜超过 500mm。应在根部浇筑 50mm 厚与混凝土强度同配合比减石子水泥砂浆。自由下料高度应控制在 2m 以内。同一柱子宜用同一罐车的混凝土。

门窗洞口的混凝土浇筑，宜从洞口两侧同时浇筑。

混凝土振捣时，振捣棒插入下层混凝土表面的距离应大于 50mm。要求振捣均匀，严禁漏振、过振、欠振。

5. 混凝土养护

5-26
第五章第二节
测试题
【测试题】

混凝土拆模后应立即养护，对同一视觉范围内的混凝土应采用相同的养护措施。不得采用对混凝土表面有污染的养护材料和养护剂。

6. 施工缝

施工缝的处理应满足清水混凝土的饰面效果和结构要求，饰面效果应与相邻部位一致。

第三节 预应力钢筋混凝土施工

一、先张法预应力混凝土施工

先张法是在浇筑混凝土之前张拉钢筋（钢丝）产生预应力。一般用于预制梁、板等构件。预应力混凝土板生产工艺流程如图 5-38 所示。先张法一般用于预制构件厂生产定型的中小型构件，如楼板、屋面板、檩条及吊车梁等。

先张法生产时，可采用台座法和机组流水法。采用台座法时，预应力筋的张拉、锚固，混凝土的浇筑、养护及预应力筋放松等均在台座上进行。预应力筋放松前，其拉力由台座承受。采用机组流水法时，构件连同钢模通过固定的机组，按流水方式完成（张拉、锚固、混凝土浇筑和养护）每一生产过程。预应力筋放松前，其拉力由钢模承受。

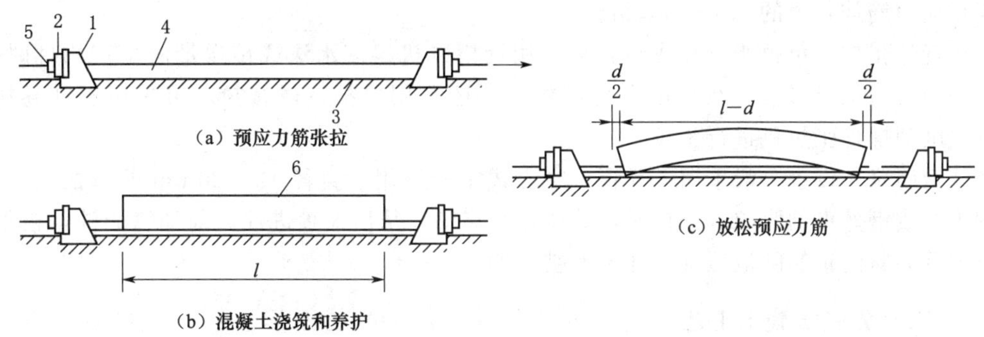

图 5 - 38　先张法生产示意图

1—台座；2—横梁；3—台面；4—预应力筋；5—夹具；6—构件

(一) 先张法施工准备

1. 台座

台座由台面、横梁和承力结构等组成，是先张法生产的主要设备。预应力筋张拉、锚固，混凝土浇筑、振捣和养护及预应力筋放张等全部施工过程都在台座上完成。预应力筋放松前，台座承受全部预应力筋的拉力。因此，台座应有足够的强度、刚度和稳定性。台座一般采用墩式台座和槽式台座。

槽式台座由端柱、传力柱、横梁和台面组成，如图 5 - 39 所示。槽式台座既可承受拉力，又可作蒸汽养护槽，适用于张拉吨位较高的大型构件，如屋架、吊车梁等。槽式台座需进行强度和稳定性计算。端柱和传力柱的强度按钢筋混凝土结构偏心受压构件计算。槽式台座端柱抗倾覆力矩由端柱、横梁自重力矩及部分张拉力矩组成。

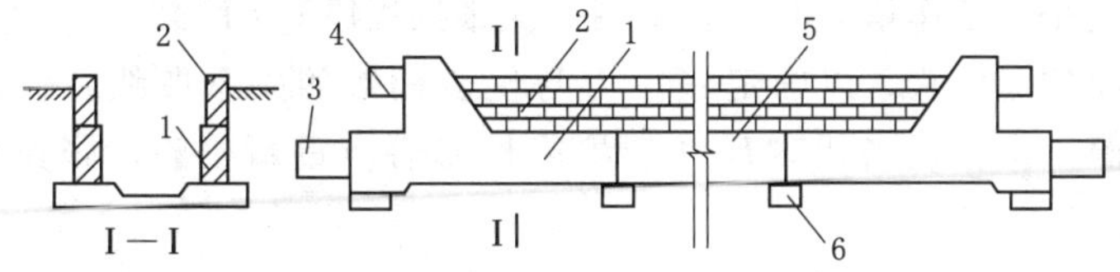

图 5 - 39　槽式台座

1—钢筋混凝土端柱；2—砖墙；3—下横梁；4—上横梁；5—传力柱；6—柱垫

2. 夹具

夹具是先张法构件施工时保持预应力筋拉力，并将其固定在张拉台座（或设备）上的临时性锚固装置。按其工作用途不同分为锚固夹具和张拉夹具。

钢丝锚固夹分为圆锥齿板式夹具和镦头夹具；钢筋锚固常用圆套筒三片式夹具，由套筒和夹片组成。

张拉夹具是夹持住预应力筋后，与张拉机械连接起来进行预应力筋张拉的机具。

常用的张拉夹具有月牙形夹具、偏心式夹具、楔形夹具等。

3. 张拉设备

张拉机具的张拉力应不小于预应力筋张拉力的 1.5 倍，张拉机具的张拉行程不小于预应力筋伸长值的 1.1～1.3 倍。

钢丝张拉分单根张拉和成组张拉。用钢模以机组流水法或传送带法生产构件时，常采用成组钢丝张拉。在台座上生产构件一般采用单根钢丝张拉，可采用电动卷扬机、电动螺杆张拉机进行张拉。

钢筋张拉设备一般采用千斤顶，穿心式千斤顶用于直径 12～20mm 的单根钢筋、钢绞线或钢丝束的张拉。张拉时，高压油泵启动，从后油嘴进油，前油嘴回油，被偏心夹具夹紧的钢筋随液压缸的伸出而被拉伸。

（二）先张法施工工艺

1. 张拉控制应力和张拉程序

张拉控制应力是指在张拉预应力筋时所达到的规定应力，应按设计规定采用。控制应力的数值直接影响预应力的效果。施工中采用超张拉工艺，使超张拉应力比控制应力提高 3%～5%。

预应力筋的张拉控制应力，应符合设计要求。施工中预应力筋需要超张拉时，可比设计要求提高 3%～5%，但其最大张拉控制应力不得超过规定。

张拉程序可按下列之一进行：

$$0 \rightarrow 105\%\sigma_{con} \xrightarrow{\text{持荷 } 2\sim5\text{min}} \sigma_{con}$$

或

$$0 \rightarrow 103\%\sigma_{con}$$

式中 σ_{con}——预应力筋的张拉控制应力。

为了减少应力松弛损失，预应力钢筋宜采用 $0 \rightarrow 105\%\sigma_{con} \xrightarrow{\text{持荷 } 2\sim5\text{min}} \sigma_{con}$。

预应力钢丝张拉工作量大时，宜采用一次张拉程序 $0 \rightarrow 103\%\sigma_{con}$。

张拉设备应配套校验，以确定张拉力与仪表读数的关系曲线，保证张拉力的准确，每半年校验一次。设备出现反常现象或检修后应重新校验。张拉设备宜定岗负责，专人专用。

2. 预应力筋（丝）的铺设

长线台座面（或胎模）在铺放钢丝前，应清扫并涂刷隔离剂。一般涂刷皂角水溶性隔离剂，易干燥，污染钢筋易清除。涂刷均匀不得漏涂，待其干燥后，铺设预应力筋，一端用夹具锚固在台座横梁的定位承力板上，另一端卡在台座张拉端的承力板上待张拉。在生产过程中，应防止雨水或养护水冲刷掉台面隔离剂。

（三）预应力筋的张拉

1. 张拉前的准备

查预应力筋的品种、级别、规格、数量（排数、根数）是否符合设计要求；预应力筋的外观质量应全数检查，预应力筋应符合展开后平顺，没有弯折，表面无裂纹、小刺、机械损伤、氧化铁皮和油污等；张拉设备是否完好，测力装置是否校核准确；横梁、定位承力板是否贴合及严密稳固；在浇筑混凝土前发生断裂或滑脱的预应力筋必须予以更换；张拉、锚固预应力筋应专人操作，实行岗位责任制，并做好预应力筋张拉记录；在已张拉钢筋（丝）上进行绑扎钢筋、安装预埋铁件、支撑安装模板等操作时，要防止踩踏、敲击或碰撞钢丝。

2. 混凝土的浇筑与养护

为了减少混凝土的收缩和徐变引起的预应力损失，在确定混凝土配合比时，应优先选用干缩性小的水泥，采用低水灰比，控制水泥用量，对骨料采取良好的级配等技术措施。预应力钢丝张拉、绑扎钢筋、预埋铁件安装及立模工作完成后，应立即浇筑混凝土，每条生产线应一次连续浇筑完成。采用机械振捣密实时，要避免碰撞钢丝。混凝土未达到一定强度前，不允许碰撞或踩踏钢丝。预应力混凝土可采用自然养护或湿热养护，自然养护不得少于 14d。干硬性混凝土浇筑完毕后，应立即覆盖进行养护。当预应力混凝土采用湿热养护时，要尽量减少由于温度升高而引起的预应力损失。为了减少温差造成的应力损失，采用湿热养护时，在混凝土未达到一定强度前，温差不要太大，一般不超过 20℃。

（四）预应力筋放张

1. 放张顺序

应力筋放张时，应缓慢放松锚固装置，使各根预应力筋缓慢放松；预应力筋放张顺序应符合设计要求，当设计未规定时，要求承受轴心预应力构件的所有预应力筋应同时放张；承受偏心预压力构件，应先同时放张预压力较小区域的预应力筋，再同时放张预压力较大区域的预应力筋。长线台座生产的钢弦构件，剪断钢丝宜从台座中部开始；叠层生产的预应力构件，宜按自上而下的顺序进行放松；板类构件放松时，从两边逐渐向中心进行。

2. 放张方法

对于中小型预应力混凝土构件，预应力丝的放张宜从生产线中间处开始，以减少回弹量且有利于脱模；对于构件应从外向内对称、交错逐根放张，以免构件扭转、端部开裂或钢丝断裂。放张单根预应力筋，一般采用千斤顶放张，构件预应力筋较多时，整批同时放张可采用砂箱、楔块等放松装置。

二、后张法预应力混凝土施工

后张法是在混凝土浇筑的过程中，预留孔道，待混凝土构件达到设计强度后，在孔道内穿主要受力钢筋，张拉锚固建立预应力，并在孔道内进行压力灌浆，用水泥浆包裹保护预应力钢筋。后张法主要用于制作大型吊车梁、屋架以及用于提高闸墩的承载能力。其工艺流程如图 5－40 所示。

（一）预应力筋锚具和张拉机具

1. 单根粗钢筋锚具

单根粗钢筋的预应力筋，如果采用一端张拉，则在张拉端用螺丝端杆锚具，固定端用帮条锚具或镦头锚具；如果采用两端张拉，则两端均用螺丝端杆锚具。螺栓端杆锚具如图5-41所示。镦头锚具由镦头和垫板组成。

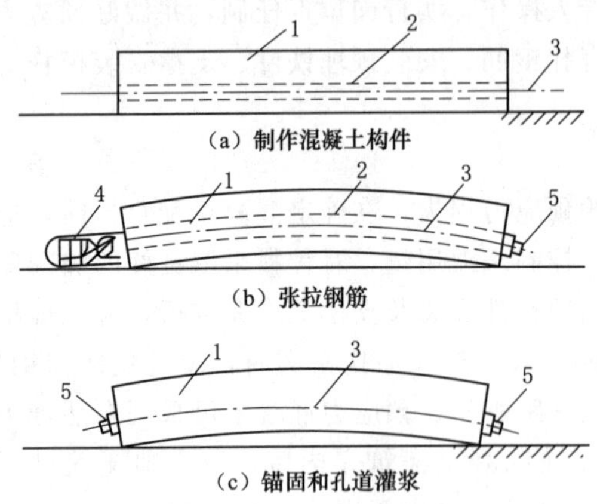

图5-40 预应力混凝土后张法生产示意图
1—混凝土构件；2—预留孔道；3—预应力筋；4—千斤顶；5—锚具

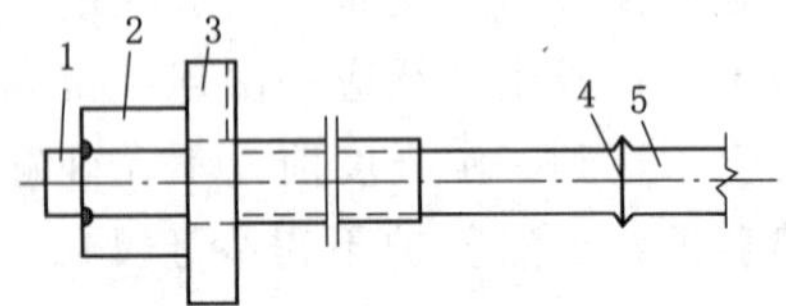

图5-41 螺丝端杆锚具
1—端杆；2—螺母；3—垫板；4—焊接接头；5—钢筋

2. 张拉设备

与螺枪端杆锚具配套的张拉设备为拉杆式千斤顶，常用的有YL20型、YL60型油压千斤顶。YL60型千斤顶是一种通用型的拉杆式液压千斤顶，适用于张拉采用螺枪端杆锚具的粗钢筋、锥形螺杆锚具的钢丝束及镦头锚具的钢筋束。

3. 钢筋束、钢绞线锚具

钢筋束、钢绞线采用的锚具有JM型、XM型、QM型和镦头锚具。JM型锚具由锚环与夹片组成。

钢筋束、钢绞线的制作：钢筋束所用钢筋成圆盘供应，不需对焊接头。钢筋束或钢绞线束预应力筋的制作包括开盘冷拉、下料、编束等工序。预应力钢筋束下料应在冷拉后进行。当采用镦头锚具时，则应增加镦头工序。

当采用JM型或XM型锚具，用穿心式千斤顶张拉时，钢筋束和钢丝束的下料长度L应等于构件孔道长度加上两端为张拉、锚固所需的外露长度。

4. 钢丝束锚具

钢丝束用作预应力筋时，由几根到几十根直径3～5mm的平行碳素钢丝组成。其固定端采用钢丝束镦头锚具，张拉端锚具可采用钢质锥形锚具、锥形螺杆锚具、XM型锚具。锥形螺杆锚具用于锚固14、16、20、24或28根直径为5mm的碳素钢丝。

锥形螺杆锚具、钢丝束镦头锚具宜采用拉杆式千斤顶（YL60型）或穿心式千斤顶（YC60型）张拉锚固。钢质锥形锚具应用锥锚式双作用千斤顶（常用YZ60型）张拉锚固。

（二）后张法施工工艺

后张法施工工艺与预应力施工有关的是孔道留设、预应力筋或钢丝束制作、预应力筋张拉和孔道灌浆 4 部分。

1. 孔道留设

构件中留设孔道主要为穿预应力钢筋（束）及张拉锚固后灌浆用。孔道留设要求：孔道直径应保证预应力筋（束）能顺利穿过；孔道应按设计要求的位置、尺寸埋设准确、牢固，浇筑混凝土时不应出现移位和变形；在设计规定位置上留设灌浆孔；在曲线孔道的曲线波峰部位应设置排气兼泌水管，必要时可在最低点设置排水管；灌浆孔及泌水管的孔径应能保证浆液流动畅通。

预留孔道形状有直线、曲线和折线形，孔道留设方法有钢管抽芯法、胶管抽芯法和预埋管法。

2. 预应力筋或钢丝束制作

（1）单根粗钢筋预应力筋制作。单根粗钢筋预应力筋的制作，包括配料、对焊、冷拉等工序。预应力筋的下料长度应计算确定，计算时要考虑结构构件的孔道长度、锚具厚度、千斤顶长度、焊接接头或镦头的预留量、冷拉伸长值、弹性回缩值等。如图 5－42 所示，两端用螺栓端杆锚具预应力筋的下料长度按式（5－1）计算：

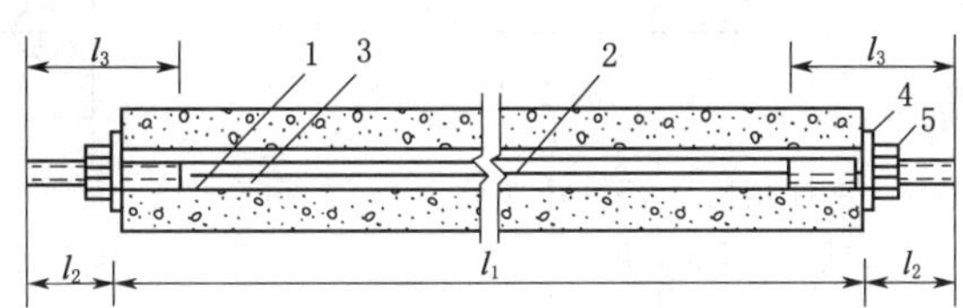

图 5－42　粗钢筋下料长度计算示意图

1—螺丝端杆；2—预应力钢筋；3—对焊接头；4—垫板；5—螺母

$$L=\frac{l_1+2(l_2-l_3)}{1+\gamma-\delta}+n\Delta \tag{5-1}$$

式中　L——预应力筋钢筋部分的下料长度，mm；

l_1——构件孔道长度，mm；

l_2——螺丝端杆锚具处露在构件孔道长度，一般取 120～150mm；

l_3——螺丝端杆锚具长度，mm；

γ——预应力筋的冷拉率（由试验确定）；

δ——预应力筋的冷拉弹性回缩率（一般为 0.4%～0.6%）；

n——对焊接头数量；

Δ——每个对焊接头的压缩量（可取一倍预应力筋直径），mm。

（2）钢丝束制作。钢丝束制作一般需经调直、下料、编束和安装锚具等工序。当用钢质锥形锚具、XM 型锚具时，钢丝束的制作和下料长度计算基本上与预应力钢筋束相同。钢丝束镦头锚固体系，如采用镦头锚具一端张拉时，应考虑钢丝束张拉锚固后螺母位于锚环中部。用钢丝束镦头锚具锚固钢丝束时，其下料长度力求精确。编束是为了防止钢筋扭结。采用镦头锚具时，将内圈和外圈钢丝分别用铁丝按次序编排成片，然后将内圈放在外圈内绑扎成钢丝束。

3. 预应力筋张拉

后张法预应力筋张拉一般要求采用数控预应力张拉设备。预应力筋的张拉控制应力应符合设计要求，施工时预应力筋需超张拉，可比设计要求提高3%～5%。

将成束的预应力筋一头对齐，按顺序编号套在穿束器上。预应力筋张拉顺序应按设计规定进行；如设计无规定时，应采取分批分阶段对称地进行。预应力混凝土屋架下弦预应力筋张拉顺序如图5-43所示。预应力混凝土吊车梁预应力筋采用两台千斤顶的张拉顺序，对配有多根不对称预应力筋的构件，应采用分批分阶段对称张拉，如图5-44所示。平卧重叠浇筑的预应力混凝土构件，张拉预应力筋的顺序是先上后下，逐层进行。

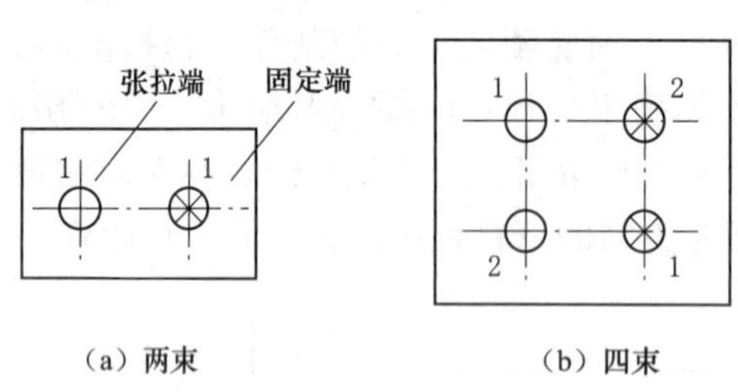

图5-43 屋架下弦杆预应力筋张拉顺序
1、2—预应力筋的分批张拉顺序

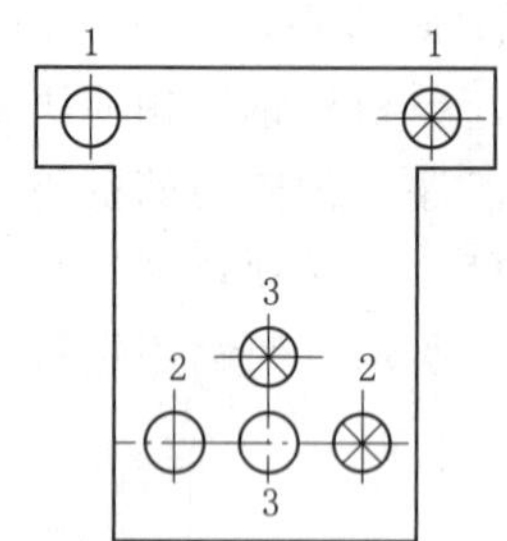

图5-44 吊车梁预应力筋的张拉顺序
1、2、3—预应力筋的分批张拉顺序

预应力筋的张拉程序主要根据构件类型、张锚体系、松弛损失取值等因素来确定。用超张拉方法减少预应力筋的松弛损失时，预应力筋的张拉程序宜为

$$0 \rightarrow 105\%\sigma_{con} \xrightarrow{\text{持荷 } 2\sim5\text{min}} \sigma_{con}$$

如果预应力筋张拉吨位不大，根数很多，而设计中又要求采取超张拉以减少应力松弛损失时，其张拉程序可为

$$0 \rightarrow 103\%\sigma_{con}$$

预应力筋的张拉方法：对于曲线预应力筋和长度大于24m的直线预应力筋，应采用两端同时张拉的方法；长度等于或小于24m的直线预应力筋，可一端张拉，但张拉端宜分别设置在构件两端。对预埋波纹管孔道曲线预应力筋和长度大于30m的直线预应力筋宜在两端张拉，长度等于或小于30m的直线预应力筋可在一端张拉。安装张拉设备时，对于直线预应力筋，应使张拉力的作用线与孔道中心线重合；对于曲线预应力筋，应使张拉力的作用线与孔道中心线末端的切线方向重合。对多束钢绞线张拉，为保证张拉施工过程满足多束钢绞线对称张拉同步性、张拉过程同步性、张拉停顿点同步性，切实控制有效预应力大小和同断面不均匀度，可采用预应力张拉智能控制系统进行张拉，以排除人为、环境因素影响，实现张拉停顿点、停顿时间、加载速率的完全同步性。由计算机完成张拉、停顿、持荷等命令的下达。

4. 孔道灌浆

孔道灌浆要求采用预应力智能压浆。预应力筋张拉后，应立即用数控压浆设备将水泥浆压灌到预应力孔道中去。灌浆用水泥浆应有足够的黏结力，且应有较大的流动性、较小的干缩性和泌水性。灌浆前，用压力水冲洗和湿润孔道。灌浆顺序应先下后上，以免上层孔道漏浆把下层孔道堵塞。灌浆工作应缓慢均匀连续进行，不得中断。

5-27　双孔交叉循环智能压浆【图片】

三、无黏结预应力混凝土施工

无黏结预应力混凝土需预留管道与灌浆，而是将无黏结预应力筋同普通钢筋一样铺设在结构模板设计位置上，用 20～22 号铁丝与非预应力钢丝绑扎牢靠后浇筑混凝土。待混凝土达到设计强度后，对无黏结预应力筋进行张拉和锚固，借助于构件两端锚具传递预压应力。

1．无黏结预应力筋

无黏结预应力筋是由 7 根 ϕ5mm 高强钢丝组成的钢丝束或扭结成的钢绞线，通过专门设备涂包涂料层和包裹外包层构成的。涂料层一般采用防腐沥青。无黏结预应力混凝土中，锚具必须具有可靠的锚固能力，要求不低于无黏结预应力筋抗拉强度的 95%。

2．无黏结预应力筋的铺放与定位

铺设双向配筋的无黏结预应力筋时，应先铺设标高低的钢丝束，再铺设标高较高的钢丝束，以避免两个方向钢丝束相互穿插。无黏结预应力筋应在绑扎完底筋以后进行铺放。无黏结预应力筋应铺放在电线管下面。

无黏结预应力筋常用钢丝束镦头锚具和钢绞线夹片式锚具。无黏结钢丝束镦头锚具张拉端钢丝束从外包层抽拉出来，穿过锚杯孔眼镦粗头。无黏结钢绞线夹片式锚具常采用 XM 型锚具，其固定端采用压花成型埋置在设计部位，待混凝土强度等级达到设计强度后，方能形成可靠的黏结式锚头。

混凝土强度达到设计强度时才能进行张拉。张拉程序采用 $0\rightarrow103\%\sigma_{con}$。张拉顺序应根据设计顺序，先铺设的先张拉，后铺设的后张拉。锚具外包浇筑钢筋混凝土圈梁。

5-28　第五章第三节测试题【测试题】

四、电热法施工工艺

电热法是利用钢筋热胀冷缩原理来张拉预应力筋的一种施工方法。电热法适用于冷拉 HRB400、RRB400 钢筋或钢丝配筋的先张法、后张法和模外张拉构件。

第四节　装配式钢筋混凝土结构施工

一、混凝土构件预制

1．预制混凝土构件制作工艺

预制构件的制作过程包括模板的制作与安装，钢筋的制作与安装，混凝土的制备、运输，构件的浇筑振捣和养护、脱模与堆放等。

根据生产过程中组织构件成型和养护的不同特点，预制构件制作工艺可分为台座法、机组流水法和传送带法等 3 种。

(1) 台座法。台座是表面光滑平整的混凝土地坪、胎模或混凝土槽。构件的成型、养护、脱模等生产过程都在台座上进行。

(2) 机组流水法。机组流水法是在车间内，根据生产工艺的要求将整个车间划分为几个工段，每个工段皆配备相应的工人和机具设备，构件的成型、养护、脱模等生产过程分别在有关的工段循序完成。

(3) 传送带流水法。模板在一条呈封闭环形的传送带上移动，各个生产过程都是在沿传送带循序分布的各个工作区中进行。

2. 预制混凝土构件模板

现场就地制作预制构件常用的模板有胎模、重叠支模、水平拉模等。预制厂制作预制构件常用的模板有固定式胎模、拉模、折页式钢模等。

(1) 胎模。胎模是指用砖或混凝土材料筑成构件外形的底模，它通常用木模作为边模。多用于生产预制梁、柱、槽形板及大型屋面板等构件，如图 5-45 所示。

(2) 重叠支模。重叠支模如图 5-46 (a) 所示，即利用先预制好的构件作底模，沿构件两侧安装侧模板后再制作同类构件。对于矩形、梯形柱和梁以及预制桩，还可以采用间隔重叠法施工，以节省侧模板，如图 5-46 (b) 所示。

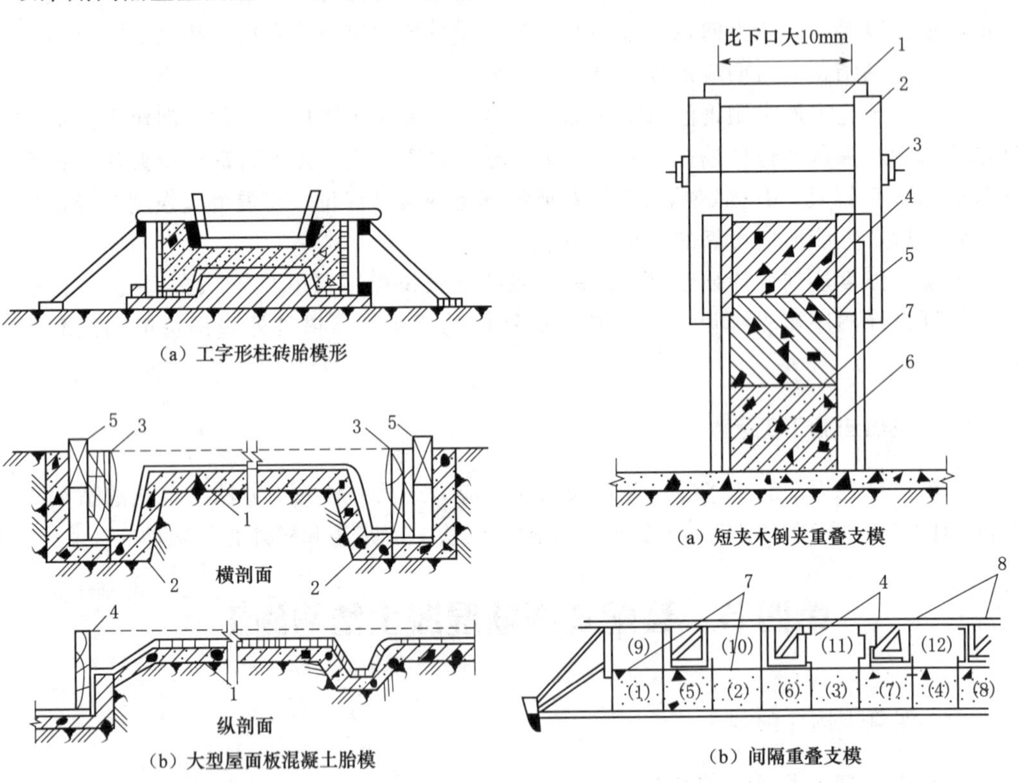

图 5-45 胎模

1—胎模；2—65×5 方木；3—侧模；4—端模；5—木楔

图 5-46 重叠支模法

1—临时撑头；2—短夹木；3—M12 螺栓；4—侧模；5—支脚；6—已捣构件；7—隔离剂或隔离层；8—卡具

（3）水平拉模。拉模由钢制外框架、内框架侧模与芯管、前后端头板、振动器、卷扬机抽芯装置等部分组成。内框架侧模、芯管和前端头板组装为一个整体，可整体抽芯和脱膜。

3. 预制混凝土构件的成型

预制混凝土构件常用的成型的方法有振动法、挤压法、离心法等。

（1）振动法。用台座法制作构件，使用插入式振动器和表面振动器振捣。加压的方法分为静态加压法和动态加压法。前者用一压板加压，后者是在压板上加设振动器加压。

（2）挤压法。用挤压法连续生产空心板有两种切断方法：一种是在混凝土达到可以放松预应力筋的强度时，用钢筋混凝土切割机整体切断；另一种是在混凝土初凝前，用灰铲手工操作或用气割法、水冲法把混凝土切断。

（3）离心法。离心法是将装有混凝土的模板放在离心机上，使模板以一定转速绕自身的纵轴旋转，模板内的混凝土由于离心力作用而远离纵轴，均匀分布于模板内壁，并将混凝土中的部分水分挤出，使混凝土密实。

4. 预制混凝土构件的养护

预制构件的养护方法有自然养护、蒸汽养护、热拌混凝土热模养护、太阳能养护、远红外线养护等。自然养护成本低，简单易行，但养护时间长，模板周转率低，占用场地大，我国南方地区的台座法生产多用自然养护。蒸汽养护可缩短养护时间，模板周转率相应提高，占用场地大大减少。蒸汽养护是将构件放置在有饱和蒸汽或蒸汽与空气混合物的养护室（或窑）内，在较高温度和湿度的环境中进行养护，以加速混凝土的硬化，使之在较短的时间内达到规定的强度标准值。

5. 预制混凝土构件成品堆放

混凝土强度达到设计强度后方可起吊。先用撬棍将构件轻轻撬松脱离底模，然后起吊归堆。构件的移运方法和支撑位置，应符合构件的受力情况，防止损伤。构件堆放应符合下列要求：

（1）堆放场地应平整夯实，并有排水措施。

（2）构件应按吊装顺序，以刚度较大的方向堆放稳定。

（3）重叠堆放的构件，标志应向外，堆垛高度应按构件强度、地面承载力、垫木强度及堆垛的稳定性确定，各层垫木的位置，应在同一垂直线上。

二、混凝土构件安装

（一）准备工作

准备工作主要有场地清理，道路修筑，基础准备，构件运输、排放，构件拼装加固、检查清理、弹线编号，以及机械、机具的准备工作等。

1. 构件的检查与清理

（1）检查构件的型号与数量。

（2）检查构件截面尺寸。

（3）检查构件外观质量（变形、缺陷、损伤等）。

（4）检查构件的混凝土强度。

（5）检查预埋件、预留孔的位置及质量等，并做相应清理工作。

2. 构件的弹线与编号

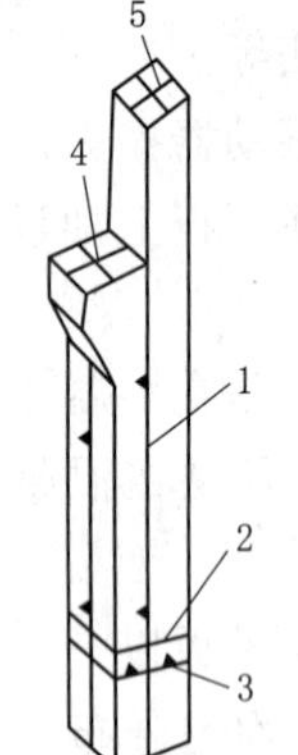

图 5-47 柱子弹线

1—柱子中心线；2—地坪标高线；3—基础顶面线；4—吊车梁中心线；5—柱顶中心线

（1）柱子要在3个面上弹出安装中心线，如图5-47所示，所弹中心线的位置应与柱基杯口面上的安装中心线相吻合。此外，在柱顶与牛腿面上还要弹出屋架及吊车梁的安装中心线。

（2）屋架上弦顶面应弹出几何中心线，并从跨度中央向两端分别弹出天窗架、屋面板的安装位置线，在屋架的两个端头，弹出屋架的纵横安装中心线。

（3）在梁的两端及顶面弹出安装中心线。在弹线的同时，应按图样对构件进行编号，号码要写在明显部位。不易辨别上下左右的构件，应在构件上标明记号，以免安装时将方向搞错。

3. 混凝土杯形基础的准备工作

检查杯口的尺寸，再在基础顶面弹出十字交叉的安装中心线，用红油漆画上三角形标志。为保证柱子安装之后牛腿面的标高符合设计要求，在杯内壁测设一水平线，如图5-48所示，并对杯底标高进行一次抄平与调整，以使柱子安装后其牛腿面标高能符合设计要求。如图5-49所示，柱基调整时先用尺测出杯底实际标高 H_1（小柱测中间一点，大柱测四个角点）。牛腿面设计标高 H_2 与杯底实际标高的差，就是柱脚底面至牛腿面应有的长度 l_1，再与柱实际长度 l_2 相比（其差值就是制作误差），即可算出杯底标高调整值 ΔH，结合柱脚底面平整程度，用水泥砂浆或细石混凝土将杯底垫至所需高度。标高允许偏差为±10mm。

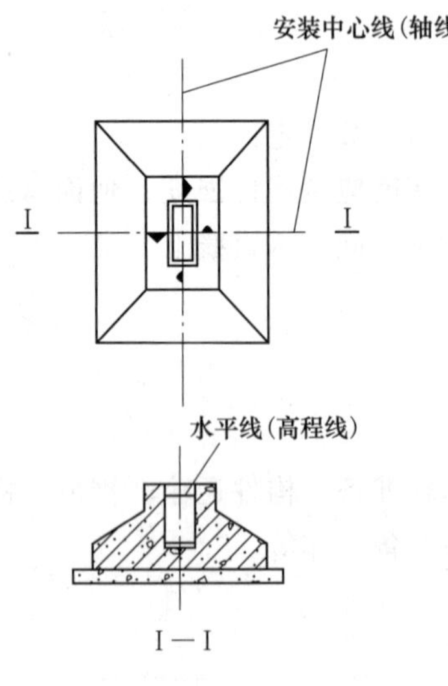

图 5-48 基础弹线

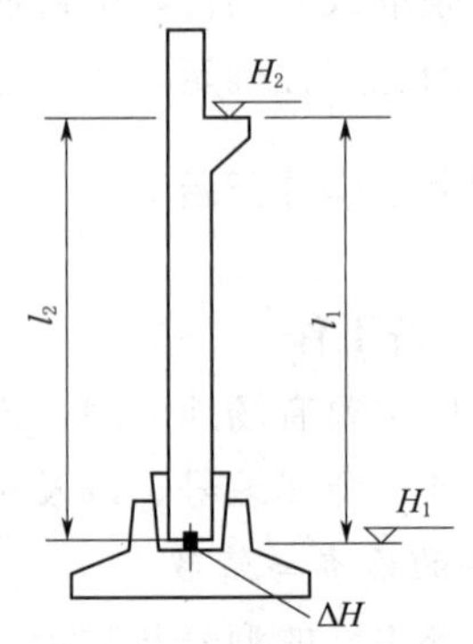

图 5-49 柱基抄平与调整

4. 构件运输

一些质量不大而数量较多的定型构件，如屋面板、连系梁、轻型吊车梁等，宜在预制厂预制，用汽车将构件运至施工现场。起吊运输时，必须保证构件的强度符合要求，吊点位置符合设计规定；构件支垫的位置要正确，数量要适当，每一构件的支垫数量一般不超过 2 个，且上下层支垫应在同一垂线上。运输过程中，要确保构件不倾倒、不损坏、不变形。构件的运输顺序、堆放位置应按施工组织设计的要求和规定进行，以免增加构件的二次搬运。

（二）构件的吊装工艺

装配式单层工业厂房的结构安装构件有柱子、吊车梁、基础梁、连系梁、屋架、天窗架、屋面板及支撑等。构件的吊装工艺包括绑扎、吊升、对位、临时固定、校正、最后固定等工序。

1. 柱子吊装

（1）绑扎。柱的绑扎方法、绑扎位置和绑扎点数，应根据柱的形状、长度、截面、配筋、起吊方法和起重机性能等确定。常用的绑扎方法有一点绑扎斜吊法［图 5-50（a）］、一点绑扎直吊法［图 5-50（b）］、两点绑扎斜吊法、两点绑扎直吊法。

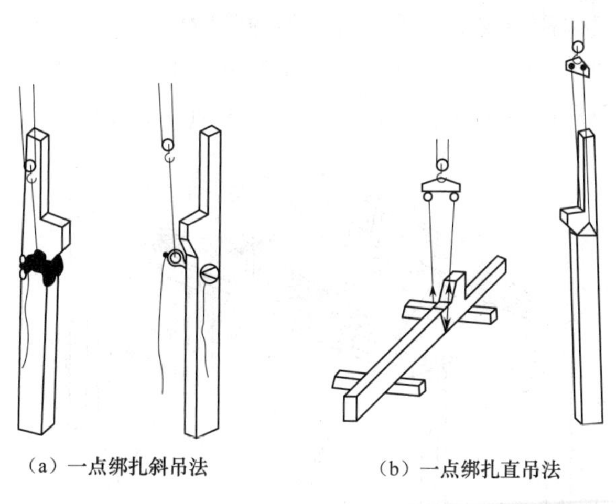

（a）一点绑扎斜吊法　　（b）一点绑扎直吊法

图 5-50　柱子一点绑扎法

（2）吊升。柱子的吊升方法，应根据柱子的重量、长度、起重机的性能和现场条件而定。单机吊装时，一般有旋转法和滑行法两种。

（3）就位和固定。柱的就位与临时固定的方法是当柱脚插入杯口后，并不立即降至杯底，而是停在离杯底 30～50mm 处。此时，用 8 只楔块从柱的四边放入杯口，并用撬棍撬动柱脚，使柱的吊装准线对准杯口上的准线，并使柱基本保持垂直。对位后，将 8 只楔块略加打紧，放松吊钩，让柱靠自重下沉至杯底，如准线位置符合要求，立即用大锤将楔块打紧，将柱临时固定。然后起重机即可完全放钩，拆除绑扎索具。

柱的位置经过检查校正后，应立即进行最后固定。方法是在柱脚与杯口的空隙中灌注细石混凝土，所用混凝土的强度等级可比原构件混凝土强度等级高一级。混凝土的浇筑分两次进行。第一次浇筑混凝土至楔块下端，当混凝土强度达到25%设计强度时，即可拔去楔块，将杯口浇满混凝土并捣实。

2. 吊车梁安装

吊车梁的安装必须在柱子杯口浇筑的混凝土强度达到70%以后进行。吊车梁一般基本保持水平吊装，当就位后要校正标高、平面位置和垂直度。吊车梁的标高如果误差不大，可在吊装轨道时，在吊车梁上面用水泥砂浆找平。平面位置，可根据吊车梁的定位轴线拉钢丝通线，用撬棍分别拨正。吊车梁的垂直度则可在梁的两端支撑面上用斜垫铁纠正。吊车梁校正之后，应立即按设计图样用电焊最后固定。

3. 屋架安装

屋架多在施工现场平卧浇筑，在屋架吊装前应当将屋架扶直、就位。钢筋混凝土屋架的侧面刚度较差，扶直时极易扭曲，造成屋架损伤，必须特别注意。扶直屋架时起重机的吊钩应对准屋架中心，吊索应左右对称，吊索与水平面的夹角不小于45°。

屋架起吊后应基本保持平衡。吊至柱顶后，应使屋架的端头轴线与柱顶轴线重合，然后落位并加以临时固定。

第一榀屋架的临时固定必须十分可靠，因为它是单片结构，且第二榀屋架的临时固定还要以第一榀屋架作为支撑。第一榀屋架的临时固定，一般是用4根缆风绳从两边把屋架拉牢，如图5-51所示。其他各榀屋架可用工具式支撑固定在前面一榀屋架上，待屋架校正、最后固定，并安装了若干大型屋面板后才能将支撑取下。

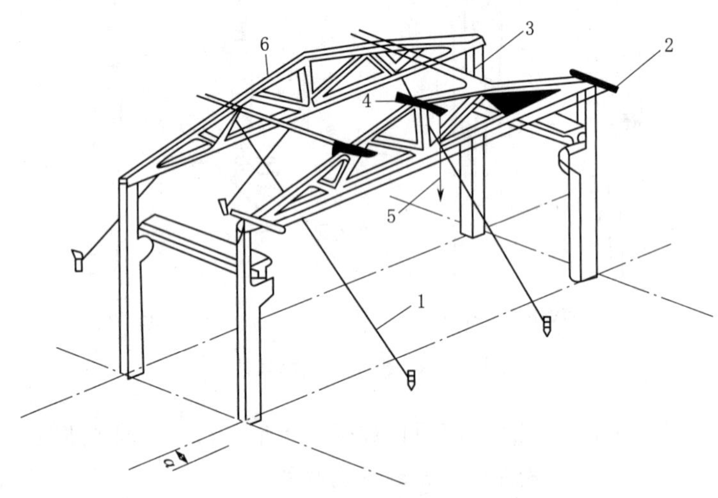

图5-51 屋架的临时固定

1—缆风绳；2、3—挂线木尺；4—屋架校正器；5—线锤；6—屋架

5-29
第五章第四节测试题
【测试题】

4. 屋面板的安装

屋面板一般埋有吊环，起吊时应使4根吊索拉力相等，使屋面板保持水平。屋面板安装时，应自两边檐口左右对称地逐块铺向屋脊，避免屋架承受半边荷载。屋面板就位后，应立即进行电焊固定。

第五节　混凝土冬季、夏季及雨季施工

一、混凝土冬季施工

（一）混凝土冬季施工的一般要求

现行施工规范规定：寒冷地区的日平均气温稳定在5℃以下或最低气温稳定在3℃以下时，温和地区的日平均气温稳定在3℃以下时，均属于低温季节，需要采取相应的防寒保温措施，避免混凝土受到冻害。

混凝土在低温条件下，水化凝固速度大为降低，强度增长受到阻碍。当气温在－2℃时，混凝土内部水分结冰，不仅水化作用完全停止，而且结冰后由于水的体积膨胀，使混凝土结构受到损害，当冰融化后，水化作用虽将恢复，混凝土强度也可继续增长，但最终强度必然降低。试验资料表明：混凝土受冻越早，最终强度降低越大。如在浇筑后3～6h受冻，最终强度至少降低50％以上；如在浇筑后2～3d受冻，最终强度降低只有15％～20％。如混凝土强度达到设计强度的50％以上（在常温下养护3～5d）时再受冻，最终强度则降低极小，甚至不受影响，因此，低温季节混凝土施工，首先要防止混凝土早期受冻。

（二）冬季施工措施

低温季节混凝土施工可以采用人工加热、保温蓄热及加速凝固等措施，使混凝土入仓浇筑温度不低于5℃；同时保证混凝土浇筑后的正温养护条件，在未达到允许受冻临界强度以前不遭受冻结。

1. 调整配合比和掺外加剂

（1）对非大体积混凝土，采用发热量较高的快凝水泥。

（2）提高混凝土的配制强度。

（3）掺早强剂或早强剂减水剂。其中氯盐的掺量应按有关规定严格控制，并不适应于钢筋混凝土结构。

（4）采用较低的水灰比。

（5）掺加气剂可减缓混凝土冻结时在其内部水结冰时产生的静水压力，从而提高混凝土的早期抗冻性能。但含气量应限制在3％～5％。因为混凝土中含气量每增加1％，会使强度损失5％，为弥补由于加气剂招致的强度损失，最好与减水剂并用。

2. 原材料加热法

当日平均气温为－5～－2℃时，应加热水拌和；当气温再低时，可考虑加热骨料。水泥不能加热，但应保持正温（0℃以上）。

水的加热温度不能超过80℃，并且要先将水和骨料拌和后，这时水不超过60℃，以免水泥产生假凝。所谓假凝是指拌和水温超过60℃时，水泥颗粒表面将会形成一层薄的硬壳，使混凝土和易性变差，而后期强度降低的现象。

砂石加热的最高温度不能超过100℃，平均温度不宜超过65℃，并力求加热均匀。对大中型工程，常用蒸汽直接加热骨料，即直接将蒸汽通过需要加热的砂、石料堆中，料堆表面用帆布盖好，防止热量损失。

3. *蓄热法*

蓄热法是将浇筑法的混凝土在养护期间用保温材料加以覆盖，尽可能把混凝土在浇筑时所包含的热量和凝固过程中产生的水化热蓄积起来，以延缓混凝土的冷却速度，使混凝土在达到抗冰冻强度以前，始终保证正温。

4. *加热养护法*

当采用蓄热法不能满足要求时，可以采用加热养护法，即利用外部热源对混凝土加热养护，包括暖棚法、蒸汽加热法和电热法等。大体积混凝土多采用暖棚法，蒸汽加热法多用于混凝土预制构件的养护。

（1）暖棚法。即在混凝土结构周围用保温材料搭成暖棚，在棚内安设热风机、蒸汽排管、电炉或火炉进行采暖，使棚内温度保持在15～20℃以上，保证混凝土浇筑和养护处于正温条件下。暖棚法费用较高，但暖棚为混凝土硬化和施工人员的工作创造了良好的条件。此法适用于寒冷地区的混凝土施工。

（2）蒸汽加热法。利用蒸汽加热养护混凝土，不仅使新浇混凝土得到较高的温度，而且还可以得到足够的湿度，促进水化凝固作用，使混凝土强度迅速增长。

（3）电热法。此法是用钢筋或薄铁片作为电极，插入混凝土内部或贴附于混凝土表面，利用新浇混凝土的导电性和电阻大的特点，通以50～100V的低压电，直接对混凝土加热，使其尽快达到抗冻强度。由于耗电量大，大体积混凝土较少采用。

上述几种施工措施，在严寒地区往往同时采用，并要求在拌和、运输、浇筑过程中，尽量减少热量损失。

（三）冬季施工注意事项

冬季施工应注意以下事项：

（1）砂石骨料宜在进入低温季节前筛洗完毕。成品料堆应有足够的储备和堆高，并进行覆盖，以防冰雪和冻结。

（2）拌和混凝土前，应用热水或蒸汽冲洗搅拌机，并将水或冰排除。

（3）混凝土的拌和时间应比常温季节适当延长。延长时间应通过试验确定。

（4）在岩石基础或老混凝土面上浇筑混凝土前，应检查其温度。如为负温，应将其加热成正温。加热深度不小于10cm，并经验证合格方可浇筑混凝土。仓面清理宜采用喷洒温水配合热风枪，寒冷期间也可采用蒸汽枪，不宜采用水枪或风水枪。在软基上浇筑第一层混凝土时，必须防止与地基接触的混凝土遭受冻害和地基受冻受形。

（5）混凝土搅拌机应设在搅拌棚内并设有采暖设备，棚内温度应高于5℃。混凝土运输容器应有保温装置。

（6）浇筑混凝土前和浇筑过程中，应注意清除钢筋、模板和浇筑设施上附着的冰雪和冻块，严禁将冻雪冻块带入仓内。

（7）在低温季节施工的模板，一般在整个低温期间都不宜拆除。如果需要拆除，应符合以下要求：

1）混凝土强度必须大于允许受冻的临界强度。

2）具体拆模时间及拆模后的要求，应满足温控制防裂要求。当预计拆模后混凝土表面降温可能超过 6～9℃时，应推迟拆模时间：如必须拆模时，应在拆模后采取保护措施。

（8）低温季节施工期间，应特别注意温度检查。

二、混凝土夏季施工

（一）高温环境对新拌及刚成型混凝土的影响

（1）拌制时，水泥容易出现假凝现象。

（2）运输时，坍落度损失大，捣固或泵送困难。

（3）成型后直接曝晒或干热风影响，混凝土面层急剧干燥，外硬内软，出现塑性裂缝。

（4）昼夜温差较大，易出现温差裂缝。

（二）夏季高温期混凝土施工的技术措施

1．原材料

（1）掺用外加剂（缓凝剂、减水剂）。

（2）用水化热低的水泥。

（3）供水管埋入水中，储水池加盖，避免太阳直接曝晒。

（4）当天用的砂、石用防晒棚遮蔽。

（5）用深井冷水或冰水拌和，但不能直接加入冰块。

2．搅拌运输

（1）送料装置及搅拌机不宜直接曝晒，应有荫棚。

（2）搅拌系统尽量靠近浇筑地点。

（3）动运输设备就遮盖。

3．模板

（1）因干缩出现的模板裂缝，应及时填塞。

（2）浇筑前充分将模板淋湿。

4．浇筑

（1）适当减小浇筑层厚度，从而减少内部温差。

（2）浇筑后立即用薄膜覆盖，不使水分外逸。

（3）露天预制场宜设置可移动荫棚，避免制品直接曝晒。

三、混凝土雨季施工

（1）混凝土工程在雨季施工时，应做好以下准备工作：

1）砂石料场的排水设施应畅通无阻。

2）浇筑仓面宜有防雨设施。

3）运输工具应有防雨及防滑设施。

4）加强骨料含水量的测定工作，注意调整拌和用水量。

（2）混凝土在无防雨棚仓面小雨中进行浇筑时，应采取以下技术措施：

1）减少混凝土拌和用水量。

2）加强仓面积水的排除工作。

3）做好新浇混凝土面的保持工作。

4）防止周围雨水流入仓面。

5-30 第五章第五节测试题【测试题】

无防雨棚的仓面，在浇筑过程中，如遇大雨、暴雨，应立即停止浇筑，并遮盖混凝土表面。雨后必须先行排除仓内积水，受雨水冲刷的部位应立即处理。如停止浇筑的混凝土尚未超出允许间歇时间或还能重塑时，应加砂浆继续浇筑，否则应按施工缝处理。

对抗冲、耐磨、需要抹面部位及其他高强度混凝土不允许在雨下施工。

第六节 混凝土施工的质量控制与缺陷防治

一、混凝土的质量控制

混凝土工程质量包括结构外观质量和内在质量。前者指结构的尺寸、位置、高程等；后者则指从混凝土原材料、设计配合比、配料、拌和、运输、浇捣等方面。

（一）原材料的控制检查

1. 水泥

水泥是混凝土主要胶凝材料，水泥质量直接影响混凝土的强度及其性质的稳定性。运至工地的水泥应有生产厂家品质试验报告，工地试验室外必须进行复验，必要时还要进行化学分析。进场水泥每 200～500t 同品种、同标号的水泥作一取样单位，如不足 200t 也作为一取样单位。可采用机械连续取样，混合均匀后作为样品，其总量不少于 10kg。检查的项目有水泥标号、凝结时间、体积安定性，必要时应增加稠度、细度、密度和水化热试验。

2. 粉煤灰

粉煤灰每天至少检查 1 次细度和需水量比。

3. 砂石骨料

（1）在筛分场每班检查 1 次各级骨料超逊径、含泥量、砂子的细度模数。

（2）在拌和厂检查砂子、小石的含水量、砂子的细度模数以及骨料的含泥量、超逊径。

4. 外加剂

外加剂应有出厂合格证，并经试验认可。

（二）混凝土拌和物

拌制混凝土时，必须严格按试验室签发的配料单进行称量配料，严禁擅自更改。控制检查的项目如下：

1. 衡器的准确性

各种称量设备应经常检查，确保称量准确。

2. 拌和时间

每班至少抽查 2 次拌和时间，保证混凝土充分拌和，拌和时间符合要求。

3. 拌和物的均匀性

混凝土拌和物应均匀，经常检查其均匀性。

4. 坍落度

现场混凝土坍落度每班在机口应检查 4 次。

5. 取样检查

按规定在现场取混凝土试样作抗压试验，检查混凝土的强度。

（三）混凝土浇捣质量控制检查

1. 混凝土运输

混凝土运输过程中应检查混凝土拌和物是否发生分离、漏浆、严重泌水及过多降低坍落度等现象。

2. 基础面、施工缝的处理及钢筋、模板、预埋件安装

开仓前应对基础面、施工缝的处理及钢筋、模板、预埋件安装作最后一次检查，应符合规范要求。

3. 混凝土浇筑

严格按规范要求控制检查接缝砂浆的铺设、混凝土入仓铺料、平仓、振捣、养护等内容。

（四）混凝土外观质量和内部质量缺陷检查

混凝土外观质量主要检查表面平整度（有表面平整要求的部位）以及是否有麻面、蜂窝、空洞、露筋、碰损掉角、表面裂缝等。重要工程还要检查内部质量缺陷，如用回弹仪检查混凝土表面强度、用超声仪检查裂缝、钻孔取芯检查各项力学指标等。

5 - 31
混凝土缺陷检查【视频】

二、混凝土施工缺陷及防治

混凝土施工缺陷分外部缺陷和内部缺陷两类。

（一）外部缺陷

1. 麻面

麻面是指混凝土表面呈现出无数绿豆大小的不规则的小凹点。

（1）混凝土麻面产生的原因有：①模板表面粗糙、不平滑；②浇筑前没有在模板上洒水湿润，湿润不足，浇筑时混凝土的水分被模板吸去；③涂在钢模板上的油质脱模剂过厚，液体残留在模板上；④使用旧模板，板面残浆未清理，或清理不彻底；⑤新拌混凝土浇灌入模后，停留时间过长，振捣时已有部分凝结；⑥混凝土振捣不足，气泡未完全排出，有部分留在模板表面；⑦模板拼缝漏浆，构件表面浆少，或成

为凹点，或成为若断若续的凹线。

(2) 混凝土麻面的预防措施有：①模板表面应平滑；②浇筑前，不论是哪种模型，均需浇水湿润，但不得积水；③脱模剂涂擦要均匀，模板有凹陷时，注意将积水拭干；④旧模板残浆必须清理干净；⑤新拌混凝土必须按水泥或外加剂的性质，在初凝前振捣；⑥尽量将气泡排出；⑦浇筑前先检查模板拼缝，对可能漏浆的缝，设法封嵌。

(3) 混凝土麻面的修补。混凝土表面的麻点，如对结构无大影响，可不作处理。如需处理，方法如下：①用稀草酸溶液将该处脱模剂油点或污点用毛刷洗净，于修补前用水湿透；②修补用的水泥品种必须与原混凝土一致，砂子为细砂，粒径最大不宜超过 1mm；③水泥砂浆配合比为 1∶(2～2.5)，由于数量不多，可人工在小灰桶中拌匀，随拌随用；④按照漆工刮腻子的方法，将砂浆用刮刀大力压入麻点内，随即刮平；⑤修补完成后，即用草帘或草席进行保湿养护。

2. 蜂窝

蜂窝是指混凝土表面无水泥浆，形成蜂窝状的孔洞，形状不规则，分布不均匀，露出石子深度大于 5mm，不露主筋，但有时可能露箍筋。

(1) 混凝土蜂窝产生的原因有：①配合比不准确，砂浆少，石子多；②搅拌用水过少；③混凝土搅拌时间不足，新拌混凝土未拌匀；④运输工具漏浆；⑤使用干硬性混凝土，但振捣不足；⑥模板漏浆，加上振捣过度。

(2) 混凝土蜂窝的预防方法是：①砂率不宜过小；②计量器具应定期检查；③用水量如少于标准，应掺用减水剂；④计量器具应定期检查；⑤搅拌时间应足够；⑥注意运输工具的完好性，及时修理；⑦捣振工具的性能必须与混凝土的坍落度相适应；⑧浇筑前必须检查和嵌填模板拼缝，并浇水湿润；⑨浇筑过程中，有专人巡视模板。

(3) 混凝土蜂窝修补。如系小蜂窝，可按麻面方法修补；如系较大蜂窝，按下法修补：①将修补部分的软弱部分凿去，用高压水及钢丝刷将基层冲洗干净；②修补用的水泥应与原混凝土的一致，砂子用中粗砂；③水泥砂浆的配合比为 1∶2～1∶3，应搅拌均匀；④按照抹灰工的操作方法，用抹子大力将砂浆压入蜂窝内刮平；在棱角部位用靠尺将棱角取直；⑤修补完成后即用草帘或草席进行保湿养护。

5-32
柱混凝土的表面蜂窝
【图片】

3. 混凝土露筋、空洞

主筋没有被混凝土包裹而外露，或在混凝土孔洞中外露的缺陷称之为露筋。混凝土表面有超过保护层厚度，但不超过截面尺寸 1/3 的缺陷，称之为空洞。

(1) 混凝土出现露筋、空洞的原因有：①漏放保护层垫块或垫块位移；②浇灌混凝土时投料距离过高过远，又没有采取防止离析的有效措施；③搅拌机卸料入吊斗或小车时，或运输过程中有离析，运至现场又未重新搅拌；④钢筋较密集，粗骨料被卡在钢筋上，加上振捣不足或漏振；⑤采用干硬性混凝土而又振捣不足。

(2) 露筋、空洞的预防措施有：①浇筑混凝土前应检查垫块情况；②应采用合适的混凝土保护层垫块；③浇筑高度不宜超过 2m；④浇灌前检查吊斗或小车内混凝土有无离析；⑤搅拌站要按配合比规定的规格使用粗骨料；⑥如为较大构件，振捣时专人在模板外用木槌敲打，协助振捣；⑦构件的节点、柱的牛腿、桩尖或桩顶、有抗剪筋的吊环等处钢筋的吊环等处钢筋较密，应特别注意捣实；⑧加强振捣；⑨模板四周用人工协助捣实；如为预制构件，在钢模周边用抹子插捣。

（3）混凝土露筋、空洞的处理措施：①将修补部位的软弱部分及突出部分凿去，上部向外倾斜，下部水平；②用高压水及钢丝刷将基层冲洗干净，修补前用湿麻袋或湿棉纱头填满，使旧混凝土内表面充分湿润；③修补用的水泥品种应与原混凝土的一致，小石混凝土强度等级应比原设计高一级；④如条件许可，可用喷射混凝土修补；⑤安装模板浇筑；⑥混凝土可加微量膨胀剂；⑦浇筑时，外部应比修补部位稍高；⑧修补部分达到结构设计强度时，凿除外倾面。

4. 混凝土施工裂缝

（1）混凝土施工裂缝产生的原因：①曝晒或风大，水分蒸发过快，出现的塑性收缩裂缝；②混凝土塑性过大，成型后发生沉陷不均，出现的塑性沉陷裂缝；③配合比设计不当引起的干缩裂缝；④骨料级配不良，又未及时养护引起的干缩裂缝；⑤模板支撑刚度不足，或拆模工作不慎，外力撞击的裂缝。

（2）预防方法：①成型后立即进行覆盖养护，表面要求光滑，可采用架空措施进行覆盖养护；②配合比设计时，水灰比不宜过大；搅拌时，严格控制用水量；③水灰比不宜过大，水泥用量不宜过多，灰骨比不宜过大；④骨料级配中，细颗粒不宜偏多；⑤浇筑过程应有专人检查模板及支撑；⑥注意及时养护；⑦拆模时，尤其是使用吊车拆大模板时，必须按顺序进行，不能强拆。

（3）混凝土施工裂缝的修补。

1）混凝土微细裂缝修补。

a. 用注射器将环氧树脂溶液黏结剂或甲凝溶液黏结剂注入裂缝内。

b. 注射时宜在干燥、有阳光的时候进行；裂缝部位应干燥，可用喷灯或电风筒吹干；在缝内湿气逸出后进行。

c. 注射时，从裂缝的下端开始，针头应插入缝内，缓慢注入；使缝内空气向上逸出，黏结剂在缝内向上填充。

2）混凝土浅裂缝的修补。

a. 顺裂缝走向用小凿刀将裂缝外部扩凿成 V 形，一般宽为 5～6mm，深度等于原裂缝。

b. 用毛刷将 V 形槽内颗粒及粉尘清除，用喷灯为或电风筒吹干。

c. 用漆工刮刀或抹灰工小抹刀将环氧树脂胶泥压填在 V 形槽上，反复搓动，务使紧密黏结。

d. 缝面按需要做成与结构面齐平，或稍微突出成弧形。

3）混凝土深裂缝的修补。做法是将微细缝和浅缝两种措施合并使用。

a. 先将裂缝面凿成 V 形或凹形槽。

b. 按上述办法进行清理、吹干。

c. 先用微细裂缝的修补方法向深缝内注入环氧或甲凝黏结剂，填补深裂缝。

d. 上部开凿的槽坑按浅裂缝修补方法压填环氧胶泥黏结剂。

（二）混凝土内部缺陷

1. 混凝土空鼓

混凝土空鼓常发生在预埋钢板下面。产生的原因是浇灌预埋钢板混凝土时，钢板底部未饱满或振捣不足。

（1）预防方法：

1）如预埋钢板不大，浇灌时用钢棒将混凝土尽量压入钢板底部；浇筑后用敲击法检查。

2）如预埋钢板较大，可在钢板上开几个小孔排除空气，也可作观察孔。

（2）混凝土空鼓的修补：

1）在板外挖小槽坑，将混凝土压入，直至饱满，无空鼓声为止。

2）如钢板较大或估计空鼓较严重，可在钢板上钻孔，用灌浆法将混凝土压入。

2. 混凝土强度不足

（1）混凝土强度不足产生的原因：

1）配合比计算错误。

2）水泥出厂期过长，或受潮变质，或袋装重量不足。

3）粗骨料针片状较多，粗、细骨料级配不良或含泥量较多。

4）外加剂质量不稳定。

5）搅拌机内残浆过多，或传动皮带打滑，影响转速。

6）搅拌时间不足。

5-33
混凝土缺陷处理【视频】

7）用水量过大，或砂、石含水率未调整，或水箱计量装置失灵。

8）秤具或秤量斗损坏，不准确。

9）运输工具灌浆，或经过运输后严重离析。

10）振捣不够密实。

（2）混凝土强度不足是质量上的大事故。处理方案由设计单位决定，通常处理方法有：

5-34
第五章第六节测试题【测试题】

1）强度相差不大时，先降级使用，待龄期增加，混凝土强度发展后，再按原标准使用。

2）强度相差较大时，经论证后采用水泥灌浆或化学灌浆补强。

3）强度相差较大而影响较大时，拆除返工。

第七节　混凝土施工安全技术

一、施工缝处理安全技术

（1）冲毛、凿毛前应检查所有工具是否可靠。

（2）多人同在一个工作面内操作时，应避免面对面近距离操作，以防飞石、工具伤人。严禁在同一工作面上下层同时操作。

(3) 使用风钻、风镐凿毛时，必须遵守风钻、风镐安全技术操作规程。在高处操作时应用绳子将风钻、风镐栓住，并挂在牢固的地方。

(4) 检查风砂枪枪嘴时，应先将风阀关闭，并不得面对枪嘴，也不得将枪嘴指向他人。使用砂罐时须遵守压力容器安全技术规程。当砂罐与风砂枪距离较远时，中间应有专人联系。

(5) 用高压水冲毛，必须在混凝土终凝后进行。风、水管须装设控制阀，接头应用铅丝扎牢。使用冲毛机操作时，还应穿戴好防护面罩、绝缘手套和长筒胶靴。冲毛时要防止泥水冲到电气设备或电力线路上。工作面的电线灯头应悬挂在不妨碍冲毛的安全高度。

(6) 仓面冲洗时应选择安全部位排渣，以免冲洗时石渣落下伤人。

二、混凝土拌和的安全技术措施

(1) 安装机械的地基应平整夯实，用支架或支脚筒架稳，不准以轮胎代替支撑。机械安装要平稳、牢固。对外露的齿轮、链轮、皮带轮等转动部位应设防护装置。

(2) 开机前，应检查电气设备的绝缘和接地是否良好，检查离合器、制动器、钢丝绳、倾倒机构是否完好。搅拌筒应用清水冲洗干净，不得有异物。

(3) 启动后应注意搅拌筒转向与搅拌筒上标示的箭头方向一致。待机械运转正常后再加料搅拌。若遇中途停机、停电时，应立即将料卸出，不允许中途停机后重载启动。

(4) 搅拌机的加料斗升起时，严禁任何人在料斗下通过或停留，不准用脚踩或用铁锹、木棒往下拨、刮搅拌筒口，工具不能碰撞搅拌机，更不能在转动时把工具伸进料斗里扒浆。工作完毕后应将料斗锁好，并检查一切保护装置。

(5) 未经允许，禁止拉闸、合闸和进行不合规定的电气维修。现场检修时，应固定好料斗，切断电源。进入搅拌筒内工作时，外面应有人监护。

(6) 拌和站的机房、平台、梯道、栏杆必须牢固可靠。站内应配备有效的吸尘装置。

(7) 操纵皮带机时，必须正确使用防护用品，禁止一切人员在皮带机上行走和跨越。机械发生故障时应立即停车检修，不得带病运行。

(8) 用手推车运料时，不得超过其容量的3/4，推车时不得用力过猛和撒把。

三、混凝土运输的安全技术措施

1. 手推车运输混凝土的安全技术措施

(1) 运输道路应平坦，斜道坡道坡度不得超过3%。

(2) 推车时应注意平衡，掌握重心，不准猛跑和溜放。

(3) 向料斗倒料，应有挡车设施，倒料时不得撒把。

(4) 推车途中，前后车距在平地不得少于2m，下坡不得少于10m。

(5) 用井架垂直提升时，车把不得伸出笼外，车轮前后要挡牢。

(6) 行车道要经常清扫，冬季施工应有防滑措施。

2. 自卸汽车运输混凝土的安全技术措施

(1) 装卸混凝土应有统一的联系和指挥信号。

(2) 自卸汽车向坑洼地点卸混凝土时，必须使后轮与坑边保持适当的安全距离，防止塌方翻车。

(3) 卸完混凝土后，自卸装置应立即复原，不得边走边落。

3. 吊罐吊送混凝土的安全技术措施

(1) 使用吊罐前，应对钢丝绳、平衡梁、吊锤（立罐）、吊耳（卧罐）、吊环等起重部件进行检查，如有破损则禁止使用。

(2) 吊罐的起吊、提升、转向、下降和就位，必须听从指挥。指挥信号必须明确、准确。

(3) 起吊前，指挥人员应得到两侧挂罐人员的明确信号，才能指挥起吊；起吊时应慢速，并应吊离地面 30～50cm 时进行检查，确认稳妥可靠后，方可继续提升或转向。

(4) 吊罐吊至仓面，下落到一定高度时，应减慢下降、转向及吊机行车速度，并避免紧急刹车，以免晃荡撞击人体。要慎防吊罐撞击模板、支撑、拉条和预埋件等。

(5) 吊罐卸完混凝土后应将斗门关好，并将吊罐外部附着的骨料、砂浆等清除后，方可吊离。放回平板车时，应缓慢下降，对准并放置平稳后方可摘钩。

(6) 吊罐正下方严禁站人。吊罐在空间摇晃时，严禁扶拉。吊罐在仓面就位时，不得硬拉。

(7) 当混凝土在吊罐内初凝，不能用于浇筑，采用翻罐处理废料时，应采取可靠的安全措施，并有带班人在场监护，以防发生意外。

(8) 吊罐装运混凝土时严禁混凝土超出罐顶，以防坍落伤人。

(9) 经常检查维修吊罐。立罐门的托辊轴承、卧罐的齿轮，要经常检查紧固，防止松脱坠落伤人。

4. 混凝土泵作业安全技术措施

(1) 混凝土泵送设备的放置，距离基坑不得小于 2cm，悬臂动作范围内禁止有任何障碍物和输电线路。

(2) 管道敷设线路应接近直线，少弯曲，管道的支撑与固定必须紧固可靠；管道的接头应密封，Y 形管道应装接锥形管。

(3) 禁止垂直管道直接接在泵的输出口上，应在架设之前安装不小于 10m 的水平管，在水平管近泵处应装逆止阀，敷设向下倾斜的管道，下端应接一段水平管，否则，应采用弯管等，如倾斜大于 7℃时，应在坡度上端装置排气活塞。

(4) 风力大于 6 级时，不得使用混凝土输送悬臂。

(5) 混凝土泵送设备的停车制动和锁紧制动应同时使用，水箱应储满水，料斗内不得有杂物，各润滑点应润滑正常。

(6) 操作时，操纵开关、调整手柄、手轮、控制杆、旋塞等均应放在正确位置，液压系统应无泄漏。

(7) 作业前，必须按要求配制水泥砂浆润滑管道，无关人员应离开管道。

(8) 支腿未支牢前，不得启动悬臂；悬臂伸出时，应按顺序进行，严禁用悬臂起吊和拖拉物件。

(9) 悬臂在全伸出状态时，严禁移动车身；作业中需要移动时，应将上段悬臂折叠固定；前段的软管应用安全绳系牢。

(10) 泵送系统工作时，不得打开任何输送管道的液压管道，液压系统的安全阀不得任意调整。

(11) 用压缩空气冲洗管道时，管道出口 10m 内不得站人，并应用金属网拦截冲出物，禁止用压缩空气冲洗悬臂配管。

四、混凝土平仓振捣的安全技术措施

(1) 浇筑混凝土前应全面检查仓内排架、支撑、模板及平台、漏斗、溜筒等是否安全可靠。

(2) 仓内脚手脚、支撑、钢筋、拉条、预埋件等不得随意拆除、撬动。如需拆除、撬动时，应征得施工负责人的同意。

(3) 平台上所预留的下料孔，不用时应封盖。平台除出入口外，四周均应设置栏杆和挡板。

(4) 仓内人员上下设置靠梯，严禁从模板或钢筋网上攀登。

(5) 吊罐卸料时，仓内人员应注意躲开，不得在吊罐正下方停留或操作。

(6) 平仓振捣过程中，要经常观察模板、支撑、拉筋等是否变形。如发现变形有倒塌危险时，应立即停止工作，并及时报告。操作时，不得碰撞、触及模板、拉条、钢筋和预埋件。不得将运转中的振捣器，放在模板或脚手架上。仓内人员要集中思想，互相关照。浇筑高仓位时，要防止工具和混凝土骨料掉落仓外，更不允许将大石块抛向仓外，以免伤人。

(7) 使用电动式振捣器时，须有触电保安器或接地装置，搬移振捣器或中断工作时，必须切断电源。湿手不得接触振捣器的电源开关。振捣器的电缆不得破皮漏电。

(8) 下料溜筒被混凝土堵塞时，应停止下料，立即处理。处理时不得直接在溜筒上攀登。

(9) 电气设备的安装拆除或在运转过程中的事故处理，均应由电工进行。

五、混凝土养护时的安全技术措施

(1) 养护用水不得喷射到电线和各种带电设备上。养护人员不得用湿手移动电线。养护水管要随用随关，不得使交通道转梯、仓面出入口、脚手架平台等处有长流水。

(2) 在养护仓面上遇有沟、坑、洞时，应设明显的安全标志。必要时，可铺安全网或设置安全栏杆。

(3) 禁止在不易站稳的高处向低处混凝土面上直接洒水养护。

拓 展 讨 论

党的二十大报告提出，我们要坚持以推动高质量发展为主题，把实施扩大内需战略同深化供给侧结构性改革有机结合起来，增强国内大循环内生动力和可靠性，提升国际循环质量和水平，加快建设现代化经济体系，着力提高全要素生产率，着力提升产业链供应链韧性和安全水平，着力推进城乡融合和区域协调发展，推动经济实现质的有效提升和量的合理增长。

请思考：混凝土结构工程施工过程中如何保证施工质量？

复 习 思 考 题

1. 混凝土施工准备工作有哪些？
2. 混凝土工程施工缝的处理要求有哪些？
3. 混凝土施工缝的处理方法有哪些？
4. 混凝土浇筑前应对模板、钢筋及预埋件进行哪些检查？
5. 混凝土配料给料设备有哪些？
6. 混凝土称量设备有哪些？
7. 如何进行混凝土人工拌和？
8. 混凝土搅拌机的运输要求有哪些？
9. 混凝土搅拌机的安装要求有哪些？
10. 搅拌机使用前的检查项目有哪些？
11. 混凝土开盘操作有哪些要求？
12. 普通混凝土投料要求有哪些？
13. 混凝土搅拌质量如何进行外观检查？
14. 混凝土搅拌机停机后如何清洗？
15. 混凝土料在运输过程中应满足哪些基本要求？
16. 混凝土的水平运输方式有哪些？
17. 混凝土的垂直运输方式有哪些？
18. 混凝土辅助运输设备有哪些？
19. 混凝土铺料要求有哪些？
20. 混凝土铺料厚度如何确定？
21. 混凝土入仓要求有哪些？
22. 铺料方法有哪些？
23. 平层浇筑法混凝土如何入仓？
24. 平层铺料法的特点有哪些？
25. 斜层浇筑法混凝土如何入仓？
26. 台阶浇筑法混凝土如何入仓？

27. 台阶浇筑法施工要求有哪些？
28. 什么叫平仓？
29. 人工平仓适用于哪些场合？
30. 如何使用振捣器平仓？
31. 振捣器使用前的检查项目有哪些？
32. 振捣器如何进行操作？
33. 外部式振捣器使用前的准备工作有哪些？
34. 外部式振捣器如何进行操作？
35. 混凝土浇筑后为何要进行养护？
36. 泵送混凝土坍落度有哪些要求？
37. 混凝土泵的安装要求有哪些？
38. 混凝土送混凝土管道安装要求有哪些？
39. 如何进行泵混凝土的压送？
40. 泵送压送中断措施有哪些？
41. 泵送混凝土堵管原因有哪些？
42. 混凝土送混凝土堵管的预防措施有哪些？
43. 泵送混凝土堵管如何排除？
44. 预制混凝土构件的成型工序有哪些？
45. 浇筑预制构件，应符合哪些规定？
46. 构件堆放应符合哪些要求？
47. 混凝土冬季施工的一般要求有哪些？
48. 冬季施工措施有哪些？
49. 冬季混凝土施工注意事项有哪些？
50. 高温环境对新拌及刚成型混凝土的影响因素有哪些？
51. 夏季高温期混凝土施工的技术措施有哪些？
52. 混凝土工程在雨季施工时，应做好的准备工作有哪些？
53. 混凝土在无防雨棚仓面小雨中进行浇筑时，应采取哪些技术措施？
54. 混凝土工程如何对原材料进行控制检查？
55. 如何对混凝土拌和物进行检查控制？
56. 混凝土浇捣质量如何进行控制检查？
57. 什么叫麻面？
58. 混凝土麻面产生的原因有哪些？
59. 混凝土麻面的预防措施有哪些？
60. 混凝土麻面如何进行修补？
61. 什么叫蜂窝？
62. 混凝土蜂窝产生的原因有哪些？
63. 混凝土蜂窝的预防方法有哪些？
64. 混凝土蜂窝如何进行修补？

65. 什么叫混凝土露筋、空洞?
66. 混凝土出现露筋、空洞的原因有哪些?
67. 露筋、空洞的预防措施有哪些?
68. 混凝土露筋、空洞的处理措施有哪些?
69. 混凝土施工裂缝产生的原因有哪些?
70. 混凝土施工裂缝预防方法有哪些?
71. 混凝土施工裂缝如何进行修补?
72. 混凝土空鼓预防方法有哪些?
73. 混凝土空鼓如何进行修补?
74. 混凝土强度不足产生的原因有哪些?
75. 施工缝处理安全技术措施有哪些?
76. 混凝土拌和的安全技术措施有哪些?
77. 手推车运输混凝土的安全技术措施有哪些?
78. 自卸汽车运输混凝土的安全技术措施有哪些?
79. 吊罐吊送混凝土的安全技术措施有哪些?
80. 混凝土泵作业安全技术措施有哪些?
81. 混凝土平仓振捣的安全技术措施有哪些?
82. 混凝土养护时安全技术措施有哪些?

第六章　施工导流与水流控制

在河床上修建水工建筑物时，为保证在干地上施工，需将天然径流部分或全部改道，按预定的方案泄向下游，并保证施工期间基坑无水，这就是施工导流与水流控制要解决的问题。施工导流与水流控制一般包括：①坝址区的导流和截流；②坝址区上下游横向围堰和分期纵向围堰；③导流隧洞、导流明渠、底孔及其进出口围堰；④引水式水电站岸边厂房围堰；⑤坝址区或厂址区安全度汛、排冰凌和防护工程；⑥建筑物的基坑排水；⑦施工期通航；⑧施工期下游供水；⑨导流建筑物拆除；⑩导流建筑物下闸和封堵。

第一节　施　工　导　流

一、施工导流方法

施工导流的基本方法大体可分为两类：一类是全段围堰法导流，即用围堰拦断河床，全部水流通过事先修好的导流泄水建筑物流走；另一类是分段围堰法，即水流通过河床外的束窄河床下泄，后期通过坝体预留缺口、底孔或其他泄水建筑物下泄。但不管是分段围堰法还是全段围堰法导流，当挡水围堰可过水时，均可采用淹没基坑的特殊导流方法。这里介绍两种基本的导流方法。

6－1
三峡施工期
（二期工程）
【图片】

6－2
三峡施工期
（三期工程）
【图片】

（一）全段围堰法

全段围堰法导流，就是在修建于河床上的主体工程上下游各建一道拦河围堰，使水流经河床以外的临时或永久建筑物下泄，主体工程建成或即将建成时，再将临时泄水建筑物封堵。该法多用于河床狭窄、基坑工作量不大、水深、流急难于实现分期导流的地方。全段围堰法按其泄水道类型有以下几种。

1．隧洞导流

山区河流，一般河谷狭窄、两岸地形陡峻、山岩坚实，采用隧洞导流较为普遍。但由于隧洞泄水能力有限，造价较高，一般在汛期泄水时均另找出路或采用淹没基坑方案。导流隧洞设计时，应尽量与永久隧洞相结合。隧洞导流的布置形式如图 6－1 所示。

6－3
隧洞导流
【图片】

2．明渠导流

明渠导流是在河岸或滩地上开挖渠道，在基坑上下游修筑围堰，河水经渠道下泄。它用于岸坡平缓或有宽广滩地的平原河道上。若当地有老河道可利用或工程修建在弯道上时，采用明渠导流比较经济合理。具体布置形式如图 6－2 所示。

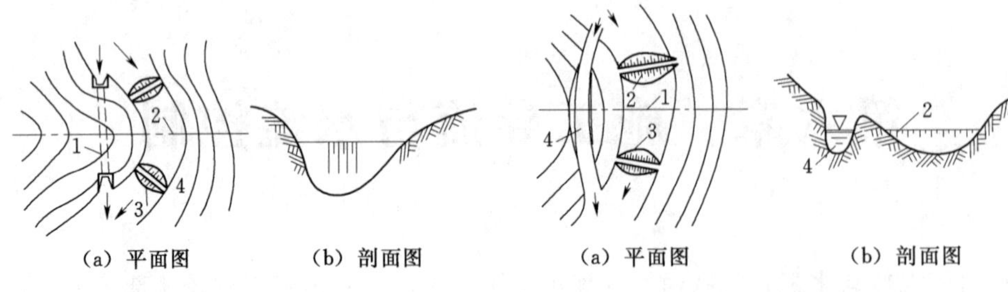

图 6-1 隧洞导流示意图

1—隧洞；2—坝轴线；3—围堰；4—基坑

图 6-2 明渠导流示意图

1—坝轴线；2—上游围堰；3—下游围堰；4—导流明渠

3. 涵管导流

涵管导流一般在修筑土坝、堆石坝中采用，但由于涵管的泄水能力较小，因此一般用于流量较小的河流上或只用来担负枯水期的导流任务，如图 6-3 所示。

4. 渡槽导流

渡槽导流方式结构简单，但泄流量较小，一般用于流量小、河床窄、导流期短的中小型工程，如图 6-4 所示。

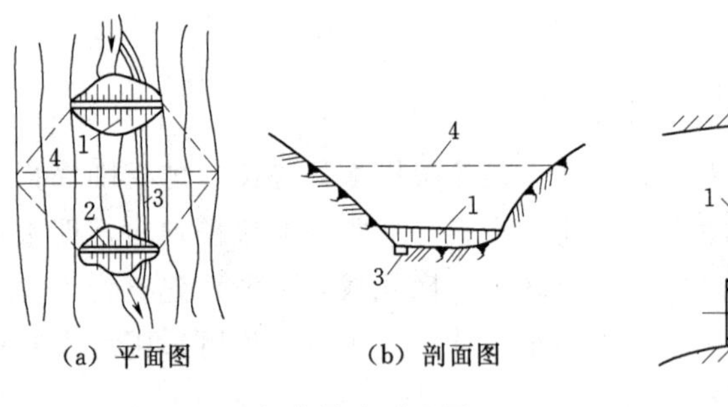

图 6-3 涵管导流示意图

1—上游围堰；2—下游围堰；3—涵管；4—坝体

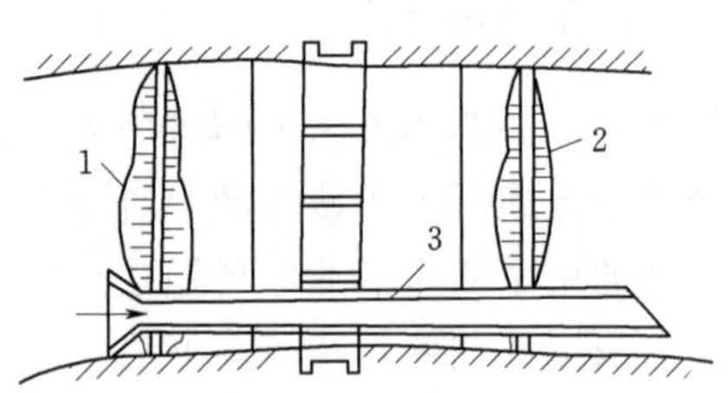

图 6-4 渡槽导流示意图

1—上游围堰；2—下游围堰；3—渡槽

（二）分段围堰法

分段围堰法（或分期围堰法），就是用围堰将水工建筑物分段分期围护起来进行施工（图 6-5）。所谓分段，就是从空间上用围堰将拟建的水工建筑物圈围成若干施工段；所谓分期，就是从时间上将导流分为若干时期。导流的分期数和围堰的分段数并不一定相同。

分段围堰法前期由束窄的河道导流，后期可利用事先修好的泄水建筑物导流，如图 6-6 所示。常用泄水建筑物的类型有底孔、缺口等。分段围堰法导流一般适用于河流流量大、槽宽、施工工期较长的工程中。

6-4
分段围堰法
【视频】

1. 底孔导流

采用底孔导流时，应事先在混凝土坝体内修好临时或永久底孔，然后让全部或部分水流通过底孔宣泄至下游。如系临时底孔，应在工程接近完工或需要蓄水时封堵。底孔导流布置形式如图 6-7 所示。

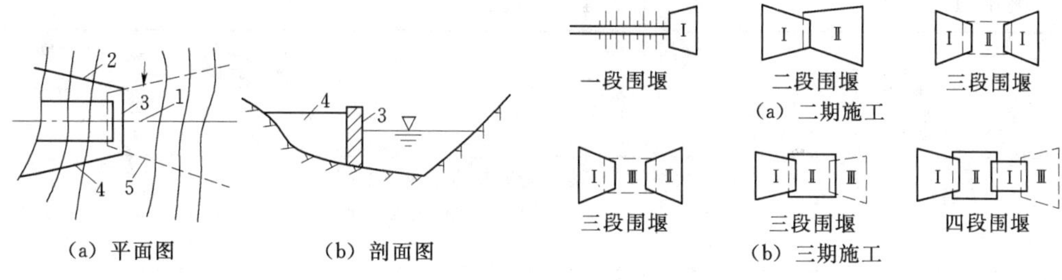

2
3
1
4
5
4
3
(a) 平面图
(b) 剖面图

图 6-5　分期导流示意图

1—坝轴线；2—上游横向围堰；3—纵向围堰；4—下游横向围堰；5—第二期围堰轴线

一段围堰
二段围堰
三段围堰
(a) 二期施工
三段围堰
三段围堰
四段围堰
(b) 三期施工

图 6-6　分期导流与分段围堰示意图

Ⅰ、Ⅱ、Ⅲ—施工分期

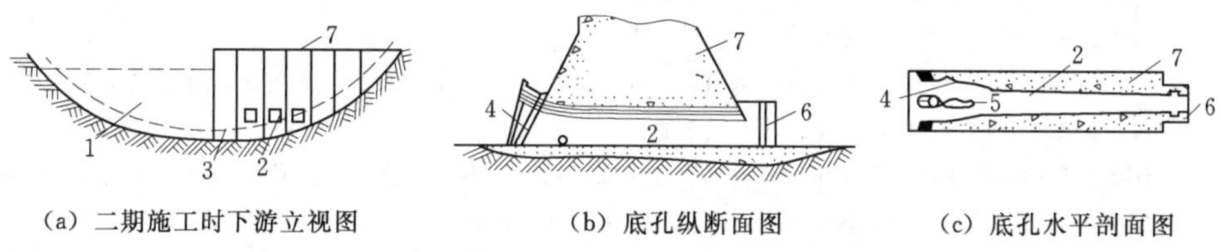

(a) 二期施工时下游立视图
(b) 底孔纵断面图
(c) 底孔水平剖面图

图 6-7　底孔导流

1—二期修建坝体；2—底孔；3—二期纵向围堰；4—封闭闸门门槽；5—中间墩；6—出口封闭门槽；7—已浇筑混凝土坝体

底孔导流挡水建筑物上部的施工可不受干扰，有利于均衡、连续施工，这对修建高坝有利，但在导流期有被漂浮物堵塞的危险，封堵水头较高，安放闸门较困难。

2. 缺口导流

混凝土坝在施工过程中，为了保证在汛期河流暴涨暴落时能继续施工，可在兴建的坝体上预留缺口宣泄洪峰流量，待洪峰过后，上游水位回落再修筑缺口，谓之缺口导流（图 6-8）。

4
1
2
3

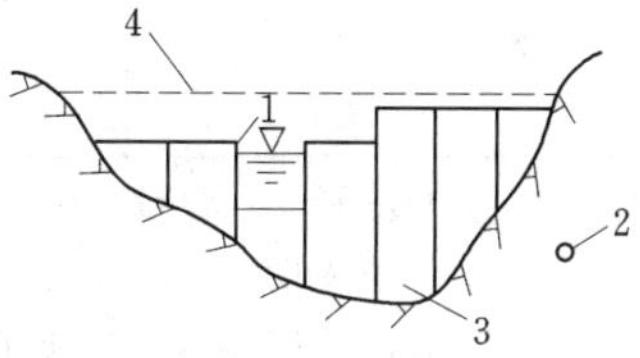

图 6-8　坝体缺口过水示意图

1—过水缺口；2—导流隧洞；3—坝体；4—坝顶

二、导流建筑物

（一）导流建筑物设计流量

导流设计流量是选择导流方案、确定导流建筑物的主要依据。而导流建筑物设计洪水标准是选择导流设计流量的标准，即是施工导流的设计标准。

1. 洪水设计标准

导流建筑物系指枢纽工程施工期所使用的临时性挡水和泄水建筑物。根据其保护对象、失事后果、使用年限和工程规模划分为Ⅲ～Ⅴ级，具体按表 6-1 确定。

导流建筑物设计洪水标准应根据建筑物的类型和级别在表 6-2 规定幅度内选择，并结合风险度综合分析，使所选标准经济合理，对失事后果严重的工程，要考虑对超标准洪水的应急措施。

表 6-1 导流建筑物级别划分

级别	保护对象	失事后果	使用年限/年	围堰工程规模	
				堰高/m	库容/亿 m³
Ⅲ	有特殊要求的Ⅰ级永久建筑物	淹没重要城镇、工矿企业、交通干线或推迟工程总工期及第一批机组发电，造成重大灾害和损失	>3	>50	>1.0
Ⅳ	Ⅰ级、Ⅱ级永久建筑物	淹没一般城镇、工矿企业或推迟工程总工期及第一批机组发电而造成较大灾害和损失	1.5～3	15～50	0.1～1.0
Ⅴ	Ⅲ级、Ⅳ级永久建筑物	淹没基坑，但对总工期及第一批机组发电影响不大，经济损失较小	<1.5	<15	<0.1

注 1. 导流建筑物包括挡水和泄水建筑物，两者级别相同。
2. 表列四项指标均按施工阶段划分。
3. 有、无特殊要求的永久建筑物均是针对施工期而言，有特殊要求的Ⅰ级永久建筑物是指施工期不允许过水的土坝及其他有特殊要求的永久建筑物。
4. 使用年限指导流建筑物每一施工阶段的工作年限，两个或两个以上施工阶段共用的导流建筑物，如分期导流一期、二期共用的纵向围堰，其使用年限不能叠加计算。
5. 围堰工程规模一栏，堰高指挡水围堰最大高度，库容指堰前设计水位所拦蓄的水量，两者必须同时满足。

表 6-2 导流建筑物洪水标准划分

导流建筑物类型	导流建筑物级别		
	Ⅲ	Ⅳ	Ⅴ
	洪水重现期/年		
土石	50～20	20～10	10～5
混凝土	20～10	10～5	5～3

注 在下述情况下，导流建筑物洪水标准可用表中的上限值：①河流水文实测资料系列较短（小于 20 年），或工程处于暴雨中心区；②采用新型围堰结构形式；③处于关键施工阶段，失事后可能导致严重后果；④工程规模、投资和技术难度用上限值与下限值相差不大；⑤过水围堰的挡水标准应结合水文特点、施工工期、挡水时段，经技术经济比较后在重现期 3～20 年范围内选定。当水文系列较长（大于或等于 30 年）时，也可根据实测流量资料分析选用。

当坝体筑高到不需围堰保护时，其临时度汛洪水标准应根据坝型及坝前拦洪库容按表 6-3 规定的洪水重现期（年）执行。

表 6-3 水库大坝施工期洪水标准

坝型	拦洪库容/亿 m³			
	≥10	<10，≥1.0	<1.0，≥0.1	<0.1
土石坝/[重现期/年]	≥200	200～100	100～50	50～20
混凝土坝、浆砌石坝/[重现期/年]	≥100	100～50	50～20	20～10

导流泄水建筑物封堵后，如永久泄洪建筑物尚未具备设计泄洪能力，坝体度汛洪水标准应分析坝体施工和运行要求后按表 6-4 规定执行。汛前坝体上升高度应满足

拦洪要求，帷幕灌浆及接缝灌浆高程应能满足蓄水要求。

表 6 - 4　　导流泄水建筑物封堵后坝体度汛标准

大坝类型		导流建筑物级别		
		Ⅰ	Ⅱ	Ⅲ
		洪水重现期/年		
混凝土	设计	200～100	100～50	50～20
	校核	500～200	200～100	100～50
土石	设计	500～200	200～100	100～50
	校核	1000～500	500～200	200～100

2. 导流时段

导流时段就是按照导流程序来划分的各施工阶段的延续时间。划分导流时段，需正确处理施工安全可靠和争取导流的经济效益的矛盾。因此要全面分析河道的水文特点、被围的永久建筑物的结构形式及其工程量大小、导流方案、工程最快的施工速度等，这些是确定导流时段的关键。尽可能采用低水头围堰，进行枯水期导流，是降低导流费用、加快工程进度的重要措施。

总之，在划分导流时段时，要确保枯水期，争取中水期，还要尽力在汛期中争工期。既要安全可靠，又要力争工期。

山区性河流的特点是洪水流量大、历时短，而枯水期则流量小。在这种情况下，经过技术经济比较后，可采用淹没基坑的导流方案，以降低导流费用。

导流建筑物设计流量即为导流时段内根据洪水设计标准确定的最大流量，据以进行导流建筑物的设计。

（二）导流建筑物

1. 围堰

（1）围堰的类型。围堰是一种临时性水工建筑物，用来围护河床中基坑，保证水工建筑物施工在干地上进行。在导流任务完成后，对不能作为永久建筑物的部分或妨碍永久建筑物运行的部分应予以拆除。

通常按使用材料将围堰分为土石围堰、草土围堰、钢板桩格型围堰、木笼围堰、混凝土围堰等，按所处的位置将围堰分为横向围堰、纵向围堰，按围堰是否过水分为不过水围堰、过水围堰。

（2）围堰的基本要求。围堰的基本要求如下：

1）安全可靠，能满足稳定、抗渗、抗冲要求。

2）结构简单，施工方便，易于拆除并能充分利用当地材料及开挖弃料。

3）堰基易于处理，堰体便于与岸坡或已有建筑物连接。

4）在预定施工期内修筑到需要的断面和高程。

5）具有良好的技术经济指标。

（3）围堰的结构。

1）土石围堰。土石围堰能充分利用当地材料，地基适应性强，造价低，施工简便，设计应优先选用。

a. 不过水土石围堰。对于土石围堰，由于不允许过水，且抗冲能力较差，一般不宜做纵向围堰，如河谷较宽且采取了防冲措施，也可将土石围堰用作纵向围堰。土石围堰的水下部位一般采用混凝土防渗墙防渗，水上部位一般采用黏土心墙、黏土斜墙、土工合成材料等防渗。

b. 过水土石围堰。当采用淹没基坑方案时，为了降低造价、便于拆除，许多工程采用了过水土石围堰形式。为了克服过水时水流对堰体表面冲刷和由于渗透压力引起的下游边坡连同堰顶一起的深层滑动，目前采用较普遍是在下游护面上压盖混凝土面板。

2）草土围堰。草土围堰是黄河上传统的筑堤方法，它是一种草土混合结构。施工时，先用稻草或麦草做成长 1.2～1.8m、直径 0.5～0.7m 的草捆，再用长 6～8m、直径 4～5cm 的草绳将两个草捆扎成件，重约 20kg。堰体由河岸开始修筑，首先沿河岸迎水面在围堰整个宽度内分层铺设草捆，并将草绳拉直放在岸上，以便与后铺的草捆互相联结。铺草时，应使第一层草捆浸入水中 1/3，各层草捆按水深大小迭接 1/3～1/2，这样逐层压放的草捆就形成一个坡角为 35°～45°的斜坡，直至高出水面 1.0m 为止。随后在草捆层的斜坡上铺上一层厚 0.25～0.30m 的散草，再在散草上铺一层厚 0.25～0.30m 的土层。土质以遇水易于崩解、固结为好，可采用黄土、砂壤土、黏壤土、粉土等。铺好的土质只需人工踏实即可。接着在填土面上同样作堰体压草、铺散草和压土工作，如此继续进行，堰体即可向前进占，后部的堰体也渐渐深入河底。

3）混凝土围堰。混凝土围堰的抗冲及抗渗能力强，适应高水头，底宽小，易于与永久建筑物相结合，必要时可以过水，因此应用较广泛。峡谷地区岩基河床，多用混凝土拱围堰，且多为过水围堰形式，可使围堰工程量小，施工速度快，且拆除也较为方便。采用分段围堰法导流时，重力式混凝土围堰往往作为纵向围堰。混凝土围堰一般采用碾压混凝土，在低土石围堰保护下施工，施工速度快。

（4）围堰的平面布置。围堰的平面布置是一个很重要的课题。如果平面布置不当，围护基坑的面积过大，会增加排水设备容量；基坑面积过小，会妨碍主体工程施工，影响工期；更有甚者，会造成水流宣泄不畅顺，冲刷围堰及其基础，影响主体工程安全施工。

围堰的平面布置一般应按导流方案、主体工程的轮廓和对围堰提出的要求而定。当采用全段围堰法导流时，基坑是由上、下游横向围堰和两岸围成的。

是否采用分段围堰取决于主体工程的轮廓。通常，基坑坡趾离主体工程轮廓的距离，不应小于 20～30m（图 6-9），以便布置排水设施、交通运输道路及堆放材料和模板等。至于基坑开挖坡的大小，则与地质条件有关。分段围堰法导流时，上、下游横向围堰一般不与河床中心线垂直，其平面布置常呈梯形，既可保证水流顺畅，同时也便于运输道路的布置和衔接。当采用全段围堰法导流时，为了减少工程量，围堰多与主河道垂直。当纵向围堰不作为永久建筑物的一部分时，纵向基坑坡趾离主体工程轮廓的距离，一般不大于2cm，以供布置排水系统和堆放模板。如果无此要求，只需留0.4～0.6m就够了。

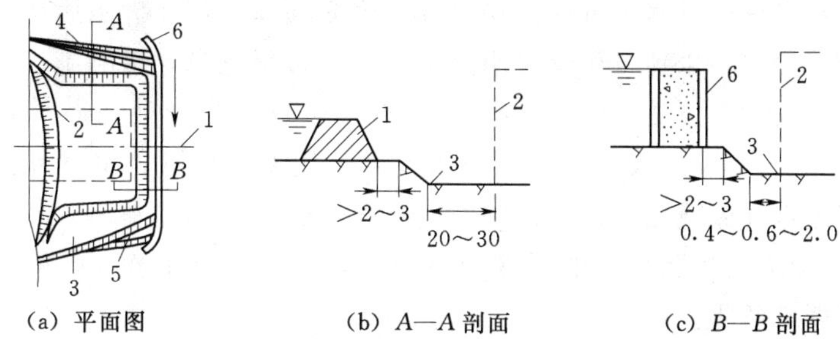

图6-9　围堰布置与基坑范围

1—主体工程轴线；2—主体工程轮廓；3—基坑；4—上游横向围堰；5—下游横向围堰；6—纵向围堰

6-5
分段围堰法围堰填筑
【视频】

(5) 围堰堰顶高程的确定。围堰堰顶高程的确定，不仅取决于导流设计流量和导流建筑物的形式、尺寸、平面位置、高程和糙率等，还要考虑河流的综合利用和主体工程工期。

上游围堰的堰顶高程：

$$H_{上}=h_{d}+Z+\delta \quad (6-1)$$

式中　$H_{上}$——上游围堰堰顶高程，m；

h_{d}——下游水面高程，m，可直接由原河流水位流量关系曲线中查得；

Z——上下游水位差，m；

δ——围堰的安全超高，m，按表6-5选用。

表6-5　　不过水围堰顶安全超高下限值　　单位：m

围堰形式	围堰级别	
	Ⅲ	Ⅳ～Ⅴ
土石围堰	0.7	0.5
混凝土围堰	0.4	0.3

下游围堰的堰顶高程：

$$H_{下}=h_{d}+\delta \quad (6-2)$$

式中　$H_{下}$——下游围堰堰顶高程，m；

h_{d}——下游水面高程，m；

δ——围堰的安全超高，m，按表6-5选用。

围堰拦蓄一部分水流时，则堰顶高程应通过水库调洪计算来确定。纵向围堰的堰顶高程，要与束窄河床中宣泄导流设计流量时的水面曲线相适应，其上下游端部分别与上下游围堰同高，所以其顶面往往作成倾斜状。

(6) 围堰的拆除。围堰是临时建筑物，导流任务完成以后，应按设计要求进行拆除，以免影响永久建筑物的施工及运行。

1）土石围堰相对说来断面较大，因之有可能在施工期最后一次汛期过后，上游水位下降时，从围堰的背水坡开始分层拆除。但必须保证依次拆除后所残留的断面能继续挡水和维持稳定，以免发生安全事故，使基坑过早淹没，影响施工。土石围堰一般可用挖土机或爆破等方法拆除。

2）草土围堰的拆除比较容易，一般水上部分用人工拆除，水下部分可在堰体挖一缺口，让其过水冲毁或用爆破法炸除。

3）混凝土围堰的拆除，一般只能用爆破法炸除，但应注意，必须使主体建筑物或其设施不受爆破危害。

2. 导流泄水建筑物

（1）导流明渠。

1）布置原则：弯道少，避开滑坡、崩塌体及高边坡开挖区；便于布置进入基坑的交通道路；进出口与围堰接头满足堰基防冲要求；避免泄洪时对下游沿岸及施工设施冲刷，必要时进行导流水工模型验证。

2）明渠断面设计。明渠底宽、底坡和进出口高程应使上、下游水流衔接条件良好，满足导、截流和施工期通航运、过木、排冰要求。设在软基上的明渠，宜通过动床水工模型试验，改善水流衔接和出口水流条件，确定冲坑形态和深度，采取有效消能抗冲设施。

导流明渠结构形式应方便后期封堵。应在分析地质条件、水力学条件并进行技术经济比较后确定衬砌方式。

（2）导流隧洞。导流隧洞应根据地形、地质条件合理选择洞线，保证隧洞施工和运行安全。相邻隧洞间净距、隧洞与永久建筑物之间间距、洞脸和洞顶岩层厚度均应满足围岩应力和变形要求。尽可能利用永久隧洞，其结合部分的洞轴线、断面形式与衬砌结构等均应满足永久运行与施工导流要求。

隧洞形式、进出口高程尽可能兼顾导流、截流、通航、放木、排冰要求，进口水流顺畅、水面衔接良好、不产生气蚀破坏，洞身断面方便施工；洞底纵坡随施工及泄流水力条件等选择。

导流隧洞在运用过程中，常遇明满流交替流态，当有压流为高速水流时，应注意水流掺气，防止因此产生空蚀、冲击波，导致洞身破坏。

隧洞衬砌范围及形式通过技术经济比较后确定，应研究解决封堵措施及结构形式的选择。

（3）导流底孔。导流底孔设置数量、高程及其尺寸宜兼顾导流、截流、过木、排冰要求。进口形式选择适当的椭圆曲线，通过水工模型试验确定。进口闸门槽宜设在坝外，并能防止槽顶部进水，以免气蚀破坏或孔内流态不稳定影响流量。

6-6
第六章第一节
测试题
【测试题】

利用永久泄洪、排沙和水库放空底孔兼作导流底孔时，应同时满足永久和临时运用要求。坝内临时底孔使用后，须以坝体同混凝土回填封堵，并采取措施保证新老混凝土接合良好。

第二节　截　　流

当泄水建筑物完成时，抓住有利时机，迅速实现围堰合龙，迫使水流经泄水建筑物下泄，称为截流。

选择截流方式应充分分析水力学参数、施工条件和难度、抛投物数量和性质，并进行技术经济比较。截流方法如下：

(1) 单戗立堵截流，简单易行，辅助设备少，较经济，适用于截流落差不超过3.5m，但龙口水流能量相对较大，流速较高，需制备重大抛投物料相对较多。

(2) 双戗和多戗立堵截流，可分担总落差，改善截流难度，适用于截流落差大于3.5m。

(3) 建造浮桥或栈桥平堵截流，水力学条件相对较好，但造价高，技术复杂，一般不常选用。

(4) 定向爆破、建闸等截流方式只有在条件特殊、充分论证后方宜选用。

一、截流方法

1. 立堵法

立堵法截流的施工过程是：先在河床的一侧或两侧向河床中填筑截流戗堤，逐步缩窄河床，谓之进占；当河床束窄到一定的过水断面时即行停止（这个断面谓之龙口），对河床及龙口戗堤端部进行防冲加固（护底及裹头）；然后掌握时机封堵龙口，使戗堤合龙；最后为了解决戗堤的漏水，必须即时在戗堤迎水面设置防渗设施（闭气），如图6-10所示。所以整个截流过程包括进占、护底及裹头、合龙和闭气等项工作。截流之后，对戗堤加高培厚即修成围堰。

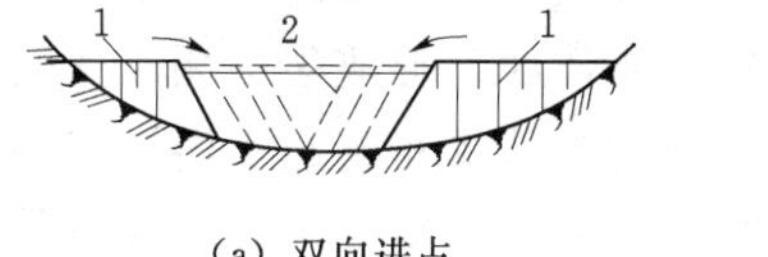

(a) 双向进占　　(b) 单向进占

图6-10　立堵法截流

1—截流戗堤；2—龙口

2. 平堵法

如图6-11所示，平堵法截流是沿整个龙口宽度全线抛投，抛投料堆筑体全面上升，直至露出水面。为此，合龙前必须在龙口架设浮桥。由于它是沿龙口全宽均匀平层抛投，所以其单宽流量较小，出现的流速也较小，需要的单个抛投材料重量也较轻，抛投强度较大，施工速度较快，但有碍通航。

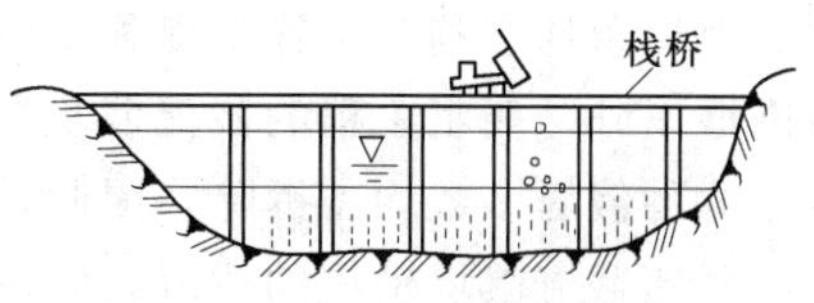

图6-11　平堵法截流

在截流设计时，可根据具体情况采用立堵与平堵相结合的截流方法，如先用立堵法进占，然后在龙口小范围内用平堵法截流；或先用船抛土石材料平堵法进占，然后再用立堵法截流。

二、截流日期及设计流量

1. 截流时间的确定

确定截流时间应考虑以下几点：

(1) 导流泄水建筑物必须建成或部分建成具备泄流条件，河道截流前泄水道内围堰或其他障碍物应予清除。

(2) 截流后的许多工作必须抢在汛前完成（如围堰或永久建筑物抢筑到拦洪高程等）。

(3) 有通航要求的河道上，截流日期最好选在对通航影响最小的时期。

(4) 北方有冰凌的河流上截流，不宜在流冰期进行。

按上述要求，截流日期一般选在枯水期初。具体日期可根据历史水文资料确定，但往往可能有较大出入，因此实际工作中应根据当时的水文气象预报及实际水情分析进行修正，最后确定截流日期。

2. 截流设计流量的确定

截流设计时所取的流量标准，是指某一确定的截流时间的截流设计流量。所以当截流时间确定以后，就可根据工程所在河道的水文、气象特征选择设计流量。通常可按重现年法或结合水文气象预报修正法确定设计流量，一般可按工程重要程度选择截流时段重现期 5～10 年的月或旬的平均流量，也可用其他方法分析确定。

3. 截流戗堤轴线和龙口位置的选择

(1) 戗堤轴线位置。通常截流戗堤是土石横向围堰的一部分，应结合围堰结构形式和围堰布置统一考虑。单戗截流的戗堤可布置在上游围堰或下游围堰中非防渗体的位置。如果戗堤靠近防渗体，在两者之间应留足闭气料或过渡带的厚度，同时应防止合龙时的流失料进入防渗体部位，以免在防渗体底部形成集中漏水通道。为了在合龙后能迅速闭气并进行基坑抽水，一般情况下将单戗堤布置在上游围堰内。

当采用双戗或多戗截流时，戗堤间距必须满足一定要求，才能发挥每条戗堤分担落差的作用。如果围堰底宽不太大，上、下游围堰间距也不太大时，可将两条戗堤分别布置在上、下游围堰内，大多数双戗截流工程都是这样做的。如果围堰底宽很大、上、下游间距也很大，可考虑将双戗布置在一个围堰内。当采用多戗时，一个围堰内通常也需布置两条戗堤，此时，两戗堤间均应有适当间距。

在采用土石围堰的一般情况下，均将截流戗堤布置在围堰范围内。但是也有戗堤不与围堰相结合的，戗堤轴线位置选择应与龙口位置相一致。如果围堰所在处的地质、地形条件不利于布置戗堤和龙口，而戗堤工程量又很小，则可能将截流戗堤布置在围堰以外。龚咀工程的截流戗堤就布置在上、下游围堰之间，而不与围堰相结合。由于这种戗堤多数均需拆除，因此，采用这种布置时应有专门论证。

平堵截流戗堤轴线的位置，应考虑便于抛石桥的架设。

(2) 龙口位置。选择龙口位置时，应着重考虑地质、地形条件及水力条件，从地质条件来看，龙口应尽量选在河床抗冲刷能力强的地方，如岩基裸露或覆盖层较薄处，这样可避免合龙过程中的过大冲刷，防止戗堤突然塌方失事。从地形条件来看，龙口河底不宜有顺流向陡坡和深坑。如果龙口能选在底部基岩面粗糙、参差不齐的地方，则有利于抛投料的稳定。另外，龙口周围应有比较宽阔的场地，离料场和特殊截流材料堆场的距离近，便于布置交通道路和组织高强度施工，这一点也是十分重要的。从水力条件来看，对于有通航要求的河流，预留龙口一般均布置在深槽主航道处，有利于合龙前的通航，至于对龙口的上下游水流条件的要求，以往的工程设计中有两种不同的见解：一种是认为龙口应布置在浅滩，并尽量造成水流进出龙口的折冲和碰撞，以增大附加壅水作用；另一种是认为进出龙口的水流应平直顺畅，因此可将龙口设在深槽中。实际上，这两种布置各有利弊，前者进口处的强烈侧向水流对戗堤端部抛投料的稳定不利，由龙口下泄的折冲水流易对下游河床和河岸造成冲刷。后者的主要问题是合龙段戗堤高度大，进占速度慢，而且深槽中水流集中，不易造成较好的分流条件。

(3) 龙口宽度。龙口宽度主要根据水力计算而定，对于通航河流，决定龙口宽度时应着重考虑通航要求，对于无通航要求的河流，主要考虑戗堤预进占所使用的材料及合龙工程量的大小。形成预留龙口前，通常均使用一般石渣进占，根据其抗冲流速可计算出相应的龙口宽度，另一方面，合龙是高强度施工，一般合龙时间不宜过长，工程量不宜过大。当此要求与预进占材料允许的束窄度有矛盾时，也可考虑提前使用部分大石块，或者尽量提前分流。

(4) 龙口护底。对于非岩基河床，当覆盖层较深、抗冲能力小时，截流过程中为防止覆盖层被冲刷，一般在整个龙口部位或困难区段进行平抛护底，防止截流料物流失量过大。对于岩基河床，有时为了减轻截流难度，增大河床糙率，也抛投一些料物护底并形成拦石坎。计算最大块体时应按护底条件选择稳定系数 K。

4. 截流抛投材料

截流抛投材料主要有块石、石串、装石竹笼、帚捆、柴捆、土袋等，当截流水力条件较差时，还须采用人工块体，一般有混凝土四面体、六面体、四脚体及钢筋混凝土构件等（图 6-12）。

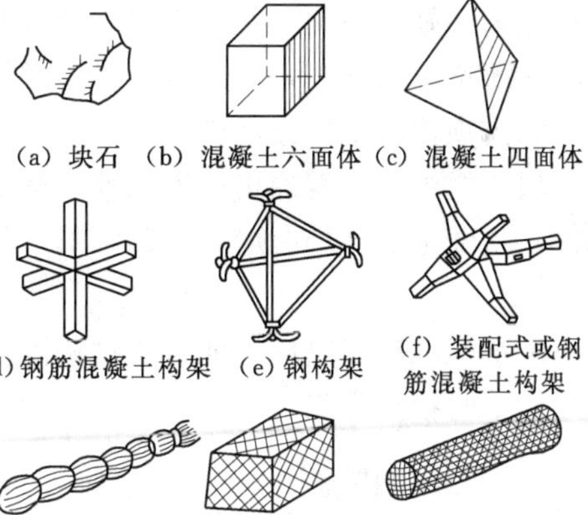

图 6-12 抛投材料

截流抛投材料选择原则如下：

(1) 预进占段填筑料尽可能利用开挖渣料和当地天然料。

(2) 龙口段抛投的大块石、石串或混凝土四面体等人工制备材料数量应慎重研究确定。

(3) 截流备料总量应根据截流料物堆存、运输条件、可能流失量及戗堤沉陷等因素综合分析，并留适当备用。

（4）戗堤抛投物应具有较强的透水能力，且易于起吊运输。

现将一些常用的截流材料适宜流速的经验数据列于表6-6，供参考。

表6-6　截流材料适用流速　单位：m/s

截流材料	适用流速	截流材料	适用流速
土料	0.5～0.7	ϕ0.8m×6m装石竹笼	3.5～4.0
20～30kg块石	0.8～1.0	3000kg重大石块或铅丝笼	3.5
50～70kg块石	1.2～1.3	5000kg重大石块或铅丝笼	4.5～5.5
袋土	1.5	12000～15000kg混凝土四面体	7.2
ϕ0.5m×2m装石竹笼	2.0	ϕ1.0m×15m柴石枕	7～8
ϕ0.6m×4m装石竹笼	2.5～3.0		

6-7
第六章第二节
测试题
【测试题】

第三节　施工度汛及后期水流控制

一、施工度汛

（一）坝体拦洪标准

经过多个汛期才能建成的坝体工程，用围堰来挡汛期洪水显然是不经济的，且安全性也未必好，因此，对于不允许淹没基坑的情况，常采用低堰挡枯水、汛期由坝体临时断面拦洪的方案，这样既减少了围堰工程费用，拦洪度汛标准也可提高，只是增加了汛前坝体施工的强度。

坝体拦洪首先需确定拦洪标准，然后确定拦洪高程。坝体施工期临时度汛的洪水标准，应根据坝型和坝体升高后形成的拦洪蓄水库库容确定，具体见表6-3和表6-4。

洪水标准确定以后，就可通过调洪演算计算拦洪水位，再考虑安全超高，即可确定坝体临时拦洪高程。

（二）度汛措施

根据施工进度安排，若坝体在汛期到来之前不能达到拦洪高程，这时应视采用的导流方法、坝体能否溢流及施工强度周密细致地考虑度汛措施。允许溢流的混凝土坝或浆砌石坝，可采用过水围堰，也可在坝体中预设底孔或缺口，而坝体其余部分填筑到拦洪高程，以保证汛期继续施工。

对于不能过水的土坝、堆石坝可采取下列度汛措施：

1. 抢筑坝体临时度汛断面

当用坝体拦洪导致施工强度太大时，可抢筑临时度汛断面（图6-13）。但应注意以下几点：

（1）断面顶部应有足够的宽度，以便在非常紧急的情况下仍有余地抢筑临时度汛

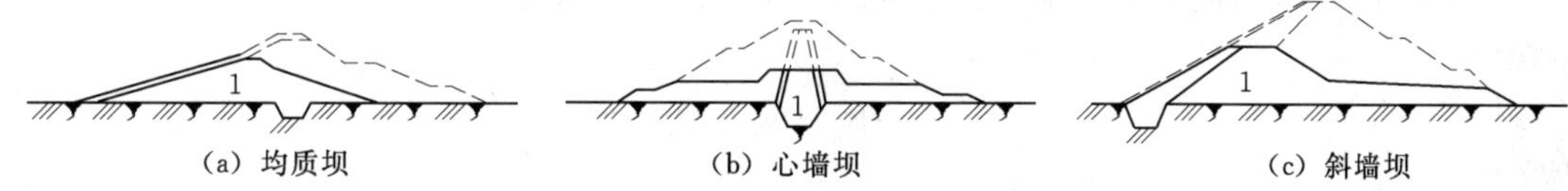

图 6-13 临时度汛断面示意图
1—临时度汛断面

断面。

(2) 度汛临时断面的边坡稳定安全系数不应低于正常设计标准。为防止坍坡，必要时可采取简单的防冲和排水措施。

(3) 斜墙坝或心墙坝的防渗体一般不允许采用临时断面。

(4) 上游护坡应按设计要求筑到拦洪高程，否则应考虑临时的防护措施。

2. 采取未完建（临时）溢洪道溢洪

当采用临时度汛断面仍不能在汛前达到拦洪高程，则可采用降低溢洪道底槛高程或开挖临时溢洪道溢洪，但要注意防冲措施得当。

二、施工后期水流控制

当导流泄水建筑物完成导流任务，整个工程进入了完建期后，必须有计划地进行封堵，使水库蓄水，以使工程按期受益。

自蓄水之日起至枢纽工程具备设计泄洪能力为止，应按蓄水标准分月计算水库蓄水位，并按规定防洪标准计算汛期水位确定汛前坝体上升高程，确保坝体安全度汛。

施工后期水库蓄水应和导流泄水建筑物封堵统一考虑，并充分分析以下条件：

(1) 枢纽工程提前受益的要求。

(2) 与蓄水有关工程项目的施工进度及导流工程封堵计划。

(3) 库区征地、移民和清库的要求。

(4) 水文资料、水库库容曲线和水库蓄水历时曲线。

(5) 要求防洪标准，泄洪与度汛措施及坝体稳定情况。

(6) 通航、灌溉等下游供水要求。

(7) 有条件时，应考虑利用围堰挡水受益的可能性。

计算施工期蓄水历时应扣除核定的下游供水流量。蓄水日期按以上要求统一研究确定。

水库蓄水计划通常采用 $p=75\%\sim85\%$ 的年流量过程线来制定的。从发电、灌溉航运及供水等部门所提出的运用期限要求，反推算出水库开始蓄水的时间，也就是封孔日期，据各时段的来水量与下泄量和用水量之差、水库库容与水位的关系曲线，就可得到水库蓄水计划，即库水位和蓄水历时关系曲线。它是施工后期进行水流控制、安排施工进度的重要依据。

封堵时段确定以后，还需要确定封堵时的施工设计流量，可采用封堵期 5～10 年重现期的月或旬平均流量，或按实测水文统计资料分析确定。

导流用的临时泄水建筑物，如隧洞、涵管、底孔等，都可利用闸门封孔，常用的封孔门有钢筋混凝土迭梁、钢筋混凝土整体闸门、钢闸门等。

6-8
第六章第三节测试题
【测试题】

6-9
第六章测试题
【测试题】

拓 展 讨 论

党的二十大报告提出，深入推进环境污染防治。坚持精准治污、科学治污、依法治污，持续深入打好蓝天、碧水、净土保卫战。加强污染物协同控制，基本消除重污染天气。统筹水资源、水环境、水生态治理，推动重要江河湖库生态保护治理，基本消除城市黑臭水体。加强土壤污染源头防控，开展新污染物治理。提升环境基础设施建设水平，推进城乡人居环境整治。

请思考：水利水电工程中如何对江河湖库进行生态保护？

复 习 思 考 题

1. 施工导流方法有哪些？
2. 什么叫全段围堰法？
3. 全段围堰法按其泄水道类型有哪几种？各适用于什么场合？
4. 分段围堰法如何组织导流？
5. 何谓底孔导流？
6. 何谓缺口导流？
7. 围堰的基本要求有哪些？
8. 导流明渠布置原则有哪些？
9. 导流隧洞布置原则有哪些？
10. 截流方法有哪些？
11. 试述立堵法截流的施工过程。
12. 试述平堵法截流的施工过程。
13. 确定截流时间应考虑哪些因素？
14. 截流设计流量如何确定？
15. 截流抛投材料选择原则有哪些？
16. 对于不能过水的土坝、堆石坝度汛措施有哪些？
17. 施工后期水库蓄水时间如何确定？

第七章　地基处理及基础工程

第一节　地　基　处　理

一、灰土地基

灰土地基是将基础底面下要求范围内的软弱土层挖去，用一定比例的石灰、土，在最优含水量的情况下充分拌和，分层回填夯实或压实而成。

（1）对基槽（坑）应先验槽。消除松土，并打两遍底夯，要求平整干净。如有积水、淤泥应晾干；局部有软弱土层或孔洞，应及时挖除后用灰土分层回填夯实。

（2）土应分层摊铺并夯实。灰土每层最大虚铺厚度，可根据不同夯实机具选用。每层灰土的夯压遍数，应根据设计要求的灰土干密度在现场试验确定，一般不少于3遍。人工打夯应一夯压半夯，做到夯夯相接、行行相接、纵横交叉。

（3）灰土回填每层夯（压）实后，应根据规范规定进行质量检验。达到设计要求时，才能进行上一层灰土的铺摊。

（4）当日铺填夯压，入槽（坑）灰土不得隔日夯打。夯实后的灰土在3d内不得受水浸泡，并及时进行基础施工与基坑回填，或在灰土表面作临时性覆盖，避免日晒雨淋。

（5）灰土分段施工时，不得在墙角、柱基及承重窗间墙下接缝，上下两层的接缝距离不得小于500mm，接缝处应夯压密实，并做成直槎。

（6）对基础、基础墙或地下防水层、保护层以及从基础墙伸出的各种管线，均应妥善保护，防止回填灰土时碰撞或损坏。

（7）灰土最上一层完成后，应拉线或用靠尺检查标高和平整度，超高处用铁锹铲平；低洼处应及时补打灰土。

（8）施工时应注意妥善保护定位桩、轴线桩，防止碰撞位移，并应经常复测。

二、砂和砂石地基

砂和砂石地基是采用砂或沙砾石（碎石）混合物，经分层夯实，作为地基的持力层，提高基础下部地基强度，并通过垫层的压力扩散作用降低地基的压应力，减少变形量，如图7-1所示。砂垫层还可起到排水作用，地基土中的孔隙水可通过垫层快速排出，能加速下部土层的沉降和固结。

（1）垫层铺设时，严禁扰动垫层下卧层及侧壁的软弱土层，防止被践踏、受冻或受浸泡，降低其强度。如垫层下有厚度较小的淤泥或淤泥质土层，在碾压荷载下抛石

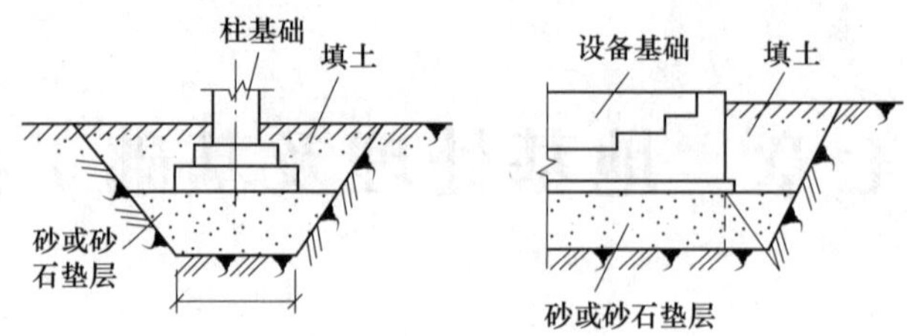

图 7-1 砂和砂石地基施工做法

能被挤入该层底面时，可采用挤淤处理的方法，即先在软弱土面上堆填块石、片石等，然后将其压入以置换和挤出软弱土，再作垫层。

(2) 砂和砂石地基底面宜铺设在同一标高上。如深度不同时，基土面应挖成踏步和斜坡形，踏步宽度不小于 500mm，高度同每层铺设厚度，斜坡坡度应大于 1∶1.5，搭槎处应注意压（夯）实。施工应按先深后浅的顺序进行。

(3) 应分层铺筑砂石，铺筑砂石的每层厚度，一般为 150～200mm，不宜超过 300mm，也不宜小于 100mm。分层厚度可用样桩控制。视不同条件，可选用夯实或压实的方法。大面积的砂石垫层，铺筑厚度可达 350mm，宜采用 6～10t 的压路机碾压。

(4) 砂和砂石地基的压实，可采用平振法、插振法、水撼法、夯实法、碾压法。

(5) 砂垫层每层夯实后的密实度应达到中密标准，即孔隙比不应大于 0.65，干密度不小于 $1.60g/cm^3$。测定方法是用容积不小于 $200cm^3$ 的环刀取样。如为砂石垫层，则在砂石垫层中设纯砂检验点，在同样条件下用环刀取样鉴定。现场简易测定方法是：将直径为 20mm、长度为 1250mm 的平头钢筋举离砂面 700mm 处时，使其自由下落。插入深度不大于根据该砂的控制干密度测定的深度为合格。

(6) 分段施工时，接槎处应做成斜坡，每层接槎处的水平距离应错开 0.5～1.0m，并应充分压（夯）实。

(7) 铺筑的砂石应级配均匀。如发现砂窝或石子成堆的现象，应将该处砂子或石子挖出，分别填入级配好的砂石。同时，铺筑级配砂石，在夯实碾压前，应根据其干湿程度和气候条件，适当地洒水以保持砂石的最佳含水量，一般为 8%～12%。

(8) 夯实或碾压的遍数，由现场试验确定。用木夯或蛙式打夯机时，应保持 400～500mm 的落距，要求一夯压半夯、行行相接、全面夯实，一般不少于 3 遍。采用压路机往复碾压，一般碾压不少于 4 遍，其轮距搭接不小于 500mm。边缘和转角处应用人工或蛙式打夯机补夯密实。

(9) 当采用水撼法或插振法施工时，以振捣棒振幅半径的 1.75 倍为间距（一般为 400～500mm）插入振捣，依次振实，以不再冒气泡为准，直至完成。同时应采取措施做到有控制地注水和排水。

三、夯实地基

夯实地基采用较多的是重锤夯实地基和强夯法地基。

1. 重锤夯实地基

重锤夯实是利用起重机械将夯锤提升到一定高度，然后自由落下，重复夯击基土表面，使地基表面形成一层比较密实的硬壳层，从而使地基得到加固。适于地下水位在0.8m以上、稍湿的黏性土、沙土、饱和度 $S_r \leqslant 60$ 的湿陷性黄土、杂填土以及分层填土地基的加固处理，但当夯击对邻近建筑物有影响，或地下水位高于有效夯实深度时，不宜采用。重锤表面夯实的加固深度一般为1.2～2.0m。湿陷性黄土地基经重锤表面夯实后，透水性会显著降低，可消除湿陷性，地基土密度增大，强度可提高30%；对杂填土则可以减少其不均匀性，提高承载力。

起重机可采用配置有摩擦式卷扬机的履带式起重机、打桩机、悬臂式桅杆起重机或龙门式起重机等。其起重能力：当采用自动脱钩时，应大于夯锤重量的1.5倍；当直接用钢丝绳悬吊夯锤时，应大于夯锤重量的3倍。

2. 强夯法地基

强夯法是用起重机械吊起重8～30t的夯锤，从6～30m高处自由落下，以强大的冲击能量夯击地基土，使土中出现冲击波和冲击应力，迫使土层孔隙压缩，土体局部液化，在夯击点周围产生裂隙，形成良好的排水通道，孔隙水和气体逸出，使土粒重新排列，经时效压密达到固结，从而提高地基承载力，降低其压缩性的一种有效的地基加固方法。

强夯法适用于处理碎石土、沙土、低饱和度的粉土与黏性土、湿陷性黄土、素填土和杂填土等地基，也可用于防止粉土、粉砂的液化以及高饱和度的粉土与软塑、流塑的黏性土等地基上对变形控制要求不严的工程。

起重设备可用15t、20t、25t、30t、50t带有离合摩擦器的履带式起重机。当履带式起重机起重能力不够时，为增大机械设备的起重能力和提升高度，防止落锤时臂杆回弹后仰，也可采用加钢辅助人字桅杆或龙门架的方法。

7－1
强夯施工
【图片】

四、挤密桩地基

挤密桩法是用冲击或振动方法，把圆柱形钢质桩管打入原地基，拔出后形成桩孔，然后进行素土、灰土、石灰土、水泥土等物料的回填和夯实，从而达到形成增大直径的桩体，并同原地基一起形成复合地基。其特点在于不取土，挤压原地基成孔；回填物料时，夯实物料进一步扩孔。

灰土、素土等挤密桩法适用于处理地下水位以上的湿陷性黄土、素填土和杂填土等地基，可处理地基的深度为5～20m。当以消除地基土的湿陷性为主要目的时，宜选用素土挤密桩法。当以提高地基土的承载力或增强其水稳性为主要目的时，宜选用灰土挤密桩法。当地基土的含水量大于24%、饱和度大于65%时，不宜选用灰土挤密桩法或素土挤密桩法。

1. 灰土桩地基

灰土挤密桩是利用锤击将钢管打入土中侧向挤密成孔，将管拔出后，在桩孔中分层回填2∶8或3∶7灰土夯实而成，与桩间土共同组成复合地基以承受上部荷载。

灰土挤密桩与其他地基处理方法比较有以下特点：灰土挤密桩成桩时为横向挤

密，可同样达到所要求加密处理后的最大干密度指标，可消除地基土的湿陷性，提高承载力，降低压缩性；与换土垫层相比，不需大量开挖回填，可节省土方开挖和回填土方工程量，工期可缩短50%以上；处理深度较大，可达12～15m；可就地取材，应用廉价材料，降低工程造价2/3；机具简单，施工方便，工效高。灰土挤密桩适于加固地下水位以上、天然含水量为12%～25%、厚度为5～15m的新填土、杂填土、湿陷性黄土以及含水率较大的软弱地基。当地基土含水量大于23%及其饱和度大于0.65时，打管成孔质量不好，且易对邻近已回填的桩体造成破坏，拔管后容易缩颈，遇此情况时不宜采用灰土挤密桩。

7－2 施工完的灰土桩【图片】

灰土强度较高，桩身强度大于周围地基土，可以分担较大部分荷载，使桩间土承受的应力减小，而到深度2～4m以下则与土桩地基相似。一般情况下，如果为了消除地基湿陷性或提高地基的承载力或水稳性，降低压缩性，宜选用灰土桩。

2. *砂石桩地基*

砂桩和砂石桩统称砂石桩，是指用振动、冲击或水冲等方式在软弱地基中成孔后，再将砂或砂卵石（或砾石、碎石）挤压入土孔中，形成大直径的砂或砂卵石（碎石）所构成的密实桩体，它是处理软弱地基的一种常用方法。这种方法经济、简单且有效。对于松砂地基，可通过挤压、振动等作用使地基达到密实，从而增加地基承载力，降低孔隙比，减少建筑物沉降，提高砂基抵抗震动液化的能力；用于处理软黏土地基，可起到置换和排水砂井的作用，加速土的固结，形成置换桩与固结后软黏土的复合地基，显著提高地基抗剪强度；而且，这种桩施工机具常规，操作工艺简单，可节省水泥、钢材，就地使用廉价地方材料，速度快，工程成本低，故应用较为广泛。砂石桩适用于挤密松散沙土、素填土和杂填土等地基，对建在饱和黏性土地基上主要不以变形控制的工程，也可采用砂石桩作置换处理。

3. *水泥粉煤灰碎石桩地基*

水泥粉煤灰碎石桩（简称CFG桩）是在碎石桩的基础上掺入适量石屑、粉煤灰和少量水泥，加水拌和后制成具有一定强度的桩体。其骨料仍为碎石，用掺入石屑的方法来改善颗粒级配；用掺入粉煤灰的方法来改善混合料的和易性，并利用其活性减少水泥用量；用掺入少量水泥的方法使其具有一定的黏结强度。

7－3 CFG复合地基【图片】

CFG桩适于多层和高层建筑地基，如沙土、粉土、松散填土、粉质黏土、黏土、淤泥质黏土等的处理。

4. *夯实水泥土复合地基*

夯实水泥土复合地基是用洛阳铲或螺旋钻机成孔，在孔中分层填入水泥、土混合料，经夯实成桩，与桩间土共同组成复合地基。夯实水泥土复合地基具有提高地基承载力（50%～100%），降低压缩性；材料易于解决；施工机具设备、工艺简单，施工方便，工效高，地基处理费用低等优点。它适于加固地下水位以上，天然含水量为12%～23%、厚度在10m以内的新填土、杂填土、湿陷性黄土以及含水率较大的软弱土地基。

5. *振冲地基*

振冲地基又称振冲桩复合地基，是以起重机吊起振冲器，启动潜水电机带动偏心块，使振冲器产生高频振动，同时开动水泵，通过喷嘴喷射高压水成孔，然后分批填以砂石骨料形成一根根桩体，桩体与原地基构成的复合地基。振冲地基法是提高地基承载力、减小地基沉降和沉降差的一种快速、经济有效的加固方法。

7-4
振冲碎石
桩施工
【图片】

五、注浆地基

1. 水泥注浆地基

水泥注浆地基是将水泥浆通过压浆泵、灌浆管均匀地注入土体中，以填充、渗透和挤密等方式驱走岩石裂隙中或土颗粒间的水分和气体，并填充其位置，硬化后将岩土胶结成一个整体，形成一个强度大、压缩性低、抗渗性高和稳定性良好的新的岩土体，从而使地基得到加固。水泥注浆地基可以防止或减少渗透和不均匀的沉降，在建筑工程中的应用较为广泛。

水泥注浆适用于软黏土、粉土、新近沉积黏性土、沙土提高强度的加固和渗透系数大于 2～10cm/s 的土层的止水加固以及已建工程局部松软地基的加固。

(1) 高压旋喷地基施工。高压喷射注浆法就是利用钻机把带有喷嘴的注浆管钻入（或置入）至土层预定的深度，以 20～40MPa 的压力把浆液或水从喷嘴中喷射出来，形成喷射流冲击破坏土层及预定形状的空间，当能量大、速度快和脉动状的喷射流的动压力大于土层结构强度时，土颗粒便从土层中剥落下来，一部分细粒土随浆液或水混凝土冒出地面，其余土颗粒在射流的冲击力、离心力和重力等作用下，与浆液搅拌混合，并按一定的浆土比例和质量大小，有规律地重新排列。这样注入的浆液将冲下的部分土混合凝结成加固体，从而达到加固土体的目的。它具有增大地基强度、提高地基承载力、止水防渗、减少支挡结构物的土压力、防止沙土液化和降低土的含水量等多种功能。

旋喷法的施工顺序（图 7-2）为：开始钻进（a）→钻进结束（b）→高压旋喷开始（c）→边旋转边提升（d）→喷射完毕，桩体形成（e）。

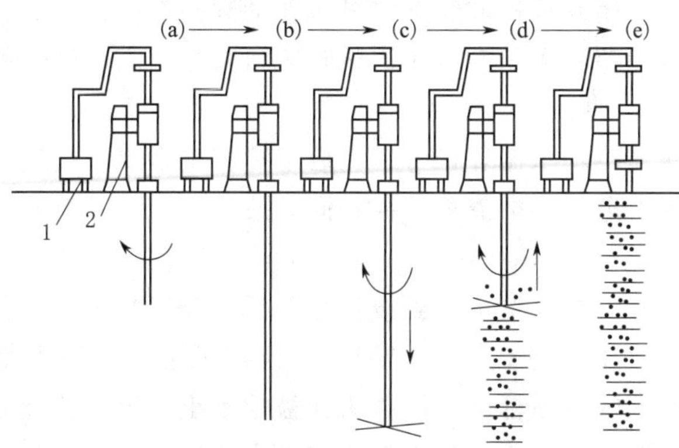

图 7-2 旋喷法的施工顺序
1—超高压力水泵；2—钻机

高压喷射注浆法的注浆形式分为旋转喷射注浆（旋喷）、定向注浆喷射（定喷）和在某一角度范围内摆动喷射注浆（摆喷）三种。其中，旋喷喷射注浆形成的水泥土加固体呈圆柱状，称为旋喷桩。

（2）深层搅拌地基施工。水泥土搅拌法是以水泥作为固化剂的主剂，通过特制的搅拌机械边钻边往软土中喷射浆液或雾状粉体，在地基深处将软土和固化剂（浆液或粉体）强制搅拌，使喷入软土中的固化剂与软土充分拌和在一起，利用固化剂和软土之间产生的一系列物理化学反应形成抗压强度比天然土强度高得多，并具有整体性、水稳定性和一定强度的水泥加固土桩柱体，由若干根这类加固土桩柱体和桩间土构成复合地基，从而达到提高地基承载力和增大变形模量的目的。

深层搅拌法的施工过程（图7-3）为：定位下沉（a）→沉入到设计深度（b）→喷浆搅拌提升（c）→原位重复搅拌下沉（d）→重复搅拌提升（e）→搅拌完毕形成加固体（f）。

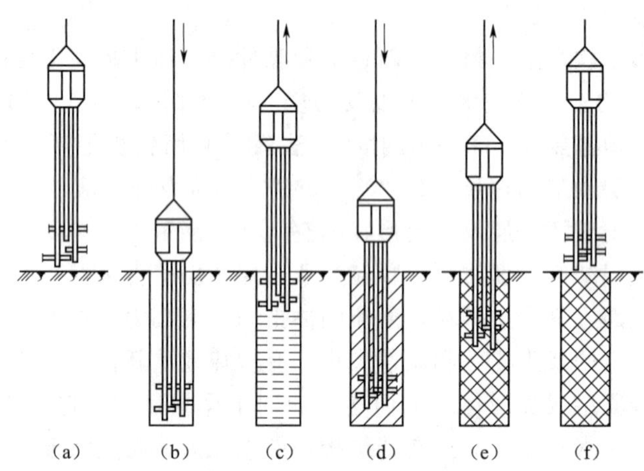

图7-3 深层搅拌法的施工过程

深层搅拌法的操作要点如下：

（1）桩机定位。利用起重机或绞车将桩机移动到指定桩位。为保证桩位准确，必须使用定位卡，桩位偏差不大于50mm，导向架和搅拌轴应与地面垂直，垂直度的偏差不应超过1.5%。

（2）搅拌下沉。当冷却水循环正常后，启动搅拌机电机，使搅拌机沿导向架切土搅拌下沉，下沉速度由电机的电流表监控；同时按预定配比拌制水泥浆，并将其倒入骨料斗备喷。

（3）喷浆搅拌提升。搅拌机下沉到设计深度后，开启灰浆泵，使水泥浆连续自动喷入地基，并保持出口压力为0.4～0.6MPa，搅拌机边旋转边喷浆边按已确定的速度提升，直至设计要求的桩顶标高。搅拌头如被软黏土包裹，应及时清除。

（4）重复搅拌下沉。为使土中的水泥浆与土充分搅拌均匀，再次将搅拌机边旋转边沉入土中，直到设计深度。

（5）重复搅拌提升。将搅拌机边旋转边提升，再次至设计要求的桩顶标高，并上升至地面，制桩完毕。

（6）清洗。向已排空的骨料斗注入适量清水，开启灰浆泵清洗管道，直至基本干净，同时将黏附于搅拌头上的土清洗干净。

(7) 移位。重复上述 (1)～(6) 步，进行下根桩的施工。

2. 硅化注浆地基

硅化注浆地基是将以硅酸钠（水玻璃）为主剂的混合溶液（或水玻璃水泥浆）通过注浆管均匀地注入地层，浆液赶走土粒间或岩土裂隙中的水分和空气，并将岩土胶结成一整体，形成强度较大、防水性能较好的结石体，从而使地基得到加强。

六、预压地基

预压法是在建筑物建造前，对建筑场地进行预压，使土体中的水排出，逐渐固结，地基发生沉降，同时强度逐步提高的方法。预压法适用于处理淤泥质土、淤泥和冲填土等饱和黏性土地基。可使地基的沉降在加载预压期间基本完成或大部分完成，使建筑物在使用期间不致产生过大的沉降和沉降差。同时，可增加地基土的抗剪强度，从而提高地基的承载力和稳定性。真空预压法适用于超软黏性土地基、边坡、码头岸坡等地基稳定性要求较高的工程地基加固，土越软，加固效果越明显。

预压法包括堆载预压法和真空预压法两大类。堆载预压法是以建筑场地上的堆载作为加载系统，在加载预压下使地基的固结沉降基本完成，提高地基土强度的方法。对于持续荷载下体积发生很大的压缩和强度会增长的土，而又有足够的时间进行压缩时，这种方法特别适用。真空预压法是在需要加固的软黏土地基上覆盖一层不透气的密封膜使之与大气隔绝，用真空泵抽气使膜内保持较高的真空度，在土的孔隙水中产生负的孔隙水压力，孔隙水逐渐被吸出从而达到预压效果。

1. 砂井堆载预压地基

砂井堆载预压地基是在软弱地基中用钢管打孔，灌砂设置砂井作为竖向排水通道，并在砂井顶部设置砂垫层作为水平排水通道，在砂垫层上部压载以增加土中附加应力，使土体中孔隙水较快地通过砂井和砂垫层排出，从而加速土体固结，使地基得到加固。

一般软黏土的结构呈蜂窝状或絮状，在固体颗粒周围充满水，当受到应力作用时，土体中的孔隙水慢慢排出，孔隙因体积变小而发生体积压缩，常称之为固结。由于黏土的孔隙率很小，故这一过程是非常缓慢的。一般黏土的渗透系数很小，为 10^{-9}～10^{-7}cm/s，而砂的渗透系数介于 10^{-3}～10^{-2}cm/s，两者相差很大。因此，当地基黏土层的厚度很大，仅采用堆载预压而不改变黏土层的排水边界条件时，黏土层的固结将十分缓慢，地基土的强度增长过慢而不能快速堆载，使预压时间变长。当在地基内设置砂井等竖向排水体系时，可缩短排水距离，有效地加速土的固结。

砂井堆载预压可加速饱和软黏土的排水固结，使沉降及早完成和稳定（下沉速度可加快 2.0～2.5 倍），同时可大大提高地基的抗剪强度和承载力，防止基土滑动破坏；而且，施工机具、方法简单，就地取材，不用“三材”，可缩短施工期限，降低造价。砂井堆载预压适用于透水性低的饱和软弱黏性土加固，以及机场跑道、油罐、冷藏库、水池、水工结构、道路、路堤、堤坝、码头、岸坡等工程地基处理。对于泥炭等有机沉积地基则不适用。

2. 袋装砂井堆载预压地基

袋装砂井堆载预压地基是在普通砂井堆载预压基础上改良和发展的一种新方法。袋装砂井直径根据所承担的排水量和施工工艺要求决定，一般采用7～12cm，间距为1.5～2.0m，井径比为15～25。袋装砂井长度应较砂井孔长度长50cm，使其放入井孔内后可露出地面，以便能埋入排水砂垫层中。

砂井可按三角形或正方形布置，由于袋装砂井直径小、间距小，因此要加固同样土所需打设袋装砂井的根数较普通砂井要多，如直径为70mm的袋装砂井按1.2m正方形布置，则每1.44m^{2}需打设一根；如直径为400mm的普通砂井按1.6m正方形布置，则每2.56m^{2}需打设一根，前者打设的根数为后者的1.8倍。

7-5
袋装砂井
施工完成
【图片】

袋装砂井施工工艺是先用振动、锤击或静压方式把井管沉入地下，然后向井管中放入预先装好砂料的圆柱形砂袋，最后拔起井管将砂袋填充在孔中形成砂井；也可先将管沉入土中放入袋子（下部装少量砂或吊重），然后依靠振动锤的振动灌满砂，最后拔出套管。

7-6
插板机进行
塑料排水带
施工
【图片】

3. 塑料排水带堆载预压地基

塑料排水带堆载预压地基，是先将带状塑料排水带用插板机插入软弱土层中，组成垂直和水平排水体系，然后在地基表面堆载预压（或真空预压），土中孔隙水沿塑料带的沟槽上升溢出地面，从而加速了软弱地基的沉降过程，使地基得到压密加固。

4. 真空预压地基

真空预压法是以大气压力作为预压载荷，它是先在需加固的软土地基表面铺设一层透水砂垫层或沙砾层，再在其上覆盖一层不透气的塑料薄膜或橡胶布，将四周密封好，使其与大气隔绝，在砂垫层内埋设渗水管道；然后与真空泵连通进行抽气，使透水材料保持较高的真空度，在土的孔隙水中产生负的孔隙水压力，将土中孔隙水和空气逐渐吸出，从而使土体固结。对于渗透系数小的软黏土，为加速孔隙水的排出，也可在加固部位设置砂井、袋装砂井或塑料板等竖向排水系统。

7-7
真空预压
排气
【图片】

七、土工合成材料地基

1. 土工织物地基

土工织物地基又称土工聚合物地基、土工合成材料地基，是在软弱地基中或边坡上埋设土工织物作为加筋，使形成弹性复合土体，起到排水、反滤、隔离、加固和补强等方面的作用，以提高土体承载力，减少沉降和增加地基的稳定。

土工织物是由聚酯纤维（涤纶）、聚丙纤维（腈纶）和聚丙烯纤维（丙纶）等高分子化合物（聚合物）经无纺工艺制成，它是将聚合物原料投入经过熔融挤压喷出纺丝，直接平铺成网，然后用黏合剂黏合（化学方法或湿法）、热压黏合（物理方法或干法）或针刺结合（机械方法）等方法将网联结成布。土工织物产品因制造方法和用途不一，其宽度和重量的规格变化甚大，用于岩土工程的宽度为2～18m，重量大于或等于0.1kg/m^2，开孔尺寸（等效孔径）为0.05～0.5mm，导水性不论垂直向或水平向，其渗透系数$k \geqslant 10^{-2}$cm/s（相当于中、细砂的渗透系数），抗拉强度为10～30kN/m（高强度的达30～100kN/m）。

2. 加劲土地基

加劲土地基是由填土和填土中布置一定量的带状筋体（或称拉筋）以及直立的墙面板三部分组成的一个整体的复合结构。这种结构内部存在着墙面土压力、拉筋的拉力及填土与拉筋间的摩擦力等相互作用的内力，并维持互相平衡，从而可保证这个复合结构的内部稳定。同时这一复合体又能抵抗拉筋尾部后面填土所产生的侧压力，使整个复合结构保持稳定。

7-8
第七章第一节
测试题
【测试题】

第二节　灌　浆　工　程

一、灌浆设备

（一）制浆与储浆设备

灌浆制浆与储浆设备包括两部分：一是浆液搅拌机，为拌制浆液用的机械，其转速较高，能充分分离水泥颗粒，以提高水泥浆液的稳定性；二是储浆搅拌桶，储存已拌制好的水泥浆，供给灌浆机抽取而进行灌浆用的设备，转速可较低，仅要求其能连续不断地搅拌，维持水泥浆不发生沉积。

水泥灌浆常用的搅拌机主要有下列几种形式。

1. 旋流式搅拌机

这种搅拌机主要由桶体、高速搅拌室、回浆管和回浆阀、排浆管和排浆阀以及叶轮等组成，如图 7-4 所示。高速搅拌室内装有叶轮，设置于桶体的一侧或两侧，由电动机直接带动。

搅拌机的工作原理：浆液由桶底出口被叶轮吸入搅拌室内，借叶轮高速（一般为 1500～2000r/min）旋转产生强烈的剪切作用，将水泥充分分散，而后经由回浆管返回浆桶。当浆液返回浆桶时，以切线方向流入桶内时，在桶内产生涡流，这样往复循环，使浆液搅拌均匀。待水泥浆拌制好后，关闭回浆阀，开启排浆阀，将浆液送入到储浆搅拌桶内。这种形式的搅拌机，转速高，搅拌均匀，搅拌时间短。

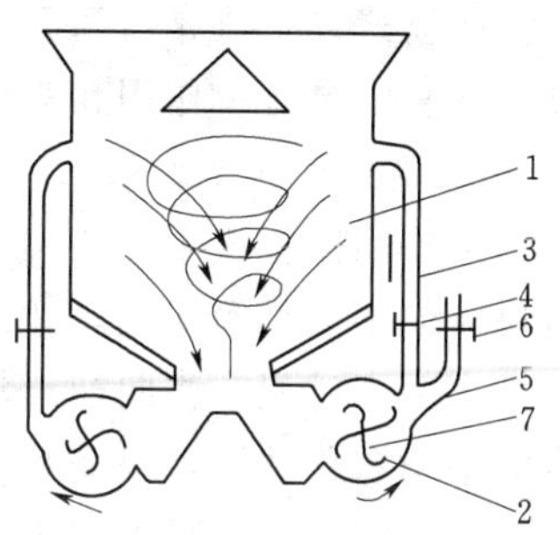

图 7-4　旋流式搅拌机示意图
1—桶体；2—高速搅拌室；3—回浆管；4—回浆阀；5—排浆管；6—排浆阀；7—叶轮

2. 叶浆式搅拌机

这种形式的搅拌机，结构简单。它是靠搅拌机中装着的两个或多个能回转的叶浆来搅动拌制浆液的，搅拌机的转速一般均较低，分为立式和卧式两种形式。

（1）立式搅拌机。岩石基础灌浆常用的水泥浆搅拌机是立式双层叶浆型的，上层为搅拌机，下层为储浆搅拌桶，两者的容积相同（常用的容积有 150L、200L、300L 和 500L 四种），同轴搅拌，上层搅拌好的水泥浆，经过筛网将其中大颗粒及杂质滤除后，放入下层待用，如图 7-5 所示。

(2) 卧式搅拌机。最常用的卧式搅拌机如图 7-6 所示，是由 U 形筒体和两根水平搅拌轴组成的，两根轴上装有互为 90°角的搅拌叶片，并以同一速度反向转动，以增加搅拌效果。

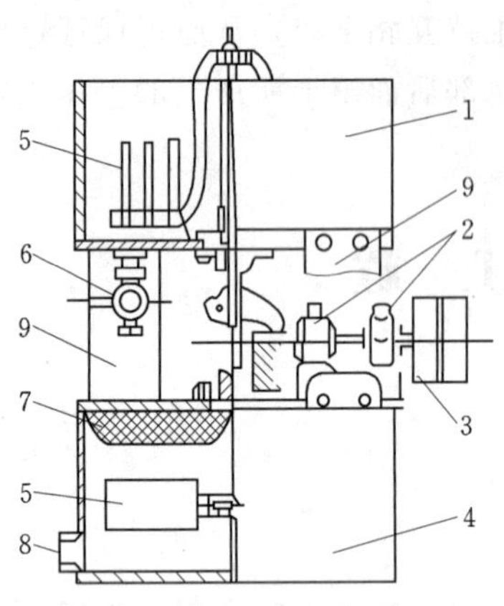

图 7-5 立式双桶搅拌机
1—搅拌桶；2—轴承座；3—皮带轮；4—储浆桶；5—搅拌叶片；6—阀门；7—滤网；8—出浆口；9—支架

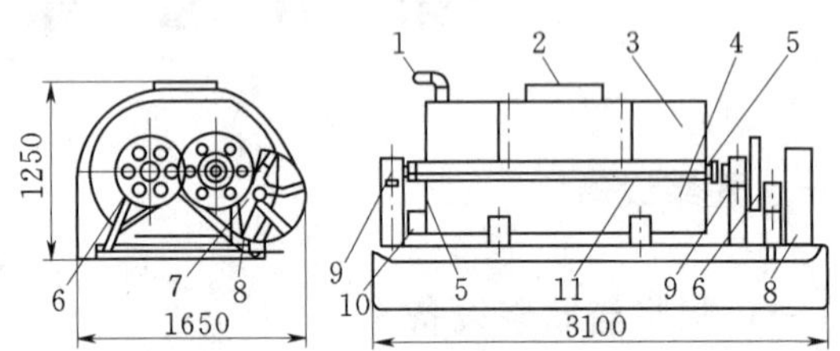

图 7-6 卧式搅拌机（单位：mm）
1—注水管子；2—加料口；3—搅拌桶；4—储浆桶；5—搅拌轴；6—传动齿轮；7—主动齿轮；8—皮带轮；9—轴承座；10—放浆口；11—机架

集中制浆站的制浆能力应满足灌浆高峰期所有机组用浆需要。

(二) 灌浆泵

灌浆泵性能应与浆液类型、浓度相适应，容许工作压力应大于最大灌浆压力的 1.5 倍，并应有足够的排浆量和稳定的工作性能。灌浆泵一般采用往复式泵。

往复式泵是依靠活塞部件的往复运动引起工作室的容积变化，从而吸入和排出浆体。往复式泵有单作用和双作用两种结构形式。

1. 单作用往复式泵

单作用往复式泵主要由活塞、吸水阀、排水阀、吸水管、排水管、曲柄、连杆、滑块（十字头）等组成，如图 7-7 所示。单作用往复式泵的工作原理可以分为吸水和排水两个过程。当曲柄滑块机构运动时，活塞将在两个死点内作不等速往复运动。当活塞向右移动时，泵室内容积逐渐增大，压力逐渐降低，当压力降低至某一程度时，排水阀关闭，吸水管中的水在大气压力作用下顶开吸水阀而进入泵室。这一过程将继续进行到活塞运动至右端极限位置时才停止。这个过程就叫作吸水过程。当活塞向左移动时，泵室内的水受到挤压，压力增高到一定值时，将吸水阀关闭，同时顶开排水阀将水排出。活塞运动到最左端极限位置时，将所吸入的水全部排尽。这个过程就叫作排水过程。活塞往复运动一次完成一个吸水、排水过程称为单作用。

2. 双作用往复式泵

双作用往复式泵的活塞两侧都有吸排水阀（图 7-8）。当活塞向左移动时，泵室左部的水受到挤压，压力增高，进行排水过程，而泵室右部容积增大，压力降低，进行吸水过程；当活塞向右移动时，则泵室右部排水，左部吸水。如此活塞往复运动一次完成两个吸水、排水过程称为双作用。

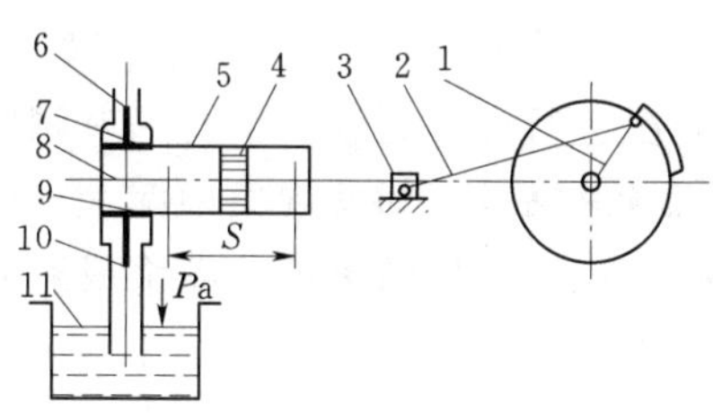

图 7-7 单作用往复式泵工作原理图

1—曲柄；2—连杆；3—滑块；4—活塞；5—水缸；6—排水管；7—排水阀；8—泵室；9—吸水阀；10—吸水管；11—水池

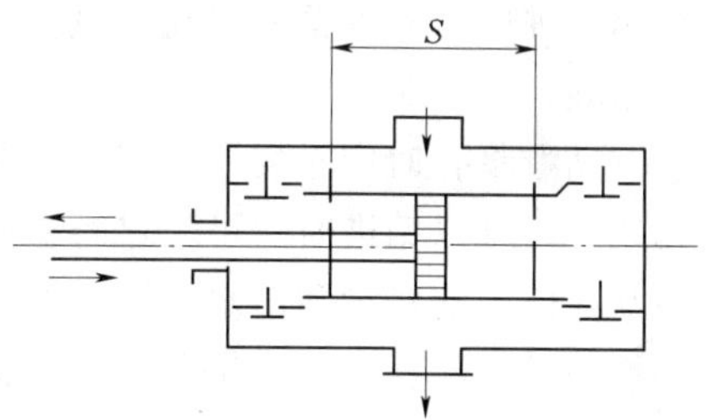

图 7-8 双作用往复式泵工作原理图

（三）灌浆管路及压力表

1. 灌浆管路

输浆管主要有钢管及胶皮管两种，钢管适应变形能力差，不易清理，因此一般多用胶皮管，但在高压灌浆时仍须用钢管。灌浆管路应保证浆液流动畅通，并能承受 1.5 倍的最大灌浆压力。

2. 灌浆塞

灌浆塞又称灌浆阻塞器或灌浆胶塞（球），用以堵塞灌浆段和上部联系的必不可少的堵塞物，以免翻浆、冒浆以及不能升压而影响灌浆质量。灌浆塞的形式很多，一般应由富有弹性、耐磨性能较好的橡皮制成，应具有良好的膨胀性和耐压性能，在最大灌浆压力下能可靠地封闭灌浆孔段，并且易于安装和卸除。图 7-9 所示为用在岩石灌浆中的一种灌浆塞。

3. 压力表

灌浆泵和灌浆孔口处均应安设压力表。使用压力宜为压力表最大标示值的 1/4～3/4。压力表应经常进行检定，不合格的和已损坏的压力表严禁使用。压力表与管路之间应设有隔浆装置。

二、岩基灌浆

（一）帷幕灌浆

1. 钻孔

帷幕灌浆孔宜采用回转式钻机和金刚石钻头或硬质合金钻头钻进，帷幕灌浆钻孔位置与设计位置的偏差不得大于 1%。因故变更孔位时，应征得设计部门同意。实际孔位应有记录，孔深应符合设计规定，帷幕灌浆孔宜选用较小的孔径，钻孔孔壁应平直完整。帷幕灌浆钻孔必须保证孔向准确。钻机安装必须平正稳固，钻孔宜埋设孔口管，

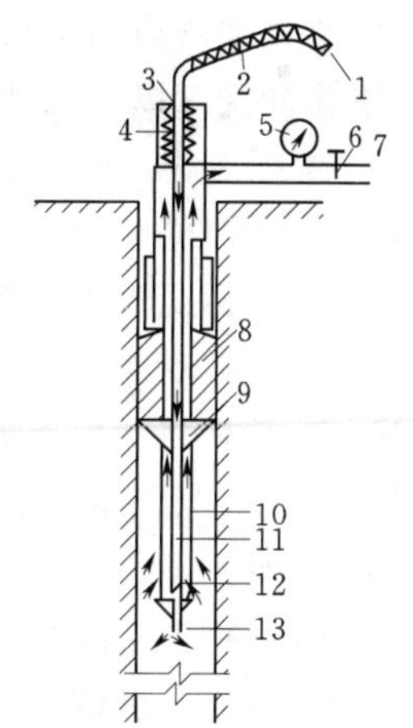

图 7-9 用在岩石灌浆中的一种灌浆塞

1、11—进浆管；2—胶皮管；3—钢管；4—丝杆；5—压力表；6—阀门；7、10—回浆管；8—胶皮管；9—阻塞器；12—花管；13—出浆管

钻机立轴和孔口管的方向必须与设计孔向一致；钻进应采用较长的粗径钻具并适当地控制钻进压力。帷幕灌浆孔应进行孔斜测量，发现偏斜超过要求应及时纠正或采取补救措施。

钻灌浆孔时应对岩层、岩性以及孔内各种情况进行详细记录。钻孔遇有洞穴、塌孔或掉钻难以钻进时，可先进行灌浆处理，而后继续钻进。如发现集中漏水，应查明漏水部位、漏水量和漏水原因，经处理后，再行钻进。钻进结束等待灌浆或灌浆结束等待钻进时，孔口均应堵盖，妥加保护。

2. 冲洗

(1) 洗孔。灌浆孔（段）在灌浆前应进行钻孔冲洗，孔内沉积厚度不得超过20cm。帷幕灌浆孔（段）在灌浆前宜采用压力水进行裂隙冲洗，直至回水清净时止。冲洗压力可为灌浆压力的80%，该值大于1MPa时，采用1MPa。

洗孔的目的是将残存在孔底的岩粉和黏附在孔壁上的岩粉、铁砂碎屑等杂质冲出孔外，以免堵塞裂隙的通道口而影响灌浆质量。钻孔钻到预定的段深并取出岩芯后，将钻具下到孔底，用大流量水进行冲洗，直至回水变清，孔内残存杂质沉淀厚度不超过10～20cm时，结束洗孔。

(2) 冲洗。冲洗的目的是用压力水将岩石裂隙或空洞中所充填的松软、风化的泥质充填物冲出孔外，或是将充填物推移到需要灌浆处理的范围外，这样裂隙被冲洗干净后，利于浆液流进裂隙并与裂隙接触面胶结，起到防渗和固结作用。使用压力水冲洗时，在钻孔内一定深度需要放置灌浆塞。

冲洗有单孔冲洗和群孔冲洗两种方式。

1) 单孔冲洗。单孔冲洗仅能冲净钻孔本身和钻孔周围较小范围内裂隙中的填充物，因此，此法适用于较完整的、裂隙发育程度较轻、充填物情况不严重的岩层。

单孔冲洗有以下几种方法：

a. 高压冲洗：整个过程在大的压力下进行，以便将裂隙中的充填物向远处推移或压实，但要防止岩层抬动变形。如果渗漏量大，升不起压力，就尽量增大流量，加大流速，增强水流冲刷能力，使之能挟带充填物走得远些。

b. 高压脉动冲洗：首先用高压冲洗，压力为灌浆压力的80%～100%，连续冲洗5～10min后，将孔口压力迅速降到零，形成反向脉冲流，将裂隙中的碎屑带出，回水呈浑浊色。当回水变清后，升压用高压冲洗，如此一升一降，反复冲洗，直至回水洁净后，延续10～20min为止。

c. 扬水冲洗：将管子下到孔底、上接风管，通入压缩空气，使孔内的水和空气混合，由于混合水体的密度轻，将孔内的水向上喷出孔外，孔内的碎屑随之喷出孔外。

7-9 钻孔冲洗施工【图片】

2) 群孔冲洗。群孔冲洗是把两个以上的孔组成一组进行冲洗，可以把组内各钻孔之间岩石裂隙中的充填物清除出孔外，如图7-10所示。

群孔冲洗主要使用压缩空气和压力水。冲洗时，轮换地向某一个或几个孔内压入气、压力水或气水混合体，使之由另一个孔或另几个孔出水，直到各孔喷出的水是清水后停止。

3. 压水试验

压水试验的目的是测定围岩吸水性、核定围岩渗透性。

帷幕灌浆采用自上而下分段灌浆法时，先导孔应自上而下分段进行压水试验，各次序灌浆孔的各灌浆段在灌浆前宜进行简易压水试验。

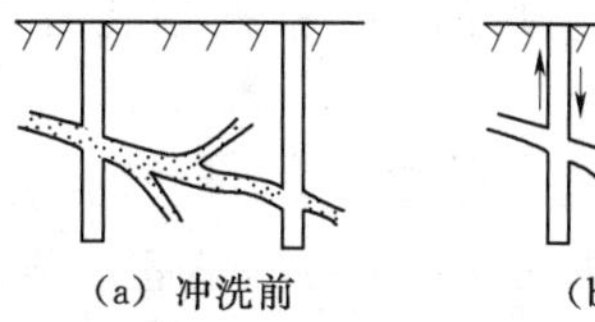
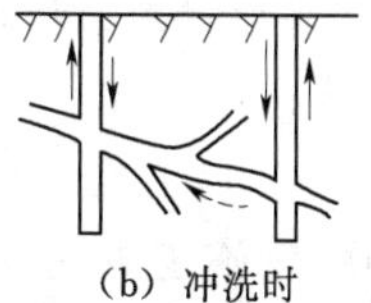

(a) 冲洗前　　(b) 冲洗时

图 7-10　群孔冲洗裂缝示意图

压水试验应在裂隙冲洗后进行。简易压水试验可在裂隙冲洗后或结合裂隙冲洗进行。压力可为灌浆压力的 80%，该值大于 1MPa 时，采用 1MPa。压水 20min，每 5min 测读一次压入流量，取最后的流量值作为计算流量，其成果以透水率表示。帷幕灌浆采用自下而上分段灌浆法时，先导孔仍应自上而下分段进行压水试验。各次序灌浆孔在灌浆前全孔应进行一次钻孔冲洗和裂隙冲洗。除孔底段外，各灌浆段在灌浆前可不进行裂隙冲洗和简易压水试验。

4. 灌浆施工

(1) 灌浆的施工次序。

1) 灌浆施工次序划分的原则。灌浆施工次序划分的原则是逐序缩小孔距，即钻孔逐渐加密。这样浆液逐渐挤密压实，可以促进灌浆帷幕的连续性；能够逐序升高灌浆压力，有利于浆液的扩散和提高浆液结石的密实性；根据各次序孔的单位注入量和单位吸水量的分析，可起到反映灌浆情况和灌浆质量的作用，为增、减灌浆孔提供依据；减少邻孔串浆现象，有利于施工。

2) 帷幕孔的灌浆次序。大坝的岩石基础帷幕灌浆通常由一排孔、二排孔、三排孔所构成，多于三排孔的比较少。

a. 单排孔帷幕施工（同二排、三排、多排帷幕孔的同一排上灌浆孔的施工次序），首先钻灌第 1 次序孔，然后钻灌第 2 次序孔，最后钻灌第 3 次序孔。

b. 由两排孔组成的帷幕，先钻灌下游排，后钻灌上游排。

c. 由三排或多排孔组成的帷幕，先钻灌下游排，再钻灌上游排，最后钻灌中间排。

7-10 坝基主排廊道帷幕灌浆施工【图片】

(2) 灌浆的施工方法。基岩灌浆方式有循环式和纯压式两种。帷幕灌浆应优先采用循环式，射浆管距孔底不得大于 50cm；浅孔固结灌浆可采用纯压式。

灌浆孔的基岩段长小于 6m 时，可采用全孔一次灌浆法；大于 6m 时，可采用自上而下分段灌浆法、自下而上分段灌浆法、综合灌浆法或孔口封闭灌浆法。

帷幕灌浆段长度宜采用 5～6m，特殊情况下可适当缩减或加长，但不得大于 10m。进行帷幕灌浆时，坝体混凝土和基岩的接触段应先行单独灌浆并应待凝，接触段在岩石中的长度不得大于 2m。

单孔灌浆有以下几种方法：

1) 全孔一次灌浆。全孔一次灌浆是把全孔作为一段来进行灌浆。一般在孔深不超过 6m 的浅孔、地质条件良好、岩石完整、渗漏较小的情况下，无其他特殊要求，可考虑全孔一次灌浆、孔径也可以尽量减小。

2）全孔分段灌浆。根据钻孔各段的钻进和灌浆的相互顺序，又分为以下几种方法：

a. 自上而下分段灌浆：就是自上而下逐段钻进，随段位安设灌浆塞，逐段灌浆的一种施工方法。这种方法适宜在岩石破碎、孔壁不稳固、孔径不均匀、竖向节理、裂隙发育、渗漏情况严重的情况下采用。施工程序一般是：钻进（一段）→冲洗→简易压水试验→灌浆待凝→钻进（下一段）。

b. 自下而上分段灌浆：就是将钻孔一直钻到设计孔深，然后自下而上逐段进行灌浆。这种方法适宜岩石比较坚硬完整、裂隙不很发育、渗透性不甚大的情况。在此类岩石中进行灌浆时，采用自下而上灌浆可使工序简化，钻进、灌浆两个工序各自连续施工；无须待凝，节省时间，工效较高。

c. 综合分段灌浆法：综合自上而下与自下而上相结合的分段灌浆法。有时由于上部岩层裂隙多，又比较破碎，上部地质条件差的部位先采用自上而下分段灌浆法，其后再采用综合分段灌浆法。

d. 小孔径钻孔、孔口封闭、无栓塞、自上而下分段灌浆法：就是把灌浆塞设置在孔口，自上而下分进，逐段灌浆并不待凝的一种分段灌浆法。孔口应设置一定厚度的混凝土盖重。全部孔段均能自行复灌，工艺简单，免去了起、下塞工序和塞堵不严的麻烦，不需要待凝，节省时间，发生孔内事故可能性较少。

（3）灌浆压力。

1）灌浆压力的确定。由于浆液的扩散能力与灌浆压力的大小密切相关，采用较高的灌浆压力，可以减少钻孔数，且有助于提高可灌性，使强度和不透水性等得到改善。当孔隙被某些软弱材料充填时，较高灌浆压力能在充填物中造成劈裂灌注，提高灌浆效果。随着灌浆基础处理技术和机械设备的完善配套，6.0～10MPa 的高压灌浆在采用提高灌浆压力措施和浇筑混凝土盖板处理后，在一些大型水利工程中应用较广。但是，当灌浆压力超过地层的压重和强度而没采取相应措施时，将有可能导致地基及其上部结构的破坏。因此，一般情况下，以不使地层结构破坏或发生局部的和少量的破坏，作为确定地基允许灌浆压力的基本原则。

灌浆压力宜通过灌浆试验确定，也可通过公式计算或根据经验先行拟定，而后在灌浆施工过程中调整确定。灌浆试验时，一般将压力升到一定数值而注浆量突然增大时的这一压力作为确定灌浆压力的依据（即临界压力）。

采用循环式灌浆，压力表应安装在孔口回浆管路上；采用纯压式灌浆，压力表应安装在孔口进浆管路上。压力读数宜读压力表指针摆动的中值，当灌浆压力为 5MPa 或大于 5MPa 时，也可读峰值。压力表指针摆动范围应小于灌浆压力的 20%，摆动幅度宜做记录。灌浆应尽快达到设计压力，但注入率大时应分级升压。

如缺乏试验资料，做灌浆试验前须预定一个试验数值确定灌浆压力。考虑灌浆方法和地质条件的经验公式为

$$[p_c]=p_0+mD \tag{7-1}$$

式中 $[p_c]$——容许灌浆压力，MPa；

p_0——表面段容许灌浆压力，MPa；

m——灌浆段每增加1m，容许增加的压力，MPa/m；

D——灌浆段深度，m。

2）灌浆过程中灌浆压力的控制。

a. 一次升压法。灌浆开始将压力尽快地升到规定压力，单位吸浆量不限。在规定压力下，每一级浓度浆液的累计吸浆量达到一定限度后，调换浆液配合比，逐级加浓，随着浆液浓度的逐级增加，裂隙逐渐被填充，单位吸浆量将逐渐减少，直至达到结束标准，即灌浆结束。

此法适用于透水性不大、裂隙不甚发育的较坚硬、完整岩石的灌浆。

b. 分级升压法。在灌浆过程中，将压力分为几个阶段，逐级升高到规定的压力值。灌浆开始如果吸浆量大时，使用最低一级的灌浆压力；当单位吸浆量减少到一定限度（下限）时，则将压力升高一级；当单位吸浆量又减少到下限时，再升高一级压力。如此进行下去，直到现在规定压力下，灌至单位吸浆量减少到结束标准时，即可结束灌浆。

在灌浆过程中，在某一级压力下，如果单位吸浆量超过一定限度（上限），则应降低一级压力进行灌浆，待单位吸浆量达到下限值时，再提高到原一级压力，继续灌浆。单位吸浆量的上限、下限，可根据岩石的透水性、在帷幕中不同部位及灌浆次序而定。一般上限定为60～80L/min，下限为30～40L/min。

此法仅在遇到基础岩石透水严重、吸浆量大的情况下采用。

（二）固结灌浆

固结灌浆一般是在岩石表层钻孔，经灌浆将岩石固结。破碎、多裂隙的岩石经固结后，其弹性模量和抗压强度均有明显的提高，可以增强岩石的均质性，减少不均匀沉陷，降低岩石的透水性能。

1. 固结灌浆布置

固结灌浆的范围主要根据大坝基础的地质条件、岩石破碎情况、坝型和基础岩石应力条件而定。对于重力坝，基础岩石比较良好时，一般仅在坝基内的上游和下游应力大的地区进行固结灌浆；坝基岩石普遍较差，而坝又较高的情况下，则多进行坝基全面的固结灌浆。此外，在裂隙多、岩石破碎和泥化夹层集中的地区要着重进行固结灌浆。有的工程甚至在坝基以外的一定范围内，也进行固结灌浆。对于拱坝，因作用于基础岩石上的荷载较大，且较集中，因此，一般多是整个坝基进行固结灌浆，特别是两岸受拱坝推力大的坝肩拱座基础，更需要加强固结灌浆工作。

（1）固结灌浆孔的布设。固结灌浆孔的布设常采用的形式有方格形、梅花形和六角形，也有采用菱形或其他形式的，如图7-11～图

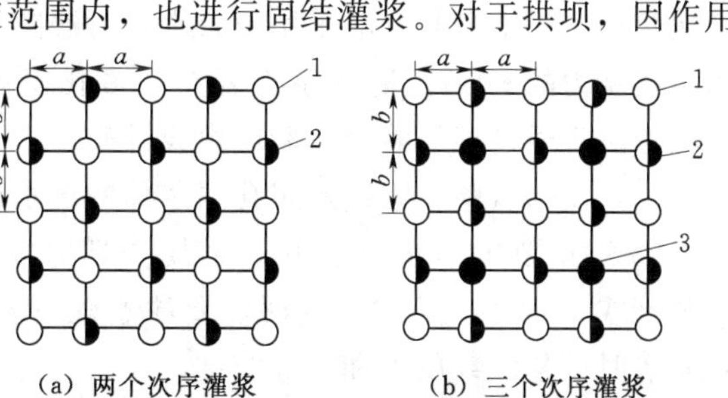

（a）两个次序灌浆　　（b）三个次序灌浆

图7-11　固结灌浆方格形布孔图

1—第1次序孔；2—第2次序孔；3—第3次序孔；
a—孔距；b—排距

7－13所示。

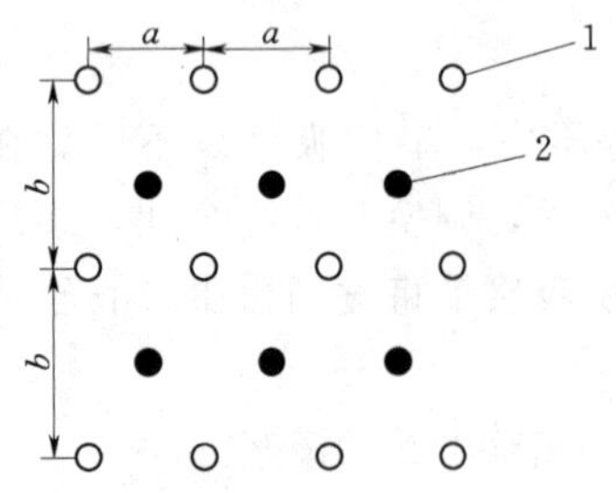

图7－12 固结灌浆梅花形布孔图
1—第1次序孔；2—第2次序孔；
a—孔距；b—排距

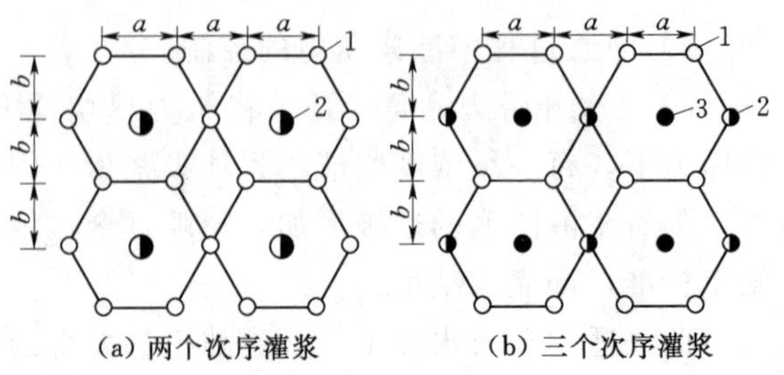

图7－13 固结灌浆六角形布孔图
1—第1次序孔；2—第2次序孔；3—第3次序孔；
a—孔距；b—排距

由于岩石的破碎情况、节理发育程度、裂隙的状态、宽度和方向的不同，孔距也不同。大坝固结灌浆最终孔距一般为3～6m，而排距等于或略小于孔距。

(2) 固结灌浆孔的深度。固结灌浆孔的深度一般是根据地质条件、大坝的情况以及基础应力的分布等多种条件综合考虑而定的。

固结灌浆孔依据深度的不同，可分为三类：

1) 浅孔固结灌浆。浅孔固结灌浆是为了普遍加固表层岩石，固结灌浆面积大、范围广。孔深多为5m左右。可采用风钻钻孔，全孔一次灌浆法灌浆。

2) 中深孔固结灌浆。中深孔固结灌浆是为了加固基础较深处的软弱破碎带以及基础岩石承受荷载较大的部位。孔深5～15m，可采用大型风钻或其他钻孔方法，孔径多为50～65mm。灌浆方法可视具体地质条件采用全孔一次灌浆或分段灌浆。

3) 深孔固结灌浆。在基础岩石深处有破碎带或软弱夹层、裂隙密集且深，而坝又比较高、基础应力也较大的情况下，常需要进行深孔固结灌浆。孔深15m以上。常用钻机进行钻孔，孔径多为75～91mm，采用分段灌浆法灌浆。

2. 钻孔冲洗及压水试验

(1) 钻孔冲洗。固结灌浆施工，钻孔冲洗十分重要，特别是在地质条件较差、岩石破碎、含有泥质充填物的地带，更应重视这一工作。冲洗的方法有单孔冲洗和群孔冲洗两种。固结灌浆孔应采用压力水进行裂隙冲洗，直至回水清净时止，冲洗压力可为灌浆压力的80%。地质条件复杂，多孔串通以及设计对裂隙冲洗有特殊要求时，冲洗方法宜通过现场灌浆试验或由设计确定。

(2) 压水试验。固结灌浆孔灌浆前的压水试验应在裂隙冲洗后进行，试验孔数不宜少于总孔数的5%，选用一个压力阶段，压力值可采用该灌浆段灌浆压力的80%（或100%）。压水的同时，要注意观测岩石的抬动和岩面集中漏水情况，以便在灌浆时调整灌浆压力和浆液浓度。

3. 固结灌浆施工

(1) 固结灌浆施工时间及次序。

1) 固结灌浆施工时间。固结灌浆工作很重要，工程量也常较大，是筑坝施工中一个必要的工序。固结灌浆施工最好是在基础岩石表面浇筑有混凝土盖板或有一定厚度混凝土，且已达到其设计强度的50%后进行。

2）固结灌浆施工次序。固结灌浆施工的特点是“围、挤、压”，就是先将灌浆区圈围住，再在中间插孔灌浆挤密，最后逐序压实。这样易于保证灌浆质量。固结灌浆的施工次序必须遵循逐渐加密的原则。先钻灌第1次序孔，再钻灌第2次序孔，依次类推。这样可以随着各次序孔的施工，及时地检查灌浆效果。

浅孔固结灌浆，在地质条件比较好、岩石又较为完整的情况下，灌浆施工可采用两个次序进行。

深孔和中深孔固结灌浆，为保证灌浆质量，以三个次序施工为宜。

（2）固结灌浆施工方法。固结灌浆施工以一台灌浆机灌一个孔为宜。必要时可以考虑将几个吸浆量小的灌浆孔并联灌浆，严禁串联灌浆。并联灌浆的孔数不宜多于四个。

固结灌浆宜采用循环灌浆法。可根据孔深及岩石完整情况采用一次灌浆法或分段灌浆法。

（3）灌浆压力。灌浆压力直接影响着灌浆的效果，在可能的情况下，以采用较大的压力为好。但浅孔固结灌浆受地层条件及混凝土盖板强度的限制，往往灌浆压力较低。

一般情况下，浅孔固结灌浆压力，在坝体混凝土浇筑前灌浆时，可采用0.2～0.5MPa，浇筑1.5～3m厚混凝土后再行灌浆时，可采用0.3～0.7MPa。在地质条件差或软弱岩石地区，根据具体情况还可适当降低灌浆压力。深孔固结灌浆，各孔段的灌浆压力值，可参考帷幕灌浆孔选定压力的方法来确定。

比较重要的或规模较大的基础灌浆工程，宜在施工前先进行灌浆试验，用以选定各项技术参数，其中也包括确定适宜的灌浆压力。

固结灌浆过程中，要严格控制灌浆压力。循环式灌浆法是通过调节回浆流量来控制灌浆压力的，纯压式灌浆法则是直接调节压入流量。固结灌浆当吸浆量较小时，可采用“一次升压法”，尽快达到规定的灌浆压力，而在吸浆量较大时，可采用“分级升压法”，缓慢地升到规定的灌浆压力。

在调节压力时，要注意岩石的抬动，特别是基础岩石的上面已浇筑有混凝土时，更要严格控制抬动，以防止混凝土产生裂缝，破坏大坝的整体性。

为了能准确地控制抬动量，灌浆施工时，在施工区应在地面的和较深部位埋设抬动测量装置。在施加大的灌浆压力或发现流量突然增大时，应注意观察，以监测岩石抬动状况。若发现岩石发生抬动并且抬动值接近规定的极限值（一般为0.2mm）时，应立即降低灌浆压力，并应将此时的有关技术数据（如压力、吸浆量、抬动值等）及灌浆情况详细地记载在灌浆原始记录上。岩石表面不允许有抬动时，一发现岩石稍许抬动，就应立即降低灌浆压力，这也是控制灌浆压力的一个有效措施。

（4）浆液配比。灌浆开始时，一般采用稀浆开始灌注，根据单位吸浆量的变化，逐渐加浓。固结灌浆液浓度的变换比帷幕灌浆简单一些。灌浆开始后，尽快地将压力升高到规定值，灌注500～600L，单位吸浆量减少不明显时，即可将浓度加大一级。

在单位吸浆量很大，压力升不上去的情况下，也应采用限制进浆量的办法。

(5) 固结灌浆结束标准与封孔。在规定的压力下，当注入率不大于 0.4L/min 时，继续灌注 30min，灌浆可以结束。固结灌浆孔封孔应采用“机械压浆封孔法”或“压力灌浆封孔法”。

4. 固结灌浆效果检查

固结灌浆质量检查的方法和标准应视工程的具体情况和灌浆的目的而定。一般情况下应进行压水试验检查，要求测定弹性模量的地段，应进行岩体波速或静弹性模量测试检查。

固结灌浆压水试验检查宜在该部位灌浆结束 3～7d 后进行，检查孔的数量不宜少于灌浆孔总数的 5%。孔段合格率应在 80%以上，不合格孔段的透水率值不超过设计规定值的 50%，且不集中，灌浆质量可认为合格。

岩体波速和静弹性模量测试，应分别在该部位灌浆结束 14d 和 28d 后进行。

三、土基及土坝灌浆

(一) 高压喷射灌浆

高压喷射灌浆是利用钻机把带有特制喷嘴的注浆管钻进至土层的预定位置后，用高压泵将水泥浆液通过钻杆下端的喷射装置，以高速喷出，冲击切削土层，使喷流射程内土体破坏，同时钻杆一方面以一定的速度（20r/min）旋转，另一方面以一定速度（15～30cm/min）徐徐提升，使水泥浆与土体充分搅拌混合，胶结硬化后即在地基中形成具有一定强度（0.5～8.0MPa）的固结体，从而使地基得到加固。

1. 类型

根据使用机具设备的不同，高压喷射注浆法可分为单管法、二重管法和三重管法。在施工中，根据工程需要和机具设备条件选用。

(1) 单管法。单管法用一根单管喷射高压水泥浆液作为喷射流。由于高压浆液喷射流在土中衰减大，破碎土的射程较短，成桩直径较小，一般为 0.3～0.8m。

(2) 二重管法。二重管法用同轴双通道的二重注浆管，复合喷射高压水泥浆液和压缩空气两种介质。以浆液作为喷射流，但在其外围环绕着一圈空气流成为复合喷射流，破坏土体的能量显著加大，成桩直径一般为 1.0m 左右。

(3) 三重管法。三重管法用分别输送水、气、浆三种介质的同轴三重注浆管，使高压水流和在其外围环绕着的一圈空气流组成复合喷射流，冲切土体，形成较大的空隙，再由高压浆流填充空隙。三重管法成桩直径较大，一般为 1.0～2.0m，但成桩强度相对较低（0.9～1.2MPa）。

加固体的形状与喷射流移动方向有关，有旋转喷射（简称旋喷）、定向喷射（简称定喷）和摆动喷射（简称摆喷）三种注浆形式。加固形状可分为柱状、壁状和块状。作为地基加固，一般采用旋喷注浆形式。

2. 机具设备

高压喷射注浆的施工机具设备由高压发生装置、钻机注浆、特种钻杆和高压管路等四部分组成。因喷射种类不同，使用的机具设备和数量不同。主要包括钻机、高压泵、泥浆泵、空压机、浆液搅拌器、注浆管、喷嘴、操纵控制系统、高压管路系统、材料储存系统等。

3. 材料

旋喷使用的水泥应采用新鲜无结块 32.5MPa 或 42.5MPa 普通硅酸盐水泥。水泥浆液的水灰比应按工程要求确定，一般可取 1∶1～1.5∶1，常用 1∶1。根据需要可加入适量的速凝、悬浮或防冻等外加剂及掺合料。

4. 施工要点

(1) 单管法、双管法和三管法喷射注浆的施工程序基本一致，即机具就位、贯入喷射注浆管、喷射注浆、拔管及冲洗等。施工工艺流程如图 7-14 所示。

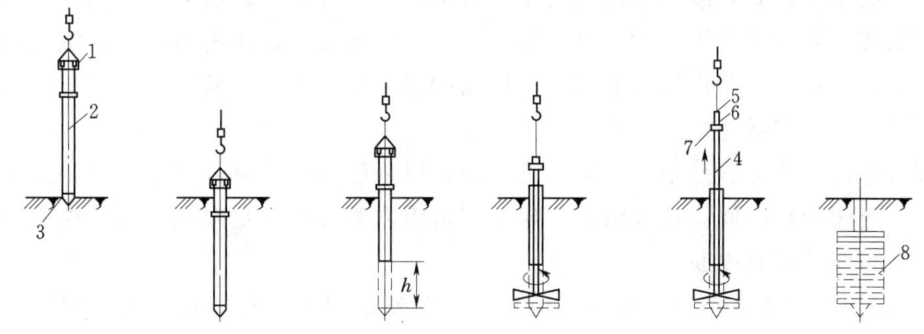

图 7-14　三重管高压喷射注浆施工程序

1—振动锤；2—钢套管；3—桩靴；4—三重管；5—浆液胶管；6—高压水胶管；7—压缩空气胶管；8—喷射桩加固体

(2) 高压喷射注浆单管法及二重管法的高压水泥浆液射流和三重管法高压水射流的压力宜大于 20MPa，三重管法使用的低压水泥浆液流压力宜大于 1MPa，气流压力宜取 0.7MPa，提升速度可取 0.1～0.25m/min。

(3) 施工前应根据现场环境和地下埋设物的位置等情况，复核高压喷射注浆的设计孔位。

(4) 钻机与高压注浆泵的距离不宜过远，要求钻机安放保持水平，钻杆保持垂直，其倾斜度不得大于 1.5%，水平位置偏差不大于 50mm。

(5) 单管法和二重管法可用注浆管射水成孔至设计深度后，再一边提升一边进行喷射注浆。三重管法施工须预先用钻机或振动打桩机钻成直径 150～200mm 的孔，然后将三重注浆管插入孔内。如因塌孔插入困难时，可用低压（小于 1MPa）水冲孔喷下，但须把高压水喷嘴用塑料布包裹，以免泥土堵塞。

(6) 插入旋喷管后先做高压水射水试验，合格后按旋喷、定喷或摆喷的工艺要求和选定的参数，由下而上进行喷射注浆，注浆管分段提升的搭接长度不得小于 100mm。

(7) 若采用三重管法旋喷，开始时，先送高压水，再送水泥浆和压缩空气，在一般情况下，压缩空气可晚送 30s。在桩底部边旋转边喷射 1min 后，再边旋转、边提升、边喷射。

(8) 对需要扩大加固范围或提高强度的工程，可采取复喷措施，即先喷一遍清水再喷一遍或两遍水泥浆。

(9) 高压喷射注浆时，先应达到预定的喷射压力、喷浆量后再逐渐提升注浆管。中间发生压力骤然下降或上升故障时应停止提升和旋喷，以防桩体中断，并立即检查排除故障。

(10) 高压喷射注浆时，当冒浆量大于注浆量的 20%或不冒浆时，应查明原因。

冒浆量过大的主要原因是有效喷射范围与注浆量不相适应，注浆量大大超出喷浆固结所需的浆量所致，减少冒浆量可采取的措施有：提高喷射压力，适当缩小喷嘴孔径，加快提升和旋转速度。对于冒出地面的浆液，若能迅速地进行过滤、沉淀除去杂质和调整浓度后，可予以回收利用。但回收的浆液中难免有砂粒，只有三重管喷射注浆法可以利用冒浆再注浆。

不冒浆的主要原因是地层中有较大空隙，可采取的措施有：在浆液中掺入适量的速凝剂，缩短固结时间，使浆液在一定土层范围内凝固；在空隙地段增大注浆量，填满空隙后再继续正常喷浆。

(11) 当处理既有建筑地基时，应采取速凝浆液或大间隔孔旋喷和冒浆回灌等措施，以防旋喷过程中地基产生附加变形和地基与基础间出现脱空现象，影响被加固建筑及邻近建筑。同时应对建筑物进行沉降观测。

(12) 喷到桩高后应迅速拔出注浆管，用清水冲洗注浆管、输浆液管路等机具，防止凝固堵塞，采用的方法一般是把浆液换成水，在地面喷射，以便把泥浆泵、注浆管和软管内的浆液全部排除。

(二) 土坝劈裂灌浆

1. 水力劈裂原理

土坝劈裂灌浆是利用“水力劈裂原理”，对存在隐患或质量不良的土坝在坝轴线上钻孔、加压灌注泥浆形成新的防渗墙体的加固方法。土坝体沿坝轴线劈裂灌浆后，在泥浆自重和浆、坝互压的作用下，固结而成为与坝体牢固结合的防渗墙体，堵截渗漏；与劈裂缝贯通的原有裂隙及孔洞在灌浆中得到充填，可提高坝体的整体性；通过浆、坝互压和干松土体的湿陷作用，部分坝体得到压密，可改善坝体的应力状态，提高其变形稳定性。

位于河槽段的均质土坝或黏土心墙坝，其横断面基本对称，当上游水位较低时，荷载也基本对称，施以灌浆压力，土体就会沿纵断面开裂。如能维持该压力，裂缝就会由于其尖端的拉应力集中作用而不断延伸（即水力劈裂），从而形成一个相当大的劈裂缝。

劈裂灌浆裂缝的扩展是多次灌浆形成的，因此浆脉也是逐次加厚的。一般单孔灌浆次数不少于 5 次，有时多达 10 次，每次劈裂宽度较小，可以确保坝体安全。

基于劈裂灌浆的原理，只要施加足够的灌浆压力，任何土坝都是可灌的，但只在下列情况下才考虑采用劈裂灌浆：①松堆土坝；②坝体浸润线过高；③坝体外部、内部有裂缝或大面积的弱应力区（拉应力区、低压应力区）；④分期施工土坝的分层和接头处有软弱带和透水层；⑤土坝内有较多生物洞穴等。

7－13 三峡工程围堰防渗墙施工【图片】

2. 浆液的选择

根据灌浆要求，坝型、土料隐患性质和隐患大小等因素选择。

3. 劈裂灌浆施工

劈裂灌浆施工的基本要求是：土坝分段，区别对待；单排布孔，分序钻灌；孔底注浆，全孔灌注，综合控制，少灌多复。

（1）土坝分段，区别对待。土坝灌浆一般根据坝体质量、小主应力分布、裂缝及洞穴位置、地形等情况，将坝体区分为河槽段、岸坡段、曲线段及特殊坝段（裂缝集中、洞穴、塌陷和施工结合部位等），提出不同的要求，采用不同的灌浆方法施灌。

河槽段属平面应变状态，小主应力面是过坝轴线的铅直面，可采用较大孔距、较大压力进行劈裂灌浆。岸坡段由于坝底不规则，属于空间应力状态，坝轴线处的小主应力面可能是与坝轴线斜交或正交的铅直面，如灌浆导致贯穿上、下游的劈裂则是不利的，所以应压缩孔距，采用小于 0.05MPa 的低压灌注，用较稠的浆液逐孔轮流慢速灌注，并在较大裂缝的两侧增加 2～3 排梅花形副孔，用充填法灌注。曲线坝段的小主应力面偏离坝轴线（切线方向），应沿坝轴线弧线加密钻孔，逐孔轮流灌注，单孔每次灌浆量应小于 $5m^3$，控制孔口压力不大于 0.05MPa，轮灌几次后，每孔都发生沿切线的小劈裂缝，裂缝互相连通后，灌浆量才可逐渐加大，直至灌完，形成与弯曲坝轴线一致的泥浆防渗帷幕。

（2）单排布孔，分序钻灌。单排布孔是劈裂灌浆特有的布孔方式。单排布孔可以在坝体内纵向劈裂，构造防渗帷幕，工程集中，简便有效。

钻孔遵循分序加密的原则，一般分为三序。第 1 序孔的间距一般采用坝高的 2/3 左右，土坝高、质量差、黏性低时，可用较大的间距。当定向劈裂无把握时，可采用第 1 序密孔，多次轮灌。

孔深应大于坝体隐患深度 2～3m。如果坝体质量普遍较差，孔深可接近坝高，但坝基为透水性地层时，孔深不得超过坝高的 2/3，以免劈裂贯通坝基，造成大量泥浆损失。孔径一般以 5～10cm 为宜，太细则阻力大，易堵塞。钻孔采用干钻或少量注水的湿钻，应保证不出现初始裂缝，影响沿坝轴线劈裂。

（3）孔底注浆，全孔灌注。应将注浆管底下至离孔底 0.5～1.0m 处，不设阻浆塞，浆液从底口处压入坝体。泥浆劈裂作用自孔底开始，沿小主应力面向左右、上下发展。孔底注浆可以施加较大灌浆压力，使坝体内部劈裂，能把较多的泥浆压入坝体，更好地促进浆、坝互压，有利于提高坝体和浆脉的密度。孔底注浆控制适度，可以做到“内劈外不劈”。

浆液自管口涌出，在整个劈裂范围流动和充填，灌浆压力和注浆量虽大，但过程缓慢容易控制。全孔灌注是劈裂灌浆安全进行的重要保证。

（4）综合控制，少灌多复。如土坝坝体同时全线劈裂或劈裂过长，短时间内灌入大量泥浆，会使坝肩位移和坝顶裂缝发展过快，坝体变形接近屈服，将危及坝体安全。

要达到确保安全的目的，对灌浆必须进行综合控制，即对最大灌浆压力，每次灌浆量、坝肩水平位移量、坝顶裂缝宽度及复灌间隔时间等均应予以控制。非劈裂的灌浆控制压力应小于钻孔起裂压力，无资料时，该值可用 0.6～0.7 倍土柱重。

第 1 序孔灌浆量应占总灌浆量的 60%以上，所需灌浆次数多一些。第 2、3 序孔主要起均匀帷幕厚度的作用；因坝体质量不均，并且初灌时吃浆量大，以后吃浆渐少，故每次灌入量不能按平均值控制，一般最大为控制灌浆量的 2 倍。坝体灌浆将引起位移，对大坝稳定不利。一般坝肩的位移最明显，应控制在 3cm 以内，以确保坝体安全。复灌多次后坝顶即将产生裂缝，长度应控制在一序孔间距内，宽度控制在 3cm 内，以每次停灌后裂缝能回弹闭合为宜。

7-14
锥探灌浆机
【图片】

为安全起见，灌浆应安排在低水位时进行，库水位应低于主要隐患部位。无可见裂缝的中小型土坝，可以在浸润线以下灌浆。每次灌浆间隔时间，对于松堆土坝，浸润线以上干燥的坝体部分，不宜少于 5d，浸润线以下的则不宜少于 10d。

（三）锥探灌浆

7-15
锥探灌浆
适孔【图片】

锥探灌浆主要用于低土坝和堤防工程，利用锥探机机械作用于带锥型钻头的钻杆上，挤压土质堤坝成孔。然后用掺加了灭蚁的浆液对土质堤坝内部缺陷进行微压灌注，对堤坝防渗加固、白蚁除治有良好的效果。

（1）钻孔孔径为 25～35mm，锥探钻孔的开孔位置与孔位误差一般不得大于 10cm。

7-16
锥探灌浆孔
【图片】

（2）造孔应保持铅直，孔深偏斜不得大于孔深的 2%，灌浆孔布置呈梅花形。应用干法造孔，不得用清水循环钻进。在吃浆量大的堤段，应增加复灌次数。

（3）锥孔应当天锥、当天灌，灌浆时必须一次灌满，以防止孔眼搁置时间长，空隙堵塞，影响灌浆效果。

（4）当浆液升至孔口，经连续复灌 3 次不再流动时，即可终灌。

四、化学灌浆

7-17
锥探灌浆
作业【图片】

化学灌浆是将一定的化学材料（无机或有机材料）配制成真溶液，用化学灌浆泵等压送设备将其灌入地层或缝隙内，使其渗透、扩散、胶凝或固化，以增加地层强度、降低地层渗透性、防止地层变形和进行混凝土建筑物裂缝修补的一项加固基础、防水堵漏和混凝土缺陷补强技术。即化学灌浆是化学与工程相结合，应用化学科学、化学浆材和工程技术进行基础和混凝土缺陷处理（加固补强、防渗止水），保证工程的顺利进行或借以提高工程质量的一项技术。

（一）施工要求

7-18
化学灌浆
作业【图片】

化学灌浆材料品种较多，性能各异。理想的化学灌浆材料的一般性能应符合下列要求：

（1）浆液稳定性好，在常温、常压下存放一定时间其基本性质不变。

(2) 浆液是真溶液，黏度小，流动性、可灌性好。

(3) 浆液的凝胶或固化时间可在一定范围内按需要进行调节和控制，凝胶过程可瞬间完成。

(4) 凝胶体或固结体的耐久性好，不受气温、湿度变化和酸、碱或某些微生物侵蚀的影响。

(5) 浆液在凝胶或固化时收缩率小或不收缩。

(6) 凝胶体或固结体有良好的抗渗性能。

(7) 固结体的抗压、抗拉强度高，不会龟裂，特别是与被灌体有较好的黏接强度。

(8) 浆液对灌浆设备、管路无腐蚀，易于清洗。

(9) 浆液无毒、无臭，不易燃、易爆，对环境不造成污染，对人体无害。

(10) 浆液配制方便，灌浆工艺操作简便。

(二) 化学灌浆施工工艺

化学灌浆材料种类较多，主要的有水玻璃类、丙烯酰胺类、丙烯酸盐类、聚氨酯类、环氧树脂类、甲基丙烯酸甲酸类等，常用的有聚氨酯类、环氧类、丙烯酸盐类、水玻璃类。下面介绍聚氨酯类化学灌浆施工工艺。

1. 裂缝（结构缝、施工缝）处理

裂缝（结构缝、施工缝）处理施工程序为：检查漏水部位—清理缝面污物—骑缝粘贴灌浆嘴（或打孔）—封缝—压水（风）试漏—修补、封闭漏水点—用风吹出缝内积水—灌丙酮—赶水（有渗水的裂缝）—紧接着灌聚氨酯（自下而上，出浓浆关闭）—并浆—灌浆结束后，用丙酮清洗灌浆泵和用具—浆液固化后凿除灌浆嘴（管），用丙酮清洗水泥砂浆封闭、抹平。

2. 灌浆

(1) 设备。裂缝灌浆进浆量较少，一般采用手揿泵或压浆桶。浆桶、管路要保持干燥无水。

(2) 灌浆。自下而上进行，当有孔出浓浆时，就扎紧孔口出浆管，继续灌注，在规定的压力下并浆 10～20min，直到灌浆结束。对没有出浆的孔要进行补灌。

3. 浆液的储存

(1) 浆液要储存在阴凉干燥处，避高温、潮湿。

(2) 现场使用应注意：桶盖打开后，倒浆时，若一桶浆未倒完，要及时盖紧桶盖，防止水汽进入桶内，影响浆液储存稳定性，因为浆液对水汽很敏感。对灌浆中未灌完的剩余浆液，要用空桶收集起来，下次再用，不要倒回原浆的桶中，防止剩余浆液在灌浆中有水汽进入影响原桶浆的稳定。

4. 施工安全要求

施工操作人员要戴防护手套和防护眼镜，操作中要防止浆液溅入眼内，万一不慎，浆液溅入眼内，应立即用大量清水冲洗，在冲洗时，水源不宜正对角膜，以免眼内受到冲击损伤，可用手挡住直射水洗，淋洗溅入眼内的浆液。冲洗后速到医务室或

7-19 第七章第二节测试题【测试题】

医院检查治疗。

在地下工程中作业时，应根据现场的条件及工作量和大小，恰当采取通风措施，引进新鲜空气。因丙酮等溶剂是易燃物品，操作现场严禁使用明火。

第三节 桩基础施工

一、灌注桩施工

混凝土灌注桩是直接在施工现场桩位上成孔，然后在孔内安装钢筋笼，浇筑混凝土成桩。与预制桩相比，灌注桩具有不受地层变化限制、不需要接桩和截桩、节约钢材、振动小、噪声小等特点，但施工工艺复杂，影响质量的因素较多。灌注桩按成孔方法分为泥浆护壁成孔灌注桩、干作业钻孔灌注桩、人工挖孔灌注桩、沉管灌注桩等。近年来出现了夯扩桩、管内泵压桩、变径桩等新工艺，特别是变径桩，将信息化技术引入到桩基础中。

7-20 混凝土灌注桩【图片】

（一）泥浆护壁成孔灌注桩

泥浆护壁成孔是利用原土自然造浆或人工造浆浆液进行护壁，通过循环泥浆将被钻头切下的土块携带排出孔外成孔，然后安装绑扎好的钢筋笼，用导管法水下灌注混凝土沉桩。此法对无论地下水位高或低的土层都适用，但在岩溶发育地区应慎用。

1. 施工准备

（1）埋设护筒。护筒具有导正钻具、控制桩位、隔离地面水渗漏、防止孔口坍塌、抬高孔内静压水头和固定钢筋笼等作用，应认真埋设。

护筒是用厚度为 4～8mm 的钢板制成的圆筒，其内径应大于钻头直径 100mm，护筒的长度以 1.5m 为宜，在护筒的上、中、下各加一道加劲筋，顶端焊两个吊环，其中一个吊环供起吊之用，另一个吊环用于绑扎钢筋笼吊杆，压制钢筋笼的上浮，护筒顶端同时正交刻四道槽，以便挂十字线，以备验护筒、验孔之用。在其上部开设 1 个或 2 个溢浆孔，便于泥浆溢出，进行回收和循环利用。

埋设时，先放出桩位中心点，在护筒外 80～100cm 的过中心点的正交十字线上埋设控制桩，然后在桩位外挖出比护筒大 60cm 的圆坑，深度为 2.0m，在坑底填筑 20cm 厚的黏土，夯实；然后将护筒用钢丝绳对称吊放进孔内，在护筒上找出护筒的圆心（可拉正交十字线）；然后通过控制桩放样，找出桩位中心，移动护筒，使护筒的中心与桩位中心重合，同时用水平尺（或吊线坠）校验护筒竖直后，在护筒周围回填含水量适合的黏土，分层夯实，夯填时要防止护筒的偏斜，护筒埋设后，质量员和监理工程师验收护筒中心偏差和孔口标高。当中心偏差符合要求后，钻机可就位开钻。

（2）制备泥浆。泥浆的主要作用有：泥浆在桩孔内吸附在孔壁上，将土壁上的孔隙填补密实，避免孔内壁漏水，保证护筒内水压的稳定；泥浆比重大，可加大孔内水压力，可以稳固土壁、防止塌孔；泥浆有一定的黏度，通过循环泥浆可使切削碎的泥石渣屑悬浮起来后被排走，起到携砂、排土的作用；泥浆对钻头有冷却和润滑作用。

(3) 钢筋笼的制作。钢筋笼的制作场地应选择在运输和就位都比较方便的场所，在现场内进行制作和加工。钢筋进场后应按钢筋的不同型号、不同直径、不同长度分别进行堆放。

2. 成孔

桩架安装就位后，挖泥浆槽、沉淀池，接通水电，安装水电设备，制备符合要求的泥浆。用第一节钻杆（每节钻杆长约 5m，按钻进深度用钢销连接）的一端接好钻机，另一端接上钢丝绳，吊起潜水钻，对准埋设的护筒，悬离地面，先空钻然后慢慢钻入土中，注入泥浆，待整个潜水钻入土，观察机架是否垂直平稳，检查钻杆是否平直后，再正常钻进。

泥浆护壁成孔灌注桩的成孔方法按成孔机械分类有回转钻机成孔、潜水钻机成孔、冲击钻机成孔、冲抓锥成孔等，其中以钻机成孔应用最多。

(1) 回转钻机成孔。回转钻机是由动力装置带动钻机回转装置转动，再由其带动带有钻头的钻杆移动，由钻头切削土层。回转钻机适用于地下水位较高的软、硬土层，如淤泥、黏性土、沙土、软质岩层。

回转钻机的钻孔方式根据泥浆循环方式的不同，分为正循环回转钻机成孔和反循环回转钻机成孔。

1) 正循环回转钻机成孔。正循环回转钻机成孔的工艺原理如图 7－15 所示，由空心钻杆内部通入泥浆或高压水，从钻杆底部喷出，携带钻下的土渣沿孔壁向上流动，由孔口将土渣带出流入泥浆池。

正循环钻机成孔的泥浆循环系统有自流回灌式和泵送回灌式两种。泥浆循环系统由泥浆池、沉淀池、循环槽、泥浆泵、除砂器等设施设备组成，并设有排水、清洗、排渣等设施。泥浆池和沉淀池应组合设置。一个泥浆池配置的沉淀池不宜少于两个。泥浆池的容积宜为单个桩孔容积的 1.2～1.5 倍，每个沉淀池的最小容积不宜小于 $6m^3$。

2) 反循环回转钻机成孔。反循环回转钻机成孔的工艺原理如图 7－16 所示。泥浆带渣流动的方向与正循环回转钻机成孔的情形相反。反循环工艺的泥浆上流的速度较快，能携带较大的土渣。

反循环钻机成孔一般采用泵吸反循环钻进。其泥浆循环系统由泥浆池、沉淀池、循环槽、砂石泵、除渣设备等组成，并设有排水、清洗、排废浆等设施。

(2) 潜水钻机成孔。潜水钻机成孔的示意图如图 7－17 所示。潜水钻机是一种将动力、变速机构和钻头连在一起加以密封，潜入水中工作的一种体积小而轻的钻机，这种钻机的钻头有多种形式，以适应不同的桩径和不同土层的需要。钻头可带有合金刀齿，靠电动机带动刀齿旋转切削土层或岩层。钻头靠桩架悬吊吊杆定位，钻孔时钻杆不旋转，仅钻头部分将切削下来的泥渣通过泥浆循环排出孔外。钻机桩架轻便，移动灵活，钻进速度快，噪声小，钻孔直径为 500～1500mm，钻孔深度可达 50m，甚至更深。

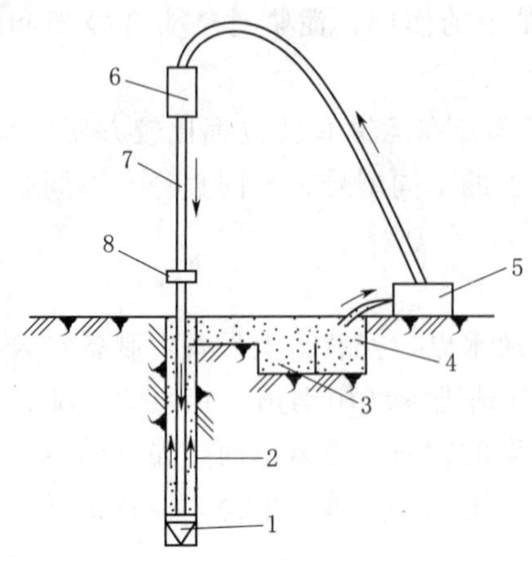

图 7-15 正循环回转钻机成孔的工艺原理

1—钻头；2—泥浆循环方向；3—钻机回转装置；4—钻杆；5—水龙头；6—泥浆泵；7—泥浆池；8—沉淀池

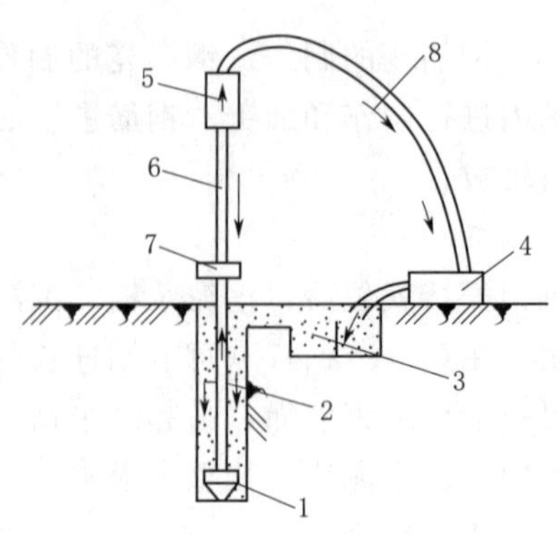

图 7-16 反循环回转钻机成孔的工艺原理

1—钻头；2—新泥浆流向；3—钻机回转装置；4—钻杆；5—水龙头；6—混合液流向；7—砂石泵；8—沉淀池

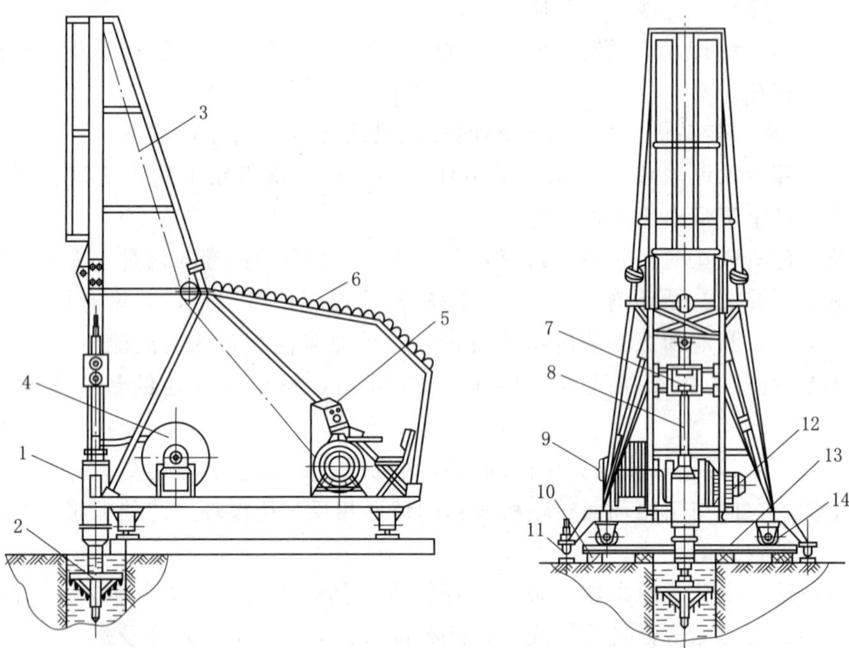

图 7-17 潜水钻机成孔示意图

1—钻头；2—主机；3—电缆和水管卷筒；4—钢丝绳；5—遮阳板；6—配电箱；7—活动导向；8—方钻杆；9—进水口；10—枕木；11—支腿；12—卷扬机；13—轻轨；14—行走车轮

潜水钻机成孔适用于黏性土、淤泥、淤泥质土、沙土等钻进，也可钻入岩层，尤其适用于在地下水位较高的土层中成孔。当钻一般黏性土、淤泥、淤泥质土及沙土时，宜用笼式钻头；穿过不厚的砂夹卵石层或在强风化岩上钻进时，可镶焊硬质合金刀头的笼式钻头；遇孤石或旧基础时，应用带硬质合金齿的筒式钻头。

（3）冲击钻机成孔。冲击钻机成孔适用于穿越黏土、杂填土、沙土和碎石土。在季节性冻土、膨胀土、黄土、淤泥和淤泥质土以及有少量孤石的土层中有可能采用。持力层应为硬黏土、密实沙土、碎石土、软质岩和微风化岩。

冲击钻机通过机架、卷扬机把带刃的重钻头（冲击锤）提升到一定高度，靠自由下落的冲击力切削破碎岩层或冲击土层成孔，如图 7－18 所示。部分碎渣和泥浆挤压进孔壁，大部分碎渣用掏渣筒掏出。此法设备简单、操作方便，对于有孤石的砂卵石岩、坚质岩、岩层均可成孔。

冲击钻头的形式有十字形、工字形、人字形等，一般常用铸钢十字形冲击钻头，如图 7－19 所示。在钻头锥顶与提升钢丝绳间设有自动转向装置，冲击锤每冲击一次转动一个角度，从而保证桩孔冲成圆孔。当遇有孤石及进入岩层时，锤底刃口应用硬度高、韧性好的钢材予以镶焊或拴接。锤重一般为 1.0～1.5t。

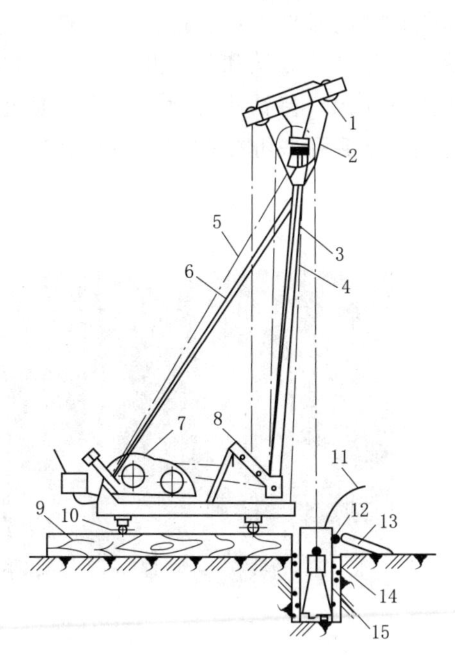

图 7－18　简易冲击钻孔机

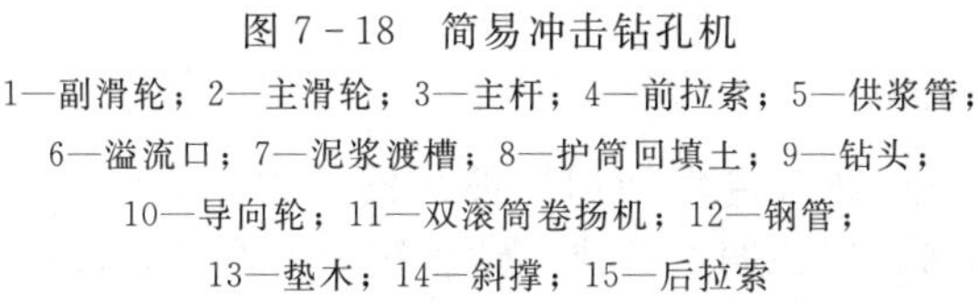
1—副滑轮；2—主滑轮；3—主杆；4—前拉索；5—供浆管；6—溢流口；7—泥浆渡槽；8—护筒回填土；9—钻头；10—导向轮；11—双滚筒卷扬机；12—钢管；13—垫木；14—斜撑；15—后拉索

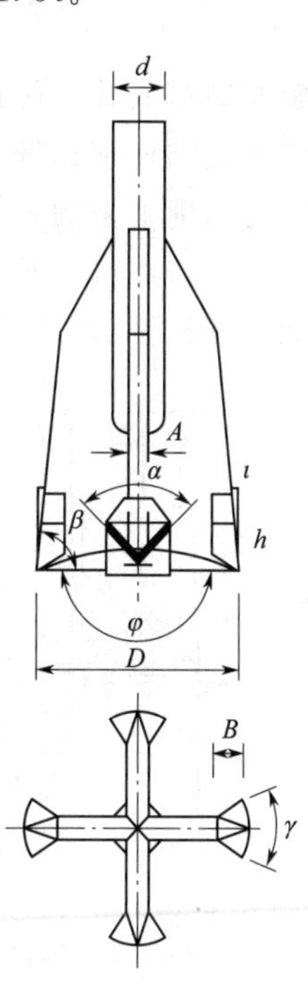

图 7－19　十字形冲击钻头

冲孔前应埋设钢护筒，并准备好护壁材料。若表层为淤泥、细砂等软土，则在筒内加入小块片石、砾石和黏土；若表层为沙砾卵石，则投入小颗粒沙砾石和黏土，以便冲击造浆，并使孔壁挤密实。冲击钻机就位后，校正冲锤中心对准护筒中心，在 0.4～0.8m 的冲程范围内应低提密冲，并及时加入石块与泥浆护壁，直至护筒下沉

3～4m 以后，冲程可以提高到 1.5～2.0m，转入正常冲击，随时测定并控制泥浆的相对密度。

冲进时，必须准确控制和预估松绳的合适长度，并保证有一定余量，并应经常检查绳索磨损、卡扣松紧、转向装置灵活状态等情况，防止发生空锤断绳或掉锤事故。如果冲孔发生偏斜，则应在回填片石（厚度为 300～500mm）后重新冲孔。

（4）冲抓锥成孔。冲抓锥锥头上有一重铁块和活动抓片，通过机架和卷扬机将冲抓锥提升到一定高度，下落时松开卷筒刹车，抓片张开，锥头便自由下落冲入土中，然后开动卷扬机提升锥头，这时抓片闭合抓土，如图 7-20 所示，抓土后冲抓锥整体提升到地面上卸去土渣，依次循环成孔。

冲抓锥成孔的施工过程、护筒安装要求、泥浆护壁循环等与冲击成孔施工相同。

冲抓锥成孔直径为 450～600mm，孔深可达 10m，冲抓高度宜控制在 1.0～1.5m，适用于松软土层（沙土、黏土）中冲孔，但遇到坚硬土层时宜换用冲击钻施工。

（5）旋挖钻机成孔。旋挖成孔是在泥浆护壁的条件下，旋挖钻机上的转盘或动力头带动可伸缩式钻杆和钻杆底部的钻头旋转，用钻斗底端和侧面开口上的切削刀具切削岩土，同时切削下来的岩土从开口处进入钻斗内。待钻斗装满钻屑后，通过伸缩钻杆把钻头提到孔口，自动开底卸土，再把钻斗下到孔底继续钻进。如此反复，直至钻到设计孔深。旋挖钻机如图 7-21 所示。

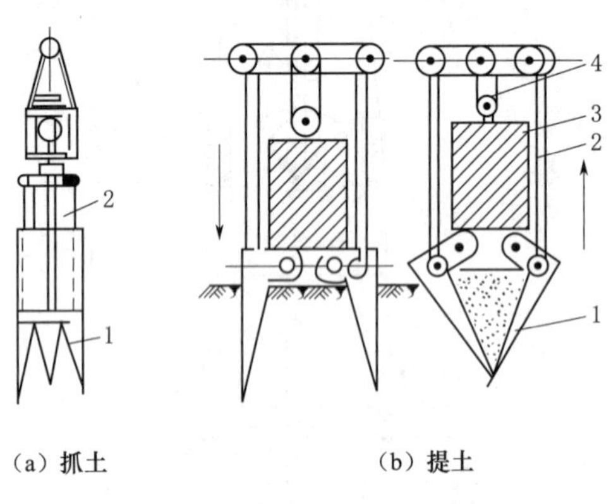

图 7-20 冲抓锥锥头

1—连杆；2—抓土；3—滑轮组；4—压重

图 7-21 旋挖钻机

旋挖钻机成孔工艺过程如下：

1）钻头着地、旋转、钻进：以钻具钻头自重和加压油缸的压力作为钻进压力，每一回次的钻进量应以深度仪表为参考，以说明书钻速、钻压扭矩为指导，进尺量适当，不多钻，也不少钻，钻多，辅助时间加长，钻少，回次进尺小，效率降低。

2）当钻斗内装满土、砂后，将其提升上来，注意地下水位变化情况，并灌注泥浆。

3）旋转钻机，将钻斗内的土卸出，用铲车及时运走，运至不影响施工作业的地方。

4）关闭钻斗活门，将钻机转回孔口，降落钻斗，继续钻进。

5）为保证孔壁稳定，应视表土松散层厚度，孔口下入长度适当的护筒，并保持泥浆液面高度，随泥浆损耗及孔深增加，应及时向孔内补充泥浆，以维持孔内压力平衡。

6）遇软土层特别是黏性土层，应选用较长斗齿及齿间距较大的钻斗以免糊钻，提钻后应经常检查底部切削齿，及时清理齿间黏泥，更换已磨钝的斗齿。钻遇硬土层，如发现每回次钻进深度太小，钻斗内碎渣量太少，可换一个较小直径钻斗，先钻小孔，然后再用直径适宜钻斗扩孔。

7）钻砂卵砾石层，为加固孔壁和便于取出砂卵砾石，可事先向孔内投入适量黏土球，采用双层底板捞砂钻斗，以防提钻过程中砂卵砾石从底部漏掉。

8）提升钻头过快易产生负压，造成孔壁坍塌。

9）在桩端持力层钻进时，可能会由于钻斗的提升引起持力层的松弛，因此，在接近孔底标高时，应注意减小钻斗的提升速度。

3. 清孔

成孔后，必须保证桩孔进入设计持力层深度。当孔达到设计要求后，即进行验孔和清孔。验孔是用探测器检查桩位、直径、深度和孔道情况；清孔即清除孔底沉渣、淤泥浮土，以减少桩基的沉降量，提高承载能力。清孔的方法有以下几种：

（1）抽浆法。抽浆清孔比较彻底，适用于各种钻孔方法的摩擦桩、支承桩和嵌岩桩，但孔壁易坍塌的钻孔使用抽浆法清孔时，操作要注意，防止坍孔。

1）用反循环方法成孔时，泥浆的相对密度一般控制在 1.1 以下，孔壁不易形成泥皮，钻孔终孔后，只需将钻头稍提起空转，并维持反循环 5～15min 就可完全清除孔底沉淀土。

2）正循环成孔，空气吸泥机清孔。空气吸泥机可以把灌注水下混凝土的导管作为吸泥管，气压为 0.5MPa，使管内形成强大的高压气流向上涌，同时不断地补足清水，被搅动的泥渣随气流上涌从喷口排出，直至喷出清水为止。对稳定性较差的孔壁应采用泥浆循环法清孔或抽筒排渣，清孔后的泥浆的相对密度应控制在 1.15～1.25；原土造浆的孔，清孔后的泥浆的相对密度应控制在 1.1 左右，在清孔时，必须及时补充足够的泥浆，并保持浆面稳定。

正循环成孔清孔完毕后，将特别弯管拆除，装上漏斗，即可开始灌注水下混凝土。用反循环钻机成孔时，也可等安好灌浆导管后再用反循环方法清孔，以清除下钢筋笼和灌浆导管过程中沉淀的钻渣。

（2）换浆法。采用泥浆泵，通过钻杆以中速向孔底压入相对密度为 1.15 左右、含砂率小于 4%的泥浆，把孔内悬浮钻渣多的泥浆替换出来。对正循环回转钻来说，不需另加机具，且孔内仍为泥浆护壁，不易坍孔。但本法缺点较多，首先，若有较大泥团掉入孔底很难清除；再有就是相对密度小的泥浆会从孔底流入孔中，轻重不同的泥浆在孔内会产生对流运动，要花费很长的时间才能降低孔内泥浆的相对密度，清孔所花时间较长；当泥浆含砂率较高时，不能用清水清孔，以免砂粒沉淀而达不到清孔目的。

(3) 掏渣法。主要针对冲抓法所成的桩孔，采用掏渣筒进行掏渣清孔。

(4) 用砂浆置换钻渣清孔法。先用抽渣筒尽量清除大颗粒钻渣，然后以活底箱在孔底灌注 0.6m 厚的特殊砂浆（相对密度较小，能浮在拌和混凝土之上）；采用比孔径稍小的搅拌器，慢速搅拌孔底砂浆，使其与孔底残留钻渣混合；吊出搅拌器，插入钢筋笼，灌注水下混凝土；连续灌注的混凝土把混有钻渣并浮在混凝土之上的砂浆一直推到孔口，达到清孔的目的。

4. 钢筋笼吊放

(1) 起吊钢筋笼采用扁担起吊法，起吊点在钢筋笼上部箍筋与主筋连接处，吊点对称。

(2) 钢筋笼设置 3 个起吊点，以保证钢筋笼在起吊时不变形。

(3) 吊放钢筋笼入孔时，实行“一、二、三”的原则，即一人指挥、二人扶钢筋笼、三人搭接，施工时应对准孔位，保持垂直，轻放、慢放入孔，不得左右旋转。若遇阻碍应停止下放，查明原因进行处理。严禁高提猛落和强制下入。

(4) 对于 20m 以下钢笼采用整根加工、一次性吊装的方法，20m 以上的钢筋笼分成两节加工，采用孔口焊接的方法；钢筋在同一节内的接头采用帮条焊连接，接头错开 1000mm 和 $35d$（d 为钢筋直径）的较大值。螺旋筋与主筋采用点焊，加劲筋与主筋采用点焊，加劲筋接头采用单面焊 $10d$。

(5) 放钢筋笼时，要求有技术人员在场，以控制钢筋笼的桩顶标高及防止钢筋笼上浮等问题。

(6) 成型钢筋笼在吊放、运输、安装时，应采取防变形措施。

(7) 按编号顺序，逐节垂直吊焊，上下节笼各主筋应对准校正，采用对称施焊，按设计图要求，在加强筋处对称焊接保护层定位钢板，按图纸补加螺旋筋，确认合格后，方可下入。

(8) 钢筋笼安装入孔时，应保持垂直状态，避免碰撞孔壁，徐徐下入，若中途遇阻不得强行墩放（可适当转向起下）。如果仍无效果，则应起笼扫孔重新下入。

(9) 钢筋笼按确认长度下入后，应保证笼顶在孔内居中，吊筋均匀受力，牢靠固定。

5. 水下浇筑混凝土

在灌注桩、地下连续墙等基础工程中，常要直接在水下浇筑混凝土。其方法是将密封连接的钢管（或强度较高的硬质非金属管）作为水下混凝土的灌注通道（导管），其底部以适当的深度埋在灌入的混凝土拌和物内，在一定的落差压力作用下，形成连续密实的混凝土桩身，如图 7-22 所示。

(1) 导管灌注的主要机具。导管灌注的主要机具有：向下输送混凝土用的导管；导管进料用的漏斗；储存量大时还应配备储料斗；首批隔离混凝土控制器具，如滑阀、隔水塞和底盖等；升降安装导管、漏斗的设备，如灌注平台等。

1) 导管。导管由每段长度为 1.5～2.5m（脚管为 2～3m）、管径为 200～300mm、厚度为 3～6mm 的钢管用法兰盘加止水胶垫用螺栓连接而成。导管要确保连接严密、不漏水。

导管的设计与加工制造应满足下列条件：

a. 导管应具有足够的强度和刚度，便于搬运、安装和拆卸。

b. 导管的分节长度为 3m，最底端一节导管的长度应为 4.0～6.0m，为了配合导管柱的长度，上部导管的长度可以是 2m、1m、0.5m 或 0.3m。

c. 导管应具有良好的密封性。导管采用法兰盘连接，用橡胶 O 形密封圈密封。法兰盘的外径宜比导管外径大 100mm 左右，法兰盘的厚度宜为 12～16mm，在其周围对称设置的连接螺栓孔不少于 6 个，连接螺栓的直径不小于 12mm。

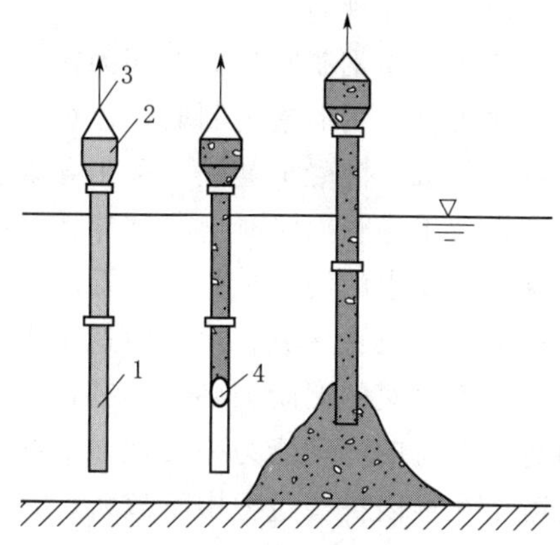

图 7-22 导管法浇筑水下混凝土
1—导管；2—盛料漏斗；
3—提升机具；4—球塞

d. 最下端一节导管底部不设法兰盘，宜以钢板套圈在外围加固。

e. 为避免提升导管时法兰挂住钢筋笼，可设锥形护罩。

f. 每节导管应平直，其定长偏差不得超过管长的 0.5%。

g. 导管连接部位内径偏差不大于 2mm，内壁应光滑平整。

h. 将单节导管连接为导管柱时，其轴线偏差不得超过±10mm。

i. 导管加工完后，应对其尺寸规格、接头构造和加工质量进行认真检查，并应进行连接、过阀（塞）和充水试验，以保证其密闭性合格和在水下作业时导管不漏水。检验水压一般为 0.6～1.0MPa，以不漏水为合格。

2）盛料漏斗和储料斗。盛料漏斗位于导管顶端，漏斗上方装有振动设备以防混凝土在导管中阻塞。提升机具用来控制导管的提升与下降，常用的提升机具有卷扬机、电动葫芦、起重机等。

导管顶部应设置漏斗。漏斗的设置高度应适用操作的需要，并应在灌注到最后阶段，特别时灌注接近桩顶部位时，能满足对导管内混凝土柱高度的需要，保证上部桩身的灌注质量。混凝土柱的高度，在桩顶低于桩孔中的水位时，一般应比该水位至少高出 2.0m，在桩顶高于桩孔水位时，一般应比桩顶至少高 0.5m。

储料斗应有足够的容量以储存混凝土（即初存量），以保证首批灌入的混凝土（即初灌量）能达到要求的埋管深度。

漏斗与储料斗用 4～6mm 厚的钢板制作，要求不漏浆及挂浆，漏泄顺畅、彻底。

3）隔水塞、滑阀和底盖。隔水塞一般采用软木、橡胶、泡沫塑料等制成，其直径比导管内径小 15～20mm。例如，混凝土隔水塞宜制成圆柱形，采用 3～5mm 厚的橡胶垫圈密封，其直径宜比导管内径大 5～6mm，混凝土强度不低于 C30。

隔水塞也可用硬木制成球状塞，在球的直径处钉上橡胶垫圈，表面涂上润滑油脂制成。此外，隔水塞还可用钢板塞、泡沫塑料和球胆等制成。不管由何种材料制成，隔水塞在灌注混凝土时应能舒畅下落和排出。

为保证隔水塞具有良好的隔水性能和能顺利地从导管内排出，隔水塞的表面应光滑，形状尺寸规整。

滑阀采用钢制叶片，下部为密封橡胶垫圈。

底盖既可用混凝土制成，也可用钢制成。

（2）水下混凝土灌注。采用导管法浇筑水下混凝土的关键是：一要保证混凝土的供应量大于导管内混凝土必须保持的高度和开始浇筑时导管埋入混凝土堆内必须埋置的深度所要求的混凝土量；二要严格控制导管的提升高度，且只能上下升降，不能左右移动，以避免造成管内发生返水事故。

水下浇筑的混凝土必须具有较强的流动性和黏聚性以及良好的流动性，能依靠其自重和自身的流动能力来实现摊平和密实，有足够的抵抗泌水和离析的能力，以保证混凝土在堆内扩善过程中不离析，且在一定时间内其原有的流动性不降低。因此，要求水下浇筑混凝土中水泥的用量及砂率宜适当增加，泌水率控制在2%～3%；粗骨料粒径不得大于导管的1/5或钢筋间距的1/4，并不宜超过40mm；坍落度为150～180mm。施工开始时采用低坍落度，正常施工时则用较大的坍落度，且维持坍落度的时间不得少于1h，以便混凝土能在一个较长的时间内靠其自身的流动能力来实现其密实成型。

灌注前应根据桩径、桩长和灌注量，合理选择导管和起吊运输等机具设备的规格、型号。每根导管的作用半径一般不大于3m，所浇混凝土的覆盖面积不宜大于$30m^2$，当面积过大时，可用多根导管同时浇筑。

导管吊入孔时，应将橡胶圈或胶皮垫安放周整、严密，确保密封良好。导管在桩孔内的位置应保持居中，防止跑管，撞坏钢筋笼并损坏导管。导管底部距孔底（孔底沉渣面）高度，以能放出隔水塞及首批混凝土为度，一般为300～500mm。导管全部入孔后，计算导管柱总长和导管底部位置，并再次测定孔底沉渣厚度，若超过规定，应再次清孔。

施工顺序为：放钢筋笼→安设导管→使滑阀（或隔水塞）与导管内水面紧贴→灌注首批混凝土→连续不断灌注直至桩顶→拔出护筒。

1）灌注首批混凝土。在灌注首批混凝土之前最好先配制0.1～$0.3m^3$的水泥砂浆放入滑阀（隔水塞）以上的导管和漏斗中，然后再放入混凝土，确认初灌量备足后，即可剪断铁丝，借助混凝土的重量排出导管内的水，使滑阀（隔水塞）留在孔底，灌入首批混凝土。

首批灌注混凝土的数量应能满足导管埋入混凝土中1.2m以上。首批灌注混凝土数量应按图7-23和式（7-2）计算。

混凝土浇筑应从最深处开始，相邻导管下口的标高差不应超过导管间距的1/20～1/15，并保证混凝土表面均匀上升。

$$V \geqslant \frac{\pi d^2 h_1}{4} + \frac{k\pi D^2 h_2}{4} \tag{7-2}$$

其中

$$h_1 = (h - h_2) r_w / r_c$$

式中 V——混凝土初灌量，m^3；

h_1——导管内混凝土柱与管外泥浆柱平衡所需高度，m；

h——桩孔深度，m；

r_w——泥浆密度；

r_c——混凝土密度，取 2.3×10^3kg/m^3；

h_2——初灌混凝土下灌后导管外混凝土面的高度，取 1.3～1.8m；

d——导管内径，m；

D——桩孔直径，m；

k——充盈系数，取 1.3。

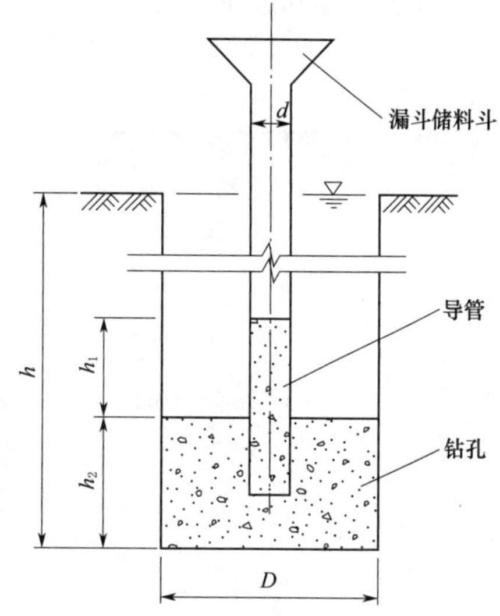

图 7-23　首批灌注混凝土数量计算例图

2）连续灌注混凝土。首批混凝土灌注正常后，应连续不断灌注混凝土，严禁中途停工。在灌注过程中，应经常用测锤探测混凝土面的上升高度，并适时提升、逐级拆卸导管，保持导管的合理埋深。探测次数一般不宜少于所适用的导管节数，并应在每次起升导管前，探测一次管内外混凝土面的高度。遇特别情况（局部严重超径、缩径、漏失层位和灌注量特别大时的桩孔等）时应增加探测次数，同时观察返水情况，以正确分析和判定孔内的情况。

在水下灌注混凝土时，应根据实际情况严格控制导管的最小埋深，以保证桩身混凝土的连续均匀，使其不会裹入混凝土上面的浮浆皮和土块等，防止出现断桩现象。对导管的最大埋深，则以能使管内混凝土顺畅流出，便于导管起升和减少灌注提管、拆管的辅助作业时间来确定。最大埋深不宜超过最下端一节导管的长度。灌注接近桩顶部位时，为确保桩顶混凝土质量，漏斗及导管的高度应严格按有关规定执行。

混凝土灌注的上升速度不得小于 2m/h。灌注时间必须控制在埋入导管中的混凝土不丧失流动性时间。必要时可掺入适量缓凝剂。

3）桩顶混凝土的浇筑。桩顶的灌注标高按照设计要求，且应高于设计标高 1.0m 以上，以便清除桩顶部的浮浆渣层。桩顶灌注完毕后，应立即探测桩顶面的实际标高，常用带有标尺的钢杆和装有可开闭的活门钢盒组成的取样器探测取样，以判断桩顶的混凝土面。

（二）干作业钻孔灌注桩

干作业钻孔灌注桩是先用钻机在桩位处钻孔，然后在桩孔内放入钢筋骨架，再灌注混凝土而成的桩。其施工过程如图 7-24 所示。

1. 施工机械

干作业成孔一般采用螺旋钻机钻孔，如图 7-25 和图 7-26 所示。螺旋钻机根据钻杆形式不同可分为整体式螺旋、装配式长螺旋和短螺旋三种。螺旋钻杆是一种动力旋动钻杆，它是利用钻头的螺旋叶旋转削土，土块由钻头旋转上升而带出孔外。螺旋钻头的外径分别为 400mm、500mm、600mm，相应钻孔深度为 12m、10m、8m。螺旋钻机适用于成孔深度内没有地下水的一般黏土层、沙土及人工填土地基，不适用于有地下水的土层和淤泥质土。

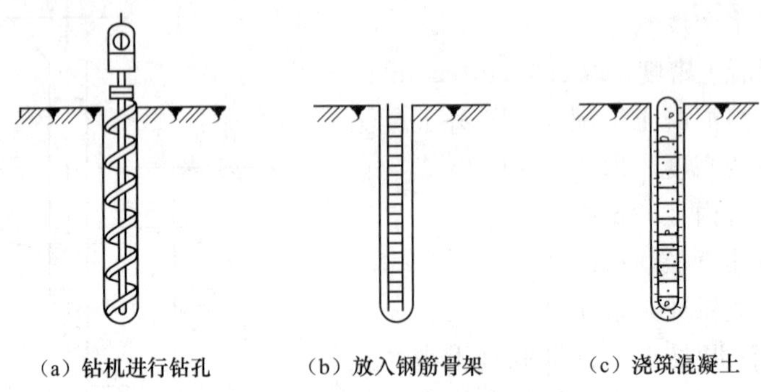

图 7 - 24　干作业钻孔灌注桩的施工过程

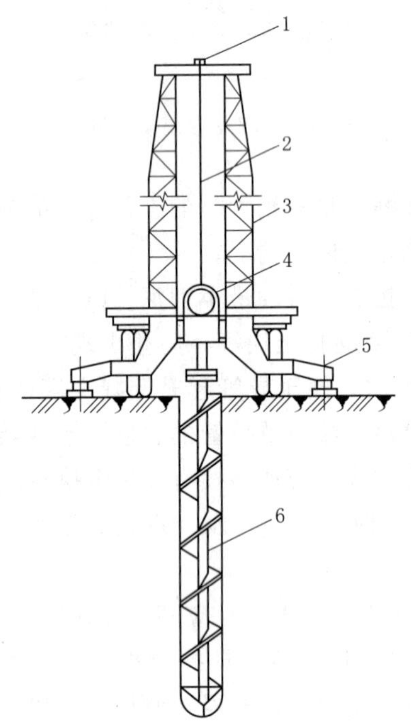

图 7 - 25　全螺旋钻机

1—导向滑轮；2—钢丝绳；3—龙门导架；4—动力箱；5—千斤顶支腿；6—螺旋钻杆

图 7 - 26　液压步履式长螺旋钻机

2. 施工工艺

干作业钻孔灌注桩的施工步骤为：螺旋钻机就位对中→钻进成孔、排土→钻至预定深度、停钻→起钻，测孔深、孔斜、孔径→清理孔底虚土→钻机移位→安放钢筋笼→安放混凝土溜筒→灌注混凝土成桩→桩头养护。

(1) 钻孔。钻机就位后，钻杆垂直对准桩位中心，开钻时先慢后快，减少钻杆的摇晃，及时纠正钻孔的偏斜或位移。钻孔时，螺旋刀片旋转削土，削下的土沿整个钻杆螺旋叶片上升而涌出孔外，钻杆可逐节接长直至钻到设计要求规定的深度。在钻孔过程中，若遇到硬物或软岩，应减速慢钻或提起钻头反复钻，穿透后再正常进钻。在砂卵石、卵石或淤泥质土夹层中成孔时，这些土层的土壁不能直立，易造成塌孔，这时钻孔可钻至塌孔下 1～2m，用低强度等级的混凝土回填至塌孔 1m 以上，待混凝土初凝后，再钻至设计要求深度，也可用 3∶7 夯实灰土回填代替混凝土进行处理。

（2）清孔。钻孔至规定要求深度后，孔底一般都有较厚的虚土，需要进行专门的处理。清孔的目的是将孔内的浮土、虚土取出，减小桩的沉降。常用的方法是采用 25～30kg 的重锤对孔底虚土进行夯实，或投入低坍落度的素混凝土，再用重锤夯实；或是使钻机在原深处空转清土，然后停止旋转，提钻卸土。

（3）钢筋混凝土施工。桩孔钻成并清孔后，先吊放钢筋笼，后浇筑混凝土。

钢筋骨架的主筋、箍筋、直径、根数、间距及主筋保护层均应符合设计规定，应绑扎牢固，防止变形。用导向钢筋将其送入孔内，同时防止泥土杂物掉进孔内。

钢筋骨架就位后，为防止孔壁坍塌，避免雨水冲刷，应及时浇筑混凝土。即使土层较好，没有雨水冲刷，从成孔至混凝土浇筑的时间间隔也不得超过 24h。灌注桩的混凝土强度等级不得低于 C15，坍落度一般采用 80～100mm，混凝土应连续浇筑，分层浇筑、分层捣实，每层厚度为 50～60cm。当混凝土浇筑到桩顶时，应适当超过桩顶标高，以保证在凿除浮浆层后，桩顶标高和质量能符合设计要求。

（三）人工挖孔灌注桩

人工挖孔灌注桩是采用人工挖掘方法成孔，然后放置钢筋笼，浇筑混凝土而成的桩基础，如图 7－27 所示。施工布置如图 7－28 所示。

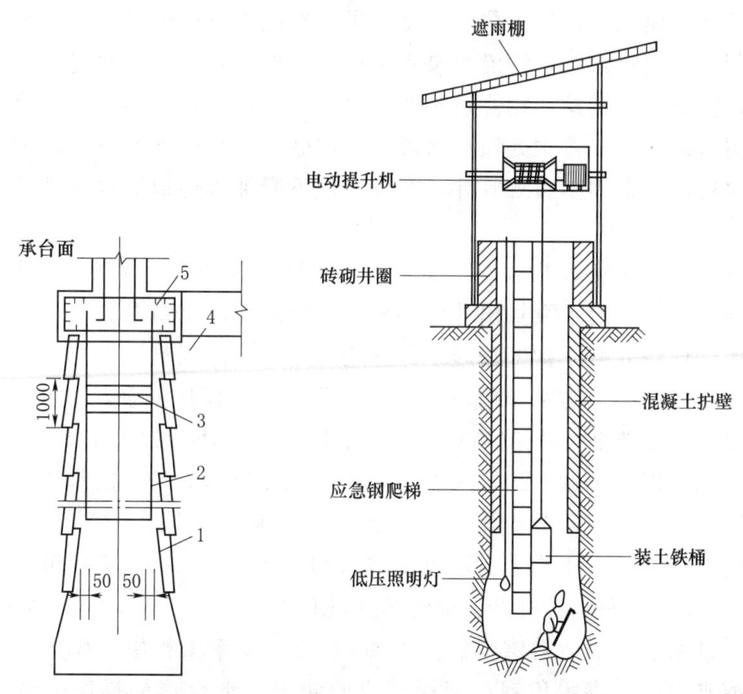

图 7－27　人工挖孔灌注桩的构造

1—承台；2—地梁；3—箍筋；4—主筋；5—护壁

图 7－28　人工挖孔桩施工

1. 施工设备

人工挖孔灌注桩的施工设备一般可根据孔径、孔深和现场具体情况选用，常用的有如下几种：

(1) 电动葫芦（或手摇轱辘）和提土桶，用于材料和弃土的垂直运输及供施工人员上下工作施工使用。

(2) 护壁钢模板。

(3) 潜水泵，用于抽出桩孔中的积水。

(4) 鼓风机、空压机和送风管，用于向桩孔中强制送入新鲜空气。

(5) 镐、锹、土筐等挖运工具，若遇硬土或岩石时，尚需风镐、潜孔钻。

(6) 插捣工具，用于插捣护壁混凝土。

(7) 应急软爬梯，用于施工人员上下。

(8) 安全照明设备、对讲机、电铃等。

2. 施工工艺

施工时，为确保挖土成孔的施工安全，必须考虑预防孔壁坍塌和流沙发生的措施。因此，施工前应根据地质水文资料拟定出合理的护壁措施和降排水方案。护壁方法很多，可以采用现浇混凝土护壁、沉井护壁、喷射混凝土护壁等。

(1) 挖土。挖土是人工挖孔的一道主要工序，采用由上向下分段开挖的方法，每施工段的挖土高度取决于孔壁的直立能力，一般取 0.8～1.0m 为一个施工段，开挖井孔直径为设计桩径加混凝土护壁厚度。挖土时应事先编制好防治地下水方案，避免产生渗水、冒水、塌孔、挤偏桩位等不良后果。在挖土过程中遇地下水时，若地下水不多，可采用桩孔内降水法，用潜水泵将水抽出孔外。若出现流沙现象，则首先应考虑采用缩短护壁分节和抢挖、抢浇筑护壁混凝土的办法，若此法不行，就必须沿孔壁打板桩或用高压泵在孔壁冒水处灌注水玻璃水泥砂浆。当地下水较丰富时，宜采用孔外布井点降水法，即在周围布置管井，在管井内不断抽水使地下水位降至桩孔底以下 1.0～2.0m。

当桩孔挖到设计深度，并检查孔底土质已达到设计要求后，在孔底挖成扩大头。待桩孔全部成型后，用潜水泵抽出孔底的积水，然后立即浇筑混凝土。

(2) 护壁。现浇混凝土护壁法施工即分段开挖、分段浇筑混凝土护壁，此法既能防止孔壁坍塌，又能起到防水作用。为防止坍孔和保证操作安全，对直径在 1.2m 以上的桩孔多设混凝土支护，每节高度为 0.9～1.0m，厚度为 8～15cm，或加配适量 ϕ6～10mm 钢筋，混凝土用 C20 或 C25，如图 7－29 所示。护壁制作主要分为支设护壁模板和浇筑护壁混凝土两个步骤。对直径在 1.2m 以下的桩孔，井口砌 1/4 砖或 1/2 砖护圈（高度为 1.2m），下部遇有不良土体时用半砖护砌。孔口第一节护壁应高出地面 10～20cm，以防止泥水、机具、杂物等掉进孔内。

护壁施工采用工具式活动钢模板（由 4～8 块活动钢模板组合而成）支撑有锥度的内模。内模支设后，将用角钢和钢板制成的两半圆形合成的操作平台吊放入桩孔内，置于内模板顶部，以放置料具和浇筑混凝土操作之用。

护壁混凝土的浇筑采用钢筋插实，也可通过敲击模板或用竹竿木棒反复插捣。不

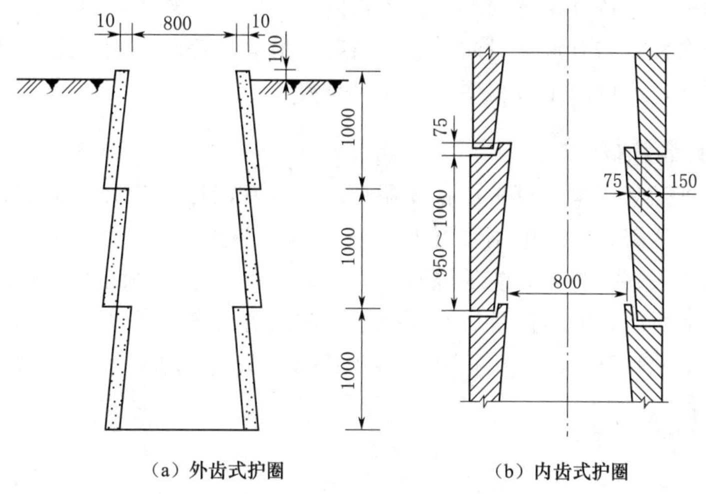

图 7-29　钢筋混凝土护壁形式

得在桩孔水淹没模板的情况下灌注混凝土。若遇土质差的部位，为保证护壁混凝土的密实，应根据土层的渗水情况使用速凝剂，以保证护壁混凝土快速达到设计强度的要求。

护壁混凝土内模拆除宜在 12h 之后进行，当发现护壁有蜂窝、渗水的现象时，应及时补强加以堵塞或导流，防止孔外水通过护壁流入桩子内，以防造成事故。当护壁混凝土强度达到 1MPa（常温下约 24h）时可拆除模板，开挖下段的土方，再支模浇筑护壁混凝土，如此循环，直至挖到设计要求的深度。

（3）放置钢筋笼。桩孔挖好并经有关人员验收合格后，即可根据设计的要求放置钢筋笼。钢筋笼在放置前，要清除其上的油污、泥土等杂物，防止将杂物带入孔内，并再次测量孔底虚土厚度，按要求清除。

（4）浇筑桩身混凝土。钢筋笼吊入验收合格后应立即浇筑桩身混凝土。灌注混凝土时，混凝土必须通过溜槽；当落距超过 3m 时，应采用串桶，串桶末端距孔底高度不宜大于 2m；也可采用导管泵送；混凝土宜采用插入式振捣器振实。当桩孔内渗水量不大时，在抽除孔内积水后，用串筒法浇筑混凝土。如果桩孔内渗水量过大，积水过多不便排干时，则应采用导管法水下浇筑混凝土。

（5）照明、通风、排水和防毒检查。

1）在孔内挖土时，应有照明和通风设施。照明采用 12V 低压防水灯。通风设施采用 1.5kW 鼓风机，配以直径为 100mm 的塑料送风管，经常检查，有洞即补，出风口离开挖面 80cm 左右。

2）对无流沙威胁但孔内有地下水渗出的情况，应在孔内设坑，用潜水泵抽排。有人在孔内作业时，不得抽水。

3）地下水位较高时，应在场地内布置几个降水井（可先将几个桩孔快速掘进作为降水井），用来降低地下水位，保证含水层开挖时无水或水量较小。

4）每天开工前检查孔底积水是否已被抽干，试验孔内是否存在有毒、有害气体，保持孔内的通风，准备好防毒面具等。为预防有害气体或缺氧，可对孔内气体进行抽样检测。凡一次检测的有毒含量超过容许值时，应立即停止作业，进行除毒工作。同时需配备鼓风机，确保施工过程中孔内通风良好。

（四）沉管灌注桩

沉管灌注桩是利用锤击打桩设备或振动沉桩设备，将带有钢筋混凝土的桩尖（或钢板靴）或带有活瓣式桩靴的钢管沉入土中（钢管直径应与桩的设计尺寸一致），造成桩孔，然后放入钢筋骨架并浇筑混凝土，随之拔出套管，利用拔管时的振动将混凝土捣实，便形成所需要的灌注桩。利用锤击沉桩设备沉管、拔管成桩，称为锤击沉管灌注桩，如图 7－30 所示；利用振动器振动沉管、拔管成桩，称为振动沉管灌注桩，如图 7－31 所示。

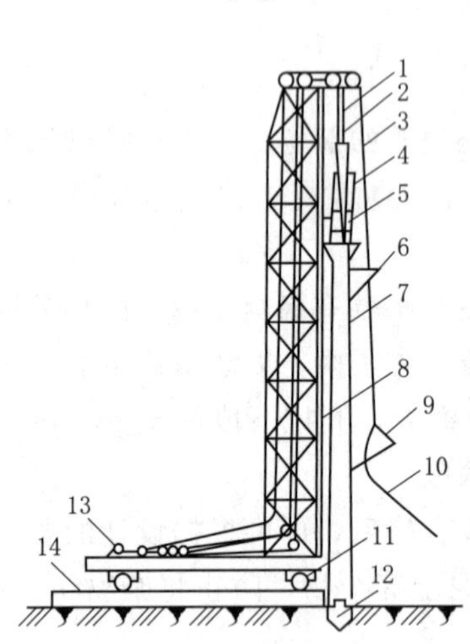

图 7－30 锤击沉管灌注桩

1—桩锤钢丝绳；2—桩管滑轮组；3—吊斗钢丝绳；4—桩锤；5—桩帽；6—混凝土漏斗；7—桩管；8—桩架；9—混凝土吊斗；10—回绳；11—行驶用钢管；12—预制桩靴；13—枕木；14—卷扬机

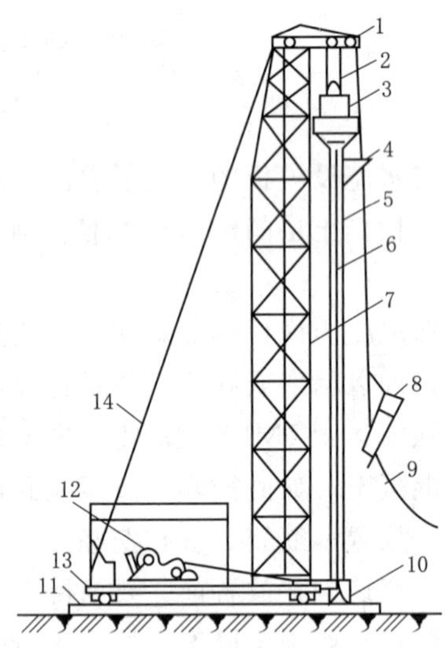

图 7－31 振动沉管灌注桩

1—导向滑轮；2—滑轮组；3—激振器；4—混凝土漏斗；5—桩帽；6—加压钢丝绳；7—桩管；8—混凝土吊斗；9—回绳；10—活瓣桩靴；11—缆风绳；12—卷扬机；13—行驶用钢管；14—枕木

1. 锤击沉管灌注桩

锤击沉管灌注桩适用于一般黏性土、淤泥质土和人工填土地基。其施工过程为：桩机就位（a）→沉套管（b）→初灌混凝土（c）→放置钢筋笼、灌注混凝土（d）→拔管成桩（e），如图 7－32 所示。

锤击沉管灌注桩的施工要点如下：

（1）桩尖与桩管接口处应垫麻（或草绳）垫圈，以防地下水渗入管内和作缓冲层。沉管时先用低锤锤击，观察无偏移后，再开始正常施打。

（2）拔管前应先锤击或振动套管，在测得混凝土确已流出套管时方可拔管。

（3）桩管内的混凝土应尽量填满，拔管时要均匀，保持连续密锤轻击，并控制拔管速度，一般土层以不大于 1m/min 为宜；软弱土层与软硬交界处，应控制在 0.8m/min 以内为宜。

（4）在管底未拔到桩顶设计标高前，倒打或轻击不得中断，并注意保持管内的混凝土始终略高于地面，直到全管拔出为止。

（5）桩的中心距在 5 倍桩管外径以内或小于 2m 时，均应跳打施工；中间空出的桩须待邻桩混凝土达到设计强度的 50%以后，方可施打。

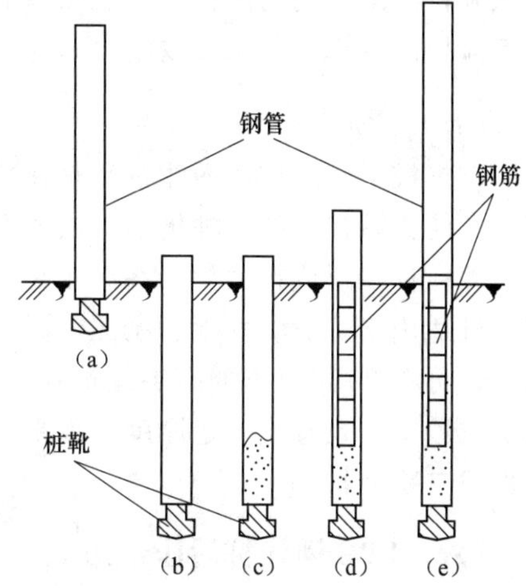

图 7-32　沉管灌注桩的施工过程

2. 振动沉管灌注桩

振动沉管灌注桩采用激振器或振动冲击沉管，施工过程为：桩机就位（a）→沉管（b）→上料（c）→拔出钢管（d）→在顶部混凝土内插入短钢筋并浇满混凝土（e），如图 7-33 所示。振动沉管灌注桩宜用于一般黏性土、淤泥质土及人工填土地基，更适用于沙土、稍密及中密的碎石土地基。

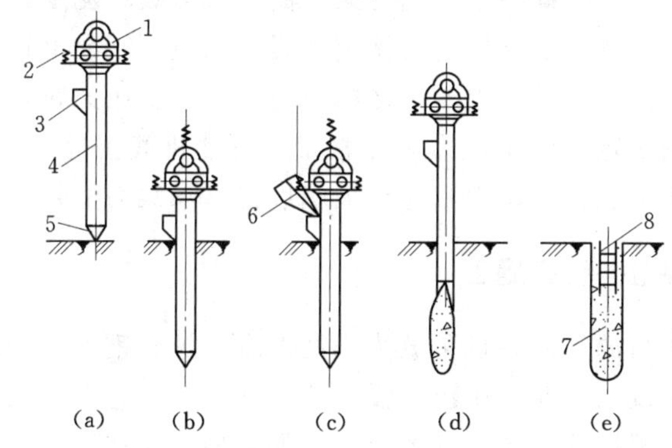

图 7-33　振动套管成孔灌注桩的成桩过程

1—振动锤；2—加压减振弹簧；3—加料口；4—桩管；5—活瓣桩尖；
6—上料口；7—混凝土桩；8—短钢筋骨架

振动沉管灌注桩的施工要点如下：

（1）桩机就位。将桩尖活瓣合拢对准桩位中心，利用振动器及桩管自重把桩尖压入土中。

（2）沉管。开动振动箱，桩管即在强迫振动下迅速沉入土中。沉管过程中，应经常探测管内有无水或泥浆，如发现水、泥浆较多时，应拔出桩管，用砂回填桩孔后方可重新沉管。

（3）上料。桩管沉到设计标高后停止振动，放入钢筋笼，再上料斗将混凝土灌入桩管内，一般应灌满桩管或略高于地面。

（4）拔管。开始拔管时，应先启动振动箱 8～10min，并用吊铊测得桩尖活瓣确已张开，混凝土确已从桩管中流出以后，卷扬机方可开始抽拔桩管，边振边拔。拔管速度应控制在 1.5m/min 以内。

（五）夯扩桩

夯扩桩（夯压成型灌注桩）是在普通沉管灌注桩的基础上加以改进，增加一根内夯管，使桩端扩大的一种桩型。内夯管的作用是在夯扩工序时，将外管混凝土夯出管外，并在桩端形成扩大头；在施工桩身时利用内管和桩锤的自重将桩身混凝土压实。夯扩桩适用于一般黏性土、淤泥、淤泥质土、黄土、硬黏性土，也可用于有地下水的情况，可在 20 层以下的高层建筑基础中使用。桩端持力层可为可塑至硬塑粉质黏土、粉土或沙土，且具有一定厚度。如果土层较差，没有较理想的桩端持力层时，可采用二次或三次夯扩。

（六）PPG 灌注桩后压浆法

PPG 灌注桩后压浆法是利用预先埋设于桩体内的注浆系统，通过高压注浆泵将高压浆液压入桩底，浆液克服土粒之间的抗渗阻力，不断渗入桩底沉渣及桩底周围土体孔隙中，排走孔隙中的水分，充填于孔隙之中。由于浆液的充填胶结作用，在桩底形成一个扩大头。另一方面，随着注浆压力及注浆量的增加，一部分浆液克服桩侧摩阻力及上覆土压力沿桩土界面不断向上泛浆，高压浆液破坏泥皮，渗入（挤入）桩侧土体，使桩周松动（软化）的土体得到挤密加强。浆液不断向上运动，上覆土压力不断减小，当浆液向上传递的反力大于桩侧摩阻力及上覆土压力时，浆液将以管状流溢出地面。因此，控制一定的注浆压力和注浆量，可使桩底土体及桩周土体得到加固，从而有效提高桩端阻力和桩侧阻力，达到大幅度提高承载力的目的。

二、混凝土预制桩与钢桩施工

预制桩按桩体材料的不同，桩可分为钢筋混凝土桩、钢桩。钢筋混凝土预制桩是在预制构件厂或施工现场预制，用沉桩设备在设计位置上将其沉入土中的。钢筋混凝土预制桩施工前，应根据施工图设计要求、桩的类型、成孔过程对土的挤压情况、地质探测和试桩等资料制定施工方案。

（一）打桩前的准备工作

1. 施工场地准备

桩基础工程在施工前，应根据工程规模的大小和复杂程度，编制整个分部工程施工组织设计或施工方案。沉桩前，现场准备工作的内容有处理障碍物、平整场地、抄平放线、铺设水电管网、沉桩机械设备的进场和安装以及桩的供应等。

（1）处理障碍物。打桩前，宜向城市管理、供水、供电、煤气、电信、房管等有关单位提出申请，认真处理高空、地上和地下的障碍物；对现场周围（一般为 10m 以内）的建筑物、驳岸、地下管线等做全面检查，必要时予以加固或采取隔振措施或拆除，以免打桩中由于振动的影响引起倒塌。

（2）场地平整。打桩场地必须平整、坚实，必要时宜铺设道路，经压路机碾压密实，场地四周应挖排水沟以利排水。

（3）抄平放线定桩位。在打桩现场附近设水准点，其位置应不受打桩影响，数量不得少于两个，用以抄平场地和检查桩的入土深度。要根据建筑物的轴线控制桩定出桩基础的每个桩位，可用小木桩标记。正式打桩之前，应对桩基的轴线和桩位复查一次。以免因小木桩挪动、丢失而影响施工。桩位放线允许偏差为 20mm。

（4）进行打桩试验。施工前应做不少于 2 根桩的打桩工艺试验，用以了解桩的沉入时间、最终沉入度、持力层的强度、桩的承载力以及施工过程中可能出现的各种问题和反常情况等，以便检验所选的打桩设备和施工工艺，确定是否符合设计要求。

（5）确定打桩顺序。打桩顺序直接影响到桩基础的质量和施工速度，应根据桩的密集程度（桩距大小）、桩的规格、桩的长短、桩的设计标高、工作面布置、工期要求等综合考虑。根据桩的密集程度，打桩顺序一般分为逐段打设、自中部向四周打设和由中间向两侧打设 3 种，如图 7－34 所示。当桩的中心距大于 4 倍桩的边长或直径时，可采用上述两种打法，或逐排单向打设，如图 7－34（a）所示。反之，当桩的中心距不大于 4 倍桩的直径或边长时，应自中部向四周打设，如图 7－34（b）所示，或由中间向两侧对称打设，如图 7－34（c）所示。

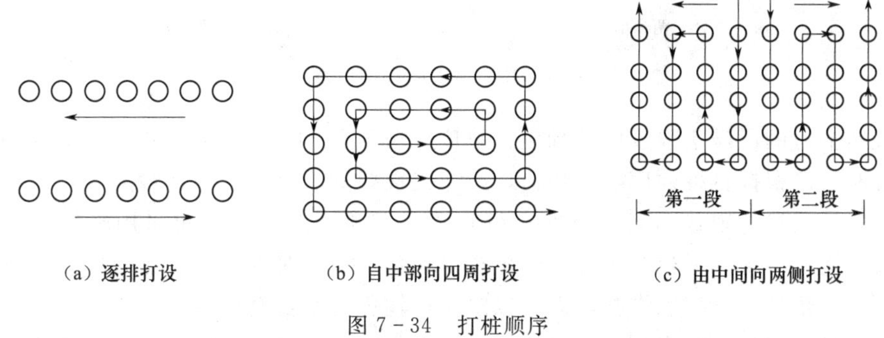

图 7－34　打桩顺序

根据基础的设计标高和桩的规格，宜按先深后浅、先大后小、先长后短的顺序进行打桩。

（6）桩帽、垫衬和送桩设备机具准备。

2．桩的制作、运输和堆放

（1）桩的制作。较短的桩多在预制厂生产，较长的桩一般在打桩现场附近或打桩现场就地预制。

桩分节制作时，单节长度应满足桩架的有效高度、制作场地条件、运输与装卸能力的要求，同时应避免桩尖接近硬持力层或桩尖处于硬持力层中接桩，上节桩和下节桩应尽量在同一纵轴线上预制，使上下节钢筋和桩身减小偏差。如在工厂制作，为便于运输，单节长度不宜超过 12m；如在现场预制，单节长度不宜超过 30m。

7－21
预制方桩的间隔生产
【图片】

制桩时，应作好浇筑日期、混凝土强度、外观检查、质量鉴定等记录，以供验收时查用。每根桩上应标明编号、制作日期，如不预埋吊环，则应标明绑扎位置。

（2）桩的运输。当桩的混凝土强度达到设计强度标准值的 70％后方可起吊，若需提前起吊，则必须采取必要的措施并经强度和抗裂度验算合格后方可进行。桩在起吊搬运时，必须做到平稳提升，避免冲击和振动，吊点应同时受力，保护桩身质量。吊点位置应严格按设计规定进行绑扎。若无吊环，设计又无规定时，绑扎点的数量和位置按桩长而定，应符合起吊弯矩最小（或正负弯矩相等）的原则，如图 7－35 所示。用钢丝绳捆绑桩时应加衬垫，以避免损坏桩身和棱角。

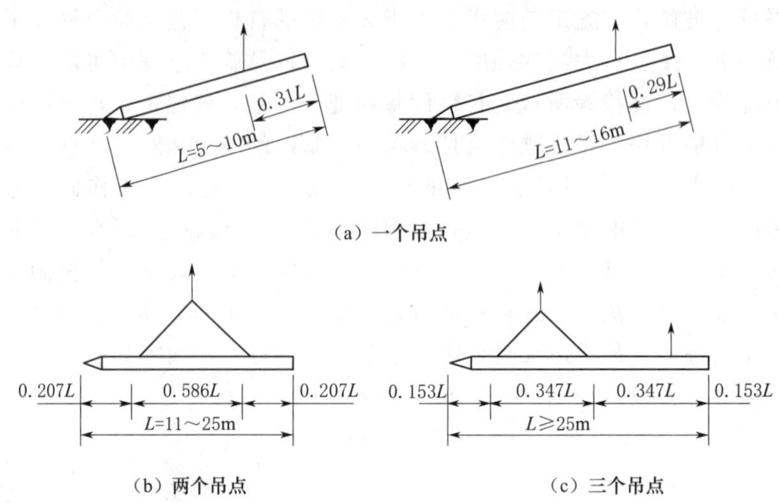

图 7－35　吊点的合理位置

桩运输时的混凝土强度应达到设计强度标准值的 100%。桩从制作处运到现场以备打桩时，应根据打桩顺序随打随运，避免二次搬运。对于桩的运输方式，短桩运输可采用载重汽车，现场运距较近时，可直接用起重机吊运，也可采用轻轨平板车运输；长桩运输可采用平板拖车、平台挂车等运输。装载时桩的支承点应按设计吊点位置设置，并垫实、支撑和绑扎牢固，以防止运输中发生晃动或滑动。

7－22
方桩的堆放
【图片】

(3) 桩的堆放。桩堆放时，地面必须平整、坚实，垫木间距应根据吊点确定，各层垫木应位于同一垂直线上，最下层垫木应适当加宽，堆放层数不宜超过 4 层。不同规格的桩，应分别堆放。

7－23
圆桩的堆放
【图片】

(二) 锤击沉桩

1. 打桩设备及选择

打桩所用的机械设备主要由桩锤、桩架及动力装置三部分组成。桩锤是对桩施加冲击力，将桩打入土中的机具；桩架的主要作用是支持桩身和桩锤，并在打桩过程中保持桩的方向不偏移；动力装置一般包括启动桩锤用的动力设施（取决于所选桩锤），如采用蒸汽锤时，则需配蒸汽锅炉、卷扬机等。

7－24
锤击沉桩
【图片】

(1) 桩锤。

1) 选择桩锤类型。常用的桩锤有落锤、柴油桩锤、单动汽锤、双动汽锤、振动桩锤、液压锤桩等。

常用的柴油锤和单缸两冲程柴油机一样，是依靠上活塞的往复运动产生冲击进行沉桩作业的。筒式柴油打桩锤的打桩过程是气体压力和冲击力的联合作用。它实现了上活塞对下活塞的一个冲击过程，然后产生一个爆炸力，即二次打桩，这个力虽然比冲击力要小，但它是作用在已经被冲动了的桩上，所以对桩的下沉还是有很大作用的。

2）选择桩锤重量。用锤击法沉桩，选择桩锤是关键，一是锤的类型，二是锤的重量。锤击应该有足够的冲击能量，施工中宜选择重锤低击。桩锤过重，所需动力设备过大，会消耗过多的能源，不经济，且易将桩打坏；桩锤过轻，必将增大落距，锤击功很大部分被桩身吸收，使桩身产生回弹，桩不易打入，且锤击次数过多，常常出现桩头被打坏或使混凝土保护层脱落的现象，严重的甚至使桩身断裂。因此，应选择稍重的锤，用重锤低击和重锤快击的方法效果较好。锤重一般根据施工现场情况、机具设备性能、工作方式、工作效率等条件选择。

（2）桩架。桩架的形式有多种，常用的通用桩架（能适应多种桩锤）有两种基本形式：一种是沿轨道行驶的多功能桩架，另一种是安装在履带底盘上的履带式桩架。

桩架高度必须适应施工要求，一般可按桩长分节接长，桩架高度应满足：桩架高度＝单节桩长＋桩帽高度＋桩锤高度＋滑轮组高度＋起锤位移高度（1～2m）。

2. 打桩工艺

（1）打桩顺序。打入的桩对土体有挤压作用，先打入的桩常由于水平推挤而造成偏移和变位，而后打入的桩则难以达到设计标高或入土深度，造成土体的隆起和挤压。打桩顺序是否合理直接影响桩基础的质量、施工速度及周围环境，故应根据桩的密集程度、桩径、桩的规格、桩的设计标高、工作面布置、工期要求等综合考虑，合理确定。

当桩距大于或等于 4 倍桩的边长或桩径时，打桩顺序与土壤的挤压关系不大，采用何种打桩顺序相对灵活。而当桩距小于 4 倍桩的边长或桩径时，土壤挤压不均匀的现象会很明显，选择打桩顺序尤为重要。

当桩不太密集、桩的中心距大于或等于 4 倍桩的直径时，可采用逐排打桩和自边缘向中间打桩的顺序。逐排打桩时，桩架单向移动，桩的就位与起吊均很方便，故打桩效率较高。但当桩较密集时，逐排打桩会使土体向一个方向挤压，导致土体挤压不均匀，后面的桩不容易打入，最终会引起建筑物的不均匀沉降。自边缘向中间打桩，当桩较密集时，中间部分土体挤压较密实，桩难以打入，而且在打中间桩时，外侧的桩可能因挤压而浮起。因此，这两种打设方法适用于桩不太密集时的施工。

当桩较密集时，即桩距小于 4 倍桩的直径时，一般情况下应采用自中央向边缘打和分段打的方式。采用这两种打桩方式打桩时，土体由中央向两侧或向四周均匀挤压，易于保证施工质量。

此外，根据桩的规格、埋深、长度的不同，且桩较密集时，宜按“先大后小、先深后浅、先长后短”的顺序打设，这样可避免后施工的桩对先施工的桩产生挤压而发生桩位偏斜。当一侧毗邻建筑物时，由毗邻建筑物处向另一方向打设。

打桩顺序确定后，还需要考虑打桩机是往后“退打”，还是向前“顶打”，以便确定桩的运输和布置堆放。当桩顶头高出地面时，采用往后退打的方法施工。当打桩后桩顶的实际标高在地面以下时，可采用向前顶打的方法施工，只要现场条件许可，宜将桩预先布置在桩位上，以避免场内二次搬运，有利于提高施工速度，降低费用。打桩后留有的桩孔要随时铺平，以便行车和移动打桩机。

(2) 打桩施工的工艺过程。打桩施工是确保桩基工程质量的重要环节。主要工艺过程如下：

1) 吊桩就位。打桩机就位后，先将桩锤和桩帽吊起，其高度应超过桩顶，并固定在桩架上，然后吊桩并送至导杆内，垂直对准桩位，在桩的自重和锤重的压力下，缓缓送下插入土中，桩插入时的垂直度偏差不得超过 0.5%。桩插入土后即可固定桩帽和桩锤，使桩身、桩帽、桩锤在同一铅垂线上，确保桩能垂直下沉。在桩锤和桩帽之间应加弹性衬垫，如硬木、麻袋、草垫等；桩帽和桩顶周围四边应有 5～10mm 的间隙，以防损伤桩顶。

2) 打桩。打桩开始时，采用短距轻击，一般为 0.5～0.8m，以保证桩能正常沉入土中。待桩入土一定深度（1～2m）且桩尖不宜产生偏移时，再按要求的落距连续锤击。这样可以保证桩位的准确和桩身的垂直。打桩时宜用重锤低击，这样桩锤对桩头的冲击小，回弹也小，桩头不易损坏，大部分能量都用于克服桩身与土的摩阻力和桩尖阻力，桩能较快地沉入土中。用落锤或单动汽锤打桩时，最大落距不宜大于 1m。用柴油锤时，应使锤跳动正常。在整个打桩过程中应做好测量和记录工作，遇有贯入度剧变，桩身突然发生倾斜、移位或有严重回弹，桩顶或桩身出现严重裂缝或破碎等异常情况时，应暂停打桩，及时研究处理。

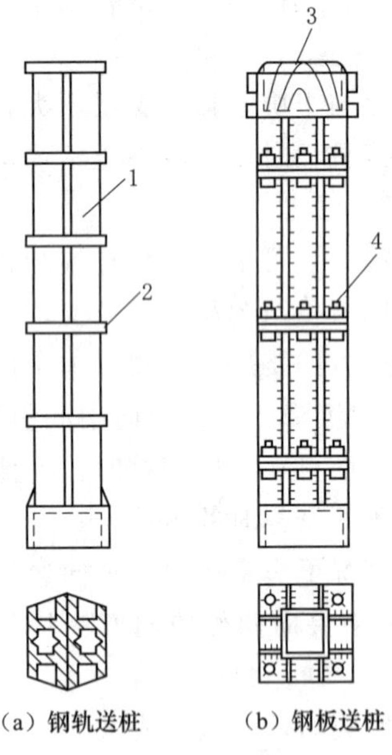

图 7-36 钢送桩构造
1—钢轨；2—15mm 厚钢板箍；3—硬木垫；4—连接螺栓

7-25
截桩完成
【图片】

3) 送桩。当桩顶标高低于地面时，借助送桩器将桩顶送入土中的工序称为送桩。送桩时桩与送桩管的纵轴线应在同一直线上，锤击送桩将桩送入土中，送桩结束，拔出送桩管后，桩孔应及时回填或加盖，如图 7-36 所示。

4) 接桩。钢筋混凝土预制长桩受运输条件和桩架高度的限制，一般分成若干节预制，分节打入，在现场进行接桩。常用的接桩方法有焊接法、法兰接法和硫黄胶泥锚接法等，如图 7-37 所示。

5) 截桩。当预制钢筋混凝土桩的桩顶露出地面并影响后续桩施工时，应立即截桩头。截桩头前，应测量桩顶标高，将桩头多余部分凿去。截桩一般可采用人工或风动工具（如风镐等）来完成。截桩时不得把桩身混凝土打裂，并保证桩身主筋伸入承台内，其锚固长度必须符合设计规定。一般桩身主筋伸入混凝土承台内的长度：受拉时不少于 25 倍主筋直径，受压时不少于 15 倍主筋直径。主筋上黏着的混凝土碎块要清除干净。

6) 打桩质量控制。打桩质量包括两个方面的内容：一是能否满足贯入度或标高的设计要求；二是打入后的偏差是否在施工及验收规

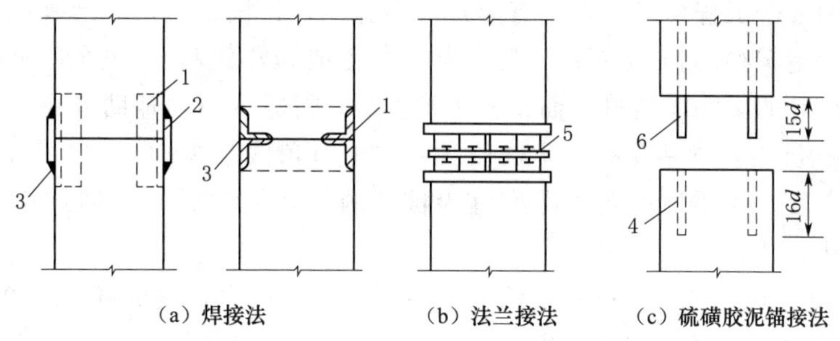

（a）焊接法　（b）法兰接法　（c）硫磺胶泥锚接法

图 7－37　桩的接头形式

1—角钢与主筋焊接；2—钢板；3—焊缝；4—浆锚孔；5—预埋法兰；6—预埋锚筋；d—锚栓直径

范允许范围以内。贯入度是指一阵（每 10 击为一阵，落锤、柴油桩锤）或者 1min（单动汽锤、双动汽锤）桩的入土深度。

为保证打桩的质量，应遵循以下原则：端承桩即桩端达到坚硬土层或岩层，以控制贯入度为主，桩端标高可作参考；摩擦桩即桩端位于一般土层，以控制桩端设计标高为主，贯入度可作参考。打（压）入桩（预制混凝土方桩、先张法预应力管桩、钢桩）的桩位偏差，必须符合规范的规定。打斜桩时，斜桩的倾斜度的允许偏差不得大于倾斜角正切值的 15%。

a. 打桩停锤的控制原则。为保证打桩质量，应遵循以下停打控制原则。

（a）摩擦桩以控制桩端设计标高为主，贯入度可作为参考。

（b）端承桩以贯入度控制为主，桩端标高可作参考。

（c）贯入度已达到而桩端标高未达到时，应继续锤击 3 阵，按每阵 10 击的平均贯入度不大于设计规定的数值加以确认，必要时施工控制贯入度应通过试验与相关单位会商确定。此处的贯入度是指桩最后 10 击的平均入土深度。

b. 打桩允许偏差。桩平面位置的偏差，单排桩不大于 100mm，多排桩一般为 0.5～1 个桩的直径或边长；桩的垂直偏差应控制在 0.5%之内；按标高控制的桩，桩顶标高的允许偏差为－50～100mm。

c. 承载力检查。施工结束后应对承载力进行检查。桩的静载荷试验根数应不少于总桩数的 1%，且不少于 3 根；当总桩数少于 50 根时，应不少于 2 根；当施工区域地质条件单一，又有足够的实际经验时，可根据实际情况由设计人员酌情而定。

7）打桩过程控制。打桩时，如果沉桩尚未达到设计标高，而贯入度突然变小，则可能是土层中央有硬土层，或遇到孤石等障碍物，此时应会同设计勘探部门共同研究解决，不能盲目施打。打桩时，若桩顶或桩身出现严重裂缝、破碎等情况时，应立即暂停，分析原因，在采取相应的技术措施后，方可继续施打。

打桩时，除了注意桩顶与桩身由于桩锤冲击被破坏外，还应注意桩身受锤击应力而导致的水平裂缝。在软土中打桩时，桩顶以下 1/3 桩长范围内常会因反射的应力波使桩身受拉而引起水平裂缝，开裂的地方常出现在易形成应力集中的吊点和蜂窝处，采用重锤低击和较软的桩垫可减小锤击拉应力。

8）打桩对周围环境影响的控制。打桩时，邻桩相互挤压导致桩位偏移，产生浮桩，则会影响整个工程质量。在已有建筑群中施工，打桩还会引起已有地下管线、地面交通道路和建筑物的损坏和不安全。为了避免或减小沉桩挤土效应和对邻近建筑物、地下管线等的影响，施打大面积密集桩群时，可采取下列辅助措施。

a. 预钻孔沉桩，预钻孔孔径比桩径（或方桩对角线）少 50～100mm，深度视桩距和土的密实度、渗透性而定，深度宜为桩长的 1/3～1/2。施工时应随钻随打，桩架宜具备钻孔、锤击双重性能。

b. 设置袋装砂井或塑料排水板消除部分超孔隙水压力，减少挤土现象。

c. 设置隔离板桩或开挖地面防震沟，消除部分地面震动。

d. 沉桩过程中应加强对邻近建筑物、地下管线等的观测和监护。

（三）静力压桩

静力压桩是在软土地基上，利用静力压桩机或液压压桩机，以无振动的静力压力（自重和配重）将预制桩压入土中的一种新工艺。静力压桩已被我国的大中城市较为广泛地采用，与普通的打桩和振动沉桩相比，压桩可以消除噪声和振动的公害，故特别适用于医院和有防震要求部门附近的施工。

7-26
静力压桩法
【图片】

压桩与打桩相比，由于避免了锤击应力，桩的混凝土强度及其配筋只要满足吊装弯矩和使用期的受力要求就可以，因而桩的断面和配筋可以减小；压桩引起的挤土也少得多，因此，压桩是软土地区一种较好的沉桩方法。

1. 静力压桩设备

静力压桩机如图 7-38 所示，其工作原理是通过安置在压桩机上的卷扬机的牵引，由钢丝绳、滑轮及压梁将整个桩机的自重力（800～1500kN）反压在桩顶上，以克服桩身下沉时与土的摩擦力，迫使预制桩下沉。桩架的高度为 10～40m，压入桩的长度可达 37m，桩断面尺寸为 400mm×400mm～500mm×500mm。

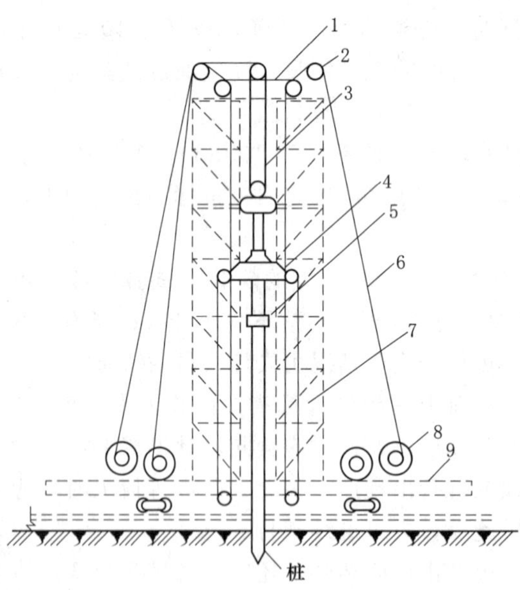

图 7-38 静力压桩机

1—桩架顶梁；2—导向滑轮；3—提升滑轮组；4—压梁；5—桩帽；6—钢丝绳；7—压桩滑轮组；8—卷扬机；9—底盘

2. 压桩工艺

静力压桩适用于软弱土层，压桩机应配足额定的重量，可根据地质条件、试压情况确定修正。若桩在初压时，桩身发生较大幅度移位、倾斜，或在压力过程中桩身突然下沉或倾斜，桩顶混凝土破坏或压桩阻力剧变，则应暂停压桩待研究处理。

（1）测量放线定桩位。

1）根据提供的测量基准点用经纬仪放出各轴线，定出桩位。

7-27
静力压桩法
【视频】

2）每根桩施工前均用经纬仪复测，并请监理人员检查验收。

（2）桩机就位。

1）将压桩机移至桩位处，观察水平仪和挂在压架上的垂球，调平机身。

2）以导桩器中心为准，用垂球对准桩尖圆心，找准桩位。

（3）吊桩、插桩。驱动夹持油缸，将夹持板放置在适合的高度。启动卷扬机吊起管桩，再将管桩（或桩段）吊入夹持梁内，夹持油缸驱动夹持滑块，通过夹持板将管桩夹紧，然后压桩油缸做伸程动作，使夹持机构在导向桩架内向下运动，带动管桩挤入土中。微微启动压桩油缸，将管桩压入土中 0.5～1.0m 后，用两台经纬仪双向调整桩身垂直度。

管桩插桩时必须校正管桩的垂直度，采用两台经纬仪距正在施工的管桩约 20m 处成 90°放置，两台经纬仪的观测结果均符合要求后才能进行压桩。

（4）压桩。通过定位装置重新调整管桩的垂直度，然后启动压桩油缸，将管桩慢慢压入土中。压桩油缸行程走满，夹持油缸伸程，然后压桩油缸做回程动作，上述运动往复交替，即可实现桩机的压桩工作。压桩时要控制好施压速度。

压桩必须连续进行，若中断时间过长则土体将恢复固结，使压入阻力明显增大，增加了压桩的困难。压桩时应做好记录，特别对压桩读数应记录准确。

7－28
振动沉桩
【图片】

压桩过程中，当桩尖碰到夹砂层时，压桩阻力可能会突然增大，甚至因超过压桩能力而使桩机上抬。这时可以最大的压桩力作用在桩顶，采用“停车再开、忽停忽开”的办法使桩缓慢下沉穿过砂层。如果工程中有少量桩确实不能压至设计标高而相差不多时，可以采用截去桩顶的办法。

（5）接桩。压桩施工，一般情况下都采用“分段压入、逐段接长”的方法。

（6）继续压桩。继续压桩的操作与压桩相同。

（7）送桩。当管桩（顶节桩）压到接近自然地面时，用专用送桩器将桩压送到设计标高，送桩器的断面应平整，器身应垂直，最后标高应用水准仪控制。

7－29
桩基础工程
【视频】

送桩结束后，卸出送桩器，回填桩孔。

（四）振动沉桩

振动沉管灌注桩在振动锤竖直方向的往复振动作用下，桩管以一定的频率和振幅产生竖向往复振动，减小了桩管与周围土体间的摩阻力，当强迫振动频率与土体的自振频率相同时，土体结构因共振而破坏。与此同时，桩管在压力作用下而沉入土中，在达到设计要求深度后，边拔管，边振动，边灌注混凝土，边成桩。

7－30
第七章第三节
测试题
【测试题】

振动冲击沉管灌注桩是利用振动冲击锤在冲击和振动时的共同作用，使桩尖对四周的土层进行挤压，改变土体的结构排列，使周围土层挤密，桩管迅速沉入土中，在达到设计标高后，边拔管，边振动，边灌注混凝土，边成桩。

7－31
第七章测试题
【测试题】

振动、振动冲击沉管灌注桩的适用范围与锤击沉管灌注桩基本相同，由于其贯穿沙土层的能力较强，因此还适用于稍密碎石土层。振动冲击沉管灌注桩也可用于中密碎石土层和强风化岩层。在饱和淤泥等软弱土层中使用时，必须采取保证质量措施，并经工艺试验成功后才可使用。当地基中存在承压水层时，应谨慎使用。

拓 展 讨 论

党的二十大报告提出，中国式现代化是人与自然和谐共生的现代化。人与自然是生命共同体，无止境地向自然索取甚至破坏自然必然会遭到大自然的报复。我们坚持可持续发展，坚持节约优先、保护优先、自然恢复为主的方针，像保护眼睛一样保护自然和生态环境，坚定不移走生产发展、生活富裕、生态良好的文明发展道路，实现中华民族永续发展。

请思考：地基与基础工程施工过程中如何保护自然和生态环境?

复 习 思 考 题

1. 简述灰土地基施工程序。
2. 简述砂和砂石地基施工程序。
3. 简述重锤夯实地基施工程序。
4. 简述强夯法地基施工程序。
5. 简述灰土挤密桩施工程序。
6. 简述砂石桩地基施工程序。
7. 简述深层搅拌地基施工程序。
8. 钻进施工应注意哪些事项?
9. 如何冲洗钻孔?
10. 灌浆施工如何进行压水试验?
11. 灌浆施工次序如何划分?
12. 如何确定帷幕孔的灌浆次序?
13. 单孔帷幕灌浆有哪些方法?
14. 灌浆结束的条件有哪些?
15. 灌注桩的成桩技术有哪些?
16. 简述钻孔灌注桩施工方法及其常见问题及处理方法。
17. 打拔管灌注桩拔管方法有哪几种?
18. 钢筋混凝土预制桩打桩常用的施工方法有哪些?

第八章　土石方工程

第一节　基坑施工

一、基坑降排水

围堰闭气以后，要排除基坑内的积水和渗水，随后在开挖基坑和进行基坑内建筑物的施工中，还要经常不断地排除渗入基坑的渗水，以保证干地施工。修建河岸上的水工建筑物时，如基坑低于地下水位，也要进行基坑排水工作。排水的方法可分为明式排水和暗式排水两种。

（一）基坑积水的排除

基坑积水主要是指围堰闭气后存于基坑内的水体，还要考虑排除积水过程中从围堰及地基渗入基坑的水量和降雨。初期排水的流量是选择水泵数量的主要依据，应根据地质情况、工期长短、施工条件等因素确定。初期排水流量可按下式估算：

$$Q=k\frac{V}{T} \tag{8-1}$$

式中　Q——初期排水流量，m^3/s；

V——基坑积水的体积，m^3；

k——积水系数，考虑了围堰、基坑渗水和可能降雨的因素，对于中小型工程，取 $k=2\sim3$；

T——初期排水时间，s。

初期排水时间与积水深度和允许的水位下降速度有关。如果水位下降太快，围堰边坡土体的动水压力过大，容易引起坍坡；如水位下降太慢，则影响基坑开挖工期。基坑水位下降的速度一般控制在 0.5～1.5m/d 为宜。在实际工程中，应综合考虑围堰形式、地基特性及基坑内水深等因素而定。对于土围堰，水位下降速度应小于 0.5m/d。

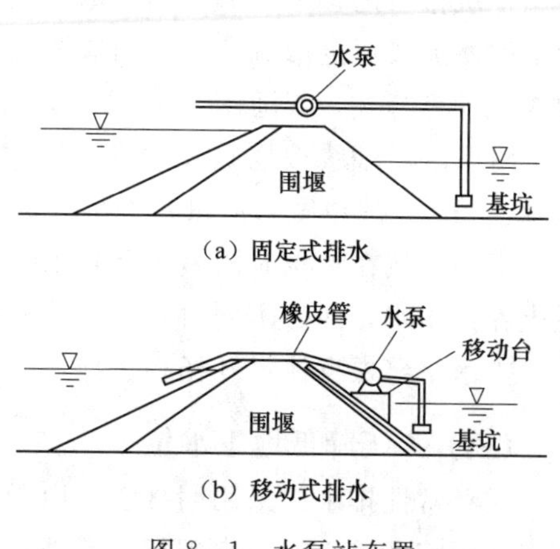

图 8－1　水泵站布置

根据初期排水流量即可确定水泵工作台数，并考虑一定的备用量。水利工地常用离心泵或潜水泵。为了运用方便，可选择容量不同的水泵，组合使用。水泵站一般布置成固定式或移动式两种，如图 8－1 所示。当基坑水深较大时，采用移动式。

（二）经常性排水

当基坑积水排除后，立即进行经常性排水。对于经常性排水，主要是计算基坑渗流量，确定水泵工作台数，布置排水系统。

1. 排水系统布置

经常性排水通常采用明式排水，排水系统包括排水干沟、支沟和集水井等。一般情况下，排水系统分为两种情况：一种是基坑开挖中的排水，另一种是建筑物施工过程中的排水。前者是根据土方分层开挖的要求，分次下降水位，通过不断降低排水沟高程，使每一个开挖土层呈干燥状态。排水系统排水沟通常布置在基坑中部，以利于两侧出土；当基坑较窄时，将排水干沟布置在基坑上游侧，以利于截断渗水。沿干沟垂直方向设置若干排水支沟。基础范围外布置集水井，井内安设水泵，渗水进入支沟后汇入干沟，再流入集水井，由水泵抽出坑外。后者排水目的是控制水位低于坑底高程，保证施工在干地条件下进行。排水沟通常布置在基坑四周，离开基础轮廓线不小于0.3～1.0m。集水井离基坑外缘之距离必须大于集水井深度。排水沟的底坡一般不小于2‰，底宽不小于0.3m，沟深为：干沟1.0～1.5m，支沟0.3～0.5m。集水井的容积应保证水泵停止运转10～15min井内的水量不致漫溢。井底应低于排水干沟底1～2m。经常性排水系统布置如图8-2所示。

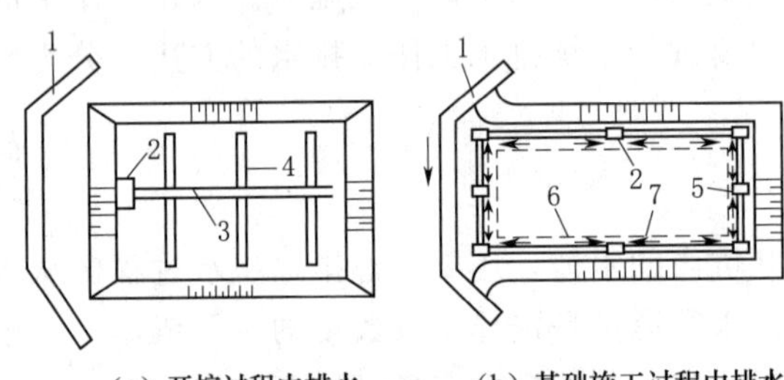

（a）开挖过程中排水　（b）基础施工过程中排水

图8-2　修建建筑物时基坑排水系统布置
1—围堰；2—集水井；3—排水干沟；4—支沟；5—排水沟；6—基础轮廓；7—水流方向

2. 经常性排水流量

经常性排水主要排除基坑和围堰的渗水，还应考虑排水期间的降雨、地基冲洗和混凝土养护弃水等。

基坑排水过程中的堰身和地基渗流，属非恒定渗流。为简化计算，假定其排水过程中的渗流按恒定渗流计算。围堰及地基的渗流运动，一般具有三向性质。但绝大多数渗流计算公式，仅适用二向问题。因此，基坑渗流近似地按二向问题计算。计算中，将围堰沿轴线按地质及地形变化显著地点分段（图8-3），分别计算断面为0、1、2、…、n的单宽渗流量q_0、q_1、q_2、…、q_n，然后计算总渗量Q。

降雨量按在抽水时段最大日降水量在当天抽干计算；施工弃水包括基岩冲洗与混凝土养护用水，两者不同时发生，按实际情况计算。

排水水泵根据流量及扬程选择，并考虑一定的备用量。

（三）人工降低地下水位

在经常性排水中采用明排法，由于多次降低排水沟和集水井高程，变换水泵站位置，会影响开挖工作正常进行。此外在细砂、粉砂及砂壤止地基开挖中，渗透压力过

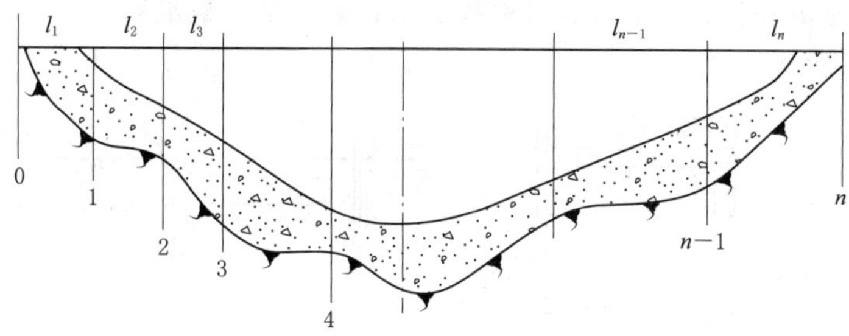

图 8-3　围堰渗流量分段计算图

大会引起流砂、滑坡和地基隆起等事故，对开挖工作产生不利影响。采用人工降低地下水位措施可以克服上述缺点。人工降低地下水位，就是在基坑周围钻井，地下水渗入井中，随即被抽走，使地下水位降至基坑底部以下，整个开挖部分土壤呈干燥状态，开挖条件大为改善。

1. 管井法

管井法就是在基坑周围或上下游两侧按一定间距布置若干单独工作的井管，地下水在重力作用下流入井内，各井管布置一台抽水设备，使水面降至坑底以下，如图 8-4 所示。

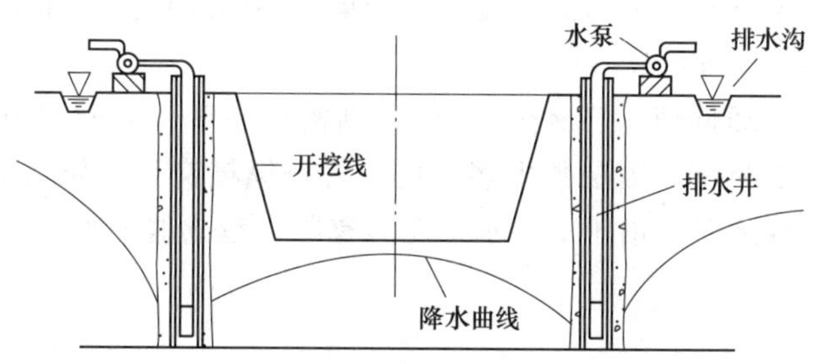

图 8-4　管井法降低地下水位布置图

管井法适用于基坑面积较小、土的渗透系数较大（$K=10\sim250$m/d）的土层。当要求水位下降不超过 7m 时，采用普通离心泵；如果要求水位下降较大，需采用深井泵，每级泵降低水位 20～30m。

管井由井管、滤水管、沉淀管及周围反滤层组成。地下水从滤水管进入井管，水中泥沙沉淀在沉淀管中。滤水管可采用带孔的钢管，外包滤网；井管可采用钢管或无砂混凝土管，后者采用分节预制，套接而成。每节长 1m，壁厚为 4～6cm，直径一般为 30～40cm。管井间距应满足在群井共同抽水时，地下水位最高点低于坑底，一般取 15～25m。

2. 井点法

当土壤的渗透系数 $K<1$m/d 时，用管井法排水，井内水会很快被抽干，水泵经常中断运行，既不经济，抽水效果又差，这种情况下，采用井点法较为合适。井点法适宜于渗透系数为 0.1～50m/d 的土壤。井点的类型有轻型井点、喷射井点和电渗井点三种，比较常用的是轻型井点。

轻型井点是由井管、集水管、普通离心泵、真空泵和集水箱等设备组成的排水系统，如图 8-5 所示。

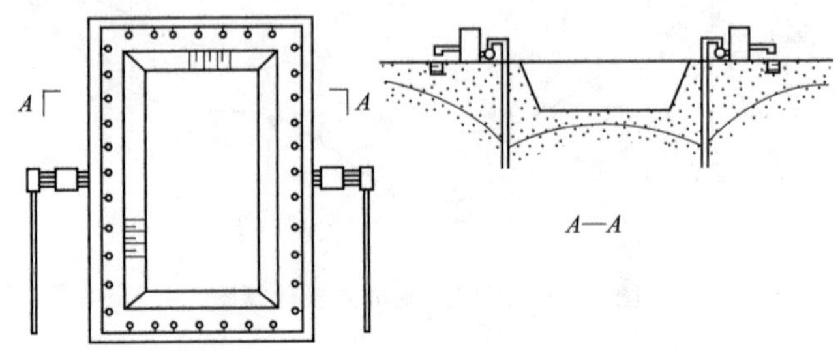

图 8-5 井点法降低地下水位布置图

轻型井点的井管直径为 38～50mm，采用无缝钢管，管的间距为 0.8～1.6m，最大可达 3.0m。地下水从井管底部的滤水管内借真空泵和水泵的抽吸作用流入管内，沿井管上升汇入集水管，再流入集水箱，由水泵抽出。

轻型井点系统开始工作时，先开动真空泵排出系统内的空气，待集水箱内水面上升到一定高度时，再启动水泵抽水。如果系统内真空不够，仍需真空泵配合工作。

井点排水时，地下水位下降的深度取决于集水箱内的真空值和水头损失。一般集水箱的真空度值为 50～650kPa。

当地下水位要求降低值大于 4～5m 时，则需分层降落，每层井点控制 3～4m。但分层数应少于三层为宜。因层数太多，坑内管路纵横交错，妨碍交通，影响施工；且当上层井点发生故障时，由于下层水泵能力有限，造成地下水位回升，严重时导致基坑淹没。

二、基坑支护

（一）支护结构

1. 支护结构的类型

支护结构（包括围护墙和支撑）按其工作机理和围护墙的形式分为多种类型，如图 8-6 所示。

（1）水泥土挡墙式，依靠其本身自重和刚度保护坑壁，一般不设支撑，特殊情况下经取措施后也可局部加设支撑。

（2）排桩与板墙式，通常由围护墙、支撑（或土层锚杆）及防渗帷幕等组成。

（3）土钉墙由密集的土钉群、被加固的原位土体、喷射的混凝土面层等组成。

2. 支护结构的构造

（1）围护墙。

1）深层搅拌水泥土桩墙。深层搅拌水泥土桩墙围护墙是用深层搅拌机就地将土和输入的水泥浆强制搅拌，形成连续搭接的水泥土柱状加固体挡墙。水泥土加固体的渗透系数不大于 10^{-7}cm/s，能止水防渗，因此，这种围护墙属重力式挡墙，利用其

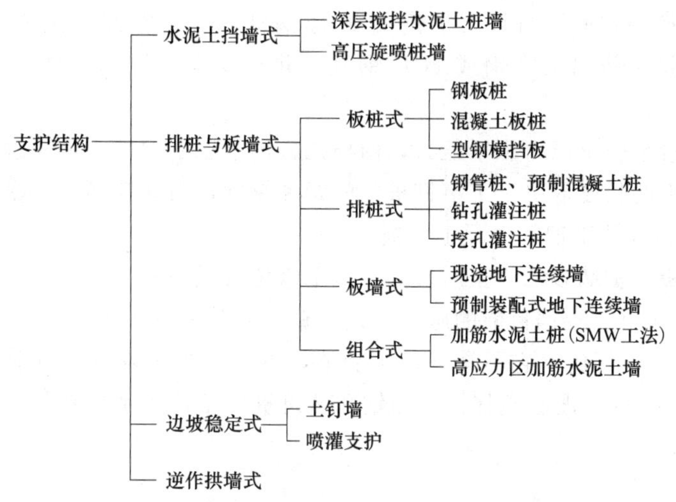

图 8-6　支护结构的类型

本身重量和刚度进行挡土和防渗，具有双重作用。

2）钢板桩。钢板桩有槽钢钢板桩和热轧锁口钢板桩等类型。

槽钢钢板桩是一种简易的钢板桩围护墙，由槽钢正反扣搭接或并排组成。槽钢的长度为 6～8m，型号由计算确定。打入地下后在顶部接近地面处设一道拉锚或支撑。因为其截面抗弯能力弱，故一般用于深度不超过 4m 的基坑。由于搭接处不严密，一般不能完全止水。如果地下水位高，需要时可用轻型井点降低地下水位。槽钢钢板桩一般只用于一些小型工程。其优点是材料来源广，施工简便，可以重复使用。

锁口钢板桩（图 8-7）的形式有 U 形、L 形、一字形、H 形和组合型。钢板桩的优点是材料质量可靠，在软土地区打设方便，施工速度快而且简便；有一定的挡水能力（小趾口者挡水能力更好）；可多次重复使用；一般费用较低。其缺点是一般的钢板桩刚度不够大，用于较深的基坑时支撑（或拉锚）工作量大，否则变形较大；在透水性较好的土层中不能完全挡水；拔除时易带土，如处理不当会引起土层移动，可能危害周围的环境。

U 形钢板桩多用于对周围环境要求不很高的、深度为 5～8m 的基坑，需视支撑（拉锚）加设情况而定。

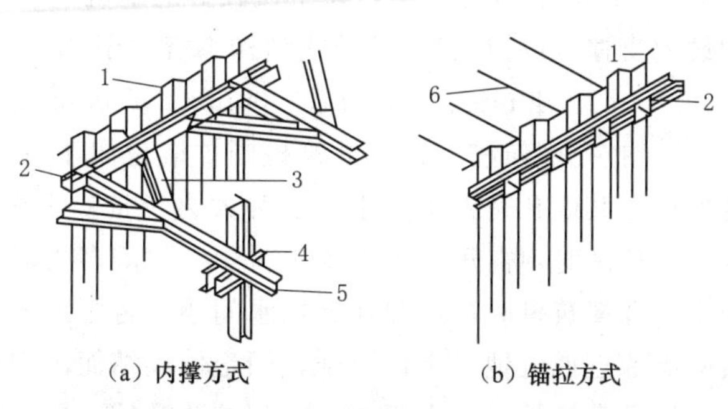

图 8-7 锁口钢板桩支护结构

1—钢板桩；2—围檩；3—角撑；4—立柱与支撑；5—支撑；6—锚拉杆

3）型钢横挡板。型钢横挡板围护墙也称桩板式支护结构，如图 8-8 所示。这种围护墙由工字钢（或 H 形钢）桩和横挡板（也称衬板）组成，再加上围檩、支撑等则成为一种支护体系。施工时先按一定间距打设工字钢或 H 形钢桩，然后在开挖土方时边挖边加设横挡板。施工结束拔出工字钢或 H 形钢桩，并在安全允许的条件下尽可能回收横挡板。

横挡板直接承受土压力和水压力，由横挡板传给工字钢桩，再通过围檩传至支撑或拉锚。横挡板的长度取决于工字钢桩的间距和厚度，由计算确定，横挡板多用厚度为 60mm 的木板或预制钢筋混凝土薄板。

型钢横挡板围护墙多用于土质较好、地下水位较低的地区。

4）钻孔灌筑桩。根据目前的施工工艺，钻孔灌筑桩（图 8－9）为间隔排列，缝隙不小于 100mm，因此，它不具备挡水功能，需另做挡水帷幕，目前我国应用较多的是厚度为 1.2m 的水泥土搅拌桩。当钻孔灌筑桩用于地下水位较低的地区时，不需要做挡水帷幕。

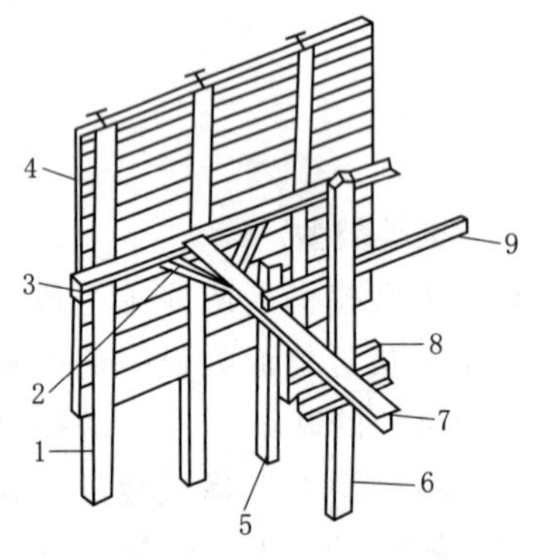

图 8－8　型钢横挡板支护结构

1—工字钢（H 形钢）；2—八字撑；3—腰梁；4—横挡板；5—水平联系杆；6—立柱上的支撑件；7—横撑；8—立柱；9—垂直联系杆件

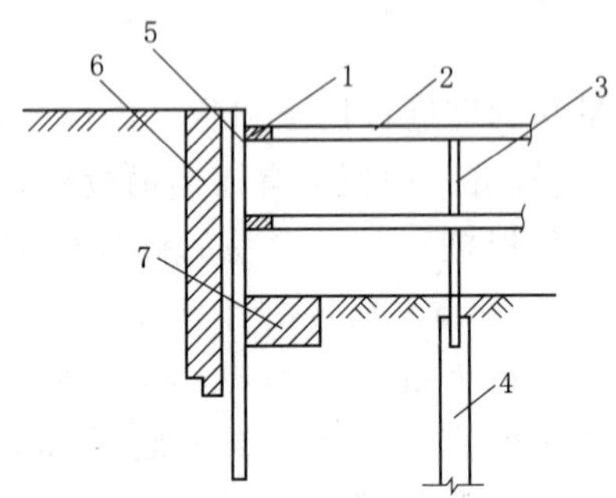

图 8－9　钻孔灌筑桩排围护墙

1—围檩；2—支撑；3—立柱；4—工程桩；5—坑底水泥土搅拌桩加固；6—水泥土搅拌桩挡水帷幕；7—钻孔灌筑桩围护墙

钻孔灌筑桩施工时无噪声、无振动、无挤土，刚度大，抗弯能力强，变形较小，几乎在全国都有应用。钻孔灌筑桩多用于基坑侧壁安全等级为一级、二级、三级，坑深为 7～15m 的基坑工程，在土质较好的地区可设置 8～9m 的悬臂桩，在软土地区多加设内支撑（或拉锚），悬臂式结构不宜大于 5m。桩径和配筋由计算确定，常用直径为 600mm、700mm、800mm、900mm、1000mm。

5）挖孔灌筑桩。挖孔灌筑桩围护墙也属于排桩式围护墙，多在我国东南沿海地区使用。其成孔是人工挖土，多为大直径桩，宜用于土质较好的地区。如土质松软、地下水位高时，需边挖土边施工衬圈，衬圈多为混凝土结构。在地下水位较高的地区施工挖孔灌筑桩时，还要注意挡水问题，否则地下水会大量流入桩孔，大量的抽排水会引起邻近地区地下水位下降，因土体固结而出现较大的地面沉降。

挖孔灌筑桩时，由于人要下到桩孔开挖，便于检验土层，也易扩孔；可多桩同时施工，施工速度可保证；大直径挖孔桩用作围护桩可不设或少设支撑。但挖孔灌筑桩劳动强度高、施工条件差，如遇有流沙还有一定危险。

6）地下连续墙。地下连续墙是利用专用的挖槽机械在泥浆护壁下开挖一定长度（一个单元槽段），挖至设计深度并清除沉渣后，插入接头管，再将在地面上加工好的钢筋笼用起重机吊入充满泥浆的沟槽内，最后用导管浇筑混凝土，待混凝土初凝后拔出接头管，一个单元槽段即施工完毕（图8-10），如此逐段施工，即形成地下连续的钢筋混凝土墙。

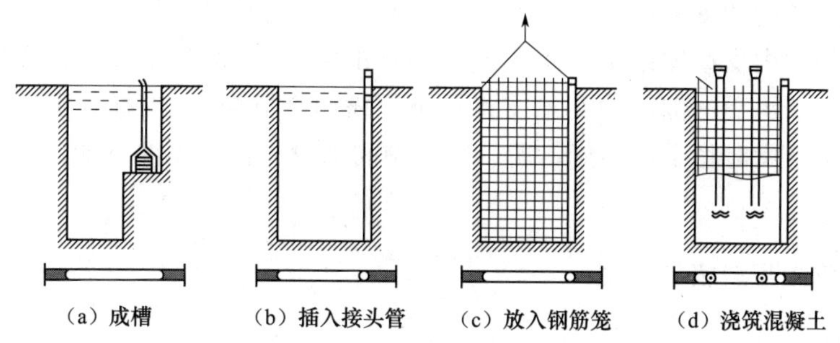

图8-10　地下连续墙施工过程示意图

7）加筋水泥土桩（SMW工法）。加筋水泥土桩法即在水泥土搅拌桩内插入H形钢，使之成为同时具有受力和抗渗两种功能的支护结构围护墙，如图8-11所示。坑深大时也可加设支撑。

加筋水泥土桩法的施工机械应为带有三根搅拌轴的深层搅拌机，全断面搅拌，H形钢靠自重可顺利下插至设计标高。由于加筋水泥土桩法围护墙的水泥掺入比达20%，因此，水泥土的强度较高，与H形钢黏结好，能共同作用。

8）土钉墙。土钉墙（图8-12）是一种边坡稳定式的支护，其作用与被动起挡土作用的上述围护墙不同，它起主动嵌固作用，增加边坡的稳定性，可使基坑开挖后的坡面保持稳定。

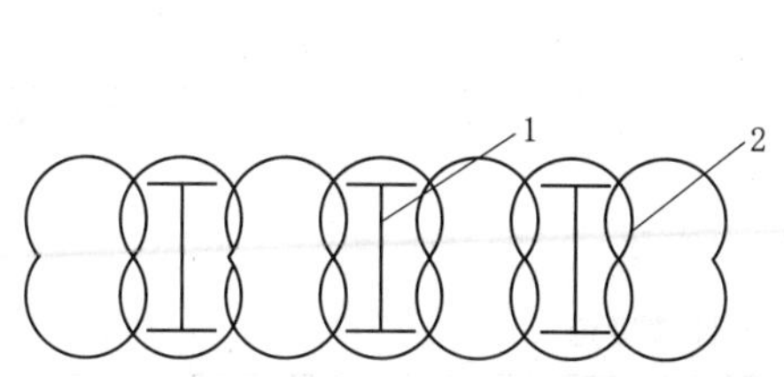

图8-11　SMW工法围护墙

1—插在水泥土桩中的H形钢；2—水泥土桩

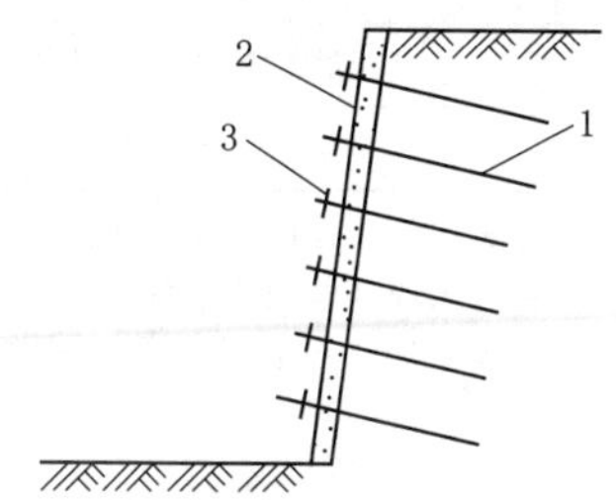

图8-12　土钉墙

1—土钉；2—垫板；3—喷射细石混凝土面层

8-1
土钉墙施工
【图片】

施工时，每挖深1.5m左右，挂细钢筋网，喷射细石混凝土面层（厚度为50～100mm），然后钻孔插入钢筋（长度为10～15m，纵、横间距约为1.5m×1.5m），加垫板并灌浆，依次进行直至坑底。基坑坡面有较陡的坡度。

土钉墙用于基坑侧壁安全等级为二级、三级的非软土场地；基坑深度不宜大于12m；当地下水位高于基坑底面时，应采取降水或截水措施。目前，土钉墙在软土场地也有应用。

8-2
土层锚杆支护施工【图片】

8-3
土层锚杆钻孔施工【图片】

(2) 支撑体系。

对于排桩、板墙式支护结构，当基坑深度较大时，为使围护墙受力合理和受力后变形控制在一定范围内，需沿围护墙竖向增设支承点，以减小跨度。如在坑内对围护墙加设支承，称为内支撑；如在坑外对围护墙设拉支承，则称为拉锚（土锚）。

内支撑受力合理、安全可靠，易于控制围护墙的变形，但内支撑的设置给基坑内挖土和地下室结构的支模和浇筑带来一些不便，需通过换撑加以解决。

支护结构的内支撑体系包括腰梁或冠梁（围檩）、支撑和立柱。腰梁固定在围护墙上，将围护墙承受的侧压力传给支撑（纵、横两个方向）。支撑是受压构件，当其长度超过一定限度时稳定性不好，所以需在中间加设立柱，立柱下端需稳固，立柱插入工程桩内。

三、基坑土方边坡与稳定

(一) 放坡基坑

在建筑物基础或管沟土方施工中，对永久性或使用时间较长的临时性挖方，防止塌方的主要技术措施是放坡和坑壁支撑。

为了保证土壁稳定，根据不同土质的物理性能、开挖深度、土的含水率，在基础土方开挖时，留出一定的坡度，以保证土壁稳定。各类边坡坡度见表8-1～表8-3。

表8-1　　临时性挖方边坡允许值

土的类别		边坡值（高：宽）
砂土（不包括细砂、粉砂）		1：1.25～1：1.50
一般性黏土	硬	1：0.75～1：1.00
	硬、塑	1：1.00～1：1.25
	软	1：1.50或更缓
碎石类土	充填坚硬、硬塑黏性土	1：0.50～1：100
	充填砂土	1：1.00～1：1.50

注 1. 有成熟施工经验，可不受本表限制。设计有要求时，应符合设计标准。
2. 如采用降水或其他加固措施，也不受本表限制。
3. 开挖深度对软土不超过4m，对硬土不超过8m。

表8-2　　岩石边坡容许坡度值

岩石类土	风化程度	容许坡度值（高宽比）		
		坡高在8m以内	坡高8～15m	坡高15～30m
硬质岩石	微风化	1：0.10～1：0.20	1：0.20～1：0.35	1：0.30～1：0.50
	中等风化	1：0.20～1：0.35	1：0.35～1：0.50	1：0.50～1：0.75
	强风化	1：0.35～1：0.50	1：0.50～1：0.75	1：0.75～1：1.00
软质岩石	微风化	1：0.35～1：0.50	1：0.50～1：0.75	1：0.75～1：1.00
	中等风化	1：0.50～1：0.75	1：0.75～1：1.00	1：1.00～1：1.50
	强风化	1：0.75～1：1.00	1：1.00～1：1.25	

表 8－3　永久性土工构筑物挖方的边坡坡度

项次	挖　土　性　质	边坡坡度
1	在天然湿度、层理均匀、不易膨胀的黏土、粉质黏土和砂土（不包括细砂、粉砂）内挖方深度不超过 3m	1：1.00～1：1.25
2	土质同上，深度为 3～12m	1：1.25～1：1.50
3	干燥地区内土质结构未经破坏的干燥黄土及类黄土，深度不超过 12m	1：0.10～1：1.25
4	在碎石土和泥灰岩土的地方，深度不超过 12m，根据土的性质、层理特性和挖方深度确定	1：0.50～1：1.50
5	在风化岩内的挖方，根据岩石性质、风化程度、层理特性和挖方深度确定	1：0.20～1：1.50
6	在微风化岩石内的挖方，岩石无裂缝且无倾向挖方坡脚的岩层	1：0.10
7	在未风化的完整岩石内的挖方	直立边坡

（二）不放坡直槽

当地下水位低于基底，在地质条件较好的土层中开挖基坑或管沟，且敞露时间不长，可做成直立壁不加支撑，但挖方深度不宜超过表 8－4 的规定：

表 8－4　不放坡直槽高度最大允许挖方深度

土　　质	最大允许挖方深度/m
密实、中密的砂土和碎石类土（充填物为砂土）	≤1
硬塑、可塑的粉土和粉质黏土	≤1.25
硬塑、可塑的黏土和碎石类土（充填物为黏性土）	≤1.5
坚硬的黏土	≤2

注　当挖方深度超过表中规定的数值时，应考虑放坡或加支撑。

四、基坑施工监测

1. 基坑变形的监控值

在建筑物稠密地区，往往不具备放坡开挖的条件，只能采用在支护结构保护下进行垂直开挖的施工方法。基坑施工其变形的监控值见表 8－5。

表 8－5　基坑变形的监控值　单位：cm

基坑类别	围护结构墙顶位移监控值	围护结构墙体最大位移监控值	地面最大沉降监控值
一级基坑	3	5	3
二级基坑	6	8	6
三级基坑	8	10	10

注　1. 符合下列情况之一，为一级基坑：①重要工程或支护结构作主体结构的一部分；②开挖深度大于 10m；③与临近建筑物、重要设施的距离在开挖深度以内的基坑；④基坑范围内有历史文物、近代优秀建筑、重要管线等需严加保护的基坑。
2. 三级基坑为开挖深度小于 7m，周围环境无特别要求的基坑。
3. 除一级和三级外的基坑属于二级基坑。
4. 当周围已有的设施有特殊要求时，尚应符合这些要求。

2. 支护结构监测

基坑和支护结构的监测项目，根据支护结构的重要程度、周围环境的复杂性和施工的要求而定。要求严格则监测项目增多，否则可减少，表 8－6 所列监测项目为重要的支护结构所需监测的项目。

表 8－6　　支护结构监测项目与监测方法

监测对象		监测项目	监测方法	备　注
支护结构	围护墙	侧压力、弯曲应力、变形	土压力计、孔隙水压力计、测斜仪、应变计、钢筋计、水准仪等	验证计算的荷载、内力、变形时需监测的项目
	支撑（锚杆）	轴力、弯曲应力	应变计、钢筋计、传感器	验证计算的内力
	腰梁（围檩）	轴力、弯曲应力	应变计、钢筋计、传感器	验证计算的内力
	立柱	沉降、抬起	水准仪	观测坑底隆起的项目之一

3. 周围环境监测

若建筑物和地下管线等监测涉及工程外部关系，应由具有测量资质的第三方承担，以使监测数据可靠而公正。

（1）坑外地层变形。基坑工程对周围环境的影响范围大约有 1～2 倍的基坑开挖深度，因此监测测点就考虑在这个范围内进行布置。对地层变形监测的项目有地表沉降、土层分层沉降和土体测斜以及地下水位变化等。

8－4
第八章第一节
测试题
【测试题】

（2）临近建（构）筑物沉降和倾斜监测。建筑物变形监测主要内容有建筑物的沉降监测建筑物的倾斜监测和建筑物的裂缝监测。

（3）临近地下管线沉降与位移监测。城市的地下市政管线主要有煤气管、上水管、电力电缆、电话电缆、雨水管和污水管等。地下管道根据其材性和接头构造可分为刚性管道和柔性管道。其中煤气管和上水管是刚性压力管道，是监测的重点。

第二节　土石方开挖

一、土方开挖

1. 土方开挖方法

（1）推土机。推土机（图 8－13）是一种挖运综合作业机械，是在拖拉机上装上推土铲刀而成的。按推土板的操作方式不同，可分为索式和液压式两种。索式推土机的铲刀是借刀具自重切入土中，切土深度较小；液压推土机能强制切土，推土板的切土角度可以调整，切土深度较大。因此，液压推土机是目前工程中常用的一种推土机。

推土机构造简单，操作灵活，运转方便，所需作业面小，功率大，能爬 30°左右的缓坡。适用于施工场地清理和平整，开挖深度不超过 1.5m 的基坑以及沟槽的回填土，堆筑高度在 1.5m 以内的路基、堤坝等。在推土机后面安装松土装置，可破松硬

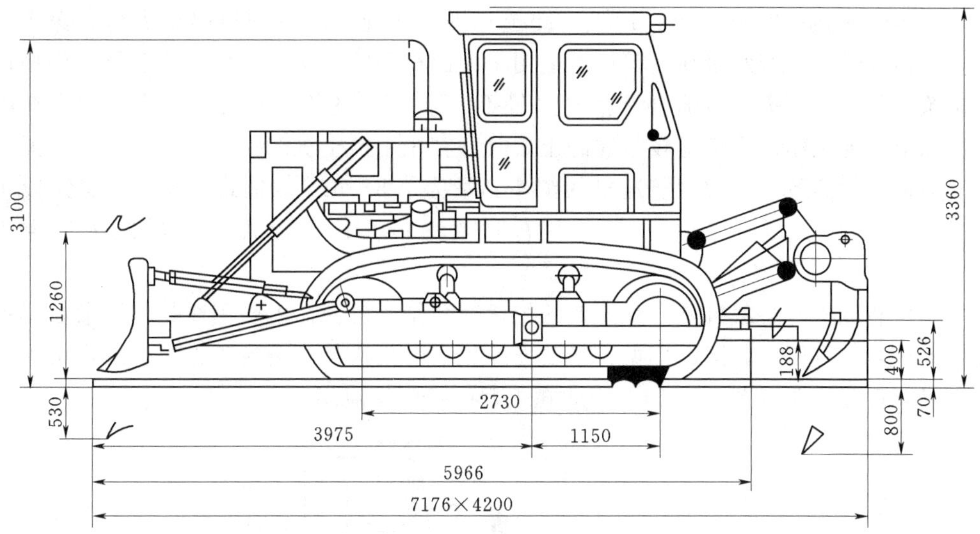

图 8-13　推土机（单位：mm）

土和冻土，还可牵引无动力的土方机械（如拖式铲运机、羊脚碾等）进行其他土方作业。推土机的推运距离宜在 100m 以内，当推运距离在 30～60m 时，经济效益最好。

8-5
推土机下坡推土【图片】

8-6
三台推土机并列推土【图片】

提高推土机生产效率的方法如下：

1）下坡推土。借推土机自重，增大铲刀的切土深度和运土数量，以提高推土能力和缩短运土时间。一般可提高效率 30%～40%。

2）并列推土。对于大面积土方工程，可用 2～3 台推土机并列推土。推土时，两铲刀相距 15～30cm，以减少土的侧向散失，倒车时，分别按先后顺序退回。平均运距不超过 50～75m 时，效率最高。

3）沟槽推土。当运距较远、挖土层较厚时，利用前次推土形成的槽推土，可大大减少土方散失，从而提高效率。此外，还可在推土板两侧附加侧板，增大推土板前的推土体积以提高推土效率。

（2）铲运机。按行走机构不同，铲运机有拖式和自行式两种。拖式铲运机由拖拉机牵引，工作时靠拖拉机上的操作机构进行操作。根据操作机构不同，拖式铲运机又分索式和液压式两种。自行式铲运机的行驶和工作都靠本身的动力设备，不需要其他机械的牵引和操作，如图 8-14 所示。

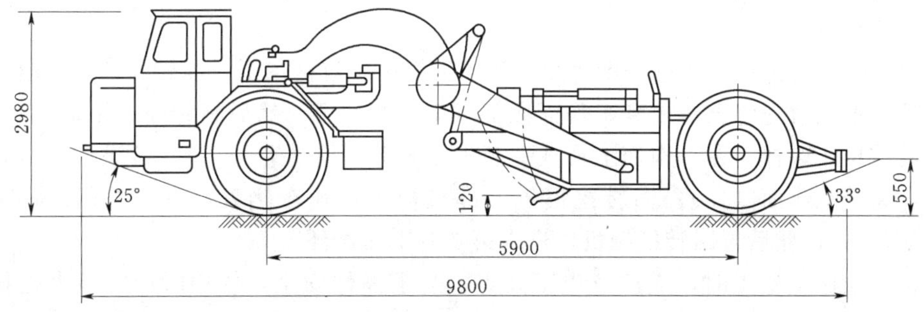

图 8-14　自行式铲运机（单位：mm）

铲运机能独立完成铲土、运土、卸土和平土作业，对行驶道路要求低，操作灵活，运转方便，生产效率高。铲运机适用于大面积场地平整，开挖大型基坑、沟槽以及填筑路基、堤坝等，最适合开挖含水量不大于27%的松土和普通土，不适合在砾石层和沼泽区工作。当铲运较坚硬的土壤时，宜先用推土机翻松0.2～0.4m，以减少机械磨损，提高效率。常用铲运机的铲斗容量为1.5～6m^3。拖式铲运机的运距以不超过800m为宜，当运距在300m左右时效率最高；自行式铲运机经济运距为800～1500m。

(3) 装载机。装载机是一种高效的挖运综合作业机械。主要用途是铲取散粒材料并装上车辆，可用于装运、挖掘、平整场地和牵引车辆等，更换工作装置后，可用于抓举或起重等作业（图8－15），因此在工程中被广泛应用。

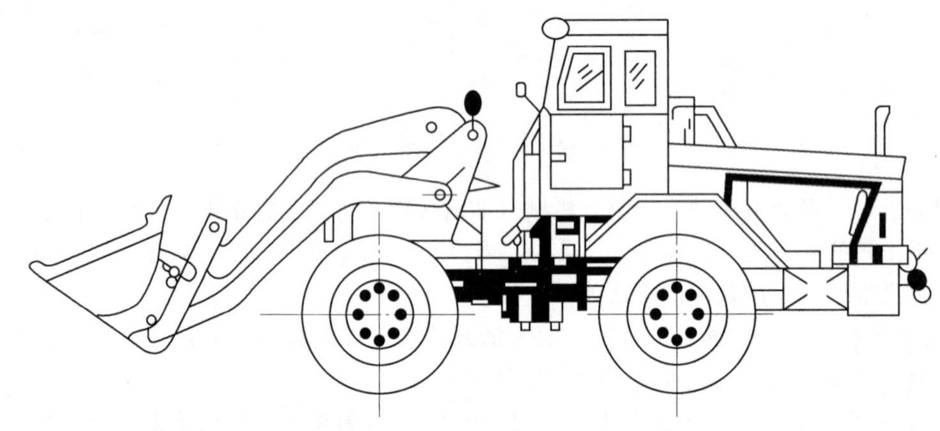

图8－15　装载机

装载机按行走装置分为轮胎式和履带式，按卸料方式分为前卸式、后卸式和回转式三种，按载重量分为小型（<1t）、轻型（1～3t）、中型（4～8t）、重型（>10t）四种。目前使用最多的是四轮驱动铰接转向的轮式装载机，其铲斗多为前卸式，有的兼可侧卸。

(4) 单斗挖掘机。单斗挖掘机是一种循环作业的施工机械，在土石方工程施工中最常见。按其行走机构的不同，可分为履带式和轮胎式；按其传动方式不同，分机械传动和液压传动两种；按工作装置不同分为正铲、反铲、拉铲和抓铲等（图8－16）。

1）正铲挖掘机。如图8－17所示，正铲挖掘机由动臂、斗杆、铲斗、提升索等主要部分组成。

图8－18为正铲工作过程示意图。每一工作循环包括挖掘、回转、卸料、返回四个过程。挖掘时先将土斗放到工作面底部（Ⅰ）的位置，然后将铲斗自下而上提升，同时向前推压斗杆，在工作面上形成一弧形挖掘带（Ⅱ、Ⅲ）；铲斗装满后，将铲斗后退，离开工作面（Ⅳ）；回转挖掘机上部机构至运输车辆处，打开斗门，将土卸出（Ⅴ、Ⅵ）；此后再回转挖掘机，进入第二个工作循环。

正铲挖掘机施工时，应注意以下几点：为了操作安全，使用时应将最大挖掘高度、最大挖掘半径值减少5%～10%；在挖掘黏土时，工作面高度宜小于最大挖土半

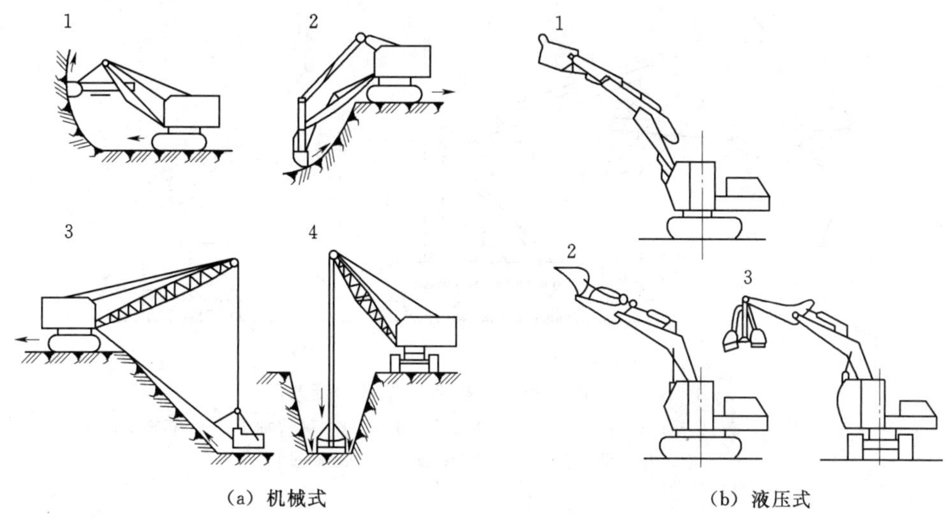

(a) 机械式　　(b) 液压式

图 8-16　单斗挖掘机

1—正铲；2—反铲；3—拉铲；4—抓铲

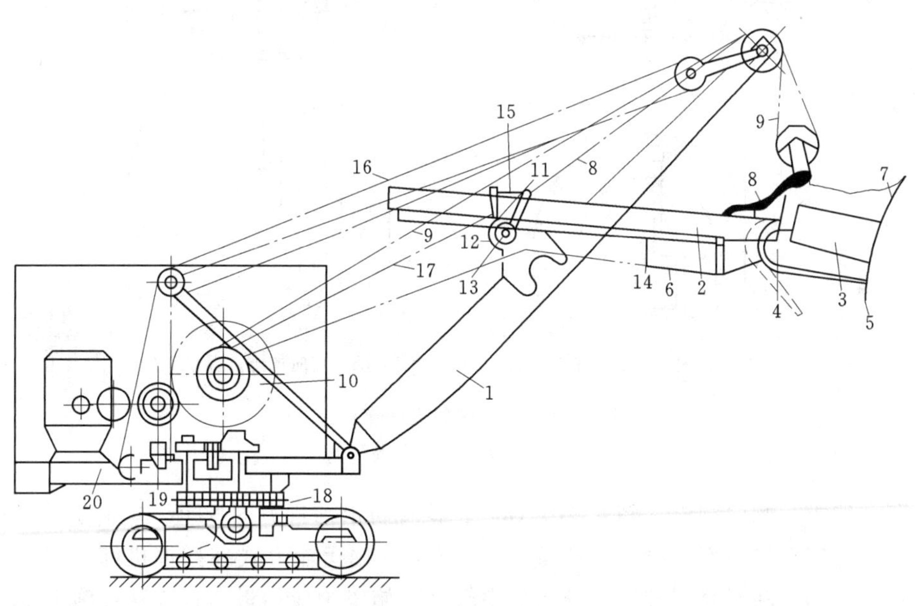

图 8-17　正铲挖掘机构造

1—支杆；2—斗柄；3—铲斗；4—斗底铰链连接；5—门扣；6—开启斗门用索；7—斗齿；8—拉杆；9—提升索；10—绞盘；11—枢轴；12—取土鼓轴；13—齿轮；14—齿杆；15—鞍式轴承；16—支承索；17—回引索；18—旋转用大齿轮；19—旋转用小齿轮；20—回转盘

径时的挖掘高度，以防止出现土体倒悬现象；为了发挥挖掘机的生产效率，工作面高度应不低于挖掘一次即可装满铲斗的高度。

挖掘机的工作面称为掌子面，正铲挖掘机主要用于停机面以上的掌子开挖。根据掌子面布置的不同，正铲挖掘机有不同的作业方式，如图 8-19 所示。

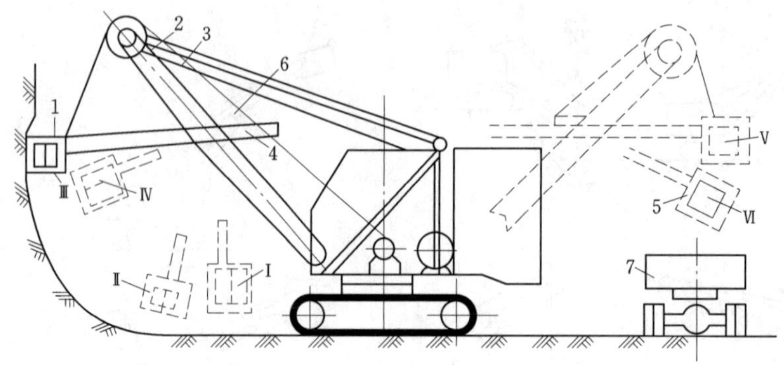

图 8-18 正铲挖掘机构造工作过程示意图

1—铲斗；2—支杆；3—提升索；4—斗柄；5—斗底；6—鞍式轴承；7—车辆；
Ⅰ、Ⅱ、Ⅲ、Ⅳ—挖掘过程；Ⅴ、Ⅵ—装卸过程

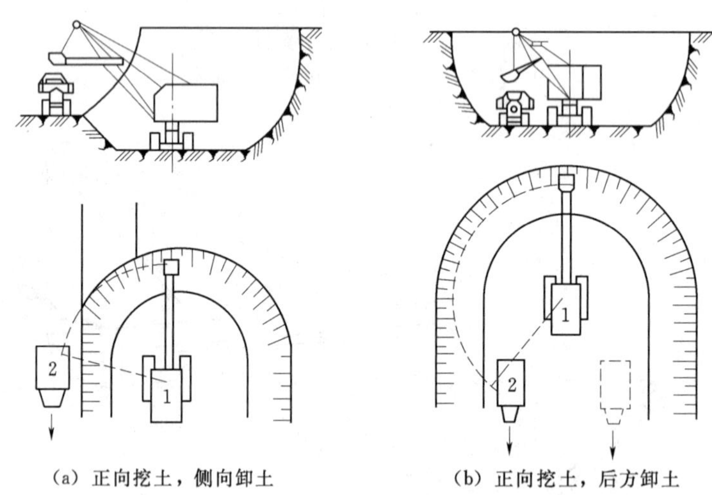

(a) 正向挖土，侧向卸土　　(b) 正向挖土，后方卸土

图 8-19 正铲挖掘机的作业方式

1—正铲挖掘机；2—自卸汽车

正向挖土，侧向卸土［图 8-19（a）］：挖掘机沿前进方向挖土，运输工具停在侧面装土（可停在停机面或高于停机面上）。这种挖掘运输方式在挖掘机卸土时，动臂回转角度很小，卸料时间较短，挖运效率较高，施工中应尽量布置成这种施工方式。

正向挖土，后方卸土［图 8-19（b）］：挖掘机沿前进方向挖土，运输工具停在它的后面装土。卸土时挖掘机动臂回转角度大，运输车辆需倒退对位，运输不方便，生产效率低。适用于开挖深度大施工场地狭小的场合。

2）反向铲斗式挖掘机。反铲挖掘机为液压操作方式如图 8-20 所示，适用于停机面以下土方开挖。挖土时后退向下，强制切土，挖掘力比正铲挖掘机小，主要用于小型基坑、基槽和管沟开挖。反铲挖土时，可用自卸汽车配合运土，也可直接弃土于坑槽附近。

反铲挖掘机工作方式分为以下两种：

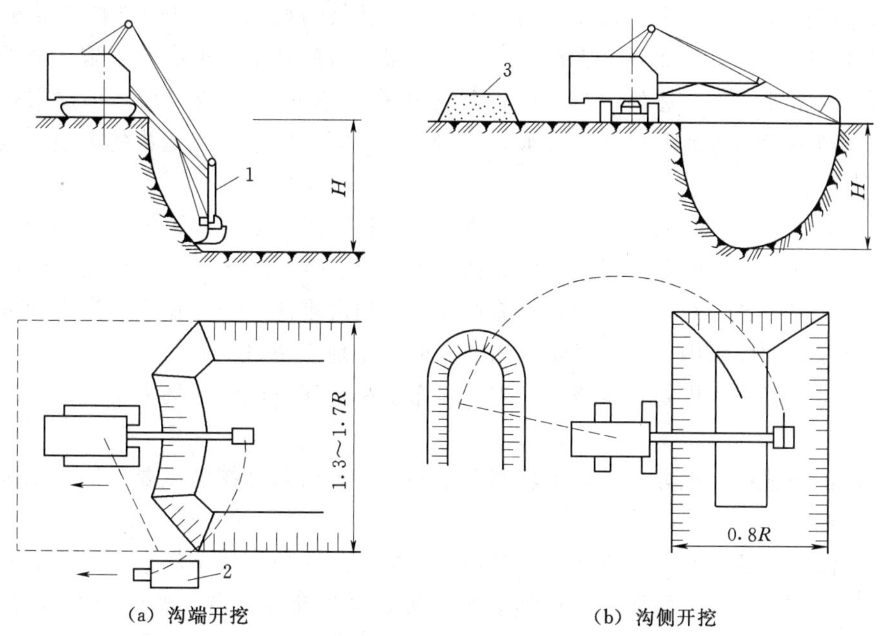

图 8-20　反铲挖掘机的开挖方式与工作面

1—正铲挖掘机；2—自卸汽车；3—土堆

8-7
沟端开挖
【图片】

沟端开挖［图 8-20（a）］：挖掘机停在基坑端部，后退挖土，汽车停在两侧装土。

沟侧开挖［图 8-20（b）］：挖掘机停在基坑的一侧移动挖土，可用汽车配合运土，也可将土弃于土堆。由于挖掘机与挖土方向垂直，挖掘机稳定性较差，而且挖土的深度和宽度均较小，故这种开挖方法只是在无法采用沟端开挖或不需将弃土运走时采用。

8-8
管沟的沟侧
开挖【图片】

2. 土方运输

土方运输一般采用自卸汽车运输，自卸汽车机动灵活，运输线路布置受地形影响小，但运输效率易受气候条件的影响，燃料消耗多，维修费用高。自卸汽车运输，运距一般不宜小于 300m，重车上坡最大允许坡度为 8%～10%，转弯半径不宜小于 20m。

8-9
轮式多斗挖
掘机【图片】

二、岩基开挖

8-10
土方开挖与
运输【图片】

为了保证岩基开挖的质量，加速开挖进度，保证施工安全，必须从施工组织、技术措施、现场布置等方面妥善解决下列问题：

(1) 及时排除基坑积水、渗水和地表水，确保开挖工作在不受水的干扰之下进行。

(2) 合理安排开挖程序，保证施工安全。水工建筑物基坑一般比较集中，且常有好几个工种平行作业，容易引起安全事故。

整个基坑的开挖程序，要掌握好“自上而下、先岸坡后河槽”的原则，从坝基轮廓线的岸坡边缘开始，由上而下，分层开挖，直到河槽部位。河槽部位也要分层开挖，逐步下降。为了增加开挖工作面，扩大钻眼爆破的效果，解决开挖施工时的就排水问题，通常要选择合适的部位，开挖“先锋槽”。先锋槽形成以后，再逐层扩挖下降。先锋槽一般选在地形较低、排水方便的位置，同时应结合建筑物的齿墙、截水槽的位置考虑。

（3）通盘规划运输线路。组织好出渣运输工作。出渣运输线路的布置要与开挖分层相协调。开挖分层的高度视边坡稳定条件而定，一般为5～30m。故运输道路也应分层布置，将各层的开挖工作面和堆渣场或者和通向堆渣场的运输干线连接起来。基坑的废渣最好加以利用，直接运至使用地点或指定地点暂时堆放。

出渣运输道路的规划，应该在施工总体布置中，尽可能结合场内交通的要求一并考虑。

8－11
钻孔爆破开挖阶梯作业面
【图片】

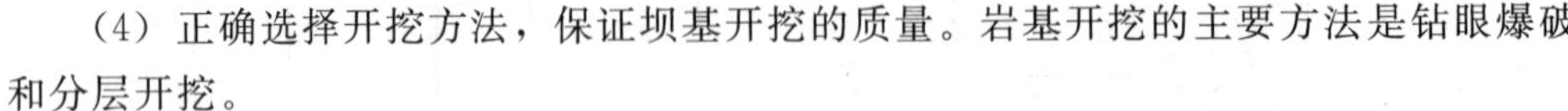

（4）正确选择开挖方法，保证坝基开挖的质量。岩基开挖的主要方法是钻眼爆破和分层开挖。

为了保证开挖质量，要求在爆破开挖过程中，防止由于爆破震动的影响而破坏基岩，产生爆破裂缝，或使原有的构造裂隙发展，超过允许范围，恶化岩体自然产状；防止由于爆破震动的影响而损害已经建成的建筑物或已经完工的灌浆地段；保证坝基开挖的形态符合设计要求，控制基坑开挖的边坡。

（5）岩基开挖的轮廓应符合设计要求，防止欠挖，控制超挖。对于极限抗压强度在3×10^7Pa以上的中等坚硬或坚硬岩石，其平面高程的开挖误差应不大于0.2m；其边坡规格视开挖高度而定，当开挖高度在8m以内时，开挖误差应不大于0.2m；高度在8～15m时，不大于0.3m，高度在16～30m时，不大于0.5m。极限抗压强度小于3×10^7Pa的软弱岩石，其开挖允许误差可视实际情况，由地质、设计和施工人员根据需要和可能商定。

（6）基岩分层爆破开挖时，应根据爆破对周围岩体的破坏范围，确定保护层的厚度。保护层的厚度与地质条件、爆破规模和方式等因素有关。有条件时可通过爆破前后现场钻孔压水试验、超声波或地震波试验等方法确定。不具备试验条件时，可参照表8－7所列资料确定。

表8－7　保护层厚度参考表

岩石性质 / 保护层名称	软弱岩石 ($\sigma_c<3\times10^7$Pa)	中等坚硬岩石 [$\sigma_c=(3\sim6)\times10^7$Pa]	坚硬岩石 ($\sigma_c>6\times10^7$Pa)
垂直向保护层	40d	30d	25d
水平向保护层（地表）		200～100d	
水平向保护层（底层）		150～75d	

注　d为爆破开拓所用药卷的直径。

保护层以上或以外的岩石开挖，与一般分层钻眼梯段爆破基本相同，但要求采用松动爆破，微差分段起爆，最大一段起爆药量不超过500kg。

保护层的开挖是控制基础质量的关键。在建基面1.5m以外的保护层，仍可采用梯段微差爆破，但要求采用中小直径的钻孔和相应的药卷，并按表 8-7 的要求留出相应的保留层，其厚度不小于 1.5m。建基面 1.5m 以内保留层的开挖，要采用手风钻分层钻孔，火花起爆，控制药卷直径不大于 32mm，最大一段起爆药量不大于 300kg。最后一层风钻孔的孔底高程，对于坚硬完整的基岩，可达建基面终孔，但孔深不要超过 50cm；对于软弱破碎的基岩，应留出 20～30cm 撬挖层。

此外，其他一些行之有效的减震措施，如预裂爆破、延长药包、间隔装药、不偶合装药、柔性垫层等技术，也都可以用来进行岩基开挖。

（7）合理组织弃渣的堆放，充分利用开挖的土石方。大中型工程土石方的开挖量往往很大，需要大片堆渣场地。如果能充分利用开挖的弃渣，不仅可以减少弃渣占地，还可以节约建设资金。为此，必须对整个工程的土石方开挖量和土石方堆筑量进行全面规划，综合平衡，做到开挖和利用相结合，就近利用有效开挖方量。在规划弃渣堆放场时，要避免弃渣的二次倒送，并考虑施工和运行方面的要求，如影响围堰防渗闭气，抬高尾水和堰前水位，阻滞河道水流，影响水电站、泄水建筑物和导流建筑物的正常运行，影响度汛安全等。

8-12
第八章第二节测试题
【测试题】

第三节　高边坡施工

一、高边坡开挖

高边坡开挖前应做好施工区域内的排水系统。边坡开挖原则上应采用自上而下分层分区开挖的施工程序。边坡开挖过程中应及时对边坡进行支护。边坡开口线、台阶和洞口等部位，应采取“先锁口、后开挖”的顺序施工。

8-13
高边坡开挖 1【图片】

（一）清坡

清坡应自上而下分区进行。清理边坡开口线外一定范围坡面的危石，必要时采取安全防护措施。清除影响测量视野的植被，坡面上的腐殖物、树根等应按照设计要求处理。清坡后的坡面应平顺。

8-14
高边坡开挖 2【图片】

（二）土质边坡开挖

1. 土质边坡开挖基本程序

（1）清理开口线处的植被，其范围不应少于开口线外 3m。

（2）施工放样。

（3）开挖。

（4）修坡。

（5）断面测量。

（6）地质编录。

8-15
土方工程多台阶开挖
【图片】

2. 土质边坡开挖基本要求

（1）避免交叉立体作业。

（2）及时清除坡面松动的土体和浮石，对出露于边坡的孤石，根据嵌入深度确定挖除或采用控制爆破将外露部分爆除，并根据坡面地质情况进行临时支护、防护。

（3）按照设计要求做好排水设施并及时进行坡面封闭。

（4）根据设计图测放开口点线和示坡线，并对地形起伏较大和特殊体形部位进行加密。开口点线应做明显标识，加强保护，施工过程中应避免移动和损坏。

（5）人工开挖的梯段高度宜控制在 2m 以内，机械开挖的梯段高度宜控制在 5m 以内。

（6）机械开挖时，不应对永久坡面造成扰动。

（7）对土夹石边坡，应避免松动较大块石对永久坡面造成扰动。已扰动的土体，应按照设计要求处理。

（8）采用机械削坡，开挖保护层时，不应直接挖装，应先削后装。

（9）削坡过程中应对开挖坡面及时检查，每下降 4～5m 检测一次，对于异形坡面，应加密检测。根据测量成果及时调整、改进施工工艺。

（10）雨季施工时应采用彩条布、塑料薄膜或沙（土）袋等材料对坡面进行临时防护。

（三）岩石边坡开挖

1. 岩质边坡开挖基本程序

（1）开口线外清坡与防护。

（2）施工放样。

（3）开口处理。

（4）开挖。

（5）欠挖及危石处理。

（6）断面测量。

（7）地质编录。

2. 岩石边坡开挖基本要求

（1）边坡开挖梯段高度应根据地质条件、马道设置、施工设备等因素确定，一般不宜大于 15m。

（2）同一梯段的开挖宜同步下挖。若不能同步时，相邻区段的高差不宜大于一个梯段高度。

（3）对不良地质条件和需保留的不稳定岩体部位，应采取控制爆破，及时支护。

（4）设计边坡面的开挖应采用预裂爆破或光面爆破。预裂和光面爆破孔孔径不宜大于 110mm，梯段爆破孔孔径不宜大于 150mm。保护层开挖，其爆破孔孔径不宜大于 50mm。

（5）分区段爆破时，宜在区段边界采用施工预裂爆破。

（6）紧邻水平建基面、新浇筑大体积混凝土、灌浆区、预应力锚固区、锚喷（或喷浆）支护区等部位附近的爆破应按相关规定执行。

3. 爆破实施要求

爆破实施前应进行专项爆破试验或生产性试验，爆破试验按照相关规定执行。

4. 爆破设计基本要求

（1）应根据设计文件、地质情况、爆破器材性能及施工机械等条件，进行爆破设计。爆破设计应包括以下主要内容：

1）工程概况。

2）工程地质及水文地质条件。

3）爆破孔网参数。

4）炸药品种、炸药用量及装药结构。

5）起爆网络。

6）爆破安全控制及监测。

7）绘制爆破孔布置平面图及剖面图、爆破孔装药结构图、起爆网络设计图、爆破器材用量表、轮廓线钻孔（预裂、光爆）参数表等。

（2）预裂爆破和光面爆破。

1）预裂爆破或光面爆破的最大一段起爆药量宜通过试验确定。

2）预裂炮孔应比梯段炮孔超钻一定深度，超深值不宜小于30倍的梯段炮孔的药卷直径。

3）分区爆破时，预裂范围超出同一高程相邻爆破区的距离不宜小于5m。

4）预裂爆破孔和梯段爆破孔若在同一网络中起爆，预裂爆破孔应先于梯段爆破孔起爆，领先时间不小于75ms。

（3）梯段爆破。

1）开挖分区应按爆破规模、边坡稳定、岩石特性、梯段高度、开挖强度、周边环境等因素确定。

2）梯段爆破的最大一段起爆药量，由爆破试验决定。

3）爆破石渣块度和爆堆高度应适合挖装机械作业。

4）临近重要建筑物进行爆破施工时，应进行专项设计，各项要求应满足相关规定。

5. 开挖轮廓面基本要求

（1）开挖轮廓面上残留爆破孔痕迹应均匀分布。残留爆破孔痕迹保存率（半孔率）：对完整的岩体，应大于85%；对较完整的岩体，应大于60%；对于破碎的岩体，应达到20%以上。

（2）相邻两残留爆破孔间的不平整度不应大于15cm。对于不允许欠挖的结构部位应满足结构尺寸的要求。

（3）残留爆破孔壁面不应有明显爆破裂隙。除明显地质缺陷处外，不应产生裂隙张开、错动及层面抬动现象。

6. 钻孔基本要求

（1）预裂孔钻孔应选用稳定性较好的钻机，钻杆的刚度应满足预裂孔钻孔的要求，并与钻机的压力相适应，不应使用弯曲、变形的钻杆钻孔。

（2）预裂孔钻孔应设置定位导向装置。

（3）钻机架设、钻孔对位、钻孔作业应满足钻孔的精度要求。预裂孔孔位偏差不应大于 5cm，缓冲孔、施工预裂孔孔位偏差不宜大于 10cm，爆破孔孔位偏差不宜大于 20cm。

(4) 预裂孔钻孔过程中应对倾角和方位进行检查，开孔及孔口段钻进要加大检查频次。

(5) 预裂孔钻孔倾角和方位偏差不宜大于 1°，孔深偏差不宜大于 5cm；缓冲孔和施工预裂孔钻孔倾角和方位偏差不宜大于 2°，孔深偏差不宜大于 20cm；爆破孔倾角和方位偏差不宜大于 2°，孔深偏差不宜大于 20cm。

7. 爆破施工基本要求

(1) 装药、网络连接、起爆均应按爆破设计执行。

(2) 在爆破后应有爆破专业人员进入爆破现场进行爆后检查，导火索爆破起爆不得早于 15min，电力起爆不得早于 5min。

(3) 爆破后应对爆破效果进行分析评价，根据评价结果及时调整爆破参数。

8-16 锚筋及喷混凝土支护【图片】

（四）出渣

应进行利用料与弃渣料的规划，开挖渣料应按规划分类堆放。边坡开挖应采取避免渣料入江的措施。地形较缓适合布置道路时，应直接出渣；地形较陡不能直接出渣时，应分层设置集（出）渣平台，集中出渣；地形陡峻不能设置集（出）渣平台时，可采用溜渣井出渣或先截流后开挖，渣料直接推入基坑，在基坑内集中出渣。

8-17 高达 530m 边坡锚固【图片】

施工道路应考虑永久道路与临时道路的结合，施工道路规划应满足开挖运输强度的要求，同时考虑运输安全、经济和设备的性能。

渣场应保持自身边坡稳定，必要时进行分层碾压。应及时对渣场坡面进行修整并修建排水、防护设施。

8-18 边坡主动防护网【图片】

二、加固与防护

1. 加固

加固与防护施工应跟随开挖分层进行，应根据现场地质情况合理选择施工顺序和时机。上层边坡的支护应保证下一层开挖的安全，下层的开挖应不影响上层已完成的支护。

8-19 高边坡喷锚支护施工场景【图片】

对于重要的、地质条件复杂的边坡，加固与防护宜采用信息法施工，在施工中应加强安全监测，及时采集监测数据并进行分析、反馈，调整支护、加固方案和参数。

2. 防护

高边坡的防护方式有喷射混凝土、主动柔性防护网、被动柔性防护网、砌石护坡、混凝土护坡、网格护坡、植物护坡等。

边坡锚固方式有土锚钉、锚杆、锚筋束（桩）、预应力锚索等。

边坡支挡方式有抗滑桩（钢管桩、挖孔桩、沉井）、抗剪洞、锚固洞、挡土墙等。

8-20 高边坡防护【图片】

三、边坡排水

边坡施工前应按照设计文件要求和实际工程地质条件编制详细的排水施工规划，

并根据施工需要设置临时排水和截水设施。施工区排水应遵循“高水高排”的原则。

边坡开挖前，应在开口线以外修建截水沟。永久边坡面的坡脚、施工场地周边和道路两侧均应设置排水设施。对影响施工及危害边坡安全的渗漏水、地下水应及时引排。深层排水系统（排水洞及洞内排水孔）宜在边坡开挖之前完成。

排水孔施工应遵循以下基本要求：

(1) 排水孔宜在喷锚支护完成后进行。排水孔先施工，应对排水孔孔口进行保护。

(2) 钻孔时，开孔偏差不宜大于100mm，方位角偏差不应超过±0.5°，孔深误差不应超过±50mm。

(3) 排水管安装到位后，应用砂浆封闭管口处排水管与孔壁之间的空隙。

(4) 排水孔周边工程施工结束后，应对排水孔的畅通情况进行检查。

四、高边坡施工监测

(1) 安全监测应包括前期监测、施工期监测和运行期监测。监测资料应保持连续性和完整性。边坡安全监测应采取仪器监测和宏观调查相结合的方法。

(2) 边坡稳定监测应包括以下主要项目：

1) 位移与变形监测：坡面位移和沉降监测，坡面裂缝长度与开度监测，地下变形监测，滑面或断层活动监测。

2) 地下水监测：地下水位或水压力监测，排水点水量监测，地下水质监测。

3) 边坡加固结构监测：抗滑桩、抗剪洞、锚固洞、锚杆、锚筋束（桩）、锚索和挡墙的应力应变监测。

4) 其他专项监测。

(3) 采用三维或简易测缝计进行边坡地表和深部裂缝监测。应定期对地表裂缝的分布范围、数量和长度进行巡视和监测。

(4) 重要的边坡工程应进行雨雾、降雨的汇流监测，并与变形监测成果进行综合分析。

(5) 监测装置应有防护措施。安全监测点位应设有安全、便利的通道。

(6) 对监测保护对象应进行宏观调查与巡视检查。检查主要包括以下内容：

1) 爆破前后保护对象外观的变化。

2) 爆破前后临近爆区的岩土裂缝、层面及建筑物上原有裂缝等的变化。

3) 在爆区周围设置的观测标志的变化。

4) 爆破振动、飞石、有害气体、粉尘、噪声等对保护对象的影响。

(7) 爆破前应在保护对象的相应部位设置明显的测量标识，并对整体情况进行详细描述记录，爆后检查其变化情况。

(8) 根据宏观调查、巡视检查结果和仪器监测成果，评估保护对象受爆破影响的程度。

(9) 对锚喷支护工程，应进行施工期监测，并将监测结果及时反馈给相关单位。

(10) 在施工期和运行期应对预应力锚索（杆）的工作状况和锚固效果进行原位

监测。

8-21
第八章第三节
测试题
【测试题】

1）根据设计要求确定监测数量和布置测点。

2）监测锚索（杆）张拉力、锚索（杆）伸长值和预应力损失。

3）施工期监测应与运行期监测相结合，保持资料的连续性。

（11）采用锚杆（索）或混凝土抗滑结构加固的边坡，应对地下水的水质进行监测，并对锚索（杆）与保护体系进行防腐监测。

第四节 土 石 坝 填 筑

按施工方法的不同，土石坝分为填筑碾压、水力冲填、水中倒土和定向爆破等类型。目前仍以填筑碾压式为最多。

8-22
土石方综合
机械化施工
【图片】

碾压式土石坝施工，包括准备作业（如平整场地，修筑道路，架设水、电线路，修建临时用房，清基、排水等）、基本作业（如土石料开挖、装运、铺卸、压实等）以及为基本作业提供保证条件的辅助作业（如清除料场的覆盖层、清除杂物、坝面排水、刨毛及加水等）和保证建筑物安全运行而进行的附加作业（如修整坝坡、铺砌块石、种植草皮等）。

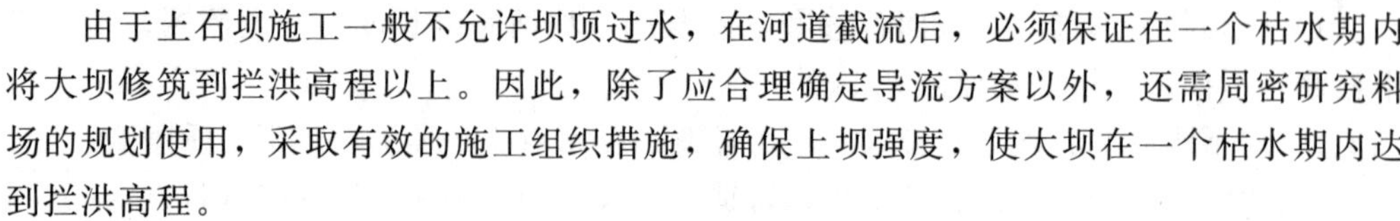

由于土石坝施工一般不允许坝顶过水，在河道截流后，必须保证在一个枯水期内将大坝修筑到拦洪高程以上。因此，除了应合理确定导流方案以外，还需周密研究料场的规划使用，采取有效的施工组织措施，确保上坝强度，使大坝在一个枯水期内达到拦洪高程。

一、料场规划

土石坝用料量很大，在坝型选择阶段应对土石料场全面调查，在施工前还应结合施工组织设计，对料场做进一步勘探、规划和选择。料场的规划包括空间、时间和质量等方面的全面规划。

空间规划是指对料场的空间位置、高程进行恰当选择，合理布置。土石料场应尽可能靠近大坝，并有利于重车下坡。坝的上下游、左右岸最好都有料场，以利于各个方向同时向大坝供料，保证坝体均衡上升。用料时，原则上低料低用、高料高用，以减少垂直运输。

时间规划是指料场的选择要考虑施工强度、季节和坝前水位的变化。在用料规划上力求做到近料和上游易淹的料场先用，远料和下游不易淹的料场后用；含水量高的料场旱季用，含水量低的料场雨季用。上坝强度高时充分利用运距近、开采条件好的料场，上坝强度低时用运距远的料场，以平衡运输任务。在料场使用计划中，还应保留一部分近料场供合拢段填筑和拦洪度汛施工高峰时使用。

料场质与量的规划是指对料场的质量和储料量进行合理规划。在选择规划和使用料场时，应对料场的地质成因、产状、埋深、储量以及各种物理力学性能指标进行全面勘探试验。

料场规划时还应考虑主要料场和备用料场。主要料场是指质量好、储量大、运距近的料场，且可常年开采；备用料场是指在淹没范围以外，当主要料场被淹没或因库水位抬高而导致土料过湿或其他原因不能使用时，在备用料场取料，保证坝体填筑的正常进行。应考虑到开采自然方与上坝压实方的差异，杂物和不合格土料的剔除，开挖、运输、填筑、削坡、施工道路和废料占地不能开采以及其他可能产生的损耗。

此外，为了降低工程成本，提高经济效益，料场规划时应充分考虑利用永久水工建筑物和临时建筑物的开挖料作为大坝填筑用料。如建筑物的基础开挖时间与上坝填筑时间不相吻合时，则应考虑安排必要的堆料场地储备开挖料。

二、土料的开挖与运输

（一）挖运配套方案

常用土石料挖运配套方案有以下几种：

（1）人工开挖，手推胶轮车和架子车运输。一般手推车载重量100～200kg，架子车载重量300～500kg，运距不宜大于1km，坡度不宜大于2%。如坡度较陡可采用拉坡机或转皮带机运输。拉坡机拉车上坡坡度不宜陡于1∶3～1∶5，爬高不宜大于30m。

（2）挖掘机挖装，自卸汽车、拖拉机运输。适宜运距2～5km，双线路宽5.0～5.5m，转弯半径不宜小于50m，坡度不宜大于10%。

挖运方案应根据工程量大小、上坝强度高低、运距远近和可供选择的机械型号、规格等因素，进行综合经济技术比较后确定。

（二）挖运机械配套计算

1. 挖运强度的确定

（1）上坝强度 Q_d。单位时间填筑到坝面上的土方量，按坝面压实成品方计。

$$Q_d=\frac{Vk_ak}{Tk_1}\quad(\text{压实方},\text{m}^3/\text{d})\tag{8-2}$$

式中　V——某时段内填筑到坝面上的土方量，m^3；

k_a——坝体沉陷影响系数，取1.03～1.05；

k——施工不均衡系数，取1.2～1.3；

k_1——坝面土料损失系数，取0.9～0.95；

T——某时段内的有效施工天数，等于计算时段内的总天数减去法定节假日天数和因雨停工的天数。

（2）运输强度 Q_T。为满足上坝强度要求，单位时间内应运输到坝面上的土方量，按运输松方计。

$$Q_T=\frac{Q_dk_c}{k_2}\quad(\text{松方},\text{m}^3/\text{d})\tag{8-3}$$

其中

$$k_c=\frac{\gamma_d}{\gamma_y}$$

式中　k_c——压实影响系数；

k_2——土料运输损失系数，取0.95～0.99；

γ_d、γ_y——坝面土料设计干密度和土料运输松散干密度。

(3) 开挖强度 Q_C。为了满足坝面土方填筑要求，料场土料开挖应达到的强度。

$$Q_C=\frac{Q_d k_c'}{k_2 k_3} \quad (\text{自然方}, m^3/d) \tag{8-4}$$

其中
$$k_c'=\frac{\gamma_d}{\gamma_n}$$

式中 γ_n——料场土料自然干密度；

k_3——料场土料开挖损失系数，随土料性质和开挖方式而异，取0.92～0.97；

其他符号意义同前。

2. 挖运设备数量的确定

(1) 挖掘机需要量 N_c 的计算。

$$N_c=\frac{Q_c}{P_c} \tag{8-5}$$

式中 N_c——挖掘机需要量，台；

P_c——挖掘机的生产率，m^3/(d·台)。

(2) 与一台挖掘机配套的自卸汽车数 N_a 的计算。合理的配套应满足：当第一辆汽车装满后离开挖掘机到再次回到挖掘地点所消耗的时间，应该等于剩下的 N_a-1 辆汽车在装车地点所消耗的时间，即

$$(N_a-1)(t_{装}+t_{位})=(t_{重}+t_{卸}+t_{空})$$

则
$$N_a=\frac{t_{装}+t_{重}+t_{卸}+t_{空}+t_{位}}{t_{装}+t_{位}}=\frac{T_{循}}{t_{装}+t_{位}} \tag{8-6}$$

其中
$$t_{装}=kmt_{挖} \tag{8-7}$$

$$m=\frac{Qk_s}{\gamma_{料}\ qk_H} \tag{8-8}$$

式中 N_a——与一台挖掘机配套的自卸汽车台数；

$T_{循}$——自卸汽车一个工作循环时间；

$t_{装}$——装车时间；

$t_{重}$——重车开行时间；

$t_{卸}$——卸车时间；

$t_{空}$——空车返回时间；

$t_{位}$——空车就位时间；

$t_{挖}$——挖掘机一个工作循环时间；

k——装车时间延误系数；

m——装车斗数；

Q——自卸汽车载重量，t；

$\gamma_{料}$——料场土料自然密度，t/m^3；

q——挖掘机斗容量，m^3；

k_H——铲斗充盈系数；

k_s——土料的可松性系数。

为了充分发挥挖掘机和自卸汽车的生产效率，合理的装车斗数 m 应为 3～5 斗。

三、清基与坝基处理

清基就是把坝基范围内的所有草皮、树木、坟墓、乱石、淤泥、有机质含量大于 2%的表土、自然密度小于 1.48g/cm^3 的细砂和极细砂清除掉，清除深度一般为 0.3～0.8m。对勘探坑，应把坑内积水与杂物全部清除，并用筑坝土料分层回填夯实。

土坝坝体与两岸岸坡的结合部位是土坝施工的薄弱环节，处理不好会引起绕坝渗流和坝体裂缝。因此，岸坡与塑性心墙、斜墙或均质土坝的结合部位均应清至不透水层。对于岩石岸坡，清理坡度不应陡于 1∶0.75，并应挖成坡面，不得削成台阶和反坡，也不能有突出的变坡点；在回填前应涂 3～5mm 厚的黏土浆，以利接合。如有局部反坡而削坡方量又较大时，可采用混凝土或砌石补坡处理。对于黏土或湿陷性黄土岸坡，清理坡度不应陡于 1∶1.5。岸坡与坝体的非防渗体的结合部位，清理坡度不得陡于岸坡土在饱水状态下的稳定坡度，并不得有反坡。

对于河床基础，当覆盖层较浅时，一般采用截水墙（槽）处理。截水墙（槽）施工受地下水的影响较大，因此必须注意解决不同施工深度的排水问题，特别注意防止软弱地基的边坡受地下水影响引起的塌坡。对于施工区内的裂隙水或泉眼，在回填前必须认真处理。

对于截水墙（槽），施工前必须对其建基面进行处理，清除基面上已松动的岩块、石渣等，并用水冲洗干净。坝体土方回填工作应在地基处理和混凝土截水枪浇筑完毕并达到一定强度后进行，回填时只能用小型机具。截水墙两侧的填土，应保持均衡上升，避免因受力不均而引起截水墙断裂。只有当回填土高出截水墙顶部 0.5m 后，才允许用羊脚碾压实。

四、坝体填筑与压实

1. 坝面作业施工组织

基坑开挖和地基处理结束后即可进行坝体填筑。坝体土方填筑的特点是：作业面狭窄、工种多、工序多、机械设备多，施工干扰大，若组织不好将导致窝工，影响工程进度和施工质量。坝面作业包括铺土、平土、洒水或晾晒（控制含水量）、压实和质量检查等。为了避免施工干扰，充分发挥各不同工序施工机械的生产效率，一般采用流水作业法组织坝面施工。

8-23
土石坝坝面
流水作业
【图片】

8-24
土方工程机
械化施工
【视频】

采用流水作业法组织施工时，首先应根据施工工序将坝面划分成若干工作段或工作面，工作面的划分应尽可能平行坝轴线方向，以减少垂直坝轴线方向的交接。同时还应考虑平面尺寸适应于压实机械工作条件的需要。然后组织各工种专业施工队依次进入所划分的区段施工。于是，各专业施工队按工序依次连续在同一施工区段施工；对各专业施工队而言，则不停地轮流在各个施工区段完成本专业的施工工作。其结果是完成不同工序的施工机械均由相应的专业施工队来操作，实现了施工专业化，有利于工人操作熟练程度的提高；同时在施工过程中保证了人、机、地三不闲，避免了施工干扰，有利于坝面作业连续、均衡地进行。

由于坝面作业面积的大小随高程而变化，因此，施工技术人员应经常根据作业面积变化的情况，采取有效措施，合理地组织坝面流水作业。

2. 坝面铺土压实

8-25
土石坝坝面卸料与铺料
【图片】

8-26
土石坝防渗体土料铺筑
【图片】

铺土宜沿坝轴线方向进行，厚度要均匀，超径土块应打碎，石块应剔除。在防渗体上用自卸汽车铺土时，宜用进占法倒退铺土，使汽车在松土上行驶，以免在压实的土层上开行而产生超压剪切破坏。在坝面上每隔 40～60m 应设置专用道口，以免汽车因穿越反滤层将反滤料带入防渗体内，造成土料与反滤料混淆，影响坝体质量。

按要求厚度铺土平土，是保证工程质量的关键。用自卸汽车运料上坝，由于卸料集中，应采用推土机平土。具体操作时可采用"算方上料、定点卸料、随卸随平、铺平把关、插杆检查"的措施，铺填中不应使坝面起伏不平，避免降雨积水。塑性心墙坝或斜墙坝坝面铺筑时应向上游倾斜 1%～2%；均质坝应使坝面中部凸起，并分别向上下游倾斜 1%～2%的坡度，以便排除降水。

塑性心墙坝或斜墙坝的施工，土料与反滤料可采用平起施工法。根据其先后顺序，又分为先土后砂法和先砂后土法。

先土后砂法是先填压三层土料再铺一层反滤料，并将反滤料与土料整平，然后对土砂边沿部分进行压实，如图 8-21（a）所示。由于土料表面高于反滤料，土料的卸、散、平、压都是在无侧限的情况下进行的，很容易形成超坡。在采用羊角碾压实时，要预留 30～50cm 的松土边，应避免因土料伸入反滤层而加大清理工作。这种施工方法，在遇连续晴天时，土料上升较快，反滤料往往供不应求，必须注意克服。

先砂后土法是先在反滤料的控制边线内用反滤料堆筑一小堤，如图 8-21（b）所示。为了便于土料收坡，保证反滤料的宽度，每填一层土料，随即用反滤料补齐土料收坡留下的三角体，并进行人工捣实，以利于土砂边线的控制。由于土料在有侧限的情况下压实，松土边很少，仅 20～30cm，故采用较多。

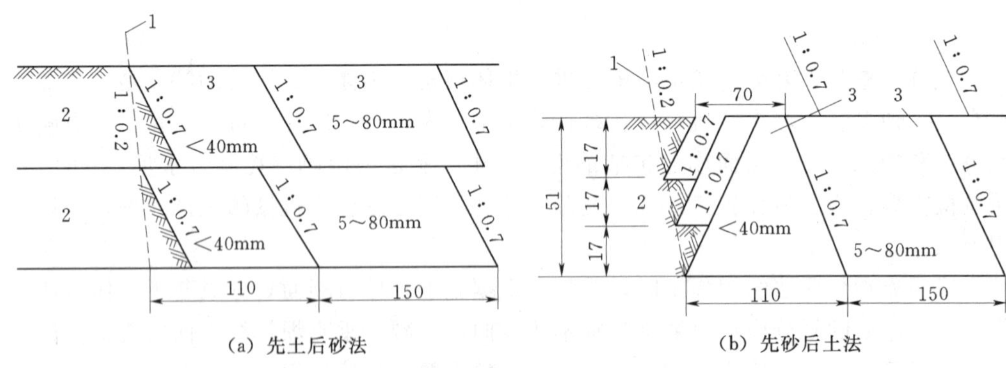

图 8-21　土砂平起施工示意图（单位：cm）

1—土砂设计边线；2—心墙；3—反滤料

无论是先砂后土法还是先土后砂法，土料边沿仍有一定宽度未压实合格，所以需要每填筑三层土料后用夯实机具夯实一次土砂的结合部位，夯实时宜先夯土边一侧，合格后再夯反滤料一侧，切忌交替夯实，以免影响质量。如某水库，铺筑黏土心墙与反滤料时采用先砂后土法施工。自卸汽车将混合料和砂子先后卸在坝面当前施工位置，人工（洒白灰线控制堆筑范围）将反滤料整理成 0.5～0.6m 高的小堤，然后填筑 2～3 层土料，使土料与反滤料齐平，再用振动碾将反滤料碾压 8 遍。为了解决土砂结合部位土料干密度偏小的问题，在施工中采取了以下措施：用羊角碾碾压土料时，要求拖拉机履带紧沿砂堤开行，但不允许压上砂堤；在正常情况下，靠砂带第一层土料有 10～15cm 宽干密度不够，第二层有 10～25cm 宽干密度不够，施工中要求用人工挖除这些密度不够的土料，并移砂铺填；碾压反滤料时应超过砂界至少 0.5m 宽，取得了较好的效果。

在塑性心墙坝施工时，应注意心墙与坝壳的均衡上升，如心墙上升太快，易干裂而影响质量；若坝壳上升太快，则会造成施工困难。塑性斜墙坝施工，应待坝壳填筑到一定高度甚至达到设计高度后，再填筑斜墙土料，尽量使坝壳沉陷在防渗体施工前发生，从而避免防渗体在施工后出现裂缝。对于已筑好的斜墙，应立即在上游面铺好保护层，以防干裂。

当黏性土含水量偏低或偏高，可进行洒水或晾晒。洒水或晾晒工作主要在料场进行。如必须在坝面洒水，应力求“少、勤、匀”，以保证压实效果。为使水分能尽快分布到填筑土层中，可在铺土前洒 1/3 的水，其余 2/3 在铺好后再洒。洒水后应停歇一段时间，使水分在土层中均匀分布后再进行碾压。对非黏性土料，为防止运输过程脱水过量，加水工作主要在坝面进行。石碴料和砂砾料压实前应充分加水，确保压实质量。

8-27
土料翻晒
【图片】

土料的压实是坝面施工中最重要的工作之一，坝面作业时，应按一定次序进行，以免发生漏压或过分重压。只有在压实合格后，才能铺填新料。压实参数应通过现场试验确定。碾压可按进退错距法或圈转套压法进行，碾压方向必须与坝轴线平行，相邻两次碾压必须有一定的重叠宽度。对因汽车上坝或压实机具压实后的土料表层形成的光面，必须进行刨毛处理，一般要求刨毛深度为 4～5cm。

8-28
土料压实
【图片】

五、堆石坝填筑

8-29
振动碾压实
【视频】

混凝土面板堆石坝是近期发展起来的一种新坝型，它具有工程量小、工期短、投资省、施工简便、运行安全等优点。近三十年来，由于设计理论和施工机械、施工方法的发展，更显出面板堆石坝在各类坝型中竞争优势。

（一）堆石材料质量要求和坝体材料分区

面板堆石坝上游有薄层防渗面板，面板可以是钢筋混凝土的，也可以是柔性沥青混凝土的。坝体主要是堆石结构。

1. 堆石材料的质量要求

（1）主要部位的石料抗压强度不低于 78MPa，次要部位石料抗压强度应为 50～60MPa。

(2) 石料硬度不应低于莫氏硬度表中的第三级，其韧性不应低于 $2kg \cdot m/cm^2$。

(3) 石料的天然密度不应低于 $2.2g/cm^3$。石料的密度越大，堆石体的稳定性越好。

(4) 石料应具有抗风化能力，其软化系数水上不低于 0.8，水下不低于 0.85。

(5) 堆石体碾压后应具有较大的密实度和内摩擦角，且具有一定渗透能力。

2. 面板堆石坝的坝体分区

根据面板堆石坝不同部位的受力情况，将坝体进行分区，如图 8-22 所示。

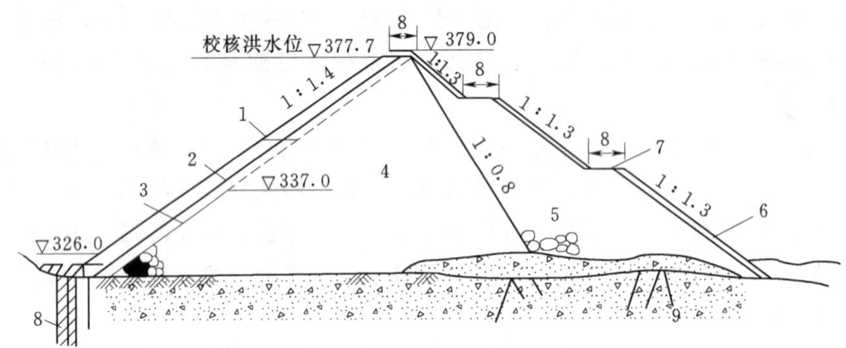

图 8-22 面板堆石坝标准剖面图

1—混凝土面板；2—垫层区；3—过渡区；4—主堆石区；5—下游堆石区；6—干砌石护坡；7—上坝公路；8—灌浆帷幕；9—砂砾石

(1) 垫层区。主要作用是为面板提供平整、密实的基础，将面板承受的水压力均匀传递给主堆石体。要求压实后具有低压缩性、高抗剪强度、内部渗透稳定，渗透系数为 10^{-3}cm/s 左右，以及具有良好施工特性的材料。

8-30 面板堆石坝分区【视频】

垫层区料要求采用级配良好、石质新鲜的碎石。

(2) 过渡区。主要作用是保护垫层区在高水头作用下不产生破坏。其粒径、级配要求符合垫层料与主堆石料间的反滤要求。一般最大粒径不超过 350～400mm。

(3) 主堆石区。主要作用是维持坝体稳定。要求石质坚硬，级配良好，允许存在少量分散的风化料，该区粒径一般为 600～800mm。

8-31 振动碾压实【图片】

(4) 次堆石区。主要作用是保护主堆石体和下游边坡的稳定。要求采用较大石料填筑，允许有少量分散的风化石料，粒径一般为 1000～1200mm。由于该区的沉陷对面板的影响很小，故对填筑石料的要求可放宽一些。

(二) 堆石坝填筑工艺、压实参数和质量控制

8-32 面板堆石坝下游堆石体【图片】

1. 填筑工艺

堆石坝填筑可采用自卸汽车后退法或进占法卸料，推土机摊平。

后退法汽车在压实的坝面上行驶，可减轻轮胎磨损，但推土机摊平工作量很大，影响施工进度。垫层料的摊铺一般采用后退法，以减少物料的分离。

进占法自卸汽车在未碾压的石料上行驶，轮胎磨损较严重，卸料时会造成一定分离，但不影响施工质量，推土机摊平工作量可大大减小，施工进度快。

主堆石体、次堆石体和过渡料一般采用自行式或拖式振动碾压实。垫层料由于粒径较小，且位于斜坡面，可采用斜坡振动碾压实或用夯击机械夯实，局部边角地带人工夯实。为了改善垫层料的碾压效果，可在垫层料表面铺填一薄层砂浆，既可达到固坡的目的，同时还可利用碾压砂浆进行临时度汛，以争取工期。

2. 堆石体的压实参数和质量控制

(1) 压实参数。堆石体填料粒径一般为600～1200mm，铺填厚度根据粒径的大小而不同，一般为60～120cm，少数可达150cm以上。振动碾压实，压实遍数随碾重不同而异，一般为4～6遍，个别可达8遍。

垫层料最大粒径为150～300mm，铺填厚度一般为25～45cm，振动碾压实，压实遍数通常为4遍，个别6～8遍。

堆石坝坝壳石料粒径较大，一般为1000～1500mm，铺填厚度在1m以上，压实遍数为2～4遍。

据统计，不同部位的堆石料压实干密度为2.10～2.30g/cm^3。压实参数应根据设计压实效果，在施工现场进行压实试验后确定。

(2) 堆石坝施工质量控制。堆石体的压实效果可根据其压实后的干密度的大小在现场进行控制。堆石体干密度的检测一般采用挖坑注水试验法，垫层料干密度检测采用挖坑灌砂试验法。试验时应注意如下事项：

1) 取样深度应等于填筑厚度。

2) 试坑应呈圆柱形。

3) 坑壁若有大的凹陷和空隙，应用黏土或砂浆堵塞，以防止注水时塑料薄膜架空而影响检测精度。

4) 试坑直径与填筑料的最大粒径比应符合有关试验规程的规定。

8-33
混凝土面板堆石坝过渡层施工
【图片】

8-34
垫层料坡面防护【图片】

8-35
垫层翻模施工
【图片】

8-36
第八章第四节测试题
【测试题】

第五节　堤　防　施　工

一、土料碾压筑堤

(一) 施工准备

1. 填土表面清基

土方填筑前，先将地表基础面杂物、杂草、树根、表层腐殖土、泥炭土、洞穴等全部清除干净，清理范围超过设计基面边线外50cm；高低结合处每填一层前先用推土机沿堤轴线推成台阶状，交接宽度不小于50cm，地表先进行压实及基础处理，测量出地面标高和断面尺寸，经验收合格后，方可进行回填。

2. 土料采运

回填土料首先利用开挖利用土料，不够部分才用料场土料。

3. 土方填筑机械配置

土方开挖机械选用反铲挖掘机，土方运输主要选用自卸车，土方压实采用振动压路机、人工配合电动冲击式打夯机夯实。

(二)施工方法

土方回填铺料方法采用自卸车运输、推土机平土，即汽车在已压实的刨毛土层上卸料，用推土机向前进占平料。填土由低往高分层填筑施工，每一层填土铺料厚度小于30～40cm，实际厚度由压实试验确定；填土宽度比设计边线超宽不少于50cm的余量，到最后两层时，超宽宽度应再加大，以方便运输车辆会车。

雨后填筑新料时应清除表面浮土，同时减薄铺料厚度；推土机平料过程中，应及时检查铺层厚度，发现超厚部位要立即进行处理，要求平土厚度均匀、表层平整，为机械压实创造条件。推土机平整完一段填土，即可进入下一段平土，对平整好的这一层土料，采用10～15t重型振动压路机进行分段碾压，行车速度为2km/h，压实遍数初步定为4～6遍，准确数由现场试验来确定。分段碾压时，碾压采取错距方式，相邻两段交接带碾迹应彼此搭接，顺碾压方向，搭接宽度不小于0.3m，垂直碾压方向搭接长度应不小于3m。

黏性土的铺料与碾压工序必须连续进行，如需短时间停工，其表面风干土层应经常洒水湿润，保持含水量在设计控制范围内。碾压完成后即进行刨毛（深1～2cm）处理并洒水至表面湿润，此道工序完成质检合格后即可进行下一层土料的填筑。

(三)铺料及压实作业的施工要点

1. 土料铺填

(1) 铺料前必须清除结合部位的各种杂物、杂草、洞穴、浮土等，清除表土厚度以能清干净杂物、杂草、表层浮土为准。将土料铺至规定部位，严禁将砂（砾）料或其他透水料与黏性土料混杂，填筑土料中的杂质应予清除。

(2) 地面起伏不平时，按水平分层由低处开始逐层填筑，不得顺坡铺填。分层作业面统一铺盖，统一碾压，严禁出现界沟。

(3) 机械作业分段的最小长度不小于100m；人工作业不小于50m。当坝基横断面坡度陡于1∶5时，坡度削缓于1∶5。

(4) 相邻施工段的作业面均衡上升，若段与段之间不可避免出现高差时，以斜坡面相接。

(5) 已铺土料表面在压实前被晒干时，洒水湿润。

(6) 铺料时控制铺土厚度和土块粒径的最大尺寸，两者和施工控制尺寸，一般通过压实试验确定。

(7) 铺料至坝边时，在设计边线外侧各超填一定余量，人工铺料宜为10～20cm，机械铺料宜为30～50cm。

2. 碾压作业

(1) 施工前先做碾压试验，验证碾压质量能否达到设计干密度值，并根据碾压试验确定出碾压参数。

(2) 分段填筑，各段设立标志，以防漏压、欠压和过压。上、下层的分段接缝位置错开。

(3) 碾压机械行走方向平行于坝轴线。分段、分片碾压，相邻作业面的搭接碾压宽度，平行坝轴线方向不小于 0.5m，垂直坝轴线方向不小于 3m。

(4) 机械碾压时控制行车速度，以不超过下列规定为宜：平碾为 2km/h，振动碾为 2km/h，铲运机为 2 挡车速。

(5) 若发现局部“弹簧土”、层间光面、层间中空、干松土层或剪切破坏等质量问题时，及时进行处理，并经检验合格后，方准铺填新土。

(6) 机械碾压不到的部位，辅以夯具夯实，夯实时采用连环套打法夯实，夯迹双向套压，夯压夯 1/3，行压行 1/3；分段、分片夯压时，夯迹搭压宽度应不小于 1/3 夯径。

3. 结合面处理

结合面处理时，彻底清除各种工程物料和疏松土层。施工过程中发现的各种洞穴、废涵管、软土、砂砾（均质堤）及冒水冒砂等隐患，会同发包人、设计单位、监理机构研究处理。相邻作业面均匀上升，以减少施工接缝；分段间有高差的连接，垂直坝轴线方向的接缝以斜面相接，坡度采用 1∶3～1∶5。

纵向接缝采用平台和斜坡相间形式，结合面的新老土料，均严格控制土块尺寸、铺土厚度及含水量，并加强压实控制，确保接合质量。

斜坡结合面上，随填筑面上升进行削坡直至合格层；坡面经刨毛处理，并使含水量控制在规定内，然后再铺填新土进行压实。压实时跨缝搭接碾压，搭压宽度不小于 3m。

二、土料吹填筑堤

吹填是用疏浚机械在水下开挖取土，经泥浆泵输送泥浆冲填坑塘、加高地面或填筑堤坝的施工方法。

（一）施工材料与设备

1. 疏浚吹填土料

作为疏浚吹填的土料，原则上分为三大类：

(1) 可塑的黏性土。即从颗粒分析来区划，粒径小于或等于 16μm 的黏土、淤泥、泥煤、褐煤等。

(2) 非黏性土。即粒径在 16～64μm 的砂、砾石土等。

(3) 紧密性的硬质土。即粒径大于 64μm 的疏密硬黏土、软岩（石灰岩、花岗岩、礁石）等。

2. 施工设备

主体施工设备是挖泥船。辅助设备为：

(1) 吹泥船。依靠其泥泵的吸、排作用，将泥驳运来的泥沙，经冲水稀释后成为输移的泥浆，通过吸泥头、泥泵和排泥管，吹送到预计填筑的堤防堤段或压渗平台位置。

(2) 泥驳。主要作用是装载由非自航挖泥船挖出的泥沙或其疏浚物。

(3) 锚艇。主要用于挖泥吹填中为非自航挖泥船的定位与移动时搬动其锚的自航式工作艇。

(4) 拖轮。主要用作输泥/排泥管定位时的牵引与运载，要求在作业水域航行灵活并具有一定承载力。

(5) 输泥/排泥管。主要为泵式挖泥船施工时输送泥浆用。

(6) 接力泵。一台泥浆的扬程往往不能将泥浆送到指定位置，故需要在原有的一台泥浆之后串联一台或多台的泥浆作为接力泵。

(二) 施工方法

1. 绞吸式挖泥船直接吹填

(1) 沉淀池轮回分边充填。

a. 当堤基吹填土沥水固结达到一定厚度（一般为 30～50cm）时，沿堤内、外坡脚修筑一级子堤（其断面尺寸：宽×高=1m×3m），子堤内外坡 1∶1.5，再据吹填堤段长度按每 300～500m 分隔成沉淀池（其池宽 30～100m，平均 50m，池长 200～400m，子堤高 3～5m）。

b. 在修筑子堤的同时，在与子堤相垂直方向每隔 20m 交错埋置两层直径 0.5m 的柴枕 1 个以利吹填泥浆沥水早固；或者在沉淀池池凼开挖一底宽 1.5m 溢流口、口底高于每次计划充填高 0.5m，并用草垫和薄膜铺护口底及流坡，以免冲刷；或者用木制板耙将池凼内稀泥搭护子堤坡脚，以防止渗漏滑坡。

(2) 人工填筑和整形固顶。

a. 一旦充填到设计高程，应立即停止吹填。

b. 当吹填时堤身发现膨胀或滑坡，立即采取人工开挖沥水，以利固结稳定。

c. 待固结稳定，堤身下沉一定尺寸，即加高堤身、整形修坡达到设计要求。

2. 斗式挖泥船挖泥装泥驳、吹泥船吹填施工

(1) 链斗式挖泥船锚缆斜向横挖法。

1) 适用条件。该法适用于水域条件好、挖泥船不受挖槽宽度及边缘水深限制的条件。该法系链斗式挖泥船最常用的一种方法。

2) 施工方法。当挖泥船接近挖槽中线起点的上游（一般距起点 600～1000m）时，抛出首主锚（如为顺流施工，则先抛出尾锚），然后下移至起点附近抛出左、右侧的前、后边锚。锚抛好后，调整锚缆，使挖泥船处于挖槽起点，即可放下斗桥，左、右摆动挖泥。当所挖槽底达到设计要求时，绞进主锚缆，使挖泥船前进一段距离，再继续横摆挖泥。充泥泥斗向上运行至上导轮后，即折返向下运行，此时泥斗中泥沙自动倒入泥槽内，再通过溜泥槽将泥沙排送至系泊于挖泥船左或右舷的泥驳中，泥驳装满后通过拖船拖带或自航至指定地点抛泥。

(2) 链斗式挖泥船锚缆扇形横挖法。

1) 使用条件。该法适用于挖槽狭窄、挖槽边缘水深小于挖泥船吃水深度的条件。

2) 施工方法。抛锚方法基本与斜向横挖法相同，但在任何情况下必须抛 6 口锚，施工时利用 2 口后边锚缆和尾锚缆控制船尾，类似绞吸式挖泥船的三缆定位法。此时

收放前左、右边锚缆，可使挖泥船以船尾为固定点，左、右横摆挖泥。

(3) 链斗式挖泥船锚缆十字形横挖法。

1) 适用条件。该法在挖槽特别狭窄、挖槽边缘水深小于挖泥船吃水深度，利用上述扇形横挖法难以胜任时选用。

2) 施工方法。抛锚方法与斜向横挖法相同。施工时挖泥船以船的中心作为摆动中心，当船首向右侧摆动时，船尾则向左侧摆动，反之船首向左侧摆动时，船尾则向右侧摆动。在有限的挖槽宽度内，挖泥纵轴线与挖槽中心线所构成的交角比扇形横挖法要大，便于泥斗挖掘挖槽边缘的泥土。

(4) 链斗式挖泥船锚缆平行横挖法。

1) 适用条件。该法适宜在流速较大的工况条件。

2) 施工方法。抛锚方法与斜向挖法相同。施工中挖泥船横摆时其纵轴线与挖槽中心线保持平行，以减少所受的水流冲击力。其余施工方法与斜向横挖法相同。

(5) 抓斗式挖泥船锚缆纵挖法。

1) 适用条件。在顺流水域大部分采用此法。在逆流水域只有当流速不大、水深较浅以及有往复潮流区施工时采用。

2) 施工方法。抓斗式挖泥船挖泥时船身并不移动，抛锚主要为稳住船身，并便于前移。锚缆抛设好后，将挖泥船移至挖槽起点，下斗挖泥，通过可旋转的起重机械，将充泥的抓斗提升出水面，并旋转至系泊于船侧的泥驳卸泥，完后再旋转至下一施挖位置下斗挖泥。泥驳装满后，由拖轮拖至指定的地点抛泥。

(6) 自航抓斗式挖泥船锚缆横挖法。

1) 适用条件。当自航式配备悬索抓斗时，特别适用于大深度挖泥条件；其他液压抓斗式挖泥船则可用于注重工效的工况条件。

2) 施工方法。抛锚方法与链斗式挖泥船的横挖法相同。施工时挖泥船作间歇性的横向摆动，利用抓斗抓取泥沙，开挖成横垄沟。挖泥船在挖槽边线定好船位后，下放抓斗在船的一侧进行挖泥，当到达要求深度后，将挖泥船横移一段距离，再下斗挖泥，如此循环，直至挖至挖槽的另一边线为止，完成本垄沟作业，再绞进挖泥船进行下一垄沟作业。

(7) 铲斗式挖泥船钢桩纵挖法。

1) 适用条件。可用于狭小水域的卵石、碎石、大小块石、硬黏石、珊瑚礁、粗砂以及胶结密实的混合物、风化岩与爆破后的岩石挖掘。

2) 施工方法。铲斗式挖泥船下铲挖泥时产生的反作用力甚大，同时还要受风、水流的压力，因此需利用三根钢桩来固定船位；在船身受力过大，钢桩难以控制住船位时，还可以使用锚缆配合。挖泥船在施工起点下桩定位后，以两根前桩位支撑点，用抬船绞车将船向上绞起一定高度，即利用钢桩自重加部分船重，能更好地控制船位。抬船一定高度并定位后，即可下斗挖泥，铲斗充泥后提升出水面，并旋转至系泊于船侧的泥驳卸泥，卸完泥后再旋转至下一施挖位置下斗挖泥。泥驳装满后由拖船拖至指定地点抛泥。

3. 耙吸式挖泥船自挖自吹施工

(1) 固定码头吹填法。

1) 适用条件。该法适宜在吹填工程位于已有港航码头附近的条件。

2) 施工方法。利用自航式、自带泥舱、一边航行一边挖泥的耙吸式（扬吸式）挖泥船，在设计水域范围挖泥。先把耙吸管放入河底，通过泥泵的真空作用，使耙头与吸泥管自河底吸取泥浆进入挖泥船的泥舱中，泥舱满载后，起耙航行至固定码头，挖泥船通过冲水于泥舱并自行吸出进行吹填。

(2) 泥驳作浮码头和吊管船吹填法。

1) 适应条件。该法适宜无固定码头、耙吸式挖泥船自挖自吹工况条件。

2) 施工方法。施工方法与固定码头吹填法基本相同。不同之处在于靠泊的码头上一个是固定的码头，而本法是浮动的码头。

(3) 双浮筒系泊岸吹填法。

1) 适用条件。该法广泛适宜于各种水域的自航耙吸式自挖自吹挖泥船施工工况条件。

2) 施工方法。施工时，在吹填区附近深水域设置两个系船浮筒供耙吸式挖泥船系泊，并与方驳改装成接管船，通过配备的起吊装置和快速接头，供挖泥船与陆端排泥管接卡与吹泥时以调节船管与岸管之高差之用。

三、防冲体及沉排施工

(一) 防冲体施工

1. 散抛石施工

(1) 抛石网格划分。水下抛石护岸施工一般采用网格抛石法。即施工前将抛石水域划分为矩形网格，将设计抛石工程量计入相应网格中，在施工过程中再按照预先划分的网格及其工程量进行抛投，这样就能从抛投量和抛投均匀性两方面有效地控制施工质量。

水下抛石施工一般采用抛石船横向移位方式完成断面抛石，抛石施工时，石料从运石船有效装载区域两侧船舷抛出，因此，抛投断面的宽度与抛石船有效装载长度基本相同。为便于网格抛石施工，取网格纵向长度与抛石断面宽度一致较为合理。施工通常采用的钢质机动驳船，其甲板有效装载长度约为18～20m，网格纵向长度可参考这一数值。

抛石护脚单元工程的划分沿岸线方向一般跨2个设计断面，总长为80m，抛石区域宽度一般约为50～60m。将单元纵向长度按4段等分为网格纵向长度，刚好20m，与一般抛石船有效工作长度一致，也符合验收规范对测量横断面间距要求。网格横向长度根据抛石区域宽度在5～10m范围内选取，为避免网格过密宜取为10m。

综合考虑以上因素，对于一般抛石护脚单元推荐20m×10m（纵向×横向）划分网格。

为便于施工管理，对单元内任一具体网格均应规定唯一识别编号。为此推荐将网格平行于岸线的横向间隔命名为“行”，自远岸向近岸编号依次为1行、2行……；将网格垂直于岸线的纵向间隔命名为“段（或列）”，自上游向下游编号依次为1段、2段……。

单元网格划分表一般情况由施工单位开工前自行编制，表内应注明单元工程编码和桩号位置，并应将设计工程量分解为网格设计量标示于相应的表格栏目内。单元网格划分表属于抛石作业的工艺性文件，是指导网格抛石作业的依据。

8-37 接坡石【图片】

8-38 抛投船进行块石抛投施工【视频】

（2）施工测量放样。

1）建立测量控制网。首先布设施工控制网。控制网在转折处设一控制点，直线段每200m左右设一点，控制点用混凝土护桩，并做明显标志，以防止破坏。

2）施工测量。测设水下抛石网格控制线。依据设计图纸给定的断面控制点和抛石网格划分，结合岸坡地形，采用全站仪精确定位，确定抛石网格断面线上的起抛控制点和方向控制点，每个控制点均应设置控制桩表示，如图8-23所示。

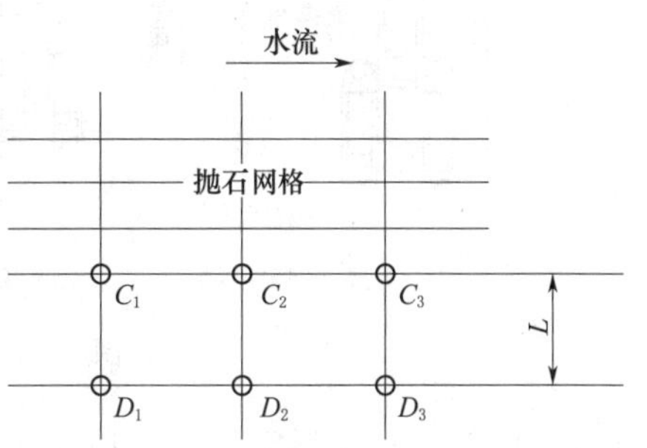

图8-23　抛石网格控制点布置示意图

C—起抛石控制点；D—方向控制点

图中C点为网格线上的起抛控制点，是确定和测量抛石网格横向间距的基点；D点为网格线方向参考点，确定横向网格线的延伸方向。C点和D点间保持一定距离L，L值应适当取大，以保证控制精度。若起抛控制点C因地形原因设置标记有困难，则可以向岸坡方向适当平移。抛石网格控制标记设置应牢靠，要便于观测使用，施工中要注意妥善保护。

（3）抛投试验。抛石定位船定位时，需要根据块石如水后的漂距来确定其定位偏移量。抛石漂距可以在施工过程中随时通过抛投实测方法确定，但在一般施工过程中，如果要求定位船每次定位都要通过抛石实测来确定漂距，那么定位过程会过于烦琐，也会严重影响施工效率。因此，施工中通常的做法是在正式抛石前先进行抛投试验，通过实验获得在施工水域内不同重量块石在不同流速和水深时的落点漂移规律，在此基础上得到适用于该水域的漂距计算经验公式或经验数据查对表格。实际施工中，当定位船需要在某一抛投位置定位时，只需测量该位置水深和流速，即可利用经验公式或表格，直接计算或查取漂距值，作为定位依据。

抛投试验的做法如下：先对试验区域内的水流流速、水深进行测量，再对每个典型的块石进行称重，然后测定单个块石的漂距，如此重复对不同重量的块石在不同流速、不同水深条件下进行漂距的测定，测出多组数据，最后整理出试验成果。在此基础上通过对试验成果的分析，选择合适于施工水域的经验公式，或编制适用于该具体工程的“抛石位移查对表”。

（4）水下断面测量。水下抛石层厚度是护岸工程质量验收的检测项目之一，检测值通过抛前抛后水下地形测量结果分析计算得出。

抛前地形测量应在正式抛石前施测，抛石后的地形测量应在抛石后立刻进行，以使其成果能较真实地反映抛前抛后的实际情况。水下抛石地形测量除按 1∶200 的比例绘制平面地形图外，还应按规定沿岸线 20～50m 测一横断面，每个横断面间隔 5～10m 的水平距离应有一个测点，对抛前、抛后及设计抛石坡度线套绘进行对比，要求抛后剖面线的每个测点与设计线相应位置的测点误差为±30cm。

（5）定位船定位。定位船一般要求采用 200t 以上的钢质船，从定位形式上可分为单船竖一字形定位、单船横一字形定位和双船 L 形定位 3 种，如图 8－24 所示。

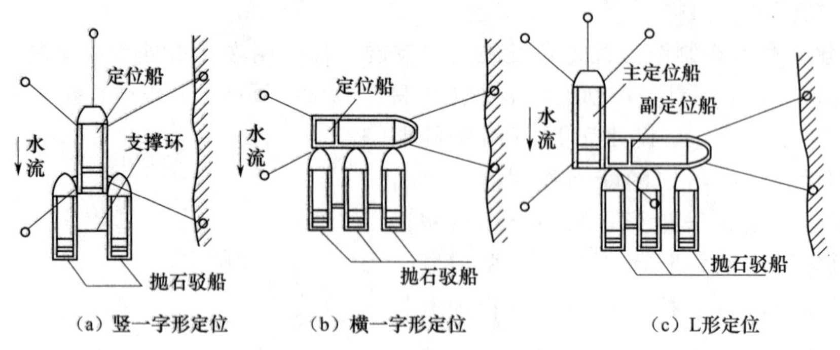

图 8－24　定位船定位形式

1）单船竖一字形定位主要适用于水流较急的情况，船只水流定位较为稳定、安全，一次只能挂靠 1～2 艘抛石驳船进行抛投。定位船沿顺水方向采用“五锚法”固定方法，在船首用一主锚固定，在船体前半部和后半部分别用锚呈八字形固定，靠岸侧采用钢丝绳直接固定于岸上。定位船的位移则利用船前后齿轮绞盘绞动定位锚及钢丝绳使其上、下游及横向移动。

2）单船横一字形定位主要适用于水流较缓的情况，一次可挂靠多艘抛石驳船进行抛投。定位船采用“四锚法”固定，在船体迎水侧及背水侧分别用两根锚呈八字形斜拉固定，靠岸侧两根锚直接固定于岸上。

3）双船 L 形定位综合了前两种定位方式的优点，采用的是将两条船固定成 L 形，主定位船平行于水流方向，副定位船垂直于水流方向。适用于不同水流流速，一次可挂靠多艘抛石驳船进行抛投。主定位船采用“五锚法”固定于江中，副定位船采用“四锚法”固定，靠江心方向固定于主定位船上，靠岸侧固定于岸上。在同一抛投横断面位移时，主定位船固定不动，绞动副定位船使其上、下游及横向移动。

准确定位之前，须进行水深、流速等参数的测量，以便计算漂距，确定抛投提前量。

（6）石料计量。水下抛石的石料计量可以采用体积测量方法，也可以采用重量测量方法。两者之间换算：对于一般石料（如花岗岩质量密度约 2.65t/m^3），在自然堆码状态下通过测量堆码外形尺寸所得体积与石料实际重量间的关系（容重）约为 1.7t/m^3。

体积测量方法（量方法）就是在船上直接量出石料体积，再按石料堆放的空隙率，折算出最后的验收方量，其主要优点是验收方法简单、速度快，缺点是空隙率难以确定、矛盾多。

重量测量方法（称重法）就是将船上的石料全部过磅称重，再按 $1.7t/m^3$ 折合成验收方量，其主要优点是数量准确合理，缺点是过磅速度慢，不能满足施工进度的要求。

（7）抛石档位划定和挂档作业方法。根据实验和经验的总结，在抛石船船舷处于平行于水流方向时，人工抛投石块覆盖区域的宽度一般为船舷下向外约达1～2m，如图8-25所示。

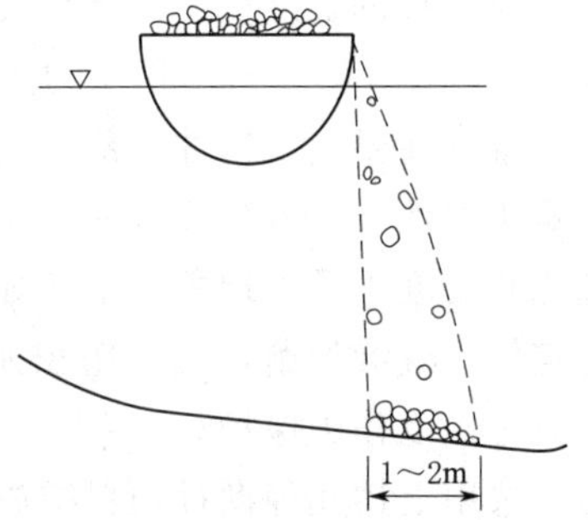

图8-25　抛石覆盖区域示意图

为避免抛石过程中抛石位移间距过大，出现块石抛投不均匀，甚至出现空缺的情况，一般在施工前，均应预先按照抛石覆盖宽度指定出抛石横向位移档位。在施工过程中，一方面，按照抛投档位间距在定位船上做出相应标记，以控制抛石船按档位挂靠和位移，确保不出现抛石空档区；另一方面，还须将设计抛石工程量细化为档位抛投量，并编制水下抛石档位记录表，用于施工现场作业调度，以便于控制施工质量。

（8）抛石作业。抛石工人作业时须穿戴救生衣。在施工强度较大的区域施工，采用船载挖掘机抛投。

2. 石笼防冲体施工

当现场石块体积较小，抛投后可能被水冲走时，可采用抛投石笼的方法。

抛石笼应从险情严重的部位开始，并连续抛投至一定高度。可以抛投笼堆，也可普遍抛笼。在抛投过程中，需不断检测抛投面坡度，一般应使该坡度达到1∶1。

应预先编织、扎结铅丝网、钢筋网或竹网，在现场充填石料。石笼体积一般应达到 $1.0 \sim 2.5m^3$，具体大小应视现场抛投手段而定。

抛投石笼一般在距水面较近的坝顶或堤坡平台上，或船只上实施。船上抛笼，可将船只锚定在抛笼地点直接下投，以便较准确地抛至预计地点。在流速较大的情况下，可同时从坝顶和船只上抛笼，以增加抛投速度。

抛笼完成以后，应全面进行一次水下探摸，将笼与笼接头不严之处，用大石块抛填补齐。

3. 土工袋（包）防冲体

在缺乏石料的地方，可利用草袋、麻袋和土石编织袋充填土料进行抛投护脚。在抢险情况下，采用这一方法是可行的。其中土工编织袋又优于草袋、麻袋，相对较为坚韧耐用。

每个土袋重量宜在50kg以上，袋子装土的充填度为70%～80%，以充填沙土、沙壤土为好，充填完毕后用铅丝或尼龙绳绑扎封口。

可从船只上，或从堤岸上用滑板导滑抛投，层层叠压。如流速过高，可将2～3个土袋捆扎连成一体抛投。在施工过程中，需先抛一部分土袋将水面以下深槽底部填平。抛袋要在整个深槽范围内进行，层层交错排列，顺坡上抛，坡度1∶1，直至达到要求的高度。在土袋护体坡面上，还需抛投石块和石笼，以作为保护。在施工中，要严防坚硬物扎破、撕裂袋子。

8-39
砂袋抛投工
【视频】

4. 抛柳石枕

对淘刷较严重、基础冲塌较多的情况，仅石块抢护，因间透水，效果不佳，常可采用抛柳石枕抢护。

柳石枕的长度视工地条件和需要而定，一般长10m左右，最短不小于3m，直径0.8～1.0m。柳、石体积比约为2∶1，也可根据流速大小适当调整比例。

推枕前要先探摸冲淘部位的情况，要从抢护部位稍上游推枕，以便柳石枕入水后有藏头的地方。若分段推枕，最好同时进行，以便衔接。要避免枕与枕交叉、搁浅、悬空和坡度不顺等现象发生。如河底淘刷严重，应在枕前再加第二层枕。要待枕下沉稳定后，继续加抛，直至抛出水面1.0m以上。在柳石枕护体面上，还应加抛石块、石笼等，以作为保护。

选用上述几种抛投物料措施的根本目的，在于固基、阻滑和抗冲。因此，特别要注意将物料投放在关键部位，即冲坑最深处。要避免将物料抛投在下滑坡体上，以加重险情。

在条件许可的情况下，在抛投物料前应先做垫层，可考虑选用满足反滤和透水性准则的土工织物材料。无滤层的抛石下部常易被淘刷，从而导致抛石的下沉崩塌。当然，在抢险的紧急关头，往往难以先做好垫层。一旦险情稳定，就应立即补做此项工作。

（二）沉排施工

1. 铰链混凝土块沉排

根据需要，先进行混凝土铰链排系排梁等施工，再进行混凝土铰链排的沉放施工。

沉排采用机械化施工，水上部分可由人工配合施工。混凝土铰链排为先浇筑系排梁，预制混凝土排体由自卸汽车或运输船运至工地现场拼装，排体沉放主要采用2艘甲板驳船施工。

（1）施工工艺程序。系排梁混凝土浇筑→沉排施工。

1）系排梁浇筑。系排梁地基采用0.5～1.2m^3，反铲开挖，人工平整，然后铺设碎石、垫层及干码块石，并立模浇筑混凝土。混凝土采用插入式振捣器振捣，浇完后需至少洒水养护14d。

2）沉排施工。排体混凝土块在混凝土预制厂预制，由10t自卸汽车或运输船运至工地现场拼装。沉排船由2艘400t甲板驳船连接，船面设钢平台，近岸侧焊制圆弧形钢滑板。船上设拉排梁、卡排梁、拉排卷扬机及提升机械等。另配起重船、运输船、拖轮，用于运输和拼装排体单元。

沉排按纵向自下游往上游进行。施工时，沉排船要准确定位。先在沉排船上铺洒滑石粉，起重船将排体单元吊至沉排船上，排首与系排梁相对，提起卡排梁利用起重船锚机使沉排船向江心移动，排体单元经圆弧形钢滑板徐徐沉入水下。拉排梁用于控制下滑速度，卡排梁卡住排体单元的最后两行排体，以连接下一排体单元，如此反复，直到全部沉放完成。排体沉放完成后，挂接在水位变幅区已铺好的最下一行排体上。

施工时视水位情况，陆上沉排部分可采用人工铺设。对常年水位变幅区，先铺无纺布，在无纺布以上铺 0.3m 厚的碎石，再压上排体。水位变幅区以下排体下面铺设涤纶布，与排体一起施工。

（2）混凝土板预制。

1）场地清理和平整。

a. 混凝土预制场地表层的腐殖土、草皮、树根、杂物、垃圾等应清除干净。

b. 在进行混凝土预制（浇筑）施工之前，施工场地应采用机械碾压，力求使场地平整和密实，并做好场地排水措施。

c. 在进行混凝土预制（浇筑）施工之前，其施工场地应经监理单位检查验收。

2）混凝土板预制。

a. 混凝土运输、混凝土浇筑、混凝土养护及保护、模板、钢筋等的施工技术要求满足规范要求。

b. 混凝土预制块应保证质量，并达到设计龄期要求。

c. 混凝土预制块不得出现蜂窝、麻面、缺角、断裂等质量问题。

d. 混凝土预制块与块上预留环必须对正，以免连接时错位，受力不均。

（3）排头梁基础开挖、处理与混凝土施工。

1）排头梁施工包括基础开挖、基础处理和混凝土浇筑。基础处理包括基础开挖和换填碾压处理等。混凝土浇筑与一般的常规混凝土浇筑相同。

2）排头梁基础开挖。

a. 除非监理单位另有指示，排头梁基础所有开挖均应在旱地上进行施工，对开挖施工中的地下水和施工用水，应采取有效和可靠的截、排水措施予以排除。

b. 排头梁基础的开挖必须符合设计图纸、文件的要求，保证开挖几何形态满足结构要求。对监理单位确认其基础不能满足设计图纸所规定开挖高程要求的部位，必须按监理单位的指示进行补挖。

c. 对已开挖的边坡，必须及时清理并报请监理单位进行检查和安排地质素描，得到监理单位许可后，再按设计要求进行施工。施工中遇到如地下水露头或涌水等不良地质地段，及时报告监理单位，并根据监理单位的指示进行处理。

d. 本工程的开挖施工还应满足《水工建筑物岩石地基开挖施工技术规范》（SL 47—2020）中的有关要求及《爆破安全规程》（GB 6722—2014）中的有关规定。

e. 开挖轮廓要求：实际开挖轮廓必须符合设计文件所示或监理单位现场指定的开口线、水平尺寸和高程的要求；清基最终轮廓，必须符合施工详图的规定，如果监理单位确认施工详图所规定的开挖高程基础仍不理想，则必须继续开挖到监理单位指示的新的开挖线；基础最终开挖轮廓均不得欠挖。

f. 基础开挖前、开挖过程中及开挖后，均应按图纸要求或监理单位的指示进行测量、放样。

3）排头梁基础处理。

a. 排头梁为钢筋混凝土结构，排头梁基础应坐落在原状土上，若基础为淤泥质土地基，则应对基础进行换填和加固处理。

b. 排头梁基础处理必须验收合格，并得到监理单位的书面批准，方可进行混凝土浇筑前的准备工作。

4）排头梁基础混凝土浇筑施工。

a. 排头梁基础混凝土一般每隔 30m 分缝，缝宽 2cm。

b. 排头梁混凝土运输、混凝土浇筑、施工缝处理、混凝土养护及保护、模板、钢筋等的施工应符合混凝土工程的相关条款。

（4）排体拼装。

1）排体混凝土板与板设计间距为 20cm，连接采用 U 形环，用螺栓连接。

2）连接钢筋为 ϕ14mm，螺栓为 ϕ14mm。

3）在进行排体拼装连接之前，应对预制板钢筋直径、连接环直径、螺栓直径、外观等进行检查，对于不满足设计要求和质量要求的预制板，应予以清除。

4）在进行排体拼装连接时，还应将预制板运块平铺在拼装场地上，仔细检查每一个连接环是否对中、预制板是否有蜂窝麻面等质量问题，对于不满足设计要求和质量要求的预制板，应予以清除。

5）土工布（包括无纺布和涤纶布）应平铺于排下，为使土工布能与混凝土板共同工作，在每块排的上、下游侧的混凝土板外侧连接环应用 5cm 宽的聚酯织布带将混凝土扳与土工布系牢。

6）土工布的连接应采用手工机缝，接头缝制应裹缝。土工布的质量与规格应符合设计图示或监理人的指示要求。

（5）铺排船的定位与排体的沉放。

1）铺排船的定位。

a. 沉排混凝土板施工前，根据监理人的指示，或报经监理单位认可的沉排区域，进行与实际沉排施工相仿的现场生产性试验，以便取得展终的旖工参数。

b. 沉排试验，应进行如下项目：起重船将运输驳船上的排体单元吊至沉排船试验，排首与岸上排头梁的连接试验，提起卡排梁利用起重船锚机使沉排船向江心移动试验，排体经圆弧滑板下沉试验，拉排梁速度控制试验，以及排体连接试验等。

c. 现场生产性试验结束后，将全部成果整理编写成正式报告（包括提出建议采用的施工方法和施工参数）递交监理人批准后才能进行正式施工。

2）排体的沉放。排体沉放作业时必须做到：排体混凝土预制板之间要求用螺栓连接牢靠，不得有疏漏；排首与排头梁连接时要平行作业，连接要牢固，以确保排体有所依托；排体沉放顺序应由下游向上游逐排铺放；排体搭接以采用“盖瓦”方式，即上游排体压在下游排体之上，排体搭接最小宽度不得小于 2m；沉排过程中，铺排船应严格定位；沉排过程中，铺排船应缓慢后移，不允许将排体拉直。

2. 土工织物软体沉排

（1）施工准备。

1）水下地形测量。由于险工段的水下地形变化较大，施工时的地形可能与设计资料有较大差别，所以一般在正式施工前应测量水下地形，作出平面图和断面图。

2）坡面处理。为使排体与地面接触良好，应使之尽量平整。特别是当存在陡坎或过大的坑洼时可采取抛填土枕（袋）或不带尖刺的碎石整平。

3）备料。对于沉排施工，充分备料至关重要，否则由此造成停工将大大影响沉排质量。特别在深水条件下进行大面积冰上施工时，排体在冰上停留时间过长将产生过大变形，甚至塌落。

4）施工机械设备和施工队伍。不同的沉排形式和施工方法，所需的机械设备和数量不同。如整体软排水中沉放需要大型船只，冰上沉排只需简单的工具。因此，应根据具体情况确定施工安排，准备所需的设备和组织施工队伍。

（2）排布与网绳制作。排布可在工厂或现场制作，应采用尼龙线缝合方法连接。现场缝合用手提式缝合机，缝合强度不宜低于母体强度80%。布排时，接缝应在受力小的方向，如图8-26所示。

冰上和浅（旱）滩地铺排时，在按设计要求范围内清除尖刺物、平整好冰面的地面后，按要求间距布设纵横网绳，再铺上事先制好的排片（或就地缝排布），并在结点处用尼龙绳将绳网与排布缠结在一起。采取水中铺排时，则事先将网绳与排布按同样方法连接。采用套筒固定网绳时，则将网绳穿入套筒中。

充砂模袋式软体排也可在工厂或现场制作。模袋式软体排的制作可用类似于人工混凝土模袋的方法缝制，也可采用塑料销方法控制厚度。后者曾在汉江航道整治工程中试用，并称为砂垫软体排，如图8-27和图8-28所示。

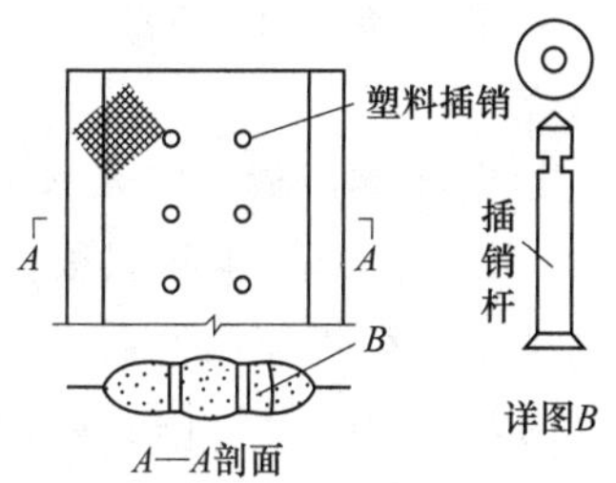

图8-26　软体排缝合示意图

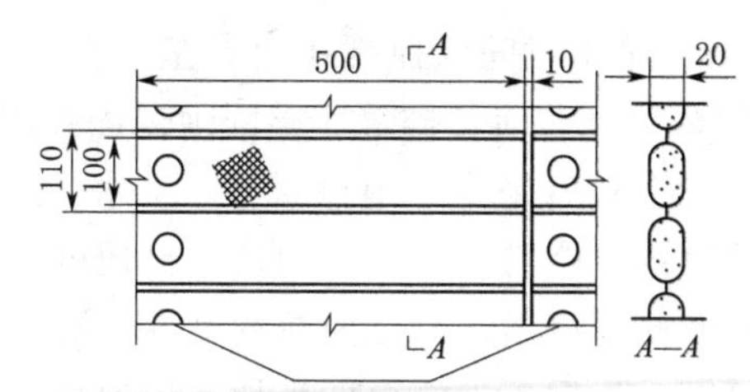

图8-27　单个模袋尺寸（单位：cm）

（3）排体沉放。

1）浅滩作业。浅滩作业是指水流流速小，水深不大于1m或干滩条件下进行软体排施工，其中也包括闸下游和导流低坝上下游无水或浅水情况。

在旱滩情况下，施工简单，各道工序都可在现场用机械或人工完成。但排布必须及时保护，不得暴露时间过长。在浅水的条件下，将排头固定在岸坡上，顺坡向河中牵拉，然后在船上抛投压载。

2）船上沉排。水上沉徘一般都是采用船上沉排。岸坡软体排的沉放一般是单块排的排首一端固定在岸坡上，然后，沉排船逐渐后退，直至将全部

图8-28　护岸软体排沉放示意图

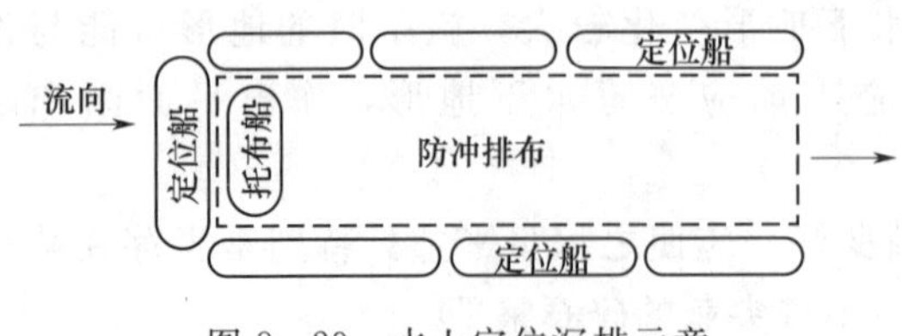

图 8-29 水上定位沉排示意

排长落在岸坡上。依此自下游向上游逐块沉放，如图 8-29 所示。整体压载（如联锁板块）的软体排，在船上将压载与排布连好，同时沉放。若用散载，则先将拼好的单块排布放在驳船上捆扎预压块，叠好，再按以上方式沉排，然后抛压重或在沉排过程中散抛，最后补抛。充砂软体排可在排袋沉放过程中同时充砂。

3）卷筒沉放法。水深和流速小，排长不大（一般在 20m 以内）时，可在船或木排上设一滚筒，将软排卷在滚筒上，一端固定于岸坡上或水底，拉动滚筒或靠自重顺坡下滑将排布展开，再抛压载。这种方法所用的排宽受卷筒宽度限制不能过大，搭接较多。

4）冰上沉排法。我国北方寒冷地区进行河岸底脚软体排防护时，利用冬季河流结冰的特点，采取冰上沉排是最为简单有效和节省的办法，冰上施工主要应注意如下几点：

a. 铺排、压载、沉排均在冰上一次完成，排体应连成整体和具有一定的柔性。排的前端和两侧应加重边载。

b. 备料充足，施工不得中途停工。

c. 冰上施工宜在冻结期或融解初期进行，此时冰层厚度逐渐增加到当地最大冰厚。进入融解期后，由于冰层温度升高和结构变化，加之冰厚逐渐减薄，承载力大为降低。若在融化期施工，应对冰层状况慎重研究，尽量缩短施工期。

d. 施工时间不宜过长，在石笼压载的情况下，冻结期施工时的冰厚以不小于 50cm 为宜，施工时间以控制在 10d 左右为宜。

e. 软体排沉放前，排首应牢固地锚固在岸坡上，以防排体沉放时滑入水中。

f. 冰上沉排宜采取强迫沉排方法，特别是在深水中和单块排体面积很大的情况下，以控制排体能均匀下沉，加快沉排速度。强迫沉排法是在排体制好后，即同时在其上下游两侧开冰槽，排尾前端约 0.5m 处沿宽度方向每隔 2m 开冰眼。冰槽和冰眼均不得打穿，根据事先测得的当地冰层厚度，留 10～15cm 左右。待所有冰槽和冰眼开好后，立即并同时打穿。此时，河水随之溢出。由于水的浮托力迅速减小，加之水温的作用，冰层在排体压重作用下很快断裂，排体能基本均匀地迅速下沉。

8-43 抛石及护坡施工【视频】

8-44 第八章第五节测试题【测试题】

8-45 第八章测试题【测试题】

g. 在水深和流速较大的情况下，特别是排体上游端处于急流或漩涡区时，为防止沉排时发生卷排事故，可在排体上游角或排角及排边设一根或多根拉绳，拉绳穿过冰底，固定在距排角一定距离的冰面上，排端拉锚如图 8-30 所示。

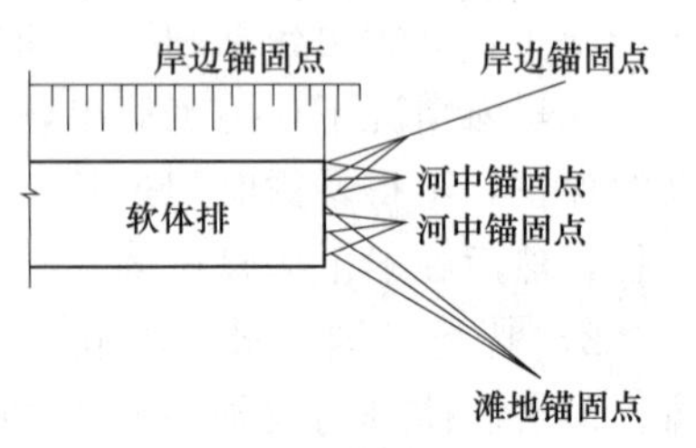

图 8-30 排端拉锚示意图

冰上沉排还有自然沉排方法，即在开江前几天在冰上制排，待冰融开河时排体逐步下沉。这种方法宜在流速较小（一般不大于 0.6m/s）、水深不大（一般在 3m 以内）的情况下采用。

拓 展 讨 论

党的二十大报告提出，尊重自然、顺应自然、保护自然，是全面建设社会主义现代化国家的内在要求。必须牢固树立和践行绿水青山就是金山银山的理念，站在人与自然和谐共生的高度谋划发展。

请思考：土方工程施工如何顺应自然、保护自然，做到绿色施工？

复 习 思 考 题

1. 经常性排水系统如何布置？
2. 提高推土机生产效率的方法有哪些？
3. 提高铲运机的生产率的措施有哪些？
4. 正铲挖掘机在施工时，应注意哪些问题？
5. 提高挖掘机生产率的措施有哪些？
6. 土方压实的目的有哪些？
7. 简述土方压实的理论。
8. 试述羊脚碾碾压土方的机理。
9. 试述气胎碾碾压土方的机理。
10. 试述振动碾碾压土方的机理。
11. 选择压实机械主要考虑哪些原则？
12. 土方工程冬季施工措施有哪些？
13. 土方工程雨季作业措施有哪些？
14. 土石坝如何进行料场规划？
15. 组织综合机械化施工的原则有哪些？
16. 常用土石料挖运配套方案有哪几种？
17. 土石坝挖运机械如何选型？
18. 土石坝如何进行清基与坝基处理？
19. 如何组织坝面施工流水作业？
20. 如何进行土石坝坝面铺土压实？
21. 如何检查控制土石坝料场的质量？
22. 如何检查控制土石坝坝面施工质量？
23. 堆石坝堆石材料的质量要求有哪些？
24. 如何分区面板堆石坝的坝体？

第九章 混凝土建筑物施工

第一节 砂石骨料生产

一、骨料制备

（一）骨料加工

从料场开采的毛料不能直接用于拌制混凝土，需要通过破碎、筛分、冲洗等加工过程，制成符合级配要求、除去杂质的各级粗、细骨料。

1. 破碎

为了将开采的石料破碎到规定的粒径，往往需要经过几次破碎才能完成。因此，通常将骨料破碎过程分为粗碎（将原石料破碎到70～300mm）、中碎（破碎到20～70mm）和细碎（破碎到1～20mm）三种。

骨料用碎石机进行破碎。碎石机的类型有颚式碎石机、锥式碎石机、辊式碎石机和锤式碎石机等。

（1）颚式碎石机。颚式碎石机称为夹板式碎石机，其构造如图9-1所示。它的破碎槽由两块颚板（一块固定，另一块可以摆动）构成，颚板上装有可以更换的齿状钢板。工作时，由传动装置带动偏心轮作用使活动颚板左右摆动，破碎槽即可一开一合，将进入的石料轧碎，从下端出料口漏出。

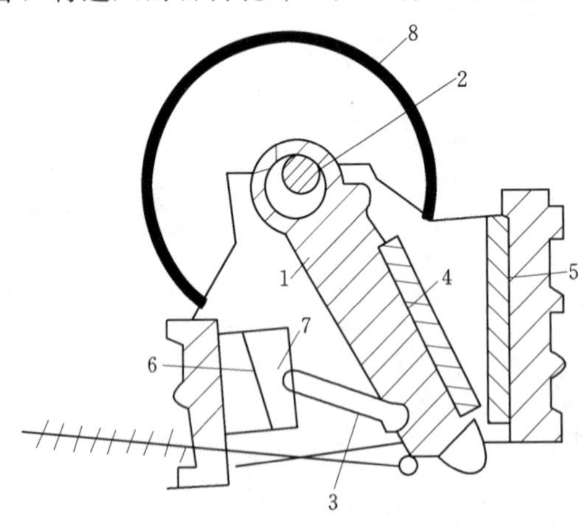

图9-1 颚式碎石机

1、4—活动颚板；2—偏心轮；3—撑板；5—固定颚板；6、7—调节用楔形机构；8—偏心轮

按照活动颚板的摆动方式，颚式碎石机又分为简单摆动式和复杂摆动式两种，其工作原理如图9-2所示。复杂摆动式的活动颚板上端直接挂在偏心轴上，其运动含左右摆动和上下摆动两个方向，故破碎效果较好，产品粒径较均匀，生产率较高，但颚板的磨损较快。

颚式碎石机结构简单，工作可靠，维修方便，适用于对坚硬石料进行粗碎或中碎。但成品料中针片状含量较多，活动颚板需经常更换。

（2）锥式碎石机。锥式碎石机的破碎室由内、外锥体之间的空隙构成。活动的内锥体装在偏心主轴上，外锥体固定在机架上，如图 9－3 所示。工作时，由传动装置带动主轴旋转，使内锥体作偏心转动，将石料碾压破碎并从破碎室下端出料槽滑出。

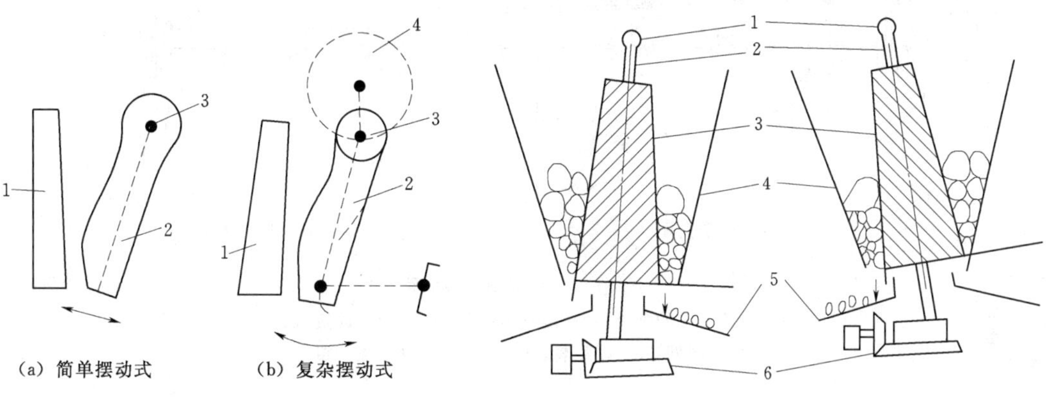

图 9－2　颚式碎石机工作原理

1—固定颚板；2—活动颚板；3—悬挂点；4—悬挂点轨迹

图 9－3　锥式碎石机

1—球形铰；2—偏心主轴；3—内锥体；4—外锥体；5—出料滑板；6—伞齿及传动装置

锥式碎石机是一种大型碎石机械，碎石效果好，破碎的石料较方正，生产率高，单位产品能耗低，适用于对坚硬石料进行中碎或细碎。但其结构复杂，体形和重量都较大，安装维修不方便。

(3) 辊式碎石机和锤式碎石机。辊式碎石机是用两个相对转动的滚轴轧碎石块，锤式碎石机是用带锤子的圆盘在回转时击碎石块，适用于破碎软的和脆的岩石，常担任骨料细碎任务。

2. 筛分与冲洗

9－1 骨料筛分机械【图片】

筛分是将天然或人工的混合砂石料，按粒径大小进行分级。冲洗是在筛分过程中清除骨料中夹杂的泥土。骨料筛分作业的方法有机械和人工两种。大中型工程一般采用机械筛分。机械筛分的筛网多用高碳钢条焊接成方筛孔，筛孔边长分别为 112mm、75mm、38mm、19mm、5mm，可以筛分 120mm、80mm、40mm、20mm、5mm 的各级粗骨料，当筛网倾斜安装时，为保证筛分粒径，尚需将筛孔尺寸适当加大。

(1) 偏心轴振动筛。又称为偏心筛，其构造如图 9－4 所示。它主要由固定机架、活动筛架、筛网、偏心轴及电动机等组成。筛网的振动是利用偏心轴旋转时的惯性作用，偏心轴安装在固定机架上的一对滚珠轴承中，由电动机通过皮带轮带动，可在轴承中旋转。活动筛架通过另一对滚珠轴承悬装在偏心轴上。筛架上装有两层不同筛孔的筛网，可筛分三级不同粒径的骨料。偏心筛适用于筛分粗、中颗粒，常担任第一道筛分任务。

(2) 惯性振动筛。又称为惯性筛，其构造如图 9－5 所示。它的偏心轴（或带偏心块的旋转轴）安装在活动筛架上，筛架与固定机架之间用板簧相连。筛网振动靠的是筛架上偏心轴的惯性作用。

惯性筛的特点是弹性振动，振幅小，随来料多少而变化，容易因来料过多而堵塞

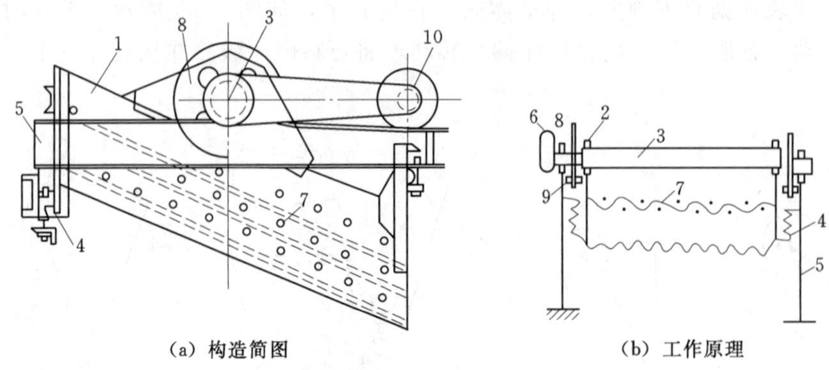

图 9-4 偏心轴振动筛

1—活动筛架；2—筛架上的轴承；3—偏心轴；4—弹簧；5—固定机架；6—皮带轮；7—筛网；8—平衡轮；9—平衡块；10—电动机

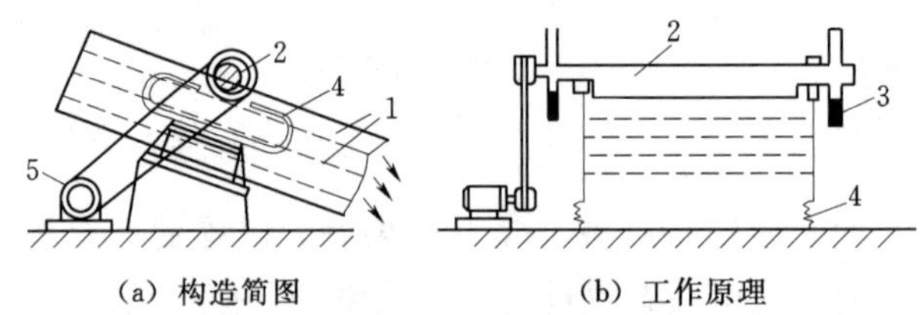

图 9-5 惯性振动筛

1—筛架；2—筛架上的偏心轴；3—调整振幅用的配重盘；4—消振板簧；5—电动机

筛孔，故要求来料均匀。它适用于中、细颗粒筛分。

(3) 自定中心筛。是惯性筛上的一种改进形式。它在偏心轴上配偏心块，使之与轴偏心距方向相差 180°，还在筛架上另设皮带轮工作轴（中心线）。工作时向上和向下的离心力保持动力平衡，工作轴位置基本不变。皮带轮只做回转运动，传给固定机架的振动力较小，皮带轮也不容易打滑和损坏。这种筛因皮带轮中心基本不变，故称为自定中心筛。

在筛分的同时，一般通过筛网上安装的几排带喷水孔的压力水管，不断对骨料进行冲洗，冲洗水压应大于 0.2MPa。

在骨料筛分过程中，由于筛孔偏大，筛网磨损、破裂等因素，往往产生超径骨料，即下一级骨料中混入的上一级粒径的骨料。相反，由于筛孔偏小或堵塞、喂料过多、筛网倾角过大等因素，往往产生逊径骨料，即上一级骨料中混入的下一级粒径的骨料。超径和逊径骨料的百分率（按重量计）是筛分作业的质量控制指标。要求超径石不大于 5%，逊径石不大于 10%。

3. 制砂

粗骨料筛洗后的砂水混合物进入沉砂池（箱），泥浆和杂质通过沉砂池（箱）上的溢水口溢出，较重的砂颗粒沉入底部，通过洗砂设备即可制砂。常用的洗砂设备是螺旋洗砂机，其结构如图 9-6 所示。它是一个倾斜安放的半圆形洗砂槽，槽内装有

1～2 根附有螺旋叶片的旋转主轴。斜槽以 18°～20°的倾斜角安放，低端进砂，高端进水。由于螺旋叶片的旋转，使被洗的砂受到搅拌，并移向高端出料口，洗涤水则不断从高端通入，污水从低端的溢水口排出。

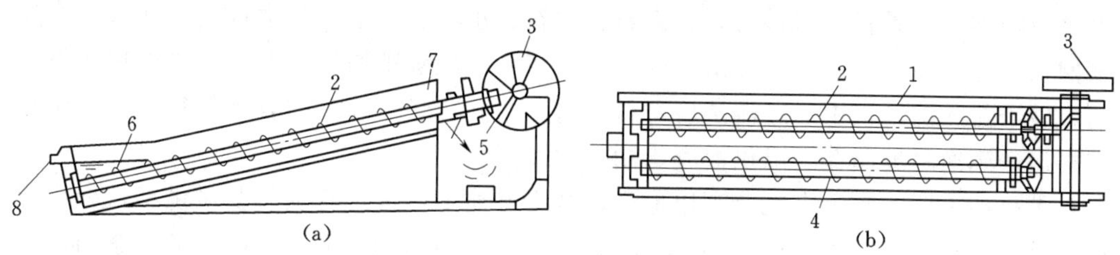

图 9-6　螺旋洗砂机

1—洗砂槽；2—带螺旋叶片的旋转轴；3—驱动机构；4—螺旋叶片；5—皮带机（净砂出口）；6—加料口；7—清水注入口；8—污水溢水口

当天然砂数量不足时，可采用棒磨机制备人工砂。将小石投入装有钢棒的棒磨机滚筒内，靠滚筒旋转带动钢棒挤压小石而成砂。

（二）骨料加工厂

把骨料破碎、筛分、冲洗、运输和堆放等一系列生产过程集中布置，称为骨料加工厂。当采用天然骨料时，加工的主要作业是筛分和冲洗；当采用人工骨料时，主要作业是破碎、筛分、冲洗和棒磨制砂。

大中型工程常设置筛分楼，利用楼内安装的 2～4 套筛、洗机械，专门对骨料进行筛分和冲洗的联合作业，其设备布置和工艺流程如图 9-7 所示。

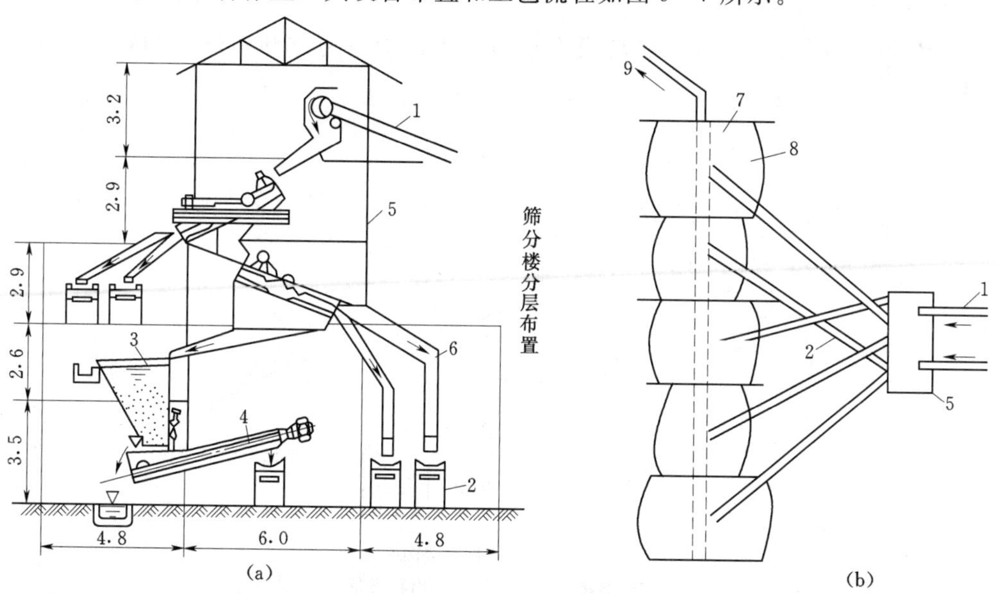

图 9-7　筛分楼布置示意图（尺寸：m；料径：mm）

1—进料皮带机；2—出料皮带机；3—沉砂箱；4—洗砂机；5—筛分楼；6—溜槽；7—隔墙；8—成品料堆；9—成品料堆

进入筛分楼的砂石混合料，首先经过预筛分，剔出粒径大于150mm（或120mm）的超径石。经过预筛分运来的砂石混合料，由皮带机输送至筛分楼，再经过两台筛分机筛分和冲洗，四层筛网（一台筛分机设有两层不同筛孔的筛网）筛出了五种粒径不同的骨料，即特大石、大石、中石、小石、砂子，其中特大石在最上一层筛网上不能过筛，首先被筛分出，砂子、淤泥和冲洗水则通过最下一层筛网进入沉砂箱，砂子落入洗砂机中，经淘洗后可得到清洁的砂。经过筛分的各级骨料，分别由皮带机运送到净料堆储存，以供混凝土制备的需要。

9-2 贵州乌江渡人工砂石料生产系统【图片】

9-3 五强溪水电站人工砂石生产系统【图片】

骨料加工厂的布置应充分利用地形，减少基建工程量。有利于及时供料，减少弃料。成品获得率高，通常要求达到85%～90%。当成品获得率低时，应考虑利用弃料二次破碎，构成闭路生产循环。在粗碎时多为开路，在中、细碎时采用闭路循环。骨料加工厂振动声响特别大，应减小噪声，改善劳动条件。筛分楼的布置常用皮带机送料上楼，经两道振动筛筛分出五种级配骨料，砂料则经沉砂箱和洗砂机清洗为成品砂料，各级骨料由皮带机送至成品料堆堆存。骨料加工厂宜尽可能靠近混凝土系统，以便共用成品堆料场。

9-4 向家坝电站骨料加工厂皮带运输分级堆放【图片】

二、骨料的堆存

骨料堆存分毛料堆存与成品堆存两种。毛料堆存的作用是调节毛料开采、运输、与加工之间的不均衡性；成品堆存的作用是调节成品生产、运输和混凝土拌和之间的不均衡性，保证混凝土生产对骨料的需要。

9-5 骨料横向堆放【图片】

（一）骨料堆存方式

1. 台阶式料仓

如图9-8所示，在料仓底部设有出料廊道，骨料通过卸料闸门卸在皮带机上运出。

9-6 骨料纵向堆放【图片】

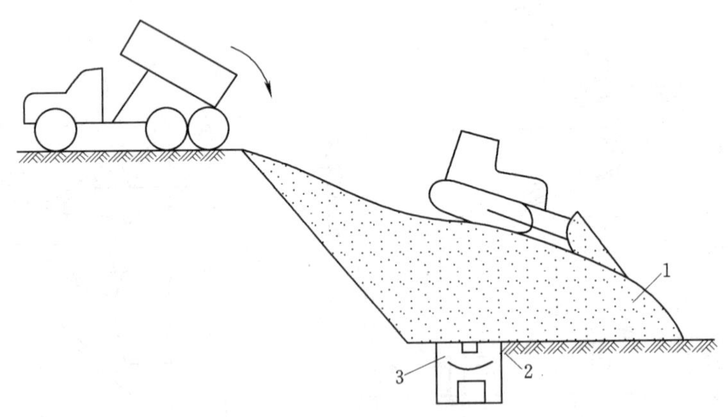

图9-8 台阶式料仓

1—料堆；2—廊道；3—出料皮带

2. 堆料机料仓

如图9-9和图9-10所示，采用双悬臂或动臂堆料机沿土堤上铺设的轨道行驶，沿程向两侧卸料。

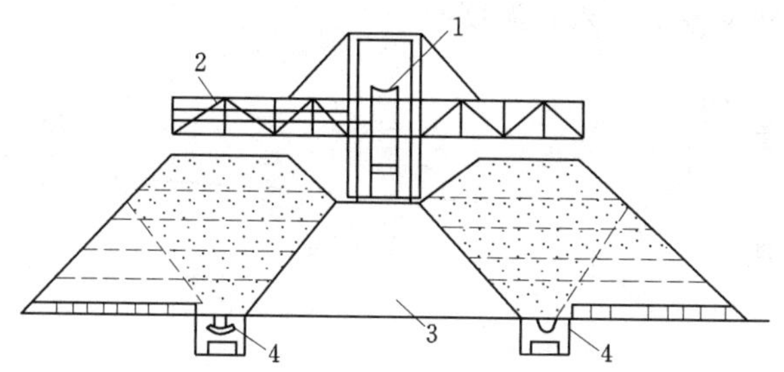

图 9－9　双悬臂堆料机

1—进料皮带；2—梭式皮带；3—土堤；4—出料皮带

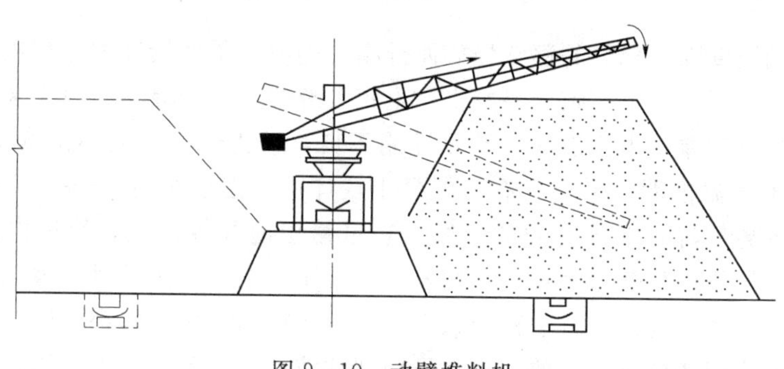

图 9－10　动臂堆料机

（二）骨料堆存中的质量控制

料堆底部的排水设施应保持完好，尽量使砂子在进入拌和楼前表面含水率降低在5％以下，但又保持一定湿度。尽量减少骨料的转运次数和降低自由跌落高度（一般应控制在3m以内），跌差过大，应辅以梯式或螺旋式缓降器卸料，以防骨料分离和逊径含量过高。

第二节　大体积混凝土温度控制

《大体积混凝土施工标准》（GB 50496—2018）中大体积混凝土定义为：混凝土结构物实体最小几何尺寸不小于1m的大体量混凝土，或预计会因混凝土中胶凝材料水化引起的温度变化和收缩而导致有害裂缝产生的混凝土。大体积混凝土温控的基本目的是防止混凝土发生温度裂缝，以保证建筑物的整体性和耐久性。温控和防裂的主要措施有降低混凝土水化热温升、降低混凝土浇筑温度、混凝土人工冷却散热和表面保护等。

一、混凝土温度变化过程

水泥在凝结硬化过程中，会放出大量的水化热。水泥在开始凝结时放热较快，以后逐渐变慢，普通水泥最初3d放出的总热量占总水化热的50％以上。水泥水化热与龄期的关系曲线如图 9－11 所示。图中 Q_0 为水泥的最终发热量（J/kg），其中 m 为系数，它与水泥品种及混凝土入仓温度有关。

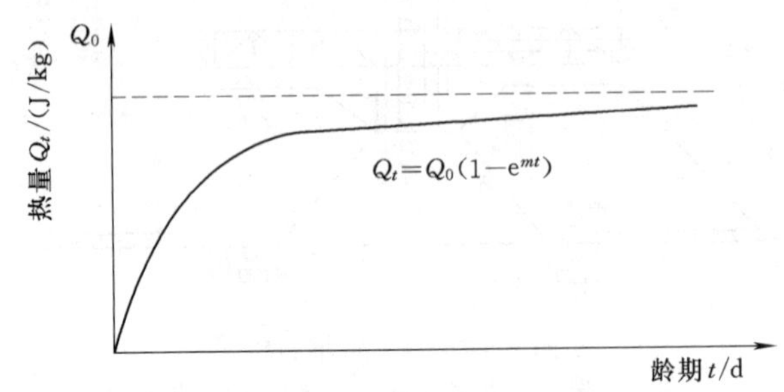

图 9－11 水泥水化热与龄期关系曲线

混凝土的温度随水化热的逐渐释放而升高，当散热条件较好时，水化热造成的最高温度升高值并不大，也不致使混凝土产生较大裂缝。而当混凝土的浇筑块尺寸较大时，其散热条件较差，由于混凝土导热性能不良，水化热基本上都积蓄在浇筑块内，从而引起混凝土温度明显升高，有时混凝土块体中部温度可达 60～80℃。由于混凝土温度高于外界气温，随着时间的延续，热量慢慢向外界散发，块体内温度逐渐下降。这种自然散热过程甚为漫长，大约要经历几年以至几十年的时间水化热才能基本消失。此后，块体温度即趋近于稳定状态。在稳定期内，坝体内部温度基本稳定，而表层混凝土温度则随外界温度的变化而呈周期性波动。由此可见，大体积混凝土温度变化一般经历升温期、冷却期和稳定期三个时期（图 9－12）。

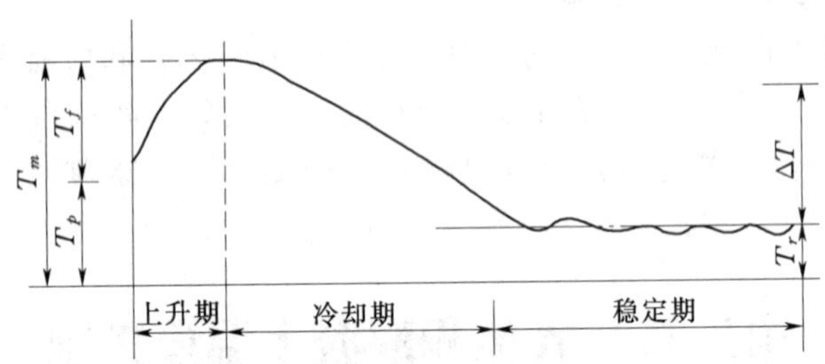

图 9－12 大体积混凝土温度变化过程

由图 9－12 可知

$$\Delta T=T_m-T_f=T_p+T_r-T_f$$

由于稳定温度 T_f 值变化不大，所以要减少温差，就必须采取措施降低混凝土入仓温度 T_p 和混凝土的最大温升 T_r。

二、温度应力与温度裂缝

混凝土温度的变化会引起混凝土体积变化，即温度变形。而温度变形一旦受到约束不能自由伸缩时，就必然引起温度应力。若为压应力，通常无大的危害；若为拉应力，当超过混凝土抗拉强度极限时，就会产生温度裂缝，如图 9－13 所示。

1. 表面裂缝

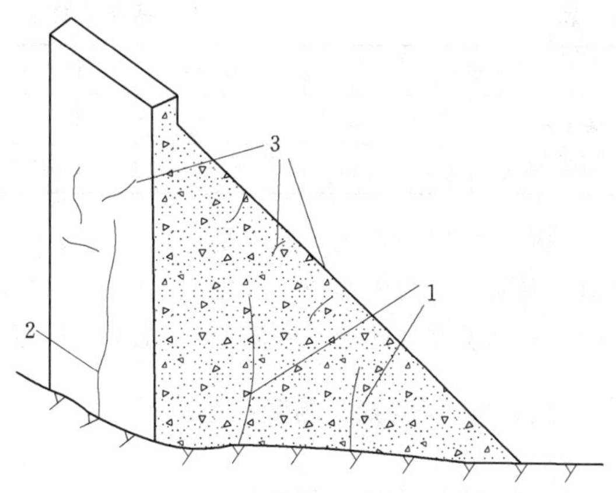

图 9-13　混凝土坝裂缝形式
1—贯穿裂缝；2—深层裂缝；3—表面裂缝

大体积混凝土结构块体各部分由于散热条件不同，温度也不同，块体内部散热条件差，温度较高，持续时间也较长；而块体外表由于和大气接触，散热方便，冷却迅速。当表面混凝土冷却收缩时，就会受到内部尚未收缩的混凝土的约束产生表面温度拉应力，当它超过混凝土的抗拉极限强度时，就会产生裂缝。

一般表面裂缝方向不规则，数量较多，但短而浅，深度小于 1m，缝宽小于 0.5mm。有的后来还会随着坝体内部温度降低而自行闭合，因而对一般结构威胁较小。但在混凝土坝体上游面或其他有防渗要求的部位，表面裂缝形成了渗透途径，在渗水压力作用下，裂缝易于发展；在基础部位，表面裂缝还可能与其他裂缝相连，发展成为贯穿裂缝。这些对建筑物的安全运行都是不利的，因此必须采取一些措施，防止表面裂缝的产生和发展。

防止表面裂缝的产生，最根本的是把内外温差控制在一定范围内。防止表面裂缝还应注意防止混凝土表面温度骤降（冷击）。冷击主要是冷风寒潮袭击和低温下拆模引起的，这时会形成较大的内外温差，最容易发生表面裂缝。因此在冬季不要急于拆模，对新浇混凝土的表面，当温度骤降前应进行表面保护。表面保护措施可采用保温模板、挂保温泡沫板、喷水泥珍珠岩、挂双层草垫等。

2. 深层裂缝和贯穿裂缝

混凝土凝结硬化初期，水化热使混凝土温度升高，体积膨胀，基础部位混凝土由于受基岩的约束，不能自由变形而产生压应力，但此时混凝土塑性较大，所以压应力很低。随着混凝土温度的逐渐下降，体积也随之收缩，这时混凝土已硬化，并与基础岩石黏结牢固，受基础岩石的约束不能自由收缩，而使混凝土内部除抵消了原有的压应力外，还产生了拉应力，当拉应力超过混凝土的抗拉极限强度时，就产生裂缝。裂缝方向大致垂直于岩面，自下而上开展，缝宽较大（可达 1～3mm），延伸长，切割深（缝深可达 3～5m 以上），称为深层裂缝。当平行坝轴线出现时，常常贯穿整个坝段，则称为贯穿裂缝。

基础贯穿裂缝对建筑物安全运行是很危险的，因为这种裂缝发生后，就会把建筑物分割成独立的块体，使建筑物的整体性遭到破坏，坝内应力发生不利变化，特别对于大坝上游坝踵处将出现较大的拉应力，甚至危及大坝安全。

防止产生基础贯穿裂缝，关键是控制混凝土的温差，通常基础容许温差的控制范围见表 9-1。

表 9-1　　基础容许温差 ΔT　　单位：℃

浇筑块边长 L/m		<16	17～20	21～30	31～40	通仓长块
离基础面高度 h/m	0～0.2L	26～25	24～22	22～19	19～16	16～14
	(0.2～0.4)L	28～27	26～25	25～22	22～19	19～17

混凝土浇筑块经过长期停歇后，在长岭期老混凝土上浇筑新混凝土时，老混凝土也会对新混凝土起约束作用，产生温度应力，可能导致新混凝土产生裂缝，所以新老混凝土间的内部温差（即上下层温差），也必须进行控制，一般允许温差为15～20℃。

三、大体积混凝土温度控制的措施

（一）减少混凝土发热量

9-11 人工仓面喷雾降温养护【图片】

1. 采用低热水泥

采用水化热较低的普通大坝水泥、矿渣大坝水泥及低热膨胀水泥。

2. 降低水泥用量

（1）掺混合材料。

（2）调整骨料级配，增大骨料粒径。

（3）采用低流态混凝土或无坍落度干硬性贫混凝土。

（4）掺外加剂（减水剂、加气剂）。

（5）其他措施：如采用埋石混凝土，坝体分区使用不同强度等级的混凝土，利用混凝土的后期强度。

9-12 喷雾机喷雾降温养护【图片】

（二）降低混凝土的入仓温度

1. 料场措施

（1）加大骨料堆积高度。

（2）地弄取料。

（3）搭盖凉棚。

（4）喷水雾降温（石子）。

9-13 铺设冷却水管【图片】

2. 冷水或加冰拌和

3. 预冷骨料

（1）水冷。如喷水冷却和浸水冷却。

（2）气冷。在供料廊道中通冷气。

9-14 混凝土内预埋水管通水冷却【图片】

（三）加速混凝土散热

1. 表面自然散热

采用薄层浇筑，浇筑层厚度采用3～5m，在基础地面或老混凝土面上可以浇1～2m的薄层，上、下层间歇时间宜为5～10d。浇筑块的浇筑顺序应间隔进行，尽量延长两相邻块的间隔时间，以利侧面散热。

9-15 第九章第二节测试题【测试题】

2. 人工强迫散热——埋冷却水管

利用预埋的冷却水管通低温水以散热降温。冷却水管的作用如下：

（1）一期冷却。混凝土浇后立即通水，以降低混凝土的最高温升。

（2）二期冷却。在接缝灌浆时将坝体温度降至灌浆温度，扩张缝隙以利灌浆。

第三节　普通混凝土坝施工

一、混凝土坝的分缝与分块

1. 分缝分块原则

（1）根据结构特点、形状及应力情况进行分层分块，避免在应力集中、结构薄弱部位分缝。

（2）采用错缝分块时，必须采取措施防止竖直施工缝张开后向上向下继续延伸。

（3）分层厚度应根据结构特点和温度控制要求确定。基础约束区一般为1～2m，约束区以上可适当加厚；墩墙侧面可散热，分层也可厚些。

（4）应根据混凝土的浇筑能力和温度控制要求确定分块面积的大小。块体的长宽比不宜过大，一般以小于2.5∶1为宜。

（5）分层分块均应考虑施工方便。

2. 混凝土坝的分缝分块方式

混凝土坝的浇筑块是用垂直于坝轴线的横缝和平行于坝轴线的纵缝以及水平缝划分而成的。分缝方式有垂直纵缝法、错缝法、斜缝法、通仓浇筑法等，如图9-14和图9-15所示。

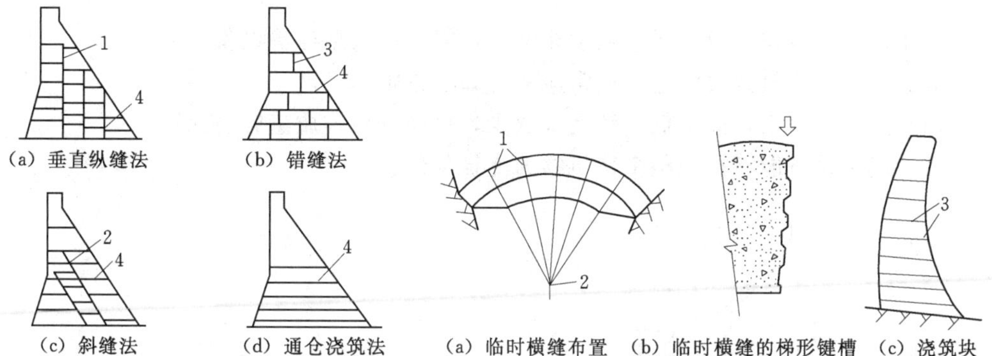

图9-14　混凝土坝的分缝分块

1—纵缝；2—斜缝；3—错缝；4—水平缝

图9-15　拱坝浇筑的分缝分块

1—临时横缝；2—拱心；3—水平缝

（1）垂直纵缝法。用垂直纵缝把坝段分成独立的柱状体，因此又叫柱状分块。它的优点是温度控制容易，混凝土浇筑工艺较简单，各柱状块可分别上升，彼此干扰小，施工安排灵活。但为保证坝体的整体性，必须进行接缝灌浆；模板工作量大，施工复杂。纵缝间距一般为20～40m，以便降温后接缝有一定的张开度，便于接缝灌浆。

9-16
键槽
【图片】

为了传递剪应力的需要，在纵缝面上设置键槽，并需要在坝体到达稳定温度后进行接缝灌浆，以增加其传递剪应力的能力，提高坝体的整体性和刚度。

(2) 斜缝法。一般只在中低坝采用，斜缝一般沿平行于坝体第二主应力方向设置，缝面剪应力很小，只要设置缝面键槽不必进行接缝灌浆，斜缝法往往是为了便于坝内埋管的安装，或利用斜缝形成临时挡洪面。但斜缝法施工干扰大，斜缝顶并缝处容易产生应力集中，斜缝前后浇筑块的高差和温差需严格控制，否则会产生很大的温度应力。

9-17
混凝土浇筑竖缝分块
【图片】

(3) 通缝法。通缝法即通仓浇筑法，它不设纵缝，混凝土浇筑按整个坝段分层进行；一般不需埋设冷却水管。同时由于浇筑仓面大，便于大规模机械化施工，简化了施工程序，特别是大量减少模板作业工作量，施工速度快，但因其浇筑块长度大，容易产生温度裂缝，所以温度控制要求比较严格。

二、混凝土的拌和

由于混凝土方量较大，混凝土坝施工一般采用混凝土拌和楼生产混凝土。

9-18
拌和系统工艺图
【图片】

搅拌机仅仅是对原材料进行搅拌，而从原材进入、储存、混凝土搅拌、输出配料等一系列工序，要由混凝土工厂来承担。立式布置的混凝土工厂在我国习惯上叫搅拌（拌和）楼，水平布置的叫搅拌（拌和）站。搅拌站可以是固定式或移动式。搅拌楼可以有很多种类，主要有周期式生产和连续式两大类，均可配置自落式和强制式搅拌机，按楼、站设置。主机的台数、布置方式、结构形式、是否进行预冷和隔热、进出料方式和方向，可以根据需要设计配置，如图 9-16 和图 9-17 所示。

9-19
拌和系统 1
【图片】

三、混凝土的运输

由于混凝土运输方量和运输强度非常大，需采用大型运输设备。

混凝土运输浇筑方案的选择通常应考虑如下原则：

(1) 运输效率高，成本低，转运次数少，不易分离，质量容易保证。

(2) 起重设备能够控制整个建筑物的浇筑部位。

9-20
拌和系统 2
【图片】

9-21
骨料预冷系统【图片】

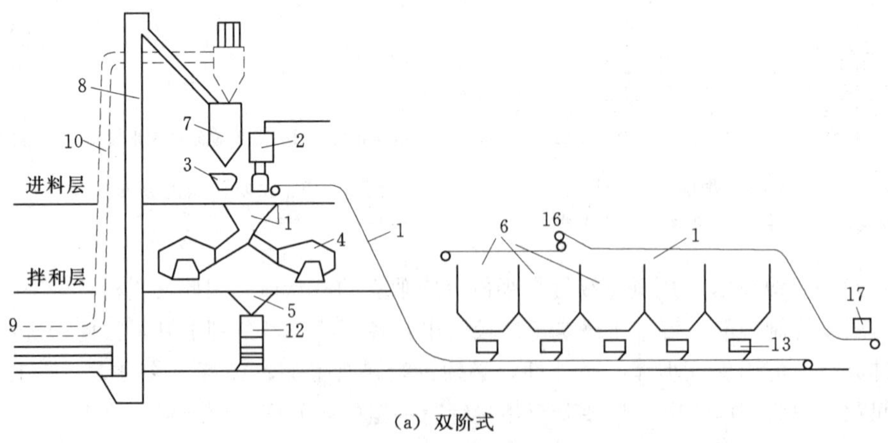

(a) 双阶式

图 9-16（一） 混凝土搅拌楼布置

9-22
拌和楼
【视频】

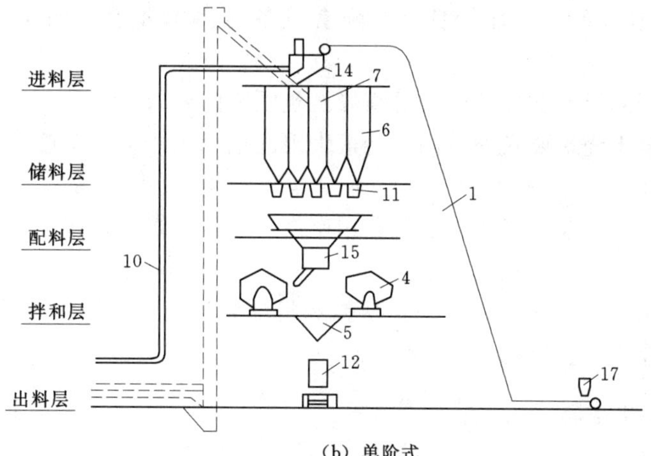

(b) 单阶式

图 9-16（二）　混凝土搅拌楼布置

1—皮带机；2—水箱及量水器；3—水泥料斗及磅秤；4—搅拌机；5—出料斗；6—骨料仓；7—水泥仓；8—斗式提升机；9—螺旋输送机；10—风动水泥管道；11—骨料斗；12—混凝土吊罐；13—配料器；14—回转漏斗；15—回转式喂料器；16—卸料小车；17—进料斗

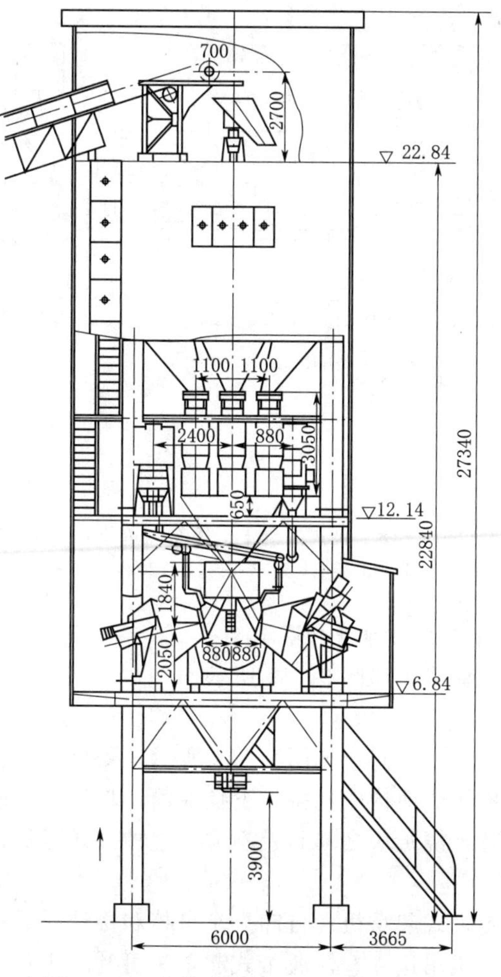

图 9-17　自落式搅拌楼（单位：mm）

（3）主要设备型号单一，性能良好，配套设备能使主要设备的生产能力充分发挥。

（4）在保证工程质量的前提下能满足高峰浇筑强度的要求。

（5）除满足混凝土浇筑要求外，同时能最大限度地承担模板、钢筋、金属结构及仓面小型机具的吊运工作。

（6）在工作范围内能连续工作，设备利用率高，不压浇筑块，或不因压块而延误浇筑工期。

混凝土运输包括两个运输过程：一是从拌和机前到浇筑仓前，主要是水平运输；二是从浇筑仓前到仓内，主要是垂直运输。

（一）混凝土水平运输

1. 轨道式料罐车

有轨料罐车均为侧卸式，大多采用传统的柴油机车牵引。图 9－18 为有轨牵引侧卸式混凝土运输车。

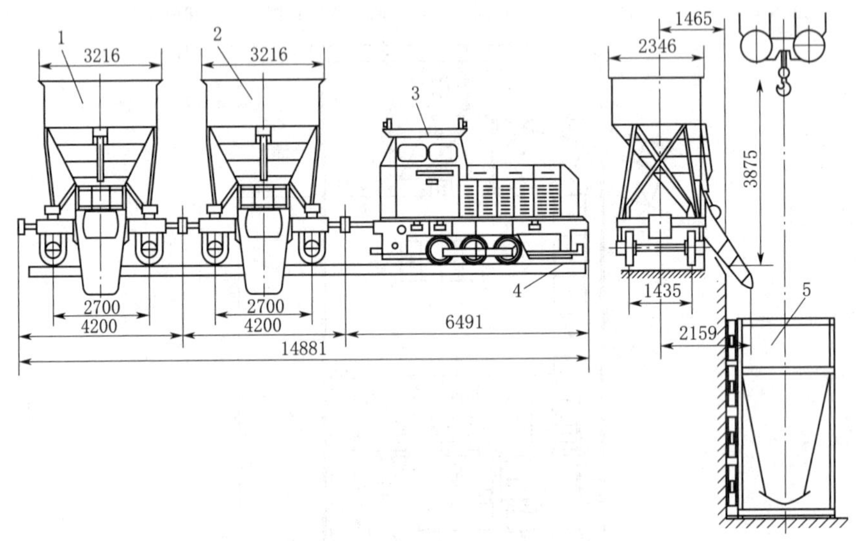

图 9－18　轨式混凝土运输车（单位：mm）

1—Ⅰ号混凝土运输车；2—Ⅱ号混凝土运输车；3—JM150 内燃机车；4—钢轨；5—缆机吊罐

2. 无轨的轮胎自行式侧向卸料料罐车

无轨的轮胎自行式料罐车如图 9－19 所示。

3. 自卸汽车运输

（1）自卸汽车—栈桥—溜筒。如图 9－20 所示，用组合钢筋柱或预制混凝土柱作立柱，用钢轨梁和面板作桥面构成栈桥，下挂溜筒，自卸汽车通过溜筒入仓。它要求坝体能比较均匀地上升，浇筑块之间高差不大。这种方式可从拌和楼一直运至栈桥卸料，生产率高。

（2）自卸汽车—履带式起重机。自卸汽车自拌和楼受料后运至基坑后转至混凝土卧罐，再用履带式起重机吊运入仓。履带式起重机可利用土石方机械改装。

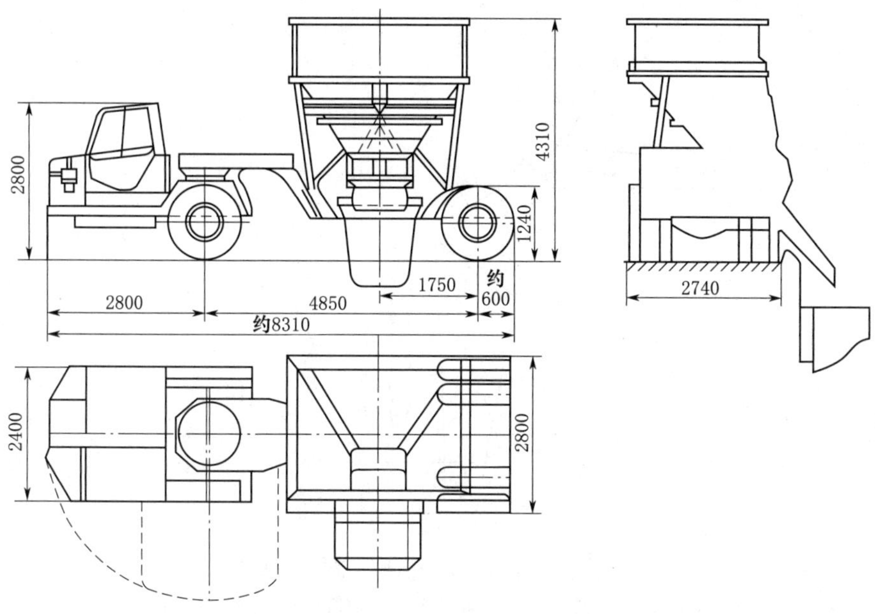

图 9-19　轮式侧卸式混凝土运输车（单位：mm）

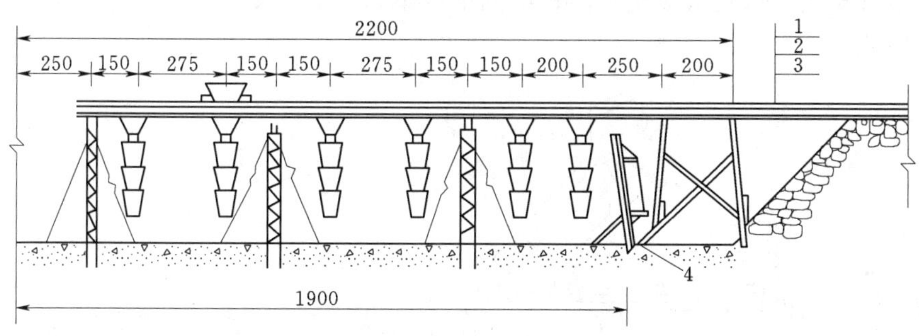

图 9-20　自卸汽车—栈桥入仓（单位：mm）

1—护轮木；2—木板；3—钢轨；4—模板

(3) 自卸汽车—溜槽（溜筒）。自卸汽车转溜槽（溜筒）入仓适用于狭窄、深塘混凝土回填。斜溜槽的坡度一般在 1∶1 左右，混凝土的坍落度一般为 6cm 左右。每道溜槽控制的浇筑宽度 5～6m（图 9-21）。

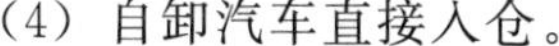

(4) 自卸汽车直接入仓。

1) 端进法。端进法是在刚捣实的混凝土面上铺厚 6～8mm 的钢垫板，自卸汽车在其上驶入仓内卸料浇筑，如图 9-22 所示。浇筑层厚度不超过 1.5m。端进法要求混凝土坍落度小于 3～4cm，最好是干硬性混凝土。

2) 端退法。自卸汽车在仓内已有一定强度的老混凝土面上行驶。汽车铺料与平仓振捣互不干扰，且因汽车卸料定点准确，平仓工作量也较小（图 9-23）。老混凝土的龄期应据施工条件通过试验确定。

用汽车运输凝土时，应遵守下列技术规定：装载混凝土的厚度不应小于 40cm，车箱应严密平滑，砂浆损失应控制在 1%以内；每次卸料，应将所载混凝土卸净，并

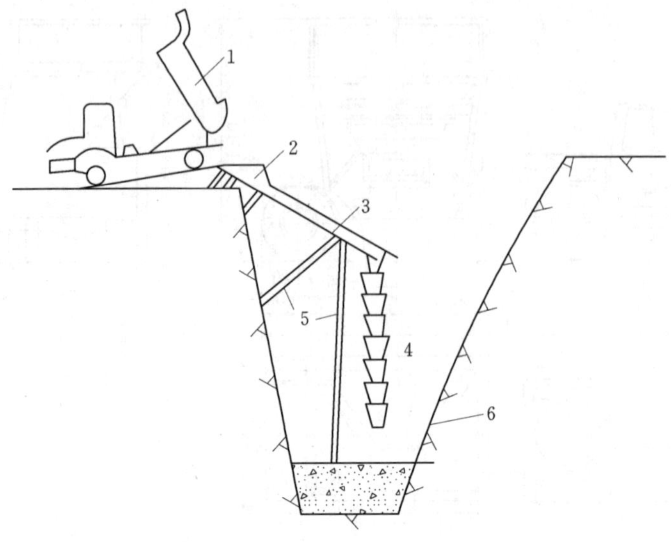

图 9-21 自卸汽车转溜槽（溜筒）入仓

1—自卸汽车；2—储料斗；3—斜溜槽；4—溜筒；5—支撑；6—基岩面

应及时清洗车箱，以免混凝土黏附；以汽车运输混凝土直接入仓时，应有确保混凝土质量的措施。

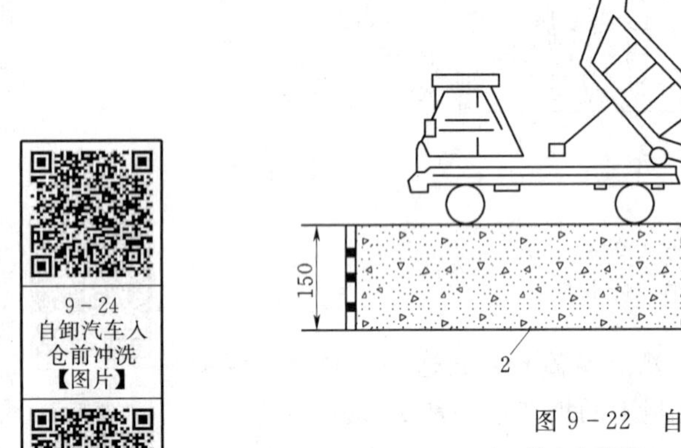

图 9-22 自卸汽车端进法（单位：cm）

1—新入仓混凝土；2—老混凝土面；3—振捣后的台阶

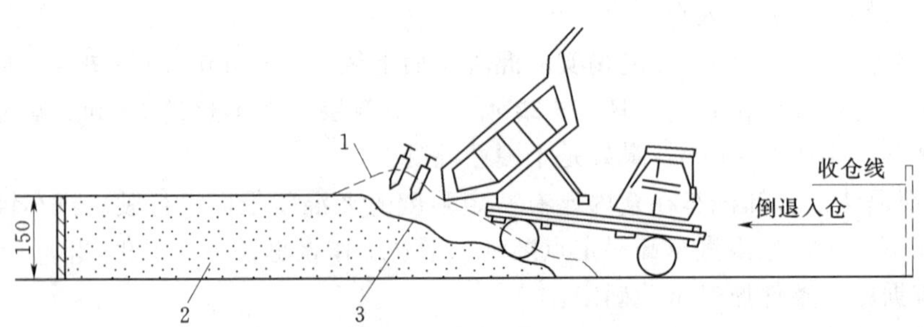

图 9-23 自卸汽车端退法入仓（单位：cm）

1—新入仓混凝土；2—老混凝土面；3—振捣后的台阶

4. 铁路运输

大型工程多采用铁路平台列车运输混凝土，以保证相当大的运输强度。

铁路运输常用机车拖挂数节平台列车，上放混凝土立式吊罐 2～4 个，直接到拌和楼装料。列车上预留 1 个罐的空位，以备转运时放置起重机吊回的空罐。这种运输方法有利于提高机车和起重机的效率，缩短混凝土运输时间，如图 9-24 所示。

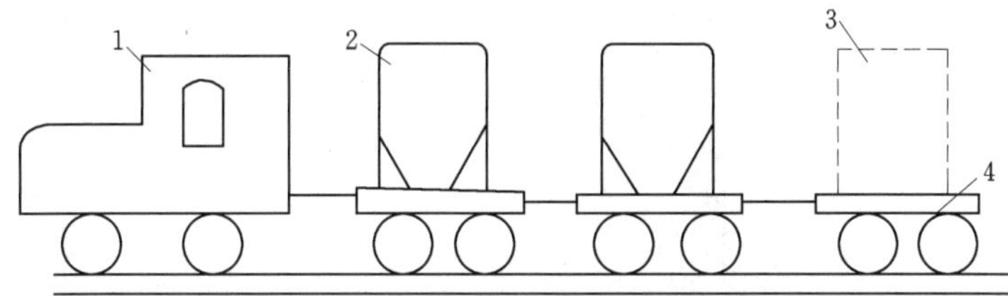

图 9-24　机车拖运混凝土立罐

1—机车；2—混凝土罐；3—放回空罐位置；4—平台车

(二) 混凝土垂直运输

1. 履带式起重机

履带式起重机多由开挖石方的挖掘机改装而成，直接在地面上开行，无须轨道。它的提升高度不大，控制范围比门机小。但起重量大、转移灵活、适应工地狭窄的地形，在开工初期能及早投入使用，生产率高。该机适用于浇筑高程较低的部位。

2. 门式起重机

门式起重机（门机）是一种大型移动式起重设备。它的下部为一钢结构门架，门架底部装有车轮，可沿轨道移动。门架下有足够的净空，能并列通行 2 列运输混凝土的平台列车。门架上面的机身包括起重臂、回转工作台、滑轮组（或臂架连杆）、支架及平衡重等。整个机身可通过转盘的齿轮作用，水平回转 360°。该机运行灵活、移动方便，起重臂能在负荷下水平转动，但不能在负荷下变幅。变幅是在非工作时，利用钢索滑轮组使起重臂改变倾角来完成的。图 9-25 为高架门机，起重高度可达 60～70m。

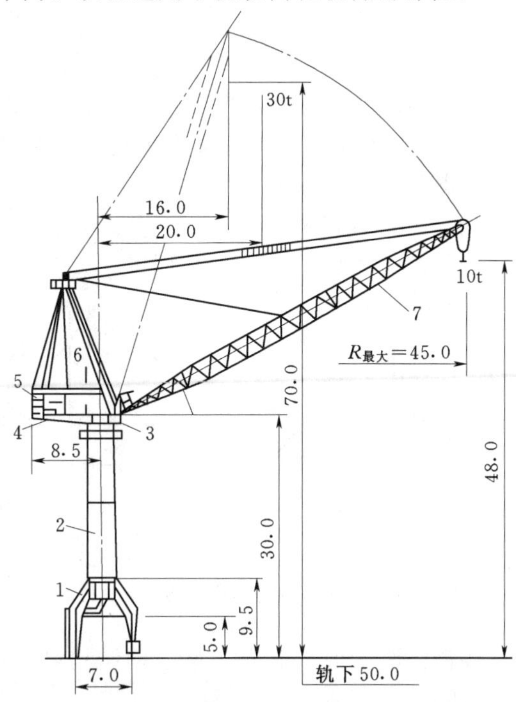

图 9-25　10/30t 高架门机（单位：m）

1—门架；2—圆筒形高架塔身；3—回转盘；4—机房；5—平衡重；6—操纵台；7—起重臂

3. 塔式起重机

塔式起重机（简称塔机）是在门架上装置高达数十米的钢架塔身，用以增加起吊高度。其起重臂多是水平的，起重小车钩可沿起重臂水平移动，用以改变起重幅度，如图 9-26 所示。

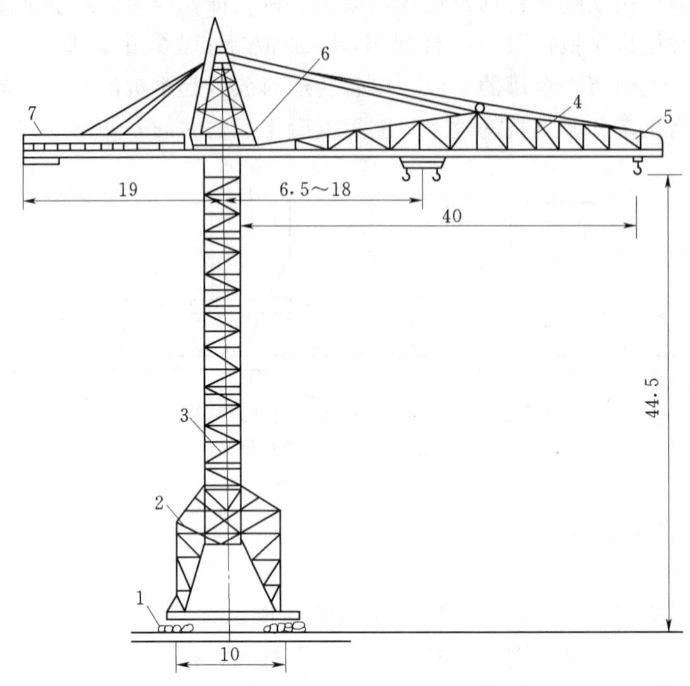

图 9-26　10/25t 塔式起重机（单位：m）

1—车轮；2—门架；3—塔身；4—伸臂；5—起重小车；6—回转塔架；7—平衡重

9-29
塔机
【图片】

为增加门机、塔机的控制范围和增大浇筑高度，为起重凝土运输提供开行线路，使之与浇筑工作面分开，常需布置栈桥。大坝施工栈桥的布置方式如图 9-27 所示。

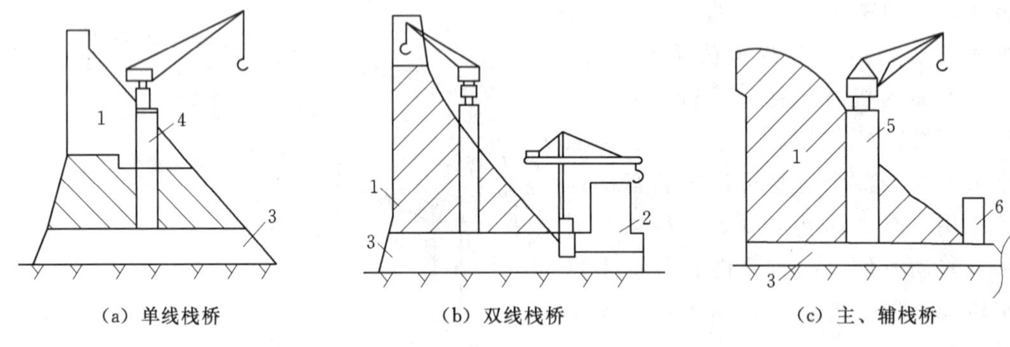

图 9-27　栈桥布置方式

1—坝体；2—厂房；3—由辅助浇筑方案完成的部位；4—分两次升高的栈桥；5—主栈桥；6—辅助栈桥

栈桥桥墩结构有混凝土墩、钢结构墩、预制混凝土墩块（用后拆除）等，如图 9-28 所示。

为节约材料，常把起重机安放在已浇筑的坝身混凝土上，即所谓“蹲块”来代替栈桥。随着坝体上升，分次倒换位置或预先浇好混凝土墩作为栈桥墩。

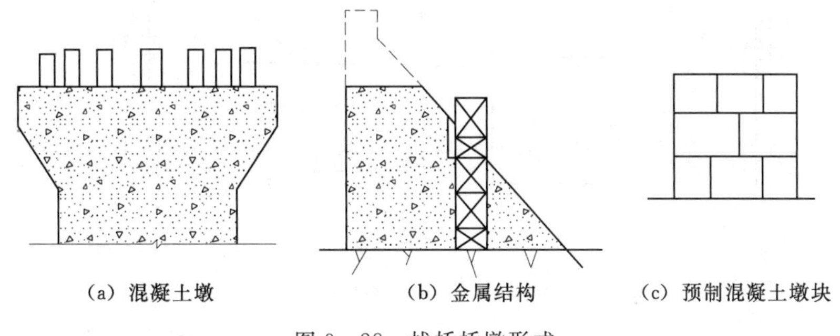

图 9-28 栈桥桥墩形式

9-30
单线栈桥
【图片】

9-31
双线栈桥
【图片】

9-32
多线多高层栈桥
【图片】

4. 缆式起重机

缆式起重机（简称缆机）由一套凌空架设的缆索系统、起重小车、主塔架、副塔架等组成，如图 9-29 所示。主塔内设有机房和操纵室，并用对讲机和工业电视与现场联系，以保证缆机的运行。

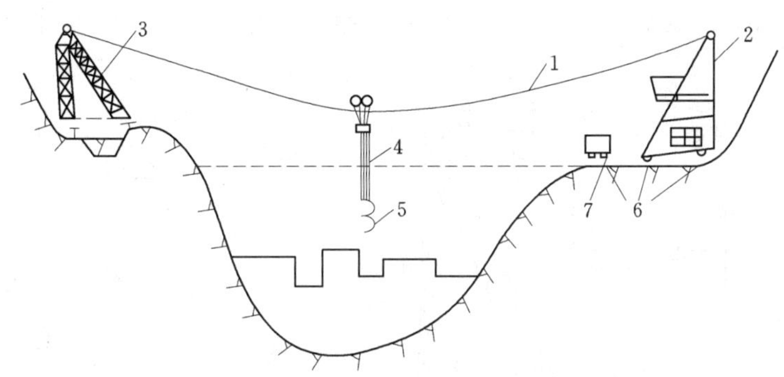

图 9-29 缆式起重机布置图

1—承重索；2—首塔；3—尾塔；4—起重索；5—吊钩；6—起重机轨道；7—混凝土运输车辆

缆索系统为缆机的主要组成部分，它包括承重索、起重索、牵引索和各种辅助索。承重索两端系在主塔和副塔的顶部，承受很大的拉力，通常用高强钢丝束制成，是缆索系统中的主起重索，垂直方向设置升降起重钩，牵引起重小车沿承重索移动。塔架为三角形空间结构，分别布置在两岸缆机平台上。

缆机的类型，一般按主、副塔的移动情况划分，有固定式、平移式和辐射式三种。

缆机适用于狭窄河床的混凝土坝浇筑，如图 9-30 所示。它不仅具有控制范围大、起重量大、生产率高的特点，而且能提前安装和使用，使用期长，不受河流水文条件和坝体升高的影响，对加快主体工程施工具有明显的作用。

缆机构造如图 9-31 所示。

5. 长臂反铲

应用长臂反铲作为混凝土浇筑入仓的手段是一种顺应市场经济要求而开发出的一种新的混凝土施工工艺。

在长臂反铲进行混凝土浇筑时，与其配套作业的机具除运输车辆外，还有专门为

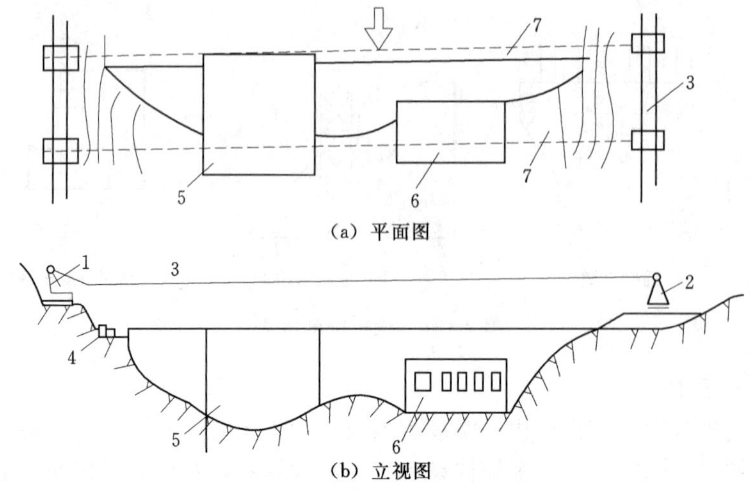

图 9-30 平行式缆机浇筑重力坝

1—首塔索；2—尾塔；3—轨道；4—混凝土运输车辆；5—溢流坝；6—厂房；7—控制范围

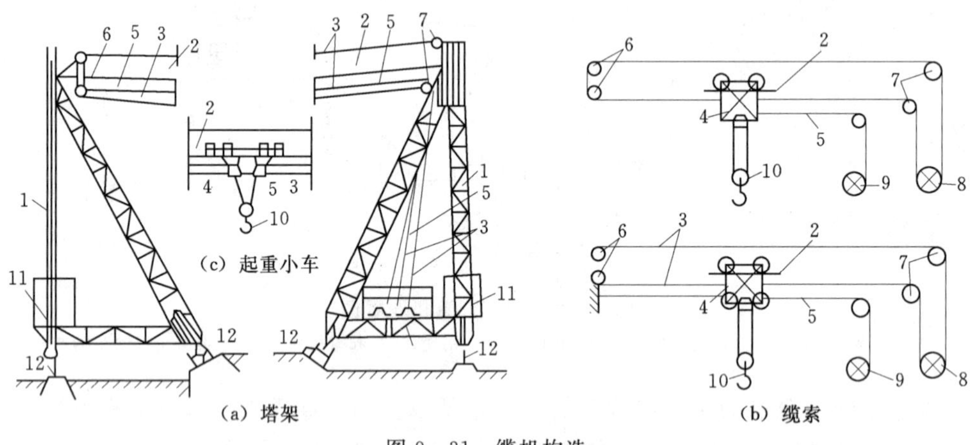

图 9-31 缆机构造

1—塔架；2—承重索；3—牵引索；4—起重小车；5—起重索；6、7—导向滑轮；
8—牵引绞车；9—起重卷扬机；10—吊钩；11—压重；12—轨道

其制作的骨料斗及设置的马道运输车辆通过特制的马道或临时铺筑的道路，将混凝土卸入安装好的、特制的骨料斗中，反铲在料斗中将混凝土挖运入仓，完成整个作业过程。

在应用长臂反铲进行混凝土浇筑中可根据不同的原则进行以下几种作业操作分类：

(1) 按混凝土作业中反铲与骨料斗的相对位置分。

1) 反铲与料斗同在一水平面上，这种形式作业时一般作业而较为开阔，反铲与料斗的摆放十分灵活。在浇好的混凝土面上进行作业时应注意不要将仓面污染，尽可能使用马道配合，料斗放置考虑反铲作业的便利情况一般不放得太远或太近。

2) 反铲在下、料斗在上，此种布置方式一般出现在下挖深度不是很大的结构物边角或是狭窄形结构物的基础仓位上，此种布置方式适应于两个基础面高差在反铲最大卸料范围内。在砂卵石地基上应用时，还应考虑足够的水平安全距离（一般在1.0m以上），作业时应设专人在料斗旁指挥反铲司机进行挖料作业，以防安全事故的发生。

3）反铲在上、料斗在下，这种操作方式一般出现在仓位低于开挖陡坎或分层分块浇筑时对较高层仓位浇筑中。要求陡坎或混凝土层面的高差在反铲最大挖掘深度范围内，否则则需要适当填筑以满足此要求，当高差过大时不宜采用反铲浇筑此种形式布置时，料斗在可能的情况下应尽量靠近陡坎或混凝土竖向分缝线。

（2）按反铲在仓位混凝土浇筑中的角色分。

1）一仓单机操作。当仓位被一台反铲就能全部覆盖时采用此法。一仓单机操作因无其他机械设备相互干扰而在施工中十分安全，但需注意地形所带来的不安全因素。

2）一仓多机操作。仓位面积大，必须用两台反铲联合作业才可将其完全覆盖时采用此法。这种操作方式应注意多机同时作业时避免机械设备相互碰撞的危险。

3）反铲配合传统机械设备浇筑混凝土。此种操作方式应用于仓位必须是由传统设备与反铲共同作业才能将仓面全部覆盖的浇筑中。操作中除防止机械在仓内相互碰撞外。同时，由于传统机械设备在混凝土浇筑中常常控制大部分混凝土的入仓作业，所以要十分注意反铲在仓位浇筑中的参与时间，保证反铲与传统设备在仓面收仓时尽可能的一致，以免造成混凝土冷缝的出现。

（3）反铲位置与仓面的关系。

1）反铲在仓外进行混凝土浇筑。这是反铲进行混凝土浇筑最常用的一种方式。此种方式是在混凝土浇筑中可以在仓面进行准备的情况下，使混凝土作业无间歇地进行，有利于保证混凝土的浇筑质量。

2）反铲入仓内进行混凝土浇筑。此种方式在仓位大机械少时采用，可大大提高反铲对仓位的覆盖能力。该方式是先将反铲开进仓位内进行浇筑，最后再开出来浇筑剩余的混凝土。采用此种方式应注意几个问题：一是反铲进仓前必须冲洗干净或采取有效措施对其行走路线进行保护，避免仓面二次污染；二是铺料在反铲出仓前需均匀合理，保证混凝土铺料面有足够的和易性；三是在反铲退出后进行仓位预留缺口的封堵工作要快，反铲出仓后的收仓工作要慢而均匀，防止冷仓、跑模等现象出现。

9-33 长臂反铲运输混凝土【图片】

（三）混凝土综合运输

1. 带式输送机

带式输送机由于其作业连续，输送能力大，设备轻，可以成层均匀布料，具有很高的性价比，对加快大坝混凝土施工，降低工程造价具有很大的意义。

（1）小型串联接力输送机系列。由多台串联的运输机组成，接力输送，一般采用铝合金机架，环形带，如图9-32所示为总体布置图。这种机型结构较简单，重量轻，可以用人工移位，适用于浇筑一般面积较小的混凝土结构物。

9-34 带式输送机【图片】

（2）回转式仓面布料浇筑机组。用于仓面浇筑的回转带式布料机，具有伸缩、俯

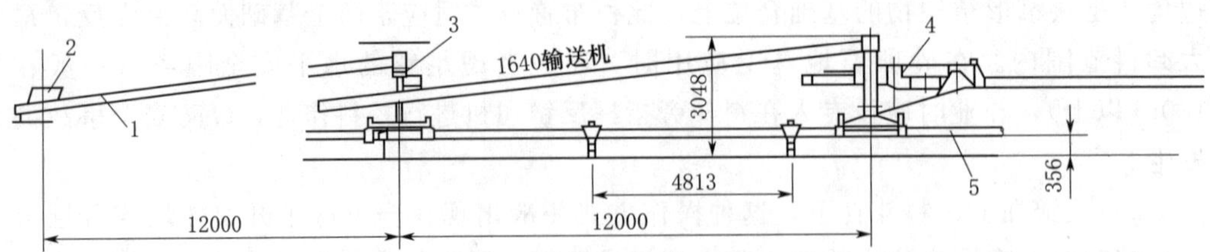

图 9-32 串联接力输送机系列安装图（单位：mm）

1—皮带输送机；2—受料斗；3—全回转移位支架；4—浇筑布料机；5—导轨

仰功能。一般采用环形带和铝合金机架，与供料带机组成一个系统。向上输送的最大倾角可达 25°，向下输送倾角可达 -10°，带宽有 457mm 和 610mm 两种，有立柱安装、支架安装及导轨安装 3 种方式。导轨安装时能沿导轨进行移位。立柱式可绕仓面立柱回转。65m×24m 型布料机可浇筑 40m×40m 的仓面。当需浇筑更长的坝块时，可用两台或多台布料机接力。立柱通常插在下层已浇混凝土的预留孔内，在待浇层的立柱外面用对开的预制混凝土管保护。新浇的混凝土块就以混凝土管为内模在仓内留下一个孔洞，作为上一个浇筑块的预留插孔。可以利用起重机将仓面布料机，从一个浇筑块转移另一浇筑块。仓面布料机的最大输送能力可达 276～420m^3/h，一般输送最大粒径达 80mm 的混凝土。仓面布料机的外形如图 9-33 所示。

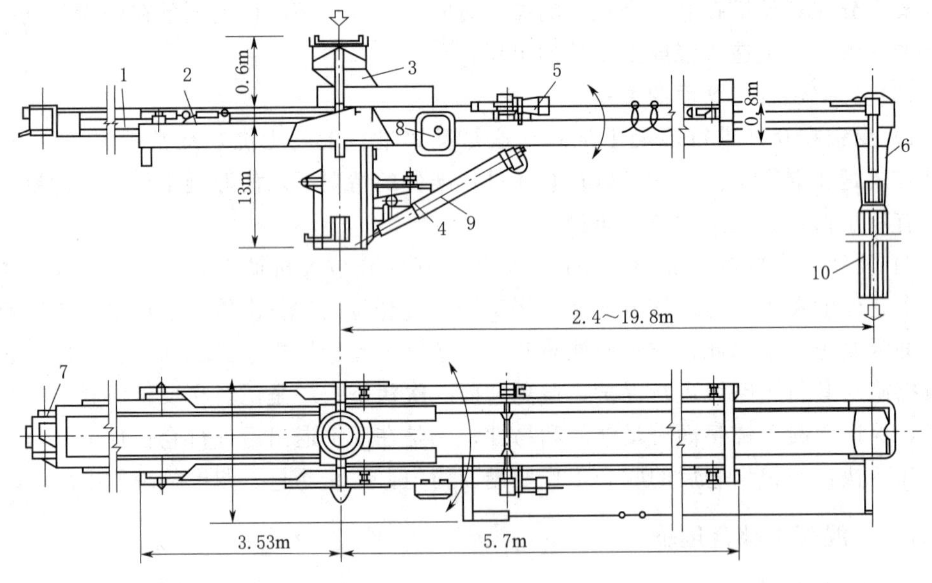

图 9-33 回转式仓面布料机

1—伸缩皮带输送机；2—机架；3—进料斗；5—回转机构；5—伸缩机构；6—出料斗；7—驱动电动机；8—电气控制箱；9—故障机构；10—出料橡胶管

(3) 自行式布料机。自行式布料机是安装在汽车、轮胎或履带起重机底盘上的布料设备，履带式布料机如图 9-34 所示，适合直接在干硬性混凝土表面边行走边布料。

图 9-34 履带式布料机

(4) 桥式布料机。桥式布料机用于道路施工中浇筑路面混凝土。有简单的铺料机，也有带全套刮平、振捣及辗实装置的“桥梁霸王机”。用钢轮在常规轨道上行走（水口的布料机是包胶轮和尼龙滑块移动），带有侧面卸料器、弹性悬挂的插入式振捣器、螺旋式整平器、平板振捣器及滚子压实器等部件，以保证浇筑的桥面和路面的混凝土质量，其最大路面浇筑宽度可达到 46m。

9-35 三峡工程塔带机 1【图片】

(5) 面板和斜坡布料机。布料机呈斜面布置，坡顶及坡脚各安装一根行走轨道，按斜面结构要求，设置一桁架梁，来支承斜向输送机及振捣、整平装置，在导轨上移动，以保证面板混凝土质量和外部体形尺寸。这种布料机最大斜面长度可达 46m，最大坡角 30°，混凝土布料能力 230m^3/h。

9-36 三峡工程塔带机 2【图片】

(6) 塔带式布料机。塔带机是专用于大型工程常态混凝土施工的主要设备。其基本形式是一台固定的水平臂塔机和两台悬吊在塔机臂架上的内外布料机组成的大型机械手，既有塔机的功能，又可借小车水平移动，吊钩的升降使臂架和内外布料机绕各自的关节旋转，由于布料机的俯仰，可在很大覆盖范围内实现水平和垂直输送混凝土，进行均匀成层布料。塔柱还可随坝面或附壁支点的升高而接高，因此也适于高坝施工。浇筑能力不受高程和水平距离的影响，始终保持高强度，这是传统的缆机和门塔机所作不到的，如图 9-35 和图 9-36 所示。

9-37 三峡二期混凝土浇筑上集【视频】

塔带机的操作室均装备有现代化的电气控制和无线电遥控设备及电话等通信工具，同时有模拟和数字指示卸料内外布料机的倾角、回转角度、侧向重力矩与带速以及具有自动停机的功能。这些设备为塔带机的运行提供了安全、可靠和良好的运行保证。

四、混凝土的平仓振捣

9-38 三峡二期混凝土浇筑下集【视频】

混凝土坝施工中混凝土的平仓振捣除采用常规的施工方法外，一些大型工程在无筋混凝土仓面常采用平仓振捣机作业，采用类似于推土机的装置进行平仓，采用成组的硬轴振捣器进行振捣，用以提高作业效率，如图 9-37 所示。

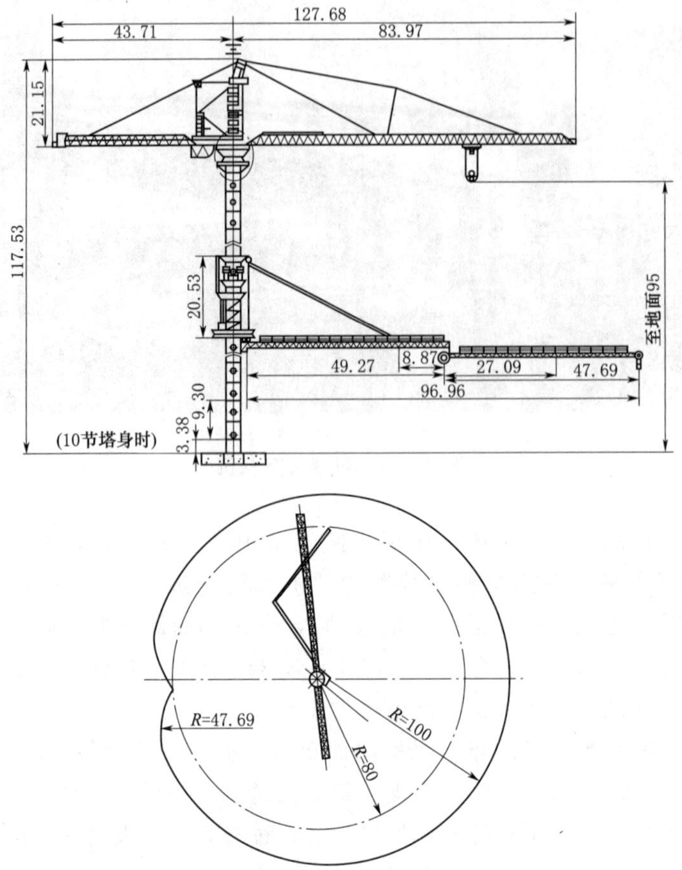

图 9-35 TC-2400 塔带机外形图（单位：m）

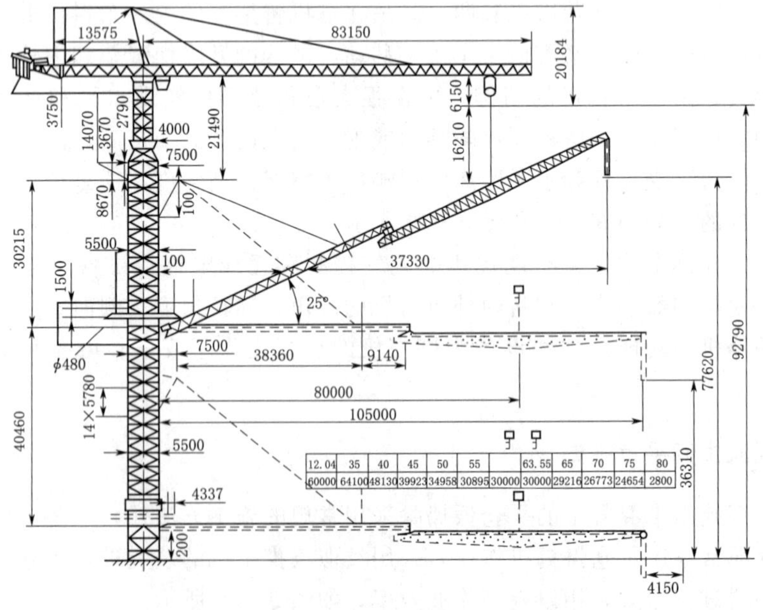

12.04	35	40	45	50	55		63.55	65	70	75	80
60000	64100	48130	39923	34958	30895	30000	30000	29216	26773	24654	2800

图 9-36（一） MD-2200 塔带机外形图（单位：mm）

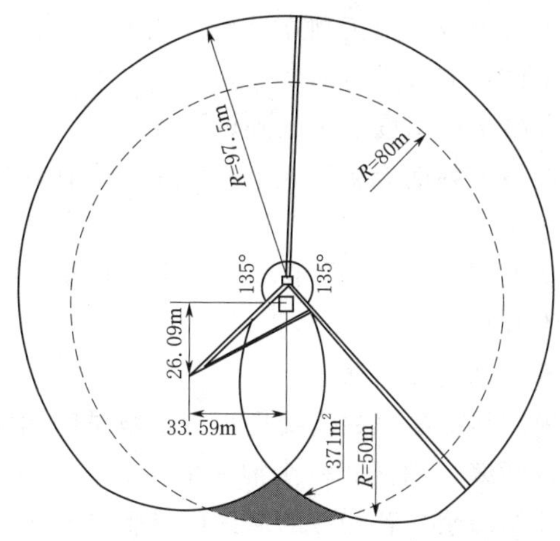

图 9-36（二）　MD-2200 塔带机外形图（单位：mm）

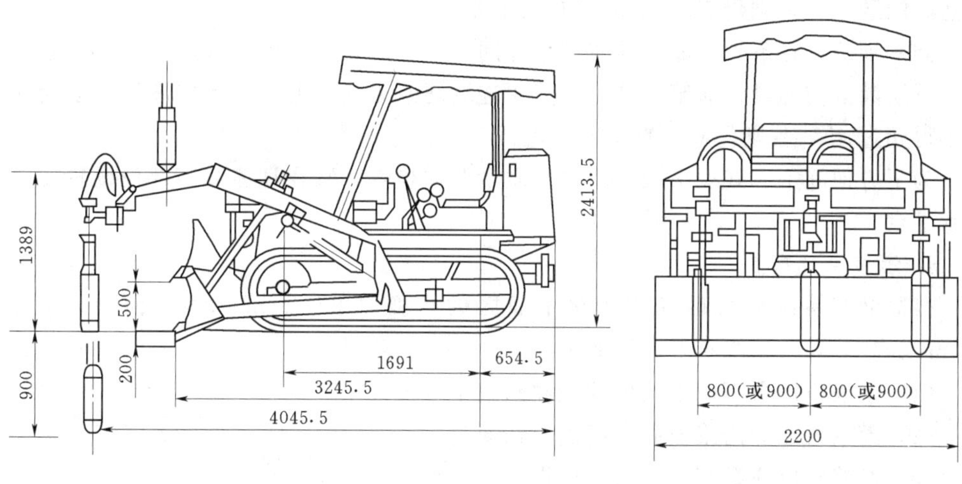

图 9-37　PCY-50 型平仓振捣机（单位：mm）

9-39
平仓机平仓
【图片】

五、混凝土坝接缝灌浆

混凝土坝用纵缝分块进行浇筑，有利于坝体温度控制和浇筑块分别上升，但为了恢复大坝的整体性，必须对纵缝进行接缝灌浆，纵缝属于临时施工缝。坝体横缝是否进行灌浆，因坝型和设计要求而异。重力坝的横缝一般为永久温度（沉陷）缝，不需要进行接缝灌浆；拱坝和重力拱坝的横缝，都属于临时施工缝，要进行接缝灌浆。

蓄水前应完成蓄水初期最低库水位以下各灌区的接缝灌浆及其验收工作。蓄水后，各灌区的接缝灌浆应在库水位低于灌区底部高程时进行。

混凝土坝接缝灌浆的施工顺序应遵守下列原则：

(1) 接缝灌浆应按高程自下而上分层进行。

(2) 拱坝横缝灌浆宜从大坝中部向两岸推进。重力坝的纵缝灌浆宜从下游向上游推进，或先灌上游第一道纵缝后，再从下游向上游顺次灌浆。当既有横缝灌浆、又有纵缝灌浆时，施工顺序应按工程具体情况确定。

(3) 处于陡坡基岩上的坝段，施工顺序可另行规定。

各灌区需符合下列条件，方可进行灌浆：

(1) 灌区两侧坝块混凝土的温度必须达到设计规定值。

(2) 灌区两侧坝块混凝土龄期应多于 6 个月。在采取有效措施情况下，也不得少于 4 个月。

(3) 除顶层外，灌区上部宜有 9m 厚混凝土压重，其温度应达到设计规定值。

(4) 接缝的张开度不宜小于 0.5mm。

(5) 灌区应密封，管路和缝面畅通。

在混凝土坝体内应根据接缝灌浆的需要埋设一定数量的测温计和测缝计。

同一高程的纵缝（或横缝）灌区，一个灌区灌浆结束，间歇 3d 后，其相邻的纵缝（或横缝）灌区方可开始灌浆。若相邻的灌区已具备灌浆条件，可采用同时灌浆方式，也可采用逐区连续灌浆方式。连续灌浆应在前，灌区灌浆结束后，8h 内开始后一灌区的灌浆，否则仍应间歇 3d 后进行灌浆。

同一坝缝，在下一层灌区灌浆结束并间歇 14d 后，上一层灌区才可开始灌浆。若上、下层灌区均已具备灌浆条件，可采用连续灌浆方式，但上、下层灌区灌浆间隔时间不得超过 4h，否则仍应间歇 14d 后进行。

为了方便施工、处理事故以及灌浆质量取样检查，宜在坝体适当部位设置廊道和预留平台。

1. 灌浆系统布置

接缝灌浆系统应分区布置，每个灌区的高度以 9～12m 为宜，面积以 200～300m^2 为宜。灌浆系统布置原则如下：

(1) 浆液应能自下而上均匀地灌注到整个缝面。

(2) 灌浆管路和出浆设施与缝面应畅通。

(3) 灌浆管路应顺直、畅通、少设弯头。

每个灌区的灌浆系统，一般包括止浆片、排气槽、排气管、进（回）浆管、进浆支管和出浆盒，如图 9-38 所示。其中灌浆管路可采用埋管和拔管两种方法。

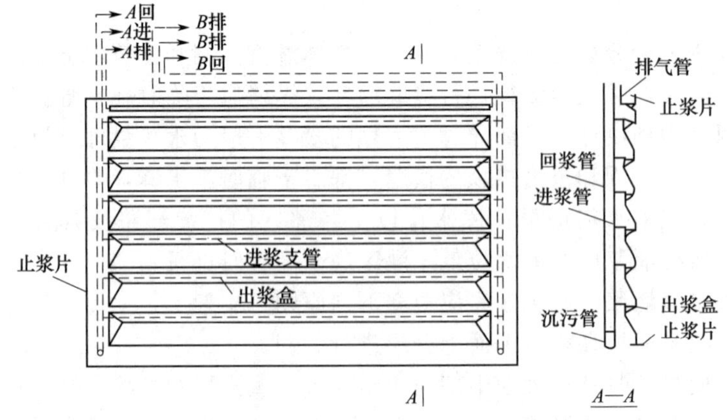

图 9-38 典型灌浆系统布置图

2. 接缝灌浆施工

灌浆前必须先进行预灌压水检查，压水压力等于灌浆压力。对检查情况应做记录。经检查确认合格后应签发准灌证，否则应按检查意见进行处理。灌浆前还应对缝面充水浸泡24h。然后放净或用风吹净缝内积水，即可开始灌浆。

灌区相互串通时，应待其均具备灌浆条件后，同时进行灌浆。

接缝灌浆的整个施工程序是：缝面冲洗、压水检查、灌浆区事故处理、灌浆、进浆结束。

灌浆过程中，必须严格控制灌浆压力和缝面增开度。灌浆压力应达到设计要求。若灌浆压力尚未达到设计要求，而缝面张开度已达到设计规定值，则应以缝面张开度为准，控制灌浆压力。灌浆压力采用与排气槽同一高程处的排气管管口的压力。排气管引至廊道，则廊道内排气管管口的灌浆压力值应通过换算确定。排气管堵塞，应以回浆管管口相应压力控制。

在纵缝（或横缝）灌区灌浆过程中，可观测同一高程未灌浆的相邻纵缝（或横缝）灌区的变形。如需要通水平压，应按设计规定执行。

浆液水灰比变换可采用3∶1（或2∶1）、1∶1、0.6∶1（或0.5∶1）三个比级。一般情况下，开始可灌注3∶1（或2∶1）浆液，待排气管出浆后，即改用1∶1浆液灌注。当排气管出浆浓度接近1∶1浆液浓度或当1∶1浆液灌入量约等于缝面容积时，即改用最浓比级0.6∶1（或0.5∶1）浆液灌注，直至结束。当缝面张开度大，管路畅通，两个排气管单开出水量均大于30L/min时，开始就可灌注1∶1或0.6∶1浆液。

为尽快使浓浆充填缝面，开灌时，排气管处的阀门应全打开放浆，其他管口应间断放浆。当排气管排出最浓一级浆液时，再调节阀门控制压力，直至结束。所有管口放浆时，均应测定浆液的密度，记录弃浆量。

当排气管出浆达到或接近最浓比级浆液，排气管口压力或缝面张开度达到设计规定值，注入率不大于0.4L/min时，持续20min，灌浆即可结束。当排气管出浆不畅或被堵塞时，应在缝面张开度限值内，尽量提高进浆压力，力争达到规定的结束标准。若无效，则在顺灌结束后，应立即从两个排气管中进行倒灌。倒灌时应使用最浓比级浆液，在设计规定的压力下，缝面停止吸浆，持续10min即可结束。

灌浆结束时，应先关闭各管口阀门后再停机，闭浆时间不宜少于8h。

同一高程的灌区相互串通采用同时灌浆方式时，应一区一泵进行灌浆。在灌浆过程中，必须保持各灌区的灌浆压力基本一致，并应协调各灌区浆液的变换。

同一坝缝的上、下层灌区相互串通，采用同时灌浆方式时，应先灌下层灌区，待上层灌区发现有浆串出时，再开始用另一泵进行上层灌区的灌浆。灌浆过程中，以控制上层灌区灌浆压力为主，调整下层灌区的灌浆压力。下层灌区灌浆宜待上层灌区开始灌注最浓比级浆液后结束。在灌浆的邻缝灌区宜通水平压。

9-40
第九章第三节
测试题
【测试题】

有三个或三个以上的灌区相互串通时，灌浆前必须摸清情况，研究分析并制定切实可行的方案后，慎重施工。

第四节 碾压混凝土坝施工

碾压混凝土采用干硬性混凝土，施工方法接近于碾压式土石坝的填筑方法，采用通仓薄层浇筑、振动碾压实。碾压混凝土筑坝可减少水泥用量、充分利用施工机械、提高作业效率、缩短工期。

一、碾压混凝土的材料及性质

（一）碾压混凝土的材料

1. 水泥

碾压混凝土一般掺混合材料，水泥应优先采用硅酸盐水泥和普通水泥。

2. 混合材料

混合材料一般采用粉煤灰，它可改善碾压混凝土的和易性和降低水化热温升。粉煤灰的作用：一是填充骨料的空隙；二是与水泥水化反应的生成物进行二次水化反应，其二次水化反应进程较慢，所以一般碾压混凝土设计龄期常为 90d 或 180d，以利用后期强度。

3. 骨料

碾压混凝土所用骨料同普通混凝土，其中粗骨料最大粒径的选择应考虑骨料级配、碾压机械、铺料厚度和混凝土拌和物分离等因素，一般不超过 80mm。

4. 外加剂和拌和水

碾压混凝土采用的外加剂和拌和水同普通混凝土。

（二）碾压混凝土拌和物的性质

1. 碾压混凝土的稠度

碾压混凝土为干硬性混凝土，在一定的振动条件下，碾压混凝土达到一个临界时间后混凝土迅速液化，这个临界时间称为稠度（VC 值，单位：s）。

稠度是碾压混凝土拌和物的一个重要特性，对不同振动特性的振动碾和不同的碾压层厚度应有与之相适应的混凝土稠度，方能保证混凝土的质量。碾压混凝土 VC 值应经过试验确定。

9-41
VC 值检测
【图片】

影响 VC 值的因素有：①用水量；②粗骨料用量及特性；③砂率及砂子性质；④粉煤灰品质；⑤外加剂。

2. 碾压混凝土的表观密度

碾压混凝土的表观密度一般指振实后的表观密度。它随着用水量和振动时间不同而变化，对应最大表观密度的用水量为最优用水量。施工现场一般用核子密度仪测定碾压混凝土的表观密度来控制碾压质量。

3. 碾压混凝土的离析性

碾压混凝土的离析有两种形式：一是粗骨料从拌和物中分离出来，一般称为骨料分离；二是水泥浆或拌和水从拌和物中分离出来，一般称为泌水。

（1）骨料分离。由于碾压混凝土拌和物干硬、松散、灰浆黏附作用较小，极易发生骨料分离。分离的混凝土均匀性与密实性较差，层间结合薄弱，水平碾压缝易漏水。

碾压混凝土施工时改善骨料分离的技术措施有：①优选抗分离性好的混凝土混合比；②多次薄层铺料一次碾压；③减少卸料、装车时的跌落和堆料高度；④采用防止或减少分离的铺料和平仓方法；⑤各机构出口设置缓冲设施。

（2）泌水。泌水主要是在碾压完成后，水泥及粉煤灰颗粒在骨料之间的空隙中下沉，水被排挤上升，从混凝土表面析出。泌水使混凝土上层水分增加，水胶比增大，强度降低，而下层正好相反。这样同一层混凝土上弱下强，均匀性较差；减弱上下层之间的层间结合；为渗水提供通道，降低了结构的抗渗性。

为减少泌水，应从配合比设计时予以控制，拌和时严格按要求配料，运输和下料时采取措施以防泌水。

二、碾压混凝土坝施工

碾压混凝土坝的施工一般不设与坝轴线平行的纵缝，而与坝轴线垂直的横缝是在混凝土浇筑碾压后尚未充分凝固时用切割混凝土的方法设置，或者在混凝土摊铺后用切缝机压入锌钢片形成横缝。碾压混凝土坝一般在上游面设置常态混凝土防渗层，防止内部碾压混凝土的层间渗透；有防冻要求的坝，下游面也用常态混凝土；为提高溢流面的抗冲耐磨性能，一般也采用强度等级较高的抗冲耐磨常态混凝土，形成“金包银”的结构形式，为了增大施工场面，避免施工干扰，增加碾压混凝土在整个混凝土坝体方量中的比重，应尽量减少坝内孔洞，少设廊道。

碾压混凝土坝的施工工艺程序：初浇层铺砂浆，汽车运输入仓，平仓机平仓，振动压实机压实，振动切缝机切缝，切完缝再沿缝无振碾压两遍，如图 9－39 所示。

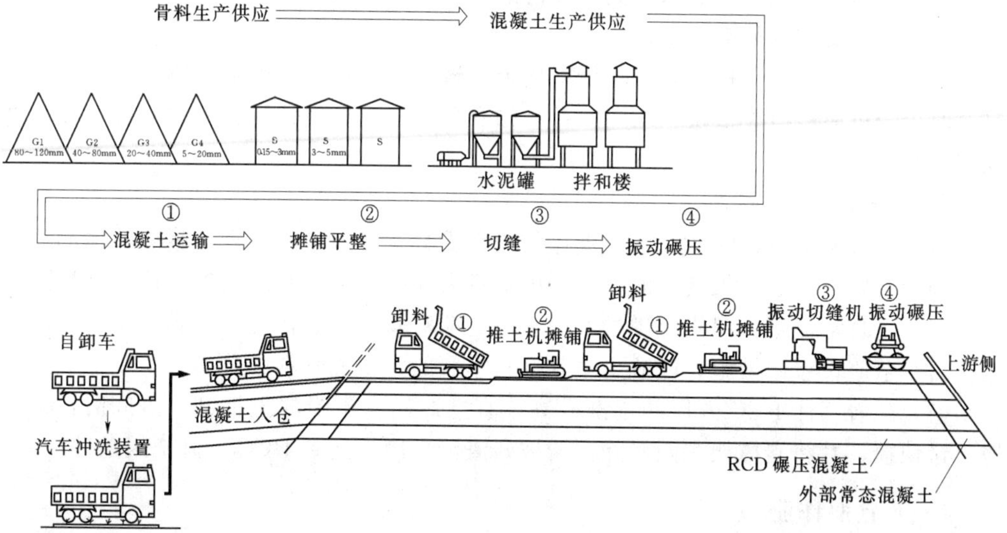

图 9－39　碾压混凝土施工工艺流程图

（一）混凝土拌和

碾压混凝土的拌和采用双锥形倾翻出料搅拌机或强制式搅拌机。拌和时间较普通混凝土要延长。

对开始拌和出机的碾压混凝土应加强监控，应尽量连续作业，以保证其 RCC 拌和物的质量。

在混凝土拌和过程中，拌和楼值班人员对出机混凝土质量情况加强巡视、检查，发现异常情况时应会同试验室人员查找原因，及时处理。

（二）混凝土运输

碾压混凝土的常用运输方式包括：①自卸汽车直接运料至坝面散料；②缆机吊运立罐或卧罐入仓；③皮带机运至坝面，用摊铺机或推土机铺料。

1. 混凝土的水平运输

（1）汽车直接入仓时道路必须保持路面平整，及时清除路面各种障碍物，保持有效路面宽度，冲洗轮胎后的脱水路段，必须保持平整和清洁；采用皮带机入仓时，应经常检查使其保持完好并考虑辐射半径。

（2）对运送混凝土的汽车、胶带机加强保养维修，保证其运输的可靠性及车况的良好，无漏油现象，汽车司机在上岗时应把车辆内外、底部、叶子板及车架的泥污冲洗干净，司机上岗后必须服从拌和总值班施工员调度和仓面施工总负责的指挥。

（3）汽车装混凝土时，司机应服从放料人员的指挥。在向汽车放料时，必须坚持多点下料，料装满后，驾驶室前应挂牌，标明所装混凝土的种类、级配方可驶离拌和楼。

（4）运输混凝土的汽车进仓之前，必须冲洗轮胎和汽车底部黏着的泥土、污物，冲洗时汽车需走动 1～2 次，车胎未冲洗干净，司机不得强行进仓，质检部门、试验室室负责监督和机样。

（5）严禁将冲洗车胎的水喷到车厢内的混凝土上，如有发生必须立即报告，现场试验质检人员决定其处理措施。

（6）采用皮带机运输时，应将所有皮带空转 2～3min，将皮带上所有水及杂物排尽，向皮带机放料时应适量、均匀，并通知仓面施工人员皮带机运送的品种、级配及强度等级。

2. 混凝土的垂直运输

（1）混凝土垂直运输的设备及支撑结构，受料斗必须牢固可靠，真空溜槽的固定应达到设计要求，在投入使用前，由机电负责人和技术部对其结构进行检查验收。

（2）在真空溜管、缆机使用过程中，应定期对其系统进行检查，真空溜管下部接近仓面一节应设缓冲措施，以减少对其接料车厢的冲击和骨料的分离。

（3）随着坝体 RCC 升层的逐渐升高，真空溜槽应不断向上拆卸，拆卸时，拆卸应尽量快捷，并将支撑架一同撤除，岩坡残渣清干净，达到 RCC 上升浇筑条件。

（三）仓面作业

仓面上所有的施工设备，在暂不施工时均应停放在不影响施工或现场指挥员指定的位置上，进入仓面的其他人员，行走路线或停留位置不得影响正常施工。

仓面施工的整个过程均应保持仓面的干净、无杂物、油污。凡进入碾压混凝土施工仓面的人员都必须将鞋子黏着的泥土、油污清除干净，禁止向仓面抛投任何杂物。

1. 浇筑面处理

碾压混凝土的浇筑面要除去表面浮皮、浮石和清除其他杂物，用高压水冲洗干净。在准备好的浇筑面上铺上砂浆或小石混凝土，然后摊铺混凝土。砂浆或小石混凝土的摊铺范围以1～2h内能浇筑完混凝土的区域为准。

洒铺水泥浆时，应做到洒铺区内干净，无积水。洒铺的水泥浆体不宜过早，应在该条带卸料之前分段进行，不允许洒铺水泥浆后，长时间未覆盖混凝土。水泥浆铺设应均匀，不漏铺，沿上游模板一线应适当地铺厚一些，以增强层间结合的效果。

9-42
砂浆铺设
【图片】

2. 卸料与平仓

卸料平仓方向与坝轴线平行。

平仓厚度由碾压混凝土的浇筑仓面大小及碾压厚度决定。铺料厚度控制在允许偏差范围内，一般控制在±3cm以内；即每层摊铺厚度为（35±3）cm，压实厚度为30cm左右。开仓前，将各层铺料层高控制线（高度35cm）用红油漆标在先浇混凝土面、左侧岸坡坡面及模板（模板安装校正完成后，涂刷脱模剂之前）上，每5m距离标出一排摊铺厚度控制线，以便控制铺料厚度。摊铺线标识比要求摊铺厚度线高出2cm，实际施工则要求露出摊铺标识线1～2cm。

严格控制摊铺面积，保证下层混凝土在允许层间间隔时间内摊铺覆盖，并根据周边平仓线进行拉线检查，如有超出规定值的部位必须重新平仓，局部不平的采用人工辅助铺平。

预埋件如止水片（带）、观测仪器、模板、集水井等周边采用人工铺料，以免使预埋件损坏或移位。

汽车在碾压混凝土仓面行驶时，应平稳慢行，避免在仓内急刹车，急转弯等有损已施工混凝土质量的操作。汽车在仓面的卸料位置由仓面现场指挥持旗指定，司机必须服从指挥，卸料方法应采用二次卸料在平仓条带上。

必须严格控制靠模板条带的卸料与平仓。卸料堆边缘与模板距离1m。与模板接触带采用人工铺料，反弹后集中的骨料必须分散开。

卸料平仓时应严格控制二级配混凝土和三级配混凝土的分界线，其误差不得超过1m。

3. 混凝土振动碾压

9-43
卸料平仓
碾压【图片】

混凝土的碾压采用振动碾，在振动碾碾压不到之处用平板振动器振动。碾压厚度和碾压遍数综合考虑配合比、硬化速度、压实程度、作业能力、温度控制等，通过试验确定。

振动碾作业的行走速度一般采用1～1.5km/h。在上游迎水面2～6m范围内，防渗区混凝土碾压方向一定要垂直水流方向，其余部位碾压方向同卸料平仓方向，碾压混凝土采用逐条带搭接法碾压，碾压条带间的搭接宽度为10～20cm，接头部位重叠碾压宽度1.0～3.0m。碾压层内铺筑条带边缘，碾压时预留20～30cm宽度与下一条带同时碾压。对条带的开始和结束部位必须进行补碾。两条碾压条带间因碾压作业形成的高差，一般应采取无振慢速碾压1～2遍作压平处理。每次碾压作业开始后，应派人对局部石子集中的片区，及时摊铺碾压混凝土拌和物的细料，以消除局骨料集中和架空。碾压混凝土从拌和至碾压完毕，要求2h内完成，不允许入仓或平仓后的碾压混凝土拌和物长时间暴露，以免VC值的损失。碾压混凝土的层间允许间隔时间必须控制在混凝土的初凝时间以内。

9-44
振动碾碾压
【图片】

碾压时以碾具不下沉、混凝土表面水泥浆上浮等现象来判定碾压程度。当用表面型核子密度仪测得的表观密度达到规定指标时，即可停碾。

4. 成缝工艺

9-45
碾压混凝土浇筑【图片】

根据施工图纸，大坝横缝将整个大坝分为若干个坝段，横缝采用人工切缝，采用先碾后切方式。碾压试验切缝采用电动切缝机进行切缝，具体工艺要求如下：

（1）设计横缝处，每个碾压层均须切缝一次。

（2）切缝前，先测量定位，拉线，沿定位线切缝，以利混凝土成缝整齐。

（3）切缝时段：每一碾压层碾压完毕、经检测合格后，采用切缝机按照要求的缝面线进行切缝，宜在混凝土初凝前完成。

（4）切缝深度：切缝深度控制在25cm左右（压实厚度为30cm），不允许将碾压层切透。

（5）施工程序：切缝施工按照“先碾压，再切缝，然后填缝”的程序施工，即采用“先碾后切”的施工方法。

9-46
切设诱导缝
【图片】

（6）填缝：成缝后，缝内人工填塞干砂，并用钢钎（钢棒）分层捣实，填充物距压实面1～2cm；填砂过程中，不得污染仓面。

5. 变态混凝土施工工艺

（1）铺料：采用平仓机（推土机）辅以人工分两次摊铺平整，顶面低于碾压混凝土面3～5cm；变态混凝土应随着碾压混凝土浇筑逐层施工，层厚与碾压混凝土相同。相邻部位碾压混凝土与变态混凝土施工顺序为先施工碾压混凝土、后施工变态混凝土。

9-47
变态混凝土注浆
【图片】

9-48
变态混凝土振捣
【图片】

（2）加浆：加浆量按混凝土体积的6%控制，变态混凝土坍落度控制在3cm以内。灰浆洒铺应均匀、不漏铺，洒铺时不得向模板直接洒铺，溅到模板上的灰浆应立即处理干净。加浆方式是在已经摊铺好的碾压混凝土上由人工采用钉耙挖槽形成或摊铺碾压混凝土时就摊铺成稍低的槽状。

（3）振捣：采用ϕ100mm高频振捣器按梅花形线路有序振捣，止水片、埋件、仪器周边采用ϕ50mm软轴式振捣器振捣密实。灰浆掺入混凝土内10～15min后开始振捣，加浆到振捣完毕控制在40min内，振捣应插入下层混凝土5～10cm。止水部位仔细振捣，以免产生渗水通道，同时注意避免止水变位。

（4）为保证碾压混凝土与变态混凝土区域的良好结合，在变态混凝土振捣完成后，与碾压混凝土结合部位搭接20cm（搭接宽度应大于20cm），再用手扶式振动碾进行骑缝碾压平整（无振碾1～2遍）。

（5）输送灰浆时应与变态混凝土施工速度相适应，防止浆液沉淀和泌水。

6. 异种混凝土施工工艺

异种混凝土结合，即不同类别的两种混凝土相结合，如碾压混凝土与常态混凝土的结合、变态混凝土与常态混凝土的结合等。

(1) 常态混凝土与碾压混凝土交叉施工，按先碾压后常态的步骤进行。两种混凝土均应在常态混凝土的初凝时间内振捣或碾压完毕。

(2) 对于异种碾压混凝土结合部，采用高频插入式振捣器振捣后，再用大型振动碾进行骑缝碾压 2～3 遍或小型振动碾碾压 25～28 遍。

7. 层、缝面处理

碾压混凝土施工存在着许多碾压层面和水平施工缝面，而整个碾压混凝土块体必须浇筑得充分连续一致，使之成为一个整体，不出现层间薄弱面和渗水通道。为此碾压混凝土层面、缝面必须进行必要的处理，以提高碾压混凝土层缝面结合质量。

(1) 碾压混凝土层面处理。碾压混凝土层面处理是解决层间结合强度和层面抗渗问题的关键，层面处理的主要衡量标准（尺度）是层面抗剪强度和抗渗指标。不同的层面状况、不同的层间间隔时间及质量要求采用不同的层面处理方式。本工程采用的碾压混凝土层面处理方式如下：

正常层面处理（即上层碾压混凝土在允许层间间隔时间之内浇筑上层碾压混凝土的层面）：

1) 避免层面碾压混凝土骨料分离状况，不让大骨料集中在层面上，以免被压碎后形成层间薄弱面和渗漏通道。

2) 层面产生泌水现象时，应立即人工用桶、瓢等工具将水排出，并控制 VC 值。

3) 如出现表面失水现象，应采用仓面喷雾或振动碾轮洒水湿润。

4) 如碾压完毕的层面被仓面施工机械扰动破坏，立即整平处理并补碾密实。

5) 对于上游防渗区域的碾压混凝土层面，在铺筑上层碾压混凝土前铺一层水泥净浆。

6) 碾压混凝土层面保持清洁，如被机械油污染，应挖除被污染的碾压混凝土，重新铺筑碾压密实。

7) 防止外来水流入层面，并做好防雨工作。

超过初凝时间的，但未终凝的层面状况按正常层面状况处理：铺设 5～15mm 厚的水泥砂浆垫层。

超过终凝时间的层面：超过终凝时间的碾压混凝土层面称为冷缝，间隔时间在 24h 以内，仍以铺砂浆垫层的方式处理；间隔时间超过 24h，视同冷缝按施工缝面处理。

为改善层面结合状况，采用如下措施：

1) 在铺筑面积一定的情况下，提高碾压混凝土的铺筑强度。

2) 采用高效缓凝减水剂延长初凝时间。

3) 缩短碾压混凝土的层间间隔时间，使上一层碾压混凝土骨料能够压入下一层，形成较强的结合面。

4) 提高碾压混凝土拌和料的抗分离性，防止骨料分离及混入软弱颗粒。

检验碾压混凝土层面质量的简易方法为钻孔取芯样，对芯样获得率、层面折断率、密度、外观等质量进行评定。通过芯样试件的抗剪试验得到抗剪强度，通过孔内分段压水试验检验层、缝面的透水率。

（2）碾压混凝土缝面处理。碾压混凝土缝面处理是指其水平施工缝和施工过程中出现的冷缝面的处理。碾压混凝土水平施工缝是指施工完成一个碾压混凝土升程后而作一定间歇产生的碾压混凝土缝面。碾压混凝土缝面是坝体的薄弱面，容易成为渗水通道，必须严格处理，以确保缝面结合强度和提高抗渗能力。

碾压混凝土缝面处理方法与常态混凝土相同，采用如下方法：

1）用高压水冲毛机清除碾压混凝土表面乳皮，使之成为毛面（以清除表面浮浆及松动骨料为准）。

2）清扫缝面并冲洗干净，在新碾压混凝土浇筑覆盖之前应保持洁净，并使之处于湿润状态。

3）在已处理好的施工缝面上按照条带均匀摊铺一层1.5～2.0cm厚水泥砂浆垫层，砂浆应均匀覆盖整个层面，且砂浆铺洒宽度与碾压混凝土覆盖宽度相同，逐条带铺摊，铺浆后应立即覆盖碾压混凝土。砂浆强度等级比同部位混凝土强度等级高一个强度等级。

8. *表面养护及保护工艺*

（1）水平施工间歇面或冷缝面养护至下一层混凝土开始浇筑，侧面永久暴露面养护时间不低于28d，棱角部位必须加强养护。

碾压混凝土因为存在二次水化反应，养护时间比普通混凝土更长，养护时间应符合设计或规范规定的时间。混凝土停止浇筑后，采用全仓面旋转式喷雾降温，坝面均采用喷淋养生，当仓内温度低于15℃时喷雾停止。另外，对喷雾头要采取措施防止形成水滴淌在混凝土面上，确保雾状。

（2）连续铺筑施工的层面不进行湿养护，如果表层干燥，可用喷雾机或冲毛机适当喷雾，以改善小环境的气候。

9-49 碾压混凝土收仓【图片】

（3）低温季节进行碾压混凝土施工时，每层碾压完成后应及时铺盖保温材料（2～3cm厚）进行防护。

（4）碾压混凝土施工过程中应做好防风、雨、雪措施。

（5）道路入仓口位置的填筑碎石顶面再用铺垫钢板等措施进行防护，以减少运输设备对边角部位混凝土的频繁扰动。

（6）混凝土强度未达到4.5MPa前运输设备不得碾压混凝土表面，如果必须碾压，必须铺垫钢板或垫石渣进行防护。

三、碾压混凝土仓面设计

碾压混凝土每仓品种较多，施工工艺复杂，提前进行仓面设计是碾压混凝土施工质量控制的重要环节和保证措施，是单元工程指导施工的重要技术文件，要求混凝土开仓前承包商必须有监理批准的《混凝土仓面设计书》，否则不得签发开仓证。

仓面设计的主要内容应包括仓面特性、明确质量技术要求、选择施工方法、进行合理的资源配置和制定质量、安全保证措施等。

1. 仓面特性

仓面特性是指浇筑部位的结构特征和浇筑特点。结构特征和浇筑特点包括仓面高程、所属坝段、面积大小、预埋件及钢筋情况，混凝土强度等级级配分区、升层高度、混凝土浇筑方量、入仓强度和预计浇筑历时。

分析仓面特性，确定浇筑参数和进行资源配置，避免周边部位的施工干扰，有利于当外界条件发生变化时采用对应措施和备用方案。

2. 技术要求和浇筑方法

技术要求包括：①质量要求和施工技术要求，如温控要求、过流面质量标准、允许铺料和碾压及覆盖间隔时间等；②浇筑方法包括铺料厚度、铺料方法、铺料顺序、平仓振捣方法、碾压遍数、压实度等；③温控要求应明确混凝土入仓温度、浇筑温度、通水温度及冷却时间等；④上述内容应根据设计图纸、文件和施工技术规范确定。

3. 资源配置

资源配置包括设备、材料和人员配置。

（1）设备应包括混凝土入仓、布料、平仓、振捣、碾压、喷雾、温控保温设备和仓面机具。

（2）材料包括防雨、保温及其他材料。

（3）人员包括仓面指挥、仓面操作人员，相关工种值班人员和质量、安全监控人员。

资源配置根据仓面特性、技术要求和周边条件进行配置。

4. 质量保证措施

仓面设计中，对混凝土温度控制、特殊部位均应提出必要的质量保证措施，如喷雾降温、仓面覆盖保温材料、一期冷却等温控措施；止水、止浆片周围，建筑物结构狭小部位，过流面等部位的混凝土浇筑方法。

9－50
第九章第四节
测试题
【测试题】

一般仓位的质量保证措施，在仓面设计表格中填写，对于结构复杂、浇筑难度大及特别重要的部位，必须编制专门的质量保证措施，作为仓面设计的补充，并在仓面设计中予以说明。

第五节　堆石坝面板施工

一、趾板施工

（一）施工程序

趾板施工应尽量避免与坝体填筑相互干扰。一般的施工程序为：在截流前导流洞掘进的同时，就进行两岸削坡、趾板地基开挖，并将河床常水位以上至第一期度汛断面高程以上的趾板浇筑完成，以减少截流后的工程量，为下一步抢筑坝体临时断面创造条件。在截流后即抓紧进行河床段趾板的施工。

有的工程为了争取在截流后第一个枯水期完成更多的工作量，便在截流后河床段趾板施工的同时，从趾板向下游方向后退 20～30m，先开始进行堆石体的填筑，等趾板建成后再将未填的部分部填起来。

趾板混凝土浇筑应在基岩面开挖、处理完毕，并按隐蔽工程质量要求验收合格后进行，趾板混凝土施工，应在相邻区的垫层、过渡层和主堆石区填筑前完成。高混凝土面板堆石坝的趾板浇筑工程量大，通常要分段分期施工。

趾板为小体积混凝土结构物，止水材料埋设要求高，空间分布为条带状，上下部位落差大，一般浇筑跨越时段比较长。趾板拌和系统布置应结合枢纽工程统一规划，合理利用资源，方便施工。

（二）趾板混凝土浇筑

1．混凝土运输

（1）河床段趾板的混凝土施工可采用混凝土搅拌车或自卸汽车加吊罐的运输方式，如拌和楼（站）距离坝址较远或运输道路的坡度较陡时，可选用混凝土搅拌运输车运输；如道路平整，坡度较缓（小于 8%）时，则选用自卸汽车运输。

（2）岸坡段趾板的混凝土施工可采用溜槽或混凝土泵的运输方式。

（3）用自卸汽车运混凝土时，应设置后挡板或相应装置，以避免水泥砂浆流失。运送土石方或其他材料的汽车调用运送混凝土时，应预先将车厢冲洗干净。

2．混凝土入仓振捣

（1）在混凝土入仓前，应在基岩表面均匀铺设一层 2～3cm 厚的水泥砂浆，并在其处于潮湿状态时，立即浇筑混凝土，以保证混凝土与基岩的牢固黏结。水泥砂浆强度等级比同部位的混凝土高一个等级。砂浆铺设的面积应与浇筑的强度相适应，铺设工艺必须保证新浇混凝土与基础良好结合。

（2）混凝土浇筑时，应经常观察模板、支撑、钢筋、预埋件和止水设施情况，如发现有变形、移位，应立即停止浇筑，并在混凝土初凝前修复完好。

（3）混凝土入仓后，要及时铺料平仓。当趾板混凝土厚度超过 50cm 时，应采用分层浇筑的方法，每层厚 25～30cm。混凝土用插入式振捣器充分振捣，振捣时间为 20～25s，以混凝土不显著下沉、表面无气泡，并开始泛浆为准。止水结构附近应采用软管振捣器振捣。

（4）混凝土浇筑应连续进行，因故需拌和楼暂停时，应有施工管理人员及时通知拌和楼和中止混凝土浇筑，超过允许间歇时间时，仓面则应按施工缝处理。超过允许间歇时间的混凝土拌和物应按废料处理，不得强行加水重新拌和入仓。

9－51
趾板施工
【图片】

3．混凝土表面处理

在混凝土初凝前，要及时对混凝土表面进行修整，用表面光洁平整的长木抹子或钢抹子进行压面和收光，以确保趾板混凝土表面平整、无裂痕、无微细通道。

二、面板施工

（一）施工布置

面板混凝土施工典型的坝面布置如图 9－40 所示。

坝坡上应布置1～2台钢筋运输台车、一套侧模、一台材料运输台车和2～3套滑模、多台3～10t的卷扬机等施工设备。面板施工时，每套滑模可采用2台5～10t的卷扬机牵引，钢筋、侧模运输台车可分别采用1台5t或3t的卷扬机牵引。坝面还需布置混凝土卸料受料斗，后面连接溜槽。

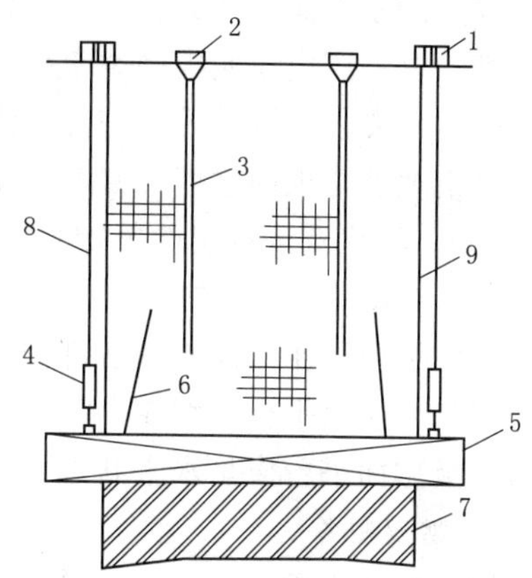

图9-40　面板施工设备布置图
1—卷扬机；2—骨料斗；3—溜槽；4—定滑轮；5—滑模；6—安全绳；7—已浇面板；8—牵引钢丝绳；9—侧模板

（二）施工程序

面板混凝土可一次连续地浇筑至坝顶，也可分期施工，一般根据坝高、施工总进度计划确定。坝高低于100m时，面板混凝土宜一次浇筑完成；坝高大于等于100m时，根据施工安排或提前蓄水需要，面板可分期浇筑。我国多数坝高在100m以上的高面板堆石坝，面板都分二期或三期施工。

分期浇筑的面板，其施工缝应低于填筑体顶部高程，高差宜大于5m。

面板混凝土一般采用滑模由下而上进行施工。每一期面板都要按条块分为Ⅰ序块和Ⅱ序块，间隔布置。施工时，先从Ⅰ序面板开始依次跳仓浇筑；当Ⅰ序块浇筑后14d左右，再进行Ⅱ序块的施工。

（三）仓面准备

1. 滑模施工

面板堆石坝的面板混凝土一般采用滑模施工，滑模根据支撑和行走方式分为有轨滑模和无轨滑模两类，目前一般使用无轨滑模，其结构组成如图9-41所示。

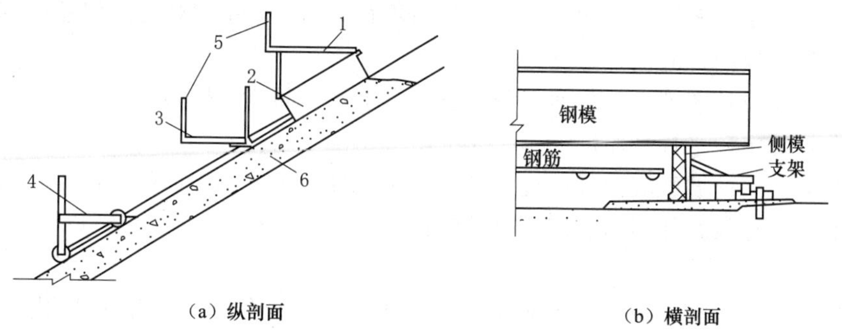

（a）纵剖面　　（b）横剖面

图9-41　无轨滑模结构示意图
1—操作平台；2—滑模；3—一次抹面平台；4—二次抹面平台；5—活动栏杆；6—混凝土

（1）滑模设计需具备的条件。有足够的刚度、自重或配重，安装、运行、拆卸方便，具有安全保险和通信措施，应综合考虑模板、牵引设备、操作平台、电路防雨及养护等使用功能和安全措施。

（2）滑模平面尺寸的选定。滑模的长度由面板的垂直缝距离而定，多为8～18m；但滑模的总长度应比面板的垂直缝距离长1～2m。为便于加工、运输和适应不同宽度面板的施工要求，滑模可采用分段组合的方式，一般由1～3节组成，每节长6～7m。

滑模宽度与坝面坡度、混凝土凝结时间等因素有关，一般为1.0～1.2m，有时可达1.5m。滑模宽度选定的关键是要保证面板施工有合理的滑升速度。根据国内外工程经验，宽度为1.2m的滑模一般可满足1.1～2.2m/h滑升要求。

（3）滑模制作。滑模的底部面板用厚6mm左右的钢板制作，铺料、振捣的操作平台和二级抹面平台用型钢制作。铺料、振捣的操作平台宽度应大于60cm。操作平台与二级抹面平台应呈水平状态，并设有栏杆，以保证操作人员的正常工作与安全。

2. 侧模制作

侧模具有支承滑模、作为滑模轨道、限制混凝土侧向变形等作用，可分为木结构或钢木组合结构两大类。对于非等厚的面板，侧模的高度应能适应面板厚度渐变的需要，其分块长度应便于在斜坡面上安装和拆卸。当侧模兼作滑模轨道时，应按受力结构设计。

3. 溜槽制作

溜槽宜采用轻型、耐磨、光洁、高强度的钢板制作，每节长1.5～2.0m。断面形状为U形或梯形，开口宽50cm左右，深40cm左右。溜槽上部可采用柔性材料作保护混凝土的盖板，溜槽内部宜每隔一定长度设一道塑料软挡板，起防止骨料分离的作用。

4. 提升系统安装

提升系统由卷扬机、机架、配重块组成，滑模、钢筋台车和工作台车都有各自的卷扬系统。为便于安装，可将卷扬机与机架连成一体，先安装卷扬机后安装配重块。

5. 坡面修整

（1）在垫层坡面上放出面板的垂直缝中心线和边线，然后布置3m×3m的网格进行平整度的测量，按设计线检查，规定偏差不得大于±5cm。对超过偏差的部位要进行修整，以确保面板的设计厚度。

（2）根据设计图纸，放出面板分缝线，自上而下每5m打钢筋桩，测出每个桩的基础高程，确定砂浆找平厚度。

（3）修正后的坡面应清理冲洗干净。测量人员在垫层保护面的坡面上放出面板垂直缝中心线和边线，并用白石灰或打铁钎标识。

6. 喷乳化沥青

垫层上游坡面采用挤压边墙施工方法的工程（如公伯峡、水布垭工程），通常要在坡面修整及相关工序完成后，进行坡面喷乳化沥青的施工，以减少挤压边墙对面板混凝土的约束。喷乳化沥青以沥青机喷射为主，人工涂刷为辅。沿坡面利用施工台车从上而下喷射或涂刷，厚度为3mm。

7. 止水材料与侧模安装

在安装侧模前，先校正已安装好的铜止水片位置，再进行侧模安装。安装时，将侧模紧贴W形止水铜片的鼻子，内侧面应平直且对准铜止水片鼻子中央。由于侧模是滑模的准直轨道，因此应安装得坚固牢靠，并严格控制平整度。侧模安装偏差控制在偏离分缝设计线为±3mm，垂直度为±3mm。2m 范围内起伏差为 5mm。

8. 钢筋安装

面板钢筋由钢筋厂加工成形后运至现场安装。安装方式有现场安装和预制钢筋片、现场拼装两种。

9. 滑模安装与溜槽布置

侧模和钢筋网安装好以后，开始吊装滑动模板。滑模一般在坝趾组装完后，用移动式吊机吊到侧模或先浇块上。滑模由侧模支承后用手拉葫芦保险钢绳固定在卷扬机支架上，吊车卸钩，穿系卷扬系统。在正式浇筑前，应对滑动模板试滑两次。

9-52
钢筋混凝土面板施工
【图片】

滑模就位后，即可在钢筋网上布置溜槽，溜槽应采用搭接方式连接，上接受料斗，下至滑动模板前缘，溜槽出口距仓面距离不应大于 2m。溜槽应分段固定在钢筋网上，以保证安全。

（四）面板混凝土浇筑

若拌和楼（拌和站）距坝面较远，宜采用混凝土搅拌车运输混凝土；若拌和楼（拌和站）距坝面较近，或在坝顶设拌和站拌制混凝土时，宜采用自卸汽车、机动翻斗车等运输混凝土。在混凝土运输过程中要避免发生分离、漏浆、严重泌水或坍落度降低过多等问题。混凝土垂直输送方式有溜槽输送和坡面布料槽车入仓两种。

1. 混凝土入仓振捣

混凝土入仓应严格按规定层厚分层布料，每层厚度为 250～300mm。卸料宜在距模板上口 40cm 范围内均匀布料，以使模板受力均衡。

混凝土入仓后应及时进行振捣。振捣时，操作人员应站在滑模前沿的操作平台上施工。仓位中部使用振捣器直径不宜大于 50mm，靠近侧模的振捣器直径不应大于 30mm。振捣器不得靠在滑模上或靠近滑模顺坡插入浇筑层，以免滑模受混凝土的浮托力而抬升。振捣器插点要均匀，间距不得大于 40cm；插入深度应达到新浇筑层底部以下 5cm，振捣时间为 15～25s，目视混凝土不显著下沉、不出现气泡，并开始泛浆为准。严禁在提升模板时振捣。止水片周围的混凝土应采用人工入仓，并特别注意振捣密实。

2. 模板滑升

模板滑升前，须清除模板前沿超填的混凝土，以减少滑升阻力。滑升时两端提升应平稳、匀速、同步；每浇完一层混凝土滑升一次，一次滑升高度约为 25～30cm，并不得超过一层混凝土的浇筑高度。

9-53
第九章第五节测试题
【测试题】

滑模滑升速度取决于脱模时混凝土的坍落度、凝固状态和气温，一般凭经验确定，平均滑升速度宜为 1.5～2.5m/h，最大滑升速度不宜超过 3.5m/h。滑升速度过大，脱模后混凝土易下坍而产生波浪状，给抹面带来困难，面板表面平整度不易控制；滑升速度过小，易产生黏膜使混凝土拉裂。滑模滑升要坚持勤提、少提的原则，滑升间隔时间不宜超过 30min。

3. 抹面

混凝土出模后，人工采用木抹和钢抹立即进行第一次抹面，并用 2m 长直尺检查平整度，接缝侧各1m内的混凝土表面，不平整度不应超过5mm。待混凝土初凝结束前，或采用真空脱水法对第一次抹面后的混凝土进行表面吸水处理后，及时进行第二次压面抹光。

第六节 水电站及泵站施工

一、水电站施工

水电站厂房通常以发电机层为界，分为下部结构和上部结构。下部结构一般为大体积混凝土，包括尾水管、锥管、蜗壳等大的孔洞结构；上部结构一般由钢筋混凝土柱、梁、板等结构组成，厂房混凝土如图9-42所示。

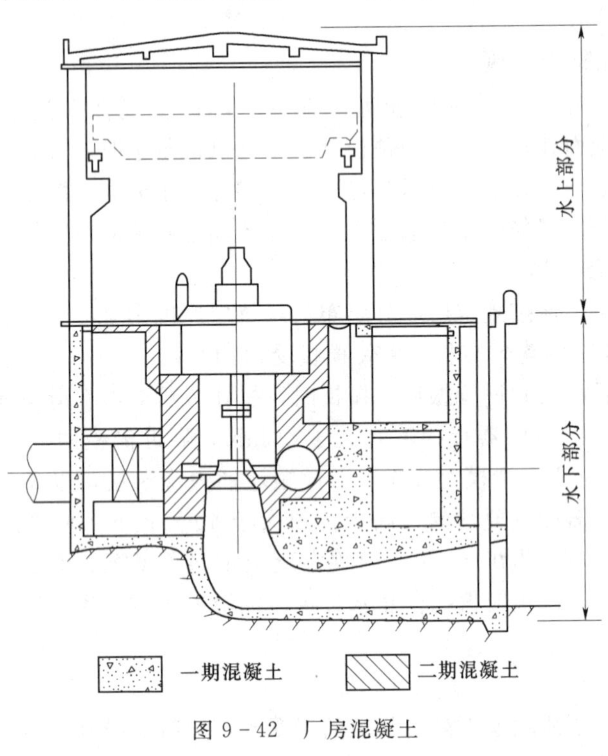

图9-42 厂房混凝土

9-54 水电站尾水管施工场景1【图片】

9-55 水电站尾水管施工场景2【图片】

9-56 水电站蜗壳施工场景【图片】

（一）水电站厂房下部结构施工

水电站厂房下部结构的分缝分块：水电站厂房下部结构尺寸大、孔洞多、受力复杂，必须分层分块进行浇筑，如图9-43所示。合理的分层分块是削减温度应力、防止或减少混凝土裂缝、保证混凝土施工质量和结构的整体性的重要措施。

厂房下部结构分层分块形式可采用通仓、错缝、预留宽槽、封闭块和灌浆缝等。

（1）通仓浇筑法。通仓浇筑法施工可加快进度，有利于结构的整体性。当厂房尺寸小，又可安排在低温季节浇筑时，采用分层通仓浇筑最为有利。对于中型厂房，其

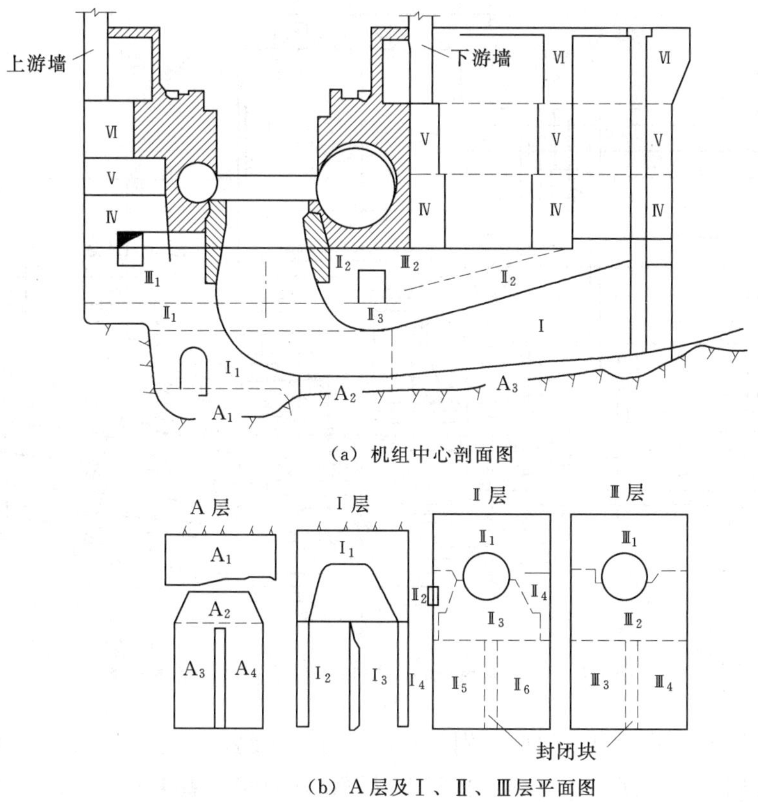

(a) 机组中心剖面图

(b) A 层及Ⅰ、Ⅱ、Ⅲ层平面图

图 9-43　厂房下部结构分层分块图

顺水流方向的尺寸在 25m 以下，低温季节虽不能浇筑完毕，但有一定的温控手段时，也可采用这种形式。

(2) 错缝浇筑法。大型水电站厂房下部结构尺寸较大，多采用错缝浇筑法。错缝搭接范围内的水平施工缝允许有一定的变形，以解除或减少两端的约束而减少块体的温度应力，如图 9-44 所示。在温度和收缩应力作用下，竖直施工缝往往脱开。错缝分块的施工程序对进度有一定影响。

采用错缝分块时，相邻块要均匀上升，以免要垂直收缩的不均匀在搭接处引起竖向裂缝。当采用台阶缝施工时，相邻块高差（各台阶总高度）一般不超过 4～5m。

(3) 预留宽槽浇筑法。对大型厂房，为加快施工进度，减少施工干扰，可在某些部位设置宽槽。槽的宽度一般为 1m 左右。由于设置宽槽，可减少约束区高度，同时增加散热面，从而减少温度应力。

对预留宽槽，回填应在低温季节施工，届时其周边老混凝土要求冷却到设计要求温度。回填混凝土应选用收缩性较小的材料。

(4) 设置封闭块。水电站大型厂房中的框架结构由于顶板跨度大或墩体刚度大，施工期出现显著温度变化时对结构产生较大的温度应力。当采用一般大体积混凝土温度控制措施仍然不能妥善解决时，还需增加“封闭块”的措施，即在框架顶板上预留“封闭块”。

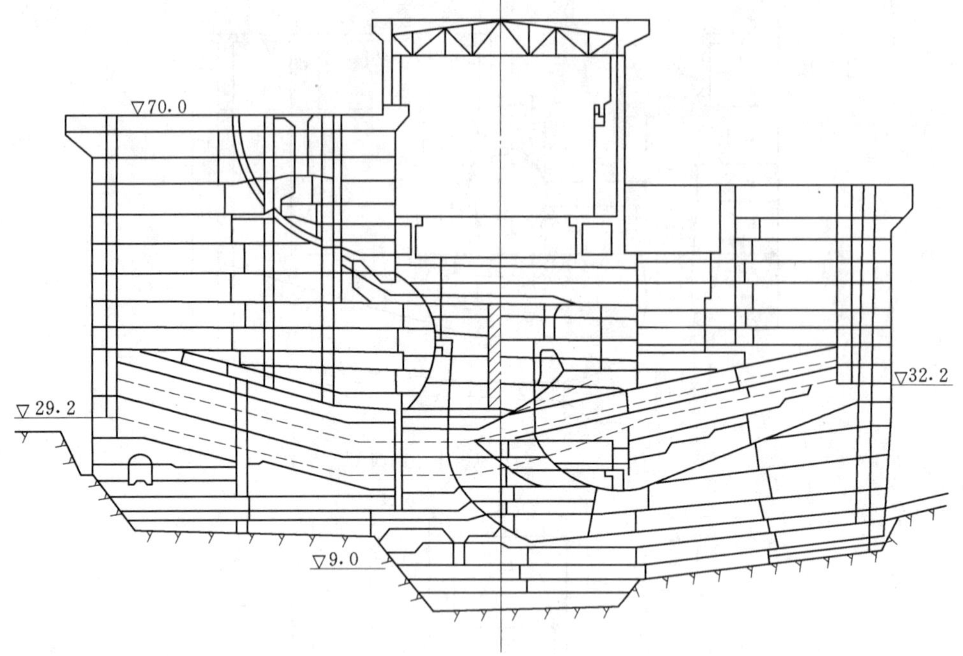

图 9-44 某水电站厂房混凝土分层、错缝示意图

(5) 设置灌浆缝。对厂房的个别部位可设置灌浆缝。某电站厂房为了降低进口段与主机段之间的宽槽深度，在排沙孔底板以下设置灌浆，灌浆缝以上设置宽槽。

(二) 水电站厂房下部结构的施工

1. 满堂脚手架方案

满堂脚手架是在基坑中满布脚手架，用自卸汽车（机动翻斗车、斗车）和溜筒、溜槽入仓。

2. 活动桥方案

当厂房宽度较小、机组较多时，可采用如图 9-45 所示的活动桥浇筑混凝土。

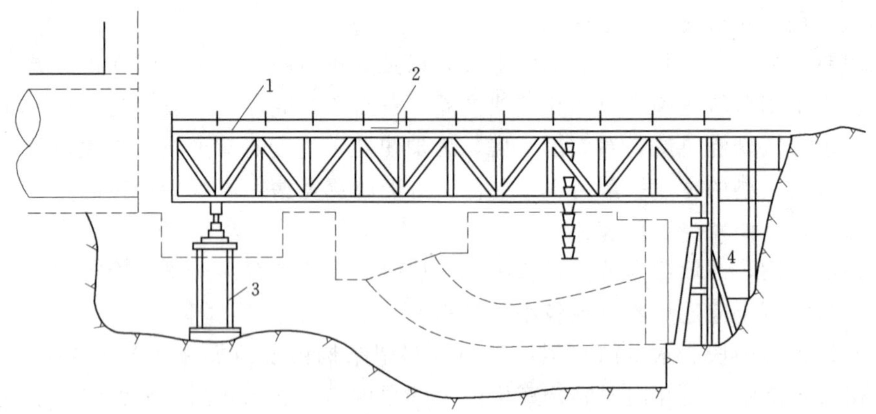

图 9-45 用活动桥浇筑厂房混凝土

1—活动桥；2—运送混凝土小车；3—上游排架；4—下游排架

3. 门塔机方案

大型厂房一般采用门塔机浇筑混凝土，如图 9 - 46 所示。

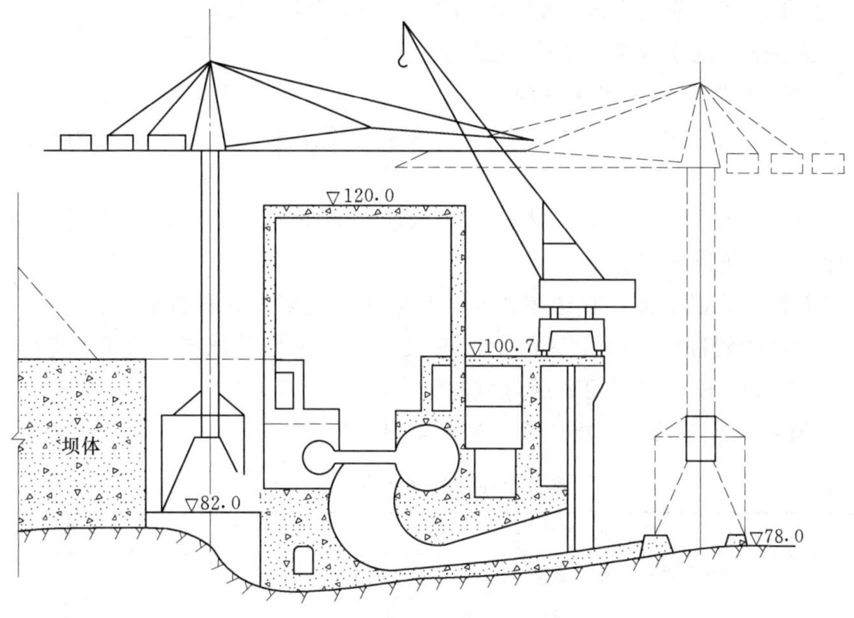

图 9 - 46 门机、塔机施工布置（单位：m）

二、泵站施工

1. 概述

泵房混凝土施工应按施工方案中拟定的混凝土浇筑要求，备足施工机械和劳力，做好混凝土配合比试验等有关技术准备工作。

泵房水下混凝土宜整体浇筑。对于安装大中型立式机组的泵房工程，可按泵房结构并兼顾进出水流道的整体性进行分层，由下至上分层施工，层面应平整。如出现高低不同的层面时，应设斜面过渡段。

泵房浇筑，在平面上不宜分块。如泵房较长，需分期分段浇筑时，应以永久伸缩缝为界划分浇筑单元。泵房挡水墙围护结构不宜设置垂直施工缝。泵房内部的机墩、隔墙、楼板、柱、墙外启闭台、导水墙等可分期浇筑。

永久伸缩缝止水设施的形式、位置、尺寸及材料的品种规格等，均应符合设计要求。

2. 钢筋混凝土

（1）泵房混凝土施工中所使用的模板，可根据结构物的特点，分别采用钢模、木模或其他模板，并符合规范要求。

拆除模板及支架的期限应符合设计要求。设计未提出要求时，可按下列规定执行：

1）不承重的侧面模板，在混凝土强度达到其表面及棱角不因拆模板而损伤时，或墩、墙、柱部位混凝土强度不低于 3.5MPa 时，方可拆除。

2）流道、井筒式泵房及其他体型复杂的构筑物，其模板及支架的拆除应制定专门方案，拆除时间除满足强度达到 100%外，且不宜少于 21d。

（2）混凝土的配制应符合下列规定：

1）应按下列原则选用水泥品种：

a. 水位变化区或有抗冻、抗冲刷、抗磨损等要求的混凝土，宜选用硅酸盐水泥或普通硅酸盐水泥。

b. 水下不受冲刷或厚大构件内部的混凝土，宜选用矿渣硅酸盐水泥、粉煤灰硅酸盐水泥或火山灰质硅酸盐水泥。

c. 水上部分的混凝土，宜选用普通硅酸盐水泥或矿渣硅酸盐水泥。

d. 受硫酸盐侵蚀的混凝土宜选用抗硫酸盐水泥，受其他侵蚀性介质影响或有特殊要求的混凝土应按有关规定或通过试验选用。

2）混凝土在浇筑地点的坍落度，宜按表 9-2 选用。

表 9-2　　混凝土在浇筑地点的坍落度

部位及结构情况	坍落度/mm
底板、基础、进出水池、铺盖、无筋或少筋混凝土	20～40
墩、墙、梁、板、柱等一般配筋，浇捣不太困难	40～60
桥梁、电动机大梁、泵房立柱等配筋较密，浇捣困难	60～80
隔水墙、胸墙、岸墙等薄壁墙，断面狭窄，配筋较密，浇捣困难	80～100
流道、泵井等体形复杂的曲面、斜面结构，配筋特密，浇捣特殊、困难	根据实际需要另行选定

注　配制大坍落度（大于 80mm）混凝土时宜掺用外加剂。

3. *泵房底板*

泵房底板地基，应经验收合格后，方能进行底板混凝土施工。

地基面上宜先浇一层素混凝土垫层，垫层厚度及强度应满足设计要求。设计没有明确要求时，其厚度可为 80～100mm，垫层混凝土面积应大于底板的面积，以免搅动地基土。

底板上层、下层钢筋骨架网应使用有足够强度和稳定性的柱掌。柱掌可为钢柱或混凝土预制柱。应架设与上部结构相连接的插筋，插筋与上部钢筋的接头应错开。混凝土预制柱应符合下列规定：

（1）柱的结构与配筋应合理。

（2）混凝土的标准强度应与浇筑部位相同。

（3）柱的表面应凿毛，且洗刷干净。

（4）柱在现场使用时，应支承稳定。

（5）应处理好柱周边和柱顶面的混凝土，防止渗透现象发生。

混凝土应分层连续浇筑，不得斜层浇筑。如浇筑仓面较大，可采用多层阶梯推进法浇筑，其上下两层的前后距离不宜小于 1.5m，同层的接头部位应充分振捣，不得漏振。

在斜面基底上浇筑混凝土时，应从低处开始，逐层升高，并采取措施保持水平分层，防止混凝土向低处流动。

混凝土浇筑过程中，应及时清除黏附在模板、钢筋、止水片和预埋件上的灰浆。混凝土表面泌水过多时，应及时采取措施，设法排去仓内积水，但不得带走灰浆。

混凝土表面应抹平、压实、收光，防止松顶和干缩裂缝。

二期混凝土施工应符合下列要求：

(1) 浇筑二期混凝土前，应对一期混凝土表面凿毛清理，洗刷干净。

(2) 二期混凝土宜采用细石混凝土，其强度等级应高于或等于同部位的一期混凝土。

(3) 二期混凝土在保证达到设计标准强度70%以上时，方能继续加荷安装。

4. 流道

钢筋混凝土流道应防渗、防漏、防裂和防错位。施工时应采取有效的技术措施，提高混凝土质量，防止各种混凝土缺陷的产生，并保证流道型线平顺、各断面面积沿程变化均匀合理，内表面糙率符合设计要求。

进出水流道应分别按已拟定的浇筑单元整体浇筑，每一浇筑单元不应再分块，也不应再分期浇筑。

与水相接触的围护结构物，如挡水墙、闸墩等宜与流道一次立模、整体浇筑。

浇筑流道的模板、支架和脚手架应做好施工结构设计。

仓面脚手架应采用桁架、组合梁等大跨度结构。立柱较高时，可使用钢管组合柱或钢筋混凝土预制柱，中间应有足够数量的连杆和斜撑。通过混凝土部位的连杆，可随着新浇混凝土的升高而逐步拆卸。

流道模板宜在厂内制作和预拼，经检验合格后运到施工现场安装。制作和安装模板的允许偏差，应符合设计要求。

流道的模板、钢筋安装与绑扎应作统一安排，互相协调。

模板、钢筋安装完毕，应经验收合格后方能浇筑混凝土。如果安装后长时间没有浇筑，在浇筑之前应再次检查合格后方可浇筑。

混凝土中的水泥宜选择低水化热、收缩性小的品种，不宜使用粉煤灰水泥和火山灰质水泥，也不宜在水泥中掺用粉煤灰等活性材料。

浇筑混凝土时应采取综合措施，控制施工温度缝的产生。

做好浇筑混凝土的施工计划安排，明确分工责任制，配足设备和工具，确保工程质量。

在浇筑混凝土过程中，应建立有效的通信联络和指挥系统。

混凝土浇筑应从低处开始，按顺序逐层进行，仓内混凝土应大致平衡上升。仓内应布设足够数量的溜筒，保证混凝土能输送到位，不得采用振捣器长距离赶料平仓。

倾斜面层模板底部混凝土应振捣充分，防止脱空。模板面积较大时，应在适当位置开设便于进料和捣固的窗口。

临时施工孔洞应有专人负责，并应及时封堵。

混凝土浇筑完毕后应做好顶面收浆抹面工作，加强洒水养护，混凝土表面应经常保持湿润状态。应做好养护记录，定时观测室内外温度变化，防止温差过大出现混凝土裂缝。

5. 泵房楼层结构

(1) 楼层混凝土结构施工缝的设置应符合下列规定：

1) 墩、墙、柱底端的施工缝宜设在底板或基础先期浇筑的混凝土顶面，其上端施工缝宜设在楼板或大梁的下面，中部如有与其嵌固连接的楼层板、梁或附墙楼梯等需要分期浇筑时，其施工缝的位置及插筋、嵌槽等应同设计单位商定。

2) 与板连成整体的大断面梁宜整体浇筑，如需分期浇筑，其施工缝宜设在板底面以下 20～30mm 处．当板下有梁托时应设在梁托下面。

3) 有主梁、次梁的楼板，施工缝应设在次梁跨中 1/3 范围内。

4) 单向板施工缝宜平行于板的长边。

5) 双向板、多层钢架及其他结构复杂的施工缝位置，应按设计要求留置。

(2) 模板及支架、脚手架应有足够的支承面积和可靠的防滑措施。杆件节点应连接牢固。

上层模板及支架的安装应符合下列要求：

1) 下层模板应达到足够的强度或支撑、支架能承受土层、下层全部荷载。

2) 采用析架支模时，其支撑结构应有足够的强度和刚度。

3) 上层、下层支架的立柱应对准，并应铺设垫板。

墩、墙、柱的模板采用对拉螺栓固定；隔水墙、胸墙、流道及其他有防渗要求的部位，其使用的螺栓不宜加套管。拆模后，应将螺杆两端外露段和深入保护层部分截除，并用与结构同质量的水泥砂浆填实抹光。必要时，螺栓上可加焊截渗钢板。

(3) 隔水墙、胸墙、水池等有防渗要求的构筑物，其厚度小于 400mm 应配制防水混凝土。防水混凝土的水泥用量不宜小于 300kg/m^3，砂率应适当加大，且宜选掺防水外加剂，其配合比应由试验确定。

浇筑较高的墩、墙、柱混凝土时，应使用溜筒、导管等工具，将拌好的混凝土徐徐灌入；对于断面狭窄、钢筋较密的薄墙、柱等结构物，可在两侧模板的适当部位均匀地布置一些便于进料和振捣的扁平窗口。随着浇筑面积的上升，窗口应及时完善封堵。浇筑与墩、墙、柱连成整体的梁和板时，应在墩、墙、柱浇筑完毕后停歇 0.5～1h，使其初步沉实再继续进行。

浇筑混凝土时，应指派专人负责检查模板和支架，发现变形迹象应及时加固纠正，发现模板漏浆或仓内积水应进行堵浆和处理。

6. 泵房建筑与装修

泵房建筑与装修施工应符合下列规定：

(1) 应在保证原结构安全的前提下，进行建筑与装修施工。

(2) 上道工序质量检验合格后，方可进行下道工序施工。

(3) 应按设计要求选用工程所使用的构件、材料，并应符合国家现行有关标准的规定。

(4) 应防止构件和材料在运输、保管及施工过程中损坏或变质。

装修工程要求预先做样板时，样板完成后应经验收合格方可正式施工。

室外抹灰和饰面工程的施工，应自上而下进行。

室内装修工程的施工，宜在屋面防水工程完工后，并在不致被后续工程所损坏的条件下进行；在屋面防水工程完工前施工时，应采取防护措施。

室内吊顶、隔断的罩面板和装饰等工程，应在室内地面湿作业完工后施工。

9-57
第九章第六节
测试题
【测试题】

第七节　渠系建筑物施工

一、水闸施工

一般水闸工程的施工内容有导流工程、基坑开挖、基础处理、混凝土工程、砌石工程、回填土工程、闸门与启闭机安装、围堰拆除等。这里重点介绍闸室工程的施工。

水闸混凝土工程的施工应以闸室为中心，按照“先深后浅、先重后轻、先高后低、先主后次”的原则进行。

闸室混凝土施工是根据沉陷缝、温度缝和施工缝分块分层进行的。

1. 底板施工

闸室地基处理后，对于软基应铺素混凝土垫层 8～10cm，以保护地基，找平基面。垫层养护 7d 后即在其上放出底板的样线。

首先进行扎筋和立模。距样线隔混凝土保护层厚度放置样筋，在样筋上分别画出分布筋和受力筋的位置并用粉笔标记，然后依次摆上设计要求的钢筋，检查无误后用丝扎扎好，最后垫上事先预制好的保护层垫块以控制保护层厚度。上层钢筋是通过绑扎好的下层钢筋上焊上三脚架后固定的，齿墙部位弯曲钢筋是在下层钢筋绑扎好后焊在下层钢筋上的，在上层钢筋固定好后再焊在上层钢筋上。立模作业可与扎筋同时进行，底板模板一般采用组合钢模，模板上口应高出混凝土面 10～20cm，模板固定应稳定可靠。模板立好后标出混凝土面的位置，便于浇筑时控制浇筑高程。

一般中小型水闸采用手推车或机动翻斗车等运输工具运送混凝土入仓，须在仓面设脚手架，底板仓面布置如图 9-47 所示。

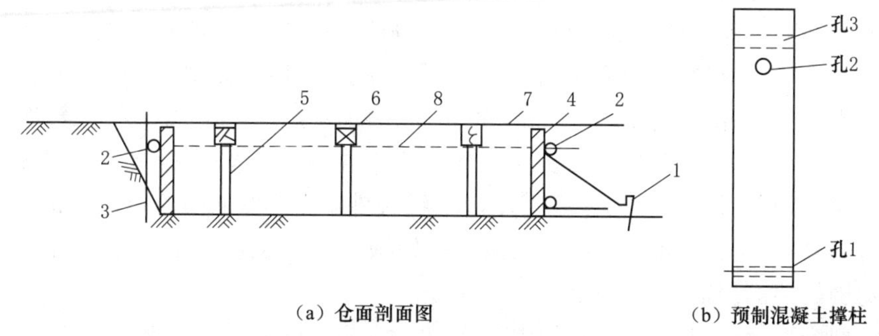

（a）仓面剖面图　　（b）预制混凝土撑柱

图 9-47　底板仓面布置

1—地龙；2—围令；3—支杆（钢管）；4—模板；5—撑柱；6—撑木；7—钢管脚手；8—混凝土面

脚手架由预制混凝土撑柱、钢管、脚手板等构成。支柱断面一般为15cm×15cm，配4根直径6mm架立筋，高度略低于底板厚度，其上预留三个孔，其中孔1内插短钢筋头和底层钢筋焊在一起，孔2内插短钢筋头和上层钢筋焊在一起增加稳定性，孔3内穿铁丝绑扎在其上的脚手钢管上。撑柱间的纵横间距应根据底板厚度、脚手架布置和钢筋架立等因素通过计算确定。撑柱的混凝土强度等级应与浇筑部位相同，在达到设计强度后使用；断裂、残缺者不得使用；柱表面应凿毛并冲洗干净。

底板仓面的面积较大，采用平层浇筑法易产生冷缝，一般采用斜层浇筑法，这时应控制混凝土坍落度在4cm以下。为避免进料口的上层钢筋被砸变形，一般开始浇筑混凝土时，该处上层钢筋可暂不绑扎，待混凝土浇筑面将要到达上层钢筋位置时，再进行绑扎，以免因校正钢筋变形而延误浇筑时间。

为方便施工，一般穿插安排底板与消力池的混凝土浇筑。由于闸室部分重量大，沉陷量也大，而相邻的消力池重量较轻，沉陷量也小。如两者同时浇筑，较大的不均匀沉陷会将止水片撕裂，为此一般在消力池靠近底板处留一道施工缝，将消力池分成大小两部分，消力池的分缝如图9-48所示。当闸室已有足够沉陷后即浇筑消力池二期混凝土，在浇筑消力池二期混凝土前，施工缝应注意进行凿毛冲洗等处理。

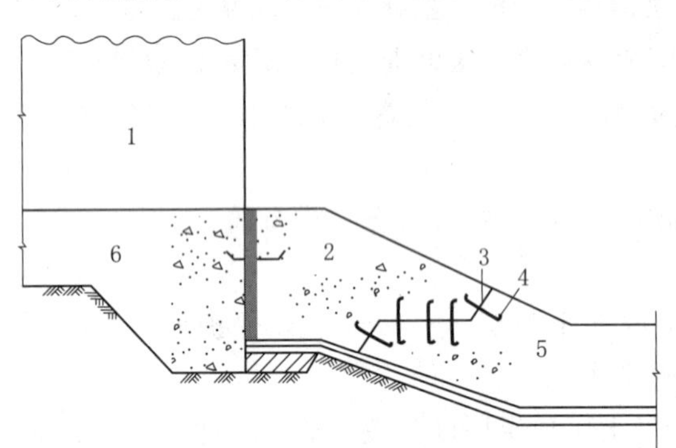

图9-48 消力池的分缝

1—闸墩；2—二期混凝土；3—施工缝；4—插筋；5—一期混凝土；6—底板

2. 闸墩施工

水闸闸墩的特点是高度大、厚度薄、模板安装困难，工程面狭窄，施工不便，门槽部位的钢筋密、预埋件多，干扰大。当采用整浇底板时，两沉陷缝之间的闸墩应对称同时浇筑，以免产生不均匀沉陷。

立模时，先立闸墩一侧平面模板，然后按设计图纸安装绑扎钢筋，再立另一侧的模板，最后再立前后的圆头模板。

9-58
闸墩圆头模板
【图片】

9-59
铜止水片连接
【图片】

闸墩立模要求保证闸墩的厚度和垂直度。闸墩平面部分一般采用组合钢模，通过纵横围令、木枋和对拉螺栓固定，内撑竹管保证浇筑厚度，如图9-49所示。

对拉螺栓一般用直径16～20mm的光面钢筋两头套丝制成，木枋断面尺寸为15cm×15cm，长度2m左右，两头钻孔便于穿对拉螺栓。安装顺序是先用纵向横钢管围令固定好钢模后，调整模板垂直度，然后用斜撑加固保证横向稳定，最后自下而上加对拉螺栓和木枋加固。注意脚手钢管与模板围令或支撑钢管不能用扣件连接起来，以免脚手架的振动影响模板。

闸墩圆头模板的构造和架立如图9-50所示。

闸墩模板立好后，即开始清仓工作。用水冲洗模板内侧和闸墩底面，冲洗污水由底层模板上预留的孔眼流走。清仓后即将孔眼堵住，经隐蔽工程验收合格后即可浇筑

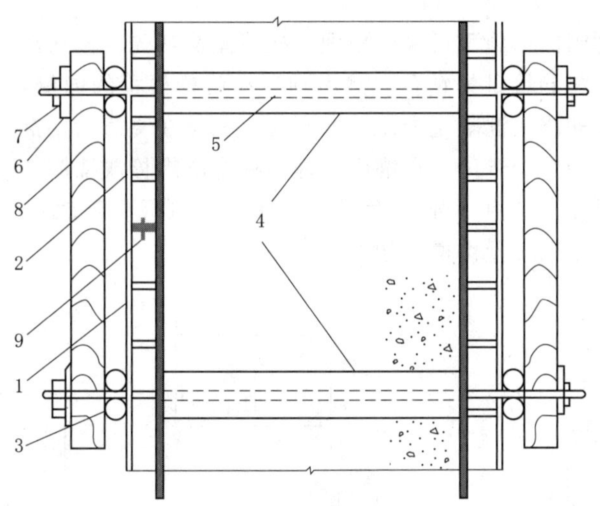

图 9-49 闸墩侧模固定

1—组合钢模；2—纵向围令；3—横向围令；4—撑杆；5—对拉钢筋；6—铁板；7—螺栓；8—木枋；9—U形卡

混凝土。

为保证新浇混凝土与底板混凝土结合可靠，首先应浇 2～3cm 厚的水泥砂浆。混凝土一般采用漏斗下挂溜筒下料，漏斗的容积应和运输工具的容积相匹配，避免在仓面二次转运，溜筒的间距为 2～3m。一般划分成几个区段，每区内固定浇捣工人，不要往来走动，振动器可以二区合用一台，在相邻区内移动。混凝土入仓时，应注意平均分配给各区，使每层混凝土的厚度均匀、平衡上升，不单独浇高，以使整个浇筑面大致水平。每层混凝土的铺料厚度应控制在 30cm 左右。

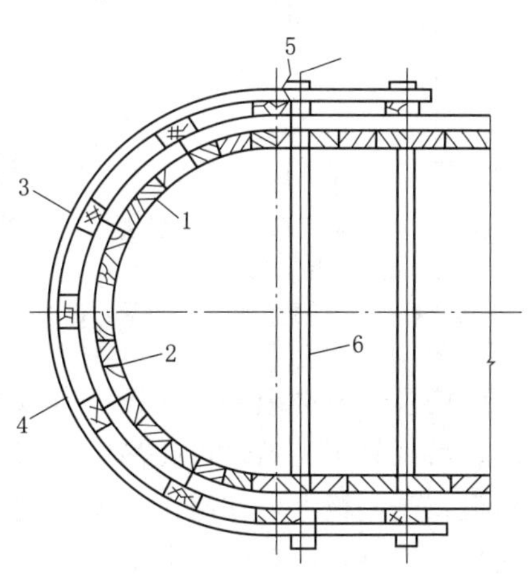

图 9-50 闸墩圆头模板

1—钢模；2—板带；3—垂直围令；4—钢环；5—螺栓；6—撑管

3. 接缝止水施工

一般中小型水闸接缝止水采用止水片或沥青井止水，缝内充填填料。止水片可用紫铜片、镀锌铁片或塑料止水带。

紫铜片使用前应进行退火处理，以增加其延伸率，便于加工和焊接。一般用柴火退火，空气自然冷却。退火后其延伸率可从 10%提高至 41.7%。接头按规范要求用搭接或折叠咬接双面焊，搭焊长度大于 20mm。止水片安装一般采用两次成型就位法，它可以提高立模、拆模速度，止水片伸缩段易对中。U 形鼻子内应填塞沥青膏或油浸麻绳。

4. 闸门槽施工

中、小型水闸闸门槽施工可采用预埋一次成型法或先留槽后浇二期混凝土两种方法。一次成型法是将导轨事先钻孔，然后预埋在门槽模板的内侧，如图 9-51 所示。闸墩浇筑时，导轨即浇入混凝土中。二期混凝土法是在浇第一期混凝土时，在门槽位置留出一个较门槽为宽的槽位，在槽内预埋一些开脚螺栓或锚筋，作为安装导轨时的固定点；待一期混凝土达到一定强度后，用螺栓或电焊将导轨位置固定，调整无误后，再用二期混凝土回填预留槽，如图 9-52 所示。

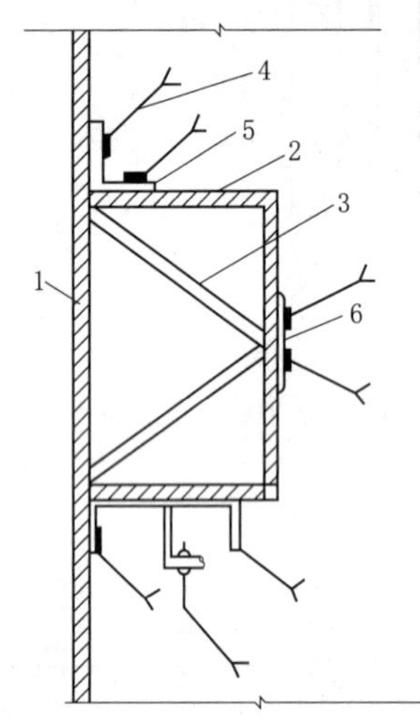

图 9-51 闸门槽一次成型法

1—闸墩模板；2—门槽模板；3—撑头；4—开脚螺栓；5—门槽角铁；6—侧导轨道

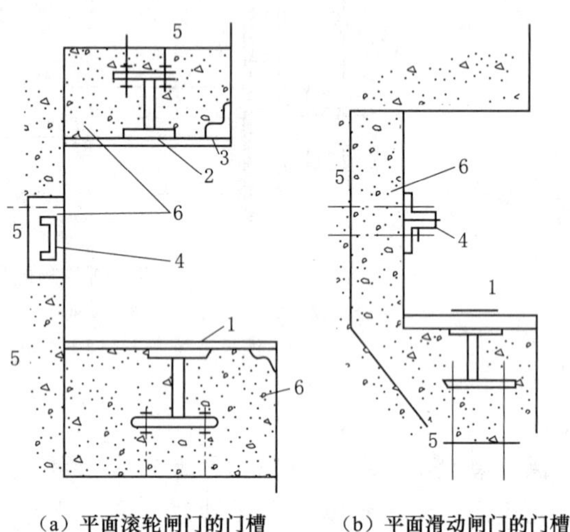

图 9-52 平面闸门槽的二期混凝土

1—主轮（滑轮）导轨；2—反轨导轨；3—侧水封座；4—侧导轮；5—预埋基脚螺栓；6—二期混凝土

门槽及导轨必须铅直无误，所以在立模及浇筑过程中应随时用吊锤校正。门槽较高时，吊锤易于晃动，可在吊锤下部放一油桶，使垂球浸入黏度较大的机油中。闸门底槛设在闸底板上，在施工初期浇筑底板时，底槛往往不能及时加工供货，所以常在闸底板上留槽，以后浇二期混凝土，如图 9-53 所示。

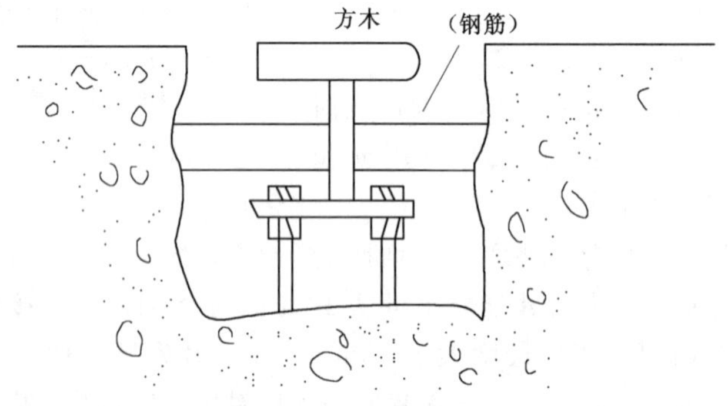

图 9-53 底槛安装示意图

二、渡槽施工

（一）装配式渡槽施工

1. 吊装前的准备工作

（1）制定吊装方案，编排吊装工作计划，明确吊装顺序、劳力组织、吊装方法和进度。

（2）制定安全技术操作规程。对吊装方法步骤和技术要求要向施工人员详细交底。

（3）检查吊装机具、器材和人员分工情况。

（4）对待吊的预制构件和安装构件的墩台、支座按有关规范标准组织质量验收，不合格的应及时处理。

（5）组织对起重机具的试吊和对地锚的试拉，并检验设备的稳定和制动灵敏可靠性。

（6）做好吊装观测和通信联络。

2. 排架吊装

（1）垂直吊插法。垂直吊插法是用吊装机具将整个排架垂直吊离地面后，再对准并插入基础预留的杯口中校正固定的吊装方法。其吊装步骤如下：

1）事先测量构件的实际长度与杯口高程，削平补齐后将排架底部打毛，清洗干净，并对其中轴线用墨线弹出。

2）将吊装机具架立固定于基础附近，如使用设有旋转吊臂的扒杆，则吊钩应尽量对准基础的中心。

3）用吊索绑扎排架顶部并挂上吊钩，将控制拉索捆好，驱动吊车（卷扬机、绞车），排架随即上升，架脚拖地缓缓滑行，当构件将要离地悬空直立时，以人力控制拉索，防止构件旋摆。当构件全部离地后，将其架脚对准基础杯口，同时刹住绞车。

4）倒车使排架徐徐下降，排架脚垂直插入杯口。

5）当排架降落刚接触杯口底部时，即刹住绞车，以钢杆撬正架脚，先使底部对位，然后以预制的混凝土楔子校正架脚位置，同时用经纬仪检测排架是否垂直，并一边以拉索和楔子校正。

6）当排架全部校正就位后，将杯口用楔子楔紧，即可松脱吊钩，同时用高一级强度等级的小石混凝土填充，填满捣固后再用经纬仪复测一次，如有变位，随即以拉索矫正，安装即告完毕。

（2）就地旋转立装法。就地旋转立装法是把支架当作一旋转杠杆，其旋转轴心设于架脚，并与基础铰接好，吊装时用起重机吊钩拉吊排架顶部，排架就地旋转立正于基础上。

3. 槽身吊装

（1）起重设备架立在地面上的吊装方法。简支梁、双悬臂梁结构的槽身可采用普通的起重扒杆或吊车升至高于排架之后，采用水平移动或旋转对正支座，降落就位即可。

图 9-54（a）是采用四台独脚扒杆抬吊的示意图。这种方法扒杆移动费时，吊装速度较慢。图 9-54（b）是龙门架抬吊槽身的示意图。在浇好的排架顶端固定好龙门架，通过四台卷扬机将槽身抬吊上升至设计高程以上，装上钢制横梁，倒车下放即可使槽身就位。

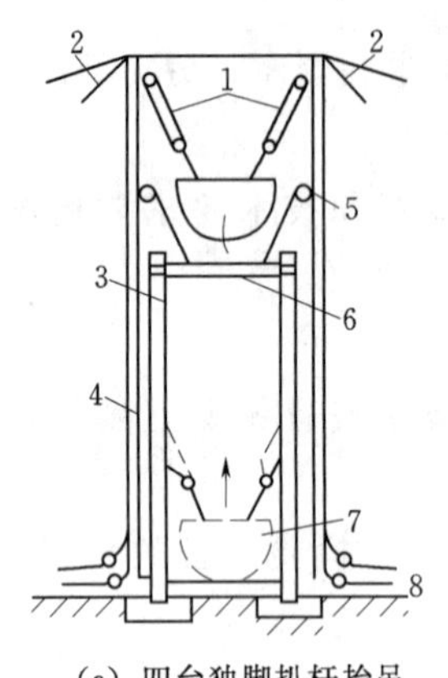

（a）四台独脚扒杆抬吊

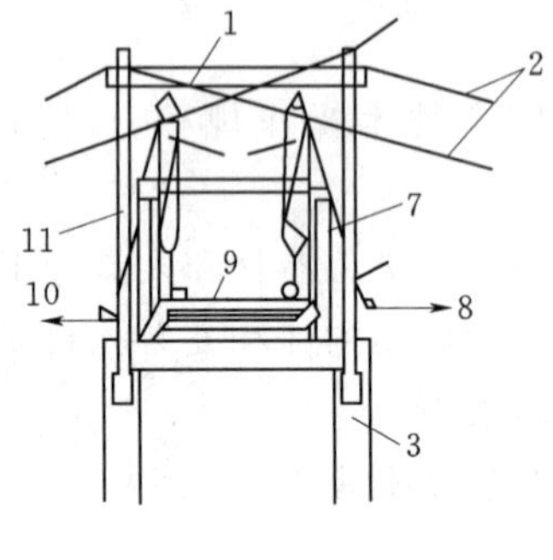

（b）龙门架抬吊槽身

图 9-54 地面吊装槽身示意图

1—主滑车组；2—缆风绳；3—排架；4—独脚扒杆；5—副滑车组；6—横梁；7—预制槽身位置；8—至卷扬机；9—平衡索；10—钢梁；11—龙门架

9-60 渡槽槽身吊装【图片】

（2）双人字悬臂扒杆的槽上构件吊装。双人字悬臂扒杆槽上吊装法适用于槽身断面较大（宽 2m 以上），渡槽排架较高，一般起重扒杆吊装时高度不足或槽下难以架立吊装机械的场合。

吊装时先将双人字悬臂扒杆架立在边墩或已安装好的槽身上，主桅用钢拉杆或钢丝绳锚定，卷扬机紧接于扒杆后面固定在槽身上，以钢梁作撑杆，吊臂斜伸至欲吊槽身的中心。驱动卷扬机起吊槽身，同时通过拉索控制槽身在两排架之间垂直上升。当槽身升高至支座以上时刹车停升，以拉索控制槽身水平旋转使两端正对支座，倒车使槽身降落就位，并同时进行测量、校正、固定，如图 9-55 所示。

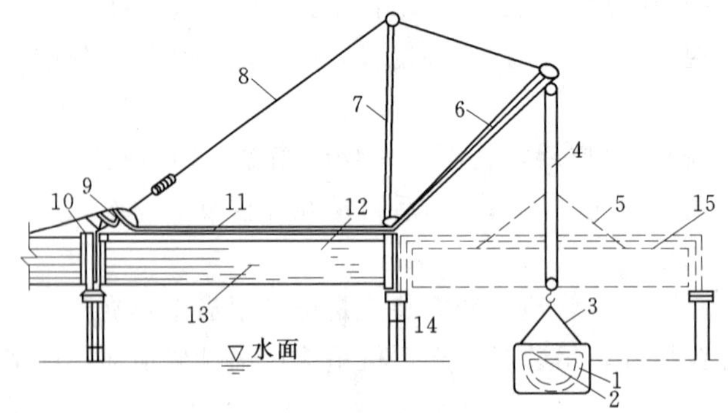

图 9-55 双人字悬臂扒杆吊装槽身

1—浮运待吊槽身；2—槽端封闭板；3—吊索；4—起重索；5—拉杆；6—吊臂；7—人字架；8—钢拉杆；9—卷扬机；10—预埋锚环；11—撑架；12—穿索孔；13—已固定槽身；14—排架；15—即将就位槽身

（二）造槽机渡槽施工

造槽机适用于高度较高的大跨度小截面预应力的中小型渡槽施工，如图 9-56 所示，造槽机主梁由两个支腿分别支撑于上下游墩帽顶部，横穿主梁侧面安装有挑梁，外肋悬挂在挑梁上，外模及底模安装在挑梁上形成槽身外部轮廓，并为后续施工如钢筋及波纹管安装等提供施工平台；内梁采用电动液压方式驱动由事先铺设好的轨道滑移就位，就位后通过吊杆与主梁形成一整体；内模系统安装固定在内梁上，由液压杆件驱动张开形成槽身内部轮廓；外模系统及内模系统配合形成槽身各工序施工的操作平台，使预应力槽身模板、钢筋、预应力等工序能够安全高效完成；待整跨槽身施工完成后，造槽机向前移动至下一跨就位，进行下一跨的槽身施工直至所有槽身浇筑完毕。

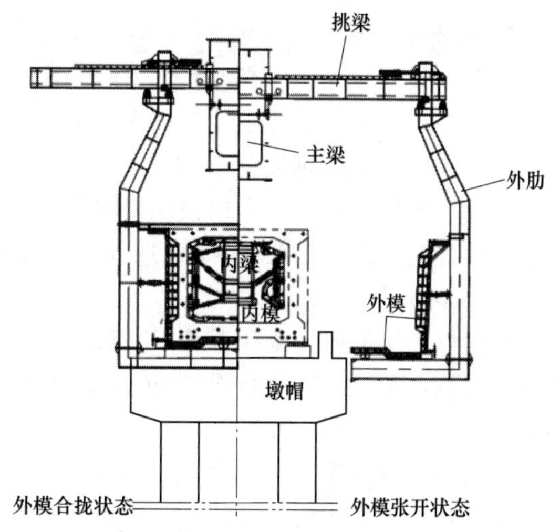

图 9-56　渡槽造槽机工艺原理

造槽机施工流程如下：

首跨施工流程：施工准备→设备拼装→内、外模安装调试→预压试验→外模安装调试→底板及侧墙钢筋制作安装、布置预应力波纹管→内模系统就位及固定→顶板钢筋制作安装、布置预应力波纹管→混凝土浇筑及养护→预应力张拉锚固→灌浆封锚。

标准施工流程：首跨或上一跨施工完成→造槽机过跨及就位→外模安装调试→底板及侧墙钢筋制作安装、布置预应力波纹管→内模系统就位及固定→顶板钢筋制作安装、布置预应力波纹管→混凝土浇筑及养护→预应力张拉锚固→灌浆封锚→二期混凝土浇筑。

1. 造槽机拼装

造槽机在首跨施工现场进行原位拼装，第一步在事先浇筑的支墩上进行主梁拼装；第二步采用两台 300t 吊车将主梁抬至墩帽顶部由 1 号腿和 4 号腿支撑；第三步横穿挑梁，悬挂外肋，安装外模；第四步采用砂袋和型钢模拟混凝土的加载过程，确定造槽机的预拱度并检验其安全性能；第五步内模系统安装并行走就位；第六步按照渡槽预应力槽身混凝土单元工程施工质量验收评定标准进行验收。

2. 造槽机过跨及就位

一跨槽身施工完成，4 号腿油缸收缩 35cm 底模脱开，由液压驱动外肋带动外模张开；造槽机在 3 号腿的液压驱动下行走至 13m 位置，2 号腿由小车吊运至槽身前端支撑主梁使 1 号腿脱空，再由起升小车吊运 1 号腿至前方墩帽就位，在 2 号腿和 3 号腿的配合驱动下使主梁平稳向前行走到位。

3. 外模安装就位

造槽机行走就位后用水准仪调校左右高度至水平，并调整至设计预拱值。

4. 钢筋及波纹管安装（底板及侧墙）

外模调校安装完成后，由起升小车将预制好的钢筋吊运至造槽机内部进行安装作业，同时进行波纹管的安装定位。

5. 内模系统就位及固定

槽身底板及侧墙钢筋和波纹管安装完成后，在底板中央铺设马凳和轨道，内模系统在电动液压的驱动下行走就位；内模系统通过四组刚性吊杆与主梁进行连接，调整好槽身顶板高程和预拱度然后进行固定，在四组吊杆作用下内模系统与主梁变形一致；内模系统固定之后，内模模板由固定在内梁上的液压连杆驱动张开形成槽身内部轮廓，模板缝间采用橡胶条和双面胶进行止浆处理。

9-61
渡槽造槽机施工
【视频】

6. 混凝土浇筑及养护

根据《水工混凝土施工规范》（SL 677—2014）结合现场施工实际将槽身分成8层进行浇筑，第一层为底板厚约60cm；底板倒角至顶板倒角为第二至第七层，每层层厚约为40cm；顶板为第八层。

9-62
漕河渡槽施工现场1
【图片】

为确保槽身混凝土不出现表面裂缝和贯穿裂缝，混凝土的保温保湿工作尤为重要。在槽身浇筑完成后及时将上下游端头进行封堵，槽身顶部以一层薄膜一层保湿毯的形式总共覆盖四层，另外覆盖一层油布进行封闭，造槽机外模和端模表面均在浇筑前贴满保温泡沫进行保温。

9-63
漕河渡槽施工现场2
【图片】

7. 预应力张拉及灌浆

两槽身间预留1.2m的空间进行预应力张拉，张拉灌浆完成后进行二期混凝土浇筑封闭保护锚头；槽身张拉采用压力值与伸长量双控法左右两侧对称张拉。

三、管道施工

9-64
漕河渡槽施工现场3
【图片】

混凝土涵管有三种形式：一是大断面的刚结点箱涵，一般在现场浇灌；二是预制管涵；三是盖板涵，即用浆砌石或混凝土做好底板及边墙，最后盖上预制的钢筋混凝土盖板即成。混凝土箱涵和盖板涵的施工方法和一般混凝土工程或砌筑工程相同，这里主要介绍预制管涵的安装方法。

1. 管涵的预制和验收

管涵直径一般在2m以下，一般采用预应力结构，多用卧式离心机成型。管涵养护后进行水压试验以检验其质量。一般工程量小时直接从预制厂购买合格的管涵进行安装，工程量大时可购买全套设备自行加工。

9-65
漕河渡槽完成浇筑的槽身
【图片】

2. 安装前的准备工作

管涵安装前应按施工图纸对已开挖的沟槽进行检验，确定沟槽的平面位置及高程是否符合设计要求，对松软土质要进行处理，换上砂石材料作垫层。沟槽底部高程应较管涵外皮高程约低2cm，安装前用水泥砂浆衬平。沟槽边的堆土应离沟边1m，以防雨水将散土冲入槽内或因槽壁荷载增加而引起坍塌。

9-66
渡槽施工
【视频】

施工前应确定下管方案，拟定安全措施，合理组织劳力，选择运输道路，准备施工机具。

管涵一般运至沟边，对管壁有缺口、裂缝、管端不平整的不予验收。管涵的搬运通常采取滚管法，滚管时应避免振动，以防管涵破裂，管涵转弯时在其中间部分加垫石块或木块，以使管涵支承在一个点上，这样管涵就可按需要的角度转动。管涵要沿沟分散排放，便于下管。

3. 安装方法

预制管涵因重量不大，多用手动葫芦、手摇绞车、卷扬机、平板车或人工方法安装。

（1）斜坡上管涵安装。坡度较大的坡面安装管涵时，就将预制管节运至最高点，然后用卷扬机牵引平板车，逐节下放就位，承口向上，插口向下，然后从斜坡段的最下端向上逐节套接，如图 9-57 所示。

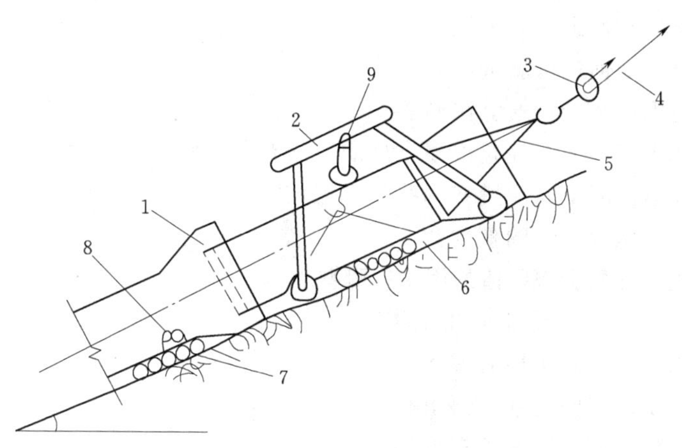

图 9-57　斜坡上预制涵管安装示意图

1—预应力管；2—龙门架；3—滑车；4—接卷扬机；5—钢丝绳；6—斜坡道；7—滚动用圆木；8—管座；9—手动葫芦

（2）水平管涵安装。水平管涵最好用汽车吊吊装，管节可依吊臂自沟沿直接安放到槽底，吊车的每一个着地点可安装 2m 长的管节 3～4 节。

拓　展　讨　论

党的二十大报告提出，坚持把发展经济的着力点放在实体经济上，推进新型工业化，加快建设制造强国、质量强国、航天强国、交通强国、网络强国、数字中国。

请思考：作为一个即将步入水利水电行业的我，如何以个人的努力确保自己参与的建筑工程质量从而实现质量强国？

复　习　思　考　题

1. 大中型水利工程根据砂石骨料来源的不同，可将骨料生产分为哪几种类型？
2. 水利工程砂石骨料的开采方法有哪些？
3. 大体积混凝土温度是如何变化的？

4. 混凝土表面裂缝是如何产生的?
5. 混凝土深层裂缝和贯穿裂缝是如何产生的?
6. 降低水泥用量的措施有哪些?
7. 降低混凝土的入仓温度有哪些?
8. 加速大体积混凝土散热的措施有哪些?
9. 基础面的开挖偏差应符合哪些规定?
10. 紧邻水平建基面的爆破开挖要求有哪些?
11. 混凝土坝的分缝与分块原则有哪些?
12. 混凝土坝的如何进行分缝分块?
13. 混凝土坝如何进行纵缝法施工?
14. 混凝土坝如何进行斜缝法施工?
15. 混凝土坝如何进行通缝法施工?
16. 自卸汽车直接入仓浇筑混凝土坝的方法有哪些?
17. 用汽车运输凝土时应遵守哪些技术规定?
18. 什么叫碾压混凝土的稠度?
19. 影响碾压混凝土 VC 值的因素有哪些?
20. 碾压混凝土的表观密度如何测定?
21. 碾压混凝土的离析性有哪些?
22. 碾压混凝土坝施工铺料要求有哪些?
23. 碾压混凝土坝碾压要求有哪些?
24. 厂房下部结构的浇筑方法有哪些?
25. 水电站厂房下部结构的施工方案有哪些?
26. 混凝土柱的浇筑要求有哪些?
27. 混凝土柱的振捣要求有哪些?
28. 混凝土墙的浇筑要求有哪些?
29. 墙混凝土的振捣要求有哪些?
30. 梁、板混凝土的浇筑要求有哪些?
31. 梁、板混凝土的振捣要求有哪些?
32. 水闸闸墩模板如何安装固定?
33. 水闸闸墩如何组织混凝土的浇筑?
34. 水闸闸门槽及导轨位置如何控制?

第十章 地下工程施工

10－1
水库放水洞
【视频】

10－2
泄洪排沙洞
【视频】

第一节 地下工程开挖

一、平洞开挖

（一）平洞施工方式

平洞施工方式见表10－1。

表10－1 平洞施工作业方式

作业方式	施工特点	适用条件	开挖方法
流水作业	一个工作面纵向全断面开挖后再衬砌	适用于中小断面的短平洞、地质条件较好或具有初始喷锚支护后再二次衬砌的条件	全断面开挖、正台阶法、反台阶法、下导洞法
平行作业	一个工作面开挖先行，衬砌滞后一段施工；衬砌与开挖面间距按施工条件、混凝土强度及地质条件决定，一般不小于30m	适用于大、中断面长平洞；工程地质条件差时，开挖与衬砌间距可适当缩短；交通运输有干扰	全断面开挖、正台阶法、反台阶法、下导洞法
交叉作业	衬砌与开挖沿洞室纵横断面平行交叉作业，仅留0.5～2.0m的安全爆破距离，要注意保护混凝土不受爆破影响	适用地质条件差的大洞室、特大断面洞室、洞室群和洞井交叉段施工	上导洞法、上下导洞法（即先拱后墙法）或品字形导洞法

（二）开挖方法

1．围岩基本稳定的平洞开挖

在围岩基本稳定的情况下，平洞开挖方法的选择，应以围岩分类为基本依据，并确保施工安全。对于洞径在10m以下的圆形隧洞，一次开挖到设计断面后，出渣车辆无法在隧道底板上通行，考虑开挖后的交通需要，目前采用全断面开挖、底板预留石渣作为通道这种方法的工程较多，但也有不少过程采用先开挖上台阶、下台阶留作施工通道，待上台阶施工完成后再开挖下台阶的方法。根据隧洞施工期限、长度、断面大小与结构类型，可采用一次或分块开挖，即全断面开挖和分区分层开挖，其主要开挖方法有以下几种：

（1）全断面法。全断面法就是在整个断面上一次爆破成型的开挖方法，如图10－1所示。待掌子面前进一定距离后，即可架立模板进行混凝土衬砌，或采用紧跟工作面的喷锚支护。由于围岩基本稳定，为了减少干扰、加快进度，不少工程常把隧洞开挖到相当长的距离，或全部挖通后再进行衬砌。此法的特点是净空大、便于机械作业、管线路中可一次敷设、易于保证混凝土衬砌的整体性；但由于一次爆破量大，所以出渣是控制进度的主要因素，一般宜用连续装渣作业的设施。

(2) 正台阶法。当隧洞断面较高时，常把断面分成1～3个台阶，自上而下依次开挖。上下台阶工作面间距，以保持在3m左右为宜，过大则爆破后在台阶上堆渣太多，影响钻孔工作。

上部断面掌子面布孔与全断面法基本相同。下部台阶的爆破，因有两个临空面，效果较好。台阶的开挖，多用水平钻孔，爆破后，工人可蹬渣钻孔，并随着出渣工作的进行，腾出了空间，可自上而下地钻设各台阶水平炮孔。正台阶法如图10-2所示。

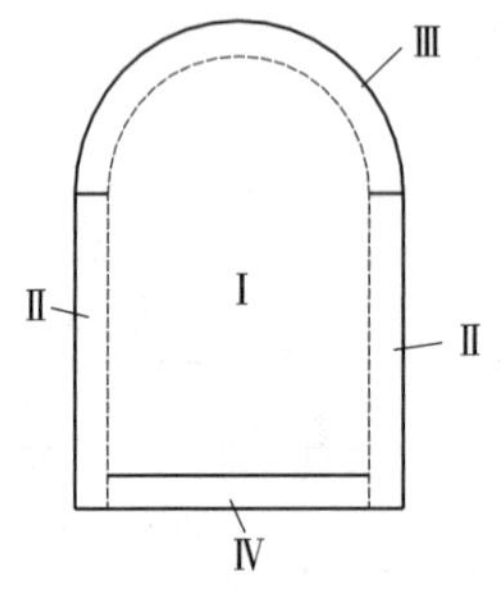

图10-1 全断面法

Ⅰ、Ⅱ、Ⅲ、Ⅳ—施工顺序

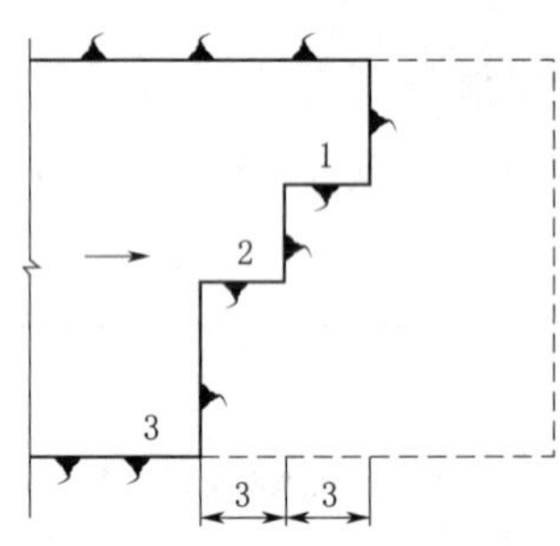

图10-2 正台阶法（单位：m）

1、2、3—开挖顺序

10-3 隧洞正台阶开挖【图片】

(3) 反台阶法。反台阶法与正台阶法相反，它是一种自下而上的开挖方法。下部断面的开挖与全断面基本相同；而上部台阶因有两个临空面，爆破效果较好。

反台阶法（图10-3）是当下部台阶前进一定距离后，再开挖上部台阶，其爆落的石渣将把下部已挖的坑道堵塞，严重影响其他作业进行。为此，一般采用两种方法解决：一是将下部台阶开挖相当长的距离或全部打通，若为前者，则下部掌子面超过施工支洞时，再开挖上部台阶，这样开挖出渣互不干扰；二是在上部台阶开挖段设置漏斗棚架，使上部台阶的石渣堆集在棚架上，并通过漏斗溜入运输工具运出。

该法上部断面的钻孔作业，可利用前排爆下的石渣进行蹬渣钻孔，并达到钻孔出渣平行作业的目的。

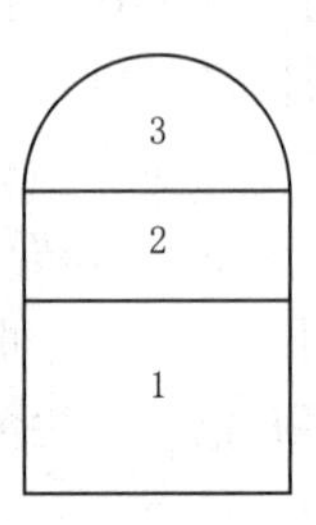

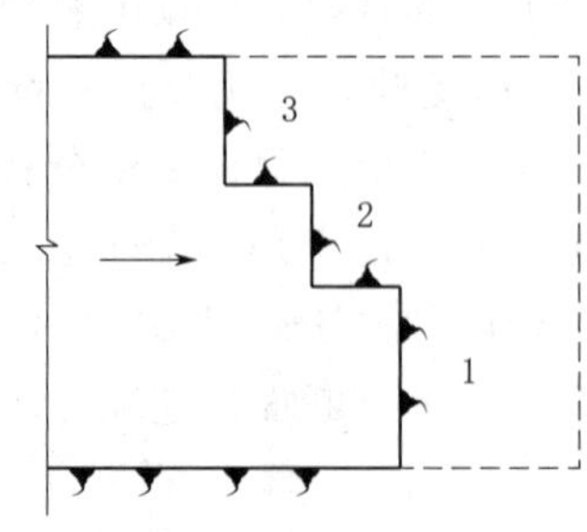

图10-3 反台阶法

1、2、3—开挖顺序

(4) 下导洞法。下导洞法适用于围岩比较稳定的情况。可根据断面大小和机械化程度，选用图10-4所示的不同形式。由于可分成若干块进行开挖，其临空面增加，可使爆破效果显著提高，但需要的材料较多。

2. 围岩稳定性差的平洞开挖

围岩稳定性差时，多采用上导洞

法、上下导洞法（即先拱后墙法）或品字形导洞法，如图 10－5 所示，图 10－5（a）中 1 及图 10－5（b）、图 10－5（c）中 1 和 2 皆表示导洞。用得最多的方法是先拱后墙法，适用范围较广，可用于岩石较差、洞径小于 10m 的中小型断面的长、短隧洞。

（1）上下导洞法施工顺序。如图 10－6 所示，首先开挖下导洞 1，它的作用在于布置运输线路和风、水、电等管线系统，探测地质和水文地质情况，排除地下水以及进行设计施工所需的量测工作。接着开挖上导洞 2，并在上下导洞间打通溜渣井。由于围岩稳定性差，一般采取上部开挖与拱

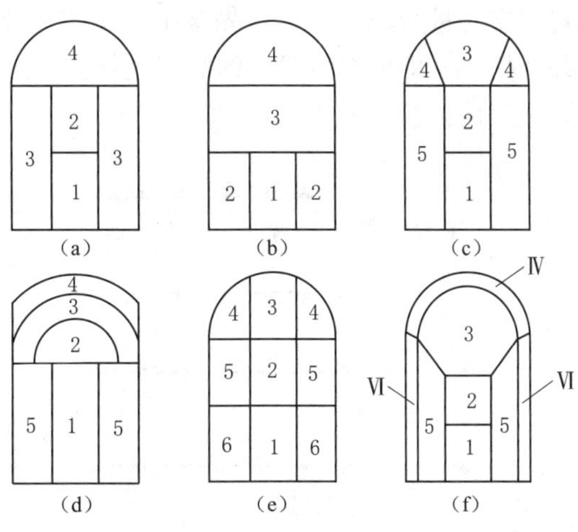

图 10－4　几种主要下导洞法

1、2、3、4、5、6—开挖顺序；Ⅳ、Ⅵ—衬砌顺序

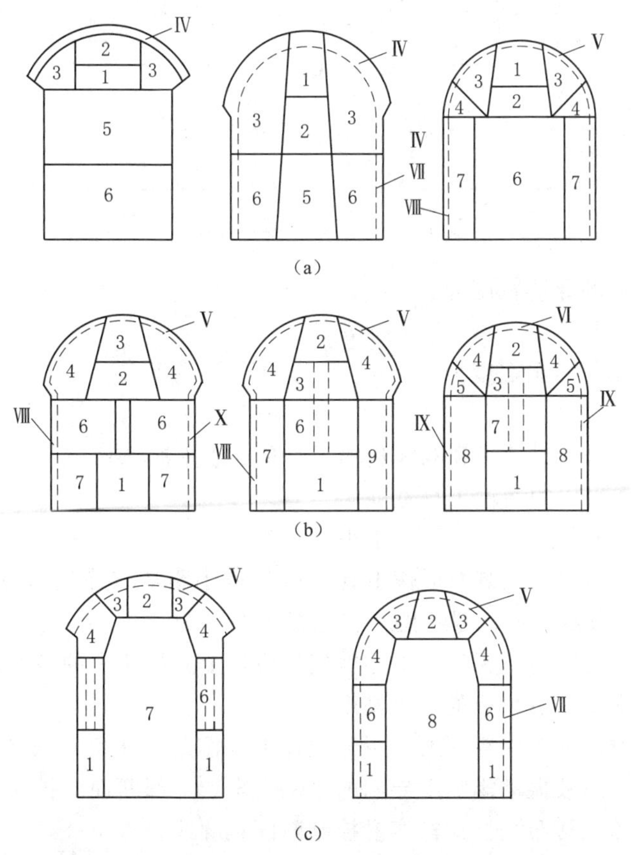

图 10－5　围岩稳定性差的开挖方法

1、2、3、4、5、6—施工顺序；Ⅳ、Ⅴ、Ⅵ、Ⅻ、Ⅷ—衬砌顺序

顶衬砌交叉进行的方式，即先戴上一个“安全帽”，以确保施工安全。上下导洞与溜渣井开挖后，即可按照图示的顺序进行扩大施工。导洞掌子面与扩大掌子面之间的距离，一般保持在10m以上为宜。

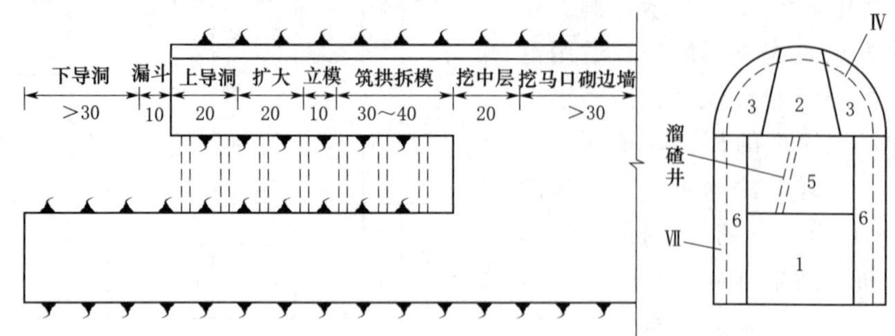

图 10-6 上下导洞法开挖顺序（单位：m）

1、2、3、4、5、6—开挖顺序；Ⅳ、Ⅻ—衬砌顺序

(2) 下导洞形状与尺寸。下导洞一般多为梯形断面，其尺寸大小主要取决于出渣运输和有关管线布置所必需的空间，如图10-7所示。

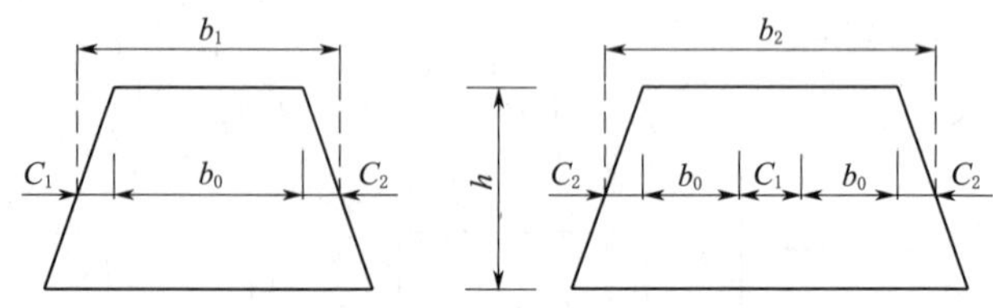

图 10-7 下导洞形状与尺寸

对于单线运输的导洞宽度为

$$b_1 = b_0 + c_1 + c_2 \tag{10-1}$$

对于双线运输的导洞宽度为

$$b_2 = 2b_0 + c_1 + 2c_2 \tag{10-2}$$

式中 b_1、b_2——分别为单线和双线运输工具顶部水平净宽；

b_0——采用的运输工具宽度；

c_1——人行道宽度，一般不小于0.7m；

c_2——由导洞内侧至运输工具外缘的最小距离（净宽），或两个运输工具外缘之间的最小距离，通常为20～30cm。

当采用钢木作为临时支撑时，上述宽度还应加上立柱所占的空间位置。下导洞的高度，一般应考虑挖、运机械的最大高度。

10-4
下导洞开挖
【视频】

(3) 上下导洞法施工注意问题。下导洞比上导洞的掌子面一般应领先20m以上，以避免下导洞开挖爆破振动影响上导洞的施工安全。上部断面的扩大，炮孔布置一般平行于洞轴线，即顺帮布孔。这样容易控制断面轮廓线。

上部断面爆破的大量石渣，通过溜渣井流入下导洞运出。因此，出渣工作很方便，这是采用上下导洞法主要优点之一。边墙衬砌，若用一般模注混凝土的方法，则先拱后墙的交界处，往往不易密合，为此，一般是在边墙混凝土浇筑距拱脚20～30cm时，暂停施工（约两昼夜左右），让边墙混凝土收缩沉落，然后再分层回填混凝土。

二、竖井与斜井开挖

（一）竖井开挖

1. 竖井的施工方式

竖井的施工方式选择见表10-2。

表10-2　　竖井开挖方式

施工方式	适用范围	施工特点	开挖方法
流水作业	Ⅰ、Ⅱ类围岩喷锚支护，可保持围岩稳定的中、小断面竖井或稳定性好的大断面竖井	竖井开挖后进行钢板衬砌、混凝土衬砌、灌浆等作业。有条件时用滑模衬砌	可采用各种竖井开挖方法
分段流水作业	Ⅲ、Ⅳ类围岩，大中断面竖井或局部条件差需要及时衬砌的竖井	顶部裸露时先锁井口或先衬砌上部（Ⅰ、Ⅱ类围岩也采用这种方式），分段开挖和分段衬砌	先导井，然后根据围岩条件分段扩大
	Ⅱ、Ⅲ类及Ⅳ类围岩，开挖大及特大断面竖井	根据围岩及施工条件，开挖一段，衬砌一段；衬砌时利用导井钻辐射孔扩挖下段	先导井，后自上而下扩挖

（1）小断面竖井及导井开挖方法见表10-3。

表10-3　　小断面竖井及导井开挖方法

方法		适用范围	施工特点	施工程序
自上而下开挖		适用于小断面的浅井（<30m）或井的下部设有通道的深井	需要提升设备解决人员、钻机及其他工具、材料、石渣的垂直运输	开挖一段，衬砌一段，或先开挖后衬砌
自下而上开挖	深孔分段爆破	适用于井深30～80m且下部有运输通道的竖井	钻机自上而下一次钻孔，分段自下而上爆破，爆破效果取决于钻孔精度。石渣自上坠落，由下部通道出渣	竖井一次开挖，然后进行其他工序（如钢板、混凝土衬砌等）
	爬罐法开挖	适用于上部没有通道的盲井或深度大于80m的竖井，如果钻机精度高，可加大井深	自下而上利用爬罐上升，向上钻机钻孔，浅孔爆破，下部出渣	边开挖边临时支护，挖完后再永久支护
	吊罐法开挖	适用于井深（两个施工支洞间高度）小于100m的小断面竖井，如果钻机精度高，可加大井深	先开挖上下通道，然后用钻机钻钢丝绳孔，上部安装起吊设备，下部开挖避炮洞	小断面竖井自下而上分段开挖即可进行临时支护。全部开挖完后再进行后续工序

(2) 大中断面竖井开挖方法见表10-4。

表10-4 大中断面竖井及导井开挖方法

方法	适用范围	施工特点	施工程序
自下而上分段扩挖	适用各类岩体，大、特大断面竖井	浅井（<30m）设爬梯作为上下通道；井深较大时搭设井架，用机械提升。石渣自导井下溜至下部通道出渣。边扩大、边支护	先开挖导井作溜渣通道，然后自上向下分段开挖，根据地质条件分段衬砌
自下而上射孔扩挖	适用Ⅰ、Ⅱ类围岩中，大断面竖井	在导井内利用吊罐或爬罐自下而上分段扩挖，竖井全部扩大开挖后再进行后续工序	先开挖导井，然后西下而上分段扩挖，竖井全部扩大开挖后再进行后续工序

2. 竖井开挖程序

(1) 导井开挖。首先在竖井的中心位置，打出一个小口径的导井，并在导井的基础上进行扩大。导井的开挖方法有普通钻爆法、吊罐法、天井钻机法、爬罐法、大口径钻机法和深孔爆破法等。

1) 普通钻爆法。当缺乏大型造孔机械时，可用此法开挖导井。为了钻孔、爆破和出渣的方便，井径一般在2m以上。此法适用于较完整的围岩，否则应采取有效的安全措施。

2) 吊罐法。如图10-8所示，当竖井下的水平通道打通后，利用钻机在竖井的中心部位，钻设2～3个10～16cm的小孔，其中一孔为升降吊篮用的承重索中心孔，另两孔分别打在距中心孔50～60cm处，为将来穿入风、水管之用。工作人员可在吊篮上打孔装药，待雷管引线接好之后，将吊篮降至底部的水平洞轨道上，并推到安全地方。为了防止爆破打断承重索，一般还需将钢索提至地面。

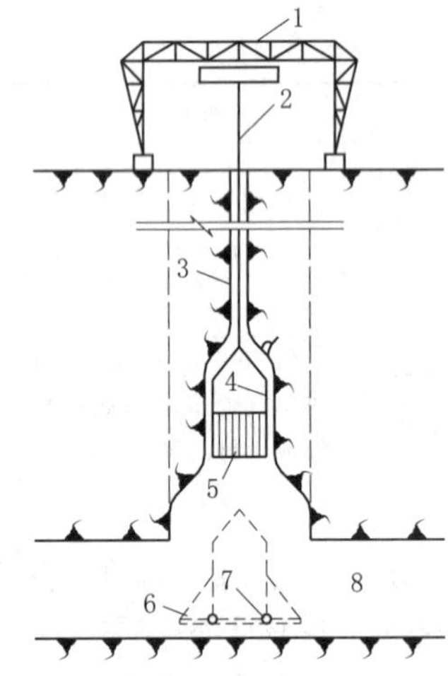

图10-8 利用吊罐法反挖导井
1—起重机；2—承重索；3—中心孔；4—吊篮；5—可折叠的吊篮栏杆；6—吊篮的放大部分；7—铰；8—水平通道

10-5
竖井导井扩挖
【图片】

3) 天井钻机法。即先钻一个直径为20～30cm的导向孔，钻杆沿孔而下，然后利用天井钻机反挖。目前所用的钻头直径，一般为1.2～2.4m。这种钻机比普通钻爆法约快30%左右，成本降低50%左右。但因钻机本身成本较高，约占井总费用的50%左右。

4) 爬罐法。是利用沿轨道自下而上的爬罐开挖导井的，爬罐平台上安装有垂直向上的钻机，以便钻孔、装药和爆破。该法在早期工程中较多采用，如渔子溪水电站、鲁布革水电站、广州抽水蓄能水电站等。其优点是适用性强，速度快；缺点是准备时间长，操作人员劳动条件差。

5) 大口径钻机法。它是在通向竖井的水平洞打通后，在竖井的顶部地面安设大型钻机，自上而下地钻进。若一次钻进的孔径不能满足扩大时的溜渣要求，还可换大钻头进行第二次扩大。

6) 深孔爆破法。由于目前的钻孔机械性能与钻孔技术的状况，井深一般不宜大于 60m。钻孔的允许倾斜率在 2%左右。具体做法是钻设一组垂直的平行炮孔，且一次打通，然后自下而上地分段装药爆破。

（2）竖井扩大。利用导井进行扩大，其方法主要有自上而下的正挖和自下而上的反挖法。

当竖井开挖直径小于 6m 且岩体稳定性较好时，可采用自下而上的扩挖方法，否则施工困难又不安全。常用的方法为临时脚手架法和吊篮法。临时脚手架法是在水平通道打通后，即可搭设临时脚手架，工人在脚手架上操作（打眼放炮）。此法常把脚步手板平放在锚入井壁的临时钢筋托架上，使所有脚手板上的荷载通过岩壁下传，这比自下而上的满堂立柱的脚手架，可节省材料 30%左右。但是，由于井深逐步加大，掘进循环时间，随开挖面的升高而增加，所以，在高度大的竖井中采用此法应慎重考虑。

利用可折叠的吊篮开挖竖井，是先打导井，然后将吊篮的折叠部分扩大，再进行扩大开挖。为防止爆破损坏吊篮，在放炮前将吊篮折叠起来提至导井中，爆落的石渣由水平洞运出。

自上而下的正挖法适用条件较广，一般来说，当岩体稳定性较差或开挖断面大，需要边开挖支护时，均应采用自上而下的开挖方法。

（二）斜井开挖工序

（1）小断面斜井开挖方法见表 10-5。

表 10-5　　小断面斜井开挖方法

方　法	适用范围	施工特点	施工程序
自上而下全断面开挖	适用于施工斜支洞	采用机械运输人员和机具，坡度不大于 25°用斗车出渣；不小于 25°用筐出渣	先做好洞口支护，安装提升设施及外部出渣道，然后自上而下开挖
自下而上全断面爬罐法开挖	用于倾角大于 42°且没有通道的斜井	利用爬罐作提升工具和操作平台，自下向上钻孔爆破	先挖下部通道，安装爬罐及轨道（随开挖上延），逐段向上开挖

（2）斜井扩大及开挖方法见表 10-6。

表 10-6　　斜井扩大及开挖方法

方　法	适用范围	施工特点	施工程序
由上向下地扩大开挖	适用于倾角大于 45°可以自行溜渣的斜井	由上向下分层钻孔爆破，由导井溜渣自下部出渣，临时支护与开挖平行以保证施工安全。短斜井设置人行道，中、长斜井用机械运输	先挖导井，然后由上向下扩大，边开挖边铺设钢板，以满足溜槽要求
由下向上地扩大开挖	适用于倾角在 45°左右不能自行溜渣的斜井或倾角较大的短斜井	需采用专门措施，如底部铺设密排钢轨或浇筑混凝土底板，减小摩擦系数，达到自行溜槽。钻孔用平行斜井轴线的浅孔或辐射孔	先开挖导井，然后自下而上扩大，边开挖边铺设钢板，以满足溜槽要求

三、地下厂房开挖

（一）地下厂房的施工方法

根据围岩稳定、交通运输通道及支护方式等条件确定地下厂房的施工方法。具体施工方式见表 10－7。

表 10－7　地下厂房中、下部施工方式

施工方法	适用范围	施工特点
大台阶法	适用于围岩稳定性好（Ⅰ、Ⅱ类岩石），交通运输洞可作为厂房出渣道	自交通运输洞或尾水洞底板划分台阶，高度 10～15m，用深孔爆破施工
多导洞辐射孔法	适用于Ⅱ、Ⅲ类岩体开挖施工机械化较低的中型电站厂房	用顶部上导洞，中导洞及底部下导洞钻辐射孔分层爆破施工
小台阶法	适用于Ⅲ类或稳定性更差的岩体中开挖地下厂房	台阶高度 2～6m，通常采用预应力锚索及锚杆加固边墙

（二）厂房施工

1. *厂房顶拱开挖方法*

（1）在Ⅰ、Ⅱ类岩石中拱顶可以一次或分部开挖，如图 10－9 所示，然后进行混凝土衬砌。为便于支立模板及避免以后爆破对混凝土的影响，拱顶可全部开挖至拱座以下 1～1.5m 处。

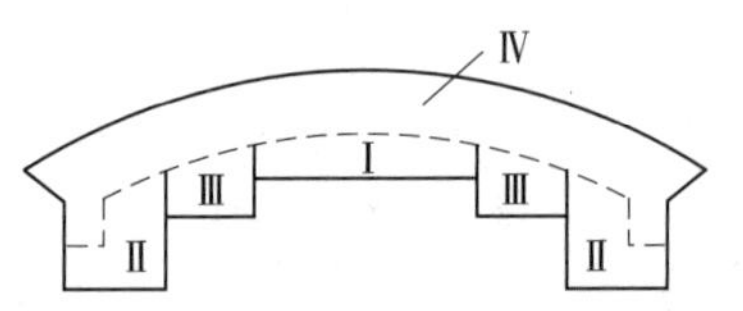

（a）顶拱一次衬砌：Ⅰ、Ⅱ、Ⅲ代表开挖顺序，Ⅳ代表衬砌顺序

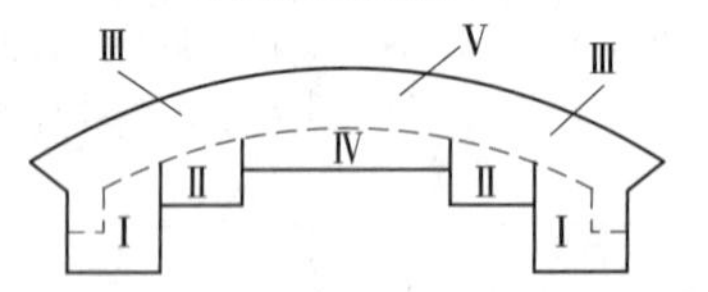

（b）顶拱分部衬砌：Ⅰ、Ⅱ、Ⅳ代表开挖顺序，Ⅲ、Ⅴ代表衬砌顺序

图 10－9　拱顶一次衬砌与分部衬砌

（2）在Ⅲ类或围岩稳定性较差部位，顶拱底面可挖成台阶形或先开挖拱顶两侧，待两侧混凝土浇筑后再开挖中间部分，最后浇筑封堵混凝土。

2. *厂房开挖的一般方法*

地下厂房开挖与大断面平洞相似，但是由于它的结构开头复杂，无论在施工组织或施工技术方面，都有独特的地方。从国内外施工经验来看，其开挖方式可分为全断面开挖、断面分部开挖、导洞先进后扩大和特殊的开挖方法等。对于大中型地下厂房多用断面分部开挖法，此法是将厂房分为三大部分：拱顶部分、基本部分（或落底部分）和蜗壳尾水管部分。

在研究开挖方案时，应本着高洞低洞、变大跨为小跨的原则。为了最大限度地提高围岩的稳定性，可采取先拱后底、先外缘后核心、由上而下、上下结合、留岩柱和跳格衬砌等方法。为了保证施工安全与施工质量，一般是边开挖边支护，尤其在不良地质条件下，开挖过程中，应加强量测工作，密切注意围岩动态和地质情况的变化，及时采取安全措施，保证开挖工作的顺利进行。

（1）拱部施工。对地下厂房的拱部，由于地质条件不同，应采用不同的开挖方式。拱部施工顺序见表 10－8。

表 10-8　　拱部施工顺序

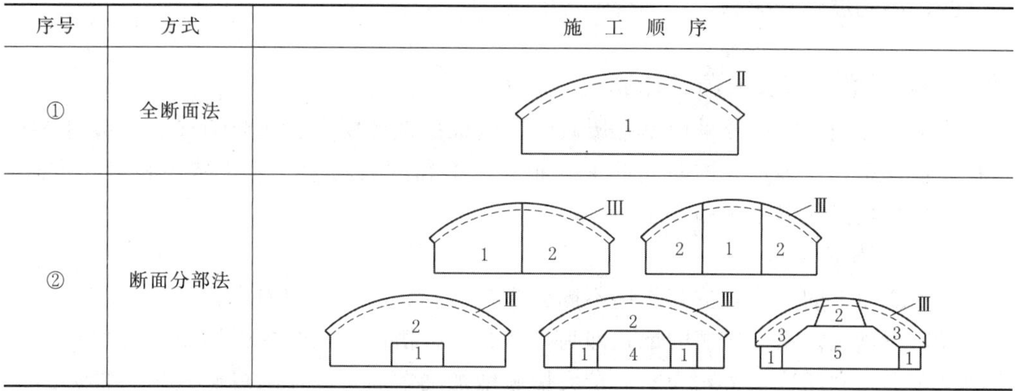

序号	方式	施工顺序
①	全断面法	
②	断面分部法	

注　1、2、…、11—开挖顺序；Ⅰ、Ⅱ、…、Ⅺ—衬砌顺序。

（2）基本部分施工。厂房基本部分的开挖工作量大、工期长，应通过充分研究，选择其最优方案。一般是在顶拱衬砌后且达到设计强度时，才进行落底开挖。在考虑施工方案时，应根据断面大小、围岩稳定情况、施工技术与机械设备条件，着重研究保证围岩稳定的情况下如何提高工效问题。基本部分施工顺序见表 10-9。表中单台阶落地法指先开挖 1、2，挖成后再开挖 3、4，最后开挖 5、6，每次一个台阶（如 1、2 形成一个台阶）。

表 10-9　　基本部分施工顺序

序号	①	②	③	④	⑤	⑥	⑦
方法	正台阶法	深孔法	中槽深孔两侧台阶法	分层落底法	单台阶落底法	多导洞分层开挖法	竖井漏渣法
施工顺序							

注　1、2、…、7—开挖顺序。

（3）核心支撑法两侧开挖尺寸。侧导洞尺寸按混凝土边墙衬砌厚度及立模要求确定，一般宽度不小于 3.0～3.5m；侧导洞高度根据边墙围岩稳定性确定。为保证施工进度，边墙一次衬砌高度可为 5～10m，但导洞宜分层开挖，以便及时支护。

（4）肋拱法和肋墙法。地下厂房的围岩局部稳定性很差时，一次纵向开挖长度一般不超过 5～10m（根据不同围岩确定），衬砌长度 3～8m，即两端混凝土表面距岩面各留 1m 左右的空间。

（5）岩台吊车梁及拱座开挖。吊车梁岩台及洞室顶拱拱座都是受力较大的部位，因而在施工中必须考虑拱座和岩台岩体不受破坏。根据以往经验，拱座和岩台开挖时要合理分块，采用防震孔或预裂孔控制爆破。

四、钻孔爆破开挖法

10-6
地下厂房分层施工【图片】

（一）炮孔布置及装药量计算

隧洞的开挖目前广泛采用钻孔爆破法。应根据设计要求、地质情况、爆破材料及钻孔设备等条件，确定开挖断面的炮孔布置、炮孔的装药量、装药结构和堵孔方式，以及各类炮孔的起爆方法和起爆顺序。

1. 炮孔布置

开挖断面上的炮孔，按其作用不同分为掏槽孔、崩落孔和周边孔等三种。

（1）掏槽孔。用于掏槽的炮孔即为掏槽孔。掏槽就是在开挖断面中间先挖出一个小的槽穴来，利用这个槽穴为断面扩大爆破增加临空面，以提高爆破效果。常见的掏槽孔的布置方式有楔形掏槽、锥形掏槽和垂直掏槽等，其具体布置方式和适用条件见表10-11。掏槽布置方式的选择应根据岩石性质、岩层构造、断面大小和钻爆方法等因素确定。

表10-10　常用掏槽孔布置简图和适用条件

掏槽形式	布置简图	适用条件
楔形掏槽	（a）垂直楔形掏槽眼　（b）水平楔形掏槽眼	适用于中等硬度的岩层。有水平层理时，采用水平楔形掏槽，有垂直层理时，采用垂直楔形掏槽，断面上有软弱带时，炮孔孔底宜沿软弱带布置。开挖断面的宽度或高度要保证斜孔能顺利钻进
锥形掏槽	（a）三角锥掏槽眼　（b）四角锥掏槽眼　（c）圆锥掏槽眼	适用于紧密的均质岩体。开挖断面的高度和宽度相差不大，并能保证斜孔顺利钻进
垂直掏槽	（a）角柱掏槽眼　（b）直线裂缝掏槽眼	适用于致密的均质岩体，不同尺寸的开挖断面或斜孔钻进困难的场合

在满足掏槽要求的前提下，掏槽孔的数目应尽可能少，但不宜少于2个。掏槽孔的深度应比崩落孔深15～20cm，以提高崩落孔的利用率。有时为了增强掏槽效果，在极坚硬的岩层中或一次掘进深度较大的情况下，还可以在掏槽孔中心布置2～4个直径75～100mm不装药的空孔，其深度与掏槽孔相同。

(2) 崩落孔。崩落孔的主要作用是爆落岩体，故应大致均匀地布置在掏槽孔的四周。崩落孔通常与开挖断面垂直，为了保证一次掘进的深度和掘进后工作面比较平整，其孔底应落在同一平面上。

为了使爆后的石渣大小适中，便于装车，应注意掌握炮孔间距。如用国产 2 号岩石硝铵炸药，炮孔间距为软岩 100～120cm、中硬岩 80～100cm、坚硬岩 60～80cm、特硬岩 50～60cm。

(3) 周边孔。周边孔的主要作用是控制开挖轮廓，它布置在开挖断面的四周。周边孔的孔口距离开挖边线 10～20cm，以利钻孔。钻孔时应略向外倾斜，孔底应落在同一平面上。孔底与设计边线的距离，视岩石强度而定。对于软岩，孔底不必达到设计边线；对于中硬岩石，孔底可达设计边线；对于极坚硬岩石，孔底应超出设计边线 10～15cm。

图 10－10 是隧洞开挖的炮孔布置示意图。断面开挖分为导洞开挖和扩大部分开挖。上导洞共布置了 18 个炮孔，其中 1～4 号是锥形掏槽孔，5～6 号是崩落孔，7～18 号是周边孔。扩大部分共布置了 13 个炮孔，其中 19～24 号是垂直崩落孔，承担掘进任务；25～31 号是水平周边孔，控制开挖底边线。开挖断面底部周边孔布置比顶部要密一些，这是因为底边开挖，岩石的夹制作用大，且不能利用岩石自重来提高爆破效果。

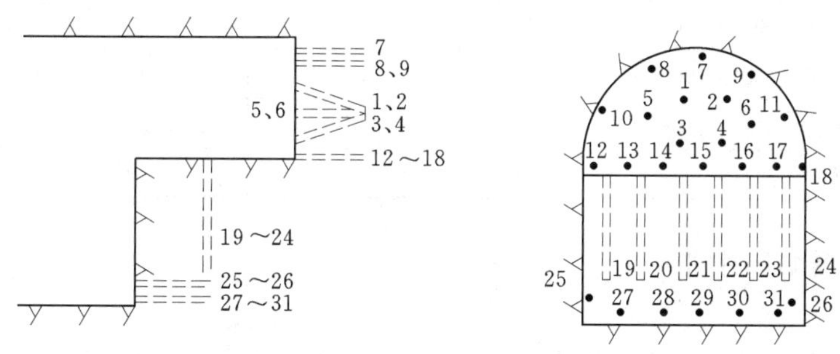

图 10－10　隧洞炮孔布置图

10－7
隧洞周边孔采用光面爆破后的轮廓
【图片】

2. 炮孔数目和深度

隧洞开挖断面上的炮孔总数 N 与岩石性质、炸药品种、临空面数目、炮孔大小和装药方式等因素有关。对炮孔数目，由于影响因素多，精确计算尚有困难，施工前可采用下面经验公式估算，在爆破过程中再加以检验和修正。

$$N=K\sqrt{fS} \tag{10-3}$$

式中　K——临空面影响系数，一个临空面取 2.7，两个临空面取 2.0；

f——岩石的坚固系数；

S——开挖断面面积，m^2。

炮孔深度应考虑开挖断面尺寸、围岩类别、钻孔机具、出渣能力和掘进循环作业时间等因素确定。一般情况下，加大炮孔深度后，装药、放炮、通风等工序所占用的时间将相对减少，单位进尺的速度可以加快。但是钻孔深度加大后，钻机凿岩速度会有所降低，炮孔利用率将相对减少，炸药消耗量会随之增加，一次爆落的岩石数量增加，出渣时间也相应增加。故加大炮孔深度的多少，应进行综合分析后确定。为简单起见，一个工作循环进尺深度可参照下列原则确定：当围岩为Ⅰ～Ⅲ类时，风钻钻孔可取1.2m，钻孔台车钻孔可取2.5～4m；当围岩为Ⅳ～Ⅴ类时，不宜超过1.5m。

10-8 钻臂台车【图片】

掏槽孔和周边孔的深度可根据崩落孔的深度确定。

3. 装药量

隧洞开挖装药量的多少直接影响开挖断面的轮廓、掘进速度、爆落岩体的块度、围岩稳定和爆破安全。施工前可按下式估算炸药用量，并在施工中加以修正。

10-9 隧洞钻孔1【图片】

$$Q=KSL \tag{10-4}$$

式中 Q——一次爆破的炸药用量，kg；

K——单位耗药量，kg/m^3，可参考表10-11选用；

S——开挖断面面积，m^2；

L——崩落炮孔深度，m。

10-10 隧洞钻孔2【图片】

表10-11　隧洞开挖单位炸药（2号硝铵炸药）消耗量　　单位：kg/m^3

工程项目		岩石类别			
		软岩 ($f\leqslant4$)	中硬岩 ($4<f\leqslant10$)	坚硬岩 ($10<f\leqslant16$)	特硬岩 ($f>16$)
导洞	面积4～6m^2	1.50	1.80	2.30	2.30
	面积7～9m^2	1.30	1.60	2.00	2.50
	面积10～12m^2	1.20	1.50	1.80	2.25
扩大		0.60	0.74	0.95	1.20
挖底		0.52	0.62	0.79	1.00

10-11 隧洞钻孔3【图片】

（二）钻爆循环作业

1. 钻孔作业

10-12 打爆破孔【视频】

钻孔作业工作强度很大，所花时间占循环时间的1/4～1/2，因此应尽可能采用高效钻机完成钻孔作业，以提高工程进度。常用钻孔机具有风钻和钻孔台车。风钻是用压缩空气作为动力使钻头产生冲击作用破岩成孔的。有手持式风钻和气腿式风钻，每台风钻控制面积约为2～4m^2。风钻钻孔适用于开挖面积不大、机械化程度不高的情况。钻孔台车一般由底盘、钻臂、推进器、凿岩机和气动或液压操纵系统等部分组成，其钻臂有时多达15台，是一种高效钻孔机械。按行走装置不同分为轮胎式、轨道式和履带式三种。

10-13 隧洞爆破装药【图片】

为了保证开挖质量，钻孔时应严格控制孔位、孔深和孔斜。掏槽孔和周边孔的孔位偏差要小于50mm，其他炮孔则不得超过100mm。所有炮孔的孔底均应落在设计规定的平面上，以保证循环进尺的掘进深度。

10-14 导爆管连接1【图片】

2. 装药和起爆

炮孔应严格按设计要求的装药方式进行装药，炮孔的装药深度随炮孔类型而异。通常掏槽孔的装药深度为炮孔孔深的60%～67%，药卷直径为炮孔直径的3/4；崩落孔和周边孔的装药深度为炮孔深度的40%～55%，崩落孔药卷直径为孔径的3/4，周边孔为1/2。炮孔其余长度用黏土和砂的混合物（比例为1∶3）堵塞。爆破顺序依次为掏槽孔、崩落孔、周边孔。起爆一般采用秒延发或毫秒延发电雷管起爆。隧洞开挖轮廓控制应采用光面爆破技术，以保证开挖面的光滑平整，尽量减少超、欠挖。

3. 临时支护

隧洞爆破开挖后，为了预防围岩产生松动掉块、塌方或其他安全事故，应根据地质条件、开挖方法、隧洞断面等因素，对开挖出来的空间及时进行必要的临时支护。临时支护的时间取决于地质条件和施工方法，一般要求在开挖后，围岩变形松动到足以破坏之前支护完毕，尽可能做到随开挖随支护，只有当岩层坚硬完整，经地质鉴定后，才可以不设临时支护。

4. 装渣运输

装渣与运输是隧洞开挖中最繁重的工作，所花时间约占循环时间的50%～60%，是影响掘进速度的关键工序。因此，应合理选择装渣运输机械，并进行配套计算，做好洞内出渣的施工组织工作，确保施工安全，提高出渣效率。

隧洞出渣常用装岩机装渣、机车牵引斗车或矿车出渣，适用于开挖断面较大的情况。装岩时可采用装岩机装岩，装岩斗车或矿车可由电气机车或电瓶车牵引。当运距近、出渣量少时，也采用人力推运或卷扬机牵引运输。根据出渣量的大小可设置单线或双线运输。单线运输时，每隔100～200m应设置一错车岔道，岔道长度应够停放一列列车；双线运输时，每隔300～400m应设置一岔道，以满足调车要求。

10-15
导爆管连接2
【图片】

堆渣地点应设置在洞口附近，其高程较洞口低，以便重车下坡，并可利用废渣铺设路基，逐渐向外延伸。

这种装运方式适用于大断面隧洞开挖。装岩采用斗容量为1～3m^3的装载机或液压正铲，自卸汽车洞内运输宜设置双车道，如设置单车道时，每隔200～300m应设错车道，运输道路要符合矿山道路的有关规定。

10-16
装炸药雷管
【视频】

5. 隧洞开挖的辅助作业

隧洞开挖的辅助作业有通风、散烟、防尘、防有害气体、供水、排水、供电照明等。辅助作业是改善洞内劳动条件、加快工程进度的必要保证。

(1) 通风与防尘。通风和防尘的主要目的是排除因钻孔、爆破等原因而产生的有害气体和岩尘，向洞内供应新鲜空气，改善洞内温度、湿度和气流速度。

10-17
隧洞出渣
【图片】

1) 通风方式。通风方式有自然通风和机械通风两种。自然通风只有在掘进长度不超过40m时，才允许采用。其他情况下都必须有专门的机械通风设备。

机械通风布置方式有压入式、吸入式和混合式三种，如图10-11所示。压入式是用风管将新鲜空气送到工作面，新鲜空气送入速度快，可保证及时供应，但洞内污浊空气经洞身流出洞外；吸入式是将污浊空气由风管排出，新鲜空气从洞口经洞身吸

10-18
隧洞通风
【图片】

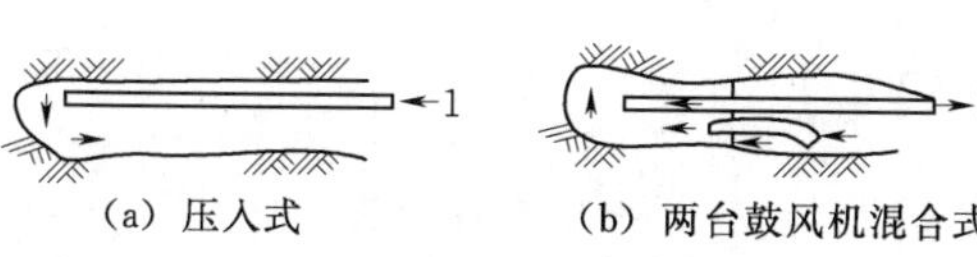

(a) 压入式　(b) 两台鼓风机混合式

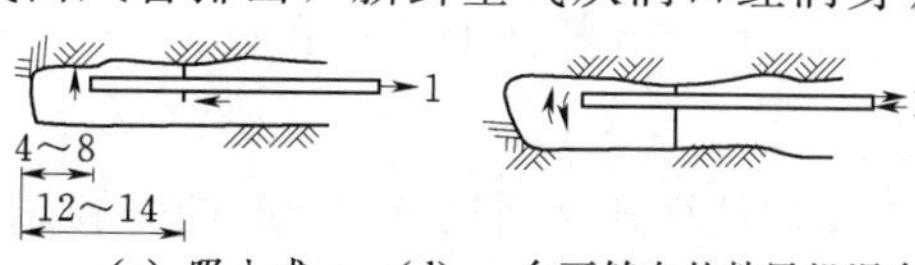

(c) 吸入式　(d) 一台可转向的鼓风机混合式

图10-11　隧洞机械通风方式

入洞内，但流动速度缓慢；混合式是在经常性供风时用压入式，而在爆破后排烟时改用吸入式，充分利用了上述两种方式的优点。

2）通风量。通风量可按以下要求分别计算，并取其中最大值，再考虑20%～50%的风管漏风损失。

a. 按洞内同时工作的最多人数计算，每人所需通风量为$3m^3/min$。

b. 按冲淡爆破后产生的有害气体的需要计算，使其达到允许的浓度（CO的允许浓度应控制在0.02%以下）。

c. 按洞内最小风速不低于0.15m/s的要求，计算和校核通风量。

3）防尘、防有害气体。除按地下工程施工规定采用湿钻钻孔外，还应在爆破后通风排烟、喷雾降尘，对堆渣洒水，并用压力水冲刷岩壁，以降低空气中的粉尘含量。

（2）排水与供水。隧洞施工应及时排除地下涌水和施工废水。当隧洞开挖是上坡进行且水量不大时，可沿洞底两侧布置排水沟排水；当隧洞开挖是下坡进行或洞底是水平时，应将隧洞沿纵向分成数段，每段设置排水沟和集水井，用水泵排出洞外。

对洞内钻孔、洒水和混凝土养护等施工用水，一般可在洞外较高处设置水池利用重力水头供水，或用水泵加压后沿洞内铺设的供水管道送至工作面。

（3）供电与照明。洞内供电线路一般采用三相四线制。动力线电压为380V，成洞段照明用220V，工作段照明用24～36V。在工作较大的场合，也可采用220V的投光灯照明。由于洞内空间小、潮湿，所有线路、灯具、电气设备都必须注意绝缘、防水、防爆，防止安全事故发生。开挖区的电力起爆线，必须与一般供电线路分开，单独设置，以示区别。

（三）循环作业施工组织

开挖循环作业是指在一定时间内，使开挖面掘进一定深度（即循环进尺）所完成的各项工作。循环时间是指完成一个工作循环所需要的时间的总和。循环时间常采用4h、6h、8h、12h等，以便于按时交接班。隧洞开挖循环作业所包括的主要工作有钻孔、装药、爆破、通风散烟、爆后检查处理、装渣运输、铺接轨道等。为了确保掘进速度，常采用流水作业法组织工程施工，编制工序循环作业图，对各工序的起止时间进行控制。

编制循环作业图的关键是合理确定循环进尺。循环进尺是指一个循环内完成的掘进深度。循环进尺越大，炮孔深度越大，钻孔时间越长，爆落的岩石越多，所需装渣时间也就越长。循环作业图编制的步骤如下：

（1）根据具体施工情况，确定循环作业时间，设为T。

（2）计算循环进尺。

1）计算开挖面上的炮孔数。

$$N=K\sqrt{fS} \tag{10-5}$$

2）计算开挖面掘进1m时的炮孔总长。

$$L_{总}=\frac{N\times 1}{\eta} \tag{10-6}$$

式中　η——炮孔利用系数，取 0.8～0.9。

3）计算开挖面掘进 1m 时的钻孔时间。

$$t_{钻}=\frac{L_{总}}{p_{钻}\ n\phi} \tag{10-7}$$

式中　$p_{钻}$——一台风钻的生产率，m/h；

n——使用风钻的台数；

ϕ——n 台风钻同时工作系数，可取 0.8。

4）计算开挖面掘进 1m 时的出渣时间 $t_{渣}$。公式为

$$t_{渣}=\frac{Sk_{松}\times 1}{p_{渣}} \tag{10-8}$$

式中　S——开挖断面面积，m^2；

$k_{松}$——岩石可松性系数，约为 1.6～1.9；

$p_{渣}$——装岩机的生产率，m^3/h。

5）其他辅助工作所需时间 $T_{辅}$（h）。包括装药、爆破、通风排烟、爆后安全检查处理、铺接轨道所需时间。这些时间一般比较固定，可进行工程类比后确定。

6）计算开挖面循环进尺 L。公式为

$$L=\frac{T-T_{辅}}{t_{钻}+t_{渣}} \tag{10-9}$$

式中　T——为预定的循环时间，h。

上式是在钻孔、出渣为顺序作业时的计算方法。如钻孔、出渣为平行作业，则上式中分母等于钻孔、出渣时间较大者；当采用全断面开挖，上台阶向下台阶扒渣后再进行上台阶钻孔时，上式中分母等于上台阶钻孔时间与下台阶出渣时间和下台阶钻孔时间之和两者中的较大值。

（3）计算循环进尺为 L 时的钻孔时间 $T_{钻}$ 和出渣时间 $T_{渣}$。

$$T_{钻}=Lt_{钻} \tag{10-10}$$

$$T_{渣}=Lt_{渣} \tag{10-11}$$

（4）根据各工序作业时间，绘制隧洞开挖循环作业图。表 10-12 为某隧洞全断面台阶开挖循环作业图。

表 10-12　　隧洞开挖循环作业图

序号	工　序	时间/h	工　时　/h							
			1	2	3	4	5	6	7	8
1	工作面检查清理	0.5								
2	上台阶扒渣	0.5								
3	上台阶钻孔	5.9								
4	出渣	2.9								
5	下台阶钻孔	3.1								
6	装药、爆破、通风	1.0								

五、掘进机与盾构机开挖

（一）掘进机开挖

1. 掘进机的分类

（1）敞开式。切削刀盘的后面均为敞开的，没有护盾保护。敞开式又有单支撑结构和双支撑结构两种设计风格。敞开式适用于岩石整体性较好或中等的情况。

双支撑结构分双水平支撑式（图 10－12）和双 X 型支撑式两种。双水平支撑方式共有 5 个支撑腿：2 组水平的，加 1 条垂直的。双 X 型支撑方式共有 8 个支撑腿。

（2）护盾式。切削刀盘的后面均被护盾所保护，并且在掘进机后部的全部洞壁都被预制的衬砌管片所保护。护盾式分为单护盾式、双护盾式和三护盾式（图 10－13）。护盾式适用于松散和复杂的岩石条件，当然也能够在岩石条件较好的情况下工作。

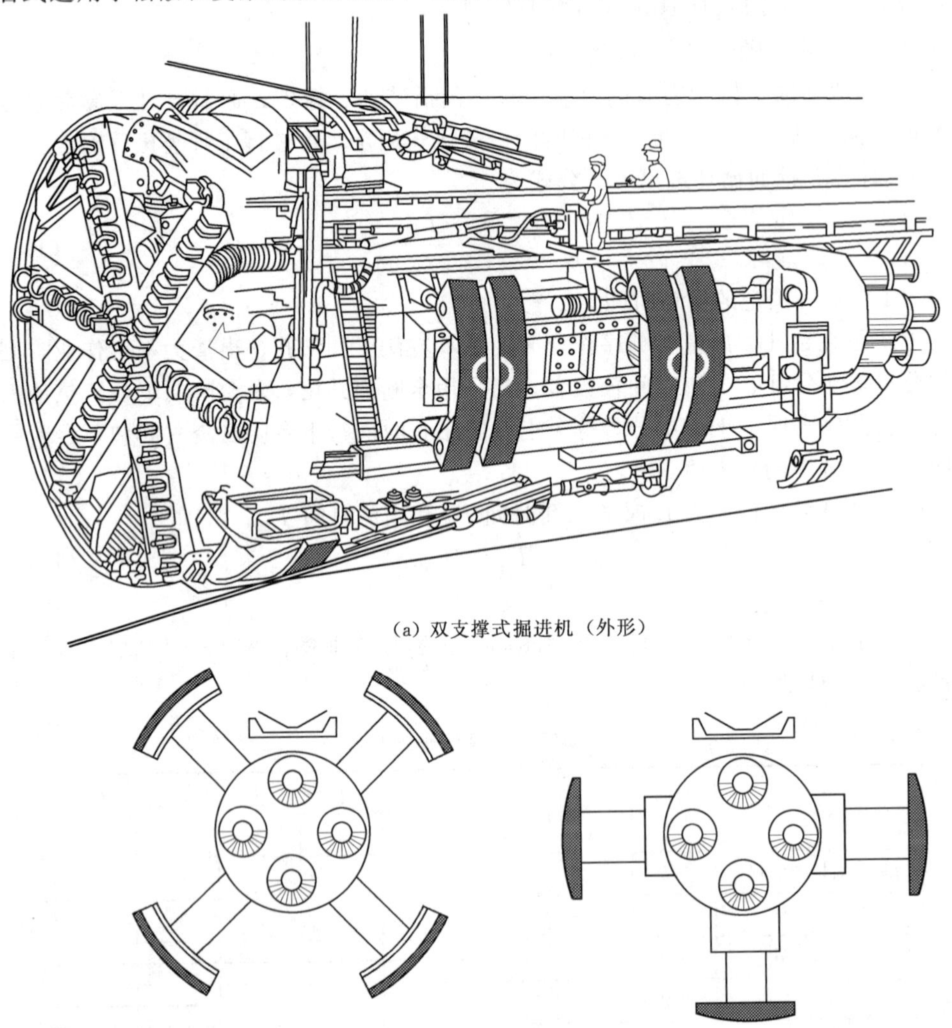

(a) 双支撑式掘进机（外形）

(b) 双支撑式掘进机的支撑结构（双水平支撑型和双 X 型）

图 10－12（一） 双支撑式掘进机

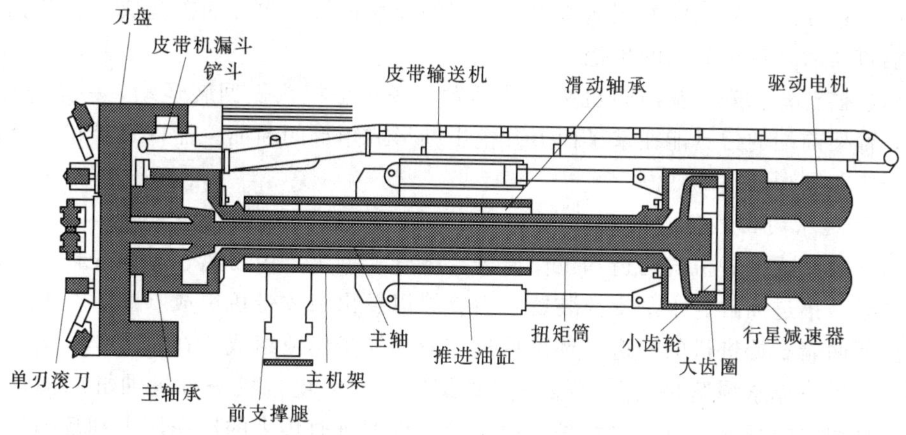

(c) 双支撑式掘进机（结构简图）

图 10-12（二）　双支撑式掘进机

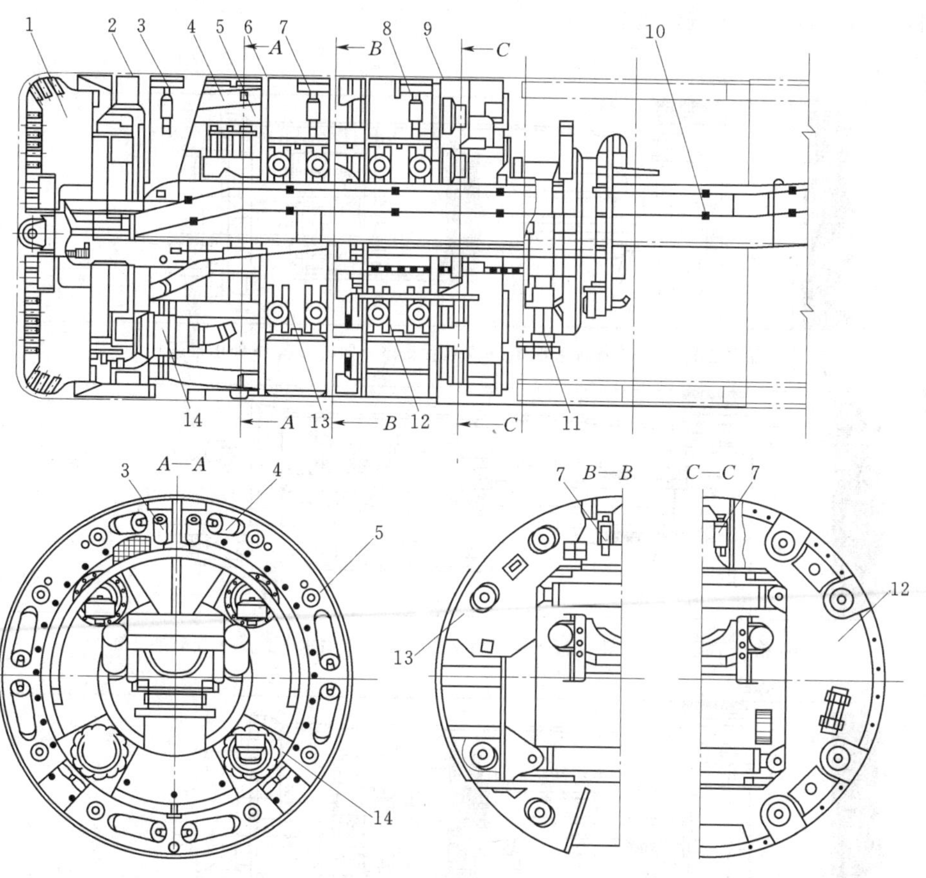

图 10-13　三护盾掘进机

1—刀盘部件；2—前护盾；3—前稳定靴；4—推进油缸 1；5—推进油缸 2；6—中护盾；7—中稳定靴；8—后稳定靴；9—后护盾；10—出渣皮带机；11—管片铺设机；12—后支撑靴；13—前支撑靴；14—刀盘回转驱动机构

10-19
敞开式掘进机【图片】

10-20
主机步进【图片】

(3) 护孔式。扩孔式的用途是将先打好的导洞进行一次性的扩孔成形。扩孔式在小导洞贯通后，进行导洞的扩挖。

(4) 摇臂式。安装在回转机头上的摇臂，一边随机头做回转运动，一边作摆动，这样，臂架前端的刀具能在掌子面上开挖出圆形或矩形的断面。摇臂式扩挖较软的岩石，开挖非圆形断面的隧洞。

2. 掘进机的构造和工作原理

(1) 敞开式掘进机的构造和工作原理。敞开式掘进机由刀盘、导向壳体、传动系统、主梁、推进油缸、水平支撑装置、后支撑以及出渣皮带机组成（图 10-14）。

全断面岩石掘进机的掘进循环由掘进作业和换步作业组成。在掘进作业时，伸出水平支撑板→撑紧洞壁收起后支撑→刀盘旋转，起动皮带机→推进油缸向前推压刀盘，使盘型滚刀切入岩石，由水平支撑承受刀盘掘进时传来的反作用力和反扭矩→岩石面上被破碎的岩渣在自重下掉落到洞底，由刀盘上的铲斗铲起，然后落入掘进机皮带机向机后输出→当推进油缸将掘进机机头、主梁、后支撑向前推进了一个行程时［图 10-14 (a)］，掘进作业停止，掘进机开始换步。

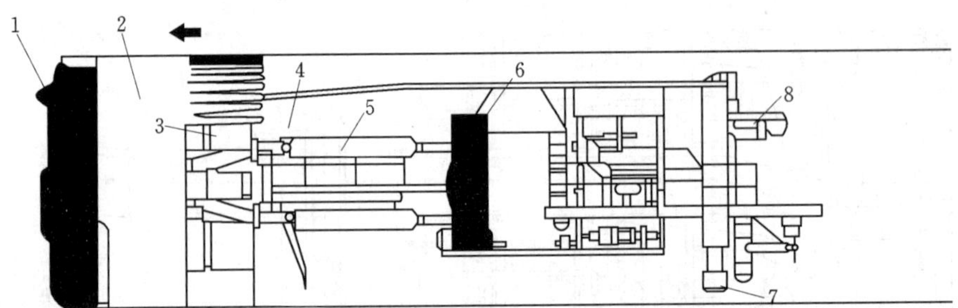

(a) 掘进工况：水平支撑撑紧洞壁→收起后支撑→回转刀盘→伸出推进缸

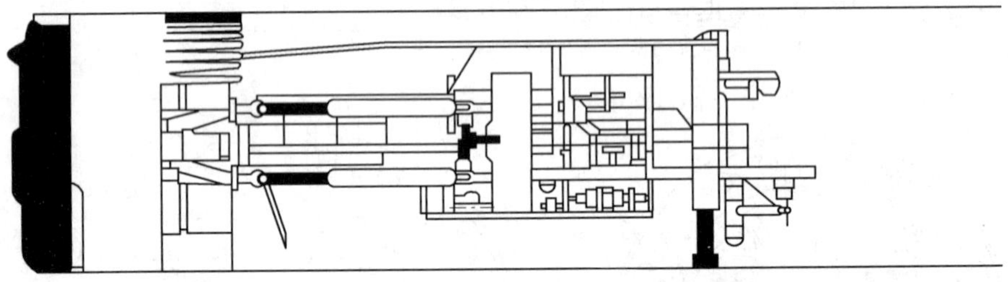
(b) 换步工况：停止回转刀盘→伸出后支撑着地→收缩水平支撑→收缩推进缸

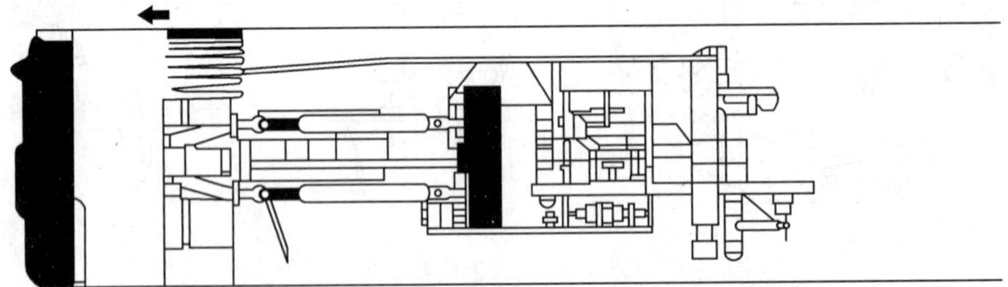
(c) 再掘进工况：再伸出水平支撑撑紧洞壁→收起后支撑→回转刀盘→伸出推进缸

图 10-14 敞开式掘进机的工作原理

1—刀盘；2—护盾；3—传动系统；4—主梁；5—推进缸；6—水平支撑；7—后支撑；8—胶带机

在换步工况时，停止回转刀盘→伸出后支撑着地→收缩水平支撑，使支撑靴板离开洞壁→收缩推进油缸，将水平支撑向前移一个行程［图 10－14（b）］。

换步结束后，准备再掘进。再伸出水平支撑撑紧洞壁→收起后支撑→回转刀盘→伸出推进油缸，新的一个掘进机行程开始了［图 10－14（c）］。

（2）双护盾式掘进机的构造和工作原理。双护盾式掘进机由装切削刀盘的前盾、装支撑装置的后盾（或称主盾）、连接前后盾的伸缩部分，以及为安装预制混凝土管片的尾盾组成（图 10－15）。

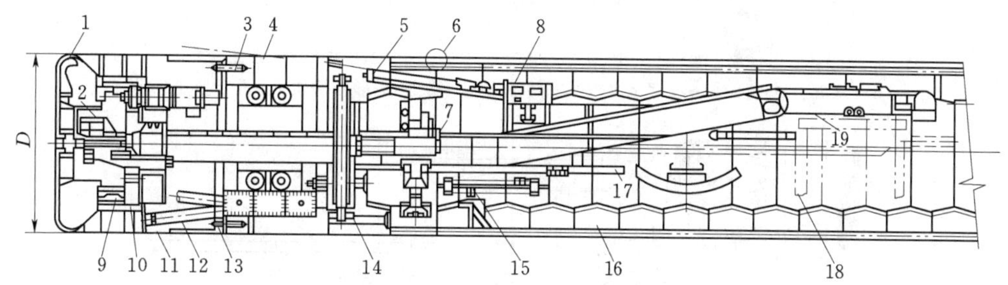

图 10－15　双护盾式掘进机构造

1—刀盘；2—岩渣漏斗；3—铰接油缸；4—支撑护盾；5—超前钻机；6—回填灌浆操作；7—管片安装器；8—操作盘；9—三轴主轴承与密封装置；10—刀盘支承；11—前护盾；12—主推进油缸；13—伸缩护盾；14—副推进油缸；15—岩心钻机；16—管片输送系统；17—管片吊机梁；18—后配套；19—主机的皮带枪送机

双护盾掘进机在良好地层和不良地层中的工作方式是不同的。

1）在自稳并能支撑的岩石中掘进。此时掘进机的辅助推进油缸全部回缩，不参与掘进过程的推进，掘进机的作业与敞开式掘进机一样。图 10－16 中（a）～（c）构成工况一：稳定可支撑岩石掘进辅助推进，缸处于全收缩状态，不参与掘进。它的动作如下：

a. 推进作业。伸出水平支撑油缸撑紧洞壁→启动皮带机→回转刀盘→伸出推进油缸，将刀盘和前护盾先前推进一个行程实现掘进作业。

b. 换步作业。当推进油缸推满一个行程后，就进行换步作业。刀盘停止回转→收缩水平支撑离开洞壁→收缩推进油缸，将掘进机后护盾前移一个行程。

此时也可以利用辅助推进油缸加压顶住管片，一方面将管片挤紧到位，另一方面也帮助后护盾前移。不断重复上述动作，则实现不断掘进。在此工况下，混凝土管片安装与掘进可同步进行，成洞速度很快。但在这种工况下，辅助推进油缸的主要用途应是将各管片挤紧到位，而不是帮助推进作业。

2）在能自稳但不能支撑的岩石中掘进。此时，推进油缸处于全收缩状态，并将支撑靴板收缩到与后护盾外圈一致，前后护盾联成一体，就如单护盾掘进机一样掘进。图 10－16 中（d）～（f）构成工况二：称定不可支撑岩石掘进 V 形推进缸处于全收缩状态，不参与掘进（本工况即单护盾掘进机掘进作业工况）。它的动作如下：

a. 掘进作业→回转刀盘→伸出辅助推进油缸，撑在管片上掘进，将整个掘进机向前推进一个行程。

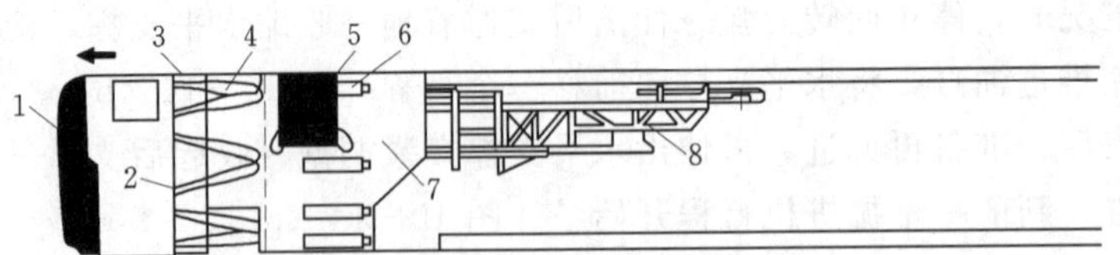

(a) 伸出水平支撑3撑紧洞壁→回转刀盘1→伸出V形推进缸4，进行掘进作业

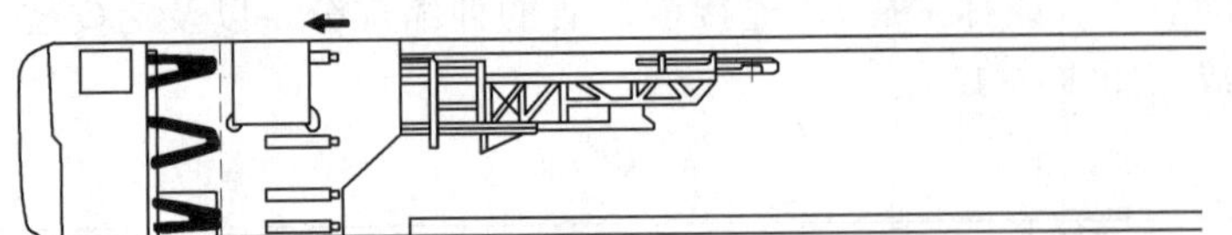

(b) 刀盘1停止回转→收缩水平支撑5离开洞壁→收缩V形推进缸4，进行换步作业

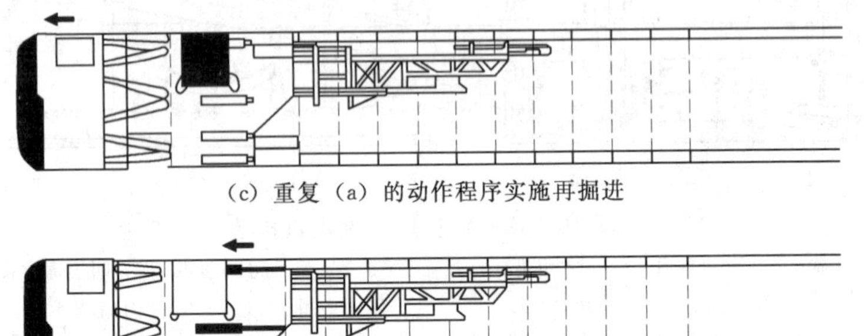

(c) 重复(a)的动作程序实施再掘进

(d) 收缩水平支撑3使靴板与后护盾一致→回转刀盘1→伸出辅助推进缸6撑在管片上掘进

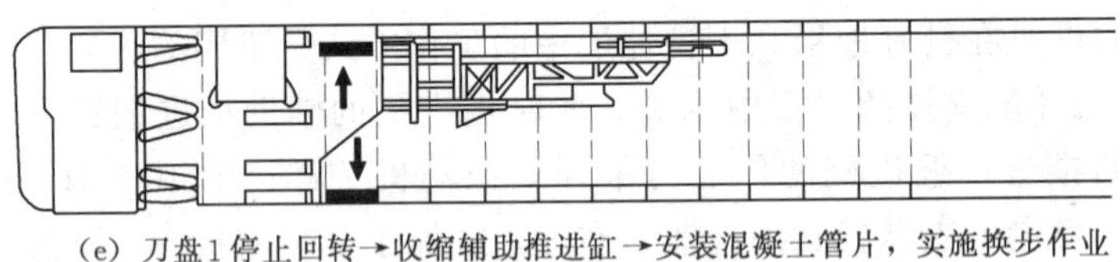

(e) 刀盘1停止回转→收缩辅助推进缸→安装混凝土管片，实施换步作业

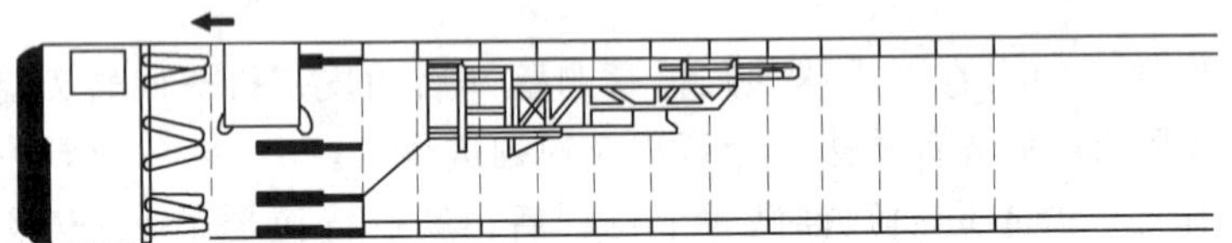

(f) 回转刀盘1→伸出辅助推进缸6撑在管片上，实施再掘进作业

图10－16 双护盾机的工作原理

1—刀盘；2—刀盘支撑；3—前护盾；4—V形推进缸；5—水平支撑；6—辅助推进缸；7—后护盾；8—胶带机

b. 换步作业→刀盘停止回转→收缩辅助推进油缸→安装混凝土管片。

重复上述动作实现掘进。此时管片安装与掘进不能同时进行，成洞速度减半。

(二) 盾构机开挖

盾构法隧道施工的基本原理是用一件圆形的钢质组件，称为盾构，沿隧道设计轴线一边开挖土体一边向前行进。在隧道前进的过程中，需要对掌子面进行支撑。支撑土体的方法有机械的面板、压缩空气支撑、泥浆支撑、土压平衡支撑。

盾构可分为敞开式盾构或普通盾构、普通闭胸式盾构、机械化闭胸盾构、盾构掘进机（指在岩石条件下使用的全断面岩石掘进机）等四大类。

盾构技术对环境干扰小，不影响城市建筑物的安全，不影响地下水位，施工对周围环境的破坏干扰最小；施工速度快。但盾构机的造价较昂贵，隧道的衬砌、运输、拼装、机械安装等工艺较复杂。

1. 土压盾构的工作原理和构造

（1）土压盾构的工作原理。土压平衡盾构的原理在于利用土压来支撑和平衡掌子面（图 10－17）。土压平衡式盾构刀盘的切削面和后面的承压隔板之间的空间称为泥土室。刀盘旋转切削下来的土壤通过刀盘上的开口充满了泥土室，与泥土室内的可塑土浆混合。盾构千斤顶的推力通过承压隔板传递到泥土室内的泥土浆上，形成的泥土浆压力作用于开挖面。它起着平衡开挖面处的地下水压和土压、保持开挖面稳定的作用。

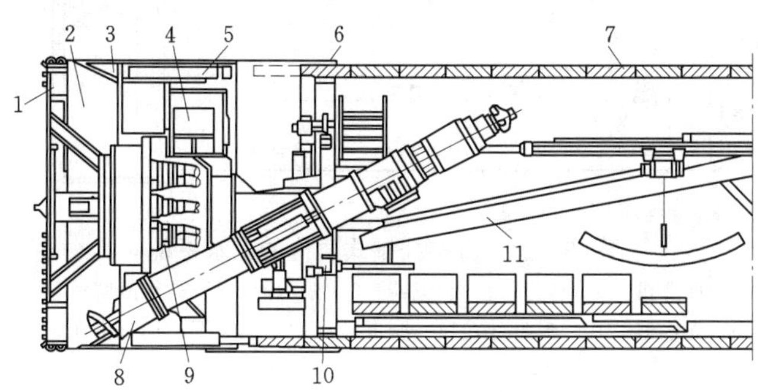

图 10－17　土压盾构原理

1—切削轮；2—开挖舱；3—压力舱壁；4—压缩空气闸；5—推进油缸；6—盾尾密封；7—管片；8—螺旋输送机；9—切削轮驱动装置；10—拼装器；11—皮带输送机

螺旋输送机从承压隔板的开孔处伸入泥土室进行排土。盾构机的挖掘推进速度和螺旋输送机单位时间的排土量（或其旋转速度）依靠压力控制系统保持着良好的协调，使泥土室内始终充满泥土，且土压与掌子面的压力保持平衡。

对开挖室内土压的测量则会提供更多的开挖面稳定控制所需的信息。现在，都采用安装在承压隔板上下不同位置的土压传感器进行测量。土压通过改变盾构千斤顶的推进速度或螺旋输送机的旋转速度来进行调节。

（2）土压盾构的构造。通常土压平衡盾构由前、中、后护盾三部分壳体组成。中、后护盾间用铰接，基本的装置有切削刀盘及其轴承和驱动装置、泥土室以及螺旋输送机。后护盾下有管片安装机和盾构千斤顶，尾盾处有密封。

2. 泥水盾构的工作原理和构造

（1）泥水盾构的工作原理。与土压平衡盾构不同，泥水盾构机施工时，稳定开挖面靠泥水压力，用它来抵抗开挖面的土压力和水压力以保持开挖面的稳定，同时控制开挖面的变形和地基沉降。

在泥水式盾构机中，支护开挖面的液体同时又作为运输渣土的介质。开挖的土料在开挖室中与支护液混合。然后，开挖土料与悬浮液（膨润土）的混合物被泵送到地面。在地面的泥水处理场中支护液与土料分离。随后，如需要则添加新的膨润土，再将此液体泵回隧洞开挖面。

(2) 泥水盾构的构造。在构造组成方面，与土压平衡盾构的主要不同是没有螺旋输送机，而用泥浆系统取而代之。泥浆系统担负着运送渣土、调节泥浆成分和压力的重要作用。

泥水盾构有直接控制型泥水盾构、间接控制型、混合式等三种。

1) 直接控制型泥水盾构。直接控制型泥水盾构如图 10－18 所示。

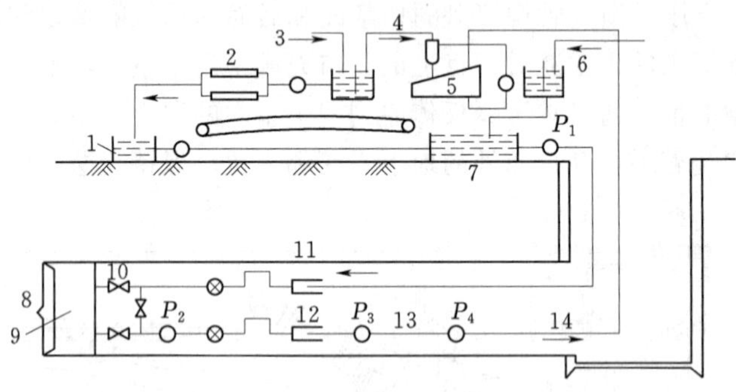

图 10－18　直接控制式盾构的泥水系统

1—清水槽；2—压滤机；3—加药；4—旋流器；5—振动器；6—黏土溶解；7—泥水调整槽；8—大刀盘；9—泥水室；10—流量计；11—密度计；12—伸缩管；13—供泥管；14—排水管

控制泥水室的泥水压力，通常有两种方法：①控制供泥浆泵的转速；②调节节流阀的开口比值。

为保证盾构掘进质量，应在进排泥水管路上分别装设流量计和密度计。通过检测的数据，即可算出盾构排土量。将检测到的排土量与理论掘进排土量进行比较，并使实际排土量控制在一定范围内，就可避免和减小地表沉陷。

泥水盾构图如图 10－19 所示。

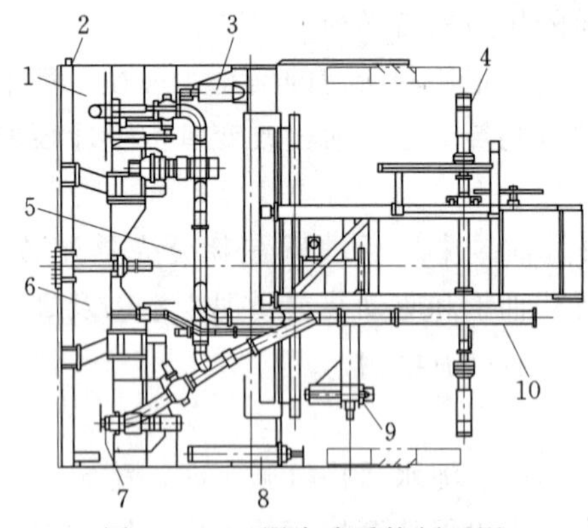

图 10－19　泥水式盾构剖面图

1—泥浆注入口；2—刀盘；3—铰接油缸；4—管片定位装置；5—供浆管；6—开挖室；7—搅拌器；8—推进油缸；9—管片安装器；10—排渣管

2) 间接控制型。间接控制型泥水盾构如图 10－20 所示。间接控制型的工作特征是，通过气垫压力来保持泥水压力和开挖面压力的稳定。

在盾构泥水室内，装有一道半隔板（或称沉浸墙），将泥水室分隔成两部分，在半隔板的前面充满压力泥浆，半隔板后面在盾构轴线以上部分加入压缩空气，形成一个“气垫”。气压作用在隔板后面的泥浆接触面上。由于在接触面上的气、液具有相同的压力，因此只要调节空气压力，就可以确定开挖面上相应的支护压力。

当盾构掘进时，由于泥浆的流失或盾构

推进速度变化，进出泥浆量将会失去平衡，空气和泥浆接触面位置就会出现上下波动现象。通过液位传感器，可以根据液位的变化控制供泥泵的转速，使液位恢复到设定位置，以保持开挖面支护压力的稳定。当液位达到最高极限位置时，可以自动停止供泥泵；当液位到达最低极限位置时，可以自动停止排泥泵。

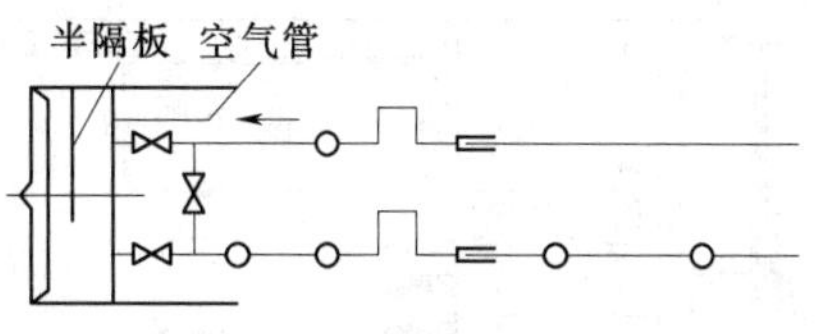

图 10－20　间接控制式原理

“气垫”的压力是根据开挖室需要的支护泥浆压力而确定的。空气压力可通过空气控制阀使压力保持恒定。同时由于“气垫”的弹性作用，使液位波动时对支护液也无明显影响。因此，间接控制型泥水平衡盾构与直接控制型相比，控制相对更为简化，对开挖面土层支护更为稳定，对地表沉陷的控制更为方便。实际的泥水盾构结构如图 10－21 所示。

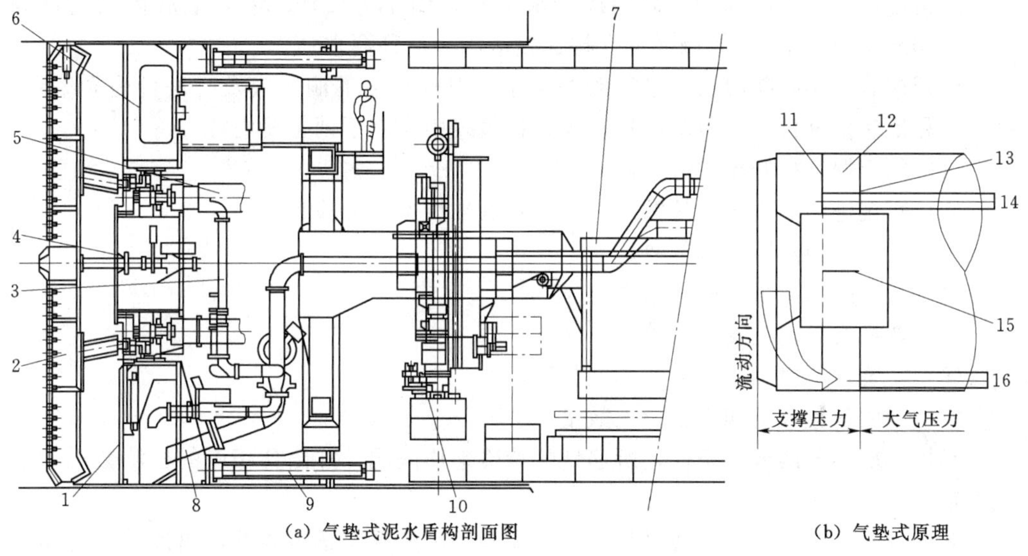

图 10－21　气垫式泥水盾构

1—安全门；2—刀盘；3—注泥浆管；4—回转接头；5—刀盘回转驱动；6—气垫室；7—连接梁；8—排渣管；9—推进油缸；10—管片安装器；11—浸润墙；12—气垫；13—承压构件；14—供泥浆管；15—泥浆液位；16—排泥浆管

3）混合式。这种盾构可以根据地质变化情况对开挖面的支撑方式进行转换。混合型盾构的基本结构是间接控制型泥水盾构。在盾构运行过程中，可以根据需要通过旋转喂料器（图 10－22）转换为土压平衡模式或压缩空气模式等。因此其适应的地质范围较广。

这种盾构要适应从泥水支撑到气压支撑或土压支撑方式之间的快速转换，盾构上需常备适用于泥水盾构工况的泥浆系统，以及适用于土压盾构工况的螺旋输送机和皮带机系统等。盾构的结构和后配套设备也要适应这几种转换。

实际上，为减少配置，大多数混合型盾构都是运行在间接控制型泥水盾构的模

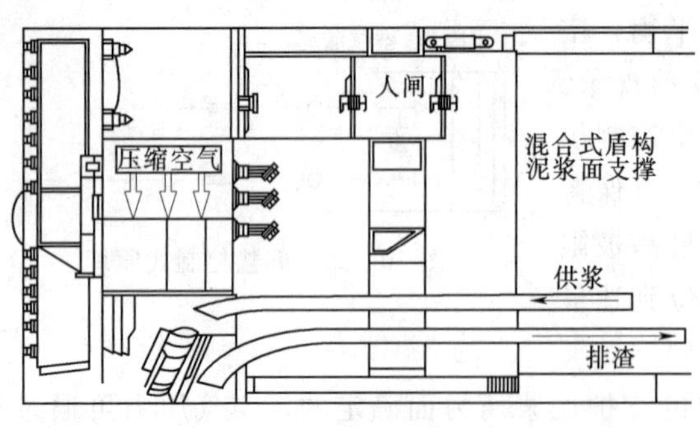

图 10-22 混合式盾构的模型

式，而不转换到别的模式。

3. 掘进机开挖作业

掘进机开始作业之前，应进行整体试运转，运转正常后方可进洞掘进。操作人员应严格按操作规程作业。每天开始掘进前，应对所有设备和部件进行例行检查和维护；每周还应对主要部件和系统进行全面检查和维护。

掘进机起步洞室、检修洞室、拆卸洞室或超过一定长度的岩体软弱洞段，宜按常规钻孔爆破法开挖和进行支护，并应满足掘进机安装及安全通过要求。

采用掘进机开挖的隧洞，洞轴线的水平允许偏差为±100mm，洞底高程允许偏差为±60mm，隧洞开挖轮廓线的允许偏差应满足设计要求。

对开挖后的实际断面尺寸进行跟踪测量，对掘进后的洞段应及时进行地质编录。每天填写反映掘进机工作情况的日报表，日报表中应有下列主要内容：

(1) 每天掘进机开挖的起止桩号。

(2) 所掘进的洞段开挖轮廓线、高程和洞轴线偏差的检查结果。

(3) 掘进机的实际运行参数。

(4) 机械故障及维修的详细情况。

(5) 替换刀具的位置及清单。

(6) 安装管片衬砌的长度及其安装质量。

(7) 洞内各类人员和设备投入数量。

(8) 开挖洞段的地质条件，所遇到的特殊地质问题，并出具相应的检测数据和处理措施。

掘进机开挖的石渣，应通过与掘进机配套的出渣系统送至洞外，出渣设备的输送能力应满足掘进机最大生产能力的要求。可选用连续胶带机或有轨矿车等出渣方案。

通风系统应进行专门设计，工作面附近的风速应不低于 0.25m/s。使用掘进机开挖，应保证有足够、稳定的电力供应。

10-21 TBM施工出渣【图片】

六、地下工程开挖支护

地下工程开挖过程中，为防止围岩坍塌和石块下落需采取支撑、防护等安全技术措施。安全支护是地下工程施工的一个重要环节，只有在围岩经确认是十分稳定的情况下，方可不加支护。需要支护的地段，要根据地质条件、硐室结构、断面尺寸、开挖方法、围岩暴露时间等因素，做出支护设计。支护有构架支撑及锚喷支护两种方式，除特殊地段外，一般应优先采用锚喷支护。

（一）锚杆支护

锚杆是为了加固围岩而锚固在岩体中的金属杆件。锚杆插入岩体后，将岩块串联起来，改善了围岩的原有结构性质，使不稳定的围岩趋于稳定，锚杆与围岩共同承担山岩压力。锚杆支护是一种有效的内部加固方式。

1. 锚杆的作用

（1）悬吊作用。即利用锚杆把不稳定的岩块固定在完整的岩体上，如图 10-23（a）所示。

（2）组合岩梁。将层理面近似水平的岩层用锚杆串联起来，形成一个巨型岩梁，以承受岩体荷载，如图 10-23（b）所示。

（3）承载岩拱。通过锚杆的加固作用，使隧洞顶部一定厚度内的缓倾角岩层形成承载岩拱。但在层理、裂隙近似垂直，或在松散、破碎的岩层中，锚杆的作用将明显降低，如图 10-23（c）所示。

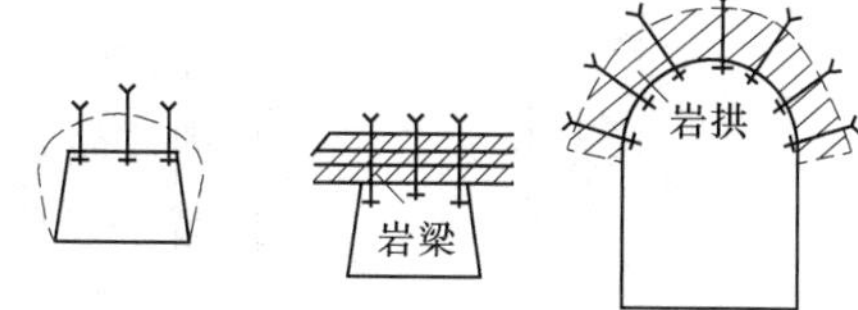

（a）悬吊作用 （b）组合岩梁 （c）承载岩拱

图 10-23 锚杆的作用

2. 锚杆的分类

按锚固方式的不同可将锚杆分为：张力锚杆和砂浆锚杆两类。前者为集中锚固，后者为全长锚固。

（1）张力锚杆。张力锚杆有楔缝式锚杆和胀圈式锚杆两种。楔缝式锚杆由楔块、锚栓、垫板和螺帽等四部分组成，如图 10-24（a）所示。锚栓的端部有一条楔缝，安装时将钢楔块少许楔入其内，将楔块连同锚栓一起插入钻孔，再用铁锤冲击锚栓尾部，使楔块深入楔缝内，楔缝张开并挤压孔壁岩石，锚头便锚固在钻孔底部。然后在锚栓尾部安上垫板并用螺帽拧紧，在锚栓内便形成了预应力，从而将附近的岩层压紧。

胀圈式锚杆的端部有四瓣胀圈和套在螺杆上的锥形螺帽，如图 10-24（b）所示。安装时将其同时插入钻孔，因胀圈撑在孔壁上，锥形螺帽卡在胀圈内不能转动，当用扳手在孔外旋转锚杆时，螺杆就会向孔底移动，锥形螺帽作向上的相对移动，促使胀圈张开，压紧孔壁，锚固螺杆。锚杆上的凸头的作用是当锚杆插入钻孔时，阻止锚杆下落。胀圈式锚杆除锚头外，其他部分均可回收。

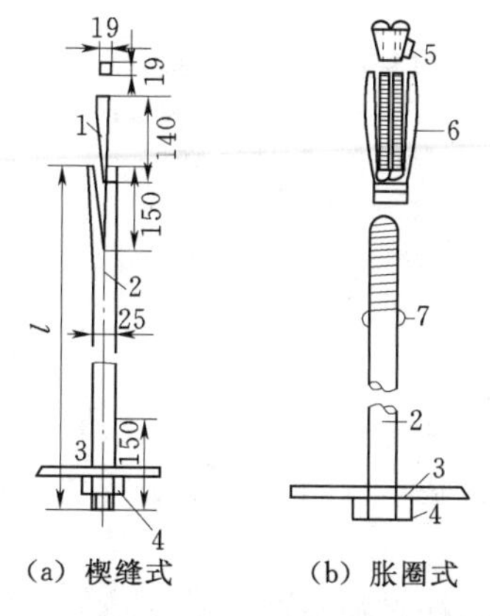

（a）楔缝式 （b）胀圈式

图 10-24 张力锚杆

1—楔块；2—锚栓；3—垫板；4—螺帽；5—锥形螺帽；6—胀圈；7—凸头

（2）砂浆锚杆。在钻孔内先注入砂浆后插入锚杆，或先插锚杆后注砂浆，待砂浆凝结硬化后即形成砂浆锚杆，如图 10-25 所示。因砂浆锚杆是通过水泥砂浆（或其他胶凝材料）在杆体和孔壁之间的摩擦力进行锚固的，是全长锚固，所以锚固力比张力锚杆大。砂浆还能防止锚杆锈蚀，延长锚杆寿命。这种锚杆多用作永久支护，而张力锚杆多用作临时支护。

先注砂浆后插锚杆的施工程序一般为：钻孔、清洗钻孔、压注砂浆和安插锚杆。钻孔时要控制孔位、孔径、孔向、孔深符合设计要求。一般要求孔位误差不大于 20cm，孔径比锚杆直径大 10mm 左右，孔深误差不大于 5cm。钻孔清洗要彻底，可用压气将孔内岩粉、积水冲洗干净，以保证砂浆与孔壁的黏结强度。

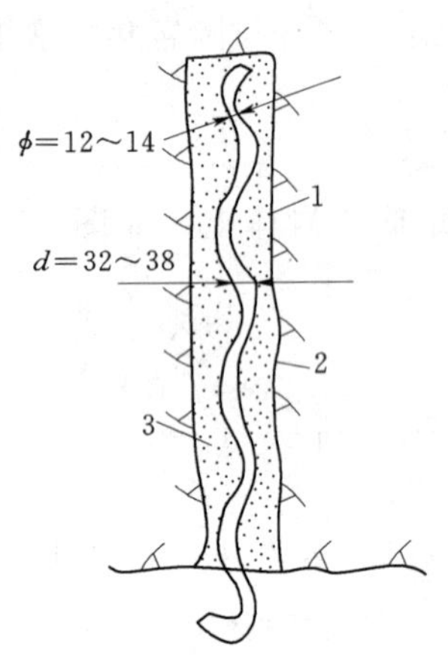

图 10-25 钢筋砂浆锚杆（单位：mm）

1—钻孔；2—钢筋；3—水泥砂浆

由于向钻孔内压注砂浆比较困难（当孔口向下时更困难），所以钢筋砂浆锚杆的砂浆常采用风动压浆罐（图 10-26）灌注。灌浆时，先将砂浆装入罐内，再将罐底出料口的铁管与输料软管接上，打开进气阀，使压缩空气进入罐内，在压气作用下，罐内砂浆即沿输料软管和注浆管压入钻孔内。为了保证压注质量，注浆管必须插至孔底，确保孔内注浆饱满密实。注满砂浆的钻孔，应采取措施将孔口封堵，以免在插入锚杆前砂浆流失。

风动压浆罐的工作风压为 0.5～0.6MPa，砂浆的配合比一般为 0.4（水）：1.0（水泥）：0.5（细砂）。

安装锚杆时，应将锚杆徐徐插入，以免砂浆被过量挤出，造成孔内砂浆不密实而影响锚固力。锚杆插到孔底后，应立即楔紧孔口，24h 后才能拆除楔块。

先设锚杆后注砂浆的施工工艺要求基本同上。注浆用真空压力法，如图 10-27 所示。注浆时，先启动真空泵，通过端部包以棉布的抽气管抽气，然后由灰浆泵将砂浆压入孔内，一边抽气一边压注砂浆，砂浆注满后，停止灰浆泵，而真空泵仍工作几分钟，以保证注浆的质量。

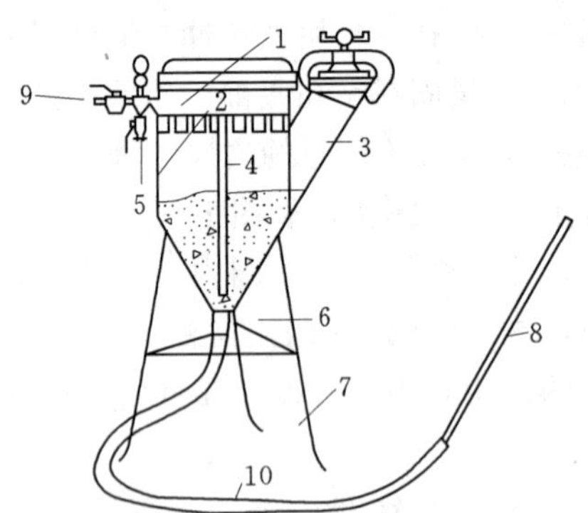

图 10-26 风动压浆罐

1—储气间；2—气孔；3—装料口；4—风管；5—隔板；6—出料口；7—支架；8—注浆管；9—进气口；10—输料软管

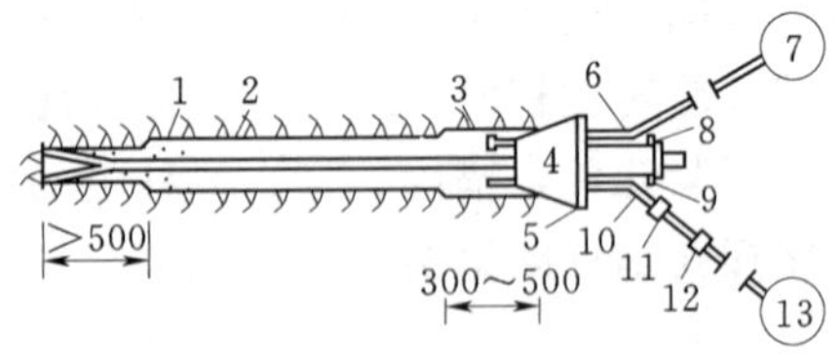

图 10-27 真空压力灌浆布置

1—锚杆；2—砂浆；3—布包；4—橡皮塞；5—垫板；6—抽气管；7—真空泵；8—螺帽；9—套筒；10—浆灌管；11—关闭阀；12—高压软管；13—灰浆泵

（二）锚筋束施工

锚筋束的工艺措施与砂浆锚杆“先插杆后注浆”部分基本相同。施工中需注意以下几点：

（1）锚筋束钻孔直径以锚筋束的外接圆的直径作为锚杆直径来选择。

（2）销筋束应焊接牢固，并焊接对中环，对中环的外径比孔径小 10mm 左右，一个钢筋束至少应有两个对中环。

（3）注浆管和排气管应牢固固定在锚筋束桩体上，随锚筋束桩体一起插入孔中。

（三）挂钢筋网施工工艺

挂钢筋网施工先喷 3～5cm 厚的混凝土，再尽量紧贴岩面挂钢筋网，对有凹陷较大部位，可加设膨胀螺杆拉紧钢丝网，再挂铺钢筋网，并与锚杆和附加插筋（或膨胀螺栓）连接牢固，最后分 2～4 次施喷达到设计厚度。

（1）按设计要求的钢筋网材质和尺寸在洞外加工场地制作，加工成片，其钢筋直径和网格间距符合图纸规定。

（2）按图纸所示或监理工程师批准的部位安装钢筋网，施工作业前，初喷一定厚度混凝土形成钢筋保护层后铺挂，钢筋网与锚杆或其他固定装置连接牢固，且钢筋保护层厚度不得小于 2cm。

（3）钢筋网纵横相交处绑扎牢固；钢筋网接长时搭接长度满足规范要求，焊接或绑扎牢固。

10－22
钢支撑 1
【图片】

（4）钢筋网加工前钢筋要进行校直，钢筋表面不得有裂纹、油污、颗粒或片状锈蚀，确保钢筋质量。

（四）型钢支撑施工工艺

型钢支撑适用于破碎而不稳定的岩层，能承受很大的山岩压力，耐久性好，所占空间小。材料多为 H 型钢、工字钢、钢轨、钢管和钢筋格拱等。钢支撑可以重复使用，但耗材多，费用高，只有在不良地质段施工才采用，如图 10－28 所示。

10－23
钢支撑 2
【图片】

（五）喷混凝土施工工艺

1．准备工作

埋设好喷厚控制标志，作业区有足够的通风及照明，喷前要检查所有机械设备和管线，确保施工正常。对渗水面做好处理措施，备好处理材料，联系好仓面取样准备。

10－24
架设钢支护
【图片】

图 10－28　钢支撑

Ⅰ—半截面（有立柱）；
Ⅱ—半截面（无立柱）；
1—木撑；2—连接杆；3—支撑板；
4—工字托梁；5—立柱；6—楔块

10－25
隧洞钢拱架支护
【图片】

2．清洗岩面

清除开挖面的浮石、墙脚的石渣和堆积物；处理好光滑开挖面；安设工作平台；用高压风水枪冲洗喷面，对遇水易潮解的泥化岩层，采用压风清扫岩面；埋设控制喷射混凝土厚度的标志；在受喷面滴水部位埋设导管排水，导水效果不好的含水层可设盲沟排水，对淋水处可设截水圈排水。仓面验收以后，开喷以前对有微渗水岩面要进行风吹干燥。

土质边坡除需将边坡和坡脚的松动块石、浮渣清理干净，还应对坡面进行整平压实，然后自坡底开始自下而上分段分片依次进行喷射。严禁在松散土面上喷射混凝土。

3．钢筋网和钢纤维

钢筋网由光面钢筋加工而成。挂网前先喷 3～5cm 厚的混凝土，再尽量紧贴岩面挂钢筋网，对有凹陷较大部位，可加设膨胀螺杆拉紧钢丝网，再挂铺钢筋网，并与锚杆和附加插筋（或膨胀螺栓）连接牢固，最后分 2～4 次喷射达到设计厚度。

10-26
喷混凝土 1
【图片】

10-27
喷混凝土 2
【图片】

10-28
喷锚
【视频】

钢纤维技术指标：钢纤维抗拉强度不低于 380MPa，纤维的直径 0.3～0.5mm，长度 20～25mm，掺量为混凝土重量的 3%～6%。

4. 喷混凝土施工

喷混凝土施工劳动条件差，喷枪操作劳动强度大，施工不够安全。有条件时应尽量利用机械手操作。图 10-29 为喷混凝土机械手简图，它适用于大断面隧洞喷混凝土作业。

（1）施工准备。喷射混凝土前，应做好各项准备工作，内容包括搭建工作平台、检查工作面有无欠挖、撬除危石、清洗岩面和凿毛、钢筋网安装、埋设控制喷射厚度的标记、混凝土干料准备等。

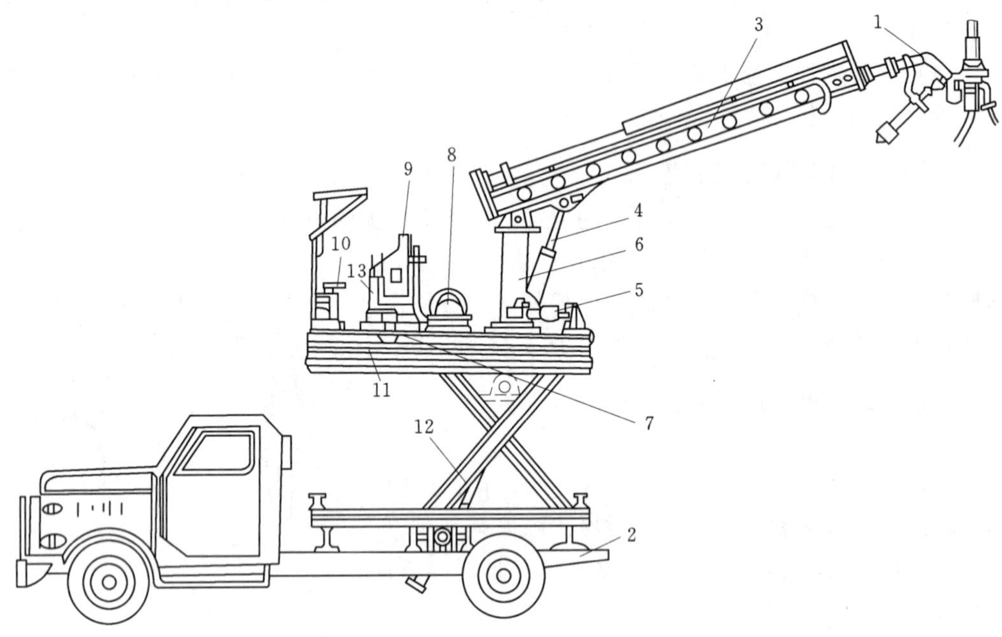

图 10-29 喷混凝土机械手

1—喷头；2—汽车；3—大臂；4—大臂俯仰油缸；5—立柱回转油缸；6—立柱；7—冷却系统；8—动力装置；9—操作台；10—座椅；11—剪刀架平台；12—剪刀架升起油缸；13—动力油路

（2）喷枪操作。直接影响喷射混凝土的质量，应注意对以下几个方面的控制：

1）喷射角度。是指喷射方向与喷射面的夹角。一般宜垂直并稍微向刚喷射的部位倾斜（约 10°），以使回弹量最小，如图 10-30（b）所示。

2）喷射距离。是指喷嘴与受喷面之间的距离。其最佳距离是按混凝土回弹最小和最高强度来确定的，根据喷射试验一般为 1m 左右。

3）一次喷射厚度。在设计喷射厚度大于 10cm 时，一般应分层进行喷射。一次喷射太厚，特别是在喷射拱顶时，往往会因自重而分层脱落；一次喷射也不可太薄，当一次喷射厚度小于最大骨料粒径时，回弹率会迅速增高。当掺有速凝剂时，墙的一次喷射厚度为 7～10cm，拱为 5～7cm；不掺速凝剂时，墙的一次喷射厚度为 5～7cm，拱为 3～5cm。分层喷射的层间间隔时间与水泥品种、施工温度和是否掺有速凝剂等因素有关。较合理的间歇时间为内层终凝并且有一定的强度。

4）喷射区的划分及喷射顺序。当喷射面积较大时需要进行分段、分区喷射。一般是先墙后拱，自下而上地进行，料流轨迹与喷射角度如图 10-31 所示。这样可以防止溅落的灰浆黏附于未喷的岩面上，以免影响混凝土与岩面的黏结，同时可以使喷混凝土均匀、密实、平整。

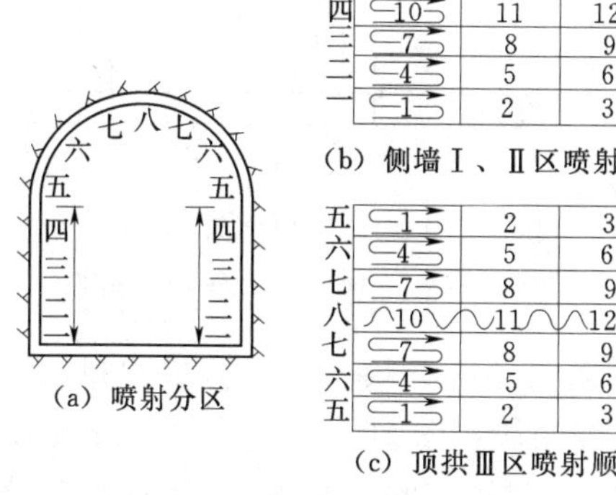

(a) 喷射分区

(b) 侧墙Ⅰ、Ⅱ区喷射顺序

(c) 顶拱Ⅲ区喷射顺序

图 10-30　喷射区划分示意图

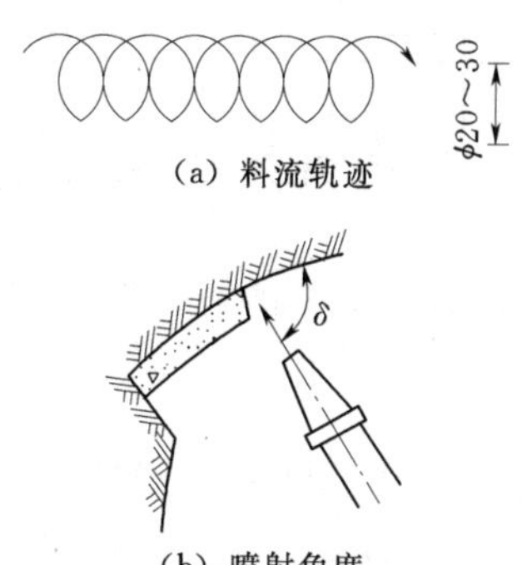

(a) 料流轨迹

(b) 喷射角度

图 10-31　料流轨迹与喷射角度

施工时操作人员应使喷嘴呈螺旋形划圈，圈的直径以 20～30cm 左右为宜，以一圈压半圈的方式移动，如图 10-30（a）所示。分段喷射长度以沿轴线方向 2～4m 较好，高度方向以每次喷射不超过 1.5m 为宜。

喷射混凝土的质量要求是表面平整，不出现干斑、疏松、脱空、裂隙、露筋等现象，喷射时粉尘少、回弹量小。

10-29
第十章第一节
测试题
【测试题】

5. 养护

喷混凝土单位体积水泥用量较大，凝结硬化快。为使混凝土的强度均匀增加，减少或防止不均匀收缩，必须加强养护。一般在喷射 2～4h 后开始洒水养护，日洒水次数以保持混凝土有足够的湿润为宜，养护时间一般不应少于 14d。

第二节　地下工程衬砌施工

一、隧洞混凝土衬砌分缝分块

由于隧洞一般较长，衬砌混凝土需要分段浇筑。当衬砌在结构上设有永久伸缩缝时，永久缝即可作为施工缝；当永久缝间距过大或无永久缝时，则应设施工缝分段浇筑，分段长度视断面大小和混凝土浇筑能力而定，一般可取 6～18m。为了提高衬砌的整体性，施工缝应进行处理。分段方式有以下两种：

1. 浇筑段之间设伸缩缝或施工缝

各衬砌段长度基本相同，如图 10-32 所示。可采用顺序浇筑法或跳仓浇筑法施工。

顺序浇筑时，一段浇筑完成后，需等混凝土硬化再浇筑相邻一段，施工缓慢；而跳仓浇筑时，是先浇奇数号段，再浇偶数号段，施工组织灵活，进度快，但封拱次数多。

2. 浇筑段之间设空档

如图 10－33 所示，空档长度 1m 左右，可使各段独立浇筑，大部分衬砌能尽快完成，但遗留空档的混凝土浇筑比较困难，封拱次数很多。当地质条件不利、需尽快完成衬砌时才采用这种方式。

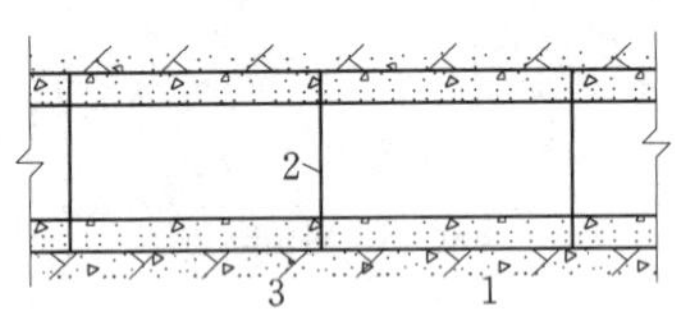

图 10－32　浇筑段之间设伸缩缝

1—浇筑段；2—缝；3—止水

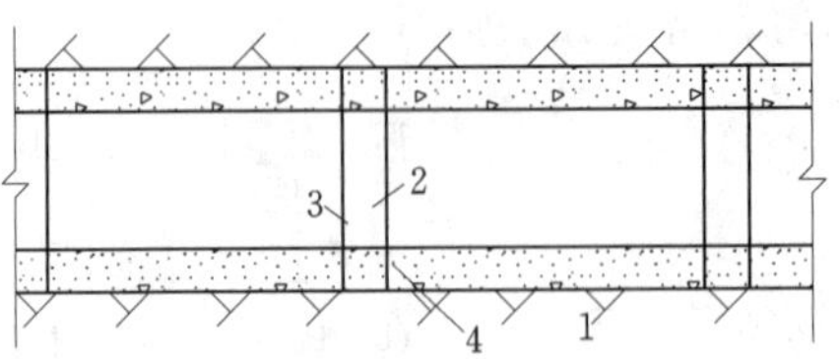

图 10－33　浇筑段之间设空档

1—浇筑段；2—空档；3—缝；4—止水

混凝土衬砌，除了在纵向分段外，在横向还应分块。一般分成顶拱、边墙（边拱）、底拱等四块，图 10－34 为圆断面衬砌分块示意图。分块接缝位置应设在结构弯矩和剪力较小的部位，同时应考虑施工方便。分缝处应有受力钢筋通过，缝面需进行凿毛处理，必要时还应设置键槽和插筋。

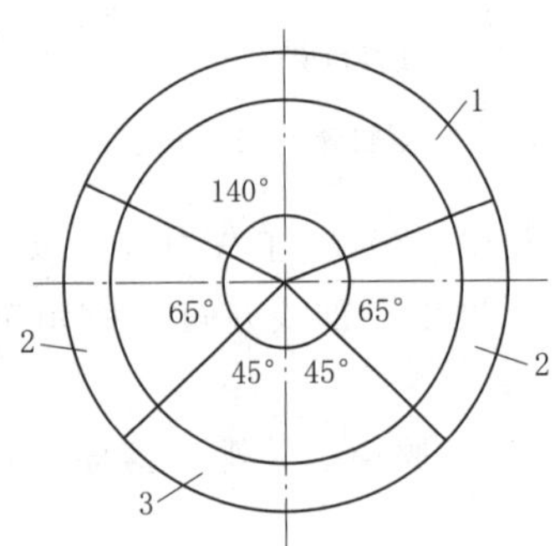

图 10－34　圆形隧洞衬砌断面的分块

1—顶拱；2—边墙；3—底拱

隧洞横断面上各块的浇筑顺序是：先浇筑底拱（底板），然后是边墙和顶拱。在地质条件较差时，也可以先浇筑顶拱，再浇筑边墙和底拱，此时由于顶拱混凝土下方无支托，应注意防止衬砌的位移和变形，并做好分块接头处的反缝的处理。对于反缝，除按一般接缝处理外，还需进行接缝灌浆。

二、隧洞衬砌的模板

隧洞衬砌用的模板，随浇筑部位的不同，其构造和使用特点也不同。

1. 底拱模板

当底拱中心角较小时，可以不用表面模板，只安装浇筑段两端的端部模板。在混凝土浇筑后，用弧形样板将混凝土表面刮成弧形即可。当中心角较大时，一般采用悬吊式弧形模板，如图 10－35 所示。浇筑前先立好端部模板和弧形模板桁架，混凝土入仓后，自中间向两边安装表面模板。必须注意，混凝土运输系统的支

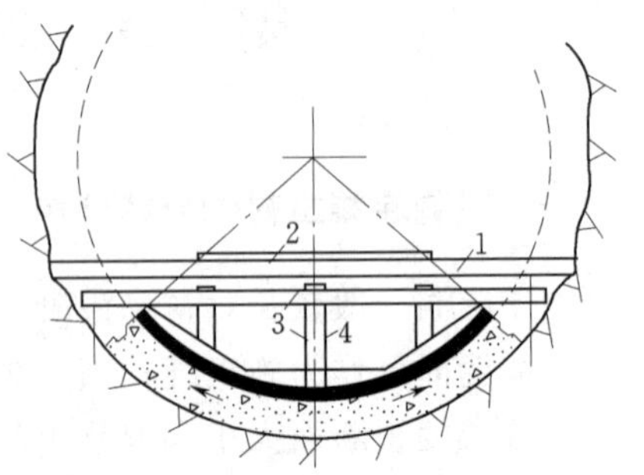

图 10－35　底拱模板

1—脚手架；2—路面板；3—模板桁架；4—桁架立柱

撑不要与模板支撑连在一起，以防混凝土运输产生振动，引起模板位移。

此外，当洞线较长时，常采用底拱拖模，如图 10－36 所示，它通过事先固定好的轨道用卷扬机索引拖动，边拖动边浇筑混凝土，浇筑的混凝土在模板的保护下成型好后（控制拖动速度）才脱模。

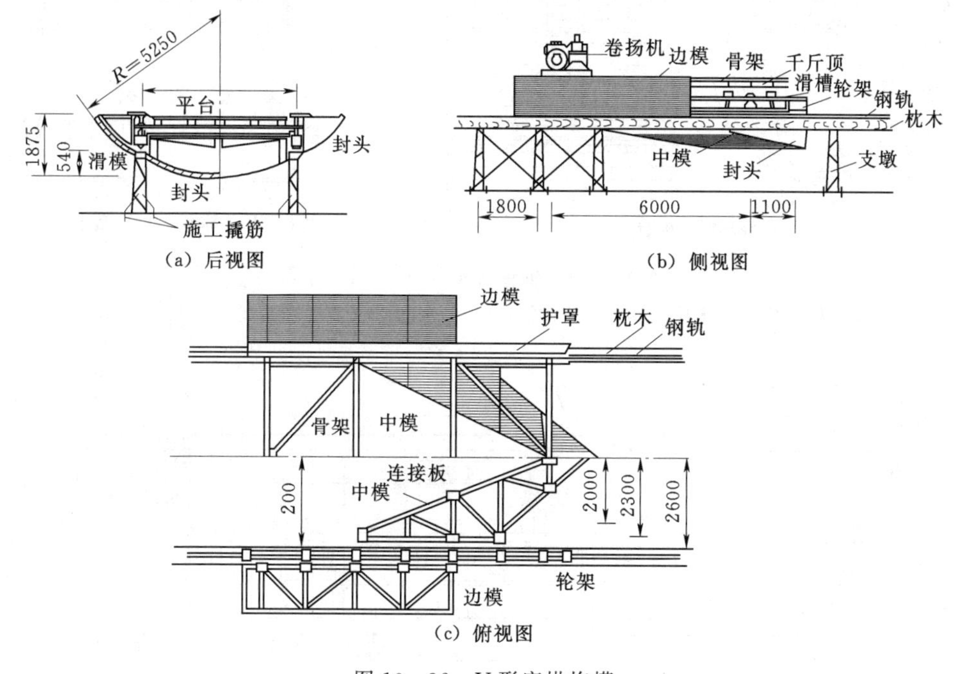

图 10－36　V 形底拱拖模

10－30
钢模台车 1
【图片】

10－31
钢模台车 2
【图片】

10－32
钢模台车 3
【图片】

10－33
钢模台车 4
【图片】

10－34
钢模台车 5
【图片】

10－35
边墙顶拱模板
【图片】

2. 边墙和顶拱模板

边墙和顶拱模板有拆移式和移动式两种。拆移式模板又称为装配式模板，主要由面板、桁架、支撑及拉条组成。这种模板通常在现场架立，安装时通过拉条或支撑将模板固定在预埋铁件上，装拆费时，费用也高。

移动式模板有钢模台车和针梁台车。钢模台车如图 10－37 所示，主要由车架和模板两部分组成。车架下面装有可沿轨道移动的车轮。模板装拆时，利用车架上的水平、垂直千斤顶将模板顶起、撑开或放下；当台车轴线与隧洞轴线不相符合时，可用车架上的水平螺杆来调整模板的水平位置，保证立模的准确性。模板面板由定型钢模板和扣件拼装而成。

钢模台车使用方便，可大大减少立模时间，从而加快施工进度。钢模台车可兼作洞内其他作业的工作平台，车架下空间大，可以布置运输线路。

3. 针梁模板

针梁模板是较先进的全断面一次成型模板，它利用两个多段长的型钢制作的方梁（针梁），通过千斤顶，一端固定在已浇混凝土面上，另一端固定在开挖岩面上，其中一段浇筑混凝土，另一段进行下一浇筑面的准备工作（如进行钢筋施工），如图 10－38 所示。

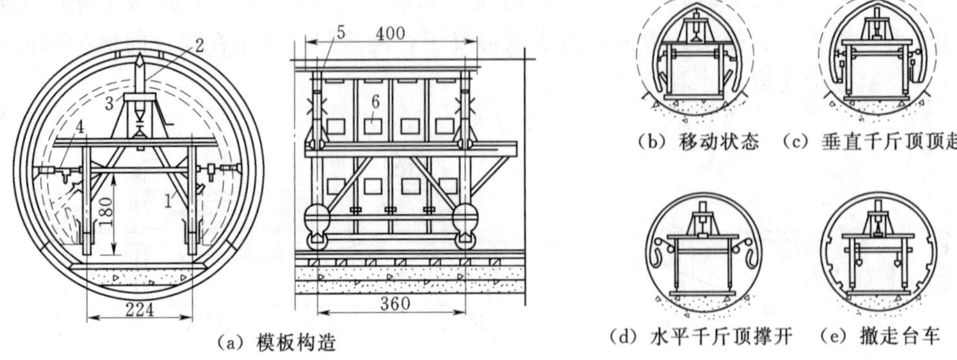

图 10-37 钢模台车（单位：mm）

1—车架；2—垂直千斤顶；3—水平螺杆；4—水平千斤顶；5—拼板；6—混凝土进入口

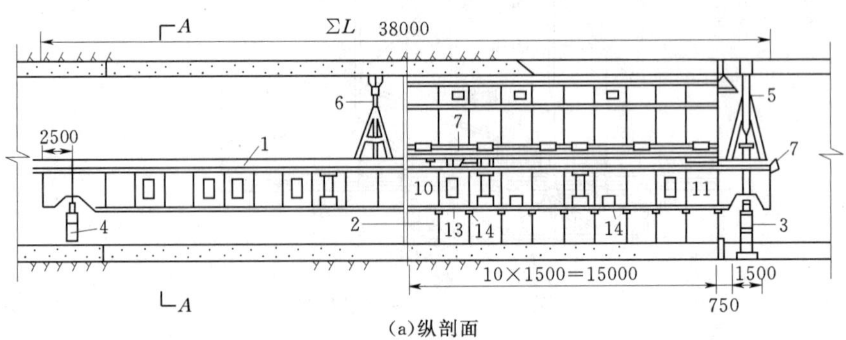

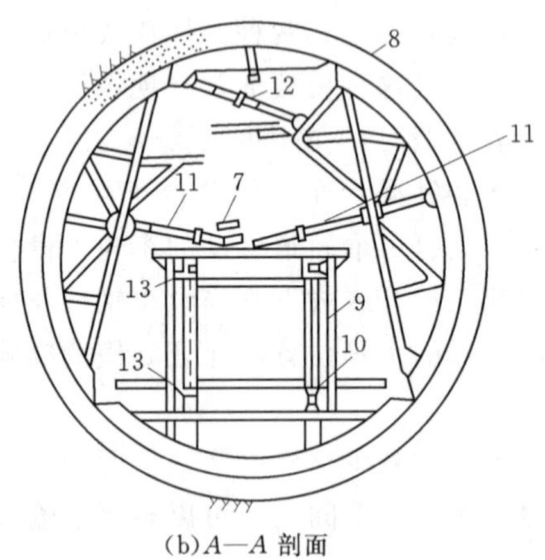

图 10-38 针梁模板（单位：mm）

1—大梁；2—钢模；3—前支座液压千斤顶；4—后支座液压千斤顶；5—前抗浮液压千斤顶平台；6—后抗浮液压千斤顶平台；7—行走装置系统；8—混凝土衬砌；9—大梁梁框；10—行走轮；11—千斤顶（伸缩边模）；12—千斤顶（伸缩顶模）；13—钢轨；14—千斤顶定位螺栓

三、钢筋施工

衬砌混凝土内的钢筋，形状比较简单，沿洞轴线方向变化不大，但在洞中运输和安装比较困难。钢筋安装前，应先在岩壁上打孔安插架立钢筋。钢筋的绑扎宜采用台车作业，以提高工效。

10-36
导流洞钢筋安装
【图片】

四、混凝土浇筑

模板、钢筋、预埋件、浇筑面清洗等准备工作完成后，即可开仓浇筑衬砌混凝土。由于洞内工作面狭小，大型机械设备难以采用，所以混凝土的入仓运输一般以混凝土泵为主。图 10-39 为用混凝土泵浇筑边墙和顶拱的布置示意图。

10-37
混凝土泵送 1
【图片】

浇筑边墙时，混凝土由边墙模板上预留的“窗口”送入。两侧边墙的混凝土面应均衡上升，以免一侧受力过大使模板发生位移。浇筑顶拱时，混凝土由模板顶部预留的几个窗口送入，顺隧洞轴线方向边浇边退，直至浇完一段。如相邻段的混凝土已浇而无处可退时，则应从最后一个窗口退出，最后一个窗口拱顶处的混凝土浇筑，称为封拱。在最后一个窗口浇筑时，由于受到已浇段的限制，要想将混凝土送到拱顶处则异常困难。封拱的目的是使衬砌混凝土形成完整的拱圈。

10-38
混凝土泵送 2
【图片】

用混凝土泵浇筑边墙和顶拱是隧洞混凝土衬砌最有效的方法。封拱时，在输送混凝土的导管末端接上冲天尾管，垂直穿过模板伸入仓内，如图 10-40 所示。尾管的位置应根据浇筑段长度和混凝土扩散半径来定，其间距一般为 4～6m。尾管出口与岩面的距离原则上是越近越好，但应保证压出的混凝土能自由扩散，一般为 20cm 左右。封拱时为了排除和调节仓内空气、检查拱顶填充情况，可以在浇筑面最高处设置通气管。在仓中央部位还需设置进人孔，以便进入仓内进行必要的辅助工作。

10-39
导流洞底板混凝土浇筑
【图片】

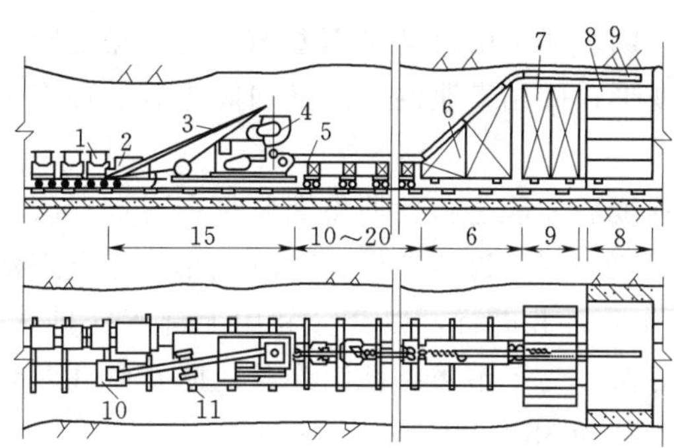

图 10-39　用混凝土泵浇筑边墙和顶拱（单位：m）

1—斗车；2—机车；3—皮带机；4—混凝土泵；5—水平导管；6—支架；7—扎钢筋用脚手架；8—模板；9—尾管；10—混凝土斗；11—混凝土泵

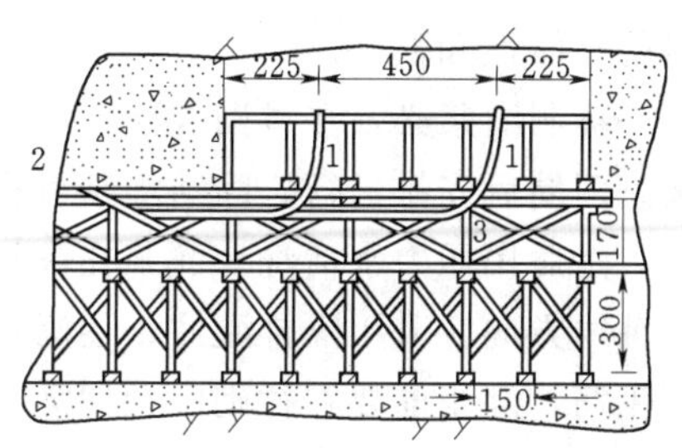

图 10-40　用混凝土泵封拱（单位：cm）

1—垂直尾管；2—混凝土泵导管；3—支架

用混凝土泵封拱的步骤如下：

（1）当混凝土浇筑到拱顶仓面处时，撤出工人和浇筑设备，封闭进人孔。

（2）增大混凝土坍落度至14～16cm左右，同时加大混凝土泵的输送速度，保证仓内混凝土的连续供应。

（3）当通气管开始漏浆或压入的混凝土量已超过预计方量时，说明拱顶处已经填满，可停止输送混凝土，将尾管上包住预留孔眼的铁箍去掉（图10-41），在孔眼中插入钢筋，防止混凝土下落，然后拆除混凝土导管。

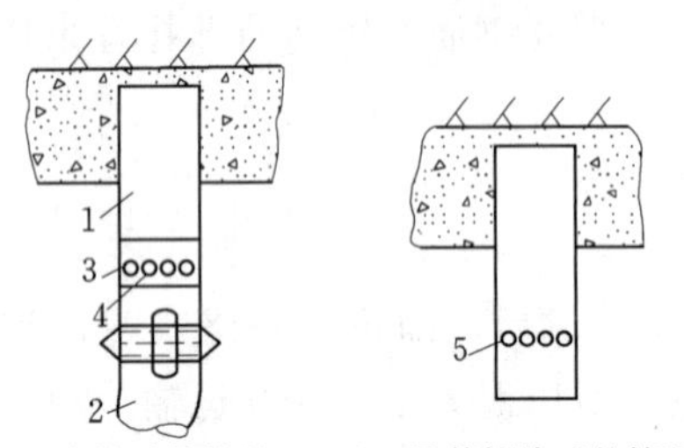

（a）浇筑时的情况 （b）导管拆除后的情况

图10-41 垂直尾管上的孔眼

1—尾管；2—导管；3—孔眼；4—铁皮；5—插入孔眼中的钢筋

（4）拱顶拆模后，将露在外面的导管用氧气割去，并用砂浆抹平。

五、钢筋混凝土预制管片衬砌

采用钢筋混凝土预制管片衬砌方案时，管片结构应进行专门设计，底部管片宜设置底座。

管片应由预制工厂生产，出厂前进行编号，验收合格后方可运至现场，使用管片拼装机进行拼装。

管片安装误差，可按下列要求控制：

（1）管片径向安装误差为±20mm。

（2）管片接缝处最大起伏差为±5mm。

管片周边的内侧应敷设膨胀性或复合性橡胶止水条，必要时内侧还应设明止水。管片接缝应用不低于管片强度等级的聚合物砂浆进行勾缝处理。

六、隧洞灌浆

隧洞灌浆有回填灌浆和固结灌浆两种。回填灌浆的目的是填塞围岩与衬砌之间的空隙，确保衬砌对围岩的支承，防止围岩变形；固结灌浆的目的是加固围岩，提高围岩的整体性和强度。

隧洞灌浆必须在衬砌混凝土达到一定强度后才能进行。回填灌浆可在衬砌混凝土浇筑两周后安排进行，固结灌浆可在回填灌浆一周后进行。灌浆时应先用压缩空气清孔，然后用压力水清洗。灌浆在断面上应自下而上进行，以充分利用上部管孔排气；在轴线方向应采用隔排灌注、逐渐加密的方法。为了节省钻孔工作量，防止钻孔时切断钢筋，灌浆前要在衬砌中预埋灌浆管，直径为38～50mm。

（一）回填灌浆

1. 灌浆孔布置

隧洞回填灌浆一般仅灌注空隙和0.5～1.0m厚的岩石范围。回填灌浆孔一般只布置在拱顶中心角120°范围内。固结灌浆孔则应根据需要布置在整个断面四周。灌浆孔沿隧洞轴线每2～4m布置一排，各排孔位呈梅花形布置。此外，还应根据规范要求布置一定数目的检查孔。回填灌浆孔孔距一般为1.5～3.0m，一般衬砌隧洞时，在灌浆部位预留灌浆孔或预埋灌浆管，其内径应大于50mm。对预留的孔或灌浆管要妥善保护，管口要用管帽拧好，防止损坏丝扣和进入污物堵塞灌浆孔。当开始灌浆时，全部管帽要拧开。当灌浆过程中，灌浆管冒浆时，再用管帽将该管口堵好。

2. 灌浆施工

(1) 灌浆施工次序。回填灌浆施工时，一般是将隧洞按一定距离划分为若干个灌浆区。在一个灌浆区内，隧洞的两侧壁从底部开始至拱顶布成排孔，两侧同时自下排向上排对称进行灌浆，最后灌拱顶。每排孔必须按分序加密原则进行，一般分为两个次序施工，各次序灌浆的间歇时间应在 48h 以上。当隧洞轴线具有 10°以上的纵度，灌浆应先从低的一端开始。

(2) 灌浆方法。回填灌浆，一般采用孔口封闭压入式灌浆法。在衬砌混凝土与围岩之间的空隙大的地方，第 1 次序孔可用水泥砂浆采取填压式灌浆法灌浆，第 2 次序孔采用纯水泥浆进行压入灌浆。空隙小的地方直接用纯水泥浆进行静压注浆。

(3) 灌浆配比。纯水泥浆水灰比一般为 1：1、0.8：1、0.6：1、0.5：1 四个比级。开始时采用 1：1 的浆液进行灌注，根据进浆量的情况可逐级或越级加浓。

在空隙大的地方灌注砂浆时，掺砂量不宜大于水泥重量的 2 倍。砂粒粒径应根据空隙的大小而定，但不宜大于 2.5mm，以利于泵送。如需灌注不收缩的浆液，可在水泥浆中加入水泥重量 0.3%左右的铝粉。

(4) 灌浆压力。回填灌浆的灌浆压力取决于岩石特性以及隧洞衬砌的结构强度。施工开始时，灌浆压力应在灌浆试验区内试验确定，以免压力过高引起衬砌的破坏。

(5) 灌浆结束与封孔。回填灌浆，在设计规定压力下，灌孔停止吸浆，灌浆孔停止吸浆，延续灌注 5min，即可结束。群孔灌浆时，要让相联结的孔都灌好为止。隧洞拱顶倒孔灌浆结束后，应先将孔口闸阀关闭后再停机，待孔口无返浆时才可拆除孔口闸阀。

灌浆结束后，清除孔内积水和污物，采用机械封孔并将表面抹平。

3. 质量检查

回填灌浆质量检查，宜在该部位回填灌浆结束 7d 后进行。检查孔的数量应不少于灌浆孔总数的 5%。回填灌浆检查孔合格标准：在设计规定的压力下，在开始 10min 内，孔内注入水灰比 2：1 的浆液不超过 10min，即可认为合格。回填灌浆质量检查可采用钻孔注浆法，即向孔内注入水灰比 2：1 的浆液，在规定的压力下，初始 10min 内注入量不超过 10L，认为合格。灌浆孔灌浆和检查孔检查结束后，应使用水泥砂浆将钻孔封填密实，孔口压抹齐平。

(二) 固结灌浆

水工隧洞常在混凝土衬砌后进行隧洞围岩岩体的固结灌浆。在严重裂隙发育、岩层破碎地段开挖施工时，为避免岩体坍塌和集中渗漏，可在隧洞施工开挖前进行一定范围的斜孔或水平孔超前固结灌浆。

1. 固结灌浆施工

(1) 固结灌浆施工时间：一般在回填灌浆结束 7～10d 后进行固结灌浆。

(2) 固结灌浆施工次序：固结灌浆按环间分序（Ⅰ序环、Ⅱ序环）、环内加密（环内分序）原则进行，环间宜分两个次序，地层条件不良地段可分三个次序。

（3）固结灌浆施工工序：布孔→钻孔→冲洗、压水→灌浆→封孔。

（4）钻孔：采用风钻或其他形式钻机钻孔，孔径不小于38mm，孔位、孔向、孔深按设计要求进行。

（5）冲洗：钻孔结束后用压力水进行钻孔冲洗和裂隙冲洗，冲净孔内岩粉、杂质，直到回水清净后10min为止，冲洗压力为灌浆压力的80%，若该值大于1MPa时采用1MPa。地层条件复杂或有特殊要求时，是否需要冲洗及如何冲洗宜通过现场试验确定。

（6）压水试验（简易压水）：选择不少于总孔数的5%数量的钻孔进行“单点法”压水试验（简易压水），压力为灌浆段的80%，不大于1MPa。

（7）灌浆：采用孔口封闭循环式灌浆法，单孔灌注。灌浆时应在两边交替对称进行。位于同排上的同序孔，若吸浆量较小情况下，可采用群孔并联灌注（不大于3个孔），孔位应保持对称，并且一泵灌一孔，灌浆中要随时控制压力，防止衬砌混凝土产生变形，同时也要随时观察洞内混凝土有无变形或抬动情况出现。灌浆孔围岩段深度不大于6m时可全孔一次灌浆，当底层条件不良或特殊要求时，可分段灌浆。

（8）浆液配比及变换：浆液配比为1∶1、1∶0.7、1∶0.5三个比级水灰比。在开始灌浆后，孔内吸浆量达到300L，或灌浆30min，且压力和吸浆量无明显变化时可变浓一级，当吸浆大于30L/min时，视现场具体情况可越级变换。

（9）特殊情况处理：按帷幕灌浆、回填灌浆的办法进行。

（10）灌浆结束标准：在规定压力值下，当注入量不大于0.4L/min时，继续灌注30min，即结束灌浆。

（11）封孔：灌浆孔结束后，清除孔内积水、杂物，采用“全靠灌浆封孔法”或“导管注浆封孔法”封孔，用1∶0.5浓浆将钻孔封密实。

10-40
第十章第二节
测试题
【测试题】

2. 固结灌浆质量检查

以检查孔压水试验检查为主，并结合分析固结灌浆资料和成果进行综合评定。检查孔压水试验检查在灌浆结束7d后进行。

第三节 隧洞施工安全技术

一、常见安全事故及预防措施

隧洞施工保证安全是十分重要的。要搞好施工安全工作，除了做好必要的安全教育、促使施工人员重视外，还必须采取相应的技术措施，确保施工顺利进行。

隧洞施工过程中可能产生的安全事故及处理、防止措施简述如下：

（1）塌方。当隧洞通过断层破碎带、节理裂隙密集带、溶洞以及地下水活动的不良岩层时，容易产生塌方事故。特别是当洞室入口处地质条件较差时，更容易产生塌方现象。

防止塌方的主要措施是：详细了解地质情况，加强开挖过程中的检查，及时进行支撑、支护或衬砌。

（2）滑坡。滑坡主要发生在洞外明挖部分。一般是因地质条件不良所造成的。

防止滑坡的主要措施是：放缓边坡，并在一定高度设置马道；对裸露岩石进行喷锚处理，防止风化和松动。

（3）涌砂涌水。当隧洞通过地下水发育的软弱地层和一些有高压含水层的不良岩层时，容易产生涌水现象。

防止涌水的措施是：详细了解涌水的地质原因，采取封堵和导、排相结合的措施处理，必要时利用灌浆进行处理。

（4）瓦斯中毒与爆炸。瓦斯类有害气体多产生于深层，特别是含煤的矿层中。

防止瓦斯中毒与爆炸的措施是：加强洞内通风和安全检查，严格控制烟火。

（5）小块坠石。爆破后及拆除支撑时都有可能产生小块坠石。

防止小块坠石的措施是：爆破后应做好安全检查工作，将松动的石块清除干净；进洞人员必须戴安全帽。

10－41 洞口保护1【图片】

（6）爆破安全事故。因操作不当或未严格执行操作规程和安全规程而发生事故。

防止爆破安全事故的措施是：必须严格执行操作规程和安全规程，加强安全检查，完善爆破报警系统，妥善处理瞎炮。

（7）用电安全事故。洞内施工，动力、照明线路多，洞内潮湿，导致漏电或其他用电事故。

10－42 洞口保护2【图片】

防止用电安全事故的措施是：选用绝缘良好的动力、照明供电电线，线路的接头处应采取预防漏电的有效措施，加强用电安全检查。

（8）临时支撑失效。因临时支撑的布置、维护不当而发生坍塌事故。

防治措施：重视临时支撑的结构设计和施工，加强临时支撑的维护和管理。

二、洞口段施工与塌方处理

10－43 洞口保护3【图片】

1. 洞口段施工

隧洞的洞口地段往往是比较破碎的覆盖层，而且在降雨时有地面水流下，很容易发生塌方。洞口又是工作人员出入必经之地，必须做到安全可靠。

隧洞施工前，应结合地质和水文地质条件，选好洞口位置。洞口以外明挖段完成后，应先将洞口边坡、仰坡及地表排水系统做好，然后才能进洞。常用的进洞方式是导洞进洞，即在刷出洞脸后，先架好5～6排明箱（即明挖部分的支撑），其上铺以装砂土的草袋，厚1～2m，并用斜撑顶牢，然后放炮开挖导洞，边挖边架立临时支撑，支撑排架间距0.5～0.8m，以后再进行扩大部分开挖和衬砌。洞口支撑示意图如图10－42所示。

10－44 洞口施工1【图片】

2. 塌方处理

在不稳定的岩层中开挖隧洞，常会遇到塌方。塌方一旦发生，首先应突击加固未塌方地段，防止塌方扩大，并为抢险工作提供比较安全的基地。尽快查明塌方的性质和范围，根据具体情况，采取有效措施进行处理。

10－45 洞口施工2【图片】

（1）小塌方，先支后清。对塌方体未将隧洞全部堵塞，塌方的间歇时间较长或塌

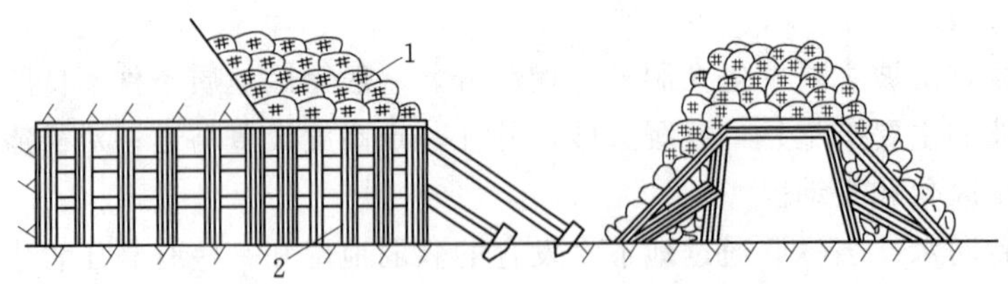

图 10-42 洞口支撑示意图
1—土袋；2—明箱

10-46
隧洞管棚
施工喷锚
【视频】

10-47
第十章第三节
测试题
【测试题】

10-48
第十章测试题
【测试题】

方基本停止，施工人员尚可进入塌穴进行观察处理的小塌方，在清除之前，必须先将塌方的顶部支撑牢固，再清除塌方。支撑塌穴的方法应因地制宜。对于规模不大的塌方，塌穴高度较低时，可在渣堆上架设钢管或木支撑，将塌穴全面支护，边清边倒换成洞底支撑，小塌方先支后清如图 10-43 所示。

（2）大塌方，先棚后穿。当塌方量很大，且已将洞口堵塞，或塌方继续不停地扩展，施工人员不易进入塌穴时，可将塌方体视为松软破碎的地层，按先棚后穿的原则进行处理。即先用钢管向上倾斜打入塌方体中，并架立钢管支撑，再进行出渣，然后向前打入新的圆木并架立支撑，如此逐步向前推进，大塌方先棚后穿如图 10-44 所示。

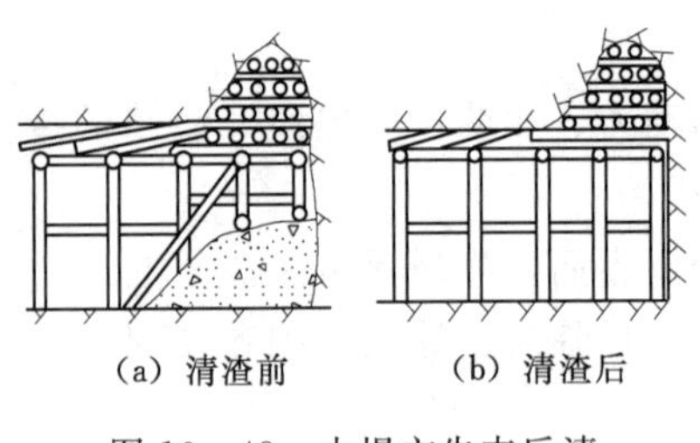

图 10-43 小塌方先支后清

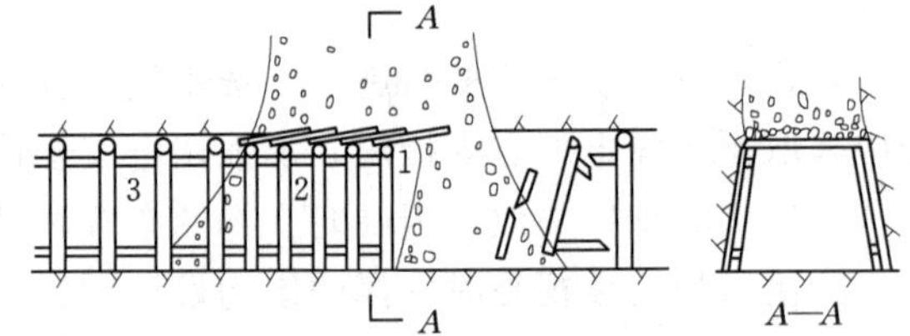

图 10-44 大塌方先棚后穿
1—钢管；2—门框形钢管支撑；3—纵梁

拓 展 讨 论

党的二十大报告提出，坚持安全第一、预防为主，建立大安全大应急框架，完善公共安全体系，推动公共安全治理模式向事前预防转型。推进安全生产风险专项整治，加强重点行业、重点领域安全监管。提高防灾减灾救灾和重大突发公共事件处置保障能力，加强国家区域应急力量建设。

请思考：地下工程施工属于危险作业，如何坚持安全第一、预防为主做好安全防范工作？

复 习 思 考 题

1. 隧洞开挖方式取决于哪些因素？

2．隧洞全断面开挖法有何特点？
3．隧洞导洞开挖法有何特点？
4．隧洞掏槽孔如何布置？
5．隧洞崩落孔如何布置？
6．隧洞周边孔如何布置？
7．隧洞炮孔数目和深度如何确定？
8．隧洞钻孔作业要求有哪些？
9．隧洞装药和起爆要求有哪些？
10．掘进机的类型有哪些？各适用于哪些范围？
11．盾构的类型有哪些？各适用于哪些范围？
12．隧洞临时支护要求有哪些？
13．隧洞临时支护方式有哪些？
14．隧洞开挖的辅助作业的内容有哪些？
15．如何用混凝土泵进行隧洞衬砌封拱？
16．锚杆的作用有哪些？
17．隧洞施工过程中可能产生的安全事故及处理、防止措施有哪些？
18．塌方处理措施有哪些？

参考文献

[1] 张四维. 水利工程施工 [M]. 北京：中国水利水电出版社，1994.

[2] 杨康宁. 水利水电工程施工技术 [M]. 北京：中国水利水电出版社，2001.

[3] 袁光裕. 水利工程施工 [M]. 北京：中国水利水电出版社，1998.

[4] 《建筑施工手册》编写组. 建筑施工手册 [M]. 5版. 北京：中国建筑工业出版社，2012.

[5] 姚谨英. 建筑施工技术 [M]. 4版. 北京：中国建筑工业出版社，2012.

[6] 姜国辉，王永明. 水利工程施工 [M]. 北京：中国水利水电出版社，2013.

[7] 魏璇. 水利水电工程施工组织设计手册（上、下册）[M]. 北京：中国水利水电出版社，2000.

[8] 中国力学学会工程爆破专业委员会. 爆破工程（上、下册）[M]. 北京：冶金工业出版社，1992.

[9] 章仲虎. 水利工程施工 [M]. 北京：中国水利水电出版社，1998.

[10] 《水利水电工程施工手册》编委会. 水利水电工程施工手册：土石方工程 [M]. 北京：中国电力出版社，2002.

[11] 司兆乐. 水利水电枢纽施工技术 [M]. 北京：中国水利水电出版社，2001.

[12] 张正宜. 现代水利水电工程爆破 [M]. 北京：中国水利水电出版社，2003.

[13] 熊启钧. 隧洞 [M]. 北京：中国水利水电出版社，2002.

[14] 魏旋. 水利水电施工组织设计指南 [M]. 北京：中国水利水电出版社，1999.

[15] 王永鹏. 严寒地区RCD碾压混凝土坝设计与施工 [M]. 北京：中国水利水电出版社，2002.

[16] 杜士斌，揣连成. 开敞式TBM的应用 [M]. 北京：中国水利水电出版社，2011.

[17] 钟汉华. 水利水电工程施工技术 [M]. 3版. 北京：中国水利水电出版社，2015.

[18] 钟汉华. 施工机械 [M]. 2版. 北京：中国水利水电出版社，2012.

[19] 钟汉华. 机械员通用与基础知识 [M]. 郑州：黄河水利出版社，2018.

[20] 邱兰，明志新，钟汉华. 机械员岗位知识与专业技能 [M]. 郑州：黄河水利出版社，2018.

[21] 钟汉华. 水工监测工 [M]. 郑州：黄河水利出版社，2015.

[22] 钟汉华. 混凝土工 [M]. 郑州：黄河水利出版社，1996.

[23] 钟汉华. 混凝土维修工 [M]. 郑州：黄河水利出版社，1996.

[24] 钟汉华. 混凝土工程施工机械设备使用指南 [M]. 郑州：黄河水利出版社，2002.

[25] 钟汉华. 钢筋工程施工 [M]. 北京：中国环境科学出版社，2017.

[26] 钟汉华. 混凝土工程施工 [M]. 北京：中国环境科学出版社，2017.

[27] 钟汉华. 混凝土工 [M]. 北京：中国建筑工业出版社，2018.

[28] 中国水利工程协会. 施工员 [M]. 郑州：黄河水利出版社，2020.